电力行业"十四五"规划教材

高等教育电气与自动化类专业系列

中国电力教育协会

高校电气类专业精品教材

U0643060

电力系统通信技术

（第四版）

张淑娥　孔英会　编

高　强　张京席

侯思祖　主审

中国电力出版社

CHINA ELECTRIC POWER PRESS

内 容 简 介

本书为电力行业"十四五"规划教材，中国电力教育协会高校电气类精品教材。

本书充分考虑了电力系统通信实际，较全面地介绍了电力系统通信技术。第一章首先介绍了电力系统通信网总体构架，以及为构造此框架所需的各种通信技术；然后讲述通信基础知识；接着从传输、通信网、交换、接入网方面阐述了通信技术；最后介绍了智能电网通信技术。第二章讲述通信基础知识。第三至六章讲述通信传输技术，包括电力线载波通信、光纤通信技术、微波与卫星通信技术、移动通信技术。第七章讲述现代通信网。第八章讲述现代交换技术。第九章讲述接入网技术。第十章结合智能电网的发展，讲述智能电网通信技术。本书增加了数字资源内容（扫描书中二维码获取），为读者提供更多的扩展阅读资料。

本书重点阐述各种通信技术的基本概念、系统组成、工作原理、特点及在电力系统中的实际应用，具有系统性、完整性及实用性的特色。

本书可作为电力系统非通信专业学生学习通信技术的教材，也可作为电力系统通信工作者的参考用书。

图书在版编目（CIP）数据

电力系统通信技术/张淑娥等编. -- 4 版. -- 北京：中国电力出版社，2025. 6. -- ISBN 978-7-5198-9810-6

Ⅰ. TM73

中国国家版本馆 CIP 数据核字第 2025GC2684 号

出版发行：中国电力出版社
地　　址：北京市东城区北京站西街 19 号（邮政编码 100005）
网　　址：http://www.cepp.sgcc.com.cn
责任编辑：牛梦洁
责任校对：黄　蓓　郝军燕
装帧设计：赵姗姗
责任印制：吴　迪

印　　刷：固安县铭成印刷有限公司
版　　次：2005 年 7 月第一版　2025 年 6 月第四版
印　　次：2025 年 6 月北京第一次印刷
开　　本：787 毫米×1092 毫米　16 开本
印　　张：22.75
字　　数：562 千字
定　　价：68.00 元

前 言

　　为了保持教材的时新性，作者对本书进行了修订。本次按照"注重基本理论、面向电力系统通信实际应用"的指导思想，结合电力系统通信实用新技术进行了结构和内容上的全面修订。

　　本次修订主要体现在：第二章在通信中的调制、通信中的复用和多址技术中补充增加了5G通信关键技术 F-OFDM、空分复用与空分多址的内容介绍；第三章将电力线通信分为窄带与宽带电力线通信技术，减少了窄带电力线通信的篇幅，适当增加了宽带电力线通信的篇幅；第四章光纤通信技术中增加了相干光通信技术和 OTN 技术内容；第五章微波与卫星通信技术中，增加了电波传播理论基础，合并了微波通信技术，增加了卫星导航定位系统；第六章增加了 4G、5G 移动通信系统内容；第七章增加了电力通信网实际案例，并对电力业务接入方式进行概括；第八章增加了对 IP 多媒体系统（IMS）的介绍，删除了 ATM 部分，补充了有关的应用实例；第九章光纤接入中补充了 EPON、GPON 内容，并详细梳理无线接入技术；第十章结合智能电网的发展，对智能电网通信技术进行内容修订。此外，增加了数字资源内容，为读者提供更多的扩展阅读资料。本次修订具有系统性、完整性及实用性的特色，使读者能更好地了解电力系统通信技术的实际应用。

　　本书第一章、第四章由张淑娥修订，第二章、第三章、第九章由孔英会修订，第七章、第八章由高强修订，第六章由张京席修订，第五章由张淑娥、张京席修订，第十章由高强、孔英会修订。全书由张淑娥、张京席统稿，杨再旺绘制了第四章、第五章、第六章部分插图。全书由侯思祖教授负责审定工作。

　　由于通信技术发展迅速，加之作者水平所限，书中难免有疏漏及不当之处，敬请读者批评指正。

编 者

2024.12

第二版前言

当前通信技术迅猛发展，为我们的生活带来了巨大的变化。因此通信技术课程也越来越受到重视。

电力系统通信是电力行业的一部分，但在技术上又深受电信技术的影响，各种新的电信技术在电力系统通信中处处、时时得以体现，且又有自己的特色，如在光纤通信技术中，广泛使用的是电力特种光缆，电力线载波技术更是行业特色和优势。近年来，随着电力系统信息化的兴起，对电力行业从业人员的素质要求越来越高，在非通信专业人员中普及通信技术教育势在必行。鉴于目前还没有一本适合电力系统非通信专业学生学习通信技术的教材，我们在电力系统通信教材委员会指导下编写了本书。

本教材充分考虑了电力系统通信实际，为适应现代通信技术发展而编写，力求使它具有教材和手册双重特点。

本书的主要特点是结合电力系统实际，全面讲述通信最新技术。书中内容通俗易懂、结合电力系统实际应用，具有行业特色。

本书首先给出通信网总体构架，然后以点线网这一自然发展规律及逻辑思维而编写。在第一章中给出电力系统通信网总体构架以及为构造此框架所需的各种通信技术。然后从通信基础出发，从传输、交换、通信网方面论述通信技术。使学生对电力系统通信主要技术和工程应用有全面的了解。在具体介绍每种技术时，尽量给出电力系统通信实例，特别是具体的业务传输过程和线路配置等方面技术细节。

本书第一、四、五、六章由张淑娥编写，第二、三、九章由孔英会编写，第七、八章由高强编写。全书由张淑娥统稿，侯思祖教授负责审稿。

限于编者水平，书中难免有不妥之处，敬请读者批评指正。

编　者

2009.10

第三版前言

　　《电力系统通信技术（第二版）》自 2009 年出版以来，已经有四年时间。这四年间，移动通信、自动交换光网络、软交换、接入网、物联网及智能电网等通信技术不断发展，为了反映电力系统通信技术的最新进展，本书作者在第二版教材的基础上做了修订，具体修订情况如下。

　　第二章～第九章，在原有内容的基础上进行了调整，更新了相应的新技术。例如，在第二章中增加了正交频分复用（OFDM）、图像信号编码等，在第四章中增加了 MSTP 技术、OTN 技术、PTN 技术及 ASON 技术等，在第五章中增加了卫星应急通信系统，在第六章中增加了 LTE 技术及 4G 技术，在第九章中增加了 xDSL 技术、无线接入技术、PLC 关键技术，并增加了第十章智能电网通信技术。

　　本书第一、四、五、六章由张淑娥编写，第二、三、九章由孔英会编写，第七、八章由高强编写，第十章由高强、孔英会编写。全书由张淑娥统稿，侯思祖教授负责审稿。

　　限于编者水平，再版中仍难免有疏漏和不妥之处，欢迎读者批评指正。

编　者

2014.12

目　录

第一章 概　　述

通信对现代社会的意义十分重大。包括通信在内的信息产业的发展，不仅给人们的日常生活和社会活动带来了许多方便，更已成为国民经济和社会发展的重要条件和保障。

作为国民经济发展的先行官——电力工业，其发展也离不开通信技术。随着电力系统高度自动化的广泛应用，电力通信系统已成为支撑电网高效、经济、安全运行的重要基础设施。在未来电网的发展中，电力通信系统将充当越来越重要的角色。

本章将扼要介绍通信、通信系统、通信网的基本概念，电力通信系统的现状与发展，电力通信网的构成以及所需的通信技术等内容。

第一节　通信、通信系统、通信网简介

一、通信

通信的目的是传送信息，即把信息源产生的信息（语言、文字、数据、图像等）快速、准确地传给收信者。

最普遍、最典型的通信就是打电话。当甲拿起电话机，拨完乙的电话号码后，电信局的交换机将进行一系列的工作，接通乙的电话机并振铃，在乙拿起电话机后，双方就可以通话了。

现代通信的概念已远不仅是简单的通电话，而是利用多种通信终端传输各种各样的信息，如数据、图像等。通信者也已不仅仅局限于两个人之间，而是许多人可以同时共享信息。而且，通信的地理范围已基本上不受任何限制，从技术上说，地球上任意两点间均可进行通信。

二、通信系统的基本组成

通信系统由信息发送者（信源）、信息接收者（信宿）和处理、传输信息的各种设备共同组成。图 1-1 是通信系统的组成模型。

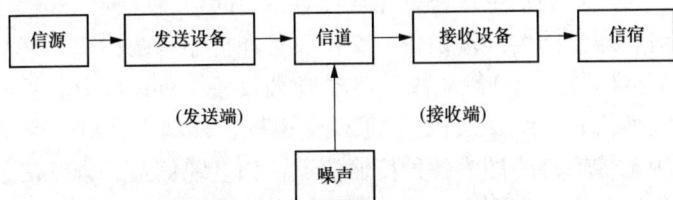

图 1-1　通信系统的组成模型

信源和信宿可以是人，也可以是机器设备（如计算机、传真机等），因而既可以实现人—人通信，也可以实现人—机或机—机通信。信源发出的信号既可以是话音信号，也可以是数字、符号、图像等非话音信号。

发信设备对信源发来的信息进行加工处理，使之变换为适合于信道传输的形式，同时将

信号功率放大，从信道发送出去。

信道是信息的传输媒体。从物理特性来分，信道可分为有线和无线两大类。现代的有线信道包括电缆和光缆，无线信道即无线电传输信道。

不同的频段，利用不同性能的设备和配置方法，组成不同的无线通信系统，如微波中继通信、卫星通信、移动通信等。不同的信道传输性能不同，传送的信号形式也不同。如频率在 $0.3\sim3.4kHz$ 范围的话音信号，通过常规的电缆信道可直接传输。若采用光缆传送，则必须将话音信号变换为光信号。若用微波传送，则需要对话音信号进行调制，将信号频谱搬移到微波系统的射频频段上去。发信设备对信源信息进行加工、处理，其目的是完成这些变换。另外，信号传输一般都要经过很长的距离，无论是有线还是无线信道，都会使信号能量逐渐衰减。因此，发信设备中一般都包含有功率放大器，将发送信号的信号功率放大到适当水平，使沿信道衰减后，收信设备仍能接收到足够强度的信号。

在传输信号的同时，自然界存在的各种干扰噪声也同时作用在信道上。这里的噪声主要是各种电磁现象引起的干扰脉冲，如雷电、电晕、电弧等，另外还有邻近、邻频的其他信道的干扰。干扰噪声对信号的传输质量影响很大，如果噪声过强而又没有有效的抗干扰措施，轻则使信号产生失真，重则出错，甚至将有效信号完全淹没掉。

正因为如此，收信设备除了应对接收到的信号进行与发信设备的信号加工过程相反的变换以外，还应具有强大的干扰抑制能力，能有效地去除噪声、抑制干扰，准确地恢复原始信号。

图 1-1 只是一个单向的点—点通信系统模型。实际大多数的通信系统都是双向的，即两端都有信源和信宿，这就需要在两端都设置有发、收信设备。为了实现多点间的通信，则需要利用交换设备、网络连接设备将上述多个双向系统连接在一起。

综上所述，通信系统可解释为从信息源节点（信源）到信息终节点（信宿）之间完成信息传送全过程的机、线设备的总体，包括通信终端设备及连接设备之间的传输线所构成的有机体系。

三、通信网

物理结构上的网，即为线的集合，在自然界经常见到的蜘蛛网、渔网等都是用线编织而成的。

通信网是由一定数量的节点（包括终端节点、交换节点）和连接这些节点的传输系统有机地组织在一起的、按约定的信令或协议完成任意用户间信息交换的通信体系。

从硬件构成来看，通信网由终端设备、交换设备和传输系统构成。终端设备主要包括电话机、PC 机、移动终端、手机和各种数字传输终端设备，如 PDH 端机、SDH 光端机等。交换节点包括程控交换机、分组交换机、ATM 交换机、移动交换机、路由器、集线器、网关、交叉连接设备等。传输链路即为各种传输信道，如电缆信道、光缆信道、微波、卫星信道及其他无线传输信道等。它们可实现通信网的基本功能：接入、交换和传输。

软件设施则包括信令、协议、控制、管理、计费等，它们主要完成通信网的控制、管理、运营和维护，实现通信网的智能化。通信网中每一次通信都需要软硬件设施的协调配合来完成。通信网构成示意图如图 1-2 所示。

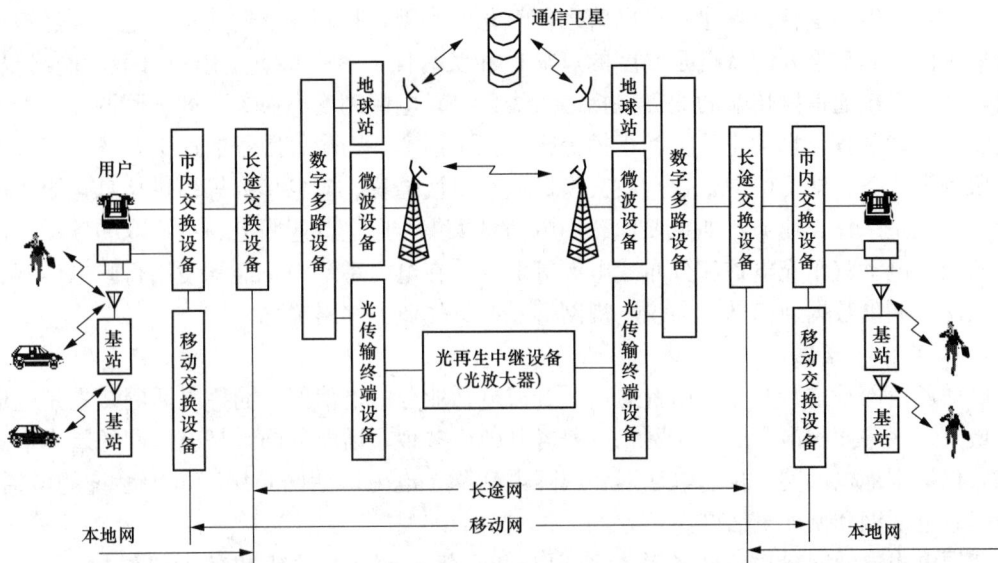

图 1-2　通信网构成示意图

四、通信系统与通信网间的关系

1. 通信系统与通信网

以上关于通信系统和通信网的描述，已经明显地突出了两种概念及它们之间的密切关系。用通信系统来构架，通信网即为通信系统的集或者说是各种通信系统的综合，通信网是各种通信系统综合应用的产物。

通信网源于通信系统，又高于通信系统。但是不论网的种类、功能、技术如何复杂，从物理上的硬件设施分析，通信系统是各种网不可缺少的物质基础，这是自然发展规律，没有线就不能成网。因此，通信网是通信系统发展的必然结果。通信系统可以独立地存在，然而一个通信网是通信系统的扩充，是多节点各通信系统的综合，通信网不能离开系统而单独存在。

2. 现代通信系统与现代通信网

以上讲到的通信系统与通信网的基本概念是从物理结构及硬件设施方面去理解和定义的，然而现在的通信网、通信系统已经融入了计算机技术。

现代通信就是数字通信与计算机技术的结合。在数字通信系统中融合了计算机硬、软件技术，这样的系统即为现代通信系统，如 SDH 光同步传输系统出现后，在光纤传输设备中有 CPU 进行数据运算处理，并引进了管理比特用计算机进行监控与管理，就构成了现代通信系统。现在的通信网已实现了数字化，并引入了大量的计算机硬、软件技术，使通信网越来越综合化、智能化，把通信网推向一个新时代，即现代通信网。现代通信网产生了更多、更广的功能，适用范围更广，为不断满足人们日益增长的物质文化生活的需要提供了服务平台。人们现在经常谈到的通信网、电话网、数据网、计算机网、移动通信网等都属于现代通信网，也可简称通信网。

第二节　电力系统通信网

一、概述

电力系统通信网是国家专用通信网之一，是电力系统不可缺少的重要组成部分，是电网调度自动化、电网运营市场化和电网管理信息化的基础，是确保电网安全、稳定、经济运行的重要手段。其最重要的特点是高度的可靠性和实时性，另一特点是用户分散、网络复杂。目前，电力系统通信网传输的业务包括三大类：一是电网调度类业务，即电网调度，继电保护及安全自动装置，自动化系统和指挥提供数据、语音、图像等服务的通信业务；二是电网管理服务类业务，即为电网企业行政交换、电视电话会议、应急指挥等提供信息化服务的通信业务；三是采集类业务，如主要承载用电信息采集、用电营业服务、用户双向互动、设备故障监测、电动汽车充电桩和分布式电源等业务。在电力系统中，经常使用行政电话网、调度电话网、调度数据通信网、会议电视网等一些具体业务网络名称。

（一）电力电话网

电话通信网是进行交互型话音通信、开放电话业务的电信网，简称电话网。它是电信业务量最大、服务面积最广的专业网，可兼容其他许多种非话业务网，是电信网的基本形式和基础，包括本地电话网、长途电话网和国际电话网。电力电话网是用于电力系统的电话网，分为行政电话网和调度电话网。

我国电力电话网是由三级长途交换中心和一级本地网端局组成的四级结构。其中一、二、三级的长途交换中心构成长途电话网，由本地网端局和按需要设置的汇接局组成本地电话网。一级交换中心指国家电力通信中心，二级交换中心指网局交换中心，三级交换中心指省一级的交换中心。

电力系统交换网是独立于公用通信网的专用交换通信网，其主要职责是传输和交换电力调度人员的操作命令、经济调度、处理事故、行政管理等信息，它是指挥电力系统安全、稳定、经济运行的重要工具，其质量的优劣直接影响着电网运行的安危。正因为如此，对电力系统交换网的要求很高，主要要求通信电路具有稳定可靠、畅通无阻、实时性强、接续速度快、调度功能完善等特点。为了满足这些要求，在设计通信电路时，重要厂、站要有两条以上独立通信通道，以保证在任何情况下均有电路可用。

（二）会议电视网

会议电视系统就是依托计算机网络在异地多个会场召开电视会议的系统。其国际标准为H.32x，主要为H.320和H.323，它的网络类型可以是电路交换网络和分组交换网络，能方便迅速地召开会议。

20世纪90年代视频通信正式进入中国并快速发展。随着科技的不断发展以及对视频通信要求不断增多，视频通信市场由原来的大型企业和政府开始向中小型企业扩展。视频会议提供了高清体验的远程沟通，多元化的沟通方式使其在电力企业中得到了广泛应用。视频会议取代了大量传统会议，提高了企业内部沟通效率，降低了企业办公差旅成本。视频会议技术正向4K超高清、融合AI技术、多系统可视化融合通信、视频云化等方向发展。视频云平台技术不仅实现了平台资源的共享、减少用户投资，还实现了4K、H.265、移动终端、视频会议与视频监控、UC系统甚至包括应急指挥的深度融合。

目前，视频主流厂商采用的是H.265编码，可以在2M带宽下，实现较好的4K视频显示效果。为促进4K/8K超高清产业进一步走向规范化，国际电信联盟无线电通信部门（ITU-R）颁布了面向新一代超高清UHD（Ultra-high Definition）视频制作与显示系统的BT.2020标准，定义了超高清视频显示的各项参数指标，给用户带来更好的色彩感官体验。

云视频会议通过云计算技术，实现了以软件及服务模式为主体的服务内容，数据的传输、处理、存储全部由视频会议厂家的计算机资源处理，用户无须再购置昂贵的硬件设备。云视频会议取代传统视频会议，不仅是在应用技术上的突破，同时也标志着视频通信技术进入了新技术快速叠加时代。

随着各类新技术的应用，云视频会议功能变得越来越强大，主流厂商均采用了 AI 技术，为用户提供更加简便快捷的业务体验。VR（虚拟现实）技术将现实融入虚拟的社交模式中，将成为应用的主要场景。

国家电网公司会议电视系统于 2001 年 3 月建成投运，用于内部沟通和远程协作。目前，国家电网公司已经建成了覆盖全国范围的会议电视网络，支持高清视频、多屏互动、远程协作等功能。同时，国家电网公司还积极探索 5G、云计算等新技术在会议电视系统中的应用，以进一步提升系统的性能和灵活性。

国家电网公司会议电视系统广泛应用于企业内部管理、电力调度、应急指挥等场景。在内部管理方面，会议电视系统用于高层决策会议、部门协调会议等，提高了沟通效率和决策速度。在电力调度方面，会议电视系统实现了各级调度中心之间的实时信息共享和协同工作，确保电力系统的安全稳定运行。在应急指挥方面，会议电视系统为突发事件的处理提供了快速响应和远程协作的平台，有效提升了应急管理能力。此外，国家电网公司还利用会议电视系统开展员工培训和技术交流，促进了知识的传播和共享。

（三）电力数据通信网

数据网是完成数据传输与数据交换的基础，是指传输的业务信息为数据形式。电力数据通信网分为国家电力调度数据网和国家电力数据通信网。国家电力调度数据网支撑电力生产调度的相关业务传送，为了保障网络的安全可靠运行与公网没有互联。而国家电力通信数据网络主要支持除调度以外的其他数据业务，如行政管理类和市场运行类数据业务。

1. 国家电力数据通信网

国家电力数据通信网是电力通信网的重要业务网络之一，是国家电网公司系统内各种计算机应用系统实现网络化的公共平台，是实现国家电力公司信息化的基础。

国家电力数据通信网络承载的主要业务有：

（1）企业管理信息及办公自动化（含 DMIS、通信 MIS 等）。

（2）电力市场信息发布。

（3）IP 会议电视（会议电视、远程教育、视频监视、协同工作等）。

（4）网络通用业务（WEB 浏览、EMAIL、文件传输、GIS、电子商务等）。

（5）IP 电话及 IP 电话会议系统。

（6）通信网网管数据通信通道（DCN）的备用传输。

国家电力数据通信网的建成，形成了电力专用通信网 IP 业务的综合平台。

2. 国家电力调度数据网

为了确保各调度中心之间以及调度中心与厂站之间计算机监控系统等实时数据通信的可靠性和安全性，依照国家经贸委令〔2002〕第 30 号《电网和电厂计算机监控系统及调度数据网络安全防护规定》，建设全国性的统一的国家电力调度数据网，按照"统一规划设计、统一技术体制、统一路由策略、统一组织实施"的原则进行网络工程建设。

国家电力调度数据网由骨干核心层、汇聚层及接入层构成。骨干核心层主要负责全国电力调度数据传输与控制；汇聚层主要负责汇集区域内电力数据并上传至核心层；接入层主要负责采集电力生产、传输和分配的实时数据，并将其上传至汇聚层。调度数据网承载的业务主要有以下两类：

（1）实时监控业务。①能源管理系统（EMS）与远动终端单元（RTU）或变电站自动化系统的实时数据；②EMS之间交换的实时数据；③水调自动化数据；④实时电力市场辅助控制信息；⑤电力系统动态测量数据。

（2）调度生产直接相关业务。①发电及联络线交换计划、联络线考核；②调度票、操作票、检修票等；③调度生产运行报表（日报、月报、季报）；④电能量计量计费信息；⑤故障录波、保护和安全自动装置有关管理数据；⑥电力市场申报数据和交易计划数据。

3. 网省公司电力数据通信网

全国电力大部分网、省公司建设了数据通信网，这些数据通信网络主要覆盖范围是网省公司直属供电公司、所管辖的电厂和变电站。

二、电力系统通信技术现状

电力系统通信技术领域主要包括传输网技术、接入网技术、业务网技术、支撑网技术、网络安全技术等方面，承载着电力各种业务的安全传送，满足电力安全生产、输送和消费等需求。因此，电力系统通信技术主要体现在传输网、接入网、业务网和支撑网等技术领域。

电力通信传输网的骨干网（Backbone Network）是用来连接多个区域或地区的高速网络。在电力行业，骨干传输网以架空地线复合光缆 OPGW 作为主要物理层介质，建成了以同步数字体系 SDH 和光传送网 OTN 技术体制为基础的网络结构，其中，SDH 传输网主要用于承载电力调度及生产实时控制业务，OTN 传输容量达到 $80 \times 100G$。纵观国内外相关的电力传输骨干通信网发展情况，结合国内电力技术应用现状，以及我国能源结构的调整和"新基建"建设步伐，未来的电力骨干通信网发展将向更高速率、更大带宽、更长传输距离、更加智能的趋势发展。通信传输网在新型光纤技术、大容量超 100G 光传输技术、超长站距传输技术、自主可控技术、骨干网智能监测技术方面还需进一步研究。

电力通信终端通信接入网是骨干通信网络的延伸，分为远程通信接入网和本地通信接入网两级架构。远程通信接入网指末端业务终端（如表计、数据传输单元 DTU、电动汽车充电桩等）或边缘汇聚终端（如集中器、边缘物联代理装置、输电线路状态监测代理等）直接与骨干通信网连接的通信接入网络，主要包括以太网无源光网络 EPON/千兆比特无源光网络 GPON、工业以太网、无线专网、无线公网、中压电力线载波等通信技术。本地通信接入网指末端业务终端与边缘汇聚终端连接的通信接入网络，主要包括低压电力线载波、微功率无线、RS-485/RS232 串口通信等技术。随着能源互联网的推进，如新能源接入、电动汽车、"大云物移"等，需要接入网能够快速、灵活、高效地为新增业务提供支撑。接入网承载业务直接面向电网用户，具有"点多面广"的特点，电网业务系统的网络边界随着业务扩展逐渐增多，部分终端部署于街道、小区等易被接触到的地方，对接入网信息安全防护也提出了更高的要求。

电力通信业务网是服务于终端用户的调度交换网、行政交换网、视频会议系统、应急通信系统，以及用于保障业务高效、可靠运行的调度数据网、综合数据网等承载网。随着云计算、大数据、物联网、媒体集成、AI 等技术的发展与渗透，未来视频通信技术正呈现出一些新的发展趋势，支持各类客户的全场景应用。在自然灾害频发、技术发展和政府共同推动下，未来应急通信技术正朝自主可控宽带卫星通信技术、自主可控卫星电话及多模融合终端、北斗三号授时定位等技术方向发展。网络控制技术方面未来主要朝软件定义网络（Software-defined Networking，SDN）的网络流量优化、SR（Segment Routing）的流量工程、路径规划技术方向演进。网络承载方面向网络切片、网络自主方向发展。

电力通信支撑网是负责提供通信传输业务网运行所必需的信令、时钟同步、网络管理、业务管理运营管理等功能的网络，以提供用户满意的服务质量。随着电力通信网变得非常庞大复杂，网络管理技术以自我感知、自我配置、自我优化、自我修复（自愈）和自我保护为特征的自主管理已受到越来越多的关注。基于大数据和 AI 的网络管理技术、网络功能虚拟化管理技术、针对边缘网络的管理将是未来支撑网发展的主要方向。

第三节　电力系统通信技术分类

电力系统通信网主要由传输、交换、终端三大部分组成。其中传输与交换部分组成通信网络，传输部分为网络的线，交换设备为网络的节点。

不同的业务有不同的特点，与之相对应的通信网采用了不同的交换方式。目前常见的交换方式有电路交换、分组交换两大类。

传输系统以光纤、数字微波传输为主，卫星、电力线载波、电缆、移动通信等多种通信方式并存，实现了对除我国台湾外所有省、自治区、直辖市的覆盖，承载的业务涉及语音、数据、远动、继电保护、电力监控、移动通信等领域。

电力系统通信技术主要有以下几种。

1. 电力线载波通信

电力线载波通信（Power Line Carrier，PLC）是利用高压输电线作为传输通路的载波通信方式，用于电力系统的调度通信、远动、保护、生产指挥、行政业务通信及各种信息传输。电力线路是为输送 50Hz 强电设计的，线路衰减小，机械强度高，传输可靠，电力线载波通信复用电力线路进行通信不需要通信线路建设的基建投资和日常维护费用，是电力系统特有的通信方式。

2. 光纤通信

光纤通信是以光波为载波，以光纤为传输媒介的一种通信方式。在我国电力通信领域普遍使用电力特种光缆，主要包括全介质自承式光缆 ADSS、架空地线复合光缆 OPGW。电力特种光缆是适应电力系统特殊的应用环境而发展起来的一种架空光缆体系，它将光缆技术和输电线技术相结合，架设在 10～500kV 不同电压等级的电力杆塔上和输电线路上，具有高可靠、长寿命等突出优点。电力通信网采用 A/B 平面架构，建成了以 SDH 和 OTN 技术体制为基础的骨干传输网网络结构，其中，SDH 传输网主要用于承载电力调度及生产实时控制业务，OTN 传送电网通信大颗粒数据业务，传输容量达到 $80 \times 100G$。

3. 微波通信

微波通信是指利用微波（射频）作载波携带信息，通过无线电波空间进行中继（接力）的通信方式。常用微波通信的频率范围为 1～40GHz。微波按直线传播，若要进行远程通信，则需在高山、铁塔或高层建筑物顶上安装微波转发设备进行中继通信。

4. 卫星通信

卫星通信是在微波中继通信的基础上发展起来的。它是利用人造地球卫星作为中继站来转发无线电波，从而进行两个或多个地面站之间的通信。卫星通信主要用于解决国家电网公司至边远地区的通信。目前电力系统内基本上形成了系统专用的卫星通信系统，实现了北京对新疆、西藏、云南、海南、广西、福建等边远省区的通信。卫星通信除用作话音通信外，还用来传送调度自动化系统的实时数据。

5. 移动通信技术

移动通信是指通信的双方中至少有一方是在移动中进行信息交换的通信方式。无线通信以开放式传播来传递信息，移动通信则是在无线通信的基础上又进一步引入了用户的移动性。

移动通信系统从 20 世纪 80 年代后期至今，已经历了 5 代系统的更迭。第一代以模拟式蜂窝网为主要特征，它以解决用户动态性为核心并适当考虑到信道动态性，主要措施是采用频分多址方式实现对用户的动态寻址，并以蜂窝式网络结构和频率规划实现载频再用方式，达到扩大覆盖和满足用户数量的需求。第二代（2G）以数字化为主要特征，较全面考虑信道与用户的二重动态特性及相应的匹配措施，采用 TDMA（GSM）、CDMA（IS-95）方式实现对用户的动态寻址功能，并以数字式蜂窝网络结构和频率（相位）规划实现载频（相位）再用方式，以扩大覆盖、满足用户数量增长的需求。第三代（3G）以多媒体业务为主要特征，引入了业务的动态性，全面考虑并完善对信道、用户二重动态特性匹配特性，并适当考虑到业务的动态性能，采取相应措施予以实现。第四代（4G）是在三代业务多媒体化的基础上，以无缝灵活支持高速无线互联网业务为主要目标，完善对信道、用户和业务的三重动态特性匹配，并适当考虑网络的动态性能，采取相应措施实现多个无线接入网融合、固网与移动网融合。第五代移动通信系统（5G）大幅度扩展了移动通信的应用场景，渗透到工业应用、智能交通等各种垂直行业。5G 提出了"万物互联"的愿景，引入了第五重动态性——服务对象的动态性，第一次将人—机—物纳入统一的服务体系中。

作为电力通信网的补充和延伸，移动通信在电力线维护、事故抢修、行政管理等方面发挥着积极的作用。

6. 现代交换技术

电路交换和分组交换是两种不同的交换方式，是代表两大范畴的传送模式。现代交换方式主要有电路交换（Circuit Switching，CS）、分组交换（Packet Switching，PS）、帧交换（Frame Switching，FS）、帧中继（Frame Relay，FR）、多协议标记交换（Multiprotocol Label Switch，MPLS）、软交换（Soft Switch，SS）、异步传送模式（Asynchronous Transfer Mode，ATM）。

电路交换是最早出现的一种交换方式，电话交换网（PSTN）采用电路交换方式。电路交换是在通信之前先建立连接，通信过程中固定分配带宽、独占信道的实时交换。电路交换信息传送的最小单位是时隙，采用面向连接的工作方式，基于同步时分复用，信道利用率低，信息传送无差错控制，但具有透明性。

分组交换是一种存储转发的交换方式。它是将需要传送的信息划分为一定长度的数据包，也称为分组（Packet），以分组为单位进行存储转发的，分组交换信息传送的最小单位是分组。而每个分组信息都包含源地址和目的地址的标识。采用面向连接（虚电路）和无连接（数据报）两种工作方式。基于统计时分复用，信道利用率高，信息传送有差错控制，信息传送不具有透明性。分组交换最基本的思想就是实现通信资源的共享。分组交换最适合数据通信。数据通信网几乎全部采用分组交换。

帧交换简化了协议，加快了处理速度。

帧中继技术是在 OSI 第二层上用简化的方法传送和交换数据单元的一种技术。

多协议标记交换 MPLS 是新一代的 IP 高速骨干网络交换标准。MPLS 的核心思想是边缘的路由、核心的交换。MPLS 技术是结合二层交换和三层路由的集成数据传输技术，它不仅支持网络层的多种协议，还可以兼容第二层上的多种链路层技术。采用 MPLS 技术的网络相对简化了网络层复杂度，兼容现有的主流网络技术，降低了网络升级的成本。

软交换是网络演进以及下一代分组网络的核心设备之一，它独立于传送网络，主要完成呼叫控制、资源分配、协议处理、路由、认证、计费等主要功能，同时可以向用户提供现有电路交换机所能提供的所有业务，并向第三方提供可编程能力。

ATM 是电信网络发展的重要技术，是为解决远程通信时兼容电路交换和分组交换而设计的技术体系。

7. 现代通信网技术

现代通信网按功能划分可以分为传输网、支撑网。

支撑网是使业务网正常运行，增强网络功能，提供全网服务质量，以满足用户要求的网络，在各个支撑网中传送相应的控制、检测信号，包括信令网、同步网和电信管理网。

8. 接入网技术

接入网是由业务节点接口和用户网络接口之间的一系列传送实体（如线路设施和传输设施）组成的、为传送电信业务提供所需承载能力的实施系统。接入所使用的传输媒体可以是多种多样的，可灵活支持混合的、不同的接入类型和业务。接入网主要分为有线接入网和无线接入网两大类，有线接入网包括铜线接入网、光纤接入网和混合光纤/同轴电缆接入网；无线接入网包括固定无线接入网、移动接入网和各种近距离无线接入技术；此外还有以太网接入、卫星 Internet 接入及新兴的电力线接入，各种方式的具体实现技术多种多样。

以上基于电力系统通信网主要由传输、交换、终端三大部分组成的架构，分析了电力系统主要通信技术，还有一些与之相关的通信技术未列出。

第二章　通 信 基 础 知 识

第一节　通信的基本概念与基本问题

一、通信系统模型

图 2-1 给出的是通信系统的一般模型，反映了通信系统的共性，根据研究的对象和关注的问题不同，各方框的内容和作用有所不同。按照信道中传输的信号是模拟信号还是数字信号，可将通信系统分为模拟通信系统与数字通信系统。

1. 模拟通信系统模型

凡信号参量的取值是连续的或取无穷多个值的，且直接与消息相对应的信号，均称为模拟信号，如电话机送出的语音信号、电视摄像机输出的图像信号等。模拟信号有时也称连续信号，这个连续是指信号的某一参量可以连续变化，或者说在某一取值范围内可以取无穷多个值，而不一定在时间上也连续，如抽样信号。信道中传输模拟信号的系统称为模拟通信系统。模拟通信系统的模型如图 2-1 所示。

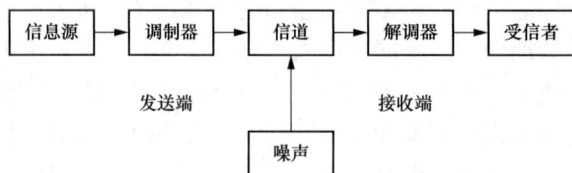

图 2-1　模拟通信系统的模型

模拟通信系统模型由图 1-1 演变而成，调制器和解调器就代表图 1-1 中的发送设备和接收设备。

2. 数字通信系统模型

凡信号参量只能取有限个值，并且常常不直接与消息相对应的信号，均称为数字信号，如电报信号、计算机输入/输出信号、PCM 信号等。数字信号有时也称离散信号，这个离散是指信号的某一参量是离散变化的，而不一定在时间上也离散，如 2PSK 信号。信道中传输数字信号的系统称为数字通信系统，其模型如图 2-2 所示。

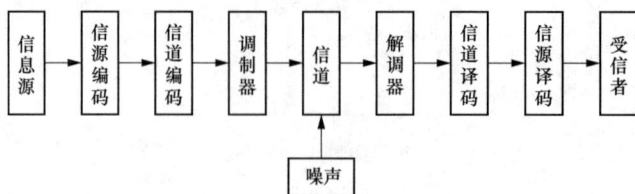

图 2-2　数字通信系统模型

数字通信涉及的技术问题很多，其中主要有信源编码/译码、信道编码/译码、数字调制/解调、数字复接、同步以及加密等。

数字通信中信源编码的作用之一是设法减少码元数目和降低码元速率，即通常所说的数据压缩，码元速率将直接影响传输所占的带宽，而传输带宽又直接反映了通信的有效性；作用之二是，当信息源给出的是模拟信号时信源编码器将其转换成数字信号，以实现模拟信号的数字化传输。模拟信号数字化传输主要有两种方式：脉冲编码调制（PCM）和增量调制（ΔM）。信源译码是信源编码的逆过程。

信道编码是为了降低误码率，提高数字通信的可靠性而采取的编码。基本思想是通过对信息序列作某种变换，使原来彼此独立、相关性极小的信息码元产生某种相关性，从而在接收端利用这种规律检查或纠正信息码元在信道传输中所造成的差错。

数字调制就是把数字基带信号的频谱搬移到高频处，形成适合在信道中传输的频带信号。基本的数字调制方式有振幅键控 ASK、频移键控 FSK、绝对相移键控 PSK、相对（差分）相移键控 DPSK。对这些信号可以采用相干解调或非相干解调还原为数字基带信号。

同步是保证数字通信系统有序、准确、可靠工作的不可缺少的前提条件，可使收、发两端的信号在时间上保持步调一致；按照同步的功能不同，可分为载波同步、位同步、群同步和网同步。

数字复接就是依据时分复用基本原理把若干个低速数字信号合并成一个高速的数字信号，以扩大传输容量和提高传输效率。

对两种通信系统来说，数字通信是发展的主流，因为数字通信具有很多优点：

(1) 抗干扰能力强，数字信号可以再生，从而消除噪声累积。

(2) 便于进行各种数字信号处理。

(3) 便于实现集成化。

(4) 便于加密处理。

(5) 便于综合传递各种信息，实现综合业务数字网。

但是，数字通信的许多优点都是用比模拟通信占据更宽的系统频带为代价而换取的。以电话为例，一路模拟电话通常只占据 4kHz 带宽，但一路接近同样话音质量的数字电话可能要占据 64kHz 的带宽，因此数字通信的频带利用率不高。另外，数字通信对同步要求高，因而系统设备比较复杂。不过，随着新的宽带传输信道（如光导纤维）的采用，窄带调制技术和超大规模集成电路、信息压缩等技术的发展，数字通信的这些缺点已经弱化；并且随着微电子技术和计算机技术的迅猛发展和广泛应用，数字通信在今后的通信方式中必将逐步取代模拟通信而占主导地位。

需要说明的是，上述模型图只给出了点到点的单向通信系统，实际在大多数场合通信系统需要双向进行，信源兼为受信者，通信设备包括发信设备和收信设备。此外，通信系统除了完成信息传输外，还必须进行信息的交换，传输系统和交换系统共同组成一个完整的通信系统，乃至通信网。

3. 信息、消息与信号

学习通信概念及理论过程中要区分信息、消息与信号几个名词。

(1) 信息。信息是一种不确定度的描述，是语言、文字、数据或图像中所包含的人们想知道的内容，是内在的实质的东西。

(2) 消息。消息是具体的，有不同的形式。消息中包含了信息，如符号、文字、语音、数据、图像等，根据所传输的消息不同形成了目前的各种通信业务，人们可以从消息中提取信息。因此，通信的根本目的在于传输含有信息的消息，否则就失去了通信的意义。基于这种认识，"通信"也就是"信息传输"或"消息传输"。

（3）信号。信号为消息的表示形式，在通信系统中传输的实际是表现为各种消息形式的电信号。

二、通信系统的分类

根据讨论问题的侧重点不同，通信系统有不同的分类方法，这里从通信系统模型展开介绍。

1. 按通信业务不同分类

按照目前通信业务的不同可将通信系统分为电报通信系统、电话通信系统、传真通信系统、数据通信系统、可视电话系统、无线寻呼系统等。另外从广义的角度来看，广播、电视、雷达、导航、遥控、遥测等也应列入通信的范畴，因为它们都满足通信的定义。由于广播、电视、雷达、导航等的不断发展，目前它们已从通信中派生出来，形成了独立的学科。

这些系统可以是专用的，但通常是兼容的或并存的，趋势是发展综合业务数字网，各种类型的信息都能在一个统一的通信网中传输、交换和处理。

2. 按调制方式不同分类

根据是否采用调制，可将通信系统分为基带传输系统和频带传输系统（或称载波传输）基带传输系统指不经过调制直接传输，而频带传输系统可以采用表 2-1 所示的各种调制方式。

表 2-1　　　　　　　　　　　　常 用 的 调 制 方 式

调制方式			用途
连续波调制	线性调制	常规双边带调幅 AM	广播
		抑制载波双边带调制 DSB	立体声广播
		单边带调制 SSB	载波通信、无线电台、数据传输
		残留边带调制 VSB	电视广播、数据传输、传真
	非线性调制	频率调制 FM	微波中继、卫星通信、广播
		相位调制 PM	中间调制方式
	数字调制	幅度键控 ASK	数据传输
		频移键控 FSK	数据传输
		相位键控 PSK、DPSK QPSK 等	数据传输、数字微波、空间通信
		其他高效数字调制 QAM、MSK	数字微波、空间通信
脉冲调制	脉冲模拟调制	脉幅调制 PAM	中间调制方式、遥测
		脉宽调制 PDM（PWM）	中间调制方式
		脉位调制 PPM	遥测、光纤传输
	脉冲数字调制	脉码调制 PCM	市话、卫星、空间通信
		增量调制 DM	军用、民用电话
		差分脉码调制 DPCM	电视电话、图像编码
		ADPCM、APC、LPC	中低速数字电话

3. 按传输信号的特征分类

按照信道中所传输的是模拟信号还是数字信号，相应地把通信系统分成模拟通信系统和数字通信系统。

4. 按传送信号的复用方式分类

传输多路信号有频分复用（FDM）、时分复用（TDM）、码分复用（CDM）、波分复用（WDM）和空分复用（SDM）等。频分复用是用频谱搬移的方法使不同信号占据不同的频率范围；时分复用是用脉冲调制的方法使不同信号占据不同的时间区间；码分复用是用正交的码序列区分不同信号。传统的模拟通信中都采用频分复用，随着数字通信的发展，时分复用通信系统的应用越来越广泛，码分复用、空分复用主要用于移动通信系统，波分复用主要用于光纤通信，卫星通信中也采用频分复用、空分复用等。

5. 按传输媒质分类

按传输媒质，通信系统可分为有线通信系统和无线通信系统两大类。有线通信是用导线（如架空明线、同轴电缆、光导纤维、波导等）作为传输媒质完成通信的，如市内电话、有线电视、海底电缆通信等。无线通信是依靠电磁波在空间传播达到传递消息的目的，如短波电离层传播、微波视距传播、卫星中继、移动通信等。

三、通信方式

（一）单工、半双工及全双工通信

按消息传送的方向与时间关系，通信方式可分为单工、半双工及全双工通信三种。

1. 单工通信

单工通信是指消息只能单方向传输的工作方式，因此只占用一个信道，如图 2-3（a）所示。广播、遥测、遥控、无线寻呼等就是单工通信方式的例子。

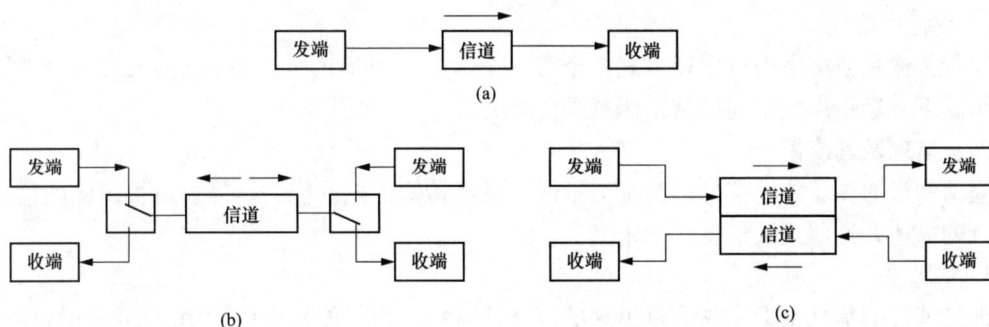

图 2-3 单工、半双工和全双工通信方式示意图
(a) 单工；(b) 半双工；(c) 全双工

2. 半双工通信

半双工通信是指通信双方都能收发消息，但不能同时进行收和发的工作方式，如图 2-3（b）所示。例如，使用同一载频的对讲机、收发报机以及问询、检索、科学计算等数据通信都是半双工通信方式。

3. 全双工通信

全双工通信是指通信双方可同时进行收发消息的工作方式。一般情况下全双工通信的信道必须是双向信道，如图 2-3（c）所示。普通电话、手机都是最常见的全双工通信方式，计算机之间的高速数据通信也是这种方式。

（二）并行传输和串行传输

在数字通信中，通信方式按数字信号代码排列顺序不同分为并行传输和串行传输。

1. 并行传输

并行传输是将代表信息的数字序列以成组的方式在两条或两条以上的并行信道上同时传输，如图 2-4（a）所示。并行传输的优点是节省传输时间，但需要传输的信道多，设备复杂，成本高，故较少采用，一般适用于计算机和其他高速数字系统，特别适用于设备之间的近距离通信。

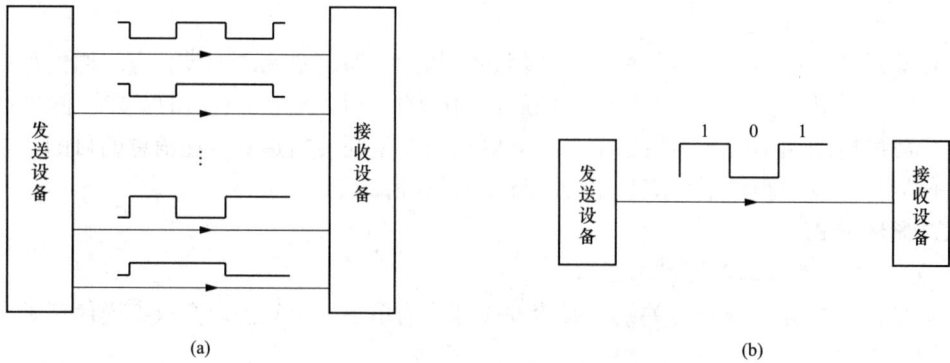

图 2-4　并行和串行通信方式示意图
(a) 并行传输；(b) 串行传输

2. 串行传输

串行传输是数字序列以串行方式一个接一个地在一条信道上传输，如图 2-4（b）所示，一般情况下，远距离数字通信都采用这种传输方式。

四、信息及其度量

通信的目的在于传输信息，为了衡量通信系统传输信息的能力，需要对被传输的信息进行定量的描述，这就涉及信息量的定义。

1. 信息量

消息携带的信息量大小与消息出现的可能性有关，而可能性可以由消息的统计特性——概率 $P(x_i)$ 描述。离散消息 x_i 携带的信息量为

$$I(x_i) = \frac{1}{\log P(x_i)} = -\log P(x_i) \tag{2-1}$$

单位由对数的底来确定：

（1）对数以 2 为底时，单位为比特（bit）。

（2）对数以 e 为底时，单位为奈特（nat）。

（3）对数以 10 为底时，单位为哈特莱（Hartley）。

其中，比特使用较多。

2. 平均信息量（也称信源熵）

离散信源的平均信息量为　　　$H(\mathrm{X}) = -\sum_{i=1}^{L} P(x_i)\log_2 P(x_i)$　（bit/ 符号）　　　（2-2）

对于连续信源，其信源熵为

$$H(\mathrm{X}) = -\int_{-\infty}^{\infty} f(\chi)\log_2 f(\chi)\mathrm{d}\chi \qquad (2-3)$$

式中，$f(\chi)$ 为消息出现的概率密度。

五、通信系统的主要性能指标

在设计或评价通信系统时，往往以具体指标衡量其性能的优劣，性能指标也称质量指标。通信系统的性能指标涉及有效性、可靠性、适应性、标准性、经济性、维护使用等，但从研究信息传输的角度来说主要性能指标有两个，即有效性和可靠性。其中有效性指传输的速度问题，即给定信道内所传输的信息内容多少；可靠性指传输的质量问题，即接收信息的准确程度。二者是一对矛盾，通常根据实际应用求得相对的统一，即在满足一定可靠性指标下，尽量提高传输速度；或在维持一定有效性指标时，使消息传输质量尽可能提高。

两个主要性能指标对于不同通信系统，具体表现也不同。

（一）模拟通信系统的主要性能指标

1. 有效性

模拟通信系统的有效性指标用传输频带衡量，不同调制方式需要的频带宽度（简称带宽 B）也不同，信号的带宽 B 越小，占用信道带宽越少，在给定信道时容纳的传输路数越多，有效性越好。

2. 可靠性

模拟通信系统的可靠性指标用接收端的最终输出信号噪声功率比（简称信噪比 S/N 或 Signal Noise Ratio，SNR）衡量，不同调制方式在同样信道信噪比下所得到的最终解调输出信噪比也不同，如调频系统的输出信噪比大于调幅系统，故可靠性比调幅系统好，但调频信号所需传输带宽高于调幅。

（二）数字通信系统的主要性能指标

1. 有效性

数字通信系统的有效性指标用传输速率衡量，传输速率又分为码元传输速率和信息传输速率。

（1）码元传输速率（R_B）。码元传输速率简称传码率，又称符号速率，指单位时间能够传送的码元数，单位为波特（Baud）。

若 T_B（秒，s）为每个码元传输所占用的时间（也称码元周期、符号周期），则 $R_B = 1/T_B$（波特，Baud，简称 B）。

若码元为二进制，则 R_B 对应 R_{B2}，码元为 M 进制，则 R_B 对应 R_{BM}，其中 $R_{B2} = R_{BM} \cdot \log_2 M$。

（2）信息传输速率（R_b）。信息传输速率简称传信率，又称比特率，指单位时间能够传送的平均信息量，单位为比特/秒、bit/s，简称 b/s、bps。

传码率和传信率的关系为 $R_b = R_B \cdot \log_2 M$ b/s，或 $R_B = R_b / \log_2 M$ B。

$R_B \leqslant R_b$，因为多进制码元要用多位二进制表示，所需传输时间长，传输速率降低。

有两点需要说明：

1）带宽与速率。在某些资料上也借用带宽来描述数字通信系统的有效性即传输速率，例如说某信道的带宽为 56kb/s，也就意味着该信道的数据传输速率为 56kb/s，因为带宽与速率之间有一定量的关系。

2）频带利用率 η。比较不同通信系统的有效性时，只看它们的传输速率还不够，还应看该传输速率下所占用的带宽，故经常用频带利用率 η 即单位频带内的码元传输速率来衡量数字通信系统的有效性，频带利用率 η 定义为

$$\eta_B = \frac{R_B}{B}(\text{B/Hz}) \text{ 或 } \eta_b = \frac{R_b}{B}[\text{b/(s} \cdot \text{Hz)}] \tag{2-4}$$

2. 可靠性

数字通信系统的可靠性指标用差错概率衡量，差错概率又分为误码率和误信率。

（1）误码率（码元差错概率）P_e。误码率指接收的错误码元数在传输总码元数中所占的比例，即码元在通信系统中被传错的概率。

$$P_e = \frac{\text{错误码元数}}{\text{传输总码元数}} \tag{2-5}$$

（2）误信率（信息差错概率）P_b。误信率指发生差错的比特数在传输总比特数中所占的比例。

$$P_b = \frac{\text{错误比特数}}{\text{传输总比特数}} \tag{2-6}$$

当采用多进制传输（进制数 $M>2$）时，由于一个多进制码元有 $\log_2 M$ 个比特信息，当 $\log_2 M$ 个比特信息中有一个比特发生错误，就会使整个多进制码元发生错误，由此可以判断误码率与误信率的关系为 $P_b \leqslant P_e$。

六、信道容量与计算

信道容量 C 指信道中无差错传输信息的最大速率，分为连续信道的信道容量和离散信道的信道容量。

对于连续信道的信道容量计算，有著名的香农公式［见式（2-7）］。

$$C = B\log_2(1+S/N) = B\log_2\left(1+\frac{S}{n_0 B}\right) \tag{2-7}$$

式中：S 为信号的功率；B 为信道带宽；S/N 为信道信噪比；n_0 为噪声功率谱密度。

关于香农公式，有几点需要说明：

（1）$S/N \uparrow \to C \uparrow$，$N \to 0$，则 $C \to \infty$。

（2）$B \uparrow \to C \uparrow$，但 B 无限增加时，信道容量趋于定值 $\lim\limits_{B \to \infty} C = 1.44 \dfrac{S}{n_0}$。

（3）信道容量 C 一定时，带宽 B 与信噪比 $\dfrac{S}{N}$ 可以互换。

香农公式是现代通信的基础，实际通信系统在保持一定的信道容量 C 时，根据具体情

况解决带宽 B（有效性）与信噪比 S/N（可靠性）的矛盾与统一，如 FM 系统牺牲带宽换取信噪比的改善、移动通信节省带宽需要加大发信功率等。

式（2-7）结果为单根天线发射和单根天线接收的通信系统 SISO（Single-Input Single-Output）的信道容量，对于配备有 N_T 根发射天线和 N_R 根接收天线的 MIMO（Multiple-Input Multiple-Output）信道，信道容量的公式会有不同形式，与天线个数有关，通过多天线的配置充分利用信号的空间资源，有效提高衰落信道容量，见本章第六节空分复用部分。

第二节　信号分析基础

通信系统中要传输的是包含信息的信号，因此对通信系统分析离不开信号分析。描述信号的基本方法是写出它的数学表达式（一般为时间的函数），绘出函数的图形（称为信号的波形），这种方法称为时域分析法，该方法对于计算信号某时刻的值很方便；有时还关心信号在频域的分布，以确定信号的带宽，用合适的信道来传输信息，这种方法称为频域分析法。

信号分析方法是以基本信号的某种运算表示各种复杂信号，对其性质及对系统的作用进行分析研究。

一、信号分类

自然界中有很多信号，可以从不同的角度对信号进行分类。在信号分析中，常以信号所具有的时间函数特性来加以分类。这样，信号可以分为确知信号与随机信号（见图 2-6）、连续时间信号与离散时间信号、非周期信号与周期信号、能量信号与功率信号等。

二、傅里叶变换与频谱

分析信号的频域分布，可以确定信号的带宽，以合理分配传输信道，这种方法称为频域分析法。傅里叶变换可以使信号的时域与频域间建立对应关系。

（一）傅里叶变换

傅里叶变换定义为

$$F(\omega) = \int_{-\infty}^{+\infty} f(t) \mathrm{e}^{-\mathrm{j}\omega t} \qquad (2\text{-}8)$$

傅里叶反变换定义为

$$f(t) = \int_{-\infty}^{+\infty} F(\omega) \mathrm{e}^{\mathrm{j}\omega t} \qquad (2\text{-}9)$$

记作：$f(t) \leftrightarrow F(\omega)$。

式中：$F(\omega)$ 称为 $f(t)$ 的频谱密度函数或频谱函数，简称频谱，对应的 $F(\omega) \sim \omega$ 曲线称为频谱图。

（二）常用信号的傅里叶变换

1. 冲激信号及频谱

时域冲激信号 $\delta(t) \leftrightarrow 1$，频域冲激信号 $1 \leftrightarrow 2\pi\delta(\omega)$，对应的波形及频谱如图 2-5 所示。

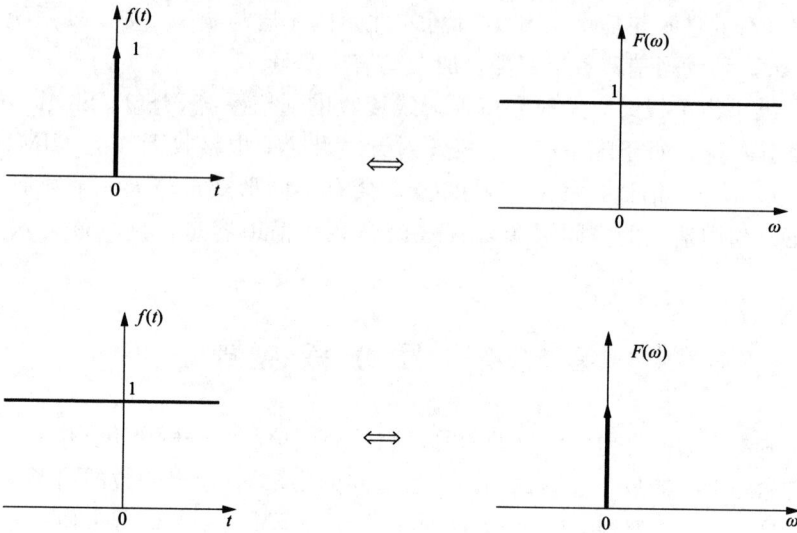

图 2-5　冲激信号及频谱特性

2. 矩形脉冲信号［即门函数 $G_\tau(t)$］及频谱

$$F(\omega)=\int\limits_{-\infty}^{\infty}f(t)\mathrm{e}^{-\mathrm{j}\omega t}\mathrm{d}t=\int\limits_{-\tau/2}^{\tau/2}\mathrm{e}^{-\mathrm{j}\omega t}\mathrm{d}t=\frac{2}{\omega}\sin\left(\frac{\omega\tau}{2}\right)=\tau S_\mathrm{a}\left(\frac{\omega\tau}{2}\right)$$

即　　　　　　　　　　　　　　$$G\tau(t)\leftrightarrow\tau S_\mathrm{a}\left(\frac{\omega\tau}{2}\right)$$

频域门函数为　　　　　　　　　$$\frac{\omega_\mathrm{c}}{2\pi}S_a\left(\frac{\omega_c t}{2}\right)\leftrightarrow G_{\omega_\mathrm{c}}(\omega)$$

门函数 $G_\tau(t)$ 对应的波形及频谱如图 2-6 所示。

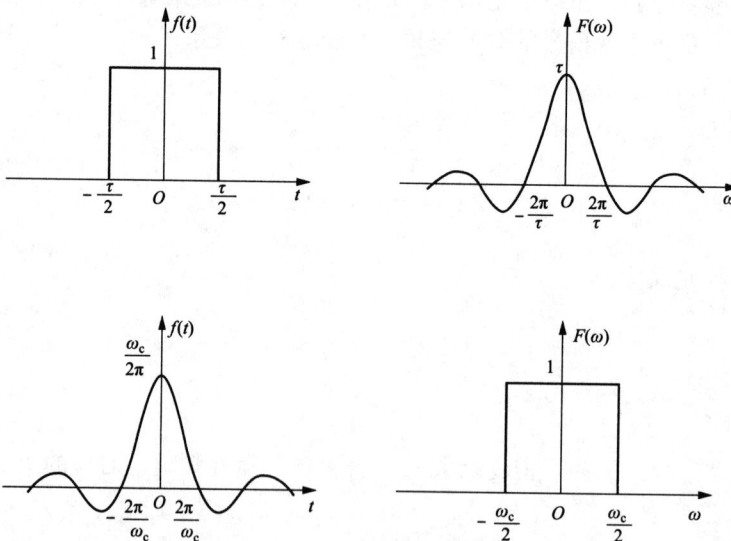

图 2-6　门函数及频谱特性

3. 周期信号及频谱分析

周期信号的傅里叶级数表示为

$$f(t) = \sum_{-\infty}^{+\infty} c_n e^{jn\omega_1 t} \tag{2-10}$$

式中：c_n 为傅里叶系数，写为

$$c_n = \frac{1}{T} \int_{-\infty}^{+\infty} f(t) e^{-jn\omega_1 t} dt, \quad \omega_1 = \frac{2\pi}{T} \tag{2-11}$$

相应周期信号的频谱为

$$F(\omega) = 2\pi \sum_{-\infty}^{+\infty} c_n \delta(\omega - n\omega_1) \tag{2-12}$$

周期性矩形脉冲信号的波形频谱如图 2-7 所示。

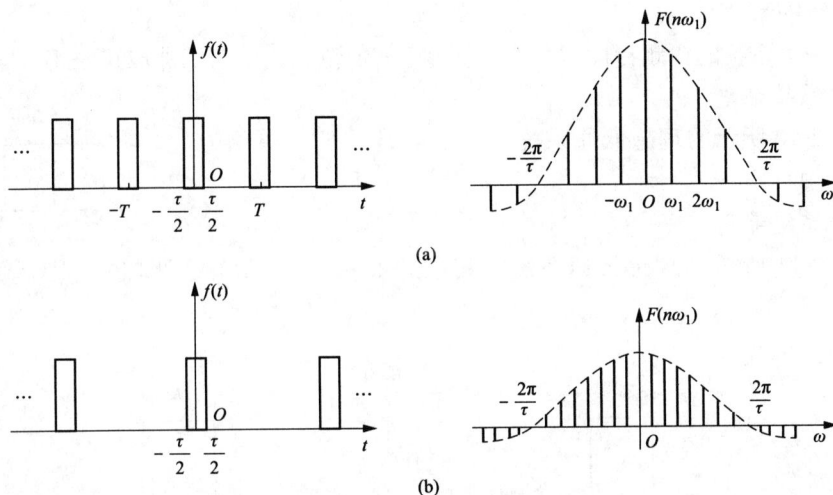

图 2-7 周期性矩形脉冲信号的频谱

4. 正弦信号和余弦信号的频谱分析

余弦信号 $s(t) = A\cos\omega_c t$，正弦信号 $s(t) = A\sin\omega_c t$，ω_c 为载波角频率，正弦信号和余弦信号的波形和频谱如图 2-8 所示。

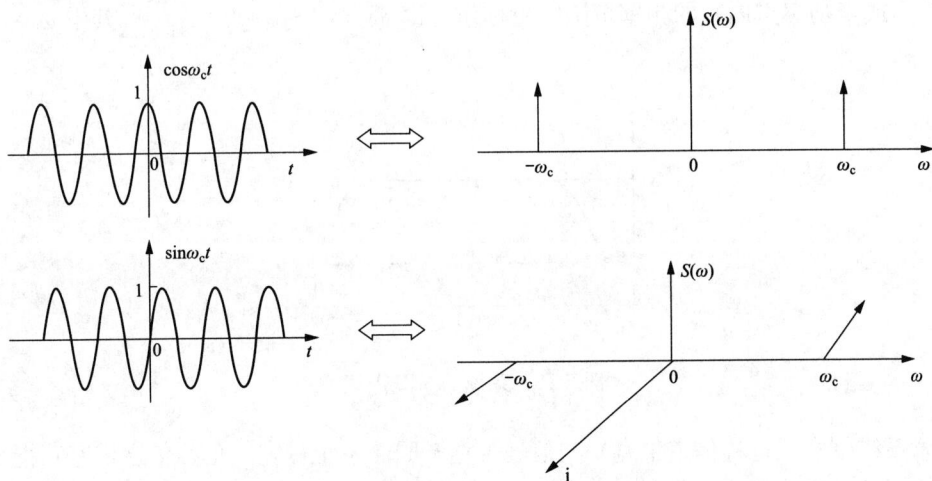

图 2-8 正弦信号和余弦信号的频谱

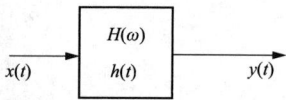

图 2-9　信号通过线性系统

三、信号通过线性系统

信号通过通信系统传输时，系统的特性及信道中的噪声特性会影响信号传输的质量。系统可看作产生信号变换的任何过程，系统可用传递函数 $H(\omega)$ 和冲击响应 $h(t)$ 表示，如图 2-9 所示，重点在于经过系统后输出、输入信号之间的关系。

时域关系：$y(t)=x(t)*h(t)$；频域关系：$Y(\omega)=X(\omega)H(\omega)$

无失真传输系统满足条件 $|H(\omega)|=k$、$\varphi(\omega)=-\mathrm{j}\omega t_0$。

常用的线性系统有各种滤波器（低通滤波器 LPF、高通滤波器 HPF、带通滤波器 BPF）、积分器、微分器等。

四、系统的带宽

带宽指一个系统的幅频特性 $|H(\omega)|$ 在给定数值范围内分布的那段正频率区间。

1. 低通系统带宽

对于图 2-10 所示的理想低通系统，其带宽 $B=f_\mathrm{m}$，单位为赫兹（Hz）。

2. 带通系统带宽

对于图 2-11 所示的理想带通系统，其带宽 $B=2f_\mathrm{m}$，其中 $\omega_\mathrm{m}=2\pi f_\mathrm{m}$。

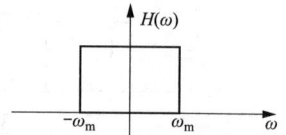

图 2-10　理想低通系统特性

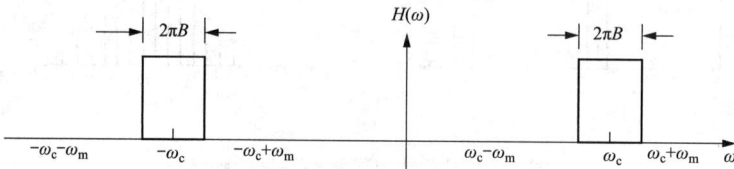

图 2-11　理想带通系统特性

3. 3dB 带宽

对于图 2-12 所示的系统，其带宽 B 定义为幅频特性在频带中心处取值的 0.707 倍以内（即 3dB 内或半功率点内）的频率范围，也称作 3dB 带宽，$B_{3\mathrm{dB}}=f_2-f_1$（其中 $\omega_1=2\pi f_1$，$\omega_2=2\pi f_2$）。

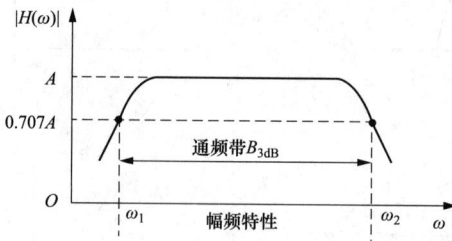

图 2-12　系统的 3dB 带宽

注意系统带宽（也称信道带宽）与信号带宽不同。系统带宽（也称信道带宽）指系统的传输能力、信道容许的频率范围；而信号带宽指携带信息的信号的频率分布范围，各种信号带宽会在本章调制技术部分描述。

第三节 通信中的调制技术

一、调制的概念

调制是通信理论中的重要部分，信息传输多数情况下需要经过调制。所谓调制，就是按调制信号的变化规律去改变载波某些参数的过程。一般在通信系统的发送端有调制过程，而在接收端则需要调制的反过程——解调过程。调制涉及两个输入信号和一个输出信号：两个输入信号为调制信号（基带信号）和载波信号。其中调制信号 $m(t)$ 为包含信息的原始信号，具有较低的频谱分量，在许多信道中不适宜直接传输；载波信号 $c(t)$ 为参数受调制信号控制、用来承载信息的特定信号。一个输出信号为在信道中传输的已调信号 $s_m(t)$。

（一）调制的作用

（1）进行频谱搬移。把调制信号的频谱搬移到所希望的位置上，从而将调制信号转换成适合于信道传输的已调信号。

（2）实现信道多路复用，提高信道的频带利用率。

（3）通过选择不同的调制方式改善系统传输的可靠性。

（二）调制的分类

1. 按照调制信号 $m(t)$ 分类

根据调制信号 $m(t)$ 取值是连续的还是离散的，可将调制分为以下两种类型。

（1）模拟调制。在模拟调制中，调制信号的取值是连续的，如 AM、DSB、SSB、VSB、FM、PM。

（2）数字调制。数字调制中，调制信号的取值为离散的，如 ASK、FSK、PSK 等。

2. 按照载波信号 $c(t)$ 分类

根据载波信号 $c(t)$ 是连续的正弦波还是脉冲串，又可将调制分为以下两种类型。

（1）连续波调制。$c(t)$ 为连续正弦波，如 AM、DSB、SSB、VSB、FM、PM、ASK、FSK、PSK 等。

（2）脉冲调制。$c(t)$ 为周期性脉冲串，如 PCM、PAM、PDM、PPM 等。

3. 按照 $m(t)$ 对 $c(t)$ 不同参数的控制分类

根据 $m(t)$ 对 $c(t)$ 不同参数的控制还可将调制分为幅度调制、频率调制和相位调制三种基本的调制方式。

（1）幅度调制。幅度调制是载波的幅度随调制信号线性变化的过程，如 AM、DSB、SSB、VSB、ASK。

（2）频率调制。载波的频率随调制信号线性变化，如 FM、FSK。

（3）相位调制。载波的相位随调制信号线性变化，如 PM、PSK、DPSK。

另外还有同时改变两种载波参数的调制方式，如 QAM 等。

本节从模拟调制和数字调制两种类型展开讨论。

二、模拟调制

模拟调制又分成线性调制和非线性调制两种类型。

（一）线性调制

线性调制有 AM、DSB、SSB 和 VSB 四种方式，它们的共同特点是调制前后信号频谱只有位置变化。

1. 常规调幅（Amplitude Modulation，AM）

AM 信号表达式为 $s_{AM}(t)=[A_0+m(t)]\cos\omega_c t$，要求 $|m(t)|_{max}\leqslant A_0$，称为包络检波不失真条件。

调幅过程波形及频谱如图 2-13 所示。

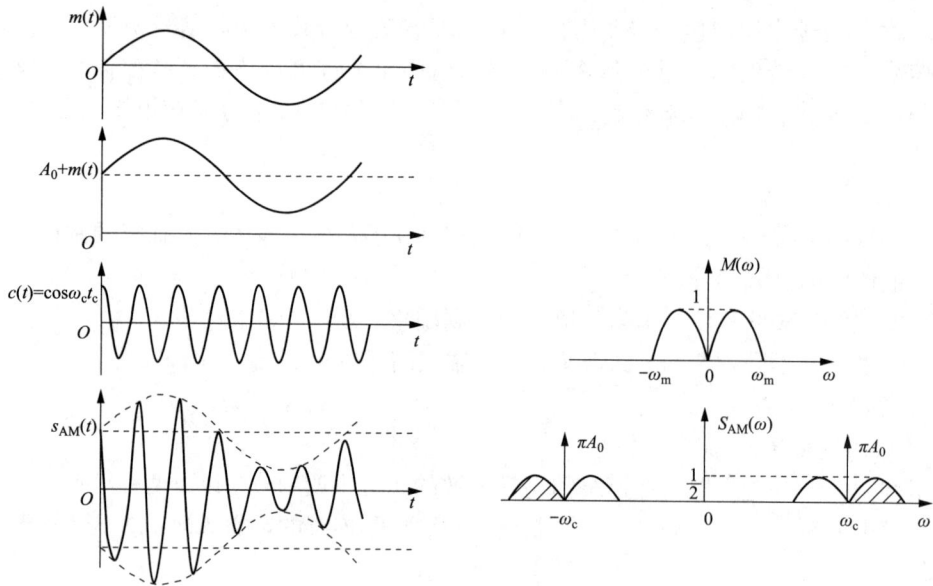

图 2-13　调幅过程的波形及频谱

由频谱图可知，AM 信号的带宽为 $B=2f_m$。

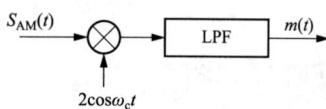

图 2-14　相干解调器

由图 2-13 的时间波形可知，当满足条件 $|m(t)|_{max}\leqslant A_0$ 时，AM 信号的包络与调制信号成正比，所以用包络检波的方法很容易恢复出原始的调制信号，如果不满足条件，将会出现过调幅现象而产生包络失真。这时不能用包络检波器进行解调，为保证无失真解调，可以采用图 2-14 所示的同步检测器（即相干解调器）。

相干解调需要与发送端完全同频同相的载波（称为相干载波），才能保证原始信息的正确恢复，相干载波的产生一般需要载波提取电路，使设备比较复杂；而包络检波不需要相干载波，设备简单，易于实现。

AM 的优点是接收设备简单；缺点是功率利用率低，抗干扰能力差，在传输中如果载波受到信道的选择性衰落，则在包络检波时会出现过调失真、信号频带较宽、频带利用率不高的问题。因此 AM 用于通信质量要求不高的场合，目前主要用在中波和短波的调幅广播中。

2. 抑制载波的双边带调制 (DSB-SC)

双边带调制信号表达式为 $s_{DSB}(t)=m(t)\cos\omega_c t$，其波形及频谱如图 2-15 所示。

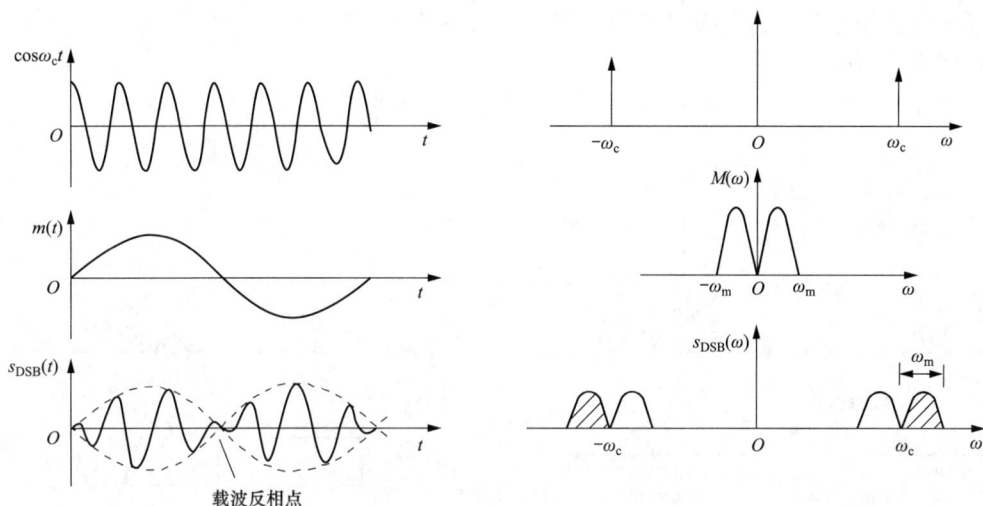

图 2-15 双边带调制信号的波形及频谱

双边带调制信号的带宽 $B=2f_m$。

由时间波形可知，DSB 信号的包络不再与调制信号的变化规律一致，因而不能采用简单的包络检波来恢复调制信号，需采用相干解调（同步检波），设备较复杂，运用不太广泛。由频谱图可知，DSB 信号虽然节省了载波功率，提高了功率利用率，但它的频带宽度仍是调制信号带宽的 2 倍，与 AM 信号带宽相同。由于 DSB 信号的上、下两个边带是完全对称的，它们都携带了调制信号的全部信息，因此仅传输其中一个边带即可，即单边带调制。

3. 单边带调制（SSB）

DSB 信号分别通过图 2-16 所示的边带滤波器，保留所需要的一个边带，滤除不要的边带，就可分别取出下边带信号频谱 $S_{LSB}(\omega)$ 或上边带信号频谱 $S_{USB}(\omega)$，如图 2-17 所示。

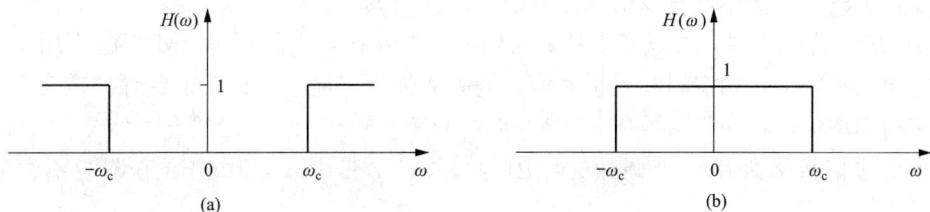

图 2-16 形成 SSB 信号的滤波特性
（a）上边带滤波器；（b）下边带滤波器

SSB 信号的带宽为 $B=f_m$。

用滤波法形成 SSB 信号的技术难点是，由于一般调制信号都具有丰富的低频成分，经调制后得到的 DSB 信号的上、下边带之间的间隔很窄，这就要求单边带滤波器在 f_c 附近具有陡峭的截止特性，才能有效地抑制无用的一个边带。这就使滤波器的设计和制作很困难，有时甚至难以实现。为此，在工程中往往采用多级调制滤波的方法。

还可以利用希尔伯特变换（相当于宽带相移网络）得到 SSB 信号，这种方法称作相移法，如图 2-18 所示。

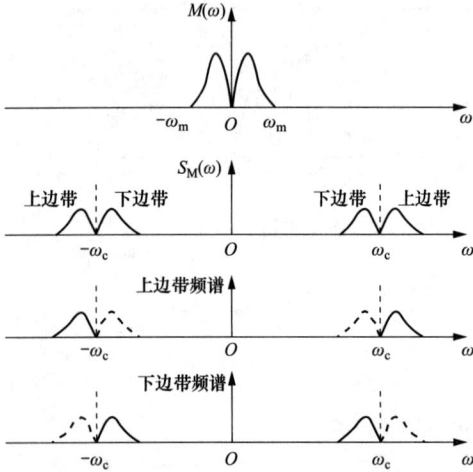

图 2-17　SSB 信号的频谱

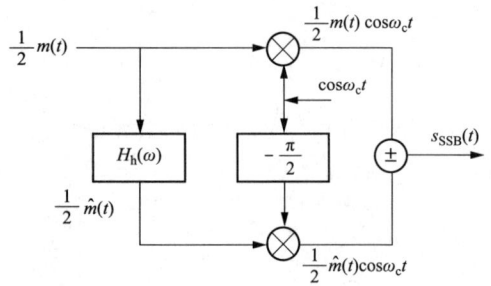

图 2-18　单边带调制相移法的模型

相移法形成 SSB 信号的困难在于宽带相移网络的制作，该网络要对调制信号 $m(t)$ 的所有频率分量严格相移 $\pi/2$，这一点即使近似达到也很困难。为解决这个难题，可以采用维弗（Weaver）法，有兴趣的读者可参考相关文献资料。

SSB 调制的优点是功率利用率和频带利用率都较高，抗干扰能力和抗选择性衰落能力均优于 AM，而带宽只有 AM 的一半；可用在频带比较拥挤的场合，如载波通信系统中。

（二）非线性特制

非线性特制又称角度调制，包含调频 FM 和调相 PM 两种，实际中 FM 方式最为常用。调频波比调幅波要占用的带宽大 $B_{FM}=2(m_f+1)f_m=2(\Delta f+f_m)$，其中 m_f 为调频指数。

在高调频指数时，调频系统的输出信噪比（即抗干扰能力）远大于调幅系统。应当指出，调频系统的这一优越性是以增加传输带宽来换取的。

FM 的抗干扰能力强，可以实现带宽与信噪比的互换，因而宽带 FM 广泛应用于长距离高质量的通信系统中，如空间和卫星通信、调频立体声广播、超短波电台等。宽带 FM 的缺点是频带利用率低，存在门限效应，因此在接收信号弱、干扰大的情况下宜采用窄带 FM，这就是小型通信机常采用窄带调频的原因。另外，窄带 FM 采用相干解调时不存在门限效应。

三、数字调制

数字调制与模拟调制类似，也有调幅、调频、调相三种基本形式，并派生出多种其他形式。但由于调制信号为数字形式，为离散状态，在状态切换时，类似于对载波进行开关控制，故称作键控。数字调制可分为二进制数字调制和多进制数字调制。

（一）二进制数字调制

根据调制信号对载波控制的参数不同，二进制数字调制又分为以下四种情况。

1. 二进制振幅键控（2ASK）

振幅键控是正弦载波的幅度随数字基带信号而变化的数字调制。当数字基带信号为二进制时，则为二进制振幅键控。

二进制振幅键控信号可表示为

$$s_{2ASK}(t) = \sum_n a_n g(t - nT_S)\cos\omega_c t \tag{2-13}$$

二进制振幅键控信号的时间波形如图 2-19 所示。

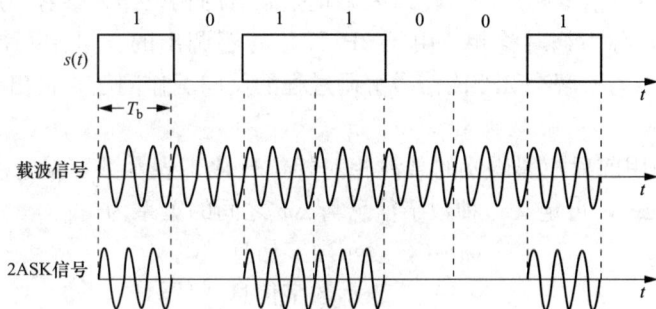

图 2-19　2ASK 信号波形

2ASK 信号带宽 $B_{2ASK} = 2R_b$。

2ASK 应用于早期电报通信，但抗噪性能力差（对信道衰减敏感），数字通信中很少用，但它是研究其他数字调制方式的基础。

2. 二进制移频键控（2FSK）

载波的频率随二进制基带信号在 f_1 和 f_2 两个频率点间变化，则产生二进制移频键控信号（2FSK 信号）。2FSK 信号的时间波形如图 2-20 所示，若二进制基带信号的 1 符号对应于载波频率 f_1，0 符号对应于载波频率 f_2，则 2FSK 信号的时域表达式为

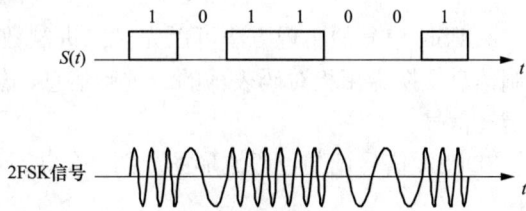

图 2-20　2FSK 信号波形

$$s_{2FSK}(t) = \left[\sum_n a_n g(t - nT_S)\right]\cos(\omega_1 t + \Phi_n) + \left[\sum_n \bar{a}_n g(t - nT_S)\right]\cos(\omega_2 t + \theta_n) \tag{2-14}$$

2FSK 的带宽 $B_{2FSK} = 2R_b + |f_2 - f_1|$，可见 2FSK 方式频带利用率低，只适用于中低速率数据传输，进行 2FSK 数据传输，速率小于 1200b/s。

3. 二进制移相键控 2PSK

当正弦载波的相位随二进制数字基带信号离散变化时，则产生二进制移相键控（2PSK）信号。通常用已调信号载波的 0° 和 180° 分别表示二进制数字基带信号的 1 和 0。二进制移相键控信号的时域表达式为

$$s_{2PSK}(t) = \sum_i a_n g(t - nT_S)\cos\omega_C t \qquad (2\text{-}15)$$

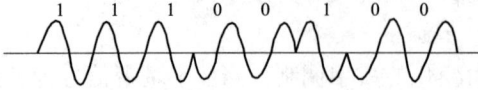

图 2-21　2PSK 信号波形

式（2-15）中 a_n 与 2ASK 和 2FSK 时的 a_n 不同，在 2PSK 调制中，a_n 应选择双极性，2PSK 信号的时间波形如图 2-21 所示。

在 2PSK 信号的载波恢复过程中存在着 180°的相位模糊，所以 2PSK 信号的相干解调存在随机的"倒 π"现象或"反向"现象，从而使得 2PSK 方式在实际中很少采用。

4. 二进制差分相位键控（2DPSK）

在 2PSK 信号中，信号相位的变化以未调正弦载波的相位作为参考，用载波相位的绝对数值表示数字信息，称为绝对移相。由于 2PSK 信号解调出的二进制基带信号出现反向现象，难以实际应用，为了解决 2PSK 信号解调过程的反向工作问题，提出了二进制差分相位键控（2DPSK）。

2DPSK 方式是用前后相邻码元的载波相对相位变化来表示数字信息。假设前后相邻码元的载波相位差为 $\Delta\varphi$，可定义一种数字信息与 $\Delta\varphi$ 之间的关系为

$\Delta\varphi = 0$，表示数字信息"0"

$\Delta\varphi = \pi$，表示数字信息"1"

或

$\Delta\varphi = 0$，表示数字信息"1"

π，表示数字信息"0"

则一组二进制数字信息与其对应的 2DPSK 信号的载波相位关系如下所示。

二进制数字信息：　　1 1 0 1　0　0　1 1 1 0

2DPSK 信号相位：　　0 π 0 0 π　π　π　0 π 0 0

或　　　　　　　　　π 0 π π 0　0　0　π 0 π π

2DPSK 信号的实现方法可以先对二进制数字基带信号进行差分编码，将绝对码表示二进制信息变换为用相对码表示的二进制信息，然后再进行绝对调相，从而产生二进制差分相位键控信号。

2DPSK 信号调制过程波形图如图 2-22 所示。

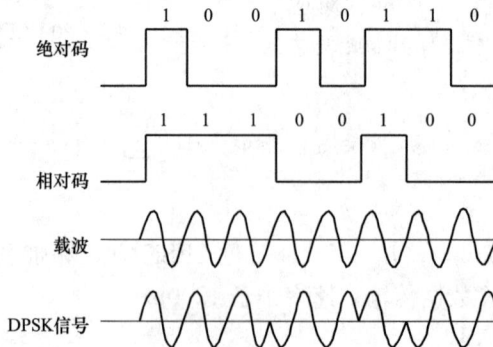

图 2-22　2DPSK 信号波形

2DPSK 广泛应用于中高速率数据传输，虽抗噪性能比 2PSK 稍有损失，但影响不大。

比较二进制数字调制系统的性能可知，对调制和解调方式的选择需要考虑的因素较多。通常，只有对系统的要求做全面的考虑，并且抓住其中最主要的要求，才能做出比较恰当的选择。在恒参信道传输中，如果要求较高的功率利用率，则应选择相干 2PSK 和 2DPSK，而 2ASK 最不可取；如果要求较高的频带利用率，则应选择相干 2PSK 和 2DPSK，而 2FSK 最不可取。若传输信道是随参信道，则 2FSK 具有更好的适应能力。

（二）多进制数字调制

二进制数字调制系统是数字通信系统最基本的方式，具有较好的抗干扰能力。二进制数字调制系统频带利用率较低，使其在实际应用中受到一些限制。在信道频带受限时，为了提高频带利用率，通常采用多进制数字调制系统。代价是增加信号功率和实现复杂性。与二进制数字调制系统相类似，若用多进制数字基带信号去调制载波的振幅、频率或相位，则可相应地产生多进制数字振幅调制、多进制数字频率调制和多进制数字相位调制。

由信息传输速率 R_b、码元传输速率 R_B 和进制数 M 之间的关系 $R_B = R_b / \log_2 M$ 波特可知，在信息传输速率不变的情况下，通过增加进制数 M，可以降低码元传输速率，从而减小信号带宽，节约频带资源，提高系统频带利用率。由关系式可以看出，在码元传输速率不变的情况下，通过增加进制数 M，可以增大信息传输速率，从而在相同的带宽中传输更多的信息量，有效性提高。

但是随着 M 增大，接收端判决时信号之间距离变小，误判可能性大，误码率 P_e 增大，可靠性变差。

图 2-23、图 2-24 分别给出当 M 变化时，多进制数字相位调制 MPSK 的性能变化。M 增大，第一零点带宽减小，有效性变好。M 增大，误码率增大，可靠性变差。

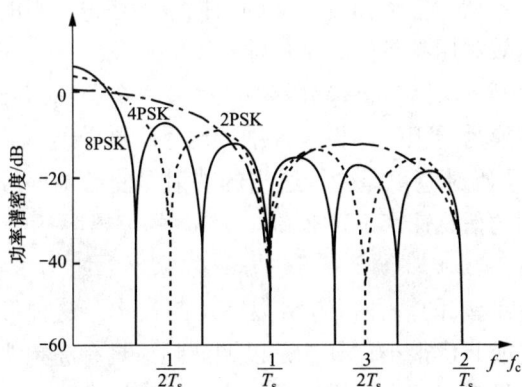

图 2-23　M 进制数字相位调制信号功率谱

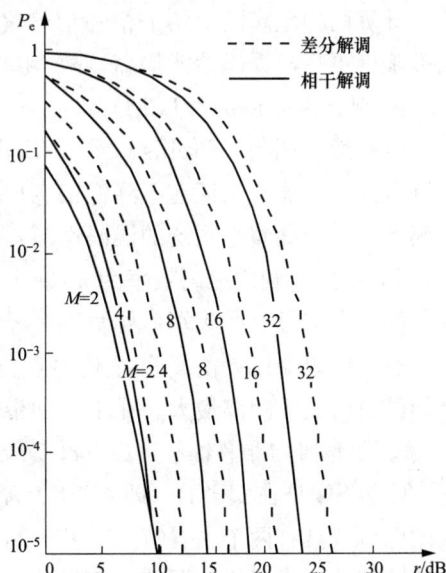

图 2-24　MPSK 系统的误码率性能曲线

（三）其他数字调制方式

现代通信中提高频谱利用率与功率利用率一直是人们关注的焦点之一。近年来，随着通信业务需求的迅速增长，出现了新的频谱利用率与功率利用率高的数字调制方式。

1．正交振幅调制（QAM）

正交振幅调制 QAM（Quadrature Amplitude Modulation）是一种频谱利用率很高的调制方式，其在中、大容量数字微波通信系统、有线电视网络高速数据传输、卫星通信系统等领域得到了广泛应用。正交振幅调制是用两个独立的基带数字信号对两个相互正交的同频载波进行抑制载波的双边带调制，利用这种已调信号在同一带宽内频谱正交的性质来实现两路并行的数字信息传输。如果每路载波的幅度有 N 个不同幅度，则 QAM 信号的星座图上有 $N^2 = M$ 个状态点，这些状态点呈正方形分布在半径为 A 的圆内，而 MPSK 状态点分布在半径为 A 的圆上，以 $M=16$ 为例，二者信号状态点构成的星座图如图 2-25 所示。

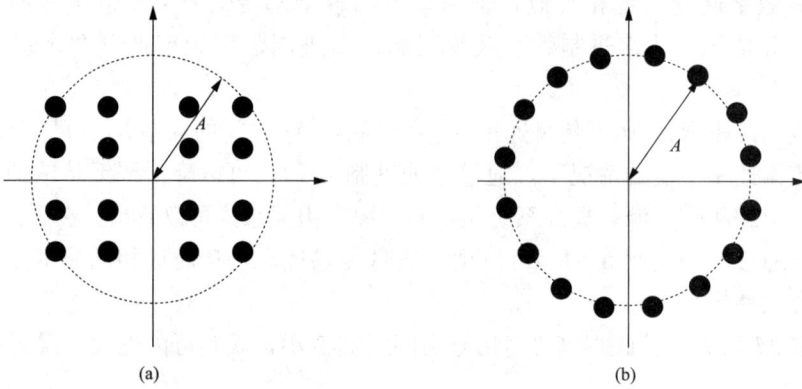

图 2-25　$M=16$ 时 MQAM 与 MPSK 的星座图

(a) 16QAM；(b) 16PSK

计算两种星座图上两个相邻信号之间的距离，显然 $d_{\text{MQAM}} > d_{\text{MPSK}}$（$M>4$），因而判决的准确度更高，误码性能提高，故 MQAM 系统的抗干扰能力优于 MPSK。

2．网格编码调制（TCM）

网格编码调制（Trellis Coded Modulation，TCM）是将纠错编码与调制技术相结合的调制方式，它能够保证在不降低信息传输速率、不增加信道频带宽度的前提下，获得可观的编码增益，提高整个系统的误码性能，是一种高效利用频带的数字传输技术。

TCM 技术利用编码效率为 $n/(n+1)$ 的卷积码，并将每一码段映射为 2^{n+1} 个调制信号集中的一个信号。在收端信号解调后经反映射变换为卷积码，再送入维特比译码器译码。

通过编码器设计使 2^{n+1} 个信号点与 2^{n+1} 个子码对应，即进行适当的映射，使已调信号之间的自由欧氏距离最大。在不增加带宽和相同的信息速率下可获得 $3\sim6\text{dB}$ 的编码增益。

3．偏移四相相移键控（Offset-QPSK，OQPSK）

OQPSK 是在 QPSK（即 4PSK）基础上发展起来的一种恒包络数字调制技术。这种形式的已调波具有两个主要特点，其一是包络恒定或起伏很小；其二是已调波频谱具有高频快速滚降特性，或者说已调波旁瓣很小，甚至几乎没有旁瓣。采用这种技术已实现了多种调制方式。

OQPSK 是 QPSK 的改进型。它与 QPSK 有同样的相位关系，也是把输入码流分成两路，然后进行正交调制。不同点在于它将同相和正交两支路的码流在时间上错开了半个码元周期。由于两支路码元半周期的偏移，每次只有一路可能发生极性翻转，不会发生两支路码元极性同时翻转的现象。因此，OQPSK 信号相位只能跳变 0°、±90°，不会出现 180°的相位跳变。OQPSK 信号产生原理如图 2-26 所示。图中 $T_b/2$ 的延迟电路是为了保证 I、Q 两路码元偏移半个码元周期。BPF 的作用是形成 QPSK 信号的频谱形状，保持包络恒定。

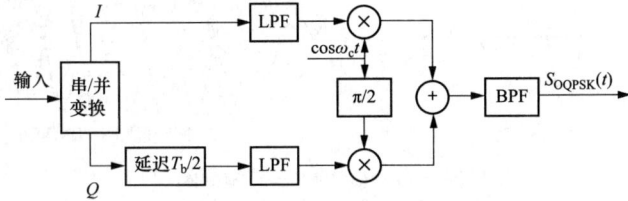

图 2-26 OQPSK 信号产生原理

4. 最小移频键控（MSK）

数字频率调制和数字相位调制，由于已调信号包络恒定，因此有利于在非线性特性的信道中传输。由于一般移频键控信号相位不连续、频偏较大等原因，其频谱利用率较低。最小移频键控 MSK（Minimum Frequency Shift Keying，有时也称为快速移频键控 FFSK）是二进制连续相位 FSK 的一种特殊形式，它比 2PSK 有更高的频谱利用率，并且有更强的抗噪声性能，从而得到了广泛的应用。

5. 高斯最小移频键控（GMSK）

由上面分析可知，MSK 调制方式的突出优点是已调信号具有恒定包络，且功率谱在主瓣以外衰减较快。但是，在移动通信中，对信号带外辐射功率的限制十分严格，一般要求必须衰减 70dB 以上。从 MSK 信号的功率谱可知，MSK 信号仍不能满足这样的要求。高斯最小移频键控（GMSK）就是针对上述要求提出来的。GMSK 调制方式能满足移动通信环境下对邻道干扰的严格要求，它以其良好的性能而被泛欧数字蜂窝移动通信系统（GSM）所采用。

6. 正交频分复用（OFDM）

前面所讨论的数字调制解调方式都是属于串行体制，和串行体制相对应的体制是并行体制。它是将高速率的信息数据流经串/并变换，分割为若干路低速率并行数据流，然后每路低速率数据采用一个独立的载波调制并叠加在一起构成发送信号，这种系统也称为多载波传输系统。

在并行体制中，正交频分复用 OFDM（Orthogonal Frequency Division Multiplexing）方式是一种高效调制技术，它具有较强的抗多径传播和频率选择性衰落的能力以及较高的频谱利用率，因此得到了深入的研究。

OFDM 系统已成功地应用于接入网中的高速数字环路 HDSL、非对称数字环路 ADSL，高清晰度电视 HDTV 的地面广播系统。在移动通信领域，OFDM 是第三代、第四代移动通信系统采用的技术之一。目前电力系统宽带电力线载波通信也多采用 OFDM 技术。

OFDM 是一种高效调制技术，其基本原理是将发送的数据流分散到许多个子载波上，使各子载波的信号速率大为降低，从而能够提高抗多径和抗衰落的能力。为了提高频谱利用率，OFDM 方式中各子载波频谱有重叠，但保持相互正交，OFDM 信号频谱如图 2-27 所示。在接收端通过相关解调技术分离出各子载波，同时消除码间干扰的影响。

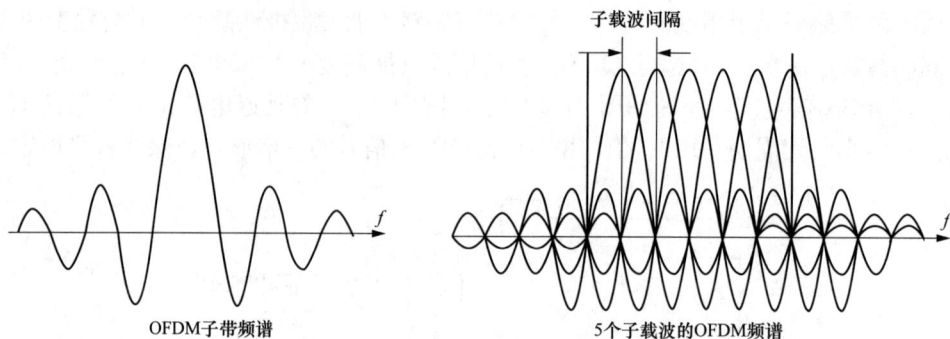

图 2-27　OFDM 信号频谱图

OFDM 是把高速的串行数据转换成 N 路低速数据流，去分别调制 N 路相互正交的载波，然后将 N 路子载波合并成一路进行传输的一种调制效率很高的技术。OFDM 调制解调实现框图如图 2-28 所示。

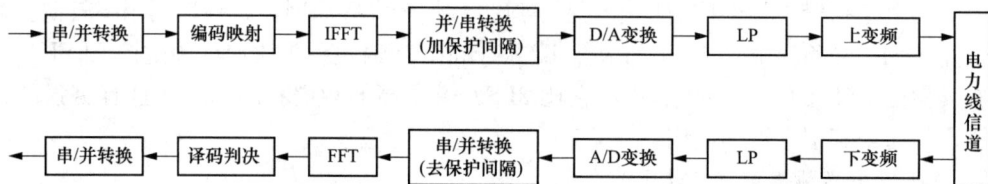

图 2-28　OFDM 调制解调实现框图

OFDM 技术有三个优点：

（1）OFDM 技术可以有效地对抗信号波形间的干扰，适用于多径环境和衰落信道中的高速数据传输。当信道中因为多径传输而出现频率选择性衰落时，只有落在频带凹陷处的子载波以及其携带的信息受影响，其他的子载波未受损害，因此系统总的误码率性能要好得多。

（2）通过各子载波的联合编码，OFDM 技术具有很强的抗衰落能力。OFDM 技术本身已经利用了信道的频率分集，如果衰落不是特别严重，就没有必要再加时域均衡器。通过将各个信道联合编码，则可以使系统性能得到提高。

（3）OFDM 技术抗窄带干扰性很强，因为这些干扰仅仅影响到很小一部分的子信道。

7. 扩频调制

由于频谱是一个有限的资源，以上所研究的各种调制方式的一个主要设计思想就是减小传输带宽，提高频谱利用率。然而，在一些应用中也得考虑通信系统的多址能力，抗干扰、抗阻塞能力以及隐蔽能力等。扩频技术是解决以上问题的有效措施。扩频系统则是将发送的信息扩展到一个很宽的频带上，通常要比发送的信息带宽宽很多。在接收端，通过相关检测恢复出发送的信息。扩频系统对于单个用户来说频谱利用率很低，但是扩频系统允许很多用户在同一个频带中同时工作，而不会相互产生明显的干扰。当采用码分多址（CDMA）技术、实现多用户工作时，扩频系统的频谱效率会变得较高。

扩频系统具有以下主要特点：

（1）抗干扰和抗衰落、抗阻塞能力强。

（2）多址通信时频谱利用率高。

（3）信号的功率谱密度很低，有利于信号的隐蔽。

扩频通信系统的工作方式有：直接序列扩频（Direct Sequence Spread Spectrum，DSSS）、跳变频率扩频（Frequency Hopping Spread Spectrum，FH）、跳变时间扩频（Time Hopping Spread Spectrum，TH）和混合扩频。

扩频调制常采用伪随机序列实现，具体工作原理见第六节码分复用与码分多址部分。

以扩频技术为基础的码分多址（CDMA）方式已得到广泛应用，并确定为第三代移动通信系统的多址方式。

第四节　通信中的编码技术

通信中的编码技术主要有信源编码和信道编码。

信源编码的作用之一是设法减少码元数目和降低码元速率，即通常所说的数据压缩。码元速率将直接影响传输所占的带宽，而传输带宽又直接反映了通信的有效性；作用之二是，当信息源给出的是模拟语音信号时，信源编码器将其转换成数字信号，以实现模拟信号的数字化传输。模拟信源的数字化、压缩、加密都属于信源编码的研究内容，信源译码是信源编码的逆过程。

信道编码是为了降低误码率，提高数字通信的可靠性而采取的编码。

数字信号在信道传输时，由于噪声、衰落以及人为干扰等，将会引起差错。为了减少差错，信道编码器对传输的信息码元按一定的规则加入保护成分（监督元），组成所谓"抗干扰编码"。接收端的信道译码器按一定规则进行解码，在解码过程中发现错误或纠正错误，从而提高通信系统抗干扰能力，实现可靠通信。

下面分别介绍两种编码技术的原理及实现过程。

一、信源编码

数字通信系统具有许多优点，已经成为当今通信的发展方向。然而自然界的许多信号经各种传感器感知后都是模拟量，例如电话、电视等通信业务，其信源输出的都是模拟信号。若要利用数字通信系统传输模拟信号，一般需三个步骤：

（1）把模拟信号数字化，即模数转换（A/D）。

（2）进行数字方式传输。

（3）把数字信号还原为模拟信号，即数模转换（D/A）。

第（2）步包括数字基带传输（第五节）和数字频带传输（即第三节的数字调制）另作讨论，因此这里只讨论（1）、（3）两步。由于 A/D 或 D/A 变换的过程通常由信源编（译）码器实现，所以把发送端的 A/D 变换称为信源编码，而接收端的 D/A 变换称为信源译码，如语音信号的数字化称为语音编码，图像信号的数字化称为图像编码。

模拟语音信号数字化的方法大致可划分为波形编码、参数编码和混合编码。波形编码是直接把时域波形变换为数字代码序列，比特率通常在 $16\sim64kb/s$ 范围内，接收端重建信号的质量好，典型方法有如脉冲编码调制（PCM）、自适应差分脉冲编码调制（ADPCM）、增量调制（ΔM）；参数编码是利用信号处理技术，提取语音信号的特征参数，再变换成数字代码，其比特率在 $16kb/s$ 以下，但接收端重建（恢复）信号的质量不够好，如线性预测编码 LP。混合编码则是在波形编码和参数编码的基础上，以相对较低的比特率获得较高的语音质量，所以其数据率和音质介于二者之间，混合编码是适合于数字移动通信的语音编码技术。目前较为成功的混合型编码方案有多脉冲激励线性预测编码（MPLPC）和码激励线性预测编码（CELP）。

当前应用最普遍的语音波形编码方法有 PCM、ΔM 和 ADPCM。采用 PCM 的模拟信号数字传输系统如图 2-29 所示，首先对模拟信息源发出的模拟信号进行抽样，使其成为一系列离散的抽样值，然后将这些抽样值进行量化并编码，变换成数字信号，这时信号便可用数字通信方式传输。在接收端，则将接收到的数字信号进行译码和低通滤波，恢复原模拟信号。

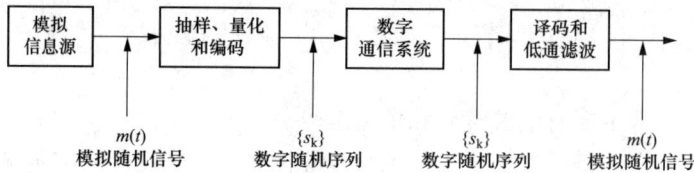

图 2-29　模拟信号的数字传输

（一）PCM 原理

脉冲编码调制 PCM（简称脉码调制）是一种用一组二进制数字代码来代替连续信号的抽样值，从而实现通信的方式。由于这种通信方式抗干扰能力强，它在光纤通信、数字微波通信、卫星通信中均获得了极为广泛的应用。

PCM 是一种最典型的语音信号数字化的波形编码方式，其系统原理框图如图 2-30 所示。首先，在发送端进行波形编码（主要包括抽样、量化和编码三个过程），把模拟信号变换为二进制码组。编码后的 PCM 码组的数字传输方式可以是直接的基带传输，也可以是对微波、光波等载波调制后的调制传输。在接收端，二进制码组经译码后还原为量化后的样值脉冲序列，然后经低通滤波器滤除高频分量，便可得到重建信号。

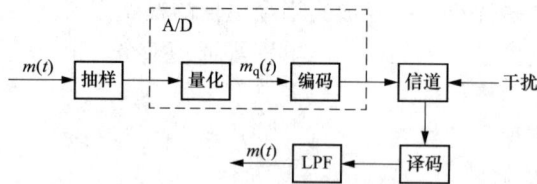

图 2-30　PCM 系统原理框图

1. 抽样

抽样是按抽样定理把时间上连续的模拟信号转换成一系列时间上离散的抽样值的过程，能否由此样值序列重建原信号，是抽样定理要回答的问题。

抽样定理分低通抽样定理和带通抽样定理；根据抽样的脉冲序列是冲激序列还是非冲激序列，抽样可分为理想抽样和实际抽样。

（1）低通抽样定理。一个频带限制在 $(0, f_H)$ Hz 内的时间连续信号 $m(t)$，如果以 $T_s \leqslant 1/(2f_H)$ s 的间隔对它进行等间隔（均匀）抽样，则 $m(t)$ 将被所得到的抽样值完全确定。

由抽样定理可知：若 $m(t)$ 的频谱在某一角频率 ω_H 以上为零，则 $m(t)$ 中的全部信息完全包含在其间隔不大于 $1/(2f_H)$ s 的均匀抽样序列里。换句话说，在信号最高频率分量的每一个周期内起码应抽样 2 次。或者说，抽样速率 f_s（每秒内的抽样点数）应不小于 $2f_H$，即 $f_s \geq 2f_H$；若抽样速率 $f_s < 2f_H$，则会产生失真，这种失真称作混叠失真。

其中 $T_s = 1/2f_H$ 是最大抽样间隔，称为奈奎斯特间隔，相对应的最低抽样速率 $f_s = 2f_H$ 称为奈奎斯特速率。

（2）带通抽样定理。一个带通信号 $m(t)$，其频率限制在 f_L 与 f_H 之间，带宽为 $B = f_H - f_L$。若最高频率 f_H 为带宽的整数倍，即 $f_H = nB$，则抽样速率 $f_s = 2B$；若最高频率 f_H 不为带宽的整数倍，即 $f_H = nB + kB$，（n 是一个不超过 f_H/B 的最大整数；$0 < k < 1$）此时最小抽样速率为 $f_s = 2B\left(1 + \dfrac{k}{n}\right)$。

当 $f_L \gg B$ 时，f_s 趋近于 $2B$。所以当 $f_L \gg B$ 时，不论 f_H 是否为带宽的整数倍，都可简化为 $f_s \approx 2B$。

2. 量化

量化是把幅度上仍连续（无穷多个取值）的抽样信号进行幅度离散，即利用预先规定的有限个电平来表示模拟信号抽样值的过程。

量化的物理过程可通过图 2-31 中的例子说明。其中，$m(t)$ 为模拟信号；抽样速率为 $f_s = 1/T_s$；第 k 个抽样值为 $m(kT_s)$；$m_q(t)$ 表示量化信号；$q_1 \sim q_M$ 为预先规定好的 M 个量化电平（这里 $M = 7$）；m_i 为第 i 个量化区间的终点电平（分层电平）；电平之间的间隔 $\Delta i = m_i - m_{i-1}$，称为量化间隔。量化器的输出是图中的阶梯波形 $m_q(t)$。

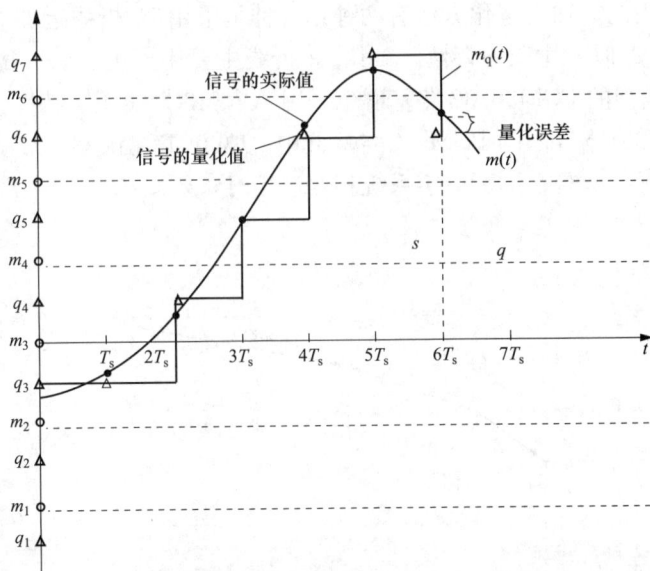

图 2-31 量化的物理过程示意图

可以看出，量化后的信号 $m_q(t)$ 是对原来信号 $m(t)$ 的近似，当抽样速率一定、量化级数（量化电平数）增加并且量化电平选择适当时，可以提高 $m_q(t)$ 与 $m(t)$ 的近似程度。

$m_q(kT_s)$ 与 $m(kT_s)$ 之间的误差称为量化误差。对于语音、图像等随机信号，量化误差也是随机的，它像噪声一样影响通信质量，因此又称为量化噪声。量化误差的平均功率与量化间隔的分割有关，如何使量化误差的平均功率最小或符合一定规律，是量化器的理论所要研究的问题。

均匀量化的量化信噪比为

$$\frac{S}{N_q} = M^2 \qquad (2\text{-}16)$$

量化信噪比随量化电平数 M 的增加而提高，系统质量也越好。通常量化电平数应根据对量化信噪比的要求来确定，量化方法有均匀量化、非均匀量化两种。在均匀量化中，每个量化区间的量化电平均取在各区间的中点，其量化间隔 Δi 取决于输入信号的变化范围和量化电平数。在 A/D 变换、遥测遥控、仪表、图像信号的数字化接口等中使用均匀量化器。

但在语音信号数字化通信（或叫数字电话通信）中，均匀量化则有一个明显的不足：量化信噪比随信号电平的减小而下降。产生这一现象的原因是均匀量化的量化间隔为固定值，量化电平分布均匀，因而无论信号大小，量化噪声功率固定不变，这样小信号时的量化信噪比就难以达到给定的要求。通常，把满足信噪比要求的输入信号的取值范围定义为动态范围。因此，均匀量化时输入信号的动态范围将受到较大的限制。为了克服均匀量化的缺点，实际中往往采用非均匀量化。

非均匀量化是一种在整个动态范围内量化间隔不相等的量化。换言之，非均匀量化是根据输入信号的概率密度函数来分布量化电平，以改善量化性能。

在商业电话中，一种简单而又稳定的非均匀量化器为对数量化器，该量化器在经常出现的低幅度语音信号处理中运用小的量化间隔，而在不经常出现的高幅度语音信号处运用大的量化间隔。

在实际中常采用的非均匀量化方法有两种：一种是采用 13 折线近似 A 律压缩特性，另一种是采用 15 折线近似 μ 律压缩特性。A 律 13 折线主要用于英、法、德国等各国的 PCM 30/32 路基群中，我国的 PCM30/32 路基群也采用 A 律 13 折线压缩特性。μ 律 15 折线主要用于美国、加拿大和日本等国的 PCM 24 路基群中。CCITT 建议 G.711 规定上述两种折线近似压缩律为国际标准，且在国际数字系统相互连接时，要以 A 律为标准。A 律 13 折线如图 2-32 所示。

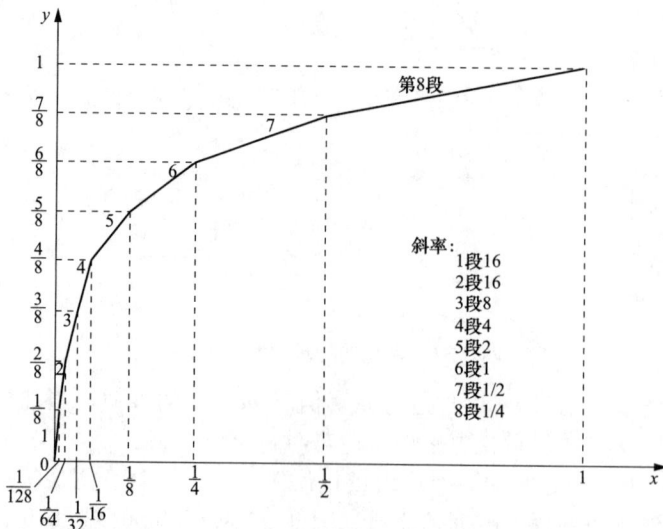

图 2-32　A 律 13 折线

图 2-32 中给出的是正方向，由于语音信号是双极性信号，因此在负方向也有与正方向对称的一组折线，也是 7 根，但其中靠近零点的 1、2 段斜率也都等于 16，与正方向的第 1、2 段斜率相同，又可以合并为 1 根，因此，正、负双向共有 $2 \times (8-1)-1=13$ 折，故称其为 13 折线。

13 折线实际有 16 段，每一段又等间隔分成 16 个量化区间，共有 256 个量化区间，需要 8 位编码就可以完全描述。采用此压缩特性后小信号时的量化信噪比改善量可达 24dB。

3. 编码和译码

把量化后的信号电平值变换成二进制码组的过程称为编码，其逆过程称为解码或译码。考虑到二进制码具有抗干扰能力强、易于产生等优点，因此 PCM 中一般采用二进制码。对于 M 个量化电平，可以用 N 位二进制码来表示，其中每一个码组称为一个码字。为保证通信质量，目前国际上多采用 8 位编码的 PCM 系统，8 位码的安排分为极性码 C_1、段落码 $C_2C_3C_4$、段内码 $C_5C_6C_7C_8$ 三部分。

其中第 1 位码 C_1 的数值"1"或"0"分别表示信号的正、负极性，称为极性码。第 2 至第 4 位码 $C_2C_3C_4$ 为段落码，表示信号绝对值处在哪个段落，$C_5C_6C_7C_8$ 表示信号绝对值处在哪个量化区间。

通常把按非均匀量化特性的编码称为非线性编码，按均匀量化特性的编码称为线性编码。可见，在保证小信号时的量化间隔相同的条件下，7 位非线性编码与 11 位线性编码等效。由于非线性编码的码位数减少，因此设备简化，所需传输系统带宽减小。实现编码的具体方法和电路很多，目前常用的是逐次比较型编码器原理。

(二) 增量调制（ΔM）

增量调制简称 ΔM 或 DM，它是继 PCM 后出现的又一种模拟信号数字传输的方法，其目的在于简化语音编码方法。

ΔM 与 PCM 虽然都是用二进制代码去表示模拟信号的编码方式，但是在 PCM 中，代码表示样值本身的大小，所需码位数较多，从而导致编译码设备复杂；而在 ΔM 中，它只用一位编码表示相邻样值的相对大小，从而反映出抽样时刻波形的变化趋势，与样值本身的大小无关。ΔM 系统如图 2-33 所示。

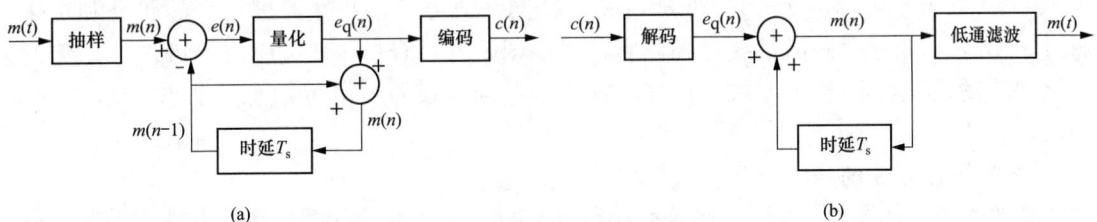

图 2-33 ΔM 系统框图
(a) 编码；(b) 解码

ΔM 与 PCM 编码方式相比具有编译码设备简单、低比特率时的量化信噪比高、抗误码特性好等优点。ΔM 一般用在通信容量小和质量要求不十分高的场合以及军事通信和一些特殊通信中。

(三) 自适应差分脉冲编码调制（ADPCM）

64kb/s 的 A 律或 μ 律的对数压扩 PCM 编码已经在大容量的光纤通信系统和数字微波

系统中得到了广泛的应用。但 PCM 信号占用频带要比模拟通信系统中单边带传输所需带宽大很多倍。这样，对于大容量的长途传输系统，尤其是卫星通信，采用 PCM 的经济性能很难与模拟通信相比。

以较低的速率获得高质量编码，一直是语音编码追求的目标。通常，人们把话路速率低于 64kb/s 的语音编码方法，称为语音压缩编码技术。语音压缩编码的方法很多，其中，ADPCM 是语音压缩中复杂度较低的一种编码方法，它可在 32kb/s 的比特率上达到 64kb/s 的 PCM 数字电话质量。近年来，ADPCM 已成为长途传输中一种新型的国际通用的语音编码方法。在长途传输系统中，ADPCM 有着远大的前景。相应地，CCITT 也形成了关于 ADPCM 系统的规范建议，如 G.721、G.726 等。

（四）线性预测编码（LPC）

线性预测编码（LPC）及其他各种改进型都属于参数编码。参数编码是建立在人类语音产生的全极点模型的理论上，参数编码器传输的编码参数也就是全极点模型的参数——基频、线谱对、增益。对语音来说，参数编码器的编码效率最高，但对音频信号，参数编码器就不太合适。典型的参数编码 LPC 用来获取一时变数字滤波器的参数。这个滤波器用来模拟说话人的声道输出，由于它是以滤波器为主来构造语音产生模型，发送的只是滤波器的参数和相关的特征值，可以将比特率压得很低，大概在 4kb/s 以下，但合成语音质量不是很好，这种方法在低速率声码器中普遍采用。

（五）混合编码

20 世纪 80 年代后期，综合波形编码和参数编码的混合编码算法成为主流，这种算法也假定了一个语音产生模型，但同时又使用与波形编码相匹配的技术将模型参数编码，吸收了两者的优点。根据这种方法进行编码的有多脉冲激励线性预测编码（MPLPC），码率在 9.6~16kb/s 范围内，码激励线性预测编码（CELP），在 4.8~16kb/s 范围内可获得质量相当高的合成语音。近年来，码激励线性预测编码（CELP）作为一种优秀的中、低速率方案得到了很好的重视和研究，在降低复杂度、增强 CELP 性能、提高语音质量等方面取得了许多新的进展。矢量和激励线性预测编码（VSELP）成为北美第一种数字蜂窝移动通信网的语音编码标准，与美国政府标准 4.8kb/sCELP 语音编码器基本相同。CCITT 最终选定了由 AT&T 实验室提出的 16kb/s 低延迟线性预测编码方案，并经过进一步的研究和优化，通过了 G.728 低延迟码激励线性预测算法 LD-CELP。LD-CELP 可应用于可视电话伴音、存储和转发系统，数字移动无线通信，数字语音插空设备，语音信息录音和分组语音等领域。

（六）图像信号编码

图像通信以其形象、直观、高效率和多业务的适应性等优点而受到越来越广泛的重视，电力系统也逐渐涉及越来越多的图像通信业务。一幅数字图像的数据量通常是很大的，会对其存储和传输都带来许多问题。由于单纯增加存储器容量及提高信道带宽都是不现实的，所以这些问题的解决就要依靠图像编码技术。在未经压缩的数字图像中存在三种基本的数据冗余，即编码冗余、像素间冗余、心理视觉冗余，只要能消除或减少其中的一种或多种冗余就能取得压缩效果。压缩可分为两类：一类压缩是可逆的，即从压缩后的数据可以完全恢复出原来的图像，没有任何信息损失，称为无损压缩；另一类压缩是不可逆的，即从压缩后的数据无法完全恢复原来的图像，信息有一定的损失，称为有损压缩。通常情况下有损压缩的压缩效率比无损压缩的压缩效率要高。

常见图像压缩方法如下。

1. 行程长度压缩（Run-Length Encoding）

行程长度压缩 RLE（Run-Length Encoding）也称游程编码，原理是将一扫描行中的颜色值相同的相邻像素用一个计数值和那些像素的颜色值来代替。例如：aaabccccccddeee，则可用 3a1b6c2d3e 来代替。对于拥有大面积、相同颜色区域的图像，用 RLE 压缩方法非常有效。由 RLE 原理派生出许多具体行程压缩方法。

2. 霍夫曼编码压缩

霍夫曼编码压缩也是一种常用的压缩方法，是 1952 年为文本文件建立的，其基本原理是频繁使用的数据用较短的代码代替，很少使用的数据用较长的代码代替，每个数据的代码各不相同。这些代码都是二进制码，且码的长度是可变的。如：有一个原始数据序列，ABACCDAA 则编码为 A（0），B（10），C（110），D（111），压缩后为 010011011011100。产生霍夫曼编码需要对原始数据扫描两遍，第一遍扫描要精确地统计出原始数据中的每个值出现的频率，第二遍是建立霍夫曼树并进行编码，由于需要建立二叉树并遍历二叉树生成编码，因此数据压缩和还原速度都较慢，但简单有效，因而得到广泛的应用。

3. LZW 压缩方法

LZW 压缩技术比其他大多数压缩技术都复杂，压缩效率也较高，其基本原理是把每一个第一次出现的字符串用一个数值来编码，在还原程序中再将这个数值还成原来的字符串，如用数值 0x100 代替字符串"abccddeee"，这样每当出现该字符串时，都用 0x100 代替，起到了压缩的作用。至于 0x100 与字符串的对应关系则是在压缩过程中动态生成的，而且这种对应关系是隐含在压缩数据中的，随着解压缩的进行这张编码表会从压缩数据中逐步得到恢复，后面的压缩数据再根据前面数据产生的对应关系产生更多的对应关系，直到压缩文件结束为止。LZW 是可逆的，所有信息全部保留。

4. 算术压缩方法

算术压缩与霍夫曼编码压缩方法类似，只不过它比霍夫曼编码更加有效。算术压缩适合于由相同的重复序列组成的文件，算术压缩接近压缩的理论极限。这种方法是将不同的序列映像到 0 到 1 之间的区域内，该区域表示成可变精度（位数）的二进制小数，越不常见的数据所需要的精度越高（更多的位数），这种方法比较复杂，因而不太常用。

5. JPEG（联合摄影专家组，Joint Photographic Experts Group）

JPEG 标准与其他的标准不同，它定义了不兼容的编码方法。在它最常用的模式中，它是带失真的，一个从 JPEG 文件恢复出来的图像与原始图像总是不同的，但有损压缩重建后的图像常常比原始图像的效果更好。JPEG 的另一个显著的特点是它的压缩比例相当高，原图像大小与压缩后的图像大小相比，比例可以从 1%～90%不等。这种方法效果也好，适合多媒体系统。

6. MPEG（动态图像专家组，Moving Picture Experts Group）

MPEG 是指一个研究视频和音频编码标准的"动态图像专家组"组织，该组织成立于1988 年，致力开发视频、音频的压缩编码技术。现在所说的 MPEG 泛指由该组织制定的一系列视频编码标准，至今已经制定了 MPEG-1、MPEG-2、MPEG-3、MPEG-4、MPEG-7 等多个标准，MPEG 图像编码是基于变换的有损压缩。MPEG-1、MPEG-2、MPEG-4 采用了运动量估计和运动量补偿技术。在利用了运动量补偿的帧（图像）中，被编码的是经过运动量补偿的参考帧与目前图像的差。与传统图像编码技术不同，MPEG 并不是每格图像进行压缩，而是以一秒时段作为单位，将时段内的每一格图像做比较。由于一般视频内容都是背景变化小、主体变化大，MPEG 技术就应用这个特点，以一幅图像为主图，其余图像格只记录参考资料及变化数据，更有效地记录动态图像。从 MPEG-1 到 MPEG-4，其核心技术仍然离不开这个原理，之间的分别主要在于比较的过程和分析的复杂性等。

7. H. 26x 系列视频编码

ITU-T（国际电联）下属的视频编码技术的标准化组织 VCEG（Video Code Expert Group，视频编码专家组）制定的标准有 H. 261、H. 262、H. 263、H. 264，这些标准应用于实时视频通信领域。

二、信道编码

（一）概述

数字信号在传输过程中，加性噪声、码间串扰等都会产生误码。为了提高系统的抗干扰性能，可以加大发射功率，降低接收设备本身的噪声，以及合理选择调制、解调方法等。此外，还可以采用信道编码技术。

信道编码技术的基本思想是通过对信息序列作某种变换，使原来彼此独立、相关性极小的信息码元产生某种相关性，从而在接收端利用这种规律检查或纠正信息码元在信道传输中所造成的差错。

1. 差错类型

差错类型可分为随机差错和突发差错。其中随机差错由随机噪声的干扰引起，差错互相独立、互不相关，恒参高斯白噪声信道是典型的随机信道；突发差错由突发噪声的干扰引起，错误通常成串出现，错误之间具有相关性，具有脉冲干扰的信道是典型的突发信道。

2. 差错控制方式

差错控制方式一般分为三种，对于不同类型的信道应采用不同的差错控制方式。

（1）检错重发方式。检错重发又称自动请求重传方式，记作 ARQ（Automatic Repeat Request）。由发端送出能够发现错误的码，由收端判决传输中无错误产生，如果发现错误，则通过反向信道把这一判决结果反馈给发端，然后，发端把收端认为错误的信息再次重发，从而达到正确传输的目的。其特点是需要反馈信道，译码设备简单，对突发错误和信道干扰较严重时有效，但实时性差，主要在计算机数据通信中得到应用。

（2）前向纠错方式。前向纠错方式记作 FEC（Forword Error Correction）。发端发送能够纠正错误的码，收端收到信码后自动地纠正传输中的错误。其特点是单向传输，实时性好，但译码设备较复杂。

（3）混合纠错方式。混合纠错方式记作 HEC（Hybrid Error Correction）是 FEC 和 ARQ 方式的结合。发端发送具有自动纠错同时又具有检错能力的码。收端收到码后，检查差错情况，如果错误在码的纠错能力范围以内则自动纠错，如果超过了码的纠错能力，但能检测出来，则经过反馈信道请求发端重发。这种方式具有自动纠错和检错重发的优点，可达到较低的误码率，因此近年来得到广泛应用。

3. 差错控制编码的分类

（1）线性码和非线性码。根据纠错码各码组信息元和监督元（也称校验元的函数关系），可分为线性码和非线性码。如果函数关系是线性的，即满足一组线性方程式，则称为线性码，否则为非线性码。

（2）分组码和卷积码。根据码组信息元和监督元的函数关系涉及的范围，纠错码可分为分组码和卷积码。分组码的各码元仅与本组的信息元有关；卷积码中的码元不仅与本组的信息元有关，而且还与前面若干组的信息元有关。

（3）检错码和纠错码。根据码的用途，差错控制编码可分为检错码和纠错码。检错码以检错为目的，不一定能纠错；而纠错码以纠错为目的，一定能检错。

4. 差错控制编码的基本原理

（1）码距与最小码距。分组码一般可用 (n, k) 表示。其中，k 是每组二进制信息码元的数目，n 是码组的码元总位数，又称为码组长度，简称码长。$n-k=r$ 为每个码组中的监督码元数目。简单地说，分组码是对每段 k 位长的信息组以一定的规则增加 r 个监督元，组成长为 n 的码字。在二进制情况下，共有 2^k 个不同的信息组，相应地可得到 2^k 个不同的码字，称为许用码组。其余 2^n-2^k 个码字未被选用，称为禁用码组。

在分组码中，非零码元的数目称为码字的汉明重量，简称码重。例如，码字 10110，码重 $w=3$。

两个等长码组之间相应位取值不同的数目称为这两个码组的汉明（Hamming）距离，简称码距。例如 11000 与 10011 之间的距离 $d=3$。码组集中任意两个码字之间距离的最小值称为码的最小距离，用 d_0 表示。最小码距是码的一个重要参数，它是衡量码检错、纠错能力的依据。

（2）检错和纠错能力。码的最小距离 d_0 直接关系着码的检错和纠错能力。任一 (n, k) 分组码，若要在码字内满足：

1）检测 e 个随机错误，则要求码的最小距离 $d_0 \geq e+1$。

2）纠正 t 个随机错误，则要求码的最小距离 $d_0 \geq 2t+1$。

3）纠正 t 个同时检测 $e (\geq t)$ 个随机错误，则要求码的最小距离 $d_0 \geq t+e+1$。

5. 编码效率

用差错控制编码提高通信系统的可靠性，是以降低有效性为代价换来的。定义编码效率 R 来衡量有效性，也称作码率，可得

$$R=k/n$$

式中：k 为信息元的个数；n 为码长。

对纠错码的基本要求为：检错和纠错能力尽量强，编码效率尽量高，编码规律尽量简单。实际中要根据具体指标要求，保证有一定纠、检错能力和编码效率，并且易于实现。

（二）常用的几种简单编码

1. 奇偶监督码

奇偶监督码是在原信息码后面附加一个监督元，使得码组中"1"的个数是奇数或偶数，或者说，它是含一个监督元、码重为奇数或偶数的 $(n, n-1)$ 系统分组码。奇偶监督码又分为奇监督码和偶监督码。

2. 恒比码

码字中 1 的数目与 0 的数目保持恒定比例的码称为恒比码。由于恒比码中每个码组均含有相同数目的 1 和 0，因此恒比码又称为等重码，定 1 码。这种码在检测时，只要计算接收

码元中 1 的数目是否正确，就知道有无错误。目前我国电传通信中普遍采用 3∶2 码，又称"5 中取 3"的恒比码，即每个码组的长度为 5，其中 3 个"1"。这时可能编成的不同码组数目等于从 5 中取 3 的组合数。实践证明，采用这种码后，我国汉字电报的差错率大为降低。

（三）主要的信道编码方法

1. 线性分组码

信息位和监督位由线性方程联系，构成线性码，若线性码的各码元仅与本组的信息元有关，则称为线性分组码。线性分组码中循环码的编码和解码设备都不太复杂，且纠错能力较强，目前在理论和实践上都有了较大发展。

分组码是把 k 个信息比特的序列编成 n 个比特的码组，每个码组的 $n-k$ 个校验位仅与本码组的 k 个信息位有关，而与其他码组无关。为了达到一定的纠错能力和编码效率，分组码的码组长度一般都比较大。编译码时必须把整个信息码组存储起来，由此产生的译码延时随 n 的增加而增加。汉明码是能够纠正 1 位错误的效率较高的线性分组码。

循环码是线性分组码中最重要的一种子类，是目前研究得比较成熟的一类码。循环码具有许多特殊的代数性质，这些性质有助于按照要求的纠错能力系统地构造这类码，并且简化译码算法，目前发现的大部分线性码与循环码有密切关系。循环码还有易于实现的特点，很容易用带反馈的移位寄存器实现，且性能较好，不但可以用于纠正独立的随机错误，也可以用于纠正突发错误。循环码具有代数结构清晰、性能较好、编译码简单和易于实现的特点，因此在目前的计算机纠错编码系统中所使用的线性分组码多为循环码。

循环码中的 BCH 码纠错能力强并且容易解码，应用较多，可以纠正多个随机错误；RS 是一种具有很强纠错能力的多进制 BCH 码；CRC 码在计算机通信中得到广泛应用。

2. 卷积码

卷积码是另外一种信道编码方法，它也是将 k 个信息比特编成 n 个比特，但 k 和 n 通常很小，特别适合以串行形式进行传输，时延小。与分组码不同，卷积码编码后的 n 个码元不仅与当前段的 k 个信息有关，还与前面的 $N-1$ 段信息有关，编码过程中互相关联的码元个数为 nN。卷积码的纠错性能随 N 的增加而增强，而差错率随 N 的增加而指数下降。在编码器复杂性相同的情况下，卷积码的性能优于分组码。

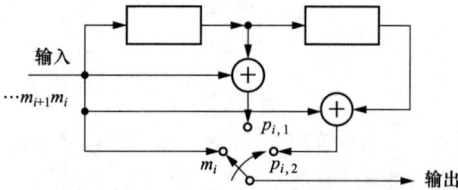

图 2-34　(3, 1, 2) 卷积码编码器

（1）卷积码编码。卷积码的编码器可以看作一个由 k_0 个输入端和 n_0 个输出端组成的时序网络，图 2-34 给出了一个二进制卷积码的编码器，图中方框表示存储器。若 i 时刻给编码器输入一个信息元 m_i，且存储器内的数据往右移一位，则 m_i 一方面直接输出至信道，另一方面与前两个单位时间送入的信息元 m_{i-1}、m_{i-2} 按图中连接所确定的规则进行运算，得到此时此刻的两个校验元 $p_{i,1}$、$p_{i,2}$，跟随在 m_i 后面组成一个子码 $c_i=(m_i, p_{i,1}, p_{i,2})$ 送入信道。

（2）卷积码的维特比译码。卷积码的译码算法维特比（Viterbi）是一种最大似然译码算法，在码的约束度较小时，它比序列译码（更早出现的概率译码）算法效率更高、速度更快，译码器也比较简单，因此维特比译码算法发展迅速并被广泛应用于各种数传系统。

卷积码在差错控制和数据压缩系统中应用广泛。

网络编码调制 TCM 利用了卷积码，并与调制一起考虑，提高了抗干扰能力，得到广泛应用。

3. 交织码

实际信道（如存在脉冲噪声的信道）中产生的错误往往是突发错误或突发错误与随机错误并存。为了分散比较长的突发错误和多个突发错误，或者利用码的纠随机错误的能力来纠正突发错误，常常使用交织技术来生成交织码。交织的作用是减少信道中错误的相关性，把长突发错误离散成短突发错误或随机错误，交织深度越大则离散程度越高。交织码的编译码组成如图 2-35 所示。

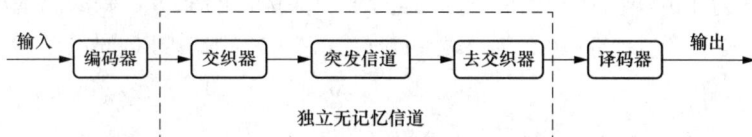

图 2-35 交织码的编译码组成

交织编码是有效克服衰落信道中突发性干扰的方法，已广泛用于数字式蜂窝移动通信中，其中最为典型的是时分多址的全球通 GSM 体制与码分多址的 IS-95 标准 QCDMA。在QCDMA 中，交织编码比较简单，它采用最简单的分组排列存储形式，而在 GSM 中既采用了类似于随机交织的随机性重新排列技术，又采用了不同类型时隙突发的数据块交织技术，Turbo 码中也采用了交织技术。

4. Turbo 码

Turbo 码是一种级联码，又称并行卷积码，它巧妙地将卷积码和随机交织机制相结合，产生很长的码字并提供更好的传输性能，更适于在噪声严重、低信噪比环境中确保一定的误码率指标。级联码首先由 Forney 提出，他将两个或多个单码级联，在不增加译码复杂度的情况下，可以得到高的编码增益和与长码相同的纠错能力。Berrou 等人提出的 Turbo 码在发送端采用级联编码结构并在接收端采用迭代译码算法，当误比特率为 10^{-5}、码率为 1/2时，使用带宽为 1Hz 的 AWGN 理想信道传送速率为 1b/s 的信息所需要的信噪比离信道容量的极限要求只有 0.7dB 的距离。Turbo 码由两个或多个子编码单元组成，它们分别对信息序列和其交织后的序列进行编码。Turbo 码作为一种在理论上有重要意义的信道编码方式有着广泛的应用前景，在一些第三代移动通信系统的方案中已经被实际采用。全球 3G 标准WCDMA、TD-SCDMA 和 CDMA2000 均使用了 Turbo 码。

5. LDPC 码

低密度奇偶校验码（Low Density Parity Check Code，LDPC）的重新发现是继 Turbo码之后纠错编码领域的又一重大进展。与 Turbo 码相比较，LDPC 码具有较大的灵活性和较低差错率、描述简单，对严格的理论分析具有可验证性；不需要引入交织器，避免较大的延迟；译码复杂度低于 Turbo 码，且可实现完全并行的操作，便于硬件实现；译码器吞吐量大，极具高速译码的潜力；具有更加接近 Shannon 限的优异性能。LDPC 码目前已被广泛应用到空间通信、光纤通信、无线局域网、数字电视和磁记录等标准和设备中。在 2016 年 10月 3GPP RAN1 ♯86b 次里斯本会议和 11 月的 ♯87 次里诺会议上，LDPC 码被确定为增强移动宽带（eMBB）数据信道编码方案。LDPC 在问世 53 年之后终于被主流的 5G 移动通信系统采纳进标准中，又一次进入人们的视野，引起广泛的重视。

　　LDPC 码是一种 (n, k) 线性分组码，码长为 n，信息序列长度为 k，可以由 $(n-k)$ 行、n 列的稀疏校验矩阵 H 唯一定义。目前 LDPC 码并没有严格的数学定义，考虑到其结构上的特点，参照 Gallager 的论文，对 LDPC 码的校验矩阵 H 做如下的定义：

（1）矩阵的行重、列重与码长的比值远小于 1。

（2）任意两行（列）最多只有 1 个相同位置上的元素"1"。

（3）任意线性无关的行（列）数尽量地大。

　　其中条件（1）使得 LDPC 码的校验矩阵是稀疏的，条件（2）保证 LDPC 码的校验矩阵中不包含长度为 4 的小四环，条件（3）是为了确保构造的 LDPC 码的码率尽量接近 k/n。

　　式（2-17）是一个 $n=8$，$d_v=2$，$d_c=4$，$r=0.5$ 的规则 LDPC 码的校验矩阵

$$H = \begin{bmatrix} 1 & 0 & 1 & 1 & 0 & 0 & 1 & 0 \\ 1 & 1 & 0 & 0 & 1 & 1 & 0 & 0 \\ 0 & 1 & 1 & 0 & 1 & 0 & 0 & 1 \\ 0 & 0 & 0 & 1 & 0 & 1 & 1 & 1 \end{bmatrix} \tag{2-17}$$

　　规则 LDPC 码是指校验矩阵 H 满足列重和行重分别等于常数 d_v 和 d_c，因为并不能保证 H 是满秩矩阵，所以其码率 r 不小于 $(1-d_v/d_c)$。如果 LDPC 码校验矩阵 H 的列重和行重并不是常数，则称其为非规则 LDPC 码。非规则 LDPC 码可以用重量分布多项式来描述。如果给定码长 n 和行、列重分布多项式，得到的是一类 LDPC 码而不是一个特定的 LDPC 码。由于校验矩阵的稀疏性，该编码方式命名为低密度奇偶校验码。利用该稀疏性可极大地降低译码复杂度，尤其当码字长度较大并且采用并行迭代译码时，这种优势更加明显。

　　6. Polar 码

　　Polar 码是由 E. Arikan 根据信道极化理论提出的一种线性信道编码方法，是迄今发现的唯一一类能够达到香农限的编码方法，并且具有较低的编译码复杂度，Polar 码所能达到的纠错性能超过目前广泛使用的 Turbo 码、LDPC 码。

　　2016 年 11 月 18 日，在美国内华达州里诺的 3GPP RAN1♯87 次会议上，与会公司代表经过多轮技术讨论，详细评估了多种候选编码方案的性能、复杂度、编译码时延和功耗等因素，由国际移动通信标准化组织 3GPP 最终确定了 5G eMBB（增强移动宽带）场景的信道编码技术方案，其中，Polar 码作为控制信道的编码方案，LDPC 码作为数据信道的编码方案。Polar 码利用了信道联合（Channel Combination）与信道分裂（Channel Splitting）的过程来选择获得可靠传输和优异译码性能，其译码过程符合概率译码的思想。

　　Polar 码的理论基础就是信道极化。信道极化包括信道组合和信道分解部分。当组合信道的数目趋于无穷大时，则会出现极化现象：一部分信道将趋于无噪信道，另外一部分则趋于全噪信道，这种现象就是信道极化现象。无噪信道的传输速率将会达到信道容量，而全噪信道的传输速率趋于零。Polar 码的编码策略正是应用了这种现象的特性，利用无噪信道传输对用户有用的信息，全噪信道传输约定的信息或者不传信息。

第五节　数字基带传输系统

一、数字基带传输系统与数字基带信号

　　来自数据终端的原始数据信号，如计算机输出的二进制序列、电传机输出的代码，或者

是来自模拟信号经数字化处理后的 PCM 码组、ΔM 序列等都是数字信号。这些信号往往包含丰富的低频分量，甚至直流分量，因而称为数字基带信号。在某些具有低通特性的有线信道中，特别是传输距离不太远的情况下数字基带信号可以直接传输，称为数字基带传输。而大多数信道，如各种无线信道和光信道则是带通型的，数字基带信号必须经过载波调制，把频谱搬移到高载处才能在信道中传输，这种传输系统称为数字频带传输（也称调制传输或载波传输，数字频带传输原理已在数字调制部分做过介绍）。

目前，虽然在实际应用场合数字基带传输不如频带传输那样广泛，但对于基带传输系统的研究仍是十分有意义的：一是因为在利用对称电缆构成的近程数据通信系统广泛采用了这种传输方式；二是因为数字基带传输中包含频带传输的许多基本问题，也就是说，基带传输系统的许多问题也是频带传输系统必须考虑的问题；三是因为任何一个采用线性调制的频带传输系统可等效为基带传输系统来研究。

（一）数字基带传输系统构成

数字基带传输系统的基本结构如图 2-36 所示，它主要由信道信号形成器、信道、接收滤波器和抽样判决器组成。为了保证系统可靠有序地工作，还应有同步系统。

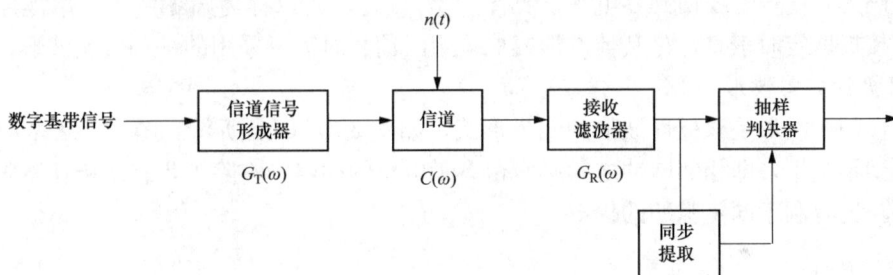

图 2-36 数字基带传输系统的基本结构

图 2-36 中各部分的作用如下。

（1）信道信号形成器。基带传输系统的输入是由终端设备或编码器产生的脉冲序列，它往往不适合直接送到信道中传输。信道信号形成器的作用就是把原始基带信号变换成适合于信道传输的基带信号，这种变换主要是通过码型变换和波形变换来实现的，其目的是与信道匹配，便于传输，减小码间串扰，利于同步提取和抽样判决。

（2）信道。信道是允许基带信号通过的媒质，通常为有线信道，如市话电缆、架空明线等。信道的传输特性通常不满足无失真传输条件，甚至是随机变化的。另外信道还会进入噪声，在通信系统的分析中，常常把噪声 $n(t)$ 等效，集中在信道中引入。

（3）接收滤波器。接收滤波器的主要作用是滤除带外噪声，均衡信道特性，使输出的基带波形有利于抽样判决。

（4）抽样判决器。抽样判决器是在传输特性不理想及噪声背景下，在规定时刻（由位定时脉冲控制）对接收滤波器的输出波形进行抽样判决，以恢复或再生基带信号。而用来抽样的位定时脉冲则依靠同步提取电路从接收信号中提取，位定时的准确与否将直接影响判决效果。

（二）数字基带信号

数字基带信号是指消息代码的电波形，它是用不同的电平或脉冲来表示相应的消息代码。数字基带信号（以下简称为基带信号）的类型有很多，常见的有矩形脉冲、三角波、高斯脉冲和升余弦脉冲等。最常用的是矩形脉冲，因为矩形脉冲易于形成和变换，下面就以矩形脉冲为例介绍几种最常见的基带信号波形。

1. 单极性不归零波形 NRZ

单极性不归零波形如图 2-37（a）所示，这是一种最简单、最常用的基带信号形式。这种信号脉冲的零电平和正电平分别对应着二进制代码 0 和 1，或者说，它在一个码元时间内用脉冲的有或无来对应表示 0 或 1 码。其特点是极性单一，有直流分量，脉冲之间无间隔。另外位同步信息包含在电平的转换之中，当出现连 0 序列时没有位同步信息。

2. 双极性不归零波形 BNRZ

在双极性不归零波形中，脉冲的正、负电平分别对应于二进制代码 1、0，如图 2-37（b）所示，由于它是幅度相等极性相反的双极性波形，故当 0、1 符号等可能出现时无直流分量。这样，恢复信号的判决电平为 0，因而不受信道特性变化的影响，抗干扰能力也较强。故双极性波形有利于在信道中传输。

3. 单极性归零波形 RZ

单极性归零波形与单极性不归零波形的区别是有电脉冲宽度小于码元宽度，每个有电脉冲在小于码元长度内总要回到零电平 [见图 2-37（c）]，所以称为归零波形。单极性归零波形可以直接提取定时信息，是其他波形提取位定时信号时需要采用的一种过渡波形。

4. 双极性归零波形 BRZ

双极性归零波形是双极性波形的归零形式，如图 2-37（d）所示。图中，每个码元内的脉冲都回到零电平，即相邻脉冲之间必定留有零电位的间隔。它除了具有双极性不归零波形的特点外，还有利于同步脉冲的提取。

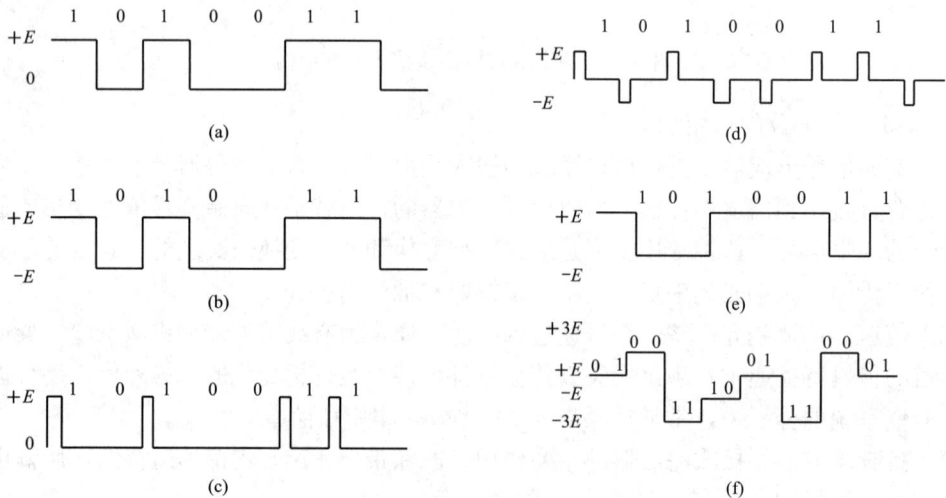

图 2-37　几种常见的基带信号波形
(a) 单极性不归零波形 NRZ；(b) 双极性不归零波形 BNRZ；
(c) 单极性归零波形 RZ；(d) 双极性归零波形 BRZ；(e) 差分波形；(f) 多电平波形

5. 差分波形

差分波形不是用码元本身的电平表示消息代码，而是用相邻码元的电平的跳变和不变来表示消息代码，如图 2-37（e）所示。图中，以电平跳变表示 1，以电平不变表示 0，当然上述规定也可以反过来。由于差分波形是以相邻脉冲电平的相对变化来表示代码，因此称它为相对码波形，而相应地称前面的单极性或双极性波形为绝对码波形。用差分波形传送代码可以消除设备初始状态的影响，特别是在相位调制中用于解决载波相位模糊问题。

6. 多电平波形

上述各种信号都是一个二进制符号对应一个脉冲。实际上还存在多于一个二进制符号对应一个脉冲的情形。这种波形统称为多电平波形或多值波形，如图 2-37 （f） 所示。

（三）数字基带信号的频谱特性

研究基带信号的频谱结构是十分必要的，通过谱分析可以了解信号需要占据的频带宽度、所包含的频谱分量、有无直流分量、有无定时分量等，这样才能针对信号谱的特点来选择相匹配的信道，以及确定是否可从信号中提取定时信号。

二进制基带信号的双边功率谱密度 $P_s(f)$ 可表示为

$$P_s(f) = f_s p(1-p) |G_1(f) - G_2(f)|^2 +$$

$$f_s^2 \sum_{m=-\infty}^{+\infty} |pG_1(mf_s) + (1-p)G_2(mf_s)|^2 \delta(f - mf_s) \qquad (2\text{-}18)$$

式中：$f_s = 1/T_s$，在数值上等于码速率 R_B，T_s 为码元间隔；P 和 $1-P$ 分别对应符号 "0" 和 "1" 出现的概率；$G_1(f)$ 和 $G_2(f)$ 分别为符号 "0" 和 "1" 对应的基带波形 $g_1(t)$ 与 $g_2(t)$ 的频谱；m 为整数。表达式 （2-26） 的第一项为连续谱，由于代表数字信息的 $g_1(t)$ 与 $g_2(t)$ 不能完全相同，故 $G_1(f) \neq G_2(f)$，因而连续谱总是存在的，连续谱的形状由 $g_1(t)$、$g_2(t)$ 的频谱形状 $G_1(f)$、$G_2(f)$ 及概率 P 决定，连续谱用于确定基带信号带宽；第二项为离散谱，不一定存在，它是否存在，取决于 $g_1(t)$ 和 $g_2(t)$ 的波形及其概率 P，离散谱存在的条件是 $Pg_1(t) + (1-P)g_2(t) \neq 0$ 且 $G_1(mf_s)$ 和 $G_2(mf_s)$ 中至少一个不为零。离散谱用于确定是否存在直流分量 （$m=0$ 时） 和定时分量 （$m \neq 0$ 时），离散谱中 $f_s^2 |pG_1(0) + (1-p)G_2(0)|^2 \delta(f)$ 是直流分量 （零频离散谱），$2f_s^2 \sum_{\substack{m=-\infty \\ m \neq 0}}^{\infty} |pG_1(mf_s) + (1-p)G_2(mf_s)|^2 \delta(f - mf_s)$ 是非直流分量 （为 mf_s 的离散谱）。

非直流分量离散谱可用来提取位同步信号，位同步信号提取可用图 2-38 实现。

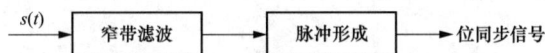

图 2-38　位同步信号提取原理方框图

二进制基带信号的功率谱如图 2-39 所示。

由图 2-39 可以看出，数字基带信号功率谱集中在低频部分。随机序列的带宽主要依赖单个码元波形的频谱函数 $G_1(f)$ 或 $G_2(f)$，两者之中应取较大带宽的一个作为序列带宽。时间波形的占空比越小，频带越宽。通常以谱的第一个零点作为矩形脉冲的近似带宽，它等于脉宽 τ 的倒数，即 $B_s = 1/\tau$。由图 2-39 可知，不归零脉冲的 $\tau = T_s$，则

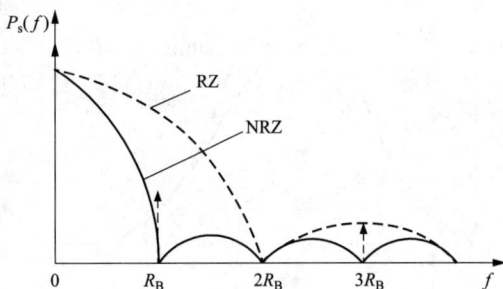

图 2-39　二进制基带信号的功率谱

$B_s = f_s$；半占空归零脉冲的 $\tau = T_s/2$，则 $B_s = 1/\tau = 2f_s$。其中 $f_s = 1/T_s$，为位定时信号的频率，在数值上与码速率 R_B 相等；对于双极性与单极性码谱零点带宽相同，而归零码 RZ 与非归零码 NRZ 带宽不同，其中 NRZ 码的谱零点带宽数值上等于码速率，即 $B = R_B$，而 RZ 码带宽占用带宽多，时间波形的占空比越小，频带越宽，对于占空比为 50%（即 $\tau = 0.5T_s$）的归零信号，其谱零点带宽数值上等于码速率的 2 倍，即 $B = 2R_B$。归零码由于包含比较多的跳变沿可以提取定时信息。

二、数字基带传输的常用码型

在实际的基带传输系统中，并不是所有代码的电波形都能在信道中传输。例如，前面介绍的含有直流分量和较丰富低频分量的单极性基带波形就不适宜在低频传输特性差的信道中传输，因为它有可能造成信号严重畸变。又如，当消息代码中包含长串的连续"1"或"0"符号时，非归零波形呈现出连续的固定电平，因而无法获取定时信息。单极性归零码在传送连"0"时存在同样的问题。因此，对传输用的基带信号主要有两个方面的要求：

（1）对代码的要求。原始消息代码必须编成适合于传输用的码型。

（2）对所选码型的电波形要求。电波形应适合于基带系统的传输。

关于码型的选择问题，将取决于实际信道特性和系统工作的条件。通常，考虑下列主要因素：

（1）相应的基带信号无直流分量，且低频分量少。

（2）便于从信号中提取定时信息。

（3）信号中高频分量尽量少，以节省传输频带并减少码间串扰。

（4）具有内在的检错能力，传输码型应具有一定规律性，以便利用这一规律性进行宏观监测。

（5）编译码设备要尽可能简单。

满足或部分满足以上特性的传输码型种类繁多，这里准备介绍目前常见的几种。

（一）AMI 码

AMI 码是传号交替反转码，其编码规则是将二进制消息代码"1"（传号）交替地变换为传输码的"+1"和"−1"，而"0"（空号）保持不变。例如：

消息代码   1 0 0   1 1 0 0 0 0 0 0 0   1 1 0 0 1 1

AMI 码   +1   0   0 −1   +1 0   0 0 0 0 0 0   −1   +1   0   0   −1 +1

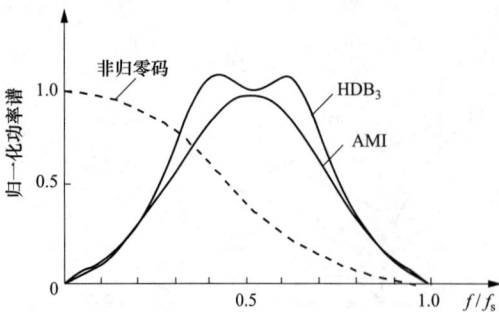

图 2-40   AMI 码和 HDB₃ 码的功率谱

AMI 码对应的基带信号是正负极性交替的脉冲序列，而 0 电位持不变的规律。AMI 码的优点是，由于 +1 与 −1 交替，AMI 码的功率谱（见图 2-40）中不含直流成分，高、低频分量少，能量集中在频率为 1/2 码速处。位定时频率分量虽然为 0，但只要将基带信号经全波整流变为单极性归零波形，便可提取位定时信号。此外，AMI 码的编译码电路简单，便于利用传号极性交替规律观察误码情况。鉴于这些优点，AMI 码是 CCITT 建议采用的传输码型之一。

AMI 码的不足是，当原信码出现连"0"串时，信号的电平长时间不跳变，造成提取定时信号的困难。解决连"0"码问题的有效方法之一是采用 HDB₃ 码。

（二）HDB₃ 码

HDB₃ 码的全称是 3 阶高密度双极性码，它是 AMI 码的一种改进型，其目的是保持 AMI 码的优点而克服其缺点，使连"0"个数不超过 3 个。其编码规则如下：

（1）当信码的连"0"个数不超过 3 时，仍按 AMI 码的规则编，即传号极性交替。

（2）当连"0"个数超过 3 时，则将第 4 个"0"改为非"0"脉冲，记为 +V 或 −V，称为破坏脉冲。相邻 V 码的极性必须交替出现，以确保编好的码中无直流。

（3）为了便于识别，V 码的极性应与其前一个非"0"脉冲的极性相同，否则，将四连"0"的第一个"0"更改为与该破坏脉冲相同极性的脉冲，并记为 +B 或 −B。

（4）破坏脉冲之后的传号码极性也要交替。例如：

代码	1000	0	1000	0	1	1	000	0	1	1
AMI 码	−1000	0	+1000	0	−1	+1	000	0	−1	+1
HDB₃ 码	−1000	−V	+1000	+V	−1	+1	−B00	−V	+1	−1

其中的 ±V 脉冲和 ±B 脉冲与 ±1 脉冲波形相同，用 V 或 B 符号的目的是示意将原信码的"0"变换成"1"码。

虽然 HDB₃ 码的编码规则比较复杂，但译码却比较简单。从上述原理看出，每一个破坏符号 V 总是与前一非 0 符号同极性（包括 B 在内）。

HDB₃ 码保持了 AMI 码的优点外，同时还将连"0"码限制在 3 个以内，故有利于位定时信号的提取。HDB₃ 码是应用最为广泛的码型，A 律 PCM 四次群以下的接口码型均为 HDB₃ 码。

（三）数字双相码

数字双相码又称曼彻斯特（Manchester）码。它用一个周期的正负对称方波表示"0"，而用其反相波形表示"1"。编码规则之一是："0"码用"01"两位码表示，"1"码用"10"两位码表示。例如：

代码	1	1	0	0	1	0	1
双相码	10	10	01	01	10	01	10

双相码只有极性相反的两个电平，而不像前面的三种码具有三个电平。因为双相码在每个码元周期的中心点都存在电平跳变，所以富含位定时信息。又因为这种码的正、负电平各半，所以无直流分量，编码过程也简单。但带宽比原信码大 1 倍，计算机以太网中常采用这种码型。

（四）CMI 码

CMI 码是传号反转码的简称，与数字双相码类似，它也是一种双极性二电平码。编码规则是："1"码交替用"11"和"00"两位码表示，"0"码固定地用"01"表示。

CMI 码有较多的电平跃变，因此含有丰富的定时信息。此外，由于 10 为禁用码组，不会出现 3 个以上的连码，这个规律可用来宏观检错。

CMI 码易于实现且具有上述特点，因此是 CCITT 推荐的 PCM 高次群采用的接口码型，在速率低于 8.448Mb/s 的光纤传输系统中有时也用作线路传输码型。

在数字双相码、密勒码和 CMI 码中，每个原二进制信码都用一组 2 位的二进码表示，因此这类码又称为 1B2B 码。

（五）nBmB 码

nBmB 码是把原信息码流的 n 位二进制码作为一组，编成 m 位二进制码的新码组。

由于 $m > n$，新码组可能有 2^m 种组合，故多出（$2^m - 2^n$）种组合，从中选择一部分有利码组作为可用码组，其余为禁用码组，以获得好的特性。在光纤数字传输系统中，通常选择 $m = n+1$，有 1B2B 码、2B3B、3B4B 码以及 5B6B 码等，其中，5B6B 码型已实用化，用作三次群和四次群以上的线路传输码型。

在某些高速远程传输系统中，1B/1T 码的传输效率偏低，为此可以将输入二进制信码分成若干位一组，然后用较少位数的三元码来表示，以降低编码后的码速率，从而提高频带利用率。4B/3T 码型是 1B/1T 码型的改进型，它把 4 个二进制码变换成 3 个三元码。显然，在相同的码速率下，4B/3T 码的信息容量大于 1B/1T，因而可提高频带利用率。4B/3T 码适用于较高速率的数据传输系统，如高次群同轴电缆传输系统。

三、无码间串扰的基带传输特性

数字信号的基带传输还要考虑形成合适的基带传输波形，保证抽样时刻无码间干扰。因此，基带传输特性应满足的频域条件为

$$\sum_i H\left(\omega + \frac{2\pi i}{T_s}\right) = T_s, \quad |\omega| \leqslant \frac{\pi}{T_s} \tag{2-19}$$

式（2-19）的物理意义是，按 $\omega = \pm(2n-1)\pi/T_s$（其中 n 为正整数）将 $H(\omega)$ 在 ω 轴上以 $2\pi/T_s$ 间隔切开，然后分段沿 ω 轴平移到（$-\pi/T_s$，π/T_s）区间内进行叠加，其结果应当为一常数（不必一定是 T_s），这种特性称为等效理想低通特性，记为 $H_{eq}(\omega)$。

式（2-19）称为奈奎斯特第一准则，它提供了检验一个给定的系统特性 $H(\omega)$ 是否产生码间串扰的一种方法。

输入序列若以 $1/T_s$B 的速率进行传输时，所需的最小传输带宽为 $1/2T_s$，这是在抽样时刻无码间串扰条件下，基带系统能达到的极限情况。此时基带系统所能提供的最高频带利用率为 $\eta = 2$B/Hz。通常把 $1/2T_s$ 称为奈奎斯特带宽，记为 W_1，则该系统无码间串扰的最高传输速率为 $2W_1$B，称为奈奎斯特速率。

四、无码间串扰基带系统的抗噪声性能

码间串扰和信道噪声是影响接收端正确判决而造成误码的两个因素。在无码间串扰的条件下，噪声对基带信号传输的影响，即噪声引起的误码率如下。

双极性信号

$$p_e = \frac{1}{2} \text{erf}\left(\frac{A}{\sqrt{2}\sigma_n}\right) \tag{2-20}$$

单极性信号

$$P_e = \frac{1}{2} \text{erfc}\left(\frac{A}{2\sqrt{2}\sigma_n}\right) \tag{2-21}$$

可见误码率仅依赖于信号峰值 A 与噪声均方根值 σ_n 的比值，而与采用什么样的信号波形无关（当然，这里的信号波形必须是能够消除码间干扰的）。若比值 A/σ_n 越大，则 P_e 就越小。

在单极性与双极性基带信号的峰值 A 相等、噪声均方根值 σ_n 也相同时，单极性基带系

统的抗噪声性能不如双极性基带系统。此外，在等概率条件下，单极性的最佳判决门限电平为 $A/2$，当信道特性发生变化时，信号幅度 A 将随着变化，故判决门限电平也随之改变，而不能保持最佳状态，从而导致误码率增大。而双极性的最佳判决门限电平为 0，与信号幅度无关，因而不随信道特性变化而变，故能保持最佳状态。因此，基带系统多采用双极性信号进行传输。

第六节　通信中的复用和多址技术

一、复用与多址的概念

发展迅速的各种新型业务（特别是高速数据和视频业务）对通信网的带宽（或容量）提出了更高的要求。通信系统中，一方面铺设线路使信道建设很昂贵，另一方面由于一条物理信道的传输能力高于一路信号的需求，如中波广播信道可用频率范围 1000kHz 以上，采用调幅方式一路信号所需带宽约 10kHz，用 1000kHz 带宽只传输一路 10kHz 信号对信道资源是巨大的浪费。好的传输方案是信道通信资源可以被多路信号共享，例如电话系统的干线通常有数千路信号在一根光纤中传输。通信资源是指用于描述一个给定系统进行信号处理时所能够使用的时间、带宽和空间等资源。如何规划系统中用户之间的资源分配，使用户能以有效的方式共享资源，从而获得高效的通信系统，是一个非常重要的问题。

为了适应通信网传输容量的不断增长和满足网络交互性、灵活性的要求，产生了各种多路复用技术。多路复用是指两个或多个用户共享公用信道通信资源的一种机制。通过多路复用技术，多个终端能够共用一条信道，从而达到节省信道通信资源的目的。多址接入指处于不同地点的多个用户接入一个公共的传输媒质，多路复用和多址接入为通信资源分配问题提供了解决方案，复用与多址技术可实现信道资源的共享。

复用与多址是现代通信理论的重要内容之一，它们是一个问题的两个方面，目的就是解决如何利用一条线路（信道）同时传输多路信号的技术，最终是为了充分利用信道的通信资源，提高信道的利用率。各种复用与多址技术在通信等系统中发挥了重要作用，目前采用的复用技术有频分复用（Frequency Division Multiplexing，FDM）/频分多址（Frequency Division Multiple Access，FDMA）、时分复用（Time Division Multiplexing，TDM）/时分多址（Time Division Multiple Access，TDMA）、码分复用（Code Division Multiplexing，CDM）/码分多址（Code Division Multiple Access，CDMA）、空分复用（Space Division Multiplexing，SDM）/空分多址（Space Division Multiple Access，SDMA）、非正交多址（Non-orthogonal Multiple Access，NOMA）与稀疏码多址技术（Sparse Code Multiple Access，SCMA）和波分复用（Wavelength Division Multiplexing，WDM）与密集波分复用（Dense Wavelength Division Multiplexing，DWDM）等。其中频分复用主要用于模拟通信，时分复用用于数字微波通信等，码分复用、空分复用用于移动通信，波分复用用于光纤通信等。

二、频分复用与频分多址

频分复用是指按照频率的不同来复用多路信号的方法。在频分复用中，信道的带宽被分成若干相互不重叠的频段，每路信号占用其中一个频段，该频段相当于一个地址，因而在接收端可以采用适当的带通滤波器将多路信号分开，从而恢复出所需要的信号。频分复用系统组成原理如图 2-41 所示。图中，各路基带信号首先通过低通滤波器（LPF）限制基带信号的带宽，然后各路信号分别对各自的载波进行调制、合成后送入信道传输。在接收端解调后恢复出基带信号。

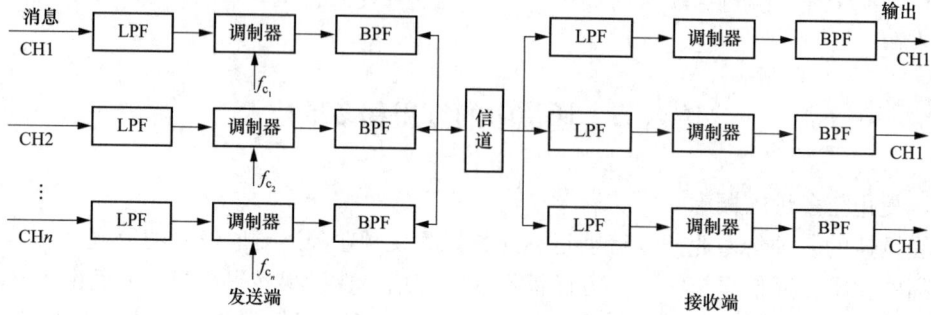

图 2-41　频分复用系统组成原理图

频分复用是利用各路信号在频率域不相互重叠来区分的。若相邻信号之间产生相互干扰，将会使输出信号产生失真。为了防止相邻信号之间产生相互干扰，应合理选择载波频率 f_{c_1}、f_{c_2}、…、f_{c_n}，并使各路已调信号频谱之

图 2-42　频分复用信号的频谱结构示意图

间留有一定的保护间隔。若基带信号是模拟信号，则调制方式可以是 DSB-SC、AM、SSB、VSB 或 FM 等，其中 SSB 方式频带利用率最高。若基带信号是数字信号，则调制方式可以是 ASK、FSK、PSK 等各种数字调制。频分复用信号的频谱结构示意如图 2-42 所示。

三、时分复用与时分多址

时分复用是利用各信号的抽样值在时间上不相互重叠来达到在同一信道中传输多路信号的一种方法。在 FDM 系统中，各信号在频域上是分开的，而在时域上是混叠在一起的；在 TDM 系统中，各信号在时域上是分开的，而在频域上是混叠在一起的。图 2-43 给出了两个基带信号进行时分复用的原理图。图中，对 $m_1(t)$ 和 $m_2(t)$ 按相同的时间周期进行采样，只要采样脉冲宽度足够窄，在两个采样值之间就会留有一定的时间空隙。

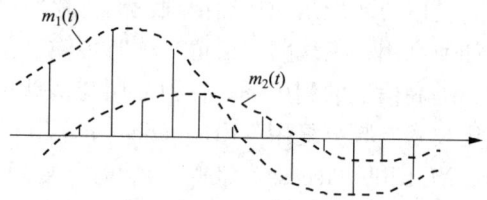

图 2-43　两个基带信号时分复用原理

图 2-44 给出了三路 TDM 系统的组成。三路原始信号 $m_1(t)$、$m_2(t)$、$m_3(t)$ 分别通过截止频率为 f_H 的低通滤波器，进入同步开关 K_1。首先按抽样周期 T_s 将传输时间划分为一帧一帧的间隔，再把每一帧 3 等份（因为是 3 路复用），每一等份称为一个时隙，占用时长为 $T_s/3$。在 $t=0$ 时刻，开关 K_1 和 K_2 都接在第一路上，让第一路的样值 $m_1(0)$ 经信道传到接收端；在 $t=\tau$ 时刻，开关 K_1 和 K_2 都接在第二路上，让第二路的样值 $m_2(\tau)$ 经信道传到接收端；在 $t=2\tau$ 时刻，开关 K_1 和 K_2 都接在第三路上，让第三路的样值 $m_3(2\tau)$ 经信道传到接收端，至此，三路信号各传送了一个样值之后，正好用完一个抽样周期 T_s，以此类推，直到发送完所有信号，实现了三路信号在一条信道上互不干扰的"同时"传输。但并不是真的在同一时刻传三路信息，而是对时间进行分割，分别占不同的时间传输，这正是

时分复用的含义所在。需要注意的是，在时间的划分上一定要满足抽样定理。在时分复用技术中，同步是必须解决的重要问题。

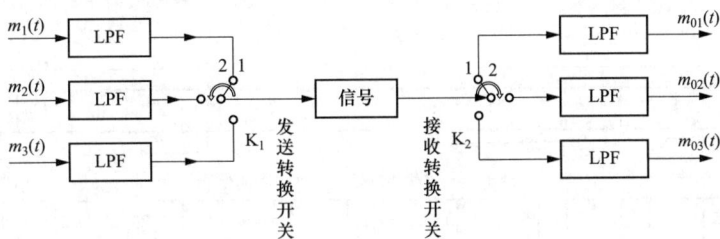

图 2-44 时分复用的原理框图

时分复用（TDM）是将时间帧划分成若干时隙，各路信号占有各自时隙，该时隙相当于一个地址，在数字通信中经常采用。

与 FDM 方式相比，TDM 方式主要有以下两个突出优点：

（1）多路信号的复接和分路都是采用数字处理方式实现的，通用性和一致性好，比 FDM 的模拟滤波器分路简单、可靠。

（2）信道的非线性会在 FDM 系统中产生交调失真和高次谐波，引起路间串话，因此，要求信道的线性特性要好，而 TDM 系统对信道的非线性失真要求可降低。

1. 时分复用标准

目前国际有两大标准时分复用标准，即 PDH（准同步数字系列）和 SDH（同步数字系列），而 PDH 又分成欧洲、中国和北美、日本两个系列，不同标准在路数和速率上规定不同，见表 2-2。

表 2-2   时 分 复 用 标 准

群路等级	北美、日本		欧洲、中国	
	信息速率/(kb/s)	路数	信息速率/(kb/s)	路数
基群	1544	24	2048	30
二次群	6312	96	8448	120
三次群	32064/44736	480/672	34368	480
四次群	97728/274176	1440/4032	139264	1920
STM-1	155520kb/s			
STM-4	622080kb/s			
STM-16	2488320kb/s			
STM-64	9953280kb/s			

2. PCM 基群帧结构

目前国际上推荐的 PCM 基群有两种标准，即 PCM30/32 路（A 律压扩特性）制式和 PCM24 路（μ 律压扩特性）制式。国际通信时以 A 律压扩特性为标准，我国也规定采用 PCM30/32 路制式。

PCM30/32 路制式基群帧结构如图 2-45 所示，共由 32 路组成，其中 30 路用来传输用户话语，2 路用作同步和信令。每路话音信号抽样速率 $f_s=8000\mathrm{Hz}$，对应的每帧时间间隔为 $125\mu s$。一帧共有 32 个时间间隔，称为时隙。各个时隙从 0 到 31 顺序编号，分别记作 T_{S0}、T_{S1}、T_{S2}、…、T_{S31}。

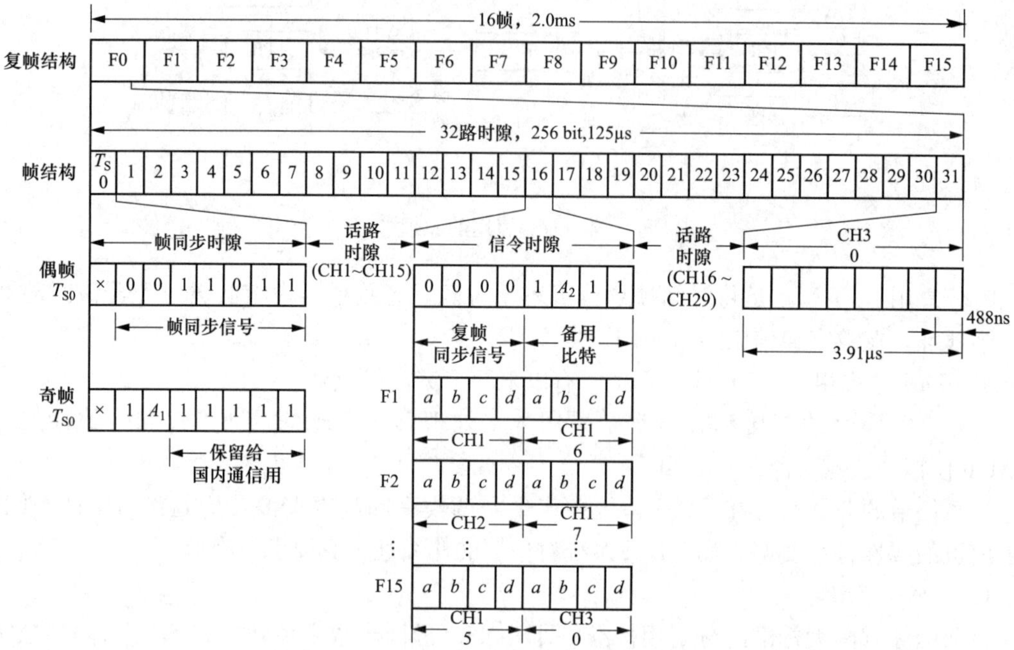

图 2-45　PCM30/32 路制式基群帧结构

高次群由低次群复接而成，复接时有码速调整问题，收端再分接。

其中，T_{S1} 至 T_{S15} 和 T_{S17} 至 T_{S31} 这 30 个路时隙用来传送 30 路电话信号的 8 位编码码组，T_{S0} 分配给帧同步，T_{S16} 专用于传送话路信令。每个路时隙包含 8 位码，一帧共包含 256 个比特。信息传输速率为：$R_b=8000[(30+2)\times8]=2.048\mathrm{Mb/s}$。

以上 PCM30/32 路称为数字基群或一次群。如果要传输更多路的数字电话，则需要将若干个一次群数字信号通过数字复接设备复合成二次群、二次群复合成三次群等。我国和欧洲各国采用以 PCM30/32 路制式为基础的高次群复合方式，北美和日本采用以 PCM24 路制式为基础的高次群复合方式。

3. 数字复接技术

在数字通信系统中，为了扩大传输容量，通常将若干个低等级的支路比特流汇集成一个高等级的比特流在信道中传输。这种将若干个低等级的支路比特流合成为高等级比特流的过程称为数字复接。完成复接功能的设备称为数字复接器。在接收端，需要将复合数字信号分离成各支路信号，该过程称为数字分接，完成分接功能的设备称为数字分接器。由于在时分多路数字电话系统中每帧长度为 $125\mu s$，因此，传输的路数越多，每比特占用的时间就越少，实现的技术难度也就越高。

若时分复用速率与复用路数 N、抽样频率 f_s、每个样值的编码位数 k 有关，则信号的总传输速率为 $R_b=f_s\cdot N\cdot k$，可见随着复用路数的增加，时分复用得到的信号速率也会增加。

4. 同步时分复用与异步时分复用

时分多路复用又分为同步时分复用（Synchronous Time Division Multiplexing，STDM）和异步时分复用（Asynchronous Time Division Multiplexing，ATDM），其中同步时分指发送端的多台计算机通过一条线路向接收端发送数据时进行分时处理，它们以固定的时隙进行分配，如上面介绍的 PCM 设备采用的是时分多路复用。

异步时分与同步时分有所不同，异步时分复用技术又被称为统计时分复用技术（Statistic Time-Division Multiplexing，STDM），它能动态地按需分配时隙，以避免每个时隙段中出现空闲时隙。异步时分在分配时隙时是不固定的，而是只给想发送数据的发送端分配其时隙段，当用户暂停发送数据时，则不给它分配时隙。这种方法提高了设备利用率，但是技术复杂性也比较高，所以这种方法主要应用于高速远程通信过程中，如异步传输模式 ATM。

四、码分复用与码分多址

码分复用 CDM 是靠不同的编码来区分各路原始信号的一种复用方式，码分多址 CDMA 系统为每个用户分配了各自特定的地址码，利用公共信道来传输信息。CDMA 系统的地址码相互具有准正交性，以区别地址，而在频率、时间和空间上都可能重叠。每一个用户地址码彼此之间互相独立，互相不影响，但是由于技术等种种原因，实际采用的地址码不可能做到完全正交，即完全独立、相互不影响，所以称为准正交。码分复用技术主要用于移动通信系统，它不仅可以提高通信的话音质量和数据传输的可靠性以及减少干扰对通信的影响，而且增大了通信系统的容量。

CDMA 通信系统中，具有正交性的地址码设计是关键，一般采用伪随机序列作为地址码。

（一）正交码与伪随机序列

1. 正交的概念

若两个周期为 T 的模拟信号 $s_1(t)$ 和 $s_2(t)$ 互相正交，则有 $\int_0^T s_1(t)s_2(t)dt=0$。

同理，若 M 个周期为 T 的模拟信号 $s_1(t)$、$s_2(t)$、…、$s_M(t)$ 构成一正交集合，则有 $\int_0^T s_i(t)s_j(t)dt=0(i\neq j；i，j=1、2、…、M)$。类似，对于二进制数字信号，也有上述模拟信号的正交性。由于数字信号是离散的，故可以把它看作一个码组，并用一数字序列表示这一码组。

设长为 n 的编码中码元只取 +1 和 −1，以及 x 和 y 是其中两个码组 $x=(x_1，x_2，…，x_n)$、$y=(y_1，y_2，…，y_n)$，其中，$x_i，y_i\in(+1，-1)$，$i=1、2、…、n$，则 x 和 y 间互相关系数定义为 $\rho(x,y)=\frac{1}{n}\sum_{i=1}^n x_i y_i$，若 x 和 y 正交，则必有 $\rho(x，y)=0$，两两正交的编码称为正交编码。

2. 伪随机序列及特性

如果一个序列，一方面它是可以预先确定的，并且是可以重复地生产和复制的；另一方面它又具有某种随机序列的随机特性（即统计特性），称这种序列为伪随机序列。伪随机序列又称为伪噪声序列（Pseudo-Noise，PN）或伪随机码。PN 码序列最重要的特性是具有近似于随机信号的性能。所以噪声具有完全的随机性，所以，可以说 PN 序列具有近似于噪声的性能。但是，噪声是不能重复再现或再生的，只能产生一种周期性的脉冲信号来近似模拟噪声的性能。

伪随机序列得到了广泛的应用，特别是在 CDMA 系统中作为扩频码已成为 CDMA 技术中的关键问题，常用的伪随机序列有 m 序列、Gold 序列等。

（二）m 序列

1. m 序列的产生

m 序列是最长线性反馈移存器的简称，它们是由移位寄存器产生确定序列，然而它们却具有某种随机序列的随机特性。因为同样具有随机特性，无法从一个已经产生的序列的特

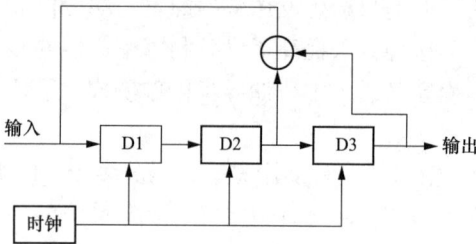

图 2-46　三位移位寄存器构成的 m 序列发生器

性中判断是真随机序列还是伪随机序列，只能根据序列的产生办法来判断。m 序列有许多优良的性能，如容易产生、规律性强等，在扩频通信中最早获得广泛的应用。以一个三级移位寄存器产生 m 序列为例，来说明如何由多级移位寄存器经线性反馈产生周期性的 m 序列，如图 2-46 所示。

图 2-46 中，D1、D2、D3 为三级移位寄存器，移位寄存器的作用为在时钟脉冲驱动下，能将暂存的 1 或 0 逐级向右移。模 2 加法器完成如下运算，即 $0 \oplus 0 = 0$，$1 \oplus 1 = 0$，$1 \oplus 0 = 1$。在三级移位寄存器构成的 m 序列发生器中，移位寄存器 D2 和 D3 的输出进行模 2 和并反馈作为 D1 的输入。表 2-3 给出了在时钟脉冲驱动下三级移位寄存器的暂存数据按列改变，D3 的变化即输出序列。如移位寄存器各级的初始状态为 111 时，输出序列为 1110010。在输出周期为 $2^3 - 1 = 7$ 的码序列后，D1、D2、D3 又回到 111 状态。在时钟脉冲的驱动下，输出序列做周期性的重复，因此，所能产生的最长的码序列 1110010 是 m 序列。

表 2-3　　　　　　　　　　三级移位寄存器的暂存数据按列改变

D1	1	0	0	1	0	1	1
D2	1	1	0	0	1	0	1
D3	1	1	1	0	0	1	0

m 序列的最大长度决定于移位寄存器的级数，而码的结构决定于反馈抽头的位置和数量。不同的抽头组合可以产生不同长度和不同结构的码序列。有的抽头组合并不能产生最长周期的序列。

2. 用于生成 m 序列的多项式

图 2-47 给出了一个一般的线性反馈移存器的组成。图中一级移存器的状态用 a_i 表示，$a_i = 0$ 或 1，$i =$ 整数。反馈线的连接状态用 c_i 表示，$c_i = 1$ 表示此线接通，$c_i = 0$ 表示此线断开。反馈线的连接状态不同，就可能改变此移存器输出序列的周期 P。

序列的每一项由前面的 r 项根据式（2-22）线性产生。

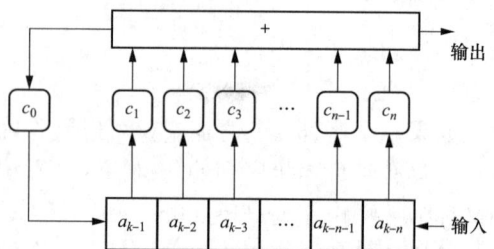

图 2-47　线性反馈移位寄存器

$$a_n = c_1 a_{n-1} + c_2 a_{n-2} + c_3 a_{n-3} + \cdots + c_r a_{n-r} = \sum_{i=1}^{r} c_i a_{n-i} \qquad (2\text{-}22)$$

上式中求和为按模 2 运算。根据关系式（2-22），可以从移位寄存器的初始状态 a_0、a_1、$\cdots$、a_{n-1} 直接推导出 a_n、a_{n+1}、$\cdots$，从而得到整个输出序列 $\{a_k\}$。

将上面关系式用式（2-23）表示

$$f(x) = c_0 + c_1 x + c_2 x^2 + c_3 x^3 + \cdots + c_n x^n = \sum_{i=0}^{n} c_i x^i \qquad (2\text{-}23)$$

这一方程为特征方程（或特征多项式）。式中仅指明其系数（1 或 0）代表的值，x 本身的取值无实际意义，也不需要计算。特征多项式的次数 n 就是移位寄存器的级数，c_i 的取值（0 或 1）确定了反馈线的连接状态。

若一个 n 次特征多项式 $f(x)$ 满足既约（不可再分解的）条件：

(1) $f(x)$ 是多项式。

(2) $f(x)$ 可整除 $(x^P + 1)$，$P = 2^n - 1$。

(3) $f(x)$ 除不尽 $(x^q + 1)$，$q < P$（P 是周期）。

则称 $f(x)$ 为本原多项式。

当一个 n 级线性反馈移位寄存器的特征式为本原多项式，则该反馈移位寄存器能产生 m 序列。各级本原多项式表达式可以查表得到，可以参考相关文献。如图 2-46 中三位移位寄存器构成的 m 序列发生器对应本原多项式为 $x^3 + x^2 + 1$。

m 序列是一种伪随机序列。由于其伪噪声性质较好，容易产生，因此应用很广泛。

（三）Gold 序列

虽然 m 序列自相关特性优良，但同样长度的由 m 序列组成的、互相关特性好的互为优选的序列集却很小。Gold 是由两个码长相等、码速相同的 m 序列优选对模 2 和构成，这种序列有较优的自相关和互相关特性，构造简单，产生的序列数多，因此获得了广泛的应用。图 2-48 为码长＝63、移位寄存器级数 n＝6 的并联型 Gold 码发生器。

（四）伪随机序列在扩频通信的应用

扩频通信技术是一种信息传输方式，其信号所占有的频带宽度远大于所传信息必需的最小带宽；频带的扩展是通过一个独立的码序列用编码及调制的方法来实现，与所传信息的数据无关；在接收端则用同样的码序列进行相关同步接收、解扩及恢复所传信息数据。

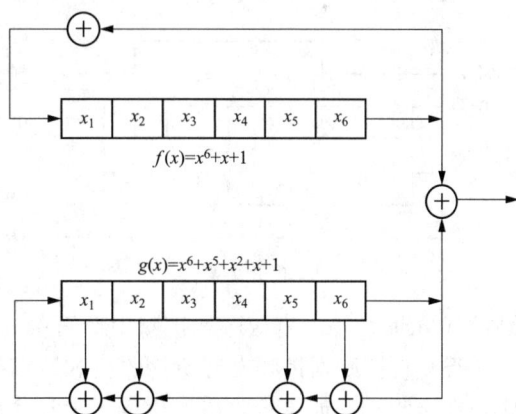

图 2-48　Gold 码发生器原理图

与常规的窄带通信相比，扩频通信具有强的抗干扰和多径衰落的能力、保密性好、功率谱密度低、隐蔽性好、截获概率小、可多址复用等优点，因此，在军事和民用中都得到了广泛的应用，如蜂窝电话、无绳电话、微波通信、无线数据通信、遥测、监控、报警等系统。扩频通信的理论基础是信道容量定理，前面提到过，信道容量 C 与信道带宽 B 及其信噪比

S/N 之间存在关系 $C=B\log_{2}\left(1+\dfrac{S}{N}\right)$，即在信道容量 C 一定的条件下，可通过增加带宽 B 的方法来换取信噪比的降低。设数字码元速率为 $R_{b}\left(R_{b}=\dfrac{1}{T_{b}}\right)$，其中，$T_{b}$ 为码元宽度，R_{b} 可等效为基带信号的频带宽度。定义参数 $G=\dfrac{B}{R_{b}}$ 为扩频因子，通常 $G\gg1$。扩频因子又称为处理增益（processing gain），是用来表示系统通过扩频来获得性能改善的量度，即在环境相同的情况下采用扩频技术的系统性能和不采用扩频技术的系统性能之间的差异。因此，扩频因子 G 越大，扩频信号的抗干扰能力越强，即在相同的误码率条件下，扩频通信系统所要求的信噪比越低。由于 $G\gg1$，即 $B\gg R_{b}$，因此，在扩频通信系统中，传输信号所占用的频带宽度远远大于原始信息本身所需的有效带宽。

按照扩展频谱的方式不同，现有的扩频通信系统可以分为：直接序列扩频（Direct Sequence Spread Spectrum，DSSS）、跳变频率扩频（Frequency Hopping Spread Spectrum，FH）、窄脉冲跳变时间扩频（Time Hopping Spread Spectrum，TH）、宽度线性调频扩频（Chirp Modulation Spread Spectrum，CM）和混合扩频等几种类型，还可以组合起来构成各种混合方式，例如 DS/FH、DS/TH、DS/FH/TH 等。

1. 直接序列扩频技术

直接序列扩频 DSSS 是直接用具有高码率的扩频码序列在发送端去扩展信号的频谱，而在接收端用相同的扩频码序列进行解扩，把展宽的扩频信号还原成原始的信息的过程。工程中，直接序列扩频在如 Wimax、电力线通信等领域获得应用。

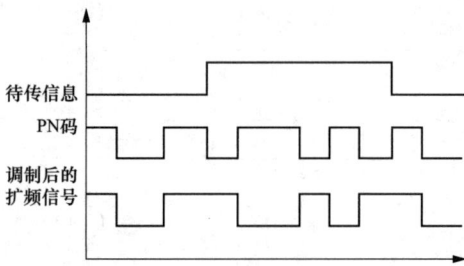

图 2-49　扩频运算

实际应用中，扩频可以先在基带上进行，即在进行调制之前，先用传输的信息序列与扩频码先在基带上相乘运算来进行扩频处理，波形变化如图 2-49 所示。

在直接序列扩频通信系统中很多时候需要调制，调制方式可以是前面讨论过的任何一种数字相干调制。常用的有二进制相移键控（2PSK）、四进制相移键控（QPSK）和最小频移键控（MSK）等。直接序列扩频中最简单的形式就是使用 2PSK 做扩频调制，图 2-50 给出了 2PSK 直接序列扩频发射机接收机和频谱变化，发送端本地扩频码 $c(t)$ 对 2PSK 信号扩频，在接收端，如果接收机产生的本地扩频码和发送端的扩频码同步，其本地码与接收信号相乘后，可以得到幅值很大的信号，进一步做相干解调后就可以恢复出原来的发送信号。

2. 跳频扩频技术

跳频扩频通信系统主要应用于通信对抗中。固定频率通信系统容易暴露目标且易于被截获，而跳频通信可以视为一系列调制数据突发，具有时变、伪随机的载波频率，所有可能的载波频率的集合称为跳频集，即跳频系统中包含若干个窄带跳制的窄带信道，跳频集中使用的窄带信道带宽称为瞬时带宽，跳频发生的频谱带宽称为总跳频带宽。由于跳频扩频的频率使用原则是"打一枪换一个地方"的游击通信策略，因此，敌方不易发现通信使用的频率，即使被发现，通信的频率也已经"转移"到另外一个频率上了，从而达到隐蔽、抗干扰和难

(a)

(b)

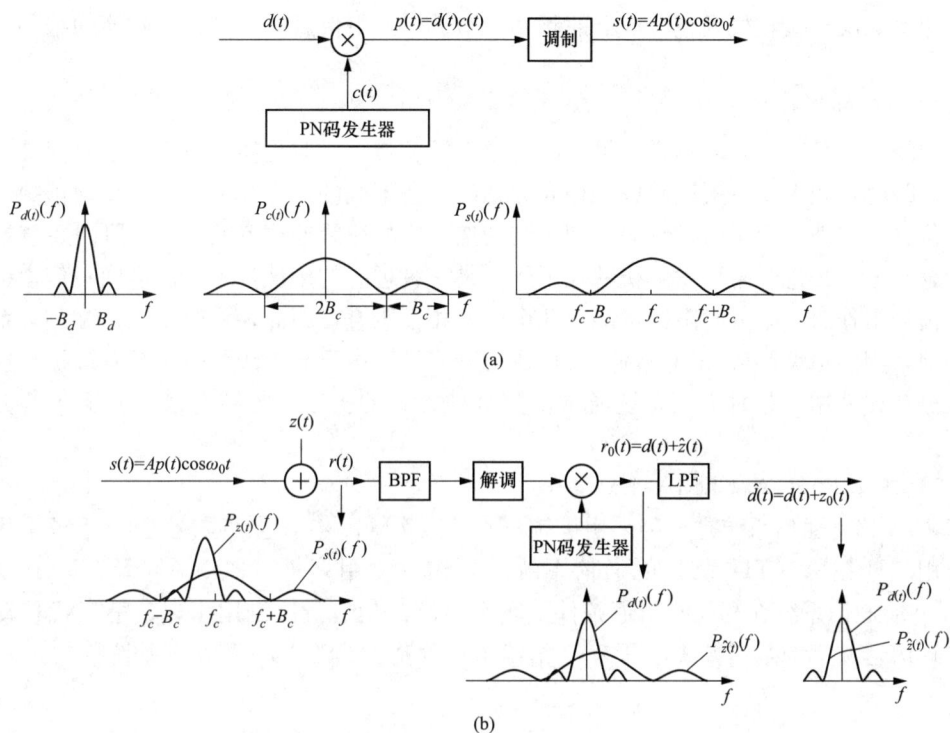

图 2-50 2PSK 直接序列扩频发射机和接收机各处信号谱密度

(a) 发射机；(b) 接收机

以被截获的目的。

图 2-51 给出了一个跳频扩频系统的原理方框图，其中图 2-51（a）是发射原理框图，图 2-51（b）是接收原理框图。图 2-51（b）中接收机合成器生成的频率模式和接收到的信号中的频率同步，则混频器的输出就是一个位于固定差频处的解跳信号，将解跳信号输入到传统的接收机中进行解调。在跳频中，当一个不需要的信号占据某一个特定的信道时，这个信道中的噪声和干扰就可以进入解调器，这样一个非预想的用户和预想的用户同时在同一信道中发射信号的情况下，跳频系统中可能出现碰撞。

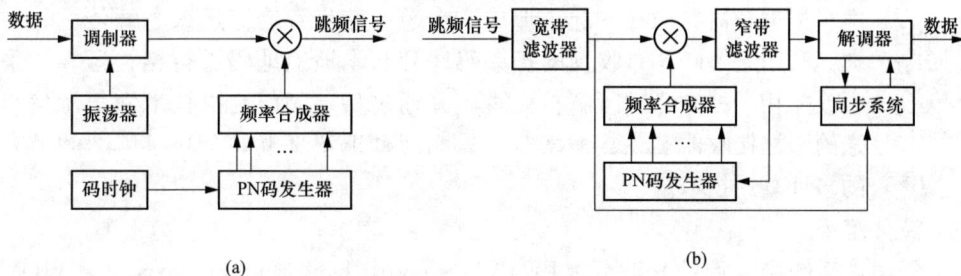

图 2-51 跳频扩频系统的原理方框图

(a) 发射机原理；(b) 接收机原理

如果采用二进制 FSK，则每次频率跳变时将会有一对瞬时频率发生变动。这一对频率分别表示二进制的数据 0 和 1。这两个瞬时频率所占用的信道称为互补的信道。跳频系统中的跳频速率取决于接收机频率合成器的频率灵敏性、发射信息的类型、抗碰撞的编码冗余度等因素。

3. 跳时扩频通信系统

时间跳变也是一种扩展频谱技术，与跳频系统相似，跳时是使发射信号在时间轴上离散地跳变。跳时扩频系统也可以看成一种时分系统，所不同的地方在于它不是在一帧中固定分配一定位置的时隙，而是由扩频码序列控制的按一定规律跳变位置的时隙。跳时系统能够用时间的合理分配来避开附近发射机的强干扰，是一种理想的多址技术。但当同一信道中有许多跳时信号工作时，某一时隙内可能有几个信号相互重叠，因此，跳时系统也和跳频系统一样，必须采用纠错编码或采用协调方式构成时分多址。由于简单的跳时扩频系统抗干扰性不强，很少单独使用，跳时扩频系统通常都与其他方式的扩频系统结合使用，组成各种混合方式。

（五）基于 DSSS 的 CDMA 系统

CDMA 移动通信系统是一种采用扩频技术的数字蜂窝移动电话系统，而 GSM 采用的是时分复用多址技术（TDMA）的通信系统。与频分复用多址（FDMA）及 TDMA 相比，CDMA 移动通信系统在相同的信道条件下具有更高的信道资源利用率，是第三代移动通信系统实现信道共享的基本方式，图 2-52 给出了一种基于 DSSS 的 CDMA 系统构成。

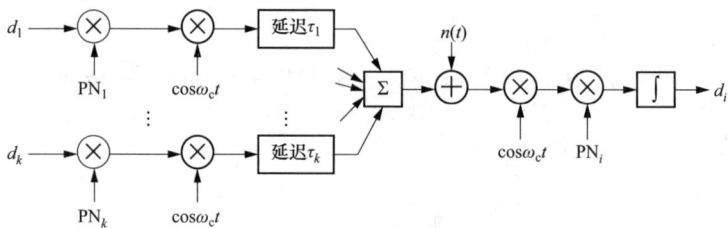

图 2-52　基于 DSSS 的 CDMA 系统构成

（六）光码分多址 OCDMA

光码分多址（OCDMA）概念是由 CDMA 概念演变而来的，电码分多址（CDMA）主要通过分配码字获得多址接入能力，具有抗干扰、抗多径衰落和提高系统容量等技术特点。OCDMA 是将不同用户的信号用互相正交的码序列来进行光学编码，编码后的各用户信号由星型耦合器叠加在一起，形成一个总的信号数据流进入光纤传输。在接收端，利用光解码器对收到的扩频码序列与本地地址码进行相关运算，采用相干或非相干的方法进行解扩处理，并通过特定阈值判决技术恢复源信号，传送给数据接收器实现数据恢复，是实现真正意义上的全光通信网的最有希望的多址复用技术。

码分复用

五、波分复用

在光纤通信系统中采用的光波分复用（Wavelength Division Multiplexing，WDM）技术是在一根光纤中同时传输多个波长光信号的一项技术。其基本原理是在发送端将不同波长的光信号组合起来（复用），并耦合到光缆线路上的同一根光纤中进行传输，在接收端又将组合波长的光信号分开（解复用），并做进一步处理，恢复出原信号后送入不同的终端，因此将此项技术称为光波长分割复用，简称光波分复用技术。人们把在同一窗口中信道间隔较小的波分复用称为密集波分复用（Dense Wavelength Division Multiplexing，DWDM）。

WDM 技术充分利用光纤的巨大带宽资源，传输多种不同类型的信号，节省线路投资，可以降低器件的超高速要求，组网高度灵活性、经济性、可靠，从而实现未来的透明、灵活、经济且具有高度生存性的光网络。

除了 WDM 之外，光纤通信中还有光时分复用（OTDM）、光频分复用（OFDM）以及副载波复用（SCM）技术等。

六、无线空分复用与 MIMO

1. 空分复用概念与 MIMO

空分复用是在接收端和发射端使用多根天线，不同天线上并行发送若干个独立的数据子流，充分利用空间传播中的多径分量，在同一频带上使用多个数据通道（多天线子信道）发射信号，通过在多个空间信道上并行传输不同的数据流，从而使得信道容量随着天线数量的增加而线性增加，实现在不增加频谱带宽的条件下提升系统容量。

随着移动通信技术的发展，传统 SISO（Single Input and Single-Output）系统受信道容量的制约，已经难以满足多媒体通信的需要，为此，移动通信基站的天线不断朝着宽带多频化、小型化以及 MIMO（Multiple-Input Multiple-Output，多输入多输出）天线的方向发展。MIMO 系统发送端和接收端均有多个天线，其发送天线和接收天线均能进行分集，通过空时处理技术获得分集增益或复用增益，以提高无线通信系统传输的可靠度和频谱利用率。

MIMO 系统容量 C 可近似为

$$C = E\left\{\log_2 \det\left[\boldsymbol{I} + \frac{SNR}{N_T}HH^H\right]\right\} \tag{2-24}$$

式中：SNR 表示接收天线上的平均信噪比；$H = [h_{i,j}] \in \boldsymbol{C}^{N_T \times N_R}$ 为信道衰落系统矩阵，在高信噪比条件下，可以近似为

$$C = \min\{N_T, N_R\}\log_2\frac{SNR}{N_T} + \sum_{i=|N_T-N_R|+1}^{\max\{N_T,N_R\}} E[\log_2(\chi_{2i}^2)] \tag{2-25}$$

式（2-25）中，χ_{2i}^2 为自由度 $2i$ 的卡方分布随机变量在信噪比 SNR 较高的情况下，信道容量由 $\min\{N_T, N_R\}\log_2\frac{SNR}{N_T}$ 决定，可以理解为系统中存在 $\min\{N_T, N_R\}$ 个并行的空间信道，同时这也是通信系统中的自由度，即为空间复用增益。根据公式可知，MIMO 系统的最大容量随着收发天线的数量增多而线性增长。比起在发射端或者接收端采用普通阵列天线的通信系统，MIMO 系统可在不额外增加信号带宽的基础上，通过高效的算法调制技术来提高信道容量，为通信系统性能带来数量级的提升。

无线空分复用

2. Massive MIMO

针对传统 MIMO 技术的不足，美国贝尔实验室的 Marzetta 于 2010 年提出了大规模 MIMO（Massive MIMO 或 Very Large MIMO）概念。在大规模 MIMO 系统中，基站配置数十至数百个天线，较传统 MIMO 系统天线数增加 1～2 个数量级；基站充分利用系统的空间自由度，在同一时频资源服务若干用户。

光纤通信中也有 SDM 技术，主要包括在同一光纤包层内部放置多个纤芯的多芯复用

（Multi-core Multiplexing，MCM）方式，在同一纤芯内部同时传输若干线偏振（Linear Polarization，LP）模式的少模复用（Few-Mode Multiplexing，FMM）方式，将多芯复用和少模复用相结合的少模多芯复用（Few-Mode Multi-core Multiplexing，FM-MCM）方式以及利用光束的不同螺旋相位波前进行正交复用的轨道角动量（Orbital Angular Momentum，OAM）方式。

第七节 通 信 中 的 同 步

所谓同步是指收发双方在时间上步调一致，故又称定时。在数字通信中，按照同步的功用分为载波同步、位同步、群同步和网同步。

一、载波同步

载波同步是指在相干解调时，接收端需要提供一个与接收信号中的调制载波同频同相的相干载波。这个载波的获取称为载波提取或载波同步。在模拟调制以及数字调制学习过程中，要想实现相干解调，必须有相干载波。因此，载波同步是实现相干解调的先决条件。

二、位同步

位同步又称码元同步。在数字通信系统中，任何消息都是通过一串码元序列传送的，所以接收时需要知道每个码元的起止时刻，以便在恰当的时刻进行取样判决。这就要求接收端必须提供一个位定时脉冲序列，该序列的重复频率与码元速率相同，相位与最佳取样判决时刻一致。人们把提取这种定时脉冲序列的过程称为位同步。

三、群同步

群同步包含字同步、句同步、分路同步，它有时也称帧同步。在数字通信中，信息流是用若干码元组成一个"字"，又用若干个"字"组成"句"。在接收这些数字信息时，必须知道这些"字""句"的起止时刻，否则接收端无法正确恢复信息。对于数字时分多路通信系统，如PCM30/32电话系统，各路信码都安排在指定的时隙内传送，形成一定的帧结构。为了使接收端能正确分离各路信号，在发送端必须提供每帧的起止标记，在接收端检测并获取这一标志的过程，称为帧同步。因此，在接收端产生与"字""句"及"帧"起止时刻相一致的定时脉冲序列的过程统称为群同步。

四、网同步

在获得了以上讨论的载波同步、位同步、群同步之后，两点间的数字通信就可以有序、准确、可靠地进行了。然而，随着数字通信的发展，尤其是计算机通信的发展，多个用户之间的通信和数据交换，构成了数字通信网。显然，为了保证通信网内各用户之间可靠地通信和数据交换，全网必须有一个统一的时间标准时钟，这就是网同步，又可分为外同步法和自同步法。

（1）外同步法。由发送端发送专门的同步信息（常被称为导频），接收端把这个导频提取出来作为同步信号的方法，称为外同步法。

（2）自同步法。发送端不发送专门的同步信息，接收端设法从收到的信号中提取同步信息的方法，称为自同步法。

第三章　电力线载波通信

第一节　概　　述

电力线载波（Power Line Carrier，PLC）通信也称电力线通信（Power Line Communication，PLC），是指利用高压电力线（在电力载波领域通常指 35kV 及以上电压等级）、中压电力线（指 10kV 电压等级）或低压电力线（380/220V 用户线）作为信息传输媒介进行语音或数据传输的一种特殊通信方式，可用于电力系统的调度通信、远动、保护、生产指挥、行政业务通信及各种信息传输。电力线路是为输送 50Hz 强电设计的，线路衰减小，机械强度高，传输可靠，电力线载波通信复用电力线路进行通信不需要通信线路建设的基建投资和日常维护费用，在电力系统中占有重要地位。

电力线载波通信是电力系统特有的通信方式。

电力线载波通信的历史可追溯到 20 世纪 20 年代，当时主要集中在 110kV 以上的高压远距离传输，工作频率为 150kHz 以下，该频段后来成为 CENELEC（the European Committee for Electro Technical Standardization，欧洲电工标准委员会）电力线载波通信的正式频段。到 20 世纪 50 年代，电力线载波通信技术已广泛用于监控、远程指示、设备保护以及语音传输等领域。20 世纪 50 年代后期至 90 年代早期的 30 多年，电力线载波通信开始应用在中压和低压电网上，其开发工作主要集中在电力线自动抄表、电网负荷控制和供电管理等领域，没有导致大量的电力线通信产品及服务的出现。近些年，阻碍该项技术发展的某些技术瓶颈被成功突破，使得低压电力线传输高速数据成为可能。

电力线载波通信曾经是我国电力通信的基本方式，随着技术的发展和现场应用需求的变化，电力线载波通信技术及应用方式已经发生了巨大的变革，包括由模拟通信发展为数字通信、由单通道发展为多通道、由原来的基本通信方式改变为备用通信方式、由话音和远动信号发展为更多的计算机、网络及监控系统的信息等。但是电力线载波的特点决定了它仍然是不可替代的特有通信方式。

一、电力线载波通信的特点

与其他通信相比，电力线载波通信具有如下特点：

（1）独特的耦合设备。电力线路上有工频大电流通过，载波通信设备必须通过高效、安全的耦合设备才能与电力线路相连。这些耦合设备既要使载波信号有效传送，又要不影响工频电流的传输，还要能方便地分离载波信号与工频电流。此外，耦合设备还必须防止工频电压、大电流对载波通信设备的损坏，确保安全。

（2）线路存在强大的电磁干扰。由于电力线路上存在强大的电晕等干扰噪声，要求电力线载波设备具有较高的发信功率，以获得必需的输出信噪比。

二、电力线载波通信方式分类

早期电力线载波通信主要用于 110kV 及以上输电线路，使用的通信频率范围受限。目前由于需求的变化和技术的发展，电力线载波出现了多种通信方式。

1. 按照电力线电压等级划分

按照电力线电压等级划分，电力线载波通信可分为高压、中压、低压电力线载波通信。

（1）高压电力线载波指应用于 35kV 及以上电压等级的载波通信设备。载波线路状况良好，主要传输调度电话、远动、高频保护及其他监控系统的信息，用于特高压线路的电力线载波通信设备亦属于此类。

（2）中压电力线载波指应用于 10kV 电压等级的电力线载波通信。载波线路状况较差，主要传输配电网自动化、小水电和大用户抄表信息。

（3）低压电力线载波指应用于 380V 及以下电压等级的电力线载波通信。载波线路状况极差，主要传输电力线上网、用户抄表及家庭自动化的信息和数据。

2. 从使用的带宽划分

从使用的带宽角度来说，电力线载波通信分为窄带电力线载波通信和宽带电力线载波通信（Broadband Power Line Communication，BPLC）。所谓窄带电力线载波通信技术就是指带宽限定在 3～500kHz、通信速率小于 1Mb/s 的电力线载波通信技术，它多采用普通的 PSK 技术、线性调频 Chirp 技术等，窄带 PLC 主要用于工业控制和用电信息采集等领域。所谓宽带电力线通信技术就是指带宽限定在 2～30MHz、通信速率通常在 1Mb/s 以上的电力线载波通信技术，它多采用先进的 OFDM 技术、扩频通信技术等，实现高速数据传输。宽带 PLC 主要用于宽带接入和家庭联网领域，在用电信息采集中也有应用。

第二节　电力线载波通信系统

一、电力线载波通信系统构成

电力线载波通信系统主要由电力线载波机、电力线路和耦合设备构成，如图 3-1 所示。其中耦合设备包括线路阻波器 GZ、耦合电容器 C、结合滤波器 JL（又称结合设备）和高频电缆 HFC，与电力线路一起组成电力线高频通道，输电线既传输电能又传输高频信号。

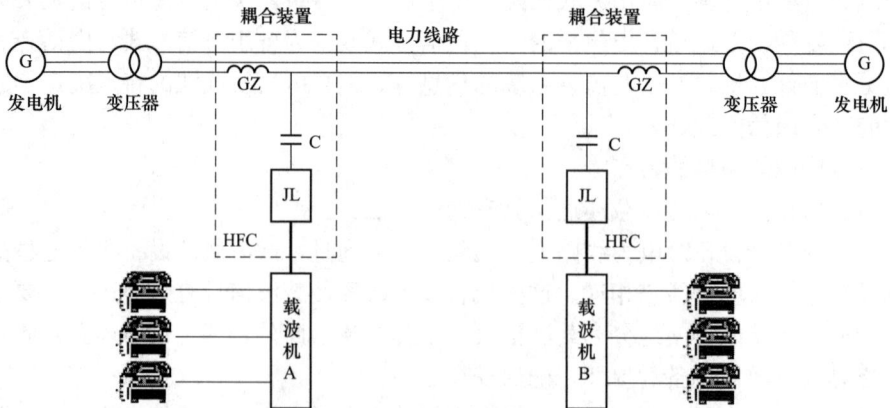

图 3-1　电力线载波通信系统构成方框图

电力线载波通信系统各构成部分的作用如下：

（1）电力线载波机。电力线载波机是电力线载波通信系统的主要组成部分，用于实现调制和解调，即在发端将音频搬移到高频段电力线载波通信频率，完成频率搬移。载波机性能好坏直接影响电力线载波通信系统的质量。

（2）耦合电容 C 和结合滤波器 JL。耦合电容 C 和结合滤波器 JL 组成一个带通滤波器，其作用是通过高频载波信号，并阻止电力线上的工频高压和工频电流进入载波设备，确保人身、设备安全。

（3）线路阻波器 GZ。线路阻波器串接在电力线路和母线之间，是对电力系统一次设备的"加工"，故又称"加工设备"，其作用是通过电力电流、阻止高频载波信号漏到变压器和电力线分支线路等电力设备，以减小变电站和分支线路对高频信号的介入损耗及同一母线不同电力线路上高频通道。

结合设备连接载波机与输电线，包括高频电缆，作用是提供高频信号通路。

二、电力线载波机

（一）电力线载波机的特点

电力线载波机是将音频信号调制到高频载波上，并通过电力线传送信息的载波通信设备。其特点是：

（1）电力线上噪声电平很高，为保证接收端信噪比符合要求，载波机发送功率较大（为 $1\sim100\text{W}$）。

（2）为集中利用发送功率，一台载波机的路数较少。

（3）电力线上载波信号的传输衰减受电力系统运行方式及自然状况的影响，接收机应具有较好的自动电平调节系统，在接收信号电平变化较大的情况下，仍能使音频输出电平变动很小。

（4）用来传送电力调度及安全运行所需的电话、远动、远方保护信号、监控信号等，可以复合传送这些信号的称为复用机，而专门传送其中一种信号的称为专用机。

（二）单边带电力线载波机组成

早期模拟电力线载波机采用的调制方式主要有双边带幅度调制、单边带幅度调制和频率调制三种，其中单边带幅度调制方式应用最为普遍，因为发送功率集中在一个边带中，利用率高。

单边带电力线载波机的原理简化框图如图 3-2 所示，它由音频汇接电路、发信支路、收信支路、自动电平调节系统、呼叫系统等部分组成。

1. 音频汇接电路

电力线载波机为实现电话通信，不仅要传输话音信号，同时还应传输呼叫信号，尤其是为电力系统专用通信网服务的电力线载波机，除电话通信外，还同时要传输远动信号和远方保护信号。这些信号均在 $0\sim4\text{kHz}$ 的音频段中传输，通常话音信号采用 $0.3\sim2.0\text{kHz}$ 或 $0.3\sim2.4\text{kHz}$ 的窄带传输，其 2.4kHz 或 2.6kHz 以上的音频段用于传输远动信号。呼叫信号插在其中，如 $2.220\text{kHz}\pm30\text{Hz}$，或插在二者之上 $3.660\text{kHz}\pm30\text{Hz}$。远方保护信号一般采用与话音、远动信号在时间上交替传输的办法。所有这些信号均在音频部分汇集后再送入发信支路，相应地在收信支路要将其分离后分别输出。电力线载波机的音频汇接电路就是实现汇集/分离的接口电路。

远动信号是脉冲序列。为使它能和话音信号同时传输，需经过调制解调器将脉冲信号调制在远动信号频段内的音频上，然后才能送入载波机的远动入口。所以，对电力线载波机而

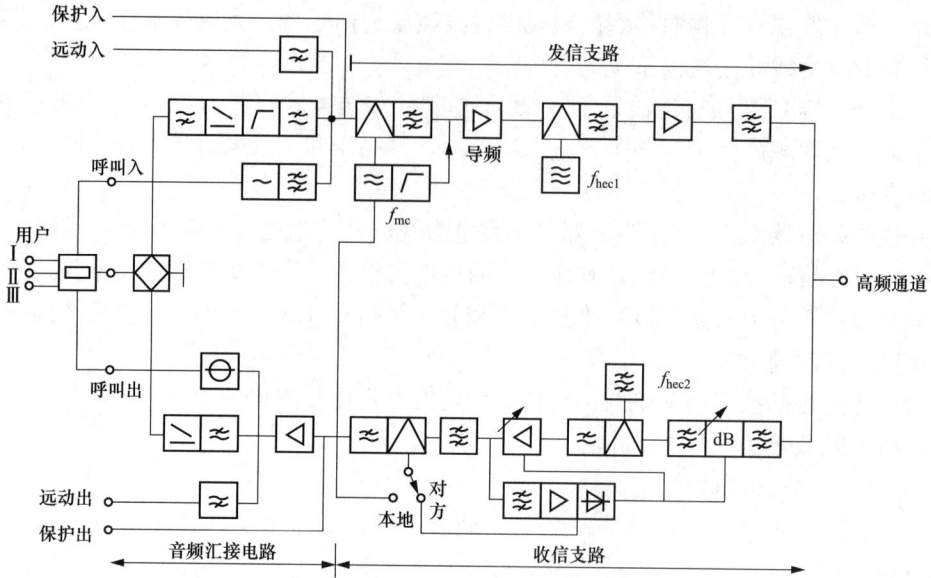

图 3-2 单边带电力线载波机原理方框图

言，远动信号是指已调的音频信号，通常采用频移键控（FSK）方式传输，$2.220\text{kHz}\pm 30\text{Hz}$ 或 $3.660\text{kHz}\pm 30\text{Hz}$ 等呼叫信号也是采用 FSK 方式传输。

远方保护信号也是音频信号。远方保护装置在发生电力事故时，需要可靠地将信号传送到远方。一般这种信号的传输时间极短，因此经常在传输远方保护信号时，先停送话音、远动、呼叫信号，等远方保护信号传完后，再继续传送其他信号。这是一种时间交替传输的复用方法，由于时间极短，并不影响其他信号的传输，同时可以全功率传输远方保护信号，确保保护信号的可靠性。

2. 发信支路

发信支路将要传输的音频信号用载波进行调制，实现变频后放大，送到高频通道。一般采用二次调制，第一次调制将音频信号搬移到中频，故第一次变频称为中频调制，中频载波的一般取 12kHz，调制后取上边带。第二次调制进一步将中频信号频谱搬移到线路频带 $40\sim500\text{kHz}$，称之为高频调制，高频调制后取下边带。

3. 收信支路

收信支路从高频通道上选出对方送来的高频信号进行解调，恢复出对方发送的音频信号。解调方法选用相干解调，这就要求收信端的高频与中频载频与发送端完全相等。为了保证载频稳定度，一般采用最终同步法控制载频偏差，原理框图如图 3-3 所示。

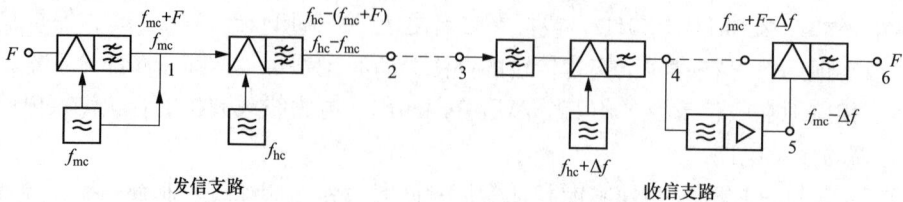

图 3-3 最终同步法原理框图

最终同步法的工作原理是发信端发送一个中频载波信号 f_{mc}（一般为 12kHz），在收信端由窄带滤波器滤出，供给收信支路的第二次解调作为载频用。这样可以抵消收信支路高频载波 f_{hc} 产生的频率偏差 Δf，使输出信号的频率与原始信号的频率相同，达到了最终同步。

4. 自动电平调节系统

电力线载波所用的高频通道的传输特性非常不稳定，它的线路衰减随气候条件、电力设备的操作和线路故障有很大变化。为保证通信质量，在收信端设有自动电平调节系统，用于补偿高频通道在运行过程中的衰减变化，保证收信端传输电平的稳定。

自动电平调节的过程：在发送端发送一个导频信号（为了简单，采用中频载波作为导频信号），在对方收信支路用窄带滤波器滤出导频信号，经放大、整流后作为控制信号，控制收信支路中可调放大器的增益或可调衰减器的衰减，实现自动调节。

5. 呼叫系统、自动交换系统

电力线载波机在传输语音信号之前，首先应呼出对方用户，因此在发信支路中要发送一个称为呼叫信号的音频。在对方收信支路中接入呼叫接收电路（即收铃器）才能沟通双方用户。电力线载波机采用自动呼叫方式，通常机内附设有自动交换系统（国产载波机一般设四门用户交换系统，实现通过自动拨号选叫所需用户，但几个用户分时占用同一条载波通路。进口载波机一般不设交换系统，而是连接小交换机），以提高通路的利用率和实现组网功能。如在图 3-2 中，主叫用户 Ⅰ 摘机、拨号，呼叫对方用户 Ⅱ，则本侧自动交换系统控制呼叫系统，发出相应的音频脉冲；对方收信支路的收铃器选出呼叫信号，取出音频脉冲，去控制其自动交换系统工作，选中用户 Ⅱ 并对其振铃，沟通双方用户，实现通话。

三、电力线高频通道

电力线高频通道由结合滤波器 JL（又称结合设备）、耦合电容器 C、阻波器 GZ（又称加工设备）和电力线路组成。

（一）耦合装置与耦合方式

1. 耦合装置

耦合装置包括结合设备、加工设备及耦合电容器。结合设备 JL 连接在耦合电容器 C 的低压端和载波机的高频电缆 HFC 之间；耦合电容 C 连接在结合设备 JL 和高压电力线路之间，其作用是传输高频信号，阻隔工频电流，并在电气上与结合设备中的调谐元件配合，形成高通滤波器或带通滤波器，耦合电容器的容量一般为 3000～10000pF；线路阻波器 GZ 与电力线路串联，接于耦合电容器在电力线路上的连接点和变电站之间。线路阻波器 GZ 主要由强流线圈、保护元件及电感、电容与电阻等调谐元件组成，线路阻波器的电感量一般为 0.1～2mH；在结合设备 JL 的输出端子和载波机之间一般用高频电缆 HFC 连接，由于载波机的型号不同，高频电缆可以是不平衡电缆或平衡电缆，电缆的阻抗一般为 75Ω（不平衡）和 150Ω（平衡）。

2. 耦合方式

目前电力线载波的耦合方式有三种：相—地耦合、相—相耦合和相—地、相—相混合耦合方式。

（1）相—地耦合方式。相—地耦合方式如图 3-4 所示，这种方式将载波设备连接在一根相导线和大地之间，其特点是只需一个耦合电容器和一个阻波器，在设备的使用上比较经济，因而得到了广泛应用。但这种方式引起的衰减比相—相耦合方式大，而且在相导线发生接地故障时高频衰减增加很多。

（2）相—相耦合方式。相—相耦合方式如图 3-5 所示，这种耦合方式需要两个耦合电容器和两个阻波器，耦合设备费用约为相—地耦合方式的 2 倍，但相—相耦合方式的优点是高频衰减小，而且当电力线路故障时，由于 80％的故障属于单相故障，所以具有较高的安全性。目前国内外在一些可靠性要求较高的电力线高频通道中已采用了相—相耦合方式。

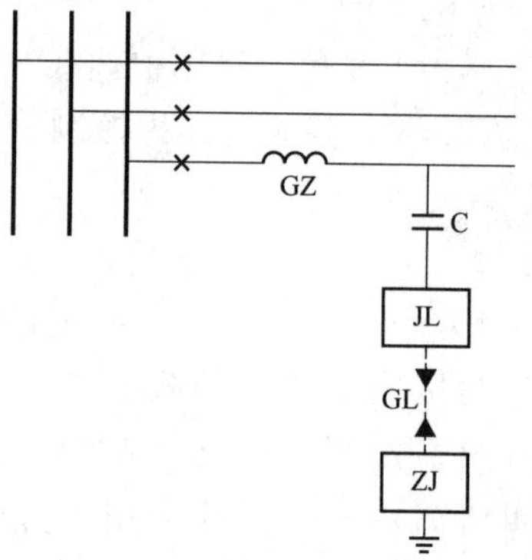

图 3-4　相—地耦合方式 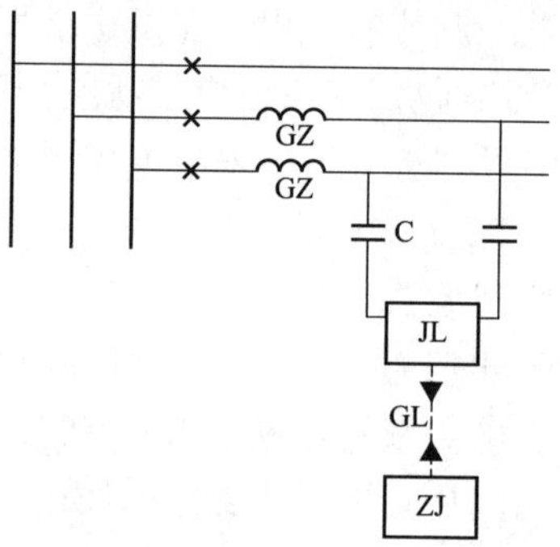　　　　　　　图 3-5　相—相耦合方式

除此之外，国内也有少数线路开始采用相—相、相—地混合耦合方式。

（二）电力线载波通路上的杂音干扰

1. 杂音的类型

电力线载波通信利用电力线传输高频信号，但同时不可避免地引入干扰。电力线载波通路上的干扰有杂音和串音，杂音掩盖了语音的较弱部分，使人耳对有用信号的听觉灵敏度降低，从而降低了语音的清晰度。串音有可懂串音和不可懂串音，不可懂串音对于通路的影响与杂音相同，因此将不可懂串音也视为杂音。

通路上的杂音大体上包括线路杂音、设备内的固有杂音、制际串音形成的杂音和路际串音形成的杂音。

线路杂音主要是指在高压电力线上，由导线发生电晕和绝缘子表面局部放电所造成的杂音，这种分布性的干扰杂音的电平很高，是电力线载波通路中的主要杂音来源。不同电压等级的电力线路杂音电平数值见表 3-1。

表 3-1　　　　　　　　　　　不同电压等级的电力线路杂音电平数值

线路电压等级（kV）	35	110	220	500
5kHz 带宽杂音电平（dB）	−43.4	−39.1	−26.1	−21.7
2kHz 带宽杂音电平（dB）	−47.4	−43.1	−30.1	−25.7

2. 对电力线载波通路杂音的要求

杂音对通信质量影响很大，如果话音信号一定，杂音信号电平越大，通信质量就越差；若杂音电平一定，话音信号越大，则通信质量越好。因此衡量杂音对通信质量的影响，不仅要考虑杂音电平的大小，还要考虑信号电平的大小以及信号电平与杂音电平的差值。

信号与杂音电平的差值称为信杂比，又称为杂音防卫度，用 SNR 表示。不同信杂比时的话音质量见表 3-2。

表 3-2　　　　　　　　　　　　　不同信杂比时的话音质量

信杂比		话音质量 （主观感受）	信杂比		话音质量 （主观感受）
（dB）	（Np）		（dB）	（Np）	
40	4.6	杂音很小，通话清晰	10	1.15	杂音相当大，通话困难
30	3.45	有少量杂音，通话无妨	0	0	杂音特大，通话不明确
20	2.3	有较大杂音，尚可通话			

由表 3-2 可知，当信杂比为 30dB 时，话音质量有少量杂音，对通话无影响；当信杂比为 20dB 时，话音质量有较大杂音，尚可维持通话。现行规定，电力线载波通信中话音通路信杂比为 26dB，载波通路二线端杂音电平不大于－60dB。

（三）电力线载波通道的频率分配

1. 必要性

在高压窄带电力线载波系统规划设计中，需要对电力线载波通道使用频率进行安排。这种安排可防止通道间相互干扰，保证通信系统正常运行。

电力线载波通道产生的干扰如图 3-6 所示，其中电力线载波机 A（通道 A）的频率为 f_A，电力线载波机 B（通道 B）的频率为 f_B，由于电力线相互连接，各相线之间有电磁耦合，f_A 信号可由 C 相耦合至 A 相经线路传输至载波机 B，对 f_B 信号产生干扰。同样，f_B 信号也可经相似路径干扰 f_A。

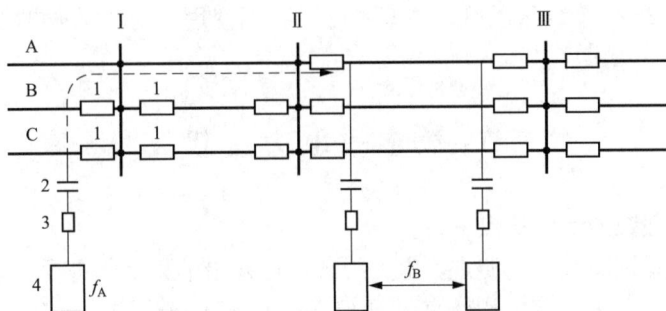

图 3-6　电力线载波通道干扰图

1—阻波器；2—耦合电容器；3—结合滤波器；
4—电力线载波机；f_A、f_B—载波机工作频率

电力线载波通道的干扰可按式（3-1）计算

$$P_{S/I} = P_B - (P_A - b_T - b_I - b_S) \tag{3-1}$$

式中：P_A 为干扰载波机发送电平，dB；b_T 为干扰信号路径中的跨越衰减，dB；b_I 为干扰信号路径的传输衰减，dB；b_S 为干扰载波机选择性衰减，dB；P_B 为被干扰载波机接收信号电平，dB；$P_{S/I}$ 为信号干扰比，dB。

按式（3-1）计算出信号干扰比值 $P_{S/I}$，要求对可懂串音防卫度大于 55dB，对不可懂串

音防卫度大于 47dB，表示通道间的干扰在允许范围内可正常运行。

影响载波通道间的干扰有以下因素：

（1）电力线载波机的发送功率越大，则对其他载波通道的干扰信号越强。

（2）干扰信号在传输过程中有衰减，包括线路传输衰减，相间跨越衰耗和阻波器或载波频率分隔设施的跨越衰减等。这些衰减的总和使干扰减小，衰减越大，产生的干扰越小。

（3）被干扰的信号越强，则受干扰的影响越小。

（4）干扰载波机的收信选择性越高，对干扰信号和被干扰信号的分辨能力越强，则被干扰载波机所受的干扰越小。

为了提高通道间的跨越衰减，减小通道干扰，可以采取在电厂的电力线出线 A、B、C 三相用阻波器阻塞，同时加装电力线载波频率分隔设施。

2. 频率分配方法

对于频率范围为 40～500kHz 高压电力线载波通信系统，一条电力线载波电路占用频带宽度为 2×4kHz，共有 57 组载波电路频带可供安排，通过频率分配应做到使通道间相互干扰满足指标要求，并且在指定的范围内尽可能安排较多的电路，提高频谱的利用率。

频率组的划分原则为：

（1）相同频率组用于一条电力线上，同组内各频点间无相互干扰，载波机可并联使用。

（2）不同的频率组用于不同的相邻电力线上，频点间无相互干扰。

（3）在经过 2～3 个电力线路段之后，可以重复使用频率组，只要经验算频点相互无干扰即可。频率分组完成后，可以进行频率分配。先选择系统中某一中间部位，一条线路选用一个频率组如 A 组，其相邻各方向的线路段各选用相邻的频率组如 B、C、D 等，然后依次更远的线路段选用频率组 E、F、G、H 等。以此类推，一条线路开通电路多时也可分配 2 个频率组，在经过 2～3 个线路段后，频率组可以直复使用。对于较长的线路，应安排用较低频率的频率组。

第三节　数字式电力线载波机

一、数字电力载波通信的优点

随着各种通信系统向数字化演进，电力线载波也开始了数字化进程。融合计算机技术和数字信号处理技术、采用数字电力线载波通信 DPLC（Digital Power Line Carrier）系统对电力线载波通信网进行扩展和改进，无论在经济上还是技术上都是最佳选择方案。

与模拟电力线载波通信（APLC）相比较，DPLC 具有许多优点：

（1）在相同信道带宽（如 2×4kHz）条件下，能传输的电话路数增多，数据容量大，频带利用率提高。

（2）数字方式抗干扰能力强，通信质量得到提高。

（3）话音、远动和呼叫信号都变为数字形式，可不必再考虑发信功率的分配，以全功率发出即可。

（4）提供的数字接口能适应综合业务数字网（ISDN）的发展趋势，便于灵活组网。

（5）便于用外部计算机实时修改设备参数及工作状态，实现自动监测与控制。

考虑到原有 APLC 的应用情况及电力数字通信网的发展，DPLC 应满足以下要求：

（1）提供原有 APLC 的各种业务（调度电话、远动、远方保护）及新增数据通信业务。

（2）通道容量应比 APLC 大 3 倍以上。

（3）占用与 APLC 相同的带宽，且不改变原有的频谱分配。

（4）在线路侧与 APLC 兼容，原有的耦合装置不变，可与 APLC 共同组网。

（5）具有良好的可扩充性能。

（6）投资少、功能强、性能价格比高。

二、数字电力线载波机的关键技术

目前的 DPLC 大致有两种类型，一种是模拟体制的 DPLC，这种设备类似于模拟电视接收机的电路数字化，在局部采用了一些先进的数字技术，如数字信号处理技术（DSP），在音频部分和其他一些功能实现了数字化，但体制还是模拟的，仍采用传统的单边带（SSB）方式，收发频带仍各为 4kHz，但由于数字技术的采用，设备性能得以提高，接口灵活，便于计算机直接监测和控制，如德国西门子的 ESB-2000、瑞士 ABB 的 ETL；另一种则是全数字化的载波机，它将音频信号变为数字编码，传输上采用多电平数字调制技术，如多电平正交调幅（MQAM）、网格编码调制（TCM）等，采用回波抵消（EC）技术实现双向通信，信息速率可达到 32kb/s，实现了体制的彻底转变，容量得到很大提高，如挪威 Nera 公司的 A.C.E.32、深圳市业通达 DT220、扬州宏图电气 ZDD-210 系列、保定奥能电力 CZ-Ⅲ 等。

全数字化的载波机是真正意义上的数字载波机，它采用语音压缩编码、数字时分复用、纠错编码、数字调制、自适应均衡、回波抵消等多种数字通信技术，将数字信号（数据、数字化语音、传真等）调制到电力线载波频段，通过高压电力线传送，其传输速率及系统容量取决于采用的数字调制方式、占用频带宽度、线路信噪比、模拟信号数字化方法等因素，一般窄带的传输速率在 1Mb/s 以下，可容纳几路至几十路低速数据或压缩语音信号；宽带的传输速率可以到几十 Mb/s 以上，可以支持视频等高速数据传送。

DPLC 所采用的数字技术主要有以下几部分。

1. DSP 技术

DPLC 采用 DSP 实现滤波、均衡、调制和编码等。

（1）滤波功能的实现。在 PLC 中，各种滤波器是决定设备指标的重要器件。传统 APLC 中滤波器由多级 LC 网络实现，其传输特性受阶数和元件精度的影响，存在较宽的过渡带致使可用频带相对减少；DPLC 中采用了数字滤波器，可以通过算法和字长的控制，使滤波器具有很小的过渡带而接近理想情况，远动信号可用频带加宽，音频段频带利用率高，话音与远动信号间的干扰也可以减少，并且数字滤波器的参数便于通过软件进行修改，调整非常方便。

（2）均衡的实现。由于通道特性的不理想，信号传输过程中会产生失真，如幅频特性变坏，误码增加。有效的措施是通过均衡修正频率特性和校正冲击响应，第一种均衡是通过串接滤波器对系统传输函数进行修正，以补偿系统频率特性，这种方式称为频域均衡，所串的滤波器可用上面提及的数字滤波器；第二种均衡为时域均衡，是在接收端插入一个横向滤波器，横向滤波器可以通过迭代算法不断调整各抽头的加权系数，使总特性能够消除码间干扰，保证信息的可靠传输。

另外，后面将要提到的调制及压缩编码功能也经常由专用 DSP 芯片实现。

2. 高效的多进制数字调制技术与多载波调制技术

DPLC 中传输的信息为数字形式，对应的调制方式为数字调制，根据通信理论有

$$R_b = R_B \cdot \log_2 M \tag{3-2}$$

表明采用多进制数字调制技术，可以在信道频带受限时使比特率增加，提高频带利用率。多进制数字调制的符号数越多，则信息速率越高。但根据通信理论，当点数无限增多时，要保持误码率 P_e 不变，必须提高信噪比，也即要增加发信功率，这就对设备提出了更高的要求。

目前 DPLC 中一部分采用多进制正交调幅（MQAM）技术，理论分析表明，当 $M>4$ 时，QAM 的抗噪性能优于 MPSK，故得到广泛应用，如挪威 Nera 公司的 A. C. E. 32 中就采用了 64QAM。

当信道带宽和信噪比一定时，可以通过合理设计基带信号和调制方式使误码率尽可能降低。采用网格编码调制（TCM）技术就是一种有效的措施，它采用了具有纠错能力的卷积码和多进制调制相结合，如有些数字载波机采用 128TCM 调制技术，提高了编码增益（指未编码系统所需信噪比与编码后所需信噪比之差）。与此相应，在解调过程中采用维特比（Viterbi）译码来减少误判，增强了纠错能力。

还有些新型数字载波机采用正交频分复用多载波调制 OFDM 技术，充分发挥其频谱效率高、抗衰落能力强、抗干扰能力强、纠错能力强、系统实现简单、成本较低等优点；又通过采用固定门限的自适应调制以及动态子载波分配技术，能够在保证一定误码率要求的基础上尽可能多地增加系统的通信速率，提高了系统性能。

也有些电力载波机采用扩频通信技术来实现调制，发送端通过伪随机码扩展信号频谱，接收端再利用伪随机码解扩回复，具有较好的抗干扰能力。

3. 语音压缩编码技术

按照 CCITT G. 711 标准，0.3～3.4kHz 语音信号变为 PCM 码时，码率为 64kb/s，按照奈氏第一定理，它所需最小带宽为 32kHz，与模拟方式（只需 4kHz）相比，占用巨大的信道带宽和存储空间，若以此方式处理语音，当 DPLC 总容量为 32kb/s 时，连一路数字电话都无法准确传输。实际上，64kb/s 的语音信息中冗余度相当高，随着数字通信技术的发展和高速 DSP 芯片的产生，低于 64kb/s 语音压缩编码技术得到迅速发展，形成了波形编码和参数编码两大体系。目前 CCITT 制定的语音压缩编码标准有 G. 721 的 32kb/s ADPCM 标准和 G. 728 的 16kb/s LD—CELP 标准，已广泛用于数字移动通信和卫星通信中。但这些标准对于信道资源相当紧张的电力线载波通信，速率仍显太高。实际上语音信息的冗余度可以进一步压缩来降低速率，压缩率越高，速率就越低，同样容量的信道能传输的电话路数就越多或数据传输的速率就可以更高。因此各厂家将语音压缩编码技术用于 DPLC 中，旨在降低语音速率，提高电力线载波通道的频带利用率。

DPLC 中的语音压缩编码技术有 Nera 公司的 LASVQ 编码方案和美国 EIA/TIA 编码方案，其语音编码速率约为 8kb/s，加上信令及纠错编码合成速率为 9.6kb/s，当容量为 32kb/s 时每对载波机可同时传输 3 路电话或同时传输 1 路电话和 2 路 9.6kb/s 同步数据，或是其他组合方式。

另外还有更低速率的语音编码技术得到了应用。如码激励线性预测 CELP 语音压缩编码技术，除了 G. 728 的 16kb/s 标准以外，QCELP 标准的速率可以达到 4.8kb/s，使传输的

话音路数进一步增加，对系统扩容、语音存储及多媒体通信业务的开展具有重要意义。

图 3-7 给出了数字式载波机的信号处理发送和接收过程方框图，可以看出语音压缩编码技术 QCELP、数字调制技术 QAM、TCM 的应用。

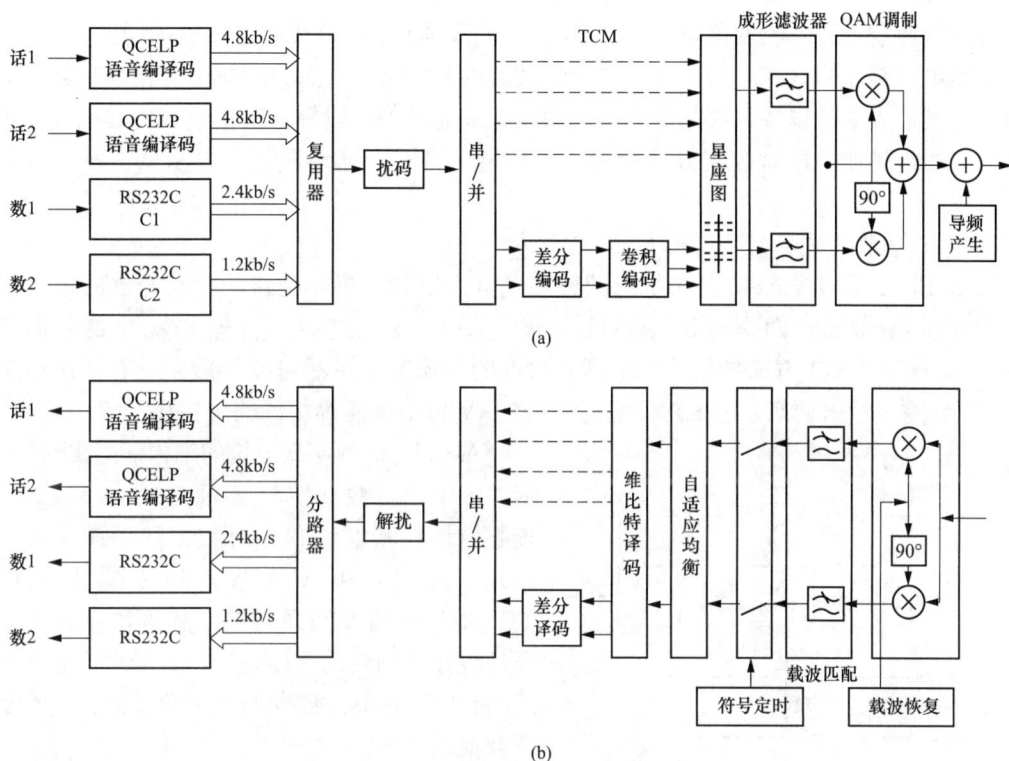

图 3-7　数字式载波机的信号处理模块方框图
（a）发送部分；（b）接收部分

三、数字电力线载波设备构成

（一）DPLC 基本结构

DPLC 设备发送部分的基本结构如图 3-8 所示，主要由时分复用、数字调制和高频设备三个功能模块组成，接收部分为发送部分的逆过程。

1. 时分复用

时分复用是将多路数据或数字化语音信号进行成帧复用，复用后的信号速率通常可达 10～100kb/s。在实际设备中，该部分通常还包含

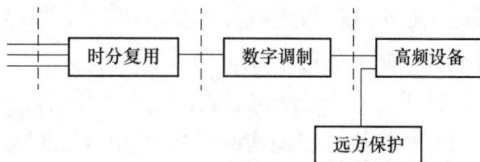

图 3-8　DPLC 设备发送部分的基本结构

各种音频及数据接口电路和模拟信号数字化转换（如 PCM、ADPCM、话音压缩编码等）装置，可直接接入电话、远动、数传、电报、传真等设备。

2. 数字调制

数字调制是将时分复用设备输出的高速数字信号通过正交幅度调制（QAM）、网格编码调制（TCM）或多载波调制（OFDM）等新型的高效数字编码调制技术，转换为符合电力

线载波频带要求的调制信号。采用高效编码调制技术的主要目的是提高频谱利用率。针对电力线路上噪声大的特点，为提高系统的抗误码能力，可采用纠错编码技术。

3. 高频设备

高频设备可完成频率搬移、功率放大、阻抗匹配等功能。DPLC 可以和 APLC 一样采用二线双频制通信方式，收发信机分别工作于不同的领带上。DPLC 还可利用回波抵消技术、采用二线单频制通信方式，从而节省电力线载波的频率资源。远方保护信号不经过数字信号处理而直接送入高频设备，这是因为在电力线载波通道中，以模拟通信方式传送远方保护信号有一定的优越性。相对数字方式而言，模拟通信方式对通道质量的要求低一些，时延也较小。

（二）数字载波机实例——A. C. E. 32 分析

A. C. E. 32 是挪威 Nera 公司推出的数字式电力线载波机，是目前比较先进的数字载波机。它以 8kHz 频带（两个相邻的 4kHz）建立一条全双工电路，传输 32kb/s 的数据信息（含语音和数据）及远方保护信号。电话和数据的传输容量灵活可变，最多可有 3 条话路或 9 条数据通路，输出功率 40～80W，适合于 220kV 以上电压等级线路上使用。

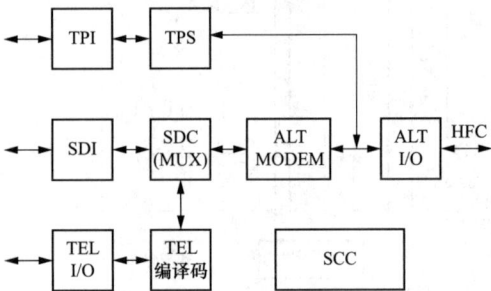

A. C. E. 32 数字载波机的结构框图如图 3-9 所示，图中串行数据控制器 SDC 是 A. C. E. 32 的核心模块控制电话和分时数据的动态复接，在 TEL/SDI 模块和 ALT 模块间传送串行数据。TEL 电话通路及编译码器，其语音编码采用低滞后线性预测编码（LASVQ），最多可配置 3 条话路。SDI 是串行数据输入模块，总共可配置 9 条数据通路。

图 3-9　A. C. E. 32 数字载波机的结构框图

ALT 是线路传输转换部分，经 SDC 复接的数字流在 ALT 中进行数字调制，将要传输的信号转换到电力线载波频段，而接收的载波信号则在这里被解调成基带信号，再由 SDC 分解为不同业务的信号。数字调制采用 64QAM/16QAM/4PSK 三种方式，根据线路传输条件任意设定，分别得到 32/21/11kb/s 的传输速率，以保证误码率 $P_e < 10^{-6}$。

远方保护输入 TPI 和远方保护模块 TPS 对远方保护命令进行处理。当载波机不发送远方保护命令时，将连续发送监护信号；发送远方保护命令时，停止发送监护信号和电话、数据信号，而以全功率保护命令信号。

ALT I/O 部分包括线路滤波、差分汇接、功率放大等，最终与高频电缆（HFC）相连，整个载波由微机实现实时监督控制（SCC）。

四、电力线载波芯片

随着通信技术的迅猛发展和更加有效的信号处理算法问世，电力线载波通信系统的升级成为必然趋势，利用 DSP、FPGA 以及 EPLD 等芯片构建一个通用的硬件平台，就可以通过作用在该平台上的软件更新实现多种不同算法完成不同的功能，这些技术促成了电力线载波设备的模块化、集成化，多家公司推出了自己的电力线载波通信专用芯片及模块，国外如美国的 Intellon、Inari 公司，韩国的 Xeline 公司，瑞士的 Ascom 公司，德国的 Polytrax 和西班牙的 DS2 公司等；国内如智芯微、海思半导体、东软载波、鼎信、航天中电科技、瑞斯康、福星晓程公司等。

　　电力载波芯片是利用电力线进行通信应用的核心器件，相当于一个专用的调制解调器 Modem，基本功能对信息信号进行调制后，将信号耦合至电力线信道，信息通过载波在电力输送网中进行传输，再通过解调器将高频信号从电力线信道上分离出来，传送到终端设备，可以实现电力线网络的数据发送与接收，有些电力线通信芯片还内置通信协议。

　　几种电力线载波 Modem 芯片如下。

　　（1）基于窄带 FSK、PSK 通信方式的载波芯片有 IT800、ST7536、ST7537、PLT-22 等。

　　（2）基于宽带载波通信方式的芯片有 SSCP300、SSCP200、福星晓程 PL 系列等。

　　（3）基于 OFDM 新一代技术的芯片有 INT5130、INT5200、MAX2986、ITM10 等。

　　目前应用较多的几种电力线通信芯片说明情况如下。

　　（1）ST7536。ST7536 的调制解调技术是 FSK 方式，最高波特率为 400bps，在国内电力抄表领域应用广泛，但它的通信距离不是很理想。

　　（2）LM1893。LM1893 采用了 FSK 调制，可完成串行数据的半双工通信，具有发送和接收数据的全部功能，与控制器及一些外围元件可构成完整的电力线载波通信系统。应用该芯片构成的系统比分立元件构成的系统具有灵敏度高、抗干扰的优点。

　　（3）PLT-22。PLT-22 是 Echelon 公司针对工业控制网设计的，采用 BPSK 技术和多种容错纠错技术，但它是 Lonworks 网络专用，价格太高。

　　（4）SSCP300。SSCP300 是 Intellon 公司设计的电力线载波 modem 芯片，它采用了线性扩频（Charp）载波调制解调技术，集成了 CEBus 协议，但该芯片是按北美地区的电网特性和频率标准设计的，在国内应用并不理想。

　　（5）福星晓程 PL 系列。福星晓程 PL 系列芯片采用直接序列扩频方式，专门针对中国电网环境设计，有较为成熟的应用，价格便宜，相当符合网络家电通信产品的推广阶段的应用要求，但其通信速率较低。PL2102 带宽较窄（仅有 15kHz），抗干扰能力较强；PL3000 系列在速率上有所提高。

　　（6）高速电力线载波通信芯片 SLC9203。HPLC 高速电力线载波通信芯片 SLC9203 基于 OFDM 技术，内嵌 PHY 层和 MAC 层、CPU 的高集成度 SOC 单芯片，兼容国家电网公司低压电力线载波通信企业标准。SLC9203 抗衰减能力强，频带利用率高，能够在恶劣的电力线环境下实现数据高速稳定传输。作为一颗 SOC 芯片，SLC9203 集成的 32 位 CPU 的计算能力强、稳定性高，集成 MAC 控制器和 PHY 层处理器，能够实现单芯片的电力线通信解决方案。SLC9203 通过 MAC 层、网络层支持信标时隙管理机制，能有效提高 CCO 和 STA 之间数据的交换效率，可以执行高速的半双工通信，适用于用电信息采集系统、智能控制系统中的数据和控制信息的交换。

　　由电力线载波芯片加少量外围器件可以组成各种电力线载波通信模块或系统，一种针对网络家电使用的电力线载波通信模块结构如图 3-10 所示，其中信号调理耦合电路对载波信号进行放大、滤波等调理；处理器用 P89V51RD2 单片机与载波芯片组成通信模块的基本通信单元，它与电力线上的载波信号通过信号调理耦合电路相互耦合，阻波器防止干扰。

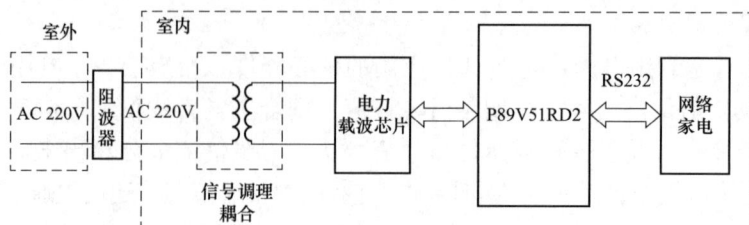

图 3-10　电力线载波通信模块结构

除此之外还可以利用电力线载波芯片构成针对抄表、工业控制、路灯监控等不同应用的电力线载波通信系统。电力线载波通信（PLC）芯片将随智能电网和物联网的全面建设迎来爆发增长。

第四节　窄带电力线通信技术

一、窄带电力线通信发展状况

前面已经提到过，从占用频率带宽的角度来看，电力线通信可以分为窄带电力线通信技术和宽带电力线通信技术，其中窄带电力线通信主要用于远程抄表、负荷控制和家居自动化等领域，传输速率较低；而宽带电力线通信可用于互联网接入等领域，传输速率较高。

窄带电力线通信占用频率范围在不同地区稍有不同，欧洲为 3～149.5kHz，其中 3～95kHz 用于接入通信，95～140kHz 用于室内通信；美国规定使用 50～450kHz；中国低压窄带电力线通信使用 3～500kHz。

窄带电力线载波通信应用在电力部门的自动负载控制和自动抄表领域起步较早，英国 SWAB 公司在 1993 年实现了地区范围内远方抄表、自动收费、系统能源管理的功能。欧洲、美国以及国际上相关组织联盟先后推出多种窄带 PLC 标准，并规定了技术类型，典型技术有扩频型频移键控、相移键控、多载波调制等，由于各技术标准的物理层参数例如频段、编解码方式、OFDM 实现技术没有完全统一，难以实现之间的互联互通。

二、窄带电力线通信解决方案举例

窄带电力线通信的热门应用领域是远程抄表，可以广泛应用于那些电表分散、月用电量较少、工程施工难度大的乡镇和农村地区，可节约大量的劳动力成本。

低压配电网载波抄表系统是集电表数据采集、载波传输、数据存储、数据通信、数据处理及断电控制等功能于一体的自动化系统；低压载波通信设备可以使供电部门及时把握用户用电情况，监测有无窃电行为；根据需要进行供电控制（如用户长时间欠费后断电）；通过远程抄表，节省抄表的人力物力。

典型的低压载波抄表系统包括载波集中器、载波电能表、上位机软件、载波测试设备组成。各部分功能如下。

（1）集中器。集中器是载波通信的中心设备，安装在低压配电变压器的低压侧（四周或任何方便的地方），通过电力线汇集该配电变压器下所有终端电表的数据。集中器负责主动与每一终端电表进行数据通信（抄表）并存储数据。

（2）载波电能表。载波电能表是低压电网载波集中抄表系统的智能终端，它具有计量、记录、控制和载波通信功能，与载波集中器、上位机软件构成集抄系统，可实现"一户一表、集中抄表、银行联网"。断电控制器与终端配合使用，可接收多路主控模块的继电器控制指令，实现对用户断电、送电控制。

（3）上位机软件。对传回的数据分析处理，将结果以各种统计报表、图示等形式报告给用电治理部门。能自动计算电费，生成报表，如与银行微机系统联网，可实现电费银行自动划拨。

目前国内外已开发出多个窄带集成化的 PLC 产品，尤其是针对用电信息采集系统本地通信，PLC 芯片已经完全国产化，出现了面向智能电表（电子式电表）设计的全集成优化型智能电表片上系统（System-on-a-Chip，SoC），其中通信模组及系统的电磁兼容、传输性能均能满足国网公司及国家相关标准。

第五节　宽带电力线通信技术

一、宽带电力线通信特点及发展状况

传统的 PLC 主要利用高压输电线路作为高频信号的传输通道，仅局限于传输话音、远动控制、远程抄表、负荷控制和家居自动化等领域，应用范围小，传输速率较低，不能满足宽带化发展的要求。目前 PLC 正在向大容量、高速率方向发展，并转向采用中低压电力线进行载波通信，实现家庭用户利用电力线拨打电话、上网等多种业务。进入 21 世纪以来，世界范围内的各项技术发展迅猛，宽带电力线通信技术（Broad band over Power Line，BPL）被业内众多人士称为由配电运营公司实现的 VoIP（Voice over IP，基于 IP 的语音传输）技术和互联网接入的技术。BPL 具有带宽大、传输速率高的特点，可用于互联网接入等领域，满足低压电力线载波通信更高的需求。

宽带电力线通信也称作高速电力线载波 HPLC（High-Speed Power Line Communication），是在低压电力线上进行数据传输的一种通信方式，工作频段一般为 1～100MHz，通信速率在 1Mb/s 以上，物理层速率最大为 200Mb/s，TCP/IP 层速率可达 80Mb/s 以上；调制解调技术采用各种扩频通信技术、OFDM 技术等。

二、宽带电力线通信解决方案

目前研究的 PLC 解决方案主要有两大类，一是户外从中压 PLC（MV-PLC）到 LV-PLC 的接入方案，二是户内组网的低压 PLC（LV-PLC）接入方案。户外组网方案或接入方案首先以传统的通信方式（如光纤通信）接到变电站，从变电站到下属的各低压变压器通过中压输电线路建立宽带传输骨干网络，再联通变压器以下的低压线路作为传输支线，最终接入户内计算机，以解决宽带 PLC 的"最后 1km"问题。户内组方案是在住宅或商业楼宇内，通过户内低压电力线路和电源插座作为传输介质和节点组建内部局域网（LAN），该方案解决了宽带通信的"最后 1km"问题。

1. 户外 MV-PLC 到 LV-PLC 方式

户外 MV-PLC 到 LV-PLC 接入方式结构如图 3-11 所示，在中压与低压之间必须连接相应的接入、调制及中继设备，才能真正实现信息长距离入户传输。

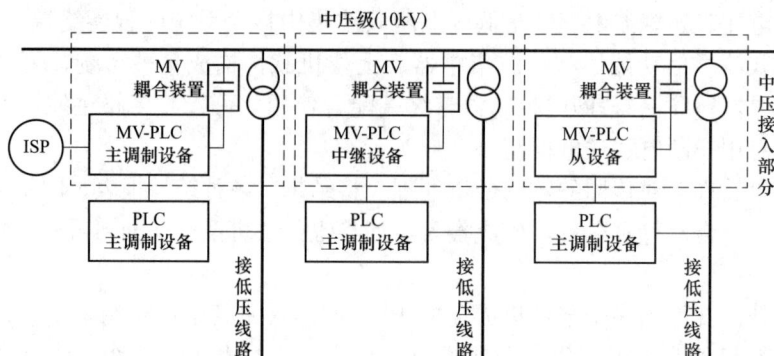

图 3-11　户外 MV-PLC 到 LV-PLC 接入方式结构

　　中压宽带 PLC 接入包括 PLC 系统与其他宽带通信网络的接口，即与 Internet 服务提供商（ISP）之间的接口，通过此与传统的 Internet 相联获取 Internet 数据信号，还包括通过 MV-PLC 主调制设备与 MV 耦合装置将信号送入中压线路进行传输的设备接口。MV-PLC 的接入设备包括 MV-PLC 主调制设备、MV 耦合装置，它们是专门为中压电力线进行高速 PLC 设计的。MV 耦合装置由耦合电容、干式铁心、耦合变压器 3 部分组成，该装置能够使通信信号在中压电力线进行传输并直接作用在中压线路上，实现对 PLC 信号的输入或提取。另外，在传输过程中受中压线路长度和信号衰减的限制，还需在线路上接入 MV-PLC 中继设备或 MV-PLC 从设备。MV-PLC 主调制设备是中压线路与低压线路相连的接口调制设备，其功能是把中压线路上承载的宽带 PLC 信号从中压转换和调制到低压线路，最终接入居民用户家中。

　　2. 户内低压（LV-PLC）接入方式

　　户内低压接入方式利用低压电力线传输高速率数据和话音信号，它组成的电力线高速数据通信系统主要由位于配电变压器低压侧的数字通信设备（简称局端设备）和位于用户家庭插座上的调制解调器组成。局端通信设备可以通过无线、xDSL、Cable 和光纤等各种方式与主干网相连，向用户提供数据、语音和多媒体等业务。在局端通信设备的内部，高频数据信号与 50Hz 电信号一起混合到低压配电网中，由此就可把通信网、电力输送网和用户本地网连接起来。在用户端，通过调制解调器将高频数字信号从 50Hz 电信号中分离出来，并传送至计算机或电话，实现信息传递。在家庭内部，多台计算机、打印机、电话和传真机等设备可以通过这种调制解调器将已有的电力线连接起来，组成局域网。

　　三、宽带电力线通信应用实例

　　宽带电力线通信技术符合中国智能电网快速发展的趋势，可广泛应用于各行各业，如物联网、智能家居、智能电表、远程监控、数据采集、能源管理、汽车充电管理、智能楼宇等，为完善通信网络提出解决方案，为建设智能电网提供更多可选技术手段，将来也会成为人们日常生活中的主要通信网络。

　　国外由美国 3COM、Intel、Cisco、日本松下等 13 家公司联合组建使用电力线作为传送媒介的家庭网络推进团体"Home plug Power line Alliance"，提出家庭插座（Home Plug）计划，旨在推动以电力线为传输媒介的数字化家庭（Digital Home），智能家居较早采用了电力线通信解决方案。国内由中国电科院、国网信通产业集团等企业联合制订的

IEEE1901.1《适用于智能电网应用的中频（低于 12MHz）电力线载波通信技术标准》在 2018 年 5 月 22 日正式发布实施。

物联网技术的发展对于电力线通信有巨大的需求，华为 PLC-IoT 是基于 HPLC/IEEE 1901.1 结合华为特有技术、面向物联网场景的中频带电力线载波通信技术。其工作频段范围在 0.7～12MHz，噪声低且相对稳定，信道质量好；采用 OFDM 技术，频带利用率高，抗干扰能力强；通过将数字信号调制在高频载波上，实现数据在电力线介质的高速长距离传输。PLC-IoT 应用层通信速率从 100kb/s～2Mb/s，通过多级组网可将传输距离扩展至数公里，基于 IPv6 可承载丰富的物联网协议，使末端设备智能化、实现设备全连接。海思最新推出的 PLC-IoT 芯片 Hi3921 可快速组建 PLC-IoT 网络，支撑大规模节点树形网络，提供稳定、可靠的电力线载波通信性能，抗噪声、抗衰减特性优越。Hi3921 支持动态路由，可以实现多网络协调共存；具备 15 级路由中继，网络支持 1000 个节点以及快速组网；能够满足即时通信的场景，符合光伏发电、路灯控制领域方案特性，也可应用于其他领域。

第四章 光 纤 通 信 技 术

第一节 光 纤 通 信 概 述

一、光纤通信基本概念

光纤通信技术

光纤通信是以光为载波、以光纤为传输介质的通信方式。任何通信系统追求的最终技术目标都是要可靠地实现最大可能的信息传输容量和传输距离。通信系统的传输容量取决于对载波调制的频带宽度，载波频率越高，频带宽度越宽。光纤通信的载波是光波。虽然光波和电波都是电磁波，但是频率差别很大。目前，光纤通信用的近红外光波长范围约 $0.8 \sim 1.8 \mu m$。常用的低损耗窗口为 $0.85 \mu m$、$1.31 \mu m$ 和 $1.55 \mu m$。

光纤是由绝缘的石英（SiO_2）材料制成的，通过提高材料纯度和改进制造工艺，可以在宽波长范围内获得很小的损耗。

在光纤通信系统中，作为载波的光波频率比电波频率高得多，而作为传输介质的光纤又比同轴电缆或波导管的损耗低得多，因此，相对于电缆通信或微波通信，光纤通信具有许多独特的优点。

1. 容许频带很宽，传输容量很大

目前，单波长光纤通信系统的传输速率一般为 2.5Gb/s 和 10Gb/s。采用外调制技术，传输速率可以达到 40Gb/s。波分复用和光时分复用更是极大地增加了传输容量。例如，DWDM 为 132 个信道，传输容量为 20Gb/s×132＝2640Gb/s。

2. 损耗小，中继距离长

石英光纤在 $1.31 \mu m$ 和 $1.55 \mu m$ 波长，传输损耗分别为 0.35dB/km 和 0.20dB/km 左右，甚至更低，因此，中继距离很长。

传输容量大、传输误码率低、中继距离长的优点，使光纤通信系统不仅适合于长途干线网，也适合于接入网的使用，这也是降低每公里话路的系统造价的主要原因。

3. 重量轻、体积小

光纤重量很轻，直径很小。即使做成光缆，在芯数相同的条件下，其重量还是比电缆轻得多，体积也小得多。

4. 抗电磁干扰性能好

光纤由电绝缘的石英材料制成，光纤通信线路不受各种电磁场的干扰和闪电雷击的损坏。无金属光缆非常适合于存在强电磁场干扰的高压电力线周围和油田、煤矿等易燃易爆环境中使用。光纤（复合）架空地线（OPGW）是光纤与电力输送系统的地线组合而成的通信光缆，已在电力系统的通信中发挥重要作用。

5. 泄漏小，保密性能好

在光纤中传输的光泄漏非常微弱，即使在弯曲地段也无法窃听。如果没有专用的特殊工具，光纤不能分接，因此信息在光纤中传输非常安全。

6. 节约金属材料，有利于资源合理使用

制造同轴电缆和波导管的铜、铝、铅等为金属材料，而制造光纤的石英（SiO_2）在地球上基本上是取之不尽的材料。

总之，光纤通信不仅在技术上具有很大的优越性，而且在经济上具有巨大的竞争力，因此其在信息社会中发挥着重要的作用。

二、光纤通信系统的基本组成

光纤通信系统是以光为载波，以光纤为传输介质的通信系统，可以传输数字信号，也可以传输模拟信号。用户要传输的信息多种多样，一般有话音、图像、数据或多媒体信息。为叙述方便，这里仅以数字电话和模拟电视为例。图 4-1 所示为单向传输的光纤通信系统，包括发射、接收和作为广义信道的基本光纤传输系统。

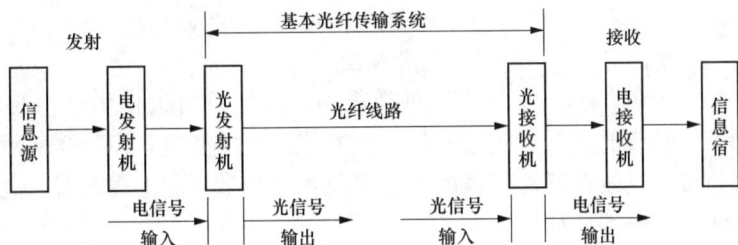

图 4-1　光纤通信系统的基本组成（单向传输）

如图 4-1 所示，信息源把用户信息转换为原始电信号，这种信号称为基带信号。电发射机把基带信号转换为适合信道传输的信号，这个转换如果需要调制，则其输出信号称为已调信号。例如，对于数字电话传输，电话机把话音转换为频率范围为 0.3～3.4kHz 的模拟基带信号，电发射机把这种模拟信号转换为数字信号，并把多路数字信号组合在一起。模/数转换普遍采用脉冲编码调制（PCM）方式实现。一路话音转换成传输速率为 64kb/s 的数字信号，然后用数字复接器把 30 路 PCM 信号组合成 2.048Mb/s 的一次群甚至高次群的数字系列，最后把这种已调信号输入光发射机。还可以采用频分复用（FDM）技术，用来自不同信息源的模拟基带信号（或数字基带信号）分别调制指定的不同频率的射频（RF）电波，然后把多个这种带有信息的 RF 信号组合成多路宽带信号，最后输入光发射机，由光载波进行传输。在这个过程中，受调制的 RF 电波称为副载波，这种采用频分复用的多路信号传输技术，称为副载波复用（SCM）。

不管是数字系统，还是模拟系统，输入到光发射机带有信息的电信号，都通过调制转换为光信号。光载波经过光纤线路传输到接收端，再由光接收机把光信号转换为电信号。电接收机的功能和电发射机的功能相反，它把接收的电信号转换为基带信号，最后由信息宿恢复用户信息。

基本光纤传输系统由光发射机、光纤线路和光接收机所组成。

光纤可以传输数字信号，也可以传输模拟信号。光纤通信在通信网、广播电视网、计算机局域网和广域网、综合业务光纤接入网以及在其他数据传输系统中，都得到了广泛应用。

第二节　光　纤　和　光　缆

一、光纤结构和类型

1. 光纤结构

光纤（Optical Fiber）是由中心的纤芯和外围的包层同轴组成的圆柱形细丝。纤芯的折射率比包层稍高，损耗比包层更低，光能量主要在纤芯内传输。包层为光的传输提供反射面和光隔离，并起到一定的机械保护作用。光纤的外形如图 4-2 所示。

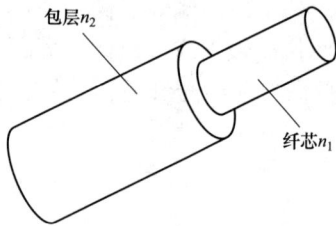

设纤芯和包层的折射率分别为 n_1 和 n_2，光能量在光纤中传输的必要条件是 $n_1 > n_2$。纤芯和包层的相对折射率差 $\Delta = (n_1 - n_2)/n_1$ 的典型值，一般单模光纤为 0.3%～0.6%，多模光纤为 1%～2%。

图 4-2　光纤的外形

2. 光纤类型

光纤种类很多，这里只讨论作为信息传输波导用的由高纯度石英（SiO_2）制成的光纤。实用光纤主要有三种基本类型，图 4-3 所示为光纤横截面的结构和折射率分布、光线在纤芯传播的路径以及由于色散引起的输出脉冲相对于输入脉冲的畸变。这些光纤的主要特征如下。

图 4-3　三种基本类型的光纤
(a) 突变型多模光纤；(b) 渐变型多模光纤；(c) 单模光纤

（1）突变型多模光纤（Step-Index Fiber，SIF）如图 4-3（a）所示，纤芯折射率为 n_1 保持不变，到包层突然变为 n_2。这种光纤一般纤芯直径 $2a = 50～80\mu m$，光线以折线形状沿纤芯中心轴线方向传播，特点是信号畸变大。

（2）渐变型多模光纤（Graded-Index Fiber，GIF）如图 4-3（b）所示，在纤芯中心折

射率最大为 n_1，沿径向 r 向外围逐渐变小，直到包层变为 n_2。这种光纤一般纤芯直径 $2a$ 为 $50\mu m$，光线以正弦形状沿纤芯中心轴线方向传播，特点是信号畸变小。

（3）单模光纤（Single-Mode Fiber，SMF）如图 4-3（c）所示，折射率分布和突变型光纤相似，纤芯直径只有 $8\sim10\mu m$，光线以直线形状沿纤芯中心轴线方向传播。因为这种光纤只能传输一个模式，所以称为单模光纤。

那么怎样理解光纤模式的概念呢？光也是电磁波，电磁波是由交变的电场和磁场组成且满足一定的数学关系。光在光纤中的传播就是电场和磁场相互交替地变换传播，电场和磁场不同的分布形式（满足特定的方程）就构成不同的模式。所谓单模光纤就是指只传输 HE_{11} 一种矢量模式。多模光纤则指能同时传输多种模式（例如 HE_{11}、TM_{01}、TE_{01}、HE_{12} 等矢量模式）的光纤。

多模光纤和单模光纤，包层外径 $2b$ 都选用 $125\mu m$。为调整工作波长或改善色散特性，根据实际应用的需要，可以在图 4-3（c）常规单模光纤的基础上，设计不同折射率分布的单模光纤。例如，内包层折射率高于外包层的双包层结构光纤、内包层折射率下凹的双包层结构光纤、三角形折射率分布光纤、W 形折射率分布光纤和四包层光纤等。

此外，还有在 $1.3\sim1.6\mu m$ 色散变化很小的色散平坦光纤（Dispersion Flattened Fiber，DFF），有把零色散波长移到 $1.55\mu m$ 的色散移位光纤（Dispersion Shifted Fiber，DSF），有偏振保持光纤等。

各种光纤的用途也各不相同。突变型多模光纤信号畸变大，相应的带宽只有 $10\sim20MHz \cdot km$，用于小容量、短距离系统。渐变型多模光纤的带宽可达 $1\sim2GHz \cdot km$，适用于中等容量、中等距离系统。大容量长距离（30km 以上）系统要用单模光纤。色散平坦光纤适用于波分复用系统，这种系统可以把传输容量提高几倍到几十倍。外差接收方式的相干光系统要用偏振保持光纤，这种系统最大的优点是能提高接收灵敏度，增加传输距离。

二、光纤传光原理

要详细描述光纤传光原理，需要求解由麦克斯韦方程组导出的波动方程。但在极限（波数 $k=2\pi/\lambda$ 非常大，波长 $\lambda \to 0$）条件下，可以用几何光学的射线方程作近似分析。几何光学的方法比较直观，容易理解，但并不十分严格。

用几何光学方法分析光纤传输原理，所关注的问题主要是光束在光纤中传播的空间分布和时间分布，并由此得到数值孔径和时延差的概念。

1. 突变型多模光纤

设纤芯和包层折射率分别为 n_1 和 n_2，空气的折射率 $n_0=1$，纤芯中心轴线与 z 轴一致，如图 4-4 所示。

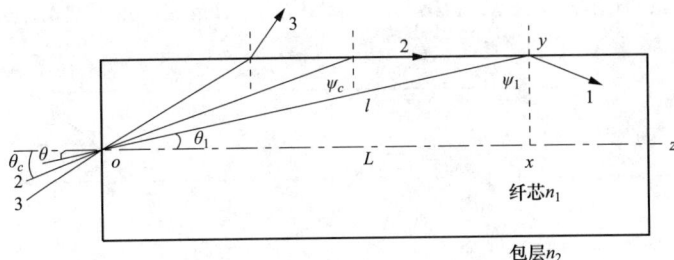

图 4-4　突变型多模光纤的光线传播原理

　　光线在光纤端面以小角度 θ 从空气入射到纤芯（$n_0 < n_1$），折射角为 θ_1，折射后的光线在纤芯直线传播，并在纤芯与包层交界面以角度 ψ_1 入射到包层（$n_1 > n_2$）。改变角度 θ，不同 θ 对应的光线将在纤芯与包层交界面发生反射或折射。根据全反射原理，存在一个临界角 θ_c，当 $\theta < \theta_c$ 时，相应的光线将在交界面发生全反射而返回纤芯，并以折线的形状向前传播，如光线 1。根据斯奈尔（Snell）定律得到

$$n_0 \sin\theta = n_1 \sin\theta_1 = n_1 \cos\psi_1 \tag{4-1}$$

当 $\theta = \theta_c$ 时，相应的光线将以 ψ_c 入射到交界面，并沿交界面向前传播（折射角为 90°），如光线 2；当 $\theta > \theta_c$ 时，相应的光线将在交界面折射进入包层并逐渐消失，如光线 3。由此可见，只有在半锥角为 $\theta \leqslant \theta_c$ 的圆锥内入射的光束才能在光纤中传播。根据这个传播条件，定义临界角 θ_c 的正弦为数值孔径（Numerical Aperture，NA）。根据定义和斯奈尔定律

$$NA = n_0 \sin\theta_c = n_1 \cos\psi_c \tag{4-2}$$

$$n_1 \sin\psi_c = n_2 \sin 90° \tag{4-3}$$

$n_0 = 1$，由式（4-2）和式（4-3）经简单计算得到

$$NA = \sqrt{n_1^2 - n_2^2} \approx n_1 \sqrt{2\Delta} \tag{4-4}$$

式中：$\Delta = (n_1 - n_2)/n_1$ 为纤芯与包层相对折射率差。设 $\Delta = 0.01$，$n_1 = 1.5$，得到 $NA = 0.21$。

　　NA 表示光纤接收光的能力，NA（或 θ_c）越大，光纤接收光的能力越强，从光源到光纤的耦合效率越高。对于无损耗光纤，在 θ_c 内的入射光都能在光纤中传输。NA 越大，纤芯对光能量的束缚越强，光纤抗弯曲性能越好。

　　现在来观察光线在光纤中的传播时间。根据图 4-4，入射角为 θ 的光线在长度为 $L(ox)$ 的光纤中传输，所经历的路程为 $l(oy)$，在 θ 不大的条件下，得到最大入射角（$\theta = \theta_c$）和最小入射角（$\theta = 0$）的光线之间时间延迟差近似为

$$\Delta\tau = \frac{n_1 L}{c \sin\psi_c} - \frac{n_1 L}{c} = \frac{n_1 L}{c}\left(\frac{n_1}{n_2} - 1\right) \approx \frac{n_1 L}{c}\Delta \tag{4-5}$$

式中：c 为真空中的光速。这种时延差在时域产生脉冲展宽，或称为信号畸变。由此可见，突变型多模光纤的信号畸变是由于不同入射角的光线经光纤传输后，其时延不同而产生的，其大小与 Δ 成正比。

　　可见，NA 越大，经光纤传输后产生的信号畸变越大，因而限制了信息传输容量，所以要根据实际使用场合选择适当的 NA。

　　2. 渐变型多模光纤

　　渐变型多模光纤具有能减小脉冲展宽、增加带宽的优点。渐变型多模光纤的子午面（$r-z$）如图 4-5 所示，一般光纤相对折射率差都很小，光线和中心轴线 z 的夹角也很小，即 $\sin\theta \approx \theta$。

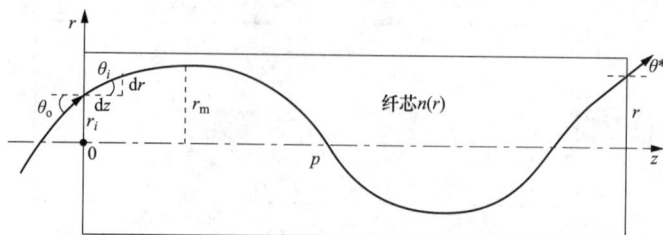

图 4-5　渐变型多模光纤的光线传播原理

由图 4-5 可见，渐变型多模光纤的光线轨迹是传输距离 z 的正弦函数，对于确定的光纤，其幅度的大小取决于入射角 θ_0，其周期 $\Lambda = 2\pi a/\sqrt{2\Delta}$，取决于光纤的结构参数（$a$，$\Delta$），而与入射角 θ_0 无关。这说明不同入射角对应的光线，虽然经历的路程不同，但是最终都会聚在 P 点上，这种现象称为自聚焦（Self-Focusing）效应。

渐变型多模光纤具有自聚焦效应，不仅不同入射角对应的光线会聚在同一点上，而且这些光线的时延也近似相等。这是因为光线传播速度 $v(r)=c/n(r)$（c 为光速），入射角大的光线经历的路程较长，但大部分路程远离中心轴线，$n(r)$ 较小，传播速度较快，补偿了较长的路程。入射角小的光线情况正相反，其路程较短，但速度较慢。这些光线的时延近似相等，所以信号畸变比突变型多模光纤的信号畸变要小。

三、光纤传输特性

光信号经光纤传输后会产生损耗和畸变（失真），因而输出信号和输入信号不同。对于脉冲信号，不仅幅度要减小，而且波形要展宽。产生信号畸变的主要原因是光纤中存在色散。损耗和色散是光纤最重要的传输特性。损耗和色散限制了系统的传输距离和传输容量。通常采用距离带宽积来表示光纤传输能力，距离带宽积也可称为距离容量积，距离用 L 表示，单位为 km；容量用 B 表示，单位为 bit/s。本节讨论光纤的色散和损耗的机理和特性，为光纤通信系统的设计提供依据。

（一）光纤色散

色散（Dispersion）现象在日光通过棱镜而形成按红、橙、黄、绿、青、蓝、紫顺序排列的色谱的例子中表现得很明显。这是由于棱镜材料对不同波长（对应于不同的颜色）的光呈现的折射指数 n 不同而引起的，这就是光的材料色散。光纤中的类似现象借用了"色散"这一术语，尽管有时（对模式色散）并不确切。

光纤色散是指由于光纤所传输的信号是由不同频率成分和不同模式成分所携带的，不同频率成分和不同模式成分的信号传输速度不同，产生时延差从而导致信号的畸变。在数字光纤通信系统中，色散使光脉冲发生展宽。当色散严重时，会导致光脉冲前后相互重叠，造成码间干扰，增加误码率。所以光纤的色散不仅影响光纤的传输容量，也限制了光纤通信系统的中继距离。色散一般包括模式色散、材料色散和波导色散，在单模光纤中还存在偏振模色散。

（1）模式色散是由于不同模式的时延不同而产生的色散。

（2）材料色散是由于光纤材料的折射率是波长的非线性函数，从而使光的传输速度随波长的变化而变化，由此而引起的色散。材料色散主要是由光源的光谱宽度所引起。由于光纤通信中使用的光源不是单色光，具有一定的光谱宽度，这样不同波长的光波传输速度不同，从而产生时延差，引起脉冲展宽。材料色散引起的脉冲展宽与光源的光谱线宽和材料色散系数成正比，所以在系统使用时尽可能选择光谱线宽窄的光源。石英光纤材料的零色散系数波长在 1270nm 附近。这种色散取决于光纤材料折射率的波长特性和光源的谱线宽度。

（3）波导色散是由于波导结构参数与波长有关而产生的，它取决于波导尺寸和纤芯与包层的相对折射率差。一般波导色散比材料色散小。普通石英光纤在波长 1310nm 附近波导色散与材料色散可以相互抵消，使二者总的色散为零。因而，普通石英光纤在这一波段是一个低色散区。

在多模光纤中以上三种色散均存在。模式色散占主要地位，其次是材料色散，波导色散比较小。

在单模光纤系统中，影响色散的主要因素是材料色散和波导色散，两者亦可合称为色度色散。在单模光纤中还存在偏振模色散。

（4）偏振模色散（PMD）。偏振模色散是单模光纤中一种特殊的模式色散。偏振模色散是由于实际的光纤总是存在一定的不完善性，使得沿着两个不同方向偏振的同一模式的相位常数不同，从而产生时延差，形成色散。

偏振模色散通常较小，在速率不高的光纤通信系统中可以忽略不计。对于工作在零色散（材料色散和波导色散之和为零）波长的单模光纤，偏振模色散将成为最后的色散极限。

色散对光纤传输系统的影响，在时域和频域的表示方法不同。在时域，色散用脉冲展宽表示；在频域，色散通常用 3dB 带宽 f_{3dB} 表示。

光纤色散测量有相移法、脉冲时延法和干涉法等。

（二）光纤损耗

由于损耗的存在，在光纤中传输的光信号幅度都要减小。损耗的大小用损耗系数 α 表示，定义为单位长度光纤引起的光功率衰减。其表达式为

$$\alpha = \frac{10}{L} \lg \frac{P_i}{P_0} (\text{dB/km}) \tag{4-6}$$

式中：L 为光纤的长度，km；P_i 为输入光功率，mW；P_0 为输出光功率，mW。

1. 损耗的机理

光纤损耗机理包括吸收损耗、散射损耗和其他损耗。吸收损耗是由 SiO_2 材料引起的固有吸收和由杂质引起的吸收产生的。固有吸收包括红外吸收和紫外吸收。

散射损耗主要由材料微观密度不均匀引起的瑞利（Rayleigh）散射和由光纤结构缺陷（如气泡）引起的散射产生的。结构缺陷散射产生的损耗与波长无关。

瑞利散射损耗与波长 λ 的四次方成反比。瑞利散射损耗是光纤的固有损耗，它决定着光纤损耗的最低理论极限。如果 $\Delta = 0.2\%$，在 $1.55\mu m$ 波长，光纤最低理论极限为 0.149dB/km。

附加损耗是在光纤成缆之后出现的损耗，主要是由于光纤受到弯曲或微弯时，光产生了泄漏而造成的损耗。

除上述三类损耗外，如果光纤中入射光功率超出某值时还会有非线性效应带来的散射损耗。

上述三类损耗相加就可以得到总的损耗，它是一条随波长而变化的曲线，称为光纤的损耗特性曲线——损耗谱（或衰减谱），如图 4-6 所示。

2. 损耗测量

光纤衰减常数的测量方法有截断法、后向散射法和插入损耗法。

（1）截断法。截断法是严格按照光纤衰减常数的定义建立的基准测量方法，它的测量精度最好。

截断法是在不改变注入条件下，分别测出通过光纤两个横截面的光功率 $P_1(\lambda)$ 和 $P_2(\lambda)$，再根据定义计算出光纤的衰减系数 $\alpha(\lambda)$。$P_2(\lambda)$ 为长光纤输出端的输出光功率，$P_1(\lambda)$ 为在距离光纤输入端 2m 处截断后输出的光功率，即长光纤的输入光功率。

（2）后向散射法。后向散射法在工程上最常用。

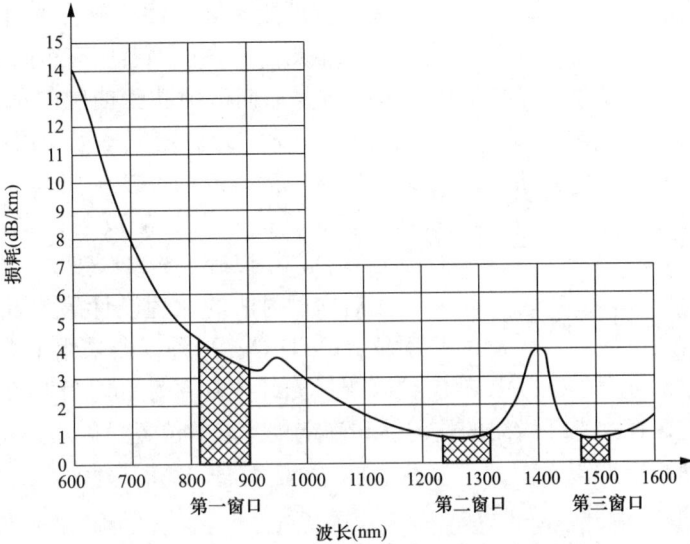

图 4-6　普通单模光纤的衰减随波长变化示意图

由于瑞利散射光功率与传输光功率成比例，利用与传输光相反方向的瑞利散射光功率来确定光纤损耗系数的方法，称为后向散射法。

设在光纤中正向传输光功率为 P，经过 L_1 和 L_2 点（$L_1 < L_2$）时分别为 P_1 和 P_2（$P_1 > P_2$），从这两点返回输入端（$L=0$）。光检测器的后向散射光功率分别为 $P_d(L_1)$ 和 $P_d(L_2)$，经分析推导得到，正向和反向平均损耗系数为

$$\alpha = \frac{10}{2(L_2 - L_1)} \lg \frac{pd(L_1)}{Pd(L_2)} (\text{dB/km}) \tag{4-7}$$

式中：右边分母中因子 2 是光经过正向和反向两次传输产生的结果。后向散射法不仅可以测量损耗系数，还可利用光在光纤中传输的时间来确定光纤的长度 L。

$$L = \frac{ct}{2n_1} \tag{4-8}$$

式中：c 为光速；n_1 为光纤的纤芯折射率；t 为光脉冲从发出到返回的时间。

图 4-7 所示为后向散射法光纤损耗测量系统的框图。光源应采用特定波长、稳定的大功率激光器，调制的脉冲宽度和重复频率应和所要求的长度分辨率相适应。

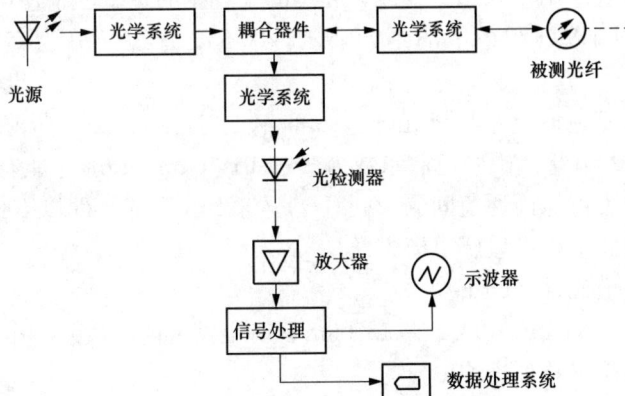

图 4-7　后向散射法光纤损耗测量系统

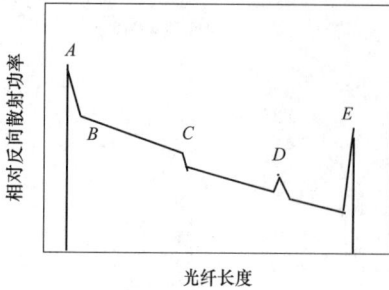

图 4-8　后向散射功率曲线的示例

耦合器件把光脉冲注入被测光纤，又把后向散射光注入光检测器。光检测器应有很高的灵敏度。

图 4-8 是后向散射功率曲线的示例，图中 A 为输入端反射区；BC 为恒定斜率区，用以确定损耗系数；C 为连接器、接头或局部缺陷引起的损耗；D 为介质缺陷（例如气泡）引起的反射；E 为输出端反射区（光纤断点），用以确定光纤长度。

用后向散射法的原理设计的测量仪器称为光时域反射仪（OTDR）。这种仪器采用单端输入和输出，不破坏光纤，使用非常方便。OTDR 不仅可以测量光纤损耗系数和光纤长度，还可以测量连接器和接头的损耗，观察光纤沿线的均匀性和确定故障点的位置，确实是光纤通信系统工程现场测量不可缺少的工具。

（三）光纤标准和应用

制订光纤标准的国际组织主要有 ITU-T 和 IEC（国际电工委员会）。应用情况一般如下。

（1）G.651 为多模光纤，应用于中小容量、中短距离的通信系统。

（2）G.652 为常规单模光纤，其特点是在波长 $1.31\mu m$ 色散为零、性能最佳单模光纤。目前已敷设的光纤线路采用的光纤。在新敷设的情况下，G.652 光纤/光缆主要应用于城域网、接入网及复用路数不多的密集波分复用骨干网。对于速率很高、距离很长的系统，应采用有小 PMD（Polarization Mode Dispersion）的 G.652B 光纤/光缆。

（3）G.653 为色散移位光纤，其特点是在波长 $1.55\mu m$ 色散为零，损耗又最小。因此，这种光纤主要应用于在 1550nm 波长区开通长距离 10Gb/s（或以上）速率的系统。但由于工作波长零色散区的非线性影响，容易产生严重的四波混频效应，不支持波分复用系统，故 G.653 光纤仅用于单信道高速率系统。

（4）G.654 为截止波长位移单模光纤，零色散波长在 1310nm 附近，其截止波长移到了较长波长。光纤在 1550nm 波长区域损耗极小，最佳工作范围为 1500～1600nm。光纤抗弯曲性能好，主要用于无中继的海底光纤通信系统。

（5）G.655 是一种改进的色散移位光纤。它同时克服 G.652 光纤在 1550nm 波长色散大和 G.653 光纤在 1550nm 波长产生非线性效应不支持波分复用系统的缺点，是最新一代的单模光纤。这种光纤适合应用于采用密集波分复用的大容量的骨干网中使用，实现了大容量长距离的通信。根据对 PMD 和色散的不同要求，G.655 光缆又分为 G.655A、G.655B 和 G.655C 三种。

（6）G.656 为非零色散宽带单模光纤。2006 年 11 月发布 v2.0 版 G.656 光纤的基本规范。在 1460～1625nm 波长范围，色散系数为 2～14ps/（nm·km），能有效抑制密集波分复用系统的非线性效应，可保证通道间隔 100GHz，40Gb/s 系统至少传 400km。

（7）G.657 为弯曲损耗不敏感单模光纤。

（8）色散平坦单模光纤（DFF）。

（9）色散补偿光纤（DCF）。DCF 在 1550nm 区有很大负色散系数，补偿 G.652 正色散。

四、光缆及电力系统特种光缆

在实际通信线路中，都是将光纤制成不同结构形式的光缆。因为光纤本身脆弱易裂，直接和外界接触易产生接触伤痕，甚至被折断。保护光纤固有机械强度的方法，通常是采用塑料被覆和应力筛选。光纤从高温拉制出来后，要立即用软塑料（例如紫外固化的丙烯酸树脂）进行一次被覆和应力筛选，除去断裂光纤，并对成品光纤用硬塑料（例如高强度聚酰胺塑料）进行二次被覆。二次被覆光纤有紧套、松套、大套管和带状线光纤四种。

把一次被覆光纤装入硬塑料套管内，使光纤与外力隔离是保护光纤的有效方法。在工程应用中，光缆不可避免要遭受一定的拉力而伸长，或者遭遇低温而收缩。因此，松套管内的光纤要留有一定的余长，使光纤受拉力或压力的作用。

（一）光缆结构和类型

光缆一般由缆芯、外护层和加强件构成组成，有时在护套外面加有铠装。

缆芯通常为被覆光纤（或称芯线）。被覆光纤是光缆的核心，决定着光缆的传输特性。

光缆类型多种多样，图 4-9 给出了若干典型实例。根据缆芯结构的特点，光缆可分为三种基本类型。

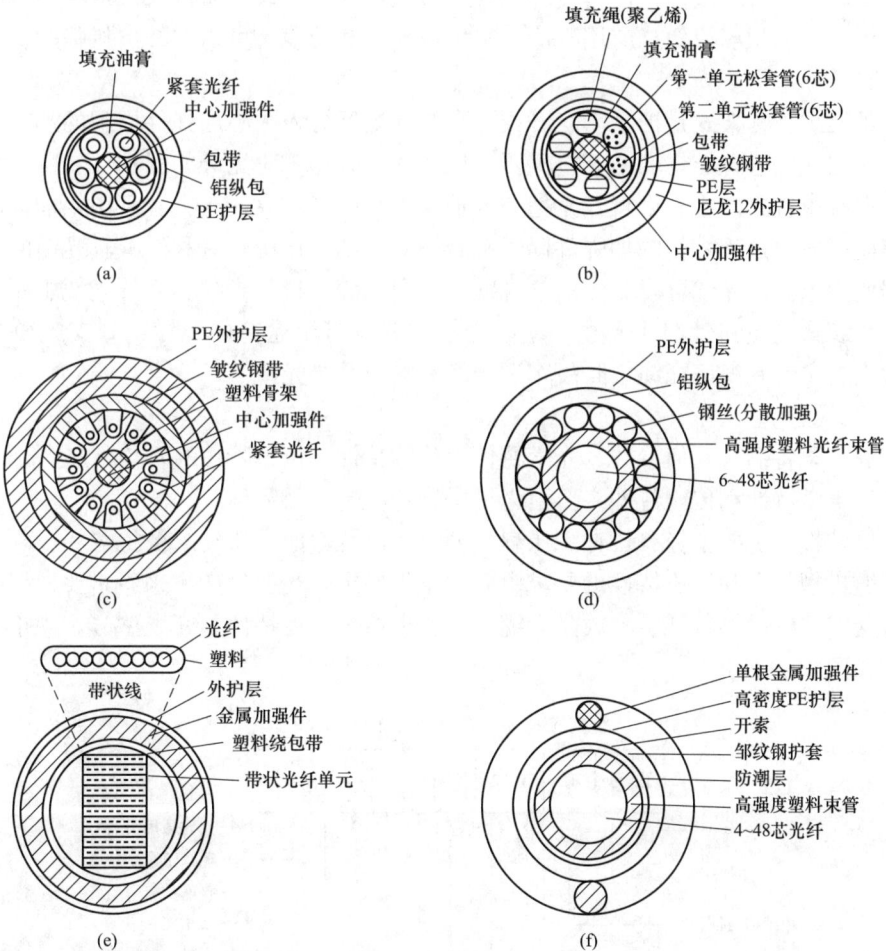

图 4-9　光缆类型的典型实例（一）

（a）6 芯紧套层绞式光缆（架空、管道）；（b）12 芯松套层绞式光缆（直埋防蚁）；（c）12 芯骨架式光缆（直埋）；
（d）6～48 芯束管式光缆（直埋）；（e）108 芯带状光缆；（f）LXE 束管式光缆（架空、管道、直埋）

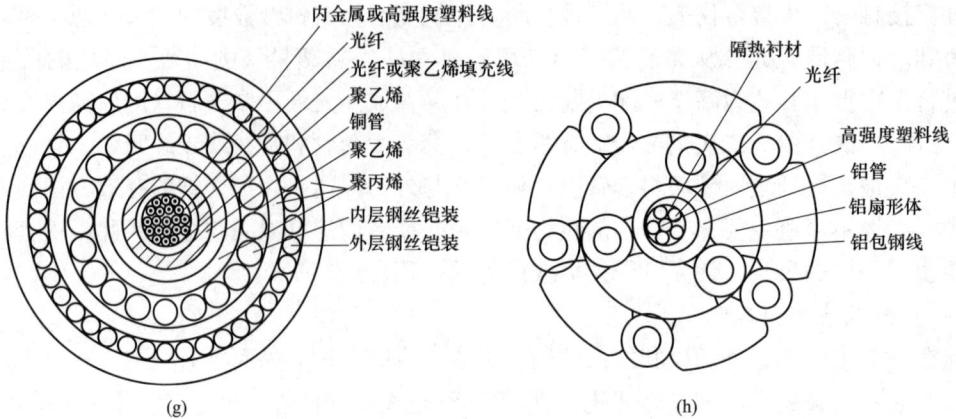

图 4-9　光缆类型的典型实例（二）

(g) 浅海光缆；(h) 架空地线复合光缆（OPGW）

（1）层绞式。层绞式是把松套光纤绕在中心加强件周围绞合而构成。这种结构的缆芯制造设备简单，工艺相当成熟，应用广泛。采用松套光纤的缆芯可以增强抗拉强度，改善温度特性。

（2）骨架式。骨架式是把紧套光纤或一次被覆光纤放入中心加强件周围的螺旋形塑料骨架凹槽内而构成。这种结构的缆芯抗侧压力性能好，有利于对光纤的保护。

（3）中心束管式。中心束管式是把一次被覆光纤或光纤束放入大套管中，加强件配置在套管周围而构成。这种结构的加强件同时起着护套的部分作用，有利于减轻光缆的重量。

根据使用条件，光缆可以分为室外光缆、室内光缆、特种光缆。室外光缆主要有中心管式光缆、层绞式光缆和骨架式光缆；室内光缆主要有多用途室内光缆、分支光缆和互连光缆；特种光缆主要有海底光缆、野战军用光缆和电力系统光缆。

（二）光缆特性

光缆的主要特性有几何参数、光学特性、传输特性、机械特性和环境特性。

光缆的光学特性和传输特性主要由光缆中光纤决定。

光缆机械性能主要指标有拉伸、压扁、冲击、反复弯曲、扭转、曲挠等。

对光缆机械特性和环境特性的要求由使用条件确定。光缆生产出来后，要根据国家标准的规定对这些特性做例行试验。成品光缆一般要求给出上述特性。光缆型号、规格及特性的表示方法如图 4-10 所示。

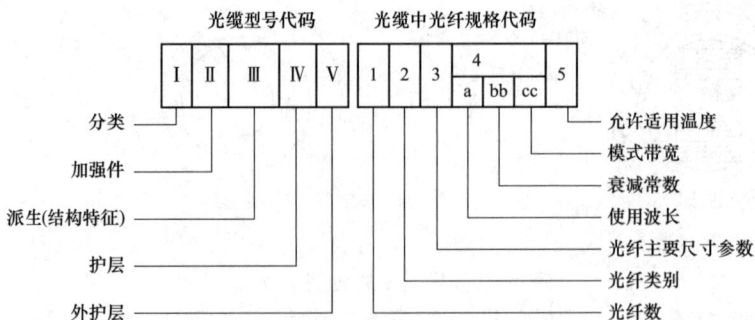

图 4-10　光缆型号与规格组成图

（三）光缆敷设方法

针对各种应用和环境条件等，通信光缆敷设方法主要有架空敷设、直埋敷设、管道敷设、水底敷设和室内敷设等。

（四）电力特种光缆

电力特种光缆是适应电力系统特殊的应用而发展起来的一种架空光缆体系，它将光缆技术和输电线技术相结合，架设在 $10\sim500kV$ 不同电压等级的电力杆塔上和输电线路上，具有高可靠、长寿命等突出优点，在我国电力通信领域普遍使用。就目前来看，主要使用的电力特种光缆包括全介质自承式光缆 ADSS、架空地线复合光缆 OPGW、相线复合光缆 OPPC、光纤复合低压电缆 OPLC。在电力线路上架设 OPGW、ADSS 等电力特种光缆以建立光纤通信网络。

1. ADSS 光缆

ADSS（All Dielectric Self-Supporting Optical Fiber Cable）为全介质自承式光缆，如图 4-11 所示。该型电缆有三个关键技术：光缆机械设计、悬挂点的确定和配套金具的选择与安装。

2. OPGW 光缆

OPGW（Optical Fiber Composite Overhead Ground Wire）为光纤复合架空地线，如图 4-12 所示。把光纤放置在架空高压输电线的地线中，用以构成输电线路上的光纤通信网，这种结构形式兼具地线与通信双重功能，一般称作 OPGW 光缆。

图 4-11　ADSS 光缆结构

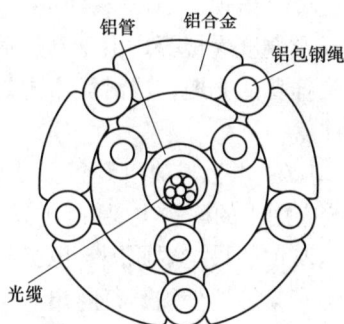

图 4-12　OPGW 光缆结构

3. OPPC 光缆

OPPC（Optical Phase Conductor）为光纤复合相线，是电力通信系统的一种新型特种光缆，是在传统的相线结构中将光纤单元复合在导线中的光缆，如图 4-13 所示。OPPC 光缆充分利用了电力系统自身的线路资源，特别是电力配电网系统，避免在频率资源、路由协调、电磁兼容等方面与外界的矛盾，使之具有传输电能及通信的双重功能。

4. OPLC 光缆

OPLC（Optical Fiber Composite Low-Voltage Cable）为光纤复合低压电缆或电力光纤。将光纤组合在电

图 4-13　OPPC 光缆结构

力电缆的结构层中，使其同时具有电力传输和光纤通信功能的电缆称为光纤复合电力电缆，如图 4-14 所示。OPLC 集光纤、输电铜线、铜信号线于一体，具有高可靠性数据传输等特点，可以解决宽带接入、设备用电、应急信号传输等问题。

5. 光缆结构类型的选择

电力特种光缆的选型主要是由它要架设的输电线路的情况决定的。

ADSS 光缆是目前使用较多的类型，可在现有的输电线路上附挂，不停电施工，但在 500kV 超高压输电线路上有抗电腐蚀能力较弱的缺点，且需验算铁塔的承受能力。ADSS 适合于在已运行的 220kV 及以下输电线路上使用，其安全性能稍次于 OPGW 光缆，

图 4-14　OPLC 光缆结构

但施工周期较 OPGW 短，工程造价也比 OPGW 低。

OPGW 光缆适合于新建的 220～500kV 线路。若使用在已经运行的线路上，则必须对承挂的杆塔结构进行复核验算，必要时还需对已有线路杆塔结构进行加强或改造，同时还要更换原有线路地线。该型电缆施工工程量大，施工要求比较高，施工周期和故障恢复周期均较长。

根据目前电力系统使用光缆的情况，一般在 220kV 及以下老线路采用抗电腐蚀的 ADSS 光缆，在新建的 220kV 及以上输电线路上采用 OPGW 光缆。另外，随着电力系统光纤通信的发展，出现了 ADSS、OPGW 与普通光缆交替使用的情况。位于城镇地区的电业局、供电局及调度大楼等，由于高压输电线路很少伸入到城市中心，因而需在部分 10kV 配电线路上附挂普通光缆，或沿城市规划的电缆沟进入市区以便于电力调度、供电自动化及行政管理工作。

6. 光缆应用中出现的问题和主要解决措施

ADSS 应用中的问题主要有：①ADSS 挂点的选择失误。②"干带电弧"是造成 ADSS 表面产生电腐蚀的最主要原因。电弧产生的高热使外护套表面的温度升高，产生树枝化的电痕，直至烧穿光缆的外护套，露出芳纶纱，最后造成断缆事故发生。③ADSS 光缆铝丝端部电晕放电引起劣化，造成 ADSS 出现电腐蚀。

解决 ADSS 腐蚀的主要措施有：ADSS 外护套采用抗电应力损伤的新技术和新材料；采取措施降低 ADSS 光缆表面电场强度和电位差；减少放电电压的数值和均衡塔端的感应场强，如悬挂 ADSS 光缆的金具采用预绞丝结构并相应地安装均压环或防晕圈；在靠近杆塔的 ADSS 表面沿光缆方向安装半导体棒；优化 ADSS 的悬挂点等。

针对 OPGW 遭雷击问题，采取提高 OPGW 本身耐雷水平、在工程设计中提高 OPGW 防护水平等措施。

第三节　光源和光检测器

光源、光检测器是光发射机、光接收机和光中继器的关键器件，和光纤一起决定着基本光纤传输系统的水平。

一、光源

光源是光发射机的关键器件，其功能是把电信号转换为光信号。目前光纤通信广泛使用的光源主要有半导体激光二极管或称激光器（LD）和发光二极管或称发光管（LED）。

（一）半导体激光器工作原理和基本结构

半导体激光器产生激光的基本原理是向半导体 PN 结注入电流，实现粒子数反转分布，产生受激辐射，再利用谐振腔的正反馈，实现光放大而产生激光振荡的，所以讨论激光器工作原理要从受激辐射开始。

1. 受激辐射和粒子数反转分布

有源器件的物理基础是光和物质相互作用的效应。在物质的原子中存在许多能级，最低能级 E_1 称为基态，能量比基态大的能级 E_i（$i=2$，3，4，…）称为激发态。电子在低能级 E_1 的基态和高能级 E_2 的激发态之间的跃迁有三种基本方式，如图 4-15 所示。

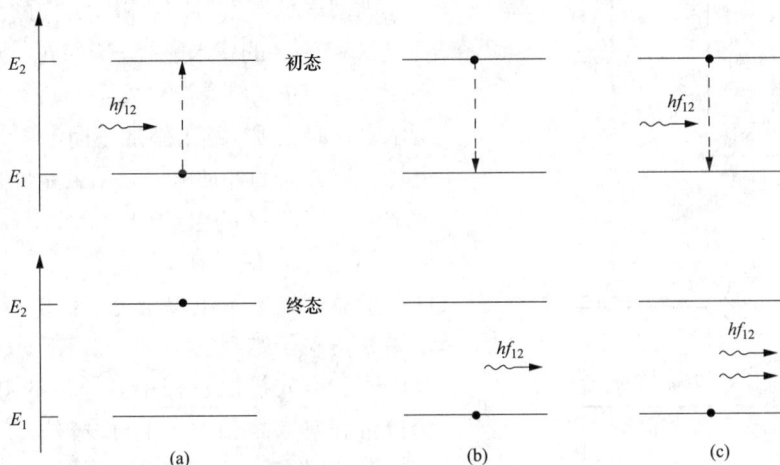

图 4-15　能级和电子跃迁
（a）受激吸收；（b）自发辐射；（c）受激辐射

（1）在正常状态下电子处于低能级 E_1，在入射光作用下，它会吸收光子的能量跃迁到高能级 E_2 上，这种跃迁称为受激吸收。电子跃迁后，在低能级留下相同数目的空穴，如图 4-15（a）所示。半导体光检测器工作原理基于此效应。

（2）在高能级 E_2 的电子是不稳定的，即使没有外界的作用，也会自动地跃迁到低能级 E_1 上与空穴复合，释放的能量转换为光子辐射出去，这种跃迁称为自发辐射，如图 4-15（b）所示。发光二极管 LED 发光原理基于此效应。

（3）在高能级 E_2 的电子受到入射光的诱导激发，跃迁到低能级 E_1 上与空穴复合，释放的能量产生光辐射，这种跃迁称为受激辐射，如图 4-15（c）所示。激光器发光原理基于此效应。

受激辐射是受激吸收的逆过程。电子在 E_1 和 E_2 两个能级之间跃迁，吸收的光子能量或辐射的光子能量都要满足波尔条件，即

$$E_2 - E_1 = hf_{12} \tag{4-9}$$

式中：h 为普朗克常数，$h=6.628\times10^{-34}$ J·s；f_{12} 为吸收或辐射的光子频率。

受激辐射和自发辐射产生的光其特点很不相同。受激辐射光的频率、相位、偏振态和传

播方向与入射光相同，这种光称为相干光；自发辐射光是由大量不同激发态的电子自发跃迁产生的，其频率和方向分布在一定范围内，相位和偏振态是混乱的，这种光称为非相干光。产生受激辐射和产生受激吸收的物质是不同的。设在单位物质中，处于低能级 E_1 和处于高能级 E_2（$E_2 > E_1$）的原子数分别为 N_1 和 N_2。如果 $N_1 > N_2$，则受激吸收大于受激辐射，当光通过这种物质时，光强按指数衰减，这种物质称为吸收物质。如果 $N_2 > N_1$，则受激辐射大于受激吸收，当光通过这种物质时会产生放大作用，这种物质称为激活物质。$N_2 > N_1$的分布和正常状态的分布相反，所以称为粒子数反转分布。

2. PN 结的能带和电子分布

在 P 型和 N 型半导体组成的 PN 结界面上，由于存在多数载流子（电子或空穴）的梯度，因而产生扩散运动，形成内部电场，如图4-16（a）所示。

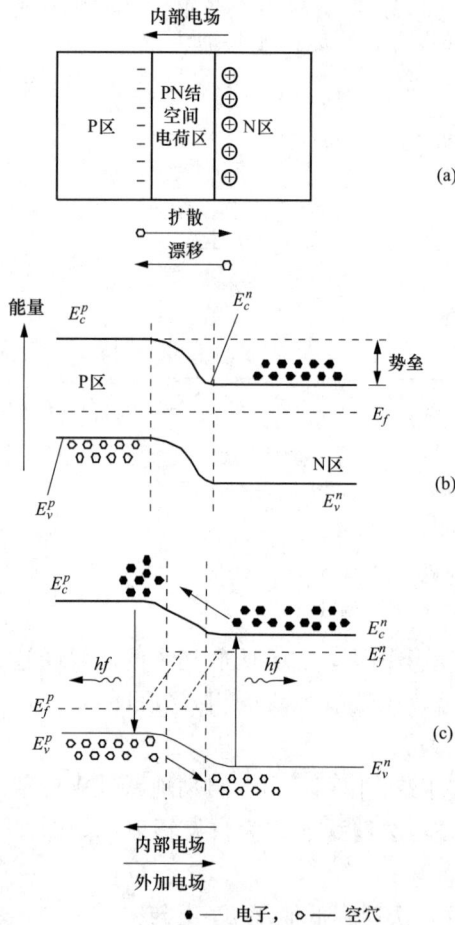

内部电场产生与扩散相反方向的漂移运动，直到 P 区和 N 区的费米能级 E_f 相同，两种运动处于平衡状态为止，结果能带发生倾斜，如图 4-16（b）所示。这时在 PN 结上施加正向电压，产生与内部电场相反方向的外加电场，结果能带倾斜减小，扩散增强，使 N 区的电子向 P 区运动，P 区的空穴向 N 区运动，最后在 PN 结形成一个特殊的增益区。增益区的导带主要是电子，价带主要是空穴，结果获得粒子数反转分布，如图 4-16（c）所示。在电子和空穴扩散过程中，导带的电子可以跃迁到价带和空穴复合，产生自发辐射光。

3. 激光振荡和光学谐振腔

粒子数反转分布是产生受激辐射的必要条件，但还不能产生激光。只有把激活物质置于光学谐振腔中，对光的频率和方向进行选择，才能获得连续的光放大和激光振荡输出。

基本的光学谐振腔由两个反射率分别为 R_1 和 R_2 的平行反射镜构成，称为 F-P 谐振腔。由于谐振腔内的激活物质具有粒子数反转分布，可以用它产生的自发辐射光作为入射光。入射光经反射镜反射，沿轴线方向传播的光被放大，沿非轴线方向的光被减弱。反射光经多次反馈，不断得到放大，方向性得到不断改善，结果增益大幅度得到提高。另外，由于谐振腔内激活物质存在

图 4-16　PN 结的能带和电子分布
（a）P-N 结内载流子运动；（b）零偏压时 P-N 结的能带图；（c）正向偏压下 P-N 结能带图

吸收，反射镜存在透射和散射，因此光受到一定损耗。当增益和损耗相当时，在谐振腔内开始建立稳定的激光振荡。

4. 半导体激光器基本结构

半导体激光器的结构多种多样，基本结构是双异质结平面条形结构。这种结构由三层不

同类型的半导体材料构成，不同材料发射不同的光波长。

（二）半导体激光器的主要特性

1. 发射波长

半导体激光器的发射波长为

$$\lambda = \frac{hc}{E_g} = \frac{1.24}{E_g} \tag{4-10}$$

式中：λ 为发射光的波长，μm；c 为光速；h 为普朗克常数；E_g 为半导体材料的禁带宽度，eV，$1eV = 1.6 \times 10^{-19}$ J。

2. 激光束的空间分布

激光束的空间分布用近场和远场来描述。近场是指激光器输出反射镜面上的光强分布，远场是指离反射镜面一定距离处的光强分布。典型半导体激光器远场的光束横截面呈椭圆形。

3. 转换效率和输出光功率特性

激光器的电/光转换效率用外微分量子效率 η_d 表示，其定义是在阈值电流以上，每对复合载流子产生的光子数。激光器的光功率特性通常用 P-I 曲线表示，图 4-17 为典型激光器的光功率特性曲线。

P 和 I 分别为激光器的输出光功率和驱动电流，P_{th} 和 I_{th} 分别为相应的阈值。当 $I < I_{th}$ 时激光器发出的是自发辐射光；当 $I > I_{th}$ 时，发出的是受激辐射光，光功率随驱动电流的增加而增加。

4. 温度特性

图 4-18 所示为脉冲调制的激光器，由于温度升高引起阈值电流增加和外微分量子效率减小，造成输出光功率特性 P-I 曲线的变化。激光器输出光功率随温度而变化有两个原因：一是激光器的阈值电流 I_{th} 随温度升高而增大，二是外微分量子效率 η_d 随温度升高而减小。

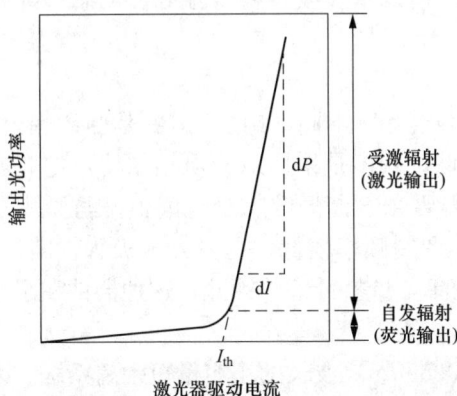

图 4-17　典型半导体激光器的光功率特性

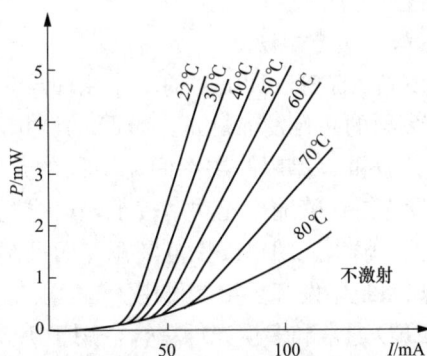

图 4-18　P-I 曲线随温度的变化

（三）分布反馈激光器

光纤通信技术的进步，对激光器提出了更高的要求，要求新型半导体激光器的谱线宽度更窄，并在高速率脉冲调制下保持动态单纵模特性；发射光波长更加稳定，并能实现调谐；阈值电流更低，而输出光功率更大。具有这些特性的动态单纵模激光器有多种类型，其中性能优良并得到广泛应用的是分布反馈（Distributed Feed Back，DFB）激光器。

　　DFB 激光器用靠近有源层沿长度方向制作的周期性结构（波纹状）衍射光栅实现光反馈。这种衍射光栅的折射率周期性变化，使光沿有源层分布式反馈，所以称为分布反馈激光器。如图 4-19 所示，对激光器注入正向电流，由有源层发射的光从一个方向向另一个方向传播时，一部分在光栅波纹峰反射（如光线 a），另一部分继续向前传播，在邻近的光栅波纹峰反射（如光线 b）。如果光线 a 和 b 匹配，相互叠加，产生更强的反馈，而其他波长的光将相互抵消。虽然每个波纹峰反射的光不大，但整个光栅有成百上千个波纹峰，反馈光的总量足以产生激光振荡。图中 Λ 为波纹光栅周期，也称为栅距。

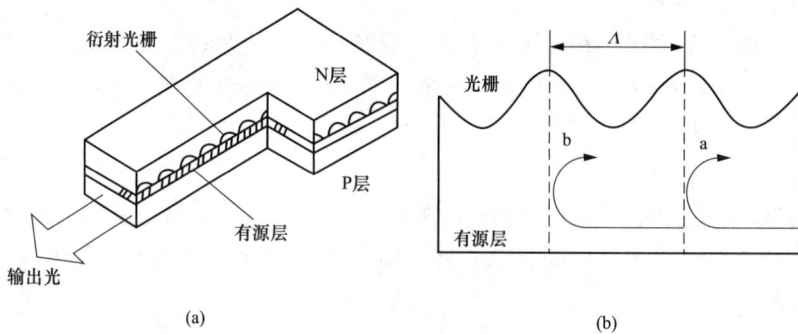

图 4-19　分布反馈（DFB）激光器
(a) 结构；(b) 光反馈

　　激光器的工作波长为布拉格（Bragg）反射波长 λ_B，满足下式

$$m\lambda_B = 2n\Lambda \tag{4-11}$$

式中：m 为整数；n 为材料等效折射率。例如，$\Lambda = 0.25\mu m$，$n = 3.1$，$m = 1$，则 $\lambda_B = 1.55\mu m$，即激光器的工作波长为 $1.55\mu m$。

　　DFB 激光器与 F-P 激光器相比，具有单纵模、谱线窄、波长稳定性好、动态谱线好以及线性好等优点。

　　（四）发光二极管

　　发光二极管（LED）的工作原理与激光器（LD）有所不同，LD 发射的是受激辐射光，LED 发射的是自发辐射光。LED 的结构和 LD 相似，大多是采用双异质结结构，把有源层夹在 P 型和 N 型限制层中间，不同的是 LED 不需要光学谐振腔，没有阈值。与激光器相比，发光二极管输出光功率较小，谱线宽度较宽，调制频率较低。但发光二极管性能稳定，寿命长，输出光功率线性范围宽，而且制造工艺简单，价格低廉。因此，这种器件在小容量短距离系统中发挥了重要作用。

　　LED 通常和多模光纤耦合，用于 $1.3\mu m$（或 $0.85\mu m$）波长的小容量短距离系统。因为LED 发光面积和光束辐射角较大，而多模 SIF 光纤或 G.651 规范的多模 GIF 光纤具有较大的芯径和数值孔径，有利于提高耦合效率，增加入纤功率。

　　LD 通常和 G.652 或 G.653 规范的单模光纤耦合，用于 $1.3\mu m$ 或 $1.55\mu m$ 大容量长距离系统，这种系统在国内外都得到了广泛的应用。分布反馈激光器（DFB-LD）主要和 G.653 或 G.654 规范的单模光纤或特殊设计的单模光纤耦合，用于超大容量的新型光纤系统，这是目前光纤通信发展的主要趋势。

在实际应用中，通常把光源做成组件，图 4-20 所示为 LD 组件构成的实例。

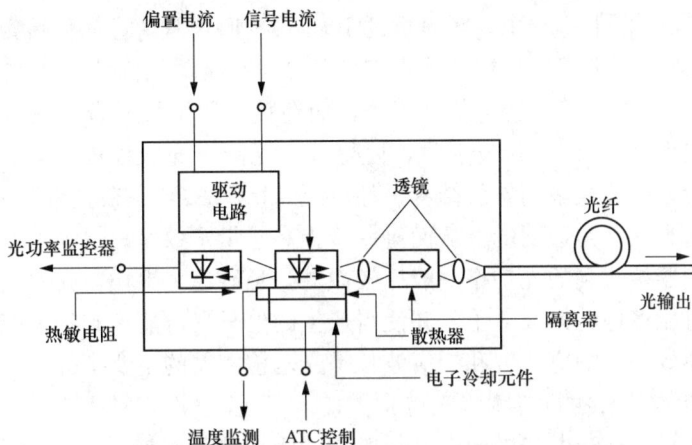

图 4-20 LD 组件构成的实例

二、光检测器

光检测器（PD）是光接收机的关键器件，其功能是把光信号转换为电信号。目前光纤通信广泛使用的光检测器主要有 PIN 光电二极管和 APD 雪崩光电二极管。下面介绍 PIN 和 APD 光检测器的工作原理、基本结构和主要特性。

（一）光电二极管工作原理

光电二极管（PD）把光信号转换为电信号的功能，是由半导体 PN 结的光电效应实现的。

如图 4-21 所示，当入射光作用在 PN 结时，如果光子的能量大于或等于带隙（$hf \geq E_g$），便发生受激吸收，即价带的电子吸收光子的能量跃迁到导带形成光生电子—空穴对。在耗尽层，由于内部电场的作用，电子向 N 区运动，空穴向 P 区运动，形成漂移电流。

在耗尽层两侧是没有电场的中性区，由于热运动，部分光生电子和空穴通过扩散运动可能进入耗尽层，然后在电场作用下形成和漂移电流相同方向

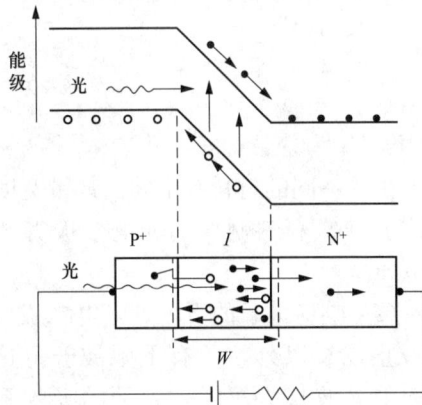

图 4-21 光电二极管工作原理

的扩散电流。漂移电流分量和扩散电流分量的总和即为光生电流。当入射光变化时，光生电流随之作线性变化，从而把光信号转换成电信号。这种由 PN 结构成，在入射光作用下，由于受激吸收产生的电子—空穴对的运动，从而在闭合电路中形成光生电流的器件，就是简单的光电二极管。光电二极管通常要施加适当的反向偏压，目的是增加耗尽层的宽度。但是提高反向偏压，加宽耗尽层，又会增加载流子漂移的渡越时间，使响应速度减慢。为了解决这一矛盾，就需要改进 PN 结光电二极管的结构。

（二）PIN 光电二极管

为改善器件的特性，在 PN 结中间设置一层掺杂浓度很低的本征半导体（称为 I 层），

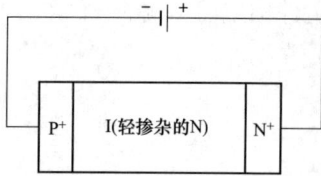

图 4-22　PIN 的结构

这种结构便是常用的 PIN 光电二极管，如图 4-22 所示。

I 层是一个接近本征的、掺杂很低的 N 区。在这种结构中，零电场的 P^+ 和 N^+ 区非常薄，而低掺杂的 I 区很厚，耗尽层几乎占据了整个 PN 结，从而使光子在零电场区被吸收的可能性很小，而在耗尽层里被充分吸收。P 区的表面镀有抗反射膜，使得入射光能够充分地被吸收。对 InGaAs 材料制作的光电二极管，还往往采用异质结构，耗尽层（InGaAs）夹在宽带隙的 InP 材料之间，而 InP 材料对入射光几乎是透明的，从而进一步提高了量子效率。

由于光电检测器接收到的光功率一般比较微弱，且码速率很快，光检测的核心是要使得接收到的光子尽可能多地转换成电子，并使得产生的电子尽可能多和尽可能快地被外电路收集到。所以，转换效率、响应速度和响应波长是光电检测器的主要指标。

1. 光电二极管的波长响应范围（光谱特性）

（1）上截止波长。在光电二极管中，入射光的吸收伴随着导带和价带之间的电子跃迁。如果入射光子的能量小于 E_g 时，价带上的电子吸收的能量不足以使其跃迁到导带上去，那么，不论入射光多么强，光电效应也不会发生。光电效应必须满足条件

$$h\nu > E_g \quad \text{或} \quad \lambda < hc/E_g \tag{4-12}$$

式中：c 为真空中的光速；λ 为入射光的波长；h 为普朗克常量，$h = 6.626 \times 10^{-34} \text{J} \cdot \text{s}$；$\nu$ 为入射光的频率。

入射光的波长必须小于某个临界值，才会发生光电效应，这个临界值就叫作上截止波长，定义为

$$\lambda_c = \frac{hc}{E_g} \approx \frac{1.24}{E_g} (\mu\text{m}) \tag{4-13}$$

式中：E_g 为禁带宽度，eV。

由于不同的材料有不同的禁带宽度，所以不同的材料制作的光电检测器具有不同的波长响应。对 Si 材料制作的光电二极管，$\lambda_c = 1.06\mu\text{m}$；对 Ge 材料制作的光电二极管，$\lambda_c = 1.6\mu\text{m}$。

（2）响应波长的下限。光电二极管除了有上截止波长以外，还有下限波长。这是因为当入射光波长太短时，光子的吸收系数很强（见图 4-23），使大量入射光子在 PN 结的表面层（零电场的中性区）被吸收，但中性区中产生的电子—空穴对在扩散进入耗尽层之前很容易被再复合掉，使光电转换效率大大下降。Si 光电二极管的波长响应范围为 $0.5 \sim 1.0\mu\text{m}$，Ge 和 InGaAs 光电二极管的波长响应范围为 $1.1 \sim 1.6\mu\text{m}$。

2. 光电转换效率

常用量子效率和响应度衡量光电转换效率。

量子效率表示入射光子能够转换成光电流的概率

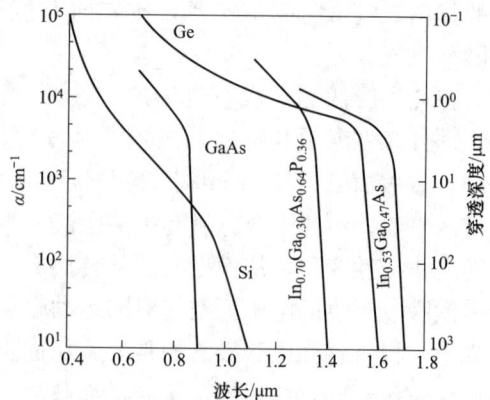

图 4-23　光的材料衰减系数

$$\eta = \frac{I_p/e_0}{p_0/h\nu} \tag{4-14}$$

式中：$e_0 = 1.602 \times 10^{-19}$C，为电子电荷；$I_p$ 为光生电流；p_0 为入射光功率；ν 为入射光的频率。

光电转换效率也可以直接用光生电流 I_p 和入射光功率 p_0 的比值来表示，称为响应度

$$R = \frac{I_p}{p_0} = \frac{\eta e_0}{h\nu} \tag{4-15}$$

响应度与量子效率的光谱特性取决于半导体材料的吸收光谱，图 4-24 给出了几种材料制作的光电二极管的响应度与量子效率。可以看出，Si 适用于 0.8～0.9μm 波段，Ge 和 In-GaAs 适用于 1.3～1.6μm 波段。

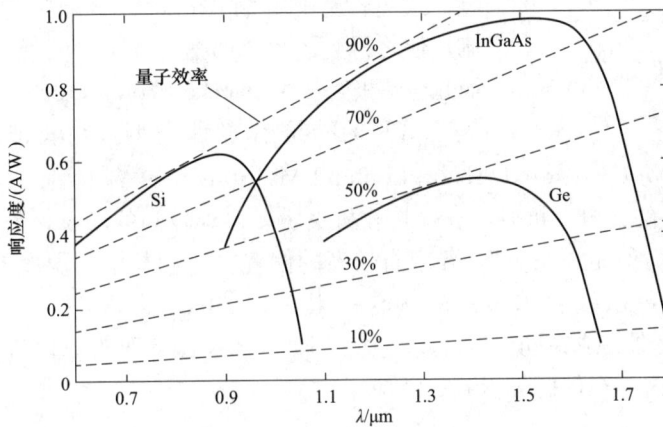

图 4-24　不同材料光电二极管的响应度曲线

3. 光电二极管的响应速度

光电二极管对高速调制光信号的响应能力即响应速度通常用脉冲响应时间 τ 或截止频率 f_c（带宽 B）表示。

响应时间为光电二极管对矩形光脉冲的上升或下降时间。

影响响应速度的主要因素有：光电二极管结电容及其负载电阻的 RC 时间常数、载流子在耗尽区里的渡越时间、耗尽区外产生的载流子由于扩散而产生的时间延迟。

反向偏压的作用：对光电二极管上施加反向偏压是十分有利的。原因是耗尽区宽度增加，结电容减小，载流子的漂移速度也快，所以不仅提高了量子效率，而且加快了响应速度。

4. 光电二极管的噪声

噪声是反映光电二极管特性的一个重要参数，它直接影响光接收机的灵敏度。噪声通常用均方噪声电流（在 1Ω 负载上消耗的噪声功率）来描述。

光电二极管的噪声包括量子噪声、暗电流噪声、漏电流噪声以及负载电阻的热噪声。量子噪声是光通信中特有的最基本的噪声，量子噪声来源于光电流的本征起伏。光波虽然是一种电磁波，但是在光波频率波段，电磁场的量子效应已十分显著，入射到探测器上的光信号实际上可以看成由单个的光子（或光量子）所组成的。由于到达探测器上的光信号中所包含

的光子以及由这些光子激发产生的光生载流子是随机的、离散的，因此造成了光电流的起伏（这是"光信号"所产生的光电流的起伏）。这种起伏就形成了量子噪声。暗电流是指无光照时光电二极管的反向电流。Si-小于 1nA，暗电流的无规则随机涨落产生噪声。

（三）雪崩光电二极管（APD）

为使入射光功率能有效地转换成光电流，根据光电效应，当光入射到 PN 结时，光子被

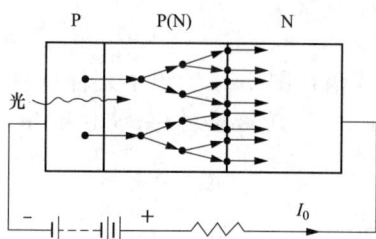

图 4-25　APD 载流子雪崩式倍增示意图

吸收而产生电子—空穴对。如果反向偏压增加到使电场达到 200kV/cm 以上，初始电子（一次电子）在高电场区获得足够能量而加速运动。高速运动的电子和晶格原子相碰撞，使晶格原子电离，产生新的电子—空穴对。新产生的二次电子再次和原子碰撞，如此多次碰撞后产生连锁反应，致使载流子雪崩式倍增，雪崩过程倍增了一次光电流，使之得到放大，如图 4-25 所示。所以这种器件称为雪崩光电二极管（Avalanche Photon Diode，APD）。

APD 的结构有多种类型，在长波长波段，使用的 APD 的结构为 SAM（Seperated Absorption and Multiplexing）结构。

APD 是有增益的光电二极管，在光接收机灵敏度要求较高的场合，采用 APD 有利于延长系统的传输距离。但是采用 APD 要求有较高的偏置电压和复杂的温度补偿电路，结果增加了成本。因此在灵敏度要求不高的场合一般采用 PIN，通常把 PIN 和使用场效应管（FET）的前置放大器集成在同一基片上，构成 FET-PIN 接收组件，以进一步提高灵敏度，改善器件的性能。这种组件已经得到广泛应用。

第四节　光　端　机

一、发射机

光发射机的功能是把输入电信号转换为光信号，并用耦合技术把光信号最大限度地注入光纤线路。

光发射机完成把电信号转换为光信号（常简称为电/光或 E/O 转换），是通过电信号对光的调制而实现的。

（一）两种调制方式

目前调制分为直接调制和外调制两种方式，如图 4-26 所示。

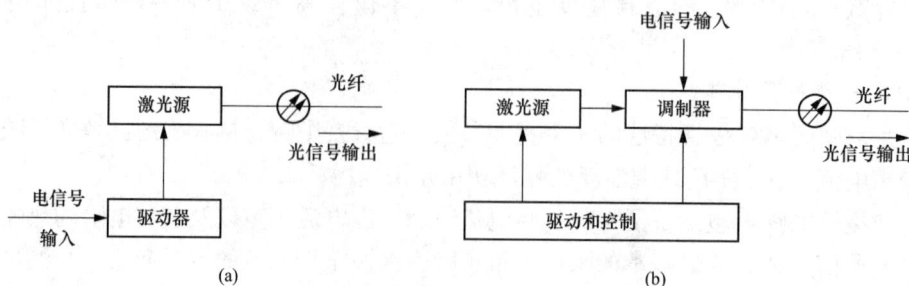

图 4-26　两种调制方案

（a）直接调制；（b）间接调制（外调制）

1. 直接调制

直接调制是用电信号直接调制半导体激光器或发光二极管的驱动电流，使输出光随电信号变化而实现的。图 4-27 所示为激光器（LD）和发光二极管（LED）直接光强数字调制原理，对 LD 施加了偏置电流 I_b。当激光器的驱动电流大于阈值电流 I_{th} 时，输出光功率 P 和驱动电流 I 基本上呈线性关系，输出光功率和输入电流成正比，所以输出光信号反映输入电信号。由于调制后的光波电场振幅的平方比例于调制信号，因此这是一种对光强度调制的方法。直接调制方式原理简单、实现方便。

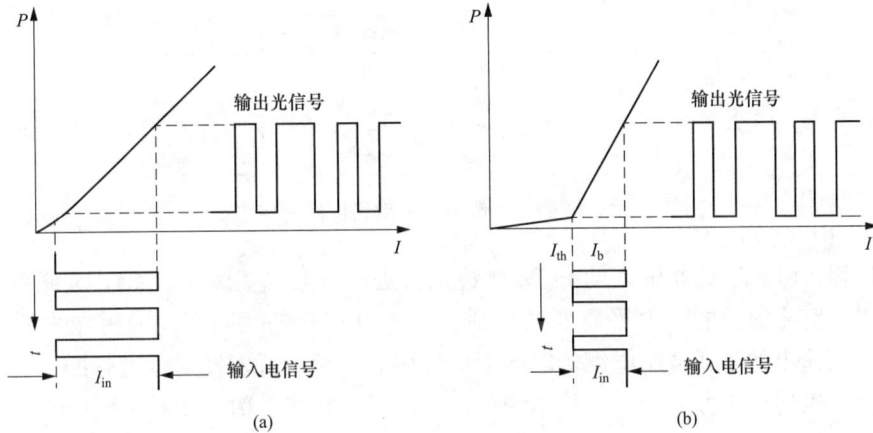

图 4-27　直接光强数字调制原理

(a) LED 数字调制原理；(b) LD 的数字调制原理

直接调制方案技术简单，成本较低，容易实现，在光纤通信系统中得到了广泛应用。然而，光源的发光及调制过程都集中在 PN 结区完成，导致载流子和光子的作用关系变得更加复杂。调制的瞬态变化将会影响到谐振腔的振荡性能，引起明显的动态谱线展宽。这种调制加剧了光纤链路色散的影响，给高速通信和长距离光传输带来诸多不利因素。

2. 外调制

外调制是把激光的产生和调制分开，用独立的调制器调制激光器的输出光而实现的，如图 4-26（b）所示。目前有基于电光效应的电光调制器、基于磁光效应的磁光调制器、基于声光效应的声光调制器，还有基于电吸收效应的电吸收光调制器。

电光调制器是利用电信号线性改变电光晶体的折射率，使通过电光晶体的光相位发生改变，进而使调制器的输出光信号的强度、频率、相位随电信号变化而实现调制。

电吸收效应是利用 Franz-keldysh 效应和量子约束 Stark 效应产生材料吸收边界波长移动的效应。电吸收多量子阱调制器不仅具有低的驱动电压和低的啁啾特性，而且还可以与 DFB 激光器单片集成。通常情况下，电吸收调制器对发送波长是透明的，一旦加上反向偏压，吸收波长在向长波长移动的过程中会产生光吸收。利用这种效应，在调制区加上零伏到负压之间的调制信号，就能对 DFB 激光器产生的光输出进行强度调制。

磁光调制器是利用磁光效应控制光信号的偏振方向，从而实现对激光器产生的光输出进行强度调制。

声光调制器是利用声光效应改变介质的折射率，进而实现对激光器产生的光输出信号进行光的强度、频率、相位调制。

外调制方式虽然技术复杂，但是传输速率和接收灵敏度很高，在大容量的波分复用和相干光通信系统中使用。

（二）光发射机基本组成

目前技术上成熟并在实际光纤通信系统得到广泛应用的是直接光强（功率）调制。直接调制光发射机由输入接口、编码电路、光源、驱动电路、公务及监控电路、自动偏置控制电路、温控电路等组成（见图 4-28），其核心是光源及驱动电路。

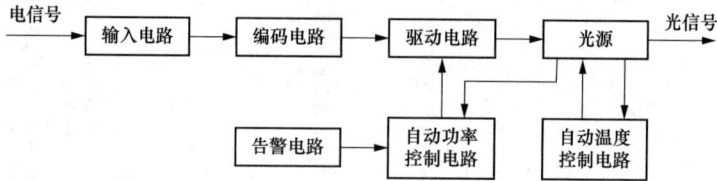

图 4-28　数字光发射机框图

工作过程：输入电路将输入的 PCM 脉冲信号进行整形，变换成 NRZ/RZ 码后送给编码电路，编码电路将简单的二电平码变换为适合于光纤传输的线路码，因为在光纤通信系统中，从电端机输出的是适合于电缆传输的双极性码。光源不可能发射负光脉冲，因此必须进行码型变换，以适合于数字光纤通信系统传输的要求。在光发射机中有编码电路，在光接收机中有对应的解码电路。常用的光纤线路码有扰码、mBnB 码和插入码。线路码通过驱动电路调制光源。驱动电路要给光源提供一个合适的偏置电流和调制电流。为了稳定输出的平均光功率和工作温度，通常设置一个自动功率控制电路（APC）和自动温控电路（ATC）。此外，在光发射机中还有监控、报警电路，对光源寿命及工作状态进行监控与报警等。

数字光发射机最重要的性能指标为平均发送光功率和消光比。

1. 平均发送光功率 P_T

光发射机的平均发送光功率是指发射机在正常工作的情况下，在输出端测量到的平均光功率。通常 P_T 使用毫瓦分贝（dBm）单位，即

$$P_T = 10\lg \frac{P_T(\text{mW})}{1(\text{mW})}(\text{dBm}) \tag{4-16}$$

对于一个实际的光纤通信系统，平均发送光功率并不是越大越好，虽然从理论上讲，发送光功率越大，通信距离越长，但光功率越大，会使光纤工作在非线性状态，这种非线性状态会对光纤产生不良影响。

2. 消光比 EX

消光比定义为光发送电路输出全"1"码时的平均输出光功率 P_1 与输出全"0"码时的平均输出光功率 P_0 之比，即

$$EX \equiv 10\lg \frac{P_1}{P_0} \tag{4-17}$$

消光比应大于 10（dB），以保证足够的光接收信噪比。

二、光接收机

光接收机的作用在于将承载信息的光信号变成电信号。经过长距离传输，光信号会受到

损耗、色散和非线性的影响，不仅幅度被衰减，而且脉冲的波形被展宽和变形。即使只考虑传输过程中 0.2dB/km 的损耗，经过 100km 的传输，光功率也会降低到原来的百分之一。因此，光接收机不仅要能检测到微弱光信号，将光信号成比例地转换成电信号，同时还要能对接收到的电信号进行整形、放大以及再生。

（一）光接收机分类

光接收机按调制信号可分为模拟光接收机和数字光接收机，大部分通信系统采用数字光接收机；按检测方式可分为直接检测接收机和相干检测接收机。

光接收机按是否有本振激光器可以分为直接检测接收机和相干检测接收机。直接检测不需要在接收机中设置本振激光器，是直接功率检测，用光电二极管直接将接收的光信号变换成基带信号，实现简单，但是只能检测光信号的强度信息。相干检测需要本振激光器，先将接收的光信号与一个本地振荡光混频，再被光电检测器变换成中频信号；并且要保持本振激光器与信号光之间的相干性，可以检测光信号的相位信息，但是实现复杂。

当前，较低速率（小于 40Gb/s）的光纤通信系统大多采用直接检测方式，通过光电二极管直接将接收的光信号恢复成基带调制信号，原理简单，成本低，是当前光纤通信系统应用的主要检测方式。强度调制的光信号存在频带利用率低的缺点，随着光纤通信系统速率的提高，出现了相位调制（PSK）和强度—相位联合调制（QAM）等新型的调制格式，为了检测这些调制信号的相位，需要采用相干检测方式。相干检测方式首先将接收到的光信号与一个光本地振荡器的振荡光信号进行混频，可以检测信号光的相位，但是要求本振光与信号光之间的相位、偏振和频率要具有相干性。相对于强度调制—直接检测（IM-DD）的光通信系统，相干光通信系统具有频带利用率高、接收机灵敏度高、中继距离长等优点。

（二）光接收机基本组成

直接检测方式的数字光接收机方框图如图 4-29 所示，主要包括光检测器、前置放大器、主放大器、均衡滤波器、时钟提取电路、取样判决器以及自动增益控制（AGC）电路。

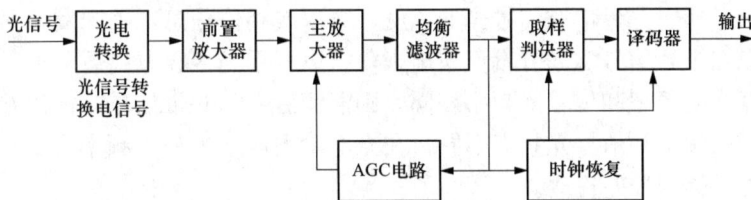

图 4-29 数字光接收机方框图

光电检测器：将光信号变成电信号，光解调。

前置放大器：放大微弱的光电流，低噪声、宽频带，输出 mV 量级。

主放大器：将输入放大到判决电平，P-P 值 1～3V。

AGC：控制主放大器增益，使其输出幅度在一定范围内不受输入信号幅度的影响。

均衡滤波器：对主放输出的失真数字信号整形，判决时消除码间干扰。

时钟恢复电路：精确地确定判决时刻，需要从信号码流中提取准确的时钟作为标定，保证收发一致。

取样判决器：对信号进行再生。

译码器对应数字光发射机的编码器模块。

光接收机也可分为三部分：①接收机前端：光检测器和前置放大器，是光接收机的核心；②线性通道：主放大器、均衡滤波器和自动增益控制；③判决、再生部分：判决器、译码器和时钟恢复。

（三）噪声特性

光接收机的噪声有两部分：一部分是外部电磁干扰产生的，这部分噪声的危害可以通过屏蔽或滤波加以消除；另一部分是内部产生的，这部分噪声是在信号检测和放大过程中引入的随机噪声，只能通过器件的选择和电路的设计与制造尽可能减小，一般不可能完全消除。下面讨论的噪声是指内部产生的随机噪声。

光接收机噪声的主要来源是光检测器的噪声和前置放大器的噪声。因为前置级输入的是微弱信号，其噪声对输出信噪比影响很大，而主放大器输入的是经前置级放大的信号，只要前置级增益足够大，主放大器引入的噪声就可以忽略。

（四）相干光接收机

（1）相干光接收机的构成框图如图 4-30 所示。

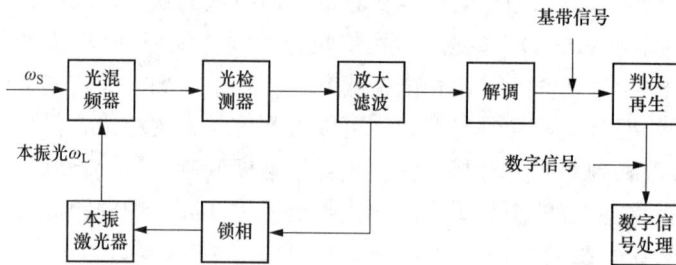

图 4-30　相干光接收机的构成框图

信号光和本振激光器产生的本振光经光混频器作用后，光场发生干涉，由于混频输出光信号中的中频信号功率分量带有信号光的幅度、频率或相位信息，因此发端不管采用哪种调制方式，均可以在中频信号功率分量反映出来，所以相干光接收方式适合于所有调制方式的通信。如果本振光的频率和信号光频率相同，则混频后得到基带信号，这种方式称为零差检测。如果本振光的频率和信号光频率不同，在光电检测器产生一个频率为 $\omega_{if}＝\omega_s－\omega_L$ 的中频信号，这种方式称为外差检测。

只有本振激光器与信号光的频率差、相位差保持一致，两个光场才会在光混频器里发生稳定的相互干涉。

零差检测方式对相位的同步要求很严，一般需要采用锁相电路。外差检测方式对相位的同步要求不如零差检测方式严格，可以不采用锁相电路。一般将带有锁相电路的检测方式称为同步检测，而不带锁相电路的检测方式称为异步检测。

放大和滤波之后的另一部分信号通过解调得到基带信号，再经过判决、再生后得到数字信号。在相干接收机中可以采用数字信号处理的方法对传输过程中的损伤进行补偿，进行载波恢复。由于数字信号处理部分有频率偏移补偿及相位补偿，带数字信号处理的相干检测接收机可以取代带锁相电路的接收机。

（2）相干检测原理分析。

常用的双臂相干检测原理图如图 4-31 所示。平衡光电检测器由两个光电二极管、一个可以产生平衡光电流的减法运放和一个电滤波器组成。

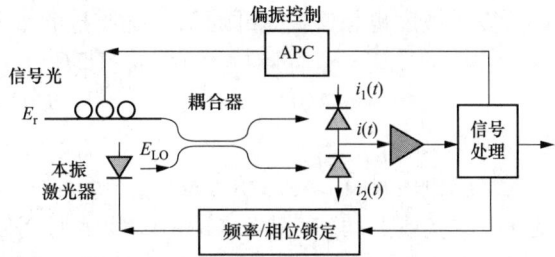

图 4-31 双臂相干检测原理图

信号光和本振光通过 180° 耦合器进入光电检测器，耦合器传递矩阵为

$$\begin{bmatrix} E_{\text{out1}} \\ E_{\text{out2}} \end{bmatrix} = \frac{1}{\sqrt{2}} \begin{bmatrix} 1 & 1 \\ 1 & -1 \end{bmatrix} \begin{bmatrix} E_{\text{in1}} \\ E_{\text{in2}} \end{bmatrix} \tag{4-18}$$

忽略信号光与本振光的噪声，假设信号光与本振光有相同的偏振，两者的频率和相位恒定，则信号光的表达式为

$$E_{\text{r}}(t) = \left[A_{\text{s}}(t) e^{j\varphi_{\text{s}}(t)} \right] e^{j\omega_{\text{s}}t} \vec{x} \tag{4-19}$$

式中：$A_{\text{s}}(t)$ 为信号光的幅度，可用于传递强度信息；$\varphi_{\text{s}}(t)$ 为信号光的相位信息；ω_{s} 为信号光的角频率；$\vec{x}$ 为信号光的偏振方向。同样，本振光可以表示为

$$E_{\text{LO}}(t) = A_{\text{L}} e^{j\omega_{\text{LO}}t} \vec{x} \tag{4-20}$$

式中：A_{L} 为本振光的幅度；ω_{LO} 为本振光的角频率；$\vec{x}$ 为本振光的偏振方向。考虑理想的 3dB、180° 光混频器，平衡光电检测器的两个输出光电流分别为

$$i_1(t) = \frac{R}{2} \left| E_{\text{r}}(t) + E_{\text{LO}}(t) \right|^2 \tag{4-21}$$

$$i_2(t) = \frac{R}{2} \left| E_{\text{r}}(t) - E_{\text{LO}}(t) \right|^2 \tag{4-22}$$

通过平衡检测器后的减法器，输出的电流为

$$i(t) = i_1(t) - i_2(t) = 2RA_{\text{L}}A_{\text{s}}(t)\cos\left[(\omega_{\text{LO}} - \omega_{\text{s}})t - \phi_{\text{s}}(t) \right] \tag{4-23}$$

输出的电流中不仅保留了信号的强度信息 $A_{\text{s}}(t)$，还保留了信号的频率信息 ω_{s} 和相位信号 $\varphi_{\text{s}}(t)$。

如果信号光为强度调制，其信息用 $A_{\text{s}}(t)$ 承载，采用相干检测可以很好地对其进行检测，且其幅度还要乘以本振光的幅度 A_{L}，这是对信号光的放大。

因此，采用双臂相干检测，可以对信号的幅度、相位、频率进行检测。如果信号采用 QAM 调制格式，也可以方便地进行检测。

（五）主要性能指标

光接收机主要性能指标：误码率（BER）、灵敏度及动态范围。

1. 灵敏度

光接收机的误码来自系统的各种噪声和干扰。这种光噪声经接收机转换为电流噪声叠加在接收机前端的信号上，使得接收机不是对任何微弱的信号都能正确接收。误码率是码元被错误判决的概率，可以用在一定的时间间隔内发生差错的码元数和在这个时间间隔内传输的总码元数之比来表示，典型范围为 $10^{-12} \sim 10^{-9}$。灵敏度 P_{R} 的定义：在保证误码率的条件下光接收机所需的最小平均接收光功率 P_{min}，并以 dBm 为单位。

灵敏度是衡量光接收机质量的综合指标，它反映接收机调整到最佳状态时，接收微弱光信号的能力。灵敏度主要取决于组成光接收机的光电二极管和放大器的噪声，并受传输速率、光发射机的参数和光纤线路的色散的影响，还与系统要求的误码率或信噪比有密切关系，所以灵敏度也是反映光纤通信系统质量的重要指标。

$$P_{R} = 10\lg_{10}\left[\frac{P_{\min}(\text{mW})}{1(\text{mW})}\right](\text{dBm}) \tag{4-24}$$

2. 动态范围

光接收机应具有一定的动态范围。由于使用条件不同，输入光接收机的光信号大小要发生变化，为实现宽动态范围，采用 AGC 是十分有必要的。

动态范围（DR）的定义：在限定的误码率条件下，光接收机所能承受的最大平均接收光功率 $P_{\min}$ 和所需最小平均接收光功率 $P_{\min}$ 的比值，用 dB 表示。

$$D = 10\lg\left(\frac{P_{\max}}{P_{\min}}\right)(\text{dB}) \tag{4-25}$$

用于不同系统中的光接收机的接收功率是不同的，而且对于某一接收机，在长期的使用过程中，接收机的光功率可能会有所变化，因此要求接收机有一定的动态范围。低于这个动态范围的下限（即灵敏度）或高于这个动态范围的上限（又叫接收机的过载功率），在判决时将造成过大的误码。显然一台质量好的接收机应有较宽的动态范围。

第五节　数字光纤通信系统

一、系统结构

光纤通信系统是通信网的一个组成部分。典型的光纤通信系统结构如图 4-32 所示。从图中可以看出，该系统是由发射端机（电/光）、接收端机（光/电）、光中继器、监控系统、备用系统等组成。由于在前面已经对端机进行了讨论，下面仅就光中继器加以介绍。

图 4-32　光纤通信系统结构

传统的光中继器采用光—电—光的转换形式，即先将收到的微弱光信号用光检测器转换成电信号后进行放大、整形和再生后，恢复出原来的数字信号，然后再对光源进行调制，变换为光脉冲信号后送入光纤继续传输。

自光纤放大器实用化以来，光纤放大器开始代替传统的光中继器，特别是在高速光纤通信系统中。光放大器能直接放大光信号，对信号的格式和速率具有高度的透明性，使得整个系统更加简单、灵活。

二、系统的主要性能指标

（一）误码性能

1. 误码的定义

光纤数字传输系统的误码性能用误码率（BER）来衡量，即在特定的一段时间内所接收的错误码元与同一时间内所接收的总码元数之比。

2. 误码发生的形态和原因

误码发生的形态主要有两类：一类是随机形态的误码，即误码主要是单个随机发生的，具有偶然性；另一类是突发的、成群发生的误码，这种误码可能在某个瞬间集中发生，而其他大部分时间无误码发生。误码发生的原因是多方面的，如数字网中的热噪声、交换设备的脉冲噪声干扰、雷电的电磁感应、电力线产生的干扰等。

3. 误码性能的评定方法

评定长期误码性能的参数包括平均误码率、劣化分、严重误码秒和误码秒。对 SDH 系统有误块秒比（Errored Second Ratio，ESR）、严重误块秒比（Severely Errored Second Ratio，SESR）、背景误块比（Background Block Error Ratio，BBER）、严重误码期（Severely Errored Period Intensity，SEPI，单位 1/s）。

（二）抖动性能

1. 抖动的定义

抖动是数字信号传输中的一种瞬时不稳定现象，即数字信号的各有效瞬间对其理想时间位置的短时间偏离，称为抖动。图 4-33 为定时抖动的图解。

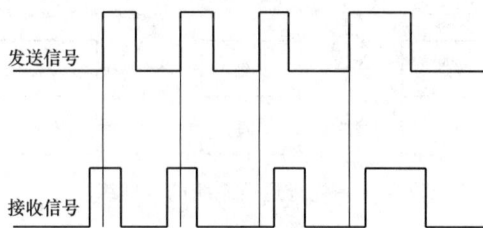

图 4-33　定时抖动的图解

抖动可分为相位抖动和定时抖动。相位抖动是指传输过程中所形成的周期性的相位变化。定时抖动是指脉码传输系统中的同步误差。

抖动的大小或幅度通常可用时间、相位或数字周期来表示。目前多用数字周期来表示，即"单位间隔"，用符号 UI 表示（Unit Interval），也就是 1 比特信息所占有的时间间隔。例如码速率为 34.368Mb/s 的脉冲信号，$1UI=1/34.368\mu s$。

2. 抖动产生的原因

（1）数字再生中继器引起的抖动。再生中继器中的定时恢复电路的不完善及再生中继器的累计导致了抖动的产生和累加。

（2）数字复接及分接器引起的抖动。在复接器的支路输入口，各支路数字信号附加上码速调整控制比特和帧定位信号形成群输出信号。而在分接器的输入口，要将附加比特扣除，恢复原分支数字信号，这些将不可避免地引起抖动。

（3）噪声引起的抖动。由于数字信号处理电路引起的各种噪声。

（4）其他原因。环境温度的变化、传输线路的长短及环境条件等也会引起抖动。

3. 抖动的类型

（1）随机性抖动。在再生中继器内与传输信号关系不大的抖动来源称为随机性抖动。这些抖动主要由于环境变化、器件老化及定时调谐回路失调引起。

（2）系统性抖动。系统性抖动是由于码间干扰，定时电路幅度—相位转换等因素引起的抖动。

4. 抖动的容限

（1）输入抖动容限。输入抖动容限是指数字段能够允许的输入信号的最低抖动限值，即加大输入信号的抖动值，直到设备由不误码到开始误码的这个分界点。此时的输入信号上的误码即为最大允许输入抖动下限。

（2）输出抖动容限。在数字段输入信号无抖动时，由于数字段内的中继器产生抖动，并按一定规律进行累计，于是在数字段输出端产生抖动。ITU-T 提出了数字段无输入抖动时的输出抖动上限，即为输出抖动容限。

（3）抖动转移特性。由于输入口数字信号的抖动经设备或系统转移后到达输出口，从而构成了输出抖动的另一个来源。为了保证数字网抖动的总质量目标，ITU-T 建议抖动转移增益不大于 1dB。

（三）光纤通信系统接口指标

一个完整的光纤通信系统的具体组成如图 4-34 所示。

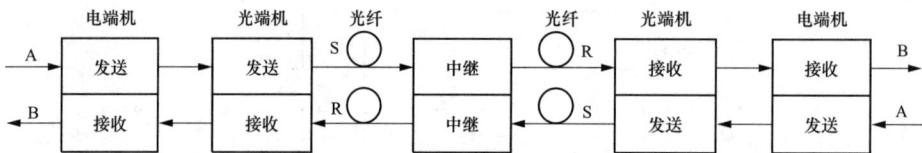

图 4-34　光纤通信系统的具体组成

把光端机与光纤的连接点称为光接口。光接口有两个，一个由 S 点向光纤发送光信号，另一个由 R 点从光纤接收信号。光中继器两侧均与光纤相连，所以它两侧的接口均为光接口。光接口是光纤通信系统特有的接口。在 S 点的主要指标有平均发送光功率和消光比，在 R 点的主要指标有接收机灵敏度和动态范围。

图 4-34 中的 A、B 点为电接口。通常把 A 点称为输入口，B 点称为输出口。在输入口和输出口都需要测试的指标是比特率及容差、反射损耗。在输入口测试的指标有输入口允许衰减和抗干扰能力、输入抖动容限；在输出口测试的指标有输出口脉冲波形、无输入抖动时的输出抖动容限。

三、光纤传输系统的设计

数字光纤传输系统的总体设计应考虑网络拓扑、线路路由选择，网络/系统容量的确定，光纤/光缆选型，选择合适的设备，核实设备的性能指标，最后进行光传输设计。

各种拓扑结构的网络都是建立在点到点基础上的，所以 S-R 点之间光传输距离的确定是光纤传输系统设计的基础，S-R 点之间的传输距离也是分层光传送网的再生段或复用段（无须再生时）的传输距离。光传输设计主要内容是根据应用对传输距离的需求，确定经济而且可靠工作的光接口，并根据光接口的具体参数指标进行预算，验证再生段能可靠工作且经济上尽可能低成本。

光再生段组成如图 4-35 所示。

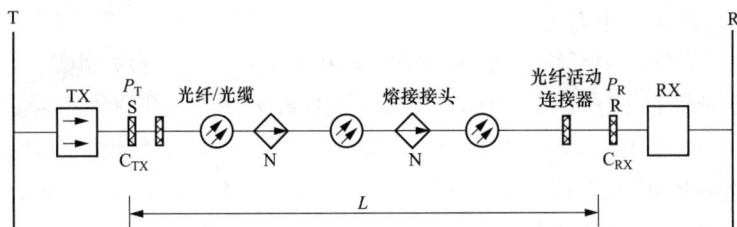

图 4-35 光再生段组成

传输距离由光纤衰减和色散等因素决定，系统速率、工作波长等各种因素对传输距离也均有影响。在实际的工程应用中，设计方式分为两种情况，第一种情况是衰减受限系统，即传输距离根据 S 和 R 点之间的光通道衰减决定；第二种是色散受限系统。

下面分两种情况讨论。

1. 损耗受限系统

S-R 之间的光通道的损耗组成如图 4-36 所示。

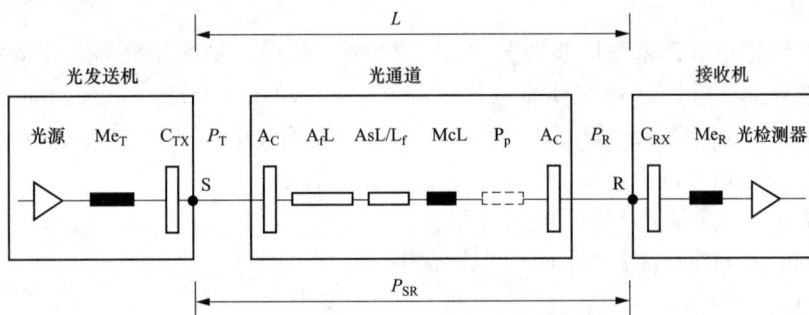

图 4-36 S-R 之间的光通道的损耗组成

中继距离 L_1 的长度可以用下式来估算

$$L_1 = (P_T - P_R - 2A_C - P_P)/(A_f + A_S/L_f + M_C) \tag{4-26}$$

式中：P_T 为平均发射光功率，dBm；P_R 为接收灵敏度，dBm；A_C 为连接器损耗，dB/个；P_P 为通道代价，包括色散代价（码间干扰、模分配噪声、频率啁啾）和反射代价（光反馈、多径干涉）；A_f 为光纤损耗系数，dB/km；A_S/L_f 为每千米光纤平均接头损耗，dB/km；M_C 为每千米光纤线路损耗富余量，dB/km；L 为中继距离，km。连接器损耗一般为 0.3～1dB/个。光纤损耗系数取决于光纤类型和工作波长。光纤损耗富余量一般为 0.1～0.2dB/km，但一个中继段总余量不超过 5dB。平均接头损耗可取 0.05dB/个，每千米光纤平均接头损耗可根据光缆生产长度计算得到。

2. 色散受限系统

对于色散受限系统，系统设计者首先应确定所设计的再生段的总色散（ps/nm），再据此选择合适的光接口及相应的一整套光参数。色散受限系统最大无再生传输距离可以用下式估算

$$L_d = D_{SR}/D \tag{4-27}$$

式中：L_d 为传输距离，km；D_{SR} 为选定的标准光接口 S-R 之间允许的最大总色散；D 为色散系数，ps/(nm·km)。

实际系统设计分析时，首先算出损耗受限的距离 L_1，再算出色散受限的距离 L_d，其中

较短的距离为最大再生段距离 L。

应用举例：某光纤传输系统的应用场合为长距离局间通信，目标距离 40～80km，使用已敷设的 G.652 光缆，工作波长 λ 为 1550nm，系统投入使用后两三年容量需求为 2.5Gb/s。根据上述需求可选择采用 L-16-2 光接口，该光接口及相关各项参数：最小发送光功率 P_T 为 -2dBm，最差接收灵敏度 P_R 为 -28dBm，允许最大色散值 D_{max} 为 1200ps/nm，光纤活动连接损耗 A_c 为 0.2dB，光纤/光缆平均衰耗 A_f 为 0.23dB/km，光纤/光缆最大色散系数 D 为 17ps/(nm·km)，熔接接头平均损耗 A_S/L_f 为 0.04dB/km，光缆线路富余度 M_c 为 0.05dB/km，现进行功率和色散预算，确定最大无再生传输距离。

把这些数据代入式（4-26），得到损耗受限的中继距离 L_1 为 80km；数据代入式（4-27），得到色散受限的中继距离 L_d 为 70.6km。因此在本例中可以确定此系统的中继距离 L 为 70.6km，中继距离主要受色散限制。

第六节　同步数字体系及多业务传送平台技术

目前数字传输系统都采用同步时分复用（TDM）技术，复用又分为若干等级，因而先后有两种传输体制：准同步数字体系（Plesiochronous Digital Hierarchy，PDH）和同步数字体系（Synchronous Digital Hierarchy，SDH）。1988 年，ITU-T 提出了 SDH 的三个主要建议，并在 1989 年 CCITT 蓝皮书上正式刊载，具体有：

(1) G.707——同步数字体系的比特率。

(2) G.708——同步数字体系的网络节点接口。

(3) G.709——同步复用结构。

自 1988 年以来，SDH 标准化工作进展非常迅速，涉及网络、系统和设备、光/电接口、传输网管理与性能、定时和信息模型等各个方面。

SDH 解决了 PDH 存在的问题，是一种比较完善的传输体制，已得到大量应用。这种传输体制不仅适用于光纤信道，也适用于微波和卫星干线传输。

一、同步数字体系 SDH

1. SDH 传输网

SDH 网是在统一的网管系统管理下，采用光纤信道实现多个节点（网元）间同步信息传输、复用、分叉和交叉连接的网络。节点与节点之间具有全世界统一的网络节点接口（NNI），有一套标准化的信息结构等级，称为同步传送模块（STM-N，$N = 1$、4、16、…）。STM-N 采用了块状帧结构，允许安排丰富的开销（附加）比特用于网络的管理，每个节点都有统一的标准光接口，实现了不同厂家设备在光路上的互联。它的基本网元有终端复用器（TM）用于将低/高速率的码流复接/分接成高/低速率的码流，分插复用器（Add/Drop Multiplexer，ADM）用于在高速率码流中取出/插入低速率的码流，数字交叉连接设备（Digital Cross-Connect Equipment，DXC）用于同等速率码流之间的交换等；能够承载多种速率的业务，如现存的 PDH 速率体系、ATM（异步转移模式）、IP 分组等；采用网管软件对网络进行配置和控制，增加新功能和新特性比较方便。

SDH 不仅适合于点对点传输，而且适合于多点之间的网络传输。图 4-37 所示为 SDH 传输网的拓扑结构，它由 SDH 终接设备（或称 SDH 终端复用器 TM）、分插复用设备

ADM、数字交叉连接设备 DXC 等网络单元以及连接它们的（光纤）物理链路构成。SDH
终端的主要功能是复接/分接和提供业务适配，例如将多路 E_1 信号复接成 STM-1 信号及完
成其逆过程，或者实现与非 SDH 网络业务的适配。ADM 是一种特殊的复用器，它利用分
接功能将输入信号所承载的信息分成两部分：一部分直接转发，另一部分卸下给本地用户。
然后信息又通过复接功能将转发部分和本地上送的部分合成输出。DXC 一般有多个输入和
多个输出，通过适当配置可提供不同的端到端连接。

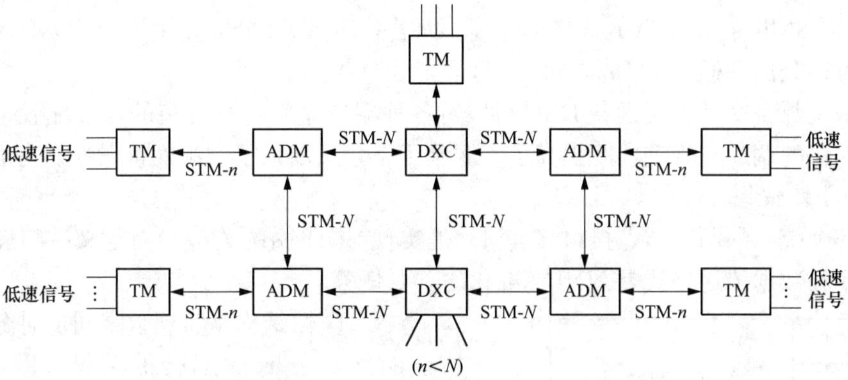

图 4-37　SDH 传输网的典型拓扑结构

在 SDH 传输网内可提供许多条传输通道，每个通道由一个或多个复用段构成，而每一
复用段又由若干个再生段串接而成，如图 4-38 所示。

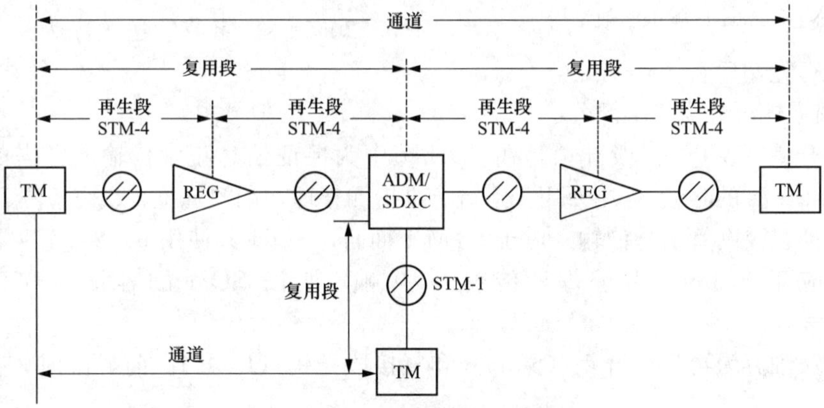

图 4-38　传输通道的结构示意图

与 PDH 相比，SDH 具有下列特点：

（1）SDH 采用世界上统一的标准传输速率等级。最低的等级也就是最基本的模块称为
STM-1，传输速率为 155.520Mb/s；4 个 STM-1 同步复接组成 STM-4，传输速率为 $4\times$
155.520Mb/s＝622.080Mb/s；16 个 STM-1 组成 STM-16，传输速率为 2488.320Mb/s，以
此类推。

（2）SDH 各网络单元的光接口有严格的标准规范。因此，光接口成为开放型接口，任

何网络单元在光纤线路上可以互连，不同厂家的产品可以互通，这有利于建立世界统一的通信网络。标准的光接口综合进各种不同的网络单元，简化了硬件，降低了网络成本。

（3）在 SDH 帧结构中，丰富的开销比特用于网络的运行、维护和管理，便于实现性能监测、故障检测和定位、故障报告等管理功能。

（4）采用数字同步复用技术，其最小的复用单位为字节，不必进行码速调整，简化了复接分接的实现设备，由低速信号复接成高速信号，或从高速信号分出低速信号，不必逐级进行。在 PDH 中，为了从 140Mb/s 码流中分出一个 2Mb/s 的支路信号，必须经过 140/34Mb/s、34/8Mb/s 和 8/2Mb/s 三次分接。而若采用 SDH 分插复用器（ADM），可以利用软件一次直接分出和插入 2Mb/s 支路信号，十分简便。

（5）采用数字交叉连接设备 DXC 可以对各种端口速率进行可控的连接配置，对网络资源进行自动化的调度和管理，既提高了资源利用率，又增强了网络的抗毁性和可靠性。

2. SDH 帧结构

建立一个统一的网络节点接口（NNI）是实现 SDH 网的关键，而定义一整套必须共同遵守的速率和数据传送格式是 NNI 标准化的首要任务。

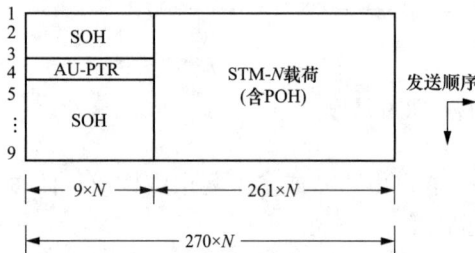

图 4-39　SDH 帧的一般结构

SDH 帧结构是实现数字同步时分复用、保证网络可靠有效运行的关键。图 4-39 给出 SDH 帧的一般结构。一个 STM-N 帧有 9 行，每行由 $270 \times N$ 个字节组成。这样每帧共有 $9 \times 270 \times N$ 个字节，每字节为 8bit。帧周期为 125μs，即每秒传输 8000 帧。对于 STM-1 而言，传输速率为 $9 \times 270 \times 8 \times 8000 = 155.520$Mb/s。字节发送顺序为：由上往下逐行发送，每行先左后右。

SDH 帧大体可分为三个部分：

（1）段开销（SOH）。段开销是在 SDH 帧中为保证信息正常传输所必需的附加字节（每字节含 64kb/s 的容量），主要用于运行、维护和管理，如帧定位、误码检测、公务通信、自动保护倒换以及网管信息传输。对于 STM-1 而言，SOH 共使用 9×8（第 4 行除外）= 72Byte，相应于 576bit。由于每秒传输 8000 帧，所以 SOH 的容量为 $576 \times 8000 = 4.608$Mb/s。

段开销又细分为再生段开销（SOH）和复接段开销（LOH）。前者占前 3 行，后者占 5～9 行。

（2）信息载荷（Payload）。信息载荷域是 SDH 帧内用于承载各种业务信息的部分。对于 STM-1 而言，Payload 有 $2349 \times 8 \times 8000 = 150.336$Mb/s 的容量。

在 Payload 中包含少量字节用于通道的运行、维护和管理，这些字节称为通道开销（POH）。

（3）管理单元指针（AU PTR）。管理单元指针是一种指示符，主要用于指示 Payload 第一个字节在帧内的准确位置（相对于指针位置的偏移量）。对于 STM-1 而言，AU PTR 有 9 个字节（第 4 行），相应于 $9 \times 8 \times 8000 = 0.576$Mb/s。

采用指针技术是 SDH 的创新，结合虚容器（VC）的概念，解决了低速信号复接成高速信号时，由于小的频率误差所造成的载荷相对位置漂移的问题。

3. 复用原理

将低速支路信号复接为高速信号，通常有两种传统方法：正码速调整法和固定位置映射法。SDH 采用载荷指针技术，结合了上述两种方法的优点，付出的代价是要对指针进行处理。指针（Pointer）是管理单元和支路单元的重要组成部分，其作用主要有两个，一是用 AU-4 指针指明 VC-4 在 AU-4 中的位置；二是用于码速调整，即调整与标称值相比较快或较慢 VC，实现网络各支路的同步，保持低次群的完整性。

ITU-T 规定了 SDH 的一般复用映射结构。所谓映射结构，是指把支路信号适配装入虚容器的过程，其实质是使支路信号与传送的载荷同步。这种结构可以把目前 PDH 的绝大多数标准速率信号装入 SDH 帧。图 4-40 所示为 SDH 一般复用映射结构，图中 C-n 是标准容器，用来装载现有 PDH 的各支路信号，即 C-11、C-12、C-2、C-3、C-4 分别装载 1.5Mb/s、2Mb/s、6Mb/s、34Mb/s、45Mb/s 和 140Mb/s 的支路信号，并完成速率适配处理的功能。

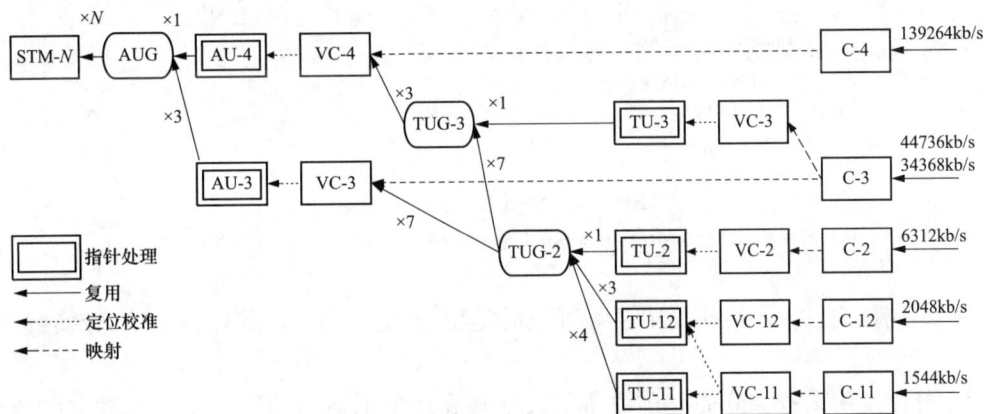

图 4-40 SDH 的一般复用映射结构

在标准容器的基础上，加入少量通道开销（POH）字节，即组成相应的虚容器 VC。VC 的包络与网络同步，但其内部则可装载各种不同容量和不同格式的支路信号。所以引入虚容器的概念，使得不必了解支路信号的内容，便可以对装载不同支路信号的 VC 进行同步复用、交叉连接和交换处理，实现大容量传输。

由于在传输过程中，不能绝对保证所有虚容器的起始相位始终都能同步，所以要在 VC 的前面加上管理单元指针（AU PTR），以进行定位校准。加入指针后组成的信息单元结构分为管理单元（AU）和支路单元（TU）。AU 由高阶 VC（如 VC-4）加 AU 指针组成，TU 由低阶 VC 加 TU 指针组成。TU 经均匀字节间插后，组成支路单元组（TUG），然后组成 AU-3 或 AU-4。3 个 AU-3 或 1 个 AU-4 组成管理单元组（AUG），加上段开销 SOH，便组成 STM-1 同步传输信号；N 个 STM-1 信号按字节同步复接，便组成 STM-N。

最简单的例子是，由 PDH 的 4 次群信号到 SDH 的 STM-1 的复接过程。把 139.264Mb/s 的信号装入容器 C-4，经速率适配处理后，输出信号速率为 149.760Mb/s；在虚容器 VC-4 内加上通道开销 POH（每帧 9Byte，相应于 0.576Mb/s）后，输出信号速率为

150.336Mb/s；在管理单元 AU-4 内，加上管理单元指针 AU PTR（每帧 9Byte，相应于
0.576Mb/s），输出信号速率为 150.912Mb/s；由 1 个 AUG 加上段开销 SOH（每帧
72Byte，相应于 4.608Mb/s），输出信号速率为 155.520Mb/s，即为 STM-1。

4. SDH 的基本设备

SDH 网元设备有 4 种，即终端复用器（TM）、分插复用设备（ADM）、数字交叉连接
设备（DXC）和再生器（REG）。终端复用设备 TM、分插复用设备 ADM 和数字交叉连接
设备 DXC 的功能框图分别如图 4-41 所示。

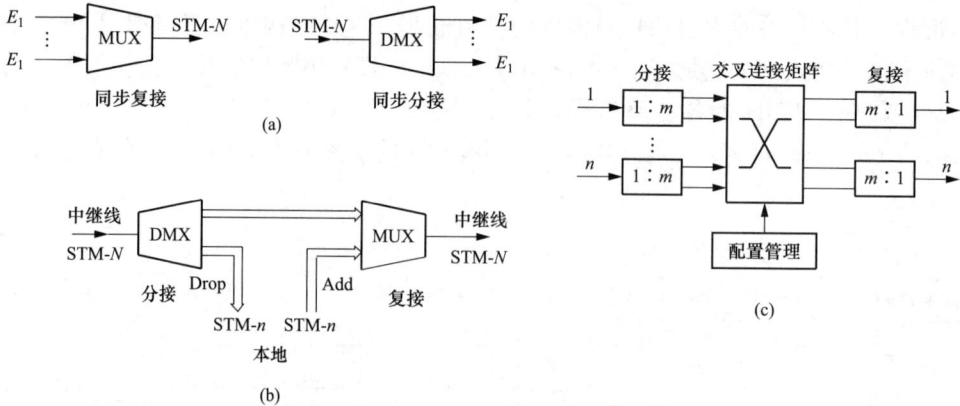

图 4-41　SDH 传输网络单元
(a) 终端复用设备 TM；(b) 分插复用设备 ADM；(c) 数字交叉连接设备 DXC

（1）终端复用设备。终端复用设备可完成复用/解复用功能，并进行电/光转换或光/电
转换。

（2）分插复用设备。分插复用设备可灵活地完成上下话路功能，同时具有电/光转换、
光/电转换功能。分插复用设备可以替代 TM 作为终端复用器。

（3）再生器。由于光纤的长距离传输及本身的损耗影响，必须对传输中变弱的光波信号
进行放大和整形，这个设备就是再生器。

（4）数字交叉连接器。数字交叉连接器可完成电路调度功能、业务汇集和疏导功能、保
护倒换功能。

数字交叉连接设备（DXC）相当于一种自动的数字电路配线架。通常用 DXC X/Y 来表
示一个 DXC 的配置类型，其中第一个数字 X 表示输入端口速率的最高等级，第二个数字 Y
表示参与交叉连接的最低速率等级。数字 0 表示 64kb/s 电路速率；数字 1、2、3、4 分别表
示 PDH 的 1 至 4 次群的速率，其中 4 也代表 SDH 的 STM-1 等级；数字 5 和 6 分别代表
SDH 的 STM-4 和 STM-16 等级。例如，DXC 1/0 表示输入端口的最高速率为一次群信号的
速率（E_1：2.048Mb/s），而交叉连接的基本速率为 64kb/s；DXC 4/1 表示输入端口的最高
速率为 155.52Mb/s（对于 SDH）或 140Mb/s（对于 PDH），而交叉连接的基本速率为
2.048Mb/s。目前应用最广泛的是 DXC 1/0、DXC 4/1 和 DXC 4/4。

二、SDH 光纤通信系统的总体设计

一个 SDH 光通信系统设计中大致要考虑的问题：系统的容量；光缆、光设备的选型；

相关指标的核算和分配，如功率、色散预算，误码率和抖动等；路由、局站及机房的选择。

（一）确定系统容量

要根据系统通信的实际需求以及预测今后 3～5 年内的通信需求增长来确定容量，根据可能开展的业务来设定光缆的容量（芯数）。

（二）光缆选型

光纤的参数选择可参考 ITU-T 的规范。根据规范以及通信系统的实际情况可以选择合适的光缆类型。一般而言，G.652 光纤设计简单、工艺成熟、成本较低，是目前应用最多的光纤。密集波分复用 DWDM 使用的光纤是 G.655 光纤以及大有效面积光纤，其中以 G.655 光纤应用较多。

光缆的选择与光缆的路由类型密切相关，在电力系统的架空输电线路上架设的电力特种光缆主要有地线复合光缆（OPGW）和全介质自承式光缆（ADSS）等。一般情况下新 220kV 及以上电压等级输电线路会使用 OPGW 光缆；35kV 及 110kV 电压等级的输电线路会选用 ADSS 光缆，ADSS 光缆还特别适用于已建输电线路。

（三）功率预算

功率预算是设计一个系统所必需的，正确的预算才能选择合适的功率匹配，使整个系统工作在良好状态。受损耗限制的中继距离由式（4-26）确定，也可采用预算损耗的方法。

用 S 表示总损耗；α 表示每千米光纤损耗，dB/km；L 表示光缆长度，km，α_j 表示光缆接头损耗，dB/个；n 表示接头数量；α_c 表示光纤连接器损耗，dB/个；m 表示连接器数量，Mc 表示光缆富余度（常见 $0.05～0.1$dB/km 或按整个段总量留取）；Me 表示光设备富余度，则

$$S = \alpha \times L + \alpha_j \times n + \alpha_c \times m + Mc + Me \tag{4-28}$$

现举一例说明，某电业局 A 变到 B 变，全长约 30km（电力线长度接近 29km）；1310nm 波长光缆损耗 α 为 0.33dB/km；α_j 取 0.1dB/个；光缆盘长以标称 3km 计；接头 11 个；α_c 取 1dB/个，共 2 个；Mc 取 3dB；Me 取 1dB，则 $S = 0.33 \times 30 + 0.1 \times 11 + 1 \times 2 + 3 + 1 = 17$dB。

计算出该结果就要看光设备发送功率与该结果的差值在光设备接收功率动态范围之内，否则就要提高发光功率或者增加光衰减器来达到功率平衡。

（四）色散预算

由于色散的存在，光脉冲在传输过程中将被展宽，限制了光纤的传输容量或者说传输带宽，因此在高速率传输系统中，色散是主要考虑的不利因素。受色散限制的中继距离由式（4-27）确定。

（五）误码与抖动

误码性能和抖动性能是 SDH 光传输系统中两个重要的性能指标。

1. 误码性能参数

由于在 SDH 光传输系统中数据传输是以块的形式进行的，因而在高比特率通道的误码性能参数是用误块来进行说明的，这在 ITU-T 制定的 G.826 规范中已有充分体现。G.826 规范是以误块秒比（ESR）、严重误块比（SESR）及背景误块比（BBER）为参数来表示误码性能的。

2. 抖动性能

与前面介绍的系统抖动性能分析一样，ITU-T 根据抖动累积规律，对两类设备（数字段内传输设备和数字复接设备）就其容许的抖动范围提出了建议，具体技术指标为输入抖动容限、无输入抖动时的输出抖动容限和抖动转移特性等。

（六）路由选择

对于电力系统而言，最丰富的就是路由资源，无处不在的不同电压等级的输电线路、杆塔管道都是用来敷设光缆的极好资源。电力系统通信站一般都是变电站、供电局（电力局），且都建有通信机房。在两通信站间有多种电力线路可以敷设光缆时，一般应选择电压等级高的电力线路，因为电压等级越高安全性越好。

三、SDH 传送网

（一）SDH 传送网的功能结构

所谓传送网就是完成传送功能的手段，主要指逻辑功能意义上的网络，描述对象是信息传送的功能过程。而传输网的描述对象是信号在具体物理媒质传输的物理过程，并且传输主要是指由具体设备所形成的实际网络。在不引起误解的前提下，它们也都可以认为是全部逻辑网或实体网。

由于传送网实际上是一个巨大的复杂网络，为了使分析简单化，现规定一种网络模型，它具有规定的功能实体并具有分层（Layering）和分割（Partitioning）概念，这样也便于网络的建立、维护和管理。

传送网可从垂直方向分解为一个独立的层网络，即电路层、通道层和传输媒质层（又分为段层和物理层）。每一层网络为其相邻的高一层网络提供传送服务，同时又使用相邻的低一层网络所提供的传送服务。提供传送服务的层称为服务者（Server），使用传送服务的层称为客户（Client），因而相邻的层网络之间构成了客户/服务者关系。每一层网络在水平方向又可以按照该层内部结构分割为若干分离的部分，组成适于网络管理的基本骨架，因而分层和分割之间满足正交关系。

SDH 传送网分层模型如图 4-42 所示，自上而下依次为电路层网络、通道层网络和传输媒质层网络。

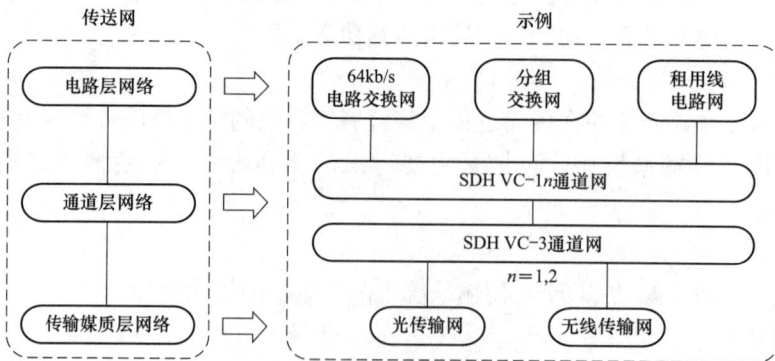

图 4-42　SDH 传送网的分层模型

传送网分层后，每一层网络仍然很复杂，地理上覆盖的范围很大。为了便于管理，在分层的基础上，将每一层网络在水平方向上按照该层内部的结构分割为若干个子网和链路连接。分割往往是从地理上将层网络再细分为国际网、国内网和地区网等，并独立地对每一部分进行管理。

链路是代表一对子网之间有固定拓扑关系的一种拓扑元件，用来描述不同的网络设备连接点间的联系，例如两个交叉连接设备之间的多个平行的光缆线路系统就构成了链路。

（二）自愈网

所谓自愈网就是无需人为干预，网络就能在极短的时间内从失效故障中自动恢复，使用户感觉不到网络已出了故障。其基本原理就是使网络具备发现替代传输路由并重新确立通信的能力。自愈网的概念只涉及重新确立通信，不管具体失效元部件的修复或更换，后者仍需人员干预才能完成。

系统采用线路保护倒换方式是最简单的自愈网形式。但是当光缆被切断时，往往是同一缆内的所有光纤（包括主用和备用）都被切断，在这种情况下上述保护方式就无能为力了。改善网络生存性的最好办法是将网络结点连成一个环形，形成所谓的自愈环（Selfhealing Ring）。环形网的结点可以是 ADM，也可以是 DXC，但通常由 ADM 构成。SDH 的特色之一便是能够利用 ADM 的分插复用能力构成自愈环。

自愈环结构可分为两大类：通道倒换环和复用段倒换环。通道倒换环的业务量保护是以通道为基础，是否倒换以离开环的每一个通道信号质量的优劣而定，通常利用通道 AIS 信号来决定是否应进行倒换。复用段倒换环属于路径保护，其业务量的保护以复用段为基础，以每对结点的复用段信号质量的优劣来决定是否倒换。通道倒换环与复用段倒换环的一个重要区别是前者往往使用专用保护，即正常情况下保护段也在传业务信号，保护时隙为整个环专用；而后者往往使用公用保护，即正常情况下保护段是空闲的，保护时隙由每对结点共享。

如果按照进入环的支路信号与由该支路信号分路结点返回的支路信号方向是否相同，又可以将自愈环分为单向环和双向环。正常情况下，单向环中所有业务信号按同一方向在环中传输；双向环中进入环的支路信号按一个方向传输，而由该支路信号分路结点返回的支路信号按相反的方向传输。

如果按照一对结点间所用光纤的最小数量还可以分为二纤环和四纤环。

1. 自愈环结构

下面以四个结点的环为例，介绍四种典型的自愈环结构。

（1）二纤单向通道倒换环。二纤单向通道倒换环如图 4-43 所示。通常单向环由两根光纤来实现，S_1 光纤用来携带业务信号，P_1 光纤用来携带保护信号。这种环采用"首端桥接，末端倒换"结构。例如，在结点 A 进入环传送给结点 C 的支路信号（AC）同时馈入 S_1 和 P_1 向两个不同方向传送到 C 点，其中 S_1 光纤按顺时针方向，P_1 光纤按逆时针方向，C 点的接收机同时收到两个方向传送来的支路信号，择优选择其中一路作为分路信号。正常情况下，如图 4-43（a）所示，S_1 传送的信号为主信号。同理，在 C 点进入环传送至结点 A 的支路信号（CA）按上述同样的方法传送到结点 A，S_1 光纤所携带的 CA 信号为主信号。

当 BC 结点间的光缆被切断时，故障情况如图 4-43（b）所示。两根光纤同时被切断，从 A 经 S_1 光纤到 C 的 AC 信号丢失，结点 C 的倒换开关由 S_1 转向 P_1，结点 C 接收经 P_1 光纤传送的 AC 信号，从而使 AC 间业务信号不会丢失，实现了保护作用。故障排除后，倒换开关返回原来的位置。

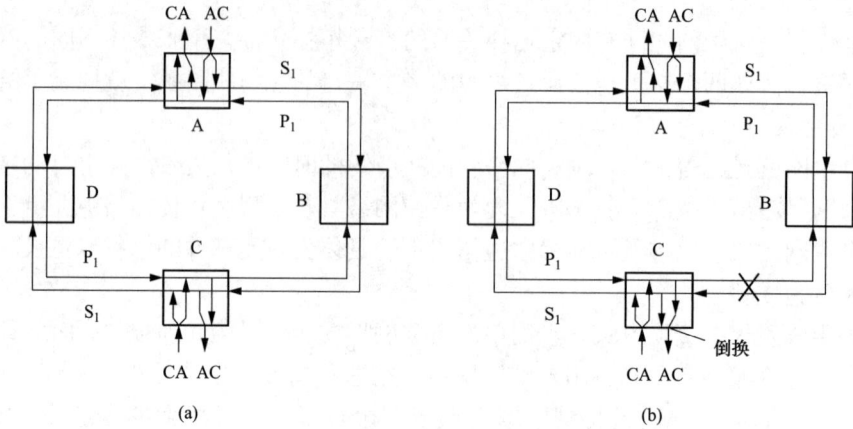

图 4-43　二纤单向通道倒换环
（a）正常情况；（b）故障情况

（2）二纤单向复用段倒换环。二纤单向复用段倒换环的结构如图 4-44 所示。这是一种路径保护方式。在这种环形结构中每一结点都有一个保护倒换开关。正常情况下，S_1 光纤传送业务信号，P_1 光纤是空闲的。当 BC 结点间光缆被切断，两根光纤同时被切断，与光缆切断点相邻的两个结点 B 和 C 的保护倒换开关将利用 APS（Automatic Protection Switching）协议执行环回功能。例如在 B 结点 S_1 光纤上的信号（AC）经倒换开关从 P_1 光纤返回，沿逆时针方向经 A 结点和 D 结点仍然可以到达 C 结点，并经 C 结点的倒换开关环回到 S_1 光纤后落地分路。故障排除后，倒换开关返回原来的位置。

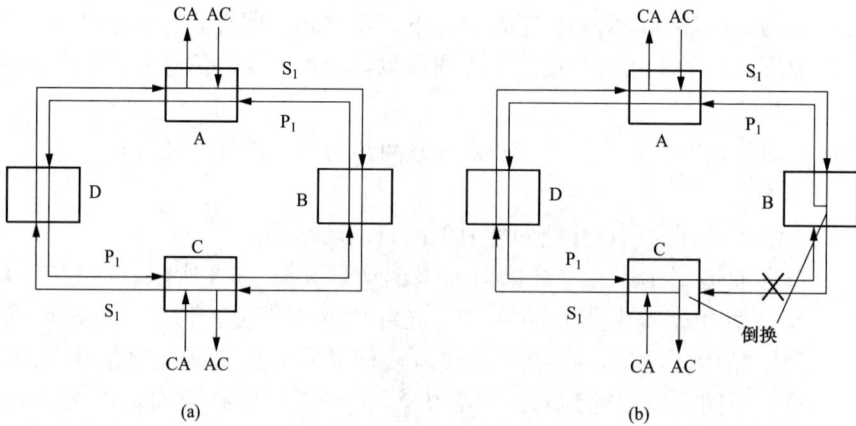

图 4-44　二纤单向复用段倒换环
（a）正常情况；（b）故障情况

（3）四纤双向复用段倒换环。通常双向环工作在复用段倒换方式，既可以是四纤又可以是二纤。四纤双向复用段倒换环的结构如图 4-45 所示，它由两根业务光纤 S_1 与 S_2（一发一收）和两根保护光纤 P_1 与 P_2（一发一收）构成，其中 S_1 光纤传送顺时针业务信号，S_2 光纤传送逆时针业务信号，P_1 与 P_2 分别是和 S_1 与 S_2 反方向传输的两根保护光纤。每根光纤上都有一个保护倒换开关。正常情况下，从 A 结点进入环传送至 C 结点的支路信号顺时针沿光纤 S_1 传输，而由 C 结点进入环传送至 A 结点的支路信号则逆时针沿光纤 S_2 传输，保护光纤 P_1 和 P_2 是空闲的。

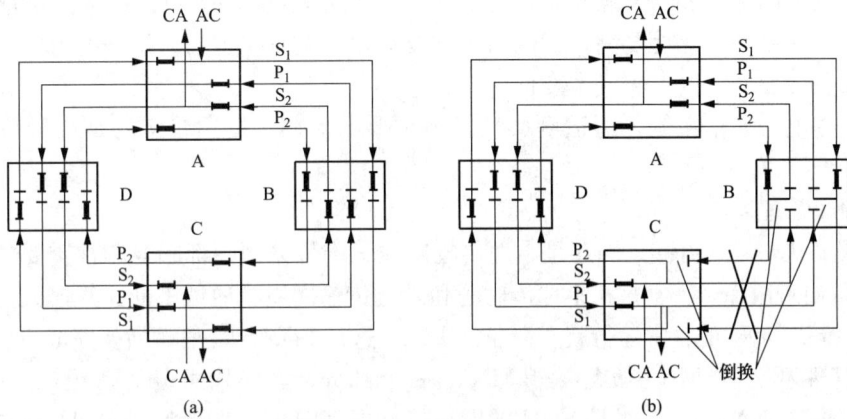

图 4-45　四纤双向复用段倒换环
（a）正常情况；（b）故障情况

（4）二纤双向复用段倒换环。在四纤双向复用段倒换环中，光纤 S_1 上的业务信号与光纤 P_2 上的保护信号的传输方向完全相同。如果利用时隙交换技术，可以使光纤 S_1 和光纤 P_2 上的信号都置于一根光纤（称 S_1/P_2 光纤）中，例如 S_1/P_2 光纤的一半时隙用于传送业务信号，另一半时隙留给保护信号。同样，光纤 S_2 和光纤 P_1 上的信号也可以置于一根光纤（称 S_2/P_1 光纤）上。这样 S_1/P_2 光纤上的保护信号时隙可以保护 S_2/P_1 光纤上的业务信号，S_2/P_1 光纤上的保护信号时隙可保护 S_1/P_2 光纤上的业务信号，于是四纤环可以简化为二纤环，如图 4-46 所示。

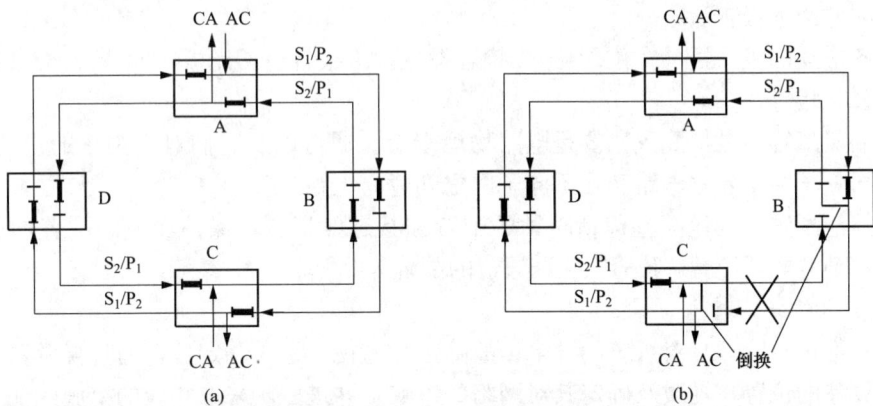

图 4-46　二纤双向复用段倒换环
（a）正常情况；（b）故障情况

当 BC 结点间光缆被切断，二根光纤也同时被切断，与切断点相邻的 B 和 C 结点中的倒换开关将 S_1/P_2 光纤与 S_2/P_1 光纤沟通，利用时隙交换技术，可以将 S_1/P_2 光纤和 S_2/P_1 光纤上的业务信号时隙转移到另一根光纤上的保护信号时隙，于是就完成了保护倒换作用。

前面介绍了四种自愈环结构，通常通道倒换环只工作在二纤单向方式，而复用段倒换环既可以工作在二纤方式，又可以工作在四纤方式，既可以单向又可以双向。

2．自愈网方案的选择及应用

自愈环种类的选择应考虑初建成本、要求恢复业务的比例、用于恢复业务所需要的额外容量、业务恢复的速度和易于操作维护等因素。在电力系统 SDH 通信网选择自愈网的方案时需考虑：①网络的可靠性要高；②网络规划要简单、配置要容易、维护要方便；③网络结构应适应业务发展的需要；④成本要低。

对于地方电力通信系统，通道倒换环是最主要的应用，使用较多的是二纤单向通道保护环。

四、SDH 管理网络

SDH 设备无论在光纤接入网还是本地传输网或骨干传输网中都起着非常重要的作用。如果 SDH 设备出现故障，特别是在本地传输网和骨干传输网造成通信中断，其损失是无法估计的。因此，维护 SDH 的正常运行就显得非常重要，这是 SDH 网络管理所要完成主要任务。

SDH 管理网络（SMN）实际是 TMN 的一个部分，其结构可分为三级：一级是 SDH 网络管理中心（SNMC），二级是 SDH 的网元管理层（SMCC），三级是 SDH 的网络监控处理器（NCP）。

SDH 管理网络（SMN）需完成对 SDH 设备的网络管理功能，应具有配置管理、故障（维护）管理、性能管理、系统管理和安全管理五大功能。

1．配置管理

配置管理功能主要对网络资源进行分配和报告，资源包括硬件和软件资源。配置管理的具体功能如下。

（1）子网配置管理。子网配置管理主要是网络单元的增加、删除、连接、类型设置和保护功能的设置。

（2）网元配置管理。网元配置管理包括网元属性、名称设置、地址设置和报告、状态报告、设备硬件版本报告。

（3）各单盘的拔、插（在位配置）、状态报告。该报告包括光板、E1 板、交叉板、电源时钟板、公务板等。

（4）端口配置。端口配置主要是电路物理端口、通道以及它们对应关系的设置和报告，还包括在同一子网中建立电路和在不同子网之间建立电路。

（5）其他配置。其他配置包括时钟的配置和状态的报告，保护倒换的配置即倒换的启动、释放，勤务电话配置，F 通道、D 通道的配置等。

2．故障（维护）管理

故障（维护）管理是对系统的异常、故障进行监视、记录和定位，通过异常数据判别网络和设备故障的位置、性质及确定其对网络的影响，并进一步采取相应的措施，能进行维护操作切换，维护管理除对 SDH 系统进行维护操作外，还对系统进行诊断测试。故障（维护）管理具体功能如下。

（1）故障的分类将故障分为事件、一般故障和严重故障，按故障源可分为传输故障、设备故障、外部事件、性能及软件告警。严重故障包括收无光、时钟信号消失、支信号消失、误码告警、电源告警，一般故障包括 AIS 告警、对端告警、盘不在位、保护切换、环境外部事件告警等。

（2）故障的监视包括故障的主动上报报告、请求所有故障报告、允许或禁止某些主动上报故障报告、所要求的故障报告的许可和禁止状态的报告。

（3）故障记录包括故障记录数据的存储媒体、故障记录的数据格式、故障记录参数、故障类别、严重程度、故障时间、故障记录的读取方式、故障记录的存储时长等。

（4）故障诊断对告警进行分析，对故障进行定位到硬件和软件，硬件定位到线路、单盘、芯片、环境、电源，并对故障进行诊断，以帮助维护人员迅速准确地排除故障，以及进行告警的过滤、查询等。

（5）维护操作包括复位、倒换、强制插入告警信号、强制插入误码、近端环回或远端环回测试、光信号传输衰弱的测试等。

维护操作用得最多的是环回和复位。维护操作还有插入告警、插入误码、S口通信诊断、激光器关断等。

3. 性能管理

性能管理是对系统运行性能好坏的评估，评估系统的性能好坏的主要参数有平均无故障率、系统严重误码秒、系统平均不可用时间等。

（1）性能数据采集包括严重误码秒数据采集、严重故障次数和时长、系统不可用时间、性能门限值的越限报告次数等；具体采集光电物理参数，再生段、复用段、低阶通道、高阶通道性能，不可用（故障）时抑制性能计数器计数。

（2）性能数据报告包括请求时可以报告性能数据，可周期性执行数据采集（周期时间可以设置），指定端口的性能参数的收集，性能参数门限突破时能自动上报数据。

（3）性能参数分析根据收集系统性能参数，能够对系统运行的状态进行评估，能够对系统运行的趋势进行分析以及预测未来失效或性能劣势的条件。

4. 系统管理

系统管理是对 SDH 系统的硬件和软件的管理，包括系统接口管理，硬件、软件版本的管理，系统时间管理等。

5. 安全管理

安全管理是为了保证 SDH 系统正常运行和方便维护而设定一项安全管理措施，它主要有系统登录管理、用户操作管理、口令管理和命令记录管理。

五、SDH 同步网

（一）SDH 同步网

SDH 同步网是 SDH 传输网的一个支撑网，其作用是实现传输网的网同步。

SDH 系统同步网的主要任务为：

（1）使来自上游交换局的数字信号帧与本局帧建立并保持帧同步。

（2）同步各交换局的钟频，以减小各交换局之间因频差所引起的滑动。

（3）将相位漂移转化为滑动。

网同步方式大致有四种：主从同步方式、互同步方式、准同步方式、其他方式（混合方式或分布方式）。

我国采用的 SDH 系统组网同步方案，是主从同步方式＋准同步方式的混合方式。主从同步方式使用一系列分级时钟，每一级都与上一级时钟同步，最高一级称基准主时钟（PRG），通过同步分配网，分配给下面各级时钟（从时钟）。中国电信同步网设立了四个区域时钟基准源，分别在北京、武汉、上海和广州。每个区域的网同步方式均采用三个等级的主从同步法。

（二）中国电力通信同步网

中国电力通信同步网，在参照中国电信同步网的情况下，主要考虑中国电力系统电网的分层调度、控制的实际情况，以统一网络架构、统一节点布局、统一同步定时链路组织原则，组织开展骨干频率同步网优化调整。国家电网全网按省划分27个同步区，采用混合同步方式的组网技术，每个同步区至少设置两个基准时钟，既是骨干频率同步网的组成部分，也是省内频率同步网的组成部分。在组网节点时钟设备方面，基准主时钟 PRC 主要采用了高性能的铯钟和 GPS、北斗双模授时技术，区域基准主时钟 LPR 主要采用了高性能的铷钟和 GPS、北斗双模授时技术，大楼综合定时供给设备 BITS 主要采用了铷钟或高稳晶体钟以及 DDS 智能全数字锁相环技术。同步网定时传送方式主要采用 SDH/MSTP 传输技术，且承载传输系统的光缆线路中架空光缆占 95％以上。

六、多业务传送平台 MSTP

随着 IP 业务的爆炸式增长，通信业务已经开始由话音服务向数据方向倾斜。为了满足 SDH 网同时支持分组数据传输的要求，POS（Packet Over SDH）、虚级联（VCAT）、通用成帧规程（GFP）、链路容量调整机制（LCAS）等一系列技术概念和解决方法脱颖而出，推动了 SDH 向数据化多业务传送平台（MSTP）方向发展。

（一）MSTP 概念

基于 SDH 的 MSTP（多业务传送平台）是指，基于 SDH 平台，同时实现 TDM、ATM、以太网等业务的接入、处理和传送，提供统一网管的多业务平台。可以说，MSTP 是将传统的 SDH 复用器、数字交叉连接器（DXC）、WDM 终端、网络二层交换机和 IP 边缘路由器等多个独立的设备集成在一起的传输设备。

MSTP 的功能模型如图 4-47 所示。

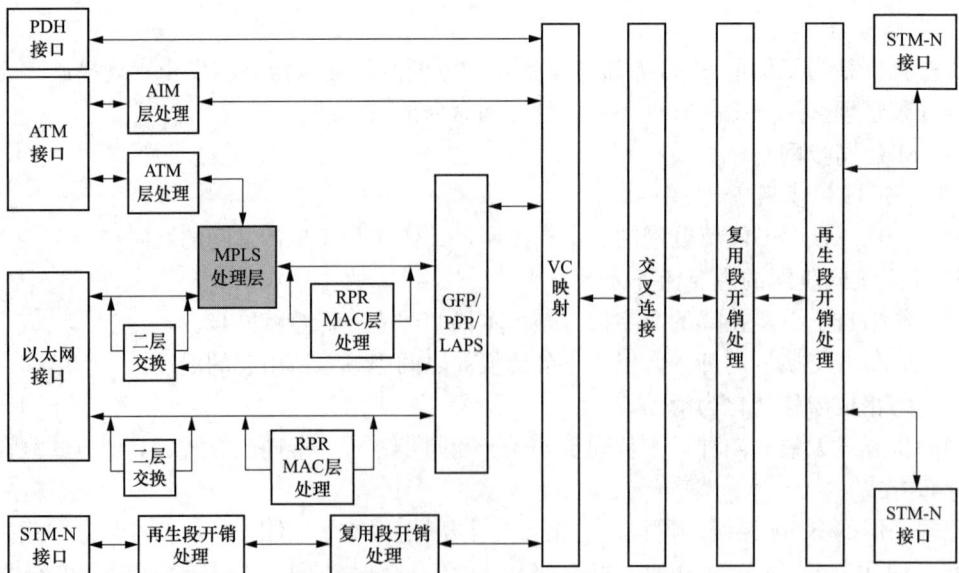

图 4-47　MSTP 的功能模型

MSTP 技术的发展至今经历了三个阶段：

第一代 MSTP 的特点是提供以太网点到点透传。它是将以太网信号直接映射到 SDH 的虚容器（VC）中进行点到点传送。在提供以太网透传租线业务时，由于业务粒度受限于 VC，一般最小为 2Mb/s，因此，第一代 MSTP 还不能提供不同以太网业务的 QoS 区分、流量控制、多个以太网业务流的统计复用和带宽共享以及以太网业务层的保护等功能。

第二代 MSTP 的特点是支持以太网二层交换。它是在一个或多个用户以太网接口与一个或多个独立的基于 SDH 虚容器的点对点链路之间实现基于以太网链路层的数据帧交换。相对于第一代 MSTP，第二代 MSTP 做了许多改进。但是，与以太网业务需求相比，第二代 MSTP 仍然存在着许多不足，比如不能提供良好的 QoS 支持，业务带宽粒度仍然受限于 VC，基于 STP 的业务层保护时间太慢，VLAN 功能也不适合大型城域公网应用，还不能实现环上不同位置节点的公平接入，基于 802.3x 的流量控制只是针对点到点链路。

第三代 MSTP 的特点是支持以太网 QoS。在第三代 MSTP 中，引入了中间的智能适配层、通用成帧规程（GFP）高速封装协议、虚级联和链路容量调整机制（LCAS）等多项全新技术。因此，第三代 MSTP 可支持 QoS、多点到多点的连接、用户隔离和带宽共享等功能，能够实现业务等级协定（SLA）增强、阻塞控制以及公平接入等。此外，第三代 MSTP 还具有相当强的可扩展性。可以说，第三代 MSTP 为以太网业务发展提供了全面的支持。

（二）MSTP 技术应用

MSTP 技术具有灵活可靠、容量大和易于扩展、支持多协议和多业务、有灵活的电路调度和业务管理能力等诸多优点，运用该技术能使运营商在保护既往投资的同时，又能灵活、快速地进行网络扩容和开展新业务，进而降低运营成本。电力系统对通信业务种类（如继电保护、安稳系统、远动信息、电力系统信息化）和带宽需求在进一步增加，电力通信业务正在由以话音通信为主逐步向以数据通信为主转变。数据通信的业务量已超过总带宽需求的 80%，对电力系统通信的可靠性也提出了更高的要求。MSTP 技术兼容原有 SDH 自愈环保护功能，同时有多种形式的接口，因此 MSTP 技术在电力系统得到了广泛应用。

MSTP 设备可以根据不同的业务需求为电力生产系统提供不同的业务应用。

1. TDM 专线业务

为电力生产提供传统的 E1 接入业务，如 PCM 设备、遥视设备、变电站安全稳定装置等，MSTP 设备很容易将固定比特率的业务适配到固定容量的通道中，并且通信质量有非常可靠的保证。因此，这种业务用于传送电力系统生产经营中的一些要求实时性非常高的关键业务，如 PCM 设备、变电站安全稳定装置、继电保护信号等。

2. 点对点的以太网透传业务

点对点的以太网透传业务可以提供高可靠性的以太网专线业务，通过 MSTP 设备的接口板实现以太网点对点透传功能（即不提供二/三层交换功能）。此时，各专线业务独占预先分配的带宽，相当于电路的专线互联系统，各以太网接口的传送通道物理隔离，带宽也可以得到保证，从物理上隔绝了外界侵袭的可能，能够提供绝对的安全性。这种方式较适合于安全性、实时性要求很高的场所，如传送基于 IP 的 SCADA 数据。

3. 点对多点的以太网汇聚业务

由于数据业务多呈星形分布，因此需要实现多个节点到中心节点的以太网业务的汇聚。这种业务通过 MSTP 设备接口板的交换功能，可以协助电力企业构建专网系统，如通信电源监控系统、电能计量遥测系统。

4. 多点到多点的以太网交换业务

在多个节点之间实现以太网业务的互联的方式适用于构建集团用户内部的数据专用网、企业局域网等。该业务不仅要求 MSTP 设备的接口板支持交换功能，还要具有环路控制功能。此时，环路上各业务端口共享环路带宽，因此系统带宽利用率较高，比较适用于实时性要求较低的场所，如办公自动化、生产 MIS、供电营销、财务自动化等。

第七节　光放大器及光波分复用技术

20 世纪 80 年代末期，波长为 $1.55\mu m$ 的掺铒（Er）光纤放大器（Erbium Doped Fiber Amplifier，EDFA）研制成功并投入使用，把光纤通信技术水平推向了一个新高度，成为光纤通信发展史上一个重要的里程碑。

20 世纪 90 年代密集波分复用（DWDM）技术兴起并迅速发展，广泛应用到通信网中，引发了光通信系统和网络的重大变革。WDM 技术以较低的成本、较简单的结构形式成数十倍、数百倍地扩大单根光纤的传输容量，使其成为光网络中的主导技术。WDM＋EDEA 也被称为 20 世纪 90 年代中新一代光纤通信系统。

下面主要介绍已经实用化的光放大器及光波分复用技术。

光放大器有半导体光放大器和光纤放大器两种类型。半导体光放大器的优点是小型化，容易与其他半导体器件集成；缺点是性能与光偏振方向有关，器件与光纤的耦合损耗大。光纤放大器根据放大机制不同，分为掺铒光纤放大器 EDEA 和拉曼光纤放大器（Raman Fiber Amplifier，RFA），其性能与光偏振方向无关，器件与光纤的耦合损耗很小，因而得到广泛应用。

一、掺铒光纤放大器

（一）EDFA 工作原理

光信号为什么会放大？在掺铒光纤（EDF）中铒离子（Er^{3+}）有三个能级，其中能级 1（$4I_{15/2}$）代表基态，能量最低；能级 2（$4I_{13/2}$）是亚稳态，处于中间能级；能级 3（$4I_{11/2}$）代表激发态，能量最高。当 980nm 波长或 1480nm 波长泵浦（Pump，抽运）光的光子能量等于能级 3 和能级 1 的能量差时，Er^{3+} 吸收泵浦光从基态跃迁到激发态（1→3），但激发态是不稳定的，Er^{3+} 很快返回到能级 2。如果输入的信号光的光子能量等于能级 2 和能级 1 的能量差，则处于能级 2 的 Er^{3+} 将跃迁到基态（2→1），产生受激辐射光，因而信号光得到放大。

如图 4-48 所示，由此可见，这种放大是由于泵浦光的能量转换为信号光的结果。为提高放大器增益，应提高对泵浦光的吸收，使基态 Er^{3+} 尽可能跃迁到激发态。

（二）EDFA 的结构

EDFA 的结构由于采用的泵浦方式不同可分为三种，如图 4-49 所示。图中光隔离器的作用是提高 EDFA 的工作稳定性，如果没有它，后向反射光将进入信号源（激光器）中，引起信号源的剧烈波动。波分复用器件（WDM）把不同波长的泵浦光和信号光融入掺铒光纤 EDF 中。光滤波器的作用是从泵浦光和信号光的混合光中滤出信号光。在前向泵浦结构中，泵浦光和信号光同向注入 EDFA 的输入端；在反向泵浦结构中，泵浦光和信号光相向注入 EDFA 的两端；而在双向泵浦结构中，两束泵浦光同时从 EDF 的两端注入。

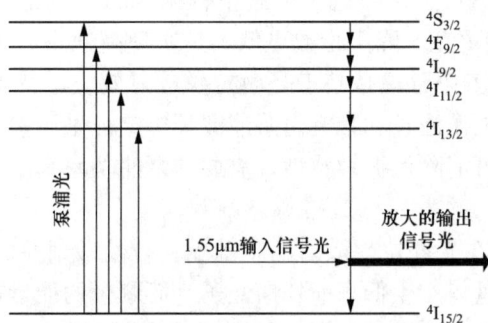

图 4-48　Er^{3+} 与泵浦光、信号光作用机理

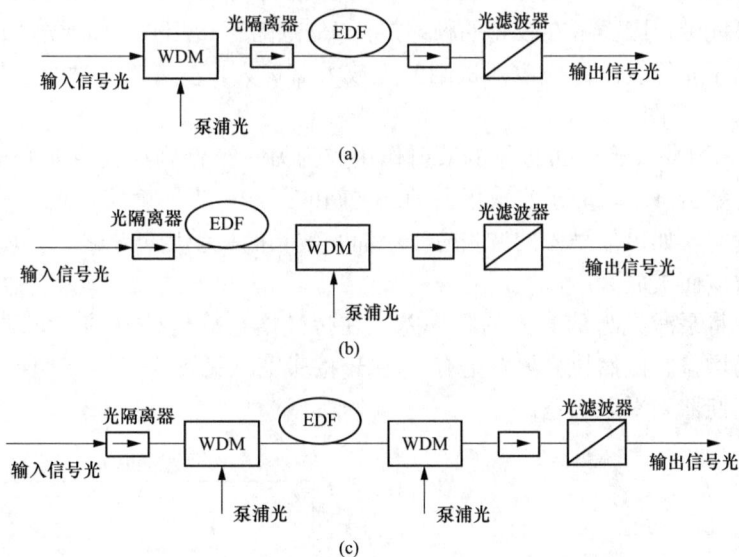

图 4-49　EDFA 的三种结构
（a）前向泵浦结构；（b）后向泵浦结构；（c）双向泵浦结构

（三）掺铒光纤放大器的优点

EDFA 的主要优点有：

（1）工作波长正好落在光纤通信最佳波段（1500～1600nm），其主体是一段掺铒光纤（EDF），与传输光纤的耦合损耗很小，可达 0.1dB。

（2）增益高，为 30～40dB；饱和输出光功率大，为 10～15dBm；增益特性与光偏振状态无关。

（3）噪声指数小，一般为 4～7dB；用于多信道传输时，隔离度大，无串扰，适用于波分复用。

（4）频带宽，在 1550nm 窗口，频带宽度为 20～40nm，可进行多信道传输，有利于增加传输容量。

EDFA 在各种光纤通信系统中得到广泛应用，并取得了良好效果。

二、拉曼光纤放大器

拉曼光纤放大器（RFA）是光纤通信发展里程碑 EDFA 之后又一重要的光纤放大器。这是因为 RFA 的放大范围更宽、噪声指数更低，是实现高速率、大容量、长距离光纤传输的关键器件之一。RFA 的工作原理是基于受激拉曼散射效应，特点是分布式光放大，噪声低，适合超长传输系统，工作波长和带宽由泵浦波长决定；采用多波长泵浦可实现宽带光放大器；采用偏振复用泵浦可消除偏振敏感性；需要的泵浦功率高。

（一）RFA 工作原理

RFA 的工作原理建立在光纤拉曼散射的基础上。拉曼散射是指入射泵浦光子通过光纤的非线性散射转移部分能量，产生低频斯托斯光子，而剩余的能量被介质以分子振动（光学声子）的形式吸收，完成振动态之间的跃迁。斯托克斯频移 $V_R = V_p - V_s$（这里 V_p 是泵浦光的频率，V_s 是信号光的频率）由分子振动能级决定，其值决定了受激拉曼散射（Stimulated Raman Scattering，SRS）的频率范围。对非晶态石英光纤，其分子振动能级集合在一起，形成了一条能带，因而可在较宽的频差 $V_p - V_s$ 范围（40THz）内通过 SRS 实现信号光的放大，这种基于光纤受激拉曼散射机制的光放大器称为拉曼光纤放大器。图 4-50 所示为 RFA 的放大原理示意图。

这里泵浦光子 1480nm 经过分子的散射作用成为另一个低频斯托克斯光子 1580nm，同时其剩余能量转移给声子，分子完成了振动态之间的跃迁。当一束信号光和一个强泵浦光在光纤中同时传输时，如果信号光的波长位于泵浦光波长的拉曼增益谱之内，就会由于光纤中受激拉曼散射效应而被放大。

一般应用中将泵浦光与信号光的频率差定在拉曼增益峰值处（约 13.2THz，100nm），以获得最大拉曼增益。虽然拉曼增益谱有 40THz 的带宽（见图 4-51），但不十分平坦，一般需要加上增益均衡器来平坦增益。

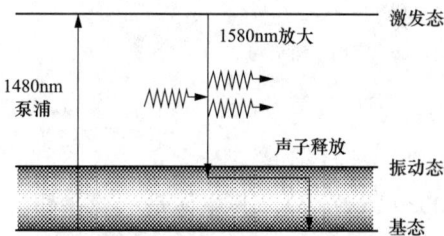

图 4-50　RFA 的放大原理示意图

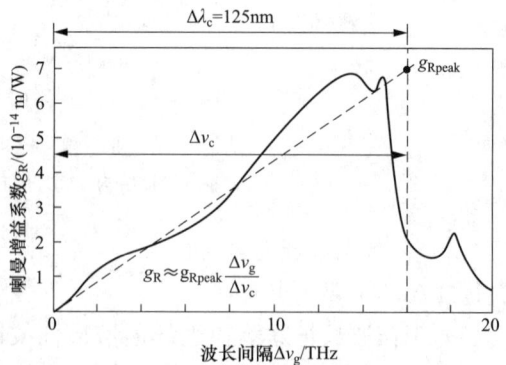

图 4-51　拉曼增益频谱

（二）RFA 的应用

拉曼放大器有分布式和分立式两种类型。分立式放大器是将拉曼放大器与传输线路分开，做成独立元件。由于分立式拉曼放大器的增益和 EDFA 相比有一定的差距，并且需要较长的光纤（几千米左右），因此主要用于放大一些 EDFA 不能放大的特殊波长。分布式拉曼放大器是以传输光纤作为增益介质的放大器。拉曼放大器应用于宽带放大主要有两种：一是拉曼放大器独立使用，采用多波长泵浦，形成宽带放大；二是拉曼放大器和 EDFA 构成混合放大器，再加上增益均衡器平坦增益以获得高增益的宽带放大。（扫第四章二维码了解 FDFA＋RFA 混合放大器）

三、光波分复用技术

在光纤通信系统中，出现的复用技术有光波分复用（OWDM）、光时分复用（OTDM）、光频分复用（OFDM）、光码分复用（OCDM）以及副载波复用（SCM）技术。

（一）光波分复用、密集波分复用及光频分复用

光纤的带宽很宽。光波分复用（Wavelength Division Multiplexing，WDM）技术是指不同波长的多个独立光信号复用在一起，在同一光纤中同时传输的一项技术。此项技术称为光波长分割复用，简称光波分复用技术。

WDM 的工作原理如图 4-52 所示。在发送端将不同波长的光信号组合起来（复用），耦合到光缆线路上的同一根光纤中进行传输；在接收端将组合波长的光信号分开（解复用），并作进一步处理，恢复出原信号后送入不同的终端。

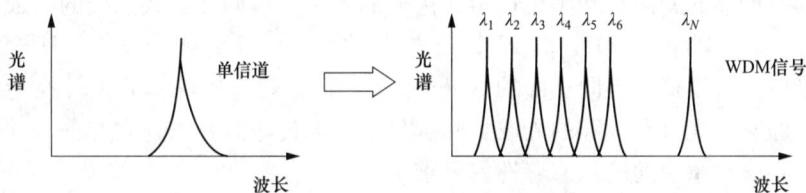

图 4-52　WDM 的原理示意图

波分复用技术有波分复用（WDM）、密集波分复用（DWDM）、光频分复用（OFDM）等不同的提法，实际上，WDM、DWDM、OFDM 本质上都是光波长分割复用（或光频率分割复用），所不同的是复用信道波长间隔不同。人们把在同一窗口中信道间隔较小的波分复用称为密集波分复用（Dense Wavelength Division Multiplexing，DWDM），光信道十分密集的称为光频分复用（OFDM），习惯采用 WDM 和 DWDM 来区分是由 1310/1550nm 简单复用（双波长复用）还是在 1550nm 波长区段内的复用。由于目前一些光器件与技术还不十分成熟，因此要实现光频分复用还较为困难。1310/1550nm 的复用由于超出了掺铒光纤放大器（EDFA）的范围，只用在一些专门场合，在这种情况下，目前在电信网及电力通信网中应用时都采用 DWDM 技术。

目前 DWDM 都是工作在 1550nm 波长区段内。其中 1530～1565nm 一般称为 C 波段，这是目前系统所用的波段，若能消除光纤损耗谱中的尖峰，则可在 1280～1620nm 波段内充分利用光纤的低损耗特性（称为全波光纤），使波分复用系统的可用波长范围达到 340nm 左右，从而大大提高传输容量。

DWDM 采用 C 波段的 8、16 或更多个波长，在一对光纤上（也可采用单光纤）构成光通信系统，其中每个波长之间的间隔为 1.6nm、0.8nm 或更低，分别对应约 200GHz、100GHz 或更窄的带宽。目前一般系统应用时所采用的信道波长是等间隔的，即 $k \times 0.8$nm，

k 取正整数。人们正在研究与开发的波段是 L 波段（1570～1620nm）和 S 波段（1400nm）的 DWDM 系统。DWDM 技术对网络的扩容升级、发展宽带业务、充分挖掘光纤带宽潜力、实现超高速通信等具有十分重要的意义。DWDM 的主要优点为：

（1）充分利用光纤的低损耗波段，大大增加光纤的传输容量，降低成本。

（2）对各信道传输的信号的速率、格式具有透明性，有利于数字信号和模拟信号的兼容。

（3）节省光纤和光中继器，便于对已建成的系统进行扩容。

（4）可提供波长选路，使建立透明、灵活、具有高度生存性的 WDM 光通信网成为可能。

（二）波分复用系统的构成

波分复用（WDM）系统可以分为单向传输方式和双向传输方式，从它对外的光接口来看，又可分为集成式 WDM 系统和开放式 WDM 系统。单向传输的集成式系统的结构：N 个光发射机分别发射 N 个不同波长，经过光波分复用器合到一起，耦合进单根光纤中传输。若传输距离很长，中间可以每经过 80km（或 120km）后加一个线路光放大器（OA）将多波长信号同时放大。到接收端，经过具有光波长选择功能的解复用器，将不同波长的光信号分开，送到 N 个光接收机接收。集成式系统：接入合波器的 SDH 终端具有满足 G. 692 的光接口，即具有标准的光波长和满足长距离传输的光源。单向开放式系统的组成：在波分复用器前加有波长转换器（OTU），将 SDH 非规范的波长转换为标准波长。开放是指具有开放的对外光接口，可以接入不同厂商的 SDH 系统，将非规范的输入波长转换为符合 G. 692 的标准接口，即输出光具有标准的光波长和满足长距离传输的光谱，它对输入端的信号波长没有特殊要求，满足系统的波长兼容性的要求。

实际 WDM 系统主要由光发射机、光中继放大、光接收机、光监控信道和网络管理系统五部分组成，如图 4-53 所示。

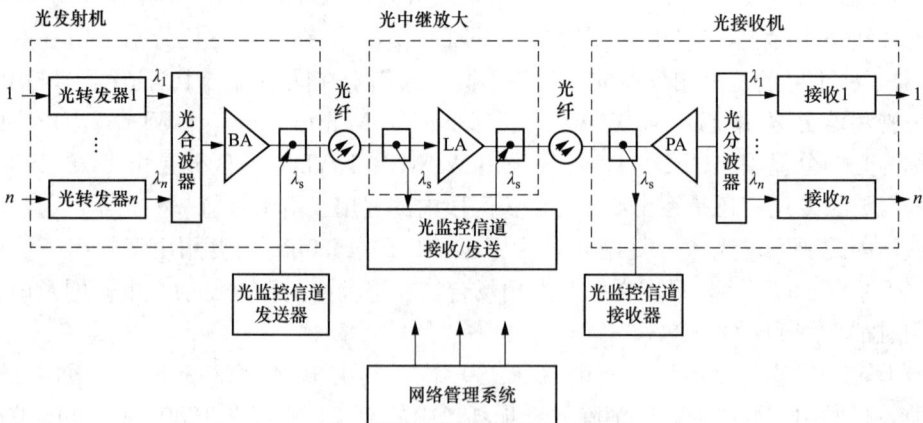

图 4-53　DWDM 系统结构图

（三）WDM 系统的标称波长

在 WDM 系统中，光波长的稳定性是一个重要的问题，ITU-T 建议 193.1THz（即 1552.52nm）值作为 WDM 的参考频率，从而为 WDM 光信号提供较高的频率精度和频率稳定度。WDM 的通道间隔是指相邻通路间的标称频率差。目前的规范和大多数的应用多采用均匀通道间隔。对通道间隔均匀的系统，ITU-T 规定标准的波长间隔为 0.8nm（在 $155\mu m$ 波段对应 100GHz 频率间隔）的整数倍，如 0.8nm、1.6nm，2.4nm、3.6nm 等。对于超密集的 WDM 系统，采用 0.4nm 的波长间隔。

中心频率偏移定义为标称中心频率与实际中心频率之差。对于 DWDM，解复用器带宽有限，为避免由于环境温度、湿度的变化和器件的老化引起光波长偏离出解复用器的通带范围，光信道中心频率的偏移必须严格限制。我国国标规定，对于 32 通道和 16 通道 WDM 系统，在寿命终了时，最大中心频率偏移为 $\pm 20GHz$（约为 0.16nm）。

（四）波分复用系统的管理技术

有效的管理技术是 WDM 系统正常、经济、可靠和安全地运行的重要保证。它的存在可以减少系统发生故障的概率，减少故障修复时间，增强网络的生存性和强壮性，降低运行、维护和管理成本。

具有线路放大器的 WDM 系统需要附加光监控信道（OSC），对光层进行监控和管理。光监控信道的位置一般在 EDFA 的有用增益带宽外（称为带外 OSC），根据我国国标的规定，光监控信道应满足以下条件：

（1）监控通路不限制光放大器的泵浦波长。

（2）监控通路不应限制两线路放大器之间的距离。

（3）监控通路不能限制未来在 1310nm 波长的业务。

（4）线路放大器失效时监控通路仍然可用。

（5）OSC 传输应该是分段的且具有 3R 功能和双向传输功能，在每个光放大器中继站上，信息能被正确接收下来，而且还可附加上新的监控信号。

（6）只考虑在两根光纤上传输的双向系统，允许 OSC 在双方向传输，一旦一根光纤被切断，监控信息仍然能被线路终端接收到。

在目前的 DWDM 系统中，监控信道使用的波长为（1510±10）nm，速率为 2Mb/s，采用伪双极性 CMI 码型。

第八节　光传送网与分组传送网技术

一、光传送网 OTN 技术

近年来，通信网络所承载的业务发生了巨大的变化，宽带数据业务正在蓬勃发展。随着业务需求的提高，大颗粒宽带业务传送需求已经呈现，需要一种高效、可扩展、可靠的传送网解决方案。MSTP/SDH 技术偏重业务的电层处理，具有良好的调度、管理和保护能力，OAM 功能完善。但是，MSTP/SDH 技术以 VC4 为主要交叉颗粒，采用单通道线路，其交叉颗粒和容量增长对于大颗粒、高速率、以分组业务为主的承载显得力不从心。WDM 技术以业务的光层处理为主，多波长通道的传输特性决定了它具有提供大容量传输的天然优势。但是，WDM 网络主要采用点对点的应用方式，缺乏灵活的业务调度手段。作为下一代传送网发展方向之一的 OTN（Optical Transport Network）技术，将 SDH 的可运营和可管理能力应用到 WDM 系统中，同时具备了 SDH 和 WDM 的优势，更大程度地满足多业务、大容量、高可靠、高质量的传送需求。

（一）OTN 概况

1. OTN 定义及体系结构

OTN 光传送网，其定义是由一系列光网元经光纤链路互连而成，能按照 G.872 要求提供有关客户层的传送、复用、选路、管理、监控和生存性功能的传送网络。

OTN 概念和整体技术架构是在 1998 年由 ITU.T 正式提出的，在 2000 年之前，OTN 的标准化基本采用了与 SDH 相同的思路。以 G.872 光网络分层结构为基础，分别从网络节点接口（G.709）、物理层接口（G.959.1）、网络抖动性能（G.8251）等方面定义了 OTN。此后，OTN 作为继 PDH、SDH 之后的新一代数字光传送技术体制，目前已形成一系列框架性标准。

G.872：定义了光传送网的网络架构。

G.709：定义了 OTN 帧结构、各个层网络的开销功能，及 OTN 的映射、复用、虚级联，其地位类似于 SDH 体制的 G.707。

G.798：定义了 OTN 的原子功能模块、各个层网络的功能，包括客户/服务层的适配功能、层网络的终结功能、连接功能等，其地位类似于 SDH 体制的 G.783。

G.7710：通用设备管理功能需求，适用于 SDH、OTN。

G.874：OTN 网络管理信息模型和功能需求。

G.7710：描述 OTN 特有的五大管理功能（FCAPS）。

G.808.1：通用保护倒换，适用于 SDH、OTN。

G.873.1：定义了 OTN 线性（linear）ODUk 保护。

G.873.2：定义了 OTN 网共享保护环 ODUk 的保护。

G.8251：OTN 内的信号抖动和漂移控制。

G.8201：定义了 OTN 误码性能。

G.959.1：OTN 物理层接口。

G.664：OTN 系统的光安全措施和要求。

2. OTN 的特点

OTN 的主要优点集中了 SDH 与 WDM 两者的技术优势，不仅具有 WDM 传输容量巨大的优点，而且还具有 SDH 可操作、可管理的能力。具体表现在以下六个方面。

（1）大容量调度能力。OTN 的基本处理对象是光波长，可进行大颗粒的调度处理（最小颗粒为 2.5Gb/s），可提供 Tb/s 级的带宽容量。

（2）强大的运行、维护、管理和指配能力。OTN 定义了一整套用于运行、维护、管理和指配的开销，利用这些开销可以对光网络进行全面精细的检测与管理，为用户提供一个可操作、可管理的光网络。

（3）完善的保护机制。OTN 具有与 SDH 类似的一整套保护倒换机制，可为业务提供可靠的保护，大大增强了网络的安全性与健壮性，使网络具有很强的生存能力。

（4）利用数字包封技术承载各种类型业务。OTN 利用数字包封技术承载各种类型的用户业务信号，实现在固定速率光通路中传送不同速率的用户信号。

（5）多级串联连接监控能力。相对于 SDH 提供一级监控，OTN 可提供多达六级的串联连接监控，并支持虚级联与嵌套的连接监测，可适应多运营商、多设备商、多子网的工作环境。

（6）FEC 功能。利用 FEC 可获得 5～6dB 的增益，降低了光信噪比要求，增加了系统的传输距离。

（二）OTN 的分层结构

ITU-T G.872 定义的 OTN 分层结构，如图 4-54 所示。

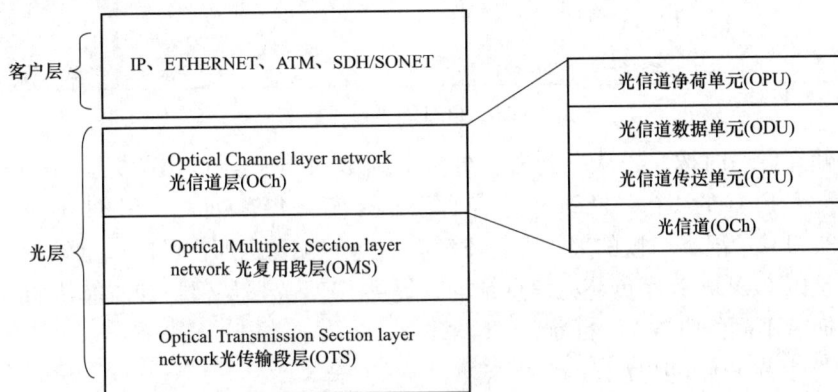

图 4-54 OTN 分层结构

整个光层可细分为：光信道层（OCh）、光复用段层（OMS）、光传输段层（OTS）。光信道层又分为三个电域子层：光信道净荷单元（OPU）、光信道数据单元（ODU）、光信道传送单元（OTU）。

OTN 可分为通道层和段层：OCh 为光信道层，OMSn 为光复用段层，OTSn 为光传输层。其中，n 代表波长上支持最低比特率时所能支持的最大波长数目。在 OTN 层结构中，OCh 为整个 OTN 网络的核心，是 OTN 的主要功能载体。

OCh 由 3 个电域子层单元和 1 个模拟单元组成。模拟单元就是光信道物理信号，3 个电域子层单元包括 OTUk 光传输单元、ODUk 光数据单元、OPUk 光净荷单元。其中 k 用来表示支持的比特速率和 OTUk、ODUk 及 OPUk 的不同版本。$k=1$ 表示比特率约为 2.5Gb/s，$k=2$ 表示比特率约为 10Gb/s，$k=3$ 表示比特率约为 40Gb/s，$k=4$ 表示比特率约为 100Gb/s。

完整的 OTN 技术体制包含电层和光层。在电层，OTN 借鉴了 SDH 的映射、复用、交叉、嵌入式开销等概念；在光层，OTN 借鉴了传统 WDM 的技术体系并有所发展。

（三）OTN 的电层结构

OTN 电层信息结构有光信道净荷单元 OPUk、光信道数据单元 ODUk、光信道传送单元 OTUk。OTN 的帧结构相比于 SDH 帧结构更为简单，同时开销更少。

1. OTUk 的帧结构

如图 4-55 所示，OTUk 帧共 4 行 4080 列，以字节为单位，总共有 $4 \times 4080 = 16320$Bytes。完整的 OTUk 帧由定帧字节（FAS）、OTUk 开销字节、ODUk 开销字节、OPUk 开销字节、客户信号映射 OPUk 净符字节和 OTUk 的用作前向纠错（FEC）开销字节组成。

图 4-55　OTUk 的帧结构

OTUk 帧在发送时按照先从左到右、再从上到下的顺序逐个字节发送，不随客户信号速率而变化。无 FEC 的 4 行×3824 列；有 FEC 的 4 行×4080 列，与 SDH 不同，不同速率（k＝1、2、3、4）情况下，帧的大小保持不变，但每一帧传送所需的时间（帧频）不同。

OTUk 是以 ODUk 为净负荷的信息结构，提供 FEC 光段层保护和监控功能。

OTUk 拥有不同的阶数 k，目前 k＝1，2，3，4。

2. 光信道净荷单元 OPUk

光信道净荷单元（OPUk）是直接承载用户业务信号，具有一定帧结构的最基础信息结构。阶数 k 代表承载不同速率的用户业务信号，k＝0，1，2，3，4 分别代表承载速率为 1.25Gb/s、2.5Gb/s、10Gb/s、40Gb/s、100Gb/s 的用户信号。X 个 OPUk 可以构成 OPUk-Xv，以适应不同的应用需求，具有可实现客户信号映射到一个固定的帧结构（数字包封）的功能，包括但不限于 STM-N、IP 分组、ATM 信元、以太网帧。

（1）OPUk 帧结构。OPUk 拥有不同的阶数 k，但无论 k 为多少，OPUk 都有相同的帧结构。帧结构如图 4-56 所示。

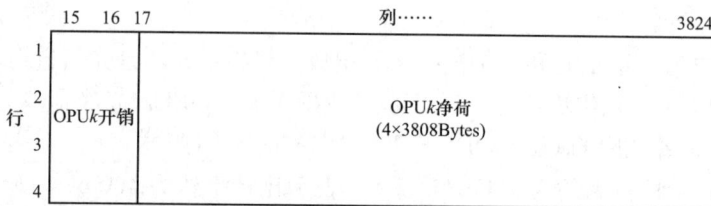

图 4-56　OPUk 帧结构

OPUk 的帧结构为 4×3810 列。OPUk 的净负荷为 4×3808Bytes，它承载着用户信息；OPUk 的开销为 4×2Bytes，用于标示净负荷类型、用户业务信息的映射方式、OPUk 的虚级联信息等。

（2）OPUk 容量。OPUk 容量见表 4-1。

表 4-1　　　　　　　　　　　　　　　OPUk 容量

OPUk 类型	净负荷速率/(Mb/s)	周期/μs	容差
OPU0 OPU1	1238.954 2488.320	98.35 48.971	$\pm20\times10^{-6}$ OPU2e$\pm100\times10^{-6}$
OPU2 OPU2e	238/237×9953.28＝9995.277 10356.012	12.191	
OPU3 OPU4	238/236×39813.12＝40150.519 104355.975	3.035	

续表

OPUk 类型	净负荷速率/(Mb/s)	周期/μs	容差
OPUfl（CBR） OPUfle（GFP）			
OPU1-Xv	$X \times 2488.320$		
OPU2-Xv	$X \times 238/237 \times 9953.28$		$\pm 20 \times 10^{-6}$
OPU3-Xv	$X \times 238/236 \times 39813.120$		

注　1. 净负荷的速率还可以等于 STM-N 乘以一个系统，如 238/237，这个系统的取值由映射决定。

　　2. 由 OPUk 的周期与 OPUk 的净负荷字节数就可以得出各阶 OPUk 净负荷的比特速率，如 OPU1 的比特速率为 $4 \times 3808 \times 8/48.971 = 2488.33 \text{bit/s}$。

（3）OPUk 的虚级联 OPUk-Xv。与 SDH 的 VC 虚级联相类似，为了更加有效、灵活地利用带宽，可将 X 个 OPUk 虚级联构成一个虚拟结构，以适应不同应用需求。OPUk 的虚级联写成 OPUk-Xv，其中 $k=1\sim3$，$X=1\sim256$，即最多支持 256 个 OPUk 的虚级联，v 为虚级联的意思。为了增强 OPUk-Xv 的稳定性，也需要使用链路容量调整机制 LCAS。

3. 光信道数据单元 ODUk

ODUk 是以 OPUk 为净负荷的信息结构，阶数 k 与 OPUk 的阶数相对应。ODUk 的帧结构为 3824 列。ODUk 拥有 3×14 个字节开销，主要用作检测 ODUk 端到端通道的性能、ODUk 串联连接的性能等，提供与信号无关的连通性，连接保护和监控等功能，这一层也叫数据通道层。

ODUk 的帧结构及 ODUk 的容量与 OPUk 相似。（扫第四章二维码了解 ODUk 容量）

（四）OTN 的光层结构

OTN 的光层结构有光信道 OCh、光信道载波 OCC、光信道载波群 OCG、光传送模块 OTM。

光传送模块 OTM 是跨越光网络接口传送的重要信息结构。图 4-57 表示用户信号到 OTM 的适配过程，体现了基本信息结构间的关系。

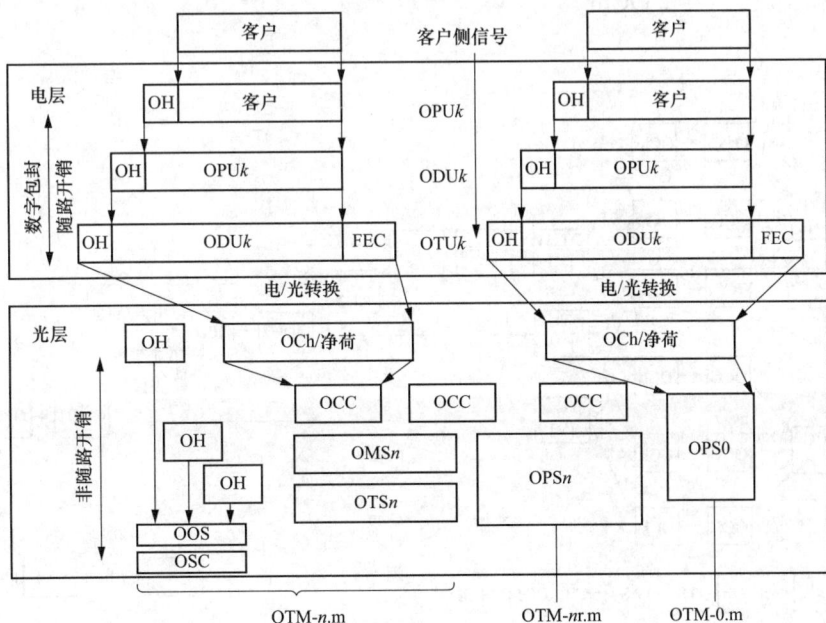

图 4-57　光传送模块 OTM

　　用户信息通过加开销 OH 头部被映射到 OPUk，OPUk 加开销 OH 头部被映射到 ODUk，ODUk 加 OH 头部和带外前向纠错（FEC）映射 OTUk[V]，OTUk[V] 映射到 OCh[r] 净荷，最后被调制到 OCC[r]。通过波分复用将最多 n（n>1）个 OCC[r] 波分复用到一个 OCG-n.m，再映射到 OMSn，OMSn 映射到 OTSn，OTSn 复用到 OTM-n.m。

　　OOS 为 OTM 开销信号，它由 OTS、OMS 和 OCh 开销组成。OOS 通过 OSC 来传送，OSC 为光监控信道。

　　OTN 的光传送模块（OTM）设备为 OTN 的关键节点设备。

　　电层主要完成客户信号从 OPU 到 OTU 的逐级适配、复用，最后转换成光信号调制到光信道载波（OCC）上。OPUk 直接承载用户业务信号，实现客户信号映射进一个固定帧结构的功能。ODUk 是以 OPUk 为净荷的信息结构，拥有一定开销，开销主要用于监测 ODUk 端到端通道的性能、ODUk 串联连接性能。OTUk 是以 ODUk 为净荷的信息结构，提供 FEC，光段层保护和监控功能。电层开销为随路开销。电层复用方式为字节间插式时分复用，通过多次时分复用形成 OCh。

　　光层主要完成 OCh 信号的逐级适配、复用。OCh 提供两个光网络节点间端到端的光信道，支持不同格式的用户净负荷，提供连接、交叉调度、监测、配置、备份和光层保护与恢复等功能。OMS 支持波长复用，提供波分复用、复用段保护和恢复等服务功能。OTS 为光信号在不同类型的光媒质上提供传输功能，确保光传输段适配信息的完整性，同时实现放大器或中继器的检测和控制功能。

　　（五）OTN 的复用映射结构

　　OTN 的复用映射结构如图 4-58 所示，图中基本复用和映射单元包括光通道的净荷单元 OPUk、数据单元 ODUk、光通道数据支路单元群 ODTUGk、光通道载波 OCC、OCC 群 OCG-n.m 和光通道 OCh/OChr。

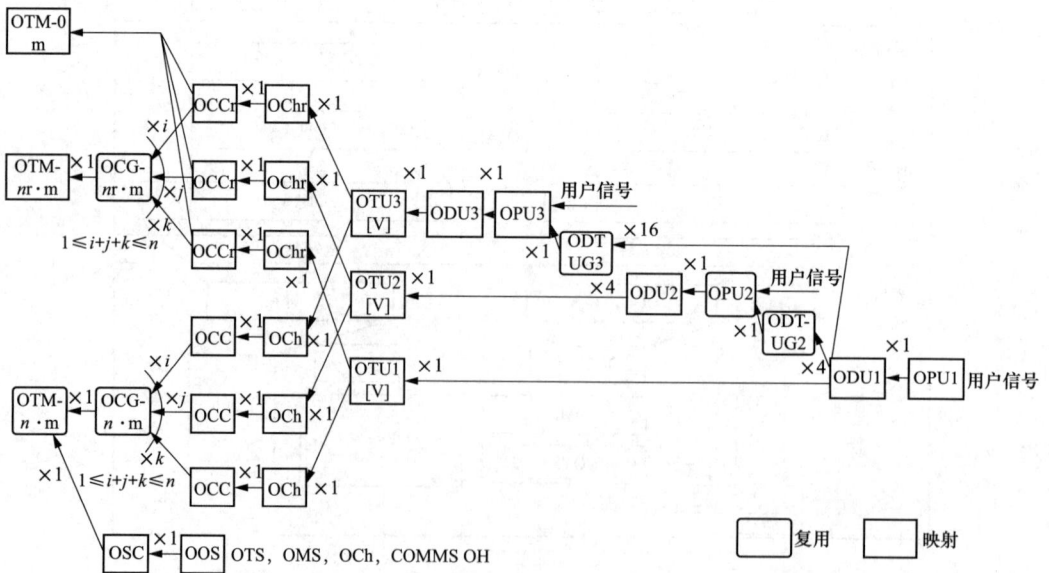

图 4-58　OTN 的复用映射结构

（六）OTN 的基本网元和组网保护

1. OTN 的基本网元

OTN 技术涵盖了电层接入、适配、复用、交叉、保护和光层适配、复用、保护功能。不同设备由于网络地位的不同，功能侧重点有较大差别，并不会实现标准要求的所有功能。一般按用途可分为：光传送模块（OTM）、光线路放大设备（OLA）、光分插复用设备（FOADM）、可重构光分插复用器（ROADM）、光波长交叉连接设备（OXC）和基于电层交叉器（OTH）六种类型。

2. OTN 的组网保护分类

OTN 可提供光层和电层组网保护。

（1）目前，光层常用的保护方式有：①光线路 OTS 保护。系统利用分离路由，在线路光纤出现故障时进行保护，包括 1+1 保护和 1∶1 保护。②光线路 OMS 保护。在合波板到分波板间线路 OA、FIU 和光纤出现故障时进行保护，主要是 1+1 保护。③光通道 OCh 保护。从线路保护板内双发选收，在合波、分波、OA、FIU、光纤出现故障时对 OCh 通道进行保护，主要是 1+1 保护。

（2）电层常用的保护方式有：①ODUk SNCP 保护。运用交叉板对 ODUk 双发选收，在线路板及光路通道出现故障时，对 OCh 通道进行保护。②支路 SNCP 保护。运用交叉板对 ODUk 进行双发选收，在支路板和支路侧光纤出现故障时对业务进行保护。③客户侧保护。系统通过工作和保护两个波长，在整个链路出现故障时进行保护。

3. 光层常用的保护方式结构

（1）光通道（OCh）1+1 保护结构。光通道 1+1 保护结构示意图如图 4-59 所示。这里 OCP（光通道保护）板分别完成对光信号波长的双发及选收功能。

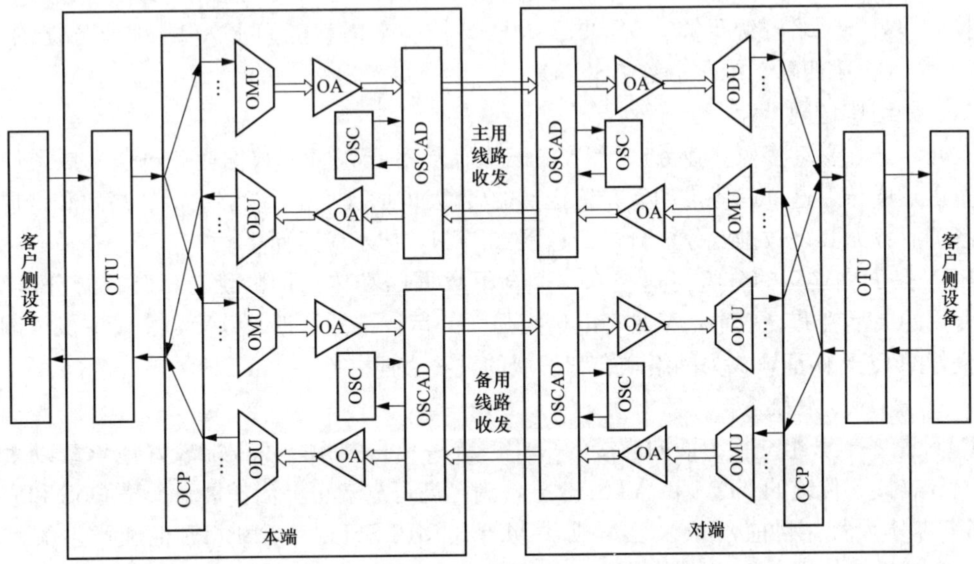

图 4-59　光通道 1+1 保护结构示意图

（2）光复用段（OMS）1+1 保护结构。若把图 4-59 中 OCP 板的双发及选收功能放在 OMU/ODU 和 OA 之间，则 OCP 板变为 OMSP 板，完成光复用段（OMS）1+1 保护。这里 OMSP 板分别完成对复用段光信号的双发及选收功能。

（3）光线路 1+1 保护结构。若把图 4-59 中 OCP 板的双发及选收功能放在 OA 后面，光缆线路前面，则 OCP 板变为 OLP（光线路保护）板。完成光线路 1+1 保护。这里 OLP 板由光耦合器及光开关组成，分别完成对线路光信号的双发及选收功能。（扫第四章二维码了解光复用段 1+1 保护、光线路 1+1 保护）

4. ASON 保护技术

OTN 网络从传统的分层保护环网向立体扁平化 Mesh 组网演进，自动交换光网络（Automatically Switched Optical Network，ASON）成为 OTN 向智能光网络发展的重要方向。ASON 的出现，主要是解决设备自动化保护的诉求，解决业务保护和成本均衡的矛盾，用最低的成本优势来实现业务最高的可靠性（多点故障）。以全光交叉设备为基础，实现网络的无阻塞灵活调度和高可靠性保护。

ASON 在物理网络中采用 GMPLS 协议自动发现设备和链路资源，快速地感知故障，实现业务的保护与恢复。

ASON 核心能力是自动发现、自动选择、自动修复。GMPLS 是 IETF 定义的控制平面系列协议。ASON 采用 GMPLS 协议来解决自动发现设备和链路资源。自动发现是通过 DCN（数据通信网络）链路建立网络抽象（网络拓扑），建立网络可达图。

传统的业务配置是静态连接配置，通过网管对一个个网元的交叉进行配置，建立起业务通道。随着网元越来越复杂，网络也越来越复杂，静态配置很容易出错。自动连接就如同地图导航，输入起点和终点，自动找到导航路线。在业务连接建立过程中可以有多种选择条件，比如路径最短、延时最短、跳数最少（代价最小）。

自动修复是 ASON 里面最复杂的，如光纤故障后，告警信息会通知到整个控制平面，控制平面重新刷新网络可达图，自动计算新的最优路径，即自动重路由，最后实现钻石级业务保护，即只要网络资源足够，ASON/GMPLS 控制平面就能为永久 1+1 业务提供 50ms 保护能力。（扫第四章二维码了解 ASON）

二、分组传送网 PTN

近几年来，移动多媒体业务、IPTV、三重播放等新兴宽带数据业务迅速发展，使得数据流量迅猛增长，这种趋势推动着光传送网的转型和演变。为了能够灵活、高效和低成本地承载各种业务尤其是数据业务，分组传送网（PTN）技术应运而生。

PTN 是面向连接的分组传送技术，融合了数据网和传送网的优势，既具有分组交换、统计复用的灵活性和高效率，又具备电信网强大的运行维护管理（OAM）、快速保护倒换能力和良好的 QoS 保证，成为网络融合和发展的重要方向之一。

（一）PTN 发展概述

PTN 是基于分组交换、面向连接的多业务统一传送技术，不仅能较好地承载以太网业务，而且兼顾了传统的 TDM 和 ATM 业务，满足高可靠、可灵活扩展、严格 QoS 和完善的 OAM 等基本属性。目前，PTN 已形成 T-MPLS/MPLS-TP 和 PBB-TE 两大类主流实现技术，前者是传输技术与 MPLS 技术结合的产物，后者是基于以太网增强技术发展而来，即电信级以太网技术。

1. T-MPLS/MPLS-TP

传送-多协议标签交换（T-MPLS）是从 IP/MPLS 发展来的，一般将 T-MPLS/MPLS-

TP 技术直接简称为 MPLS-TP。

MPLS-TP 去掉了 MPLS 中基于 IP 的无连接转发特性，强化了 MPLS 中面向连接的内容，吸取了伪线仿真（PWE3）技术支持多业务承载，并且保存了 TDM/OTN 良好的操作维护管理功能和快速保护倒换技术的优点。T-MPLS 可以承载 IP、以太网、ATM、TDM 等业务，其物理层可以是 PDH/SDH/OTN，也可以是以太网。

2. PBB-TE

PBB-TE 是从以太网发展而来的面向连接的以太网传送技术，是在运营商骨干桥接（PBB）基础上发展而来，在 MACinMAC 基础上进行了改进，取消了 MAC 地址学习、生成树和泛洪等属于以太网无连接特性的功能，并增加了流量工程（TE）来增强 QoS。PBB-TE 技术可以兼容传统以太网的架构，转发效率较高。

MACinMAC 技术将用户的以太网数据帧再封装一个运营商的以太网帧头，即用户 MAC 被封装在运营商的 MAC 内，形成两个 MAC 地址，通过二次封装对用户流量进行隔离。这种方法具有清晰的运营商网络和用户间的界限，增强了以太网的可扩展性和业务的安全性。

3. MPLS-TP 与 PBB-TE 技术比较

PTN 两大主流实现技术具有类似的功能，都能满足面向连接、可控可管理的因特网传送要求，但在具体细节上有一定差异，在标签转发和多业务承载方面的主要区别为两者采用的标签和转发机制不同。MPLS-TP 采用 MPLS 的标签交换路径（Label Switch Path，LSP）标签（局部标签），在 PTN 网络的核心节点进行 LSP 标签交换；PBB-TE 采用运营商的 MAC 地址＋VLAN 标签（全局标签），在中间节点不进行标签交换，标签处理上相对简单一些。

我国对 PTN 的两种技术都有研究与开发。由于多数运营商已建有 MPLS 网络，所以对 MPLS-TP 比较青睐，下面的内容主要介绍基于 MPLS-TP 的 PTN 技术。

（二）MPLS-TP 的网络功能架构

1. 层网络模型

我国《PTN 总体技术要求》中规范了 PTN 应具有以下技术特征：

（1）采用面向连接的分组交换（CO-PS）技术，基于分组交换内核，支持多业务承载。

（2）严格面向连接，该连接应能长期存在，可由网管手工配置。

（3）提供可靠的网络保护机制，并可应用于 PTN 的各个网络分层和各种网络拓扑。

（4）为多种业务提供差异化的服务质量（QoS）保障。

（5）具有完善的 OAM 故障管理和性能管理功能。

（6）基于标签进行分组转发，OAM 报文的封装、传送和处理不依赖于 IP 封装和 IP 处理，保护机制也不依赖 IP 分组。

（7）应支持双向点到点传送路径，并支持单向点到多点传送路径；支持点到点（P2P）和点到多点（P2MP）传送路径的流量工程控制能力。

基于 MPLS-TP 的 PTN 采用层网络模型，分为虚通道（VC）层、虚通路（VP）层和虚段（VS）层三层。层网络的底层是物理媒介层，可采用以太网技术（IEEE802.3）或 SDH、OTN 等面向连接的电路交换技术。层网络模型及其各层之间的复用关系如图 4-60 所示。

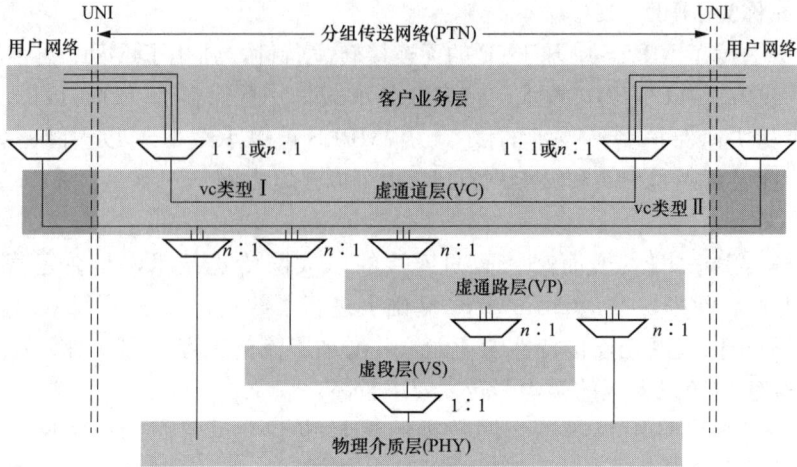

图 4-60　PTN 层网络模型

（1）虚通道（VC）层。该层网络提供点到点、点到多点、多点到多点的客户业务的传送，提供 OAM 功能来监测客户业务并触发 VC 子网络（SNC）保护。客户业务信号可以是以太网信号或非以太网信号（例如 TDM、ATM、帧中继）。MPLS-TP 的 VC 层即伪线层。

（2）虚通路（VP）层。该层网络通过配置点到点和点到多点的虚通路（VP）层链路来支持 VC 层网络，并提供 VP 层隧道的 OAM 功能，可触发 VP 层的保护倒换。

（3）虚段（VS）层。PTN 虚段层网络提供监测物理媒介层的点到点连接能力，并通过提供点到点 PTN VP 和 VC 层链路来支持 VP 和 VC 层网络。PTN VS 层为可选层，在物理媒介层不能充分支持所要求的 OAM 功能或者点到点 VS 连接跨越多个物理媒介层链路时选用。

层网络信号之间的复用关系可以是 1∶1 或 n∶1 关系，如图 4-60 所示，该关系是通过层间适配功能提供的。

MPLS-TP 沿袭了传送网分层分域的做法，在垂直方向可分成不同的层网络，在水平方向可分为不同的管理域，不同域之间的物理连接接口称为域间接口（IrDI），域内的物理连接接口称为域内接口（IaDI）。

2. 网元的功能结构

分组传送网（PTN）网元由传送平面、管理平面和控制平面共同构成，三个平面内包括的功能模块如下。

（1）传送平面。传送平面实现对 UNI 接口的业务适配、业务报文的标签转发和交换、业务的服务质量（QoS）处理、操作管理维护（OAM）报文的转发和处理、网络保护、同步信息的处理和传送以及接口的线路适配等功能。

（2）管理平面。管理平面实现网元级和子网级的拓扑管理、配置管理、故障管理、性能管理和安全管理等功能，并提供必要的管理和辅助接口，支持北向接口。

（3）控制平面。控制平面可以是 ASON 向 PTN 领域的扩展，用 IETF 的 GMPLS 协议实现，支持信令、路由和资源管理等功能，并提供必要的控制接口。

PTN 支持基于线形、环形、树形、星形和格形等多种组网拓扑。在城域核心、汇聚和接入三层应用时，PTN 通常采用多环互联＋线形的组网结构。

PTN 的网元分为网络边缘（PE）节点和网络核心（P）节点两类，PE 节点与客户边缘（CE）节点直接相连，P 节点在 PTN 网络中实施标签交换与转发功能。

（三）MPLS-TP 的多业务承载和数据转发功能

MPLS-TP 网络采用面向连接的机制承载多种业务，包括基于伪线的仿真业务、MPLS 业务和 IP 业务。

伪线仿真是一种在分组交换网络中仿真诸如 ATM、帧中继、以太网及 TDM 等业务的本质属性，对要传输的原始业务提供封装，在封装时尽可能忠实地模拟业务的行为和特征，管理时延和顺序，并在 MPLS 网络中构建起 LSP 隧道，实现透明传递客户边缘设备的各种二层业务。在接收端，再对接收到的业务进行解封装、帧校验、重新排序等处理后还原成原始业务。在 PTN 网络中，客户数据被分配两类标签：伪线标签和 T-LSP 标签。

（四）MPLS-TP 的 OAM

MPLS-TP 网络具有丰富的 OAM 开销功能，可以对网络中的信号进行电信级的监控和管理，提高了整个 MPLS-TP 网络的可操作性和安全性。分组传送网的 OAM 功能涵盖故障管理、性能管理等方面的功能。

第九节　光纤通信在电力系统中的应用

电力传输网主要采用光缆建设成环网，以适应继电保护、安稳系统、自动化等业务通道可靠性和独立性的总体需求。新建架空线路光缆及 110kV 以上电压等级线路光缆改造均应采用 OPGW 光缆，其他情况可采用 ADSS 全介质自承式光缆、光纤复合架空相线（OPPC）或管道光缆。

根据电力通信传输网络中业务需求的特点及业务流向，对网络结构进行分层分析。本地传输网一般分为三层网络结构，即骨干层、汇聚层和接入层，骨干层一般指地区骨干网，汇聚层一般指县市级的骨干网。

电力通信传输网目前采用的主要传送网技术包括 MSTP/SDH、WDM、OTN、PTN 等。概括而言，MSTP/SDH 具有完善的网络保护机制，适合传送安全性和实时性要求较高的业务，但对大颗粒、高带宽级别的业务传送能力有限，10Gb/s 的传输速率已接近上限。WDM 技术是将多个不同波长光信号同时在一根光纤上传送，大大增加了光纤的信息传输容量，骨干网的传输容量已不成为问题，但 WDM 技术受限于点到点的线性组网，缺乏灵活的业务调度手段。OTN 集中了 SDH 与 WDM 两者的技术优势，不仅具有 WDM 传输容量巨大的优点，而且还具有 SDH 可操作、可管理的能力，适用于大颗粒业务调度和传送。PTN 是基于分组交换、面向连接的多业务统一传送技术，不仅能较好地承载以太网业务，而且兼顾了传统的 TDM 和 ATM 业务，满足高可靠、可灵活扩展、严格 QoS 和完善的 OAM 等基本属性，适用于汇聚、接入层，灵活传送处理 10GE 以下小颗粒业务。

一、OTN、PTN 技术在电力通信传输网中的应用

OTN 适合大容量、长距离传输，适用于大颗粒业务调度和传送，但 OTN 也是刚性通道，不适合处理小颗粒业务，OTN 一般定位于骨干核心层，分组传送网 PTN 定位于汇聚、接入层，灵活传送处理 10GE 以下小颗粒业务。

电力通信传输网络系统包括 OTN 网络、PTN 网络和各个分支节点等。在组网架构中

通过设置 OTN 设备实现多种形式的信息数据快速传递，其总体架构示意图如图 4-61 所示。

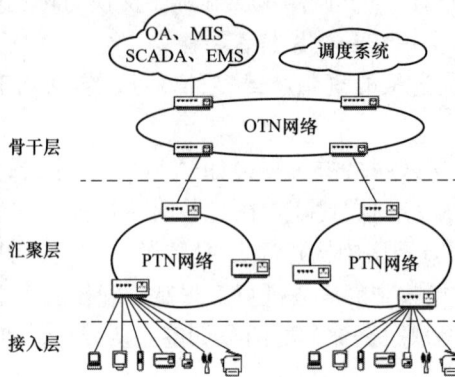

图 4-61　OTN 技术的电力通信传输网系统架构图

图 4-61 中，将 OTN 设备连接到国家电网数据中心、六大区和省公司，组成 OTN 网络作为电力通信传输网络系统的骨干层，能够快速传输大颗粒信息。PTN 设备连接各地市电网公司、电厂和 110kV 及以下级别的变电站，组成 PTN 网络作为电力通信网络系统的汇聚层，传递区域信息。PC 端、监控设备、电话、传真机、多媒体设备和无线基站等智能终端设备作为电力通信传输网络系统的接入层，发送和接收信息。OA（办公自动化）、MIS（管理信息系统）、SCADA（数据采集与监视控制系统，Supervisory Control And Data Acquisition）、EMS（能量管理系统，Energy Management System）和调度系统等接入 OTN 网络进行传输网共享。

举例：某省级电力企业公司已建成了覆盖省调、备调等 11 个节点的 OTN 网络，采用 40 波×10G 系统，网络以环状＋链状网络结构运行。

二、SDH 技术在电力通信传输网中的应用

SDH 技术承载电力工业控制业务，得到广泛验证及应用；在 2～100Mb/s 带宽区间，从物理隔离、可靠性、安全性、时延性能角度分析，SDH 技术仍然是行业最匹配的技术。采用 SDH 技术承载电力工业控制业务，比如继保、安稳及自动化业务。

调度 SCADA 是 EMS 重要的信息采集子系统，其可靠性对电网的安全运行影响巨大。通常进行双网络设计和建设，双网在物理上是独立的，在技术体系上，采用 SDH 设备和光传送网 OTN 设备组网，确保信息传输的可靠性。在网络时延上，都要满足电力实时业务对时延的要求。双平面，即调度一平面和调度二平面，两个平面属于调度端和厂站端的中间的通信通道。双平面是通过地调及以上的调度端路由器汇聚起来的，通过不同等级的路由器进行数据划分传输，最终把数据全部汇集到两个平面里面。直观理解就是一个 A 网，一个 B 网，互为主备关系，属于一种冗余策略，确保当其中一个平面崩溃了，另外一个平面依然可以正常工作。

举例：某地区骨干传输网 B 网以 220kV 通信站为节点的 10Gb/s SDH 光纤环网，其他站点以 2.5Gb/s SDH 接入，为具备自愈能力的地区 SDH 光纤网络。光纤网络架构如图 4-62 所示。

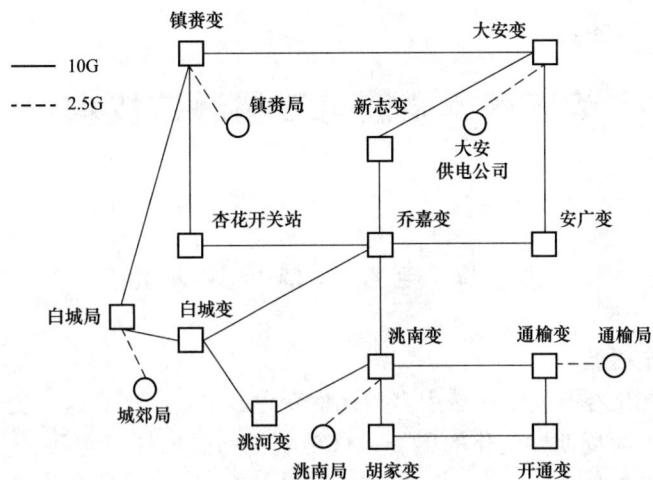

图 4-62 SDH 光纤网络架构图

　　主环网带宽为 10Gb/s，共有 13 台 10Gb/s SDH 设备，形成 5 个相切环，主环网为网状结构。

第五章 微波与卫星通信技术

第一节 电波传播理论基础

一、电磁场与电磁波

(1) 电磁场。如果在空间某区域中有周期性变化的电场，那么这个变化的电场周围空间就会产生周期性变化的磁场；这个变化的磁场周围空间又会产生新的周期性变化的电场。

微波与卫星通信技术

变化的电场和变化的磁场是相互联系着的，形成不可分割的统一体，这就是电磁场。

(2) 电磁波。变化的电场和变化的磁场交替产生，由近及远地传播。这种变化的电磁场在空间以一定的速度向远处传播的过程称为电磁波。电磁波传播方式见图 5-1。

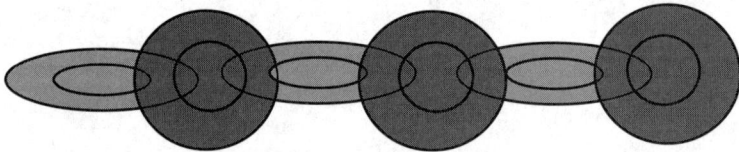

图 5-1 电磁波传播方式

二、无线电波频段划分

无线电波是指频率从几十赫兹到 300GHz 频谱范围内的电磁波。

电磁波的频率是一种不可再生的重要资源，对电磁波的频率或波长进行分段，分别称为频段或波段。不同频段信号的产生、放大和接收的方法不同，传播的能力和方式不同，因而它们的分析方法和应用范围也不同。根据不同频率的电磁波传播规律的特点，人们把整个频率范围划分为多个通信频段，见表 5-1。

表 5-1 无线电波频段的划分

频段名称		频率范围	波长范围
长波		30～300kHz	10000～1000m
中波		300～3000kHz	1000～100m
短波		3～30MHz	100～10m
超短波（特高频）		30～300MHz	10～1m
微波	分米波	300MHz～3GHz	100～10cm
	厘米波	3～30GHz	10～1cm
	毫米波	30～300GHz	1cm～1mm

三、电波传播特性

1. 自由空间的电波传播

（1）自由空间的概念。自由空间又称为理想介质空间，即相当于真空状态的理想空间。在此空间充满着均匀、理想的介质。

（2）自由空间传播损耗。在自由空间传播的电磁波不产生反射、折射、吸收和散射等现象，即总能量在传播过程没有被损耗掉。但是，电波在自由空间传播时，其能量会因向空间扩散而衰耗。这是因为电波由天线辐射后，向周围空间传播，到达接收地点的能量仅有一小部分。距离越远，接收点的能量越小，如同一只灯泡所发出的光一样，均匀地向四面八方扩散出去。

这种电波扩散衰落称为自由空间传播损耗，其公式为

$$L_s = 20\lg\left(\frac{4\pi df}{c}\right)(\text{dB}) \tag{5-1}$$

式中：d 为收发天线的直线距离，m；f 为发信频率，Hz；c 为光速度，$3\times10^8\text{m/s}$；当距离 d 以 km 为单位，频率 f 以 GHz 为单位时

$$L_s = 92.4 + 20\lg d + 20\lg f(\text{dB}) \tag{5-2}$$

若频率 f 以 MHz 为单位，则

$$L_s = 32.4 + 20\lg d + 20\lg f(\text{dB}) \tag{5-3}$$

（3）自由空间传播条件下收信电平的计算。实际使用的天线均为有方向性天线。设收发天线增益分别为 $G_r(\text{dB})$、$G_t(\text{dB})$；收发两端馈线系统损耗分别为 $L_{fr}(\text{dB})$、$L_{ft}(\text{dB})$；收发两端分路系统损耗分别为 $L_{br}(\text{dB})$、$L_{bt}(\text{dB})$。在自由空间传播条件下，接收机的输入电平为

$$P_r = P_t + (G_t + G_r) - (L_{ft} + L_{fr}) - (L_{bt} + L_{br}) - L_s(\text{dBm}) \tag{5-4}$$

【例 5-1】已知发信功率为 $P_t = 5\text{W}$，工作频率 $f = 3800\text{MHz}$，两站间距离 $d = 45\text{km}$，$G_t = G_r = 39\text{dB}$，$L_{ft} = L_{fr} = 2\text{dB}$，$L_{bt} = L_{br} = 1\text{dB}$，求在自由空间传播条件下，接收机的输入电平和输入功率。

解：由式（5-2）式得

$$L_s = 92.4 + 20\lg 45 + 20\lg 3.8 = 137(\text{dB})$$

再由式（5-4）可得（$P_t = 5W = 37\text{dBm}$）

$$P_r = P_t + (G_t + G_r) - (L_{ft} + L_{fr}) - (L_{bt} + L_{br}) - L_s$$
$$= 37 + (39 + 39) - (2 + 2) - (1 + 1) - 137 = -28(\text{dBm})$$

即 $P_r = 10^{\frac{-28}{10}}$（mW）$= 1.58\times10^{-3}$（mW）$= 1.58$（μW）

2. 电波传播的菲涅尔区

理想的自由空间是无边无际的，实际中这样的空间并不存在。对于某一特定的电波传播而言，在收、发天线之间，存在着对传输能量起主要作用的空间区域，称为传播主区，它是根据惠更斯—菲涅耳原理求出的，所以也称为菲涅尔区。若在这一区域中符合自由空间传播的条件，则可认为电波是在自由空间中传播。（扫第五章二维码了解电波传播的菲涅尔区）

第二节　微 波 通 信 技 术

一、微波通信的概念

微波是指频率在 300MHz～300GHz 范围内的电磁波，常用的范围是 1～40GHz。微波通信是指利用微波（射频）作载波携带信息，通过无线电波空间进行中继（接力）的通信方式。目前使用较多的频段是 2、4、6、7、8 和 11GHz。

微波通信是无线通信的一种方式。进行无线通信，发信端需把待传信息转换成无线电信号，依靠无线电波在空间传播。收信端需把无线电信号还原出发信端所传信息。

（一）微波频段划分

微波频段的划分见表 5-2。

表 5-2　　　　　　　　　　　　　微 波 频 段 的 划 分

频段名	频率范围/GHz	波长范围
L	1～2	30.00～15.00cm
S	2～4	15.00～7.50cm
C	4～8	7.50～3.75cm
X	8～12	3.75～2.50cm
Ku	12～18	2.50～1.67cm
K	18～26	1.67～1.15cm
Ka	26～40	1.15～0.75cm
U	40～60	7.50～5.00mm
E	60～90	5.00～3.33mm
F	90～140	3.33～2.14mm
G	140～220	2.14～1.36mm
R	220～325	1.36～0.92mm

在无线电技术中，通常用频率（或波长）作为无线电波最有表征意义的参量。这是因为频率（或波长）相差很远的无线电波，往往具有很不相同的性质，如传播方式，中长波沿地面传播，绕射能力较强，而微波却只能在大气对流层中直线传播，绕射能力很弱。

一般说来，各个频段的无线电波都可以用作无线通信。所谓微波，一般是指频率为 300MHz～300GHz（或波长为 1m～1mm）范围内的无线电波。"微"，就是该无线电波的波长相对于周围物体的几何尺寸很短的意思。

（二）微波通信的特点

微波通信具有下列特点：

（1）微波频段受工业、天电和宇宙等外部干扰的影响很小，使微波通信的传输可靠性提高。12GHz 以下，受风雨冰雪等恶劣气象条件的影响较小，可使微波通信的稳定度大大提高。

（2）微波频段占有频带很宽，可以容纳更多的无线电设备工作。由表 5-1 可知，全部长、中、短波频段的总频带占有不到 30MHz，而微波仅厘米波的频带就占有 27×10^3 MHz，几乎是前者的 1000 倍。占有频带越宽，可容纳同时工作的无线电设备越多，信息容量越大。

（3）微波射束在视距范围内直线、定向传播，天线的两站间的通信距离不会太远，一般为 50km。

微波是一种波长很短的无线电波，它除了具有无线电波的一般特性外，还具有其本身的特性，其中最主要的是具有类似光的传播特性。微波在自由空间只能像光波一样沿直线传播，绕射能力很弱；在传播过程中遇到不均匀介质时，将产生折射和反射现象。地面上进行远距离微波通信需要采用"中继"方式，这是因为：

（1）地球是个椭球体，地面是个球面。地面上某点发出的沿直线传播的微波射束，经过一定地段后，就会离开地平线而逐渐射向远方空间。因此，在地平线以远的地点自然就接收不到微波信号了。欲实现地面上 A、B 两地间的远距离微波通信，必须采用"接力"方式，如图 5-2 所示。

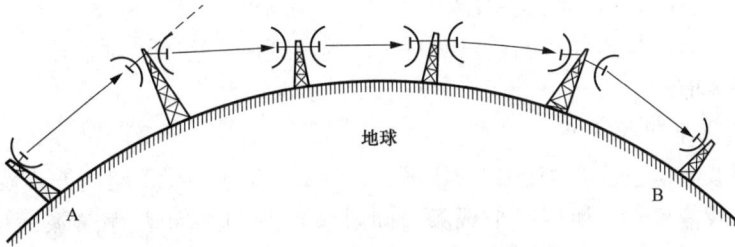

图 5-2　微波通信的中继方式

（2）无线电波在空间传播过程中，能量要受到损耗。频率越高，衰减越大。微波射束的能量，经过一定地段损耗后将大为减少。因此，欲实现地面上 A、B 两地间的远距离微波通信，也必须采用"接力"方式，逐段收发放大，最终到达远距离收信端。

上述的"接力"就是"中继"。微波中继通信也叫微波接力通信。例如，为了实现北京至上海之间的微波通信，必须在北京和上海之间设置若干个中间接力站，每个中间接力站把上一站发来的微波信号接收下来，进行放大等处理后，转发到下一站，如此一站接续一站，最终到达上海（或北京）收信端。

（三）微波传播特性

因为微波是电磁波，所以它具有电磁波的传播特性。（扫第五章二维码了解微波传播特性）

二、数字微波通信系统

（一）数字微波通信系统的组成

一条数字微波通信线路由两端的终端站和若干个中间站构成，如图 5-3 所示。

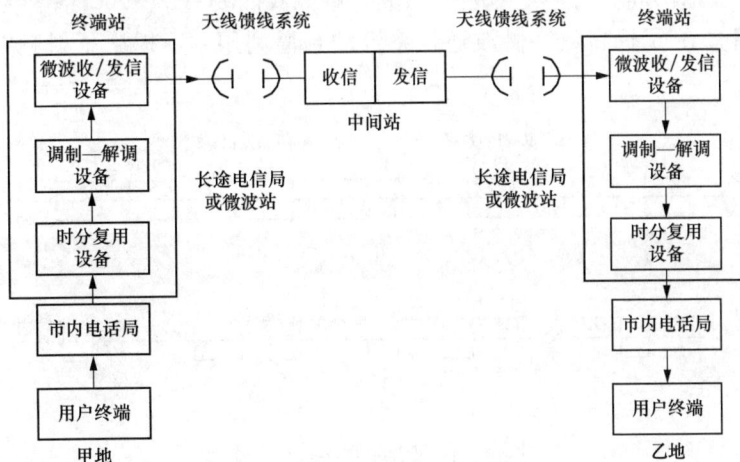

图 5-3　数字微波通信系统方框图

　　下面以微波通信用于长途电话传输时，系统的简单工作原理为例加以说明。电话机相当于甲地的用户终端（即信源），人们讲话的声音通过电话机送话器的声/电转换作用，变成电信号，再经过市内电话局的交换机，将电信号送到甲地的长途电话局或微波端站。经时分复用设备完成信源编码和信道编码，并在微波信道机（包括调制机和微波发信机）上完成调制、变频和放大作用。微波已调波信号经过中继站转发，到达乙地的长途电话局或微波端站。乙地（收端）方框图中与甲地对应的设备，其功能与作用正好相反。而用户终端（信宿）是电话机的受话器，并完成电/声转换。

　　（二）数字微波通信系统的主要技术

　　为了提高数字微波信道的传输质量和进一步提高频谱利用率，对新技术的研制和使用可概括为如下几个方面。

　　1. 多载频多电平调制技术

　　目前数字微波通信系统的4PSK、8PSK、16QAM及64QAM调制方式设备中，一个波道的发信机（或收信机）只使用一个载频（即射频）。为了减小数字微波通信的多径衰落，把传输频谱变窄是一种有效的方法，因此提出了在256QAM系统中采用多载频的传输方式。例如采用4个载频，使每个载频都用256QAM调制方式去传输100Mb/s的信息，这样一个波道的4个载频同时传送，就可传输400Mb/s的信息了，而其占用的频谱却与只用一个载频传输100Mb/s占用的频谱相当。同样，对于1024QAM系统，一个波道可使用更多载频，使数字微波朝着既扩大容量又不占用较大的信道带宽方向发展。

　　2. 干扰信号抵消技术

　　20世纪80年代中期，国外在数字微波通信系统中使用了干扰信号抵消技术。因为干扰噪声是数字微波通信系统中的主要噪声，所以当信道中存在干扰信号时，可设法把干扰信号提取出来，或用另外的方法由其他地方获得干扰信号，然后加入原信道去抵消存在的干扰。只要使提取的干扰信号与存在的干扰电平相等、相位相反，就可使原信道中的干扰成分大大减小，提高信道的传输质量。

　　3. 微波射频频率再用技术

　　长期以来，微波通信系统用于多波道工作时，在两个微波站之间往同一方向的多个发信频率（对应多个波道）间要有一定的频率间隔。例如我国4GHz、960路干线模拟微波，波道间隔为29MHz。为了提高数字微波通信系统的频谱利用率，提出了射频频率再用方案，如图5-4所示。

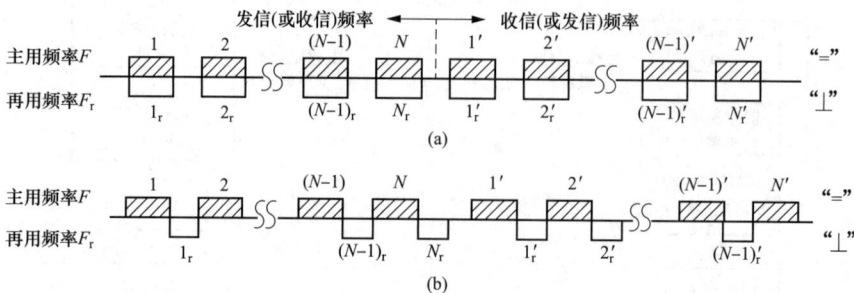

图 5-4　微波射频频率再用方案

（a）同波道型频率再用；（b）插入波道型频率再用

图 5-4（a）为同波道型频率再用。在这种方案中，同一个微波频率可水平极化（图中用"="表示）用作射频，同时又可以垂直极化（图中用"⊥"表示）用作另一个射频，在图中分别用 F 和 F_r 表示。这样一来系统的频谱利用率就提高了一倍。这种使用之所以可行，是因为数字微波的抗干扰性强，更由于可以在收信端采用上面提到的干扰信号抵消技术，将有效地压低同一微波频率经不同极化造成的同频干扰。图 5-4（b）为插入波道型频率再用。在这种方案中，再用波道插在两个主用波道之间，与原来的频率配置方案相比，系统的频谱利用率也提高了一倍，这种方案两个不同极化波的干扰程度比图 5-4（a）方案低。

4. 收、发微波射频单频制技术

在收、发共用同一天线、馈线的系统中，收、发微波射频频率是不同的。在已建成的微波线路中，要求收、发之间的去耦度不小于 30dB。在我国 4GHz、960 路设备中，收、发频率相差 213MHz。若采用收、发频率分开的两个天线、馈线系统，上述收、发之间的去耦度可达到 70～80dB。这就使从两频制进展到单频制成为可能，当然要求收、发频率要采用不同的极化方式。采用单频制后，重点要解决的问题是站内本系统收、发之间的同频干扰和来自其他站的越站干扰问题，包括使用高性能的两个天线、馈线系统，对收、发信设备加强屏蔽和去耦，采用干扰信号抵消技术等措施。收、发微波射频单频制技术也使系统的频谱利用率提高一倍。

5. 多径分集技术

电波空间的多径传输现象造成了微波通信中的频率选择性衰落，这是因为多径传输的反射波、折射波和直射波各以不同的方向和时延到达收信点而进行矢量相加的结果。而多径传输的电波却载有相同的有用信息，所以人们想用数字分析的方法和信号处理技术，把有用信号分离出来并加以利用，这就是多径分集技术的设想。

（三）收信和发信设备

1. 发信设备的组成

从使用的数字微波通信设备来看，发信设备可分为直接调制式发信机（使用微波调相器）和变频式发信机。中小容量的数字微波（480 路以下）设备可用前一种方案，而中大容量的数字微波设备大多采用变频式发信机，这是因为这种发信机的数字基带信号调制是在中频上实现的，可得到较好的调制特性和较好的设备兼容性。（扫第五章二维码了解一种典型的变频式发信机的组成）

发信设备的主要性能指标如下。

（1）工作频段。目前使用较多的是 2、4、6、7、8GHz 和 11GHz 频段，其中 2、4、6GHz 用于干线微波通信，2、7、8GHz 和 11GHz 用于支线或专用网通信。

（2）输出功率。输出功率是指发信机输出端口处功率的大小，一般为几十毫瓦到 1 瓦左右。

（3）频率稳定度。发信机的每个工作波道都有一个标称的射频中心工作频率，用 f_0 表示。工作频率稳定度取决于发信本振的频率稳定度。设实际工作频率与标称工作频率的最大偏差值为 Δf，则频率稳定度的定义为

$$k = \frac{\Delta f}{f_0} \tag{5-5}$$

式中：k 为频率稳定度。对于 PSK 调制方式，要求频率稳定度为 $1 \times 10^{-5} \sim 5 \times 10^{-6}$。

2. 收信设备的组成

数字微波的收信设备和解调设备组成了收信系统，这里所讲的收信设备只包括射频和中频两个部分。目前收信设备都采用外差式收信方案。（扫第五章二维码了解一种典型的外差式收信机的组成）

收信设备的主要性能指标如下。

（1）工作频段。收信机是与发信机配合工作的，对于一个中继段而言，前一个微波站的发信频率就是本收信机同一波道的收信频率。

（2）收信本振的频率稳定度。收信机输出的中频是收信本振与收信微波射频进行混频的结果，所以若收信本振偏离标称值较多，就会使混频输出的中频偏离标称值。这样，就使中频已调信号频谱的一部分不能通过中频放大器，从而造成频谱能量的损失，导致中频输出信噪比下降，引起信号失真，使误码率增加。

对收信本振频率稳定度的要求与发信设备基本一致，通常要求 $(1\sim2)\times10^{-5}$，要求较高者为 $(1\sim5)\times10^{-6}$。收信本振和发信本振常采用同一方案。

（3）噪声系数。噪声系数是衡量收信机热噪声性能的一项指标，它的基本定义为：

在环境温度为标准室温（17℃）、一个网络（或收信机）输入与输出端在匹配的条件下，噪声系数 NF 等于输入端的信噪比与输出端信噪比的比值，记作

$$NF = \frac{P_{si}/P_{ni}}{P_{so}/P_{no}} \tag{5-6}$$

式中：P_{si}、P_{so} 分别为输入端、输出端的额定信号的功率；P_{ni}、P_{no} 分别为输入端、输出端的额定噪声的功率。

数字微波收信机的噪声系数一般为 3.5～7dB。

假设分路带通滤波器的传输损耗为 1dB，FET 放大器的噪声系数为 1.5～2.5dB，则数字微波收信机噪声系数的理论值仅为 3.5dB，考虑到使用时的实际情况，较好数字微波收信机的噪声系数为 3.5～7dB。

（4）通频带。一般数字微波收信设备的通频带可取传输码元速率为 1～2 倍。对于 f_b＝8.448Mb/s 的二相调相数字微波通信设备，可取通频带为 13MHz，这个带宽等于码元速率（二相调相中与比特率速相等）的 1.5 倍。通频带的宽度是由中频放大器的集中滤波器予以保证的。

（5）选择性。对某个波道的收信机而言，要求它只接收本波道的信号，对邻近波道的干扰、镜像频率干扰及本波道的收、发干扰等要有足够大的抑制能力，这就是收信机的选择性。

收信机的选择性是用增益～频率（$G\sim f$）特性表示的，要求在通频带内增益足够大，而且 $G\sim f$ 特性平坦；通频带外的衰减越大越好；通带与阻带之间的过渡区越窄越好。

收信机的选择性是靠收信混频之前的微波滤波器和混频后中频放大器的集中滤波器来保证的。

（6）收信机的最大增益。天线收到的微波信号经馈线和分路系统到达收信机。由于受衰落的影响，收信机的输入电平在随时变动。要维持解调器正常工作，收信机的主中放输出应达到所要求的电平，例如要求主中放在 75Ω 负载上输出 250mV（相当于－0.8dBm）。但是收信机的输入端信号是很微弱的，假设其门限电平为－80dBm，则此时收信机输出与输入的

电平差就是收信机的最大增益。对于上面给出的数据，其最大增益为 79.2dB。

这个增益值要分配到 FET 低噪声放大器、前置中放和主中放各级放大器，是由它们的增益之和达到的。

（四）微波通信系统的监控系统

（1）监控的意义。对一条微波通信传输信道及主备设备运行情况进行自动监视与控制，简称为监控。

（2）公务电话和监控信息的传输信道。在中小容量的数字微波通信系统中，常把监控信息和公务联络电话信号一起处理，称为公务信号，用专门的公务信道传输。（扫第五章二维码了解微波通信系统的监控系统）

（五）天线、馈线系统

微波中继通信是利用微波频段的无线电波传递信息的。天馈线系统是必不可少的设备。在发信端，发信设备输出的微波信号，经馈线系统输至发射天线，成为无线电波，沿指定方向发射出去。在收信端，无线电波经接收天线输至馈线系统，成为微波信号，输至收信设备。天线、馈线系统包括天线和馈线、阻抗变换器、极化分离器、波道滤波器等。在微波通信系统中，对天线、馈线系统最基本的要求有足够的天线增益、良好的方向性、低损耗的馈线系统、极小的电压驻波比、较高的极化去耦度、足够的机械强度等。

数字微波或模拟微波的天馈线系统形式及对它们的技术要求基本相同。

1. 微波天线

天线的作用是有效地发射和接收指定方向的无线电波。按信号工作频段划分，天线有长波天线、中波天线、短波天线和微波天线等。一般说来，短波频段以下的天线常用线式结构，短波频段以上的天线常用阵式或面式结构。某天线用作发射天线时所具有的特性和参量，与该天线被用作接收天线时所具有的特性和参量相同（也称为天线互易定理）。常用微波天线的基本形式有喇叭天线、抛物面天线、喇叭抛物面天线、潜望镜天线等。

（1）微波天线的技术要求。对微波天线总的要求是：天线增益高，与馈线匹配良好、波道间寄生耦合小，由于微波天线都采用面天线，所以还应使天线具有一定的抗风强度和防冰雪的措施。微波天线的主要电气指标有如下几个方面。

1）天线增益。天线的物理意义是：在传播方向的单位立体角上，有方向天线与无方向天线发射（或接收）的信号功率之比。微波通信中使用的面式天线，增益可用下式表示

$$G = \frac{4\pi A}{\lambda^2} \eta \qquad (5-7)$$

式中：A 为天线的口面面积；λ 为波长；η 为天线口面的利用系数，一般在 0.4～0.6。若天线增益用电平值表示，则

$$G_{dB} = 10 \lg G \qquad (5-8)$$

对于工作频率为 4GHz、站距为 50km 的微波中继通信线路，常用直径为 3.2～4m 天线，其增益 $G_{dB}=40$dB 左右。天线的口面越大，增益越大。

2）主瓣宽度。在视距微波通信线路中，天线增益过高将使主瓣张角过小。当气象条件变化时，传播方向就要改变，大风又能引起天线摆动，这都会降低天线在通信方向的实际增益。因此，不能认为主瓣张角越小越好，一般应要求 1°～2°。

3）匹配性能。在整个工作频段内，要求天线与馈线应匹配（无反射波）连接，否则将

造成反射，进而造成线路噪声。

4）交叉极化去耦。在采用双极化的微波天线中，由于天线本身结构的不均匀性及不对称，不同极化波（即垂直极化波和水平极化波）可在天线中互相耦合，互为干扰，分别成为与之正交的主极化波的寄生波。天线的交叉极化去耦度为

$$x = 10\lg \frac{P_0}{P_x}(\text{dB}) \tag{5-9}$$

式中：P_0 为主极化波功率；P_x 为寄生波功率。通常要求微波天线在主瓣宽度内的 x 值不小于 30dB。

5）天线防卫度。所谓天线防卫度是指天线在最大辐射方向上对从其他方向来的干扰电波的衰耗能力。天线防卫度主要包括下面几个指标：①反向防卫度。天线在最大辐射方向的增益系数与反方向的增益系数之比称为反向防卫度（或称为反向衰减）。通常要求偏离主辐射方向 $180°\pm45°$ 之间，反向防卫度大于 65dB。②边对边去耦。天线发射的一部分能量泄漏到与它并排安装并且指向相同的接收天线，这种耦合叫作边对边耦合。通常要求天线的边对边去耦应在 80dB 以上。③背对背去耦。天线发射的一部分能量泄漏到与其背对背安装的接收天线，这种耦合叫作背对背耦合，天线对这种耦合也应具有足够的去耦度。

（2）卡塞格林天线。卡塞格林天线是一种具有双反射器的抛物面天线，其外形简图如图 5-5 所示，图 5-5（a）为较常见的一般式。近年来出现了不少加圆柱屏蔽罩式的抛物面天线，如图 5-5（b）所示，它可以降低向后方辐射的功率（降低后瓣），又因为它可以减小初级辐射器的（激励器）的直接辐射，所以对减弱旁瓣也有好处。

卡塞格林天线的工作原理如图 5-6 所示。图中的 C'、C 为双曲线的两个焦点。若从 C' 点向另一双曲线作射线 CP，过双曲线上的一点 P 作双曲线的法线 MP。令 $C'P$ 与法线的夹角为 β，法线与 CP 延长线的夹角为 α。

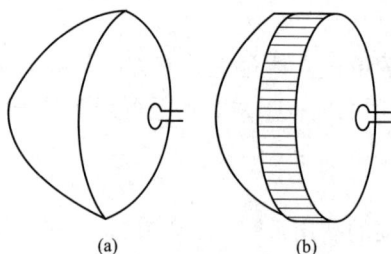

图 5-5　卡塞格林天线外形简图

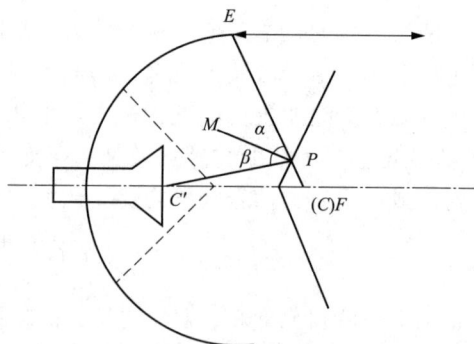

图 5-6　卡塞格林天线工作原理简图

根据双曲线的性质可以证明 $\alpha = \beta$，即切面上的入射角等于反射角。由图 5-6 可见，由 C' 发出的射线 $C'P$ 经双曲面反射后，就相当于从 C 发出的射线一样。

卡塞格林天线是由初级喇叭辐射器、双曲面副反射器和抛物面主反射面三部分组成的。

当把初级辐射器置于双曲面的实焦点 C 处，并使主抛物面的焦点 F 与双曲面的另一个焦点（虚焦点）C 重合。这样，由 C' 发出的射线经双曲面（副反射器）反射，就相当于由抛物面的焦点 F 发出的电波射线 FE 一样，这些电波射线再经抛物面主反射面聚焦作用，

就成为平面波而发射出去。

2. 馈线系统

馈线系统的作用是有效地馈送微波信号能量；当多波道共用天线时，还具有发端汇合、收端分离各波道微波信号的功能。馈线系统由馈线、阻抗变换器、极化分离器和波道滤波器等组成，要求其传输衰减小、阻抗匹配好、收发信隔离度高，以及经济耐用、便于运输和安装调整。

微波通信系统中的馈线有同轴电缆型和波导型两种类型，如图 5-7 所示。一般在分米波波段（2GHz）采用同轴电缆馈线，在厘米波波段（4GHz 以上频段）因同轴电缆损耗较大，故采用波导馈线，波导馈线系统又分为圆波导馈线系统和矩形波导馈线系统。因为圆波导馈线系统可以传输互相正交的两种极化波，所以与双极化天线连接时，只要一根圆波导馈线即可。

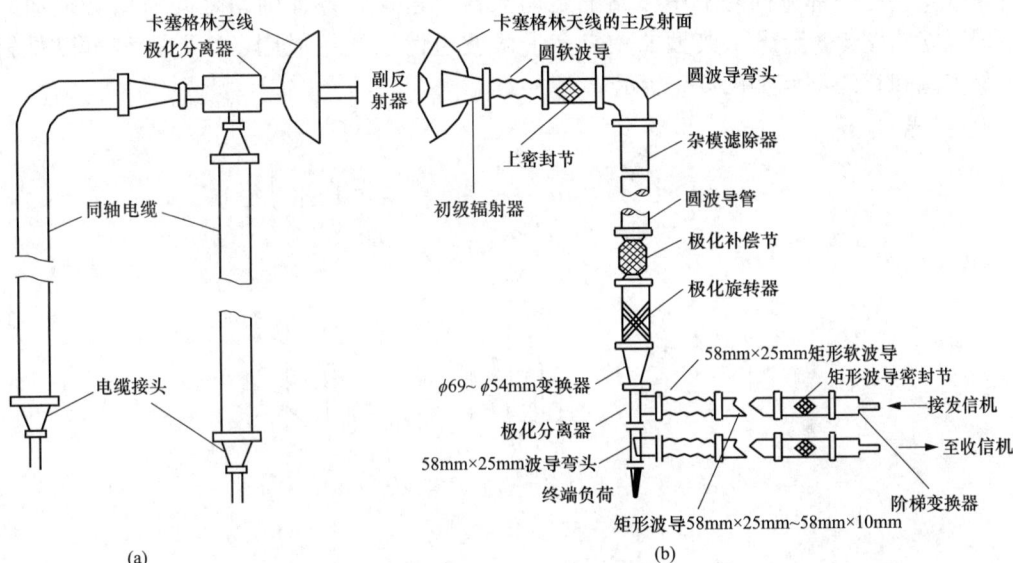

图 5-7　天线、馈线系统

（a）同轴电缆型天线、馈线系统；（b）圆波导型天线、馈线系统

三、SDH 微波通信系统

SDH 是新一代的数字传输体制。它不仅可以用于光纤通信系统中，而且还可以运用于微波通信、卫星通信之中，从而可建立一个全新的 SDH 微波、卫星通信网络。现在电力系统通信新上的微波通信系统都是 SDH 微波通信系统。SDH 微波通信系统兼有 SDH 体制与微波通信两者的优点。

一个完整的长途传输的微波接力通信系统由端站、枢纽站、分路站及若干中继站所组成。一个微波通信系统，一般要开通多对收、发信波道。因此，系统的传输速率一般为基本传输速率，这里讲的基本传输速率指 SDH 设备的输出速率。（扫第五章二维码了解 SDH 微波通信系统）

四、一点多址微波通信系统

（一）概述

一点多址微波通信是近年来发展起来的一种通信方式，主要用在一些幅员辽阔、用户分散、人口密度相对较低、话务量较小的地区，如在地形复杂、用有线方式难以到达的山区和海岛。一点多址微波通信属于一种分布式无线通信系统，由一个中心站（又称基地站）和不同方向的多个外围站（或称用户站、远端站）所组成。中心站通常设在具有自动交换能力的机房或电话中心局的附近，通过音频电缆与交换机的配线架相连。外围站设在用户相对集中的地方。中心站与外围站之间通过一对微波收、发频率或多对微波收、发频率相连接。由于微波的视距传播特性（似光性），因此外围站只能设在中心站的方圆 50km 范围之内。若要克服微波传播受视距范围限制的缺点，延伸系统的传输距离，也可以采用中继接力的方式增设中继站。根据需要，中继站也可上、下话路。通常中心站安装有一部全方向性天线，它在系统中同所有外围站相互传送微波信号；中心站的天线铁塔高度一般应选择足够高，以使得所有外围站能采用高度较低的简易天线铁塔。外围站通常安装有一部方向对准中心站的定向天线。这样，各外围站之间通信必须通过中心站来建立。图 5-8 给出了典型的一点多址微波通信系统组成图，组网类型可以是辐射型、分支型和直线型，如图 5-9 所示。

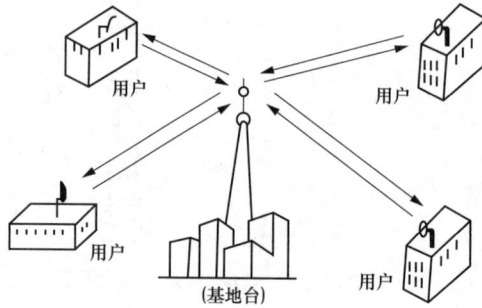

图 5-8　一点对多址微波通信系统示意图

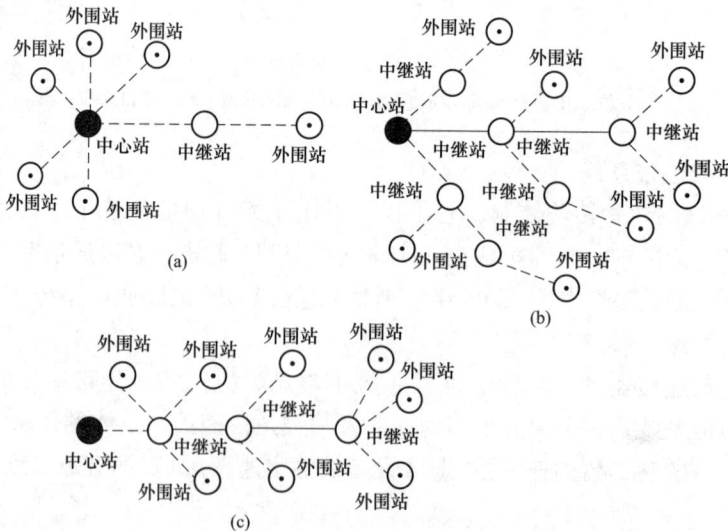

图 5-9　一点多址微波网络拓扑
（a）辐射型；（b）分支型；（c）直线型

（二）一点多址微波通信系统的特点

（1）一点多址微波通信主要用于电话自动交换网的末端，作为电话网的用户环路，与交换机的用户接口相连。它可以作为农村电话网的组成部分和城市公用电话网的延伸，以及构成专业部门的专用通信网并能和公用网相连。

（2）由于一点多址微波通信为一个用户无线系统，因此它不适合作为话务量大的中继线使用。对于外围站接入小交换机时，可以作为出、入中继线来使用。当某一外围站的用户数超过一套设备的最大容量时，可以利用增加设备的套数的方法来解决。

（3）一点多址微波通信除传送电话外，还可提供数据传输，如传真、电传、电报等。其中对于速率为 4.8kb/s 以下的数据信号，可以不外接调制、解调器而直接在系统中传送，可以提供专用的接口以适应专业用户的数据采集、监控、办公自动化等的要求。此外，为了适合综合业务数字网的需要，有的系统还配置了 2B＋D 接口。（扫第五章二维码了解一点多址微波通信系统应用）

第三节　卫 星 通 信 技 术

卫星通信是在微波中继通信的基础上发展起来的，它利用人造地球卫星作为中继站来转发无线电波，从而进行两个或多个地面站之间的通信。卫星通信具有传输距离远、覆盖面积大、通信容量大、用途广、通信质量好、抗破坏能力强等优点。一颗通信卫星总通信容量可实现上万路双向电话和十几路彩色电视的传输。卫星通信工作在微波波段，与地面的微波接力通信类似，卫星通信则是利用高空卫星进行接力通信。

高轨道通信卫星是运行在赤道上空约 36000km 的同步卫星。位于印度洋、大西洋、太平洋上空的三颗同步卫星，基本可覆盖全球。但因卫星的高度太高，故要求地面站发射机有强大的发射功率，接收灵敏度要高，天线增益要高。

低轨道通信卫星是运行在 500～1500km 上空的非同步卫星，一般采用多颗小型卫星组成一个星型网。若能做到在世界任何地方的上空都能看到其中一颗卫星，则信号通过星际通信可覆盖全球。低轨道通信卫星主要用于移动通信和全球定位系统（GPS）。

本节主要介绍卫星通信的基本概念和卫星通信的基本链路计算及卫星通信的多址方式，以一些实际系统为例，讲述同步卫星系统的工作原理。在移动通信章节讲移动卫星系统的工作原理。

一、卫星通信概述

（一）卫星通信的发展

卫星通信是现代通信技术、航空航天技术、计算机技术结合的重要成果。近年来，卫星通信在国际通信、国内通信、国防、移动通信以及广播电视等领域，得到了广泛应用。卫星通信之所以成为强有力的现代通信手段之一，是因为它具有频带宽、容量大、适于多种业务、覆盖能力强、性能稳定、不受地理条件限制、成本与通信距离无关等特点。

1963 年 7 月到 1964 年 8 月，美国宇航局（NASA）先后发射 3 颗"SYNCOM"卫星，第 1 颗未能进入预定轨道，第 2 颗进入周期为 24h 的倾斜轨道，第 3 颗进入静止同步轨道，成为世界上第 1 颗实验性静止卫星，并利用它在 1964 年向美国成功转播了在日本举行的奥林匹克运动会实况。

1965 年 4 月，国际卫星通信组织把第一代国际通信卫星（INTERLSAT-I，简记为 IS-I，原名"晨鸟"）射入地球同步轨道，卫星通信从此正式进入商用阶段，提供国际通信业务。到目前为止，国际通信卫星已经发展到第三代卫星，卫星通信的容量越来越大。

卫星通信用于移动通信始于 1976 年，国际海事卫星组织利用国际海事卫星为海上船只提供话音业务，到目前为止，已经有多个全球性的移动卫星通信系统提供商业应用，人类已经能实现全球个人移动通信的目标。

（二）卫星通信的特点

（1）通信距离远，通信成本与距离无关。由于卫星在离地面几百、几千、几万公里的高度，因此在卫星能覆盖到的范围内，通信成本与距离无关。以地球静止卫星来看，卫星离地约 36000km，一颗卫星几乎覆盖地球的 1/3，利用它可以实现最大通信距离约为 18000km，地球站的建设成本与距离无关。如果采用地球静止卫星，只要 3 颗就可以基本实现全球的覆盖。

（2）以广播方式工作，便于实现多址连接。卫星通信系统类似于一个多发射台的广播系统，每个有发射机的地球站都可以发射信号，在卫星覆盖区内可以收到所有广播信号。因此只要同时具有收发信机，就可以在几个地球站之间建立通信连接，提供了灵活的组网方式。

（3）通信容量大，传送的业务种类多。由于卫星采用的射频频率在微波波段，可供使用的频带宽，加上太阳能技术和卫星转发器功率越来越大，随着新体制、新技术的不断发展，卫星通信容量越来越大，传输的业务类型越来越多。

（三）卫星通信技术上的特殊性

卫星通信的特殊性也带来了技术上的特殊性。

（1）需要采用先进的空间电子技术。由于卫星与地面站的距离远，电磁波在空间中的损耗很大，因此需要采用高增益的天线、大功率发射机、低噪声接收设备和高灵敏度调制解调器等，并且空间的电子环境复杂多变，系统必须要承受高低温差大、宇宙辐射强等不利条件，因此卫星设备必须采用特制的、能适应空间环境的材料。由于卫星造价高，必须采用高可靠性设计。

（2）需要解决信号传播时延带来的影响。由于卫星与地面站距离远，信号传输的时延很明显。对一些业务（如话音）来说，必须采取措施解决时延带来的影响。

（3）需要解决卫星的姿态控制问题。由于空间的环境复杂多变，卫星轨道可能有漂移，姿态可能有偏转，由于卫星离地远，因此轻微漂移和姿态偏转可能造成地面接收的信号变化很大，因此，卫星的精确姿态控制也是必须解决的问题。

此外，还必须解决星蚀、地面微波系统与卫星系统的干扰等问题，这些都是保证卫星通信系统正常运转的必要条件。

（四）卫星通信使用的频率

卫星通信频率一般工作在微波频段，其主要原因是卫星通信是电磁波穿越大气层的通信，大气中的水分子、氧分子、离子对电磁波的衰减随频率而变化，如图 5-10 所示。

可以看到，在微波频段 0.3～10GHz 范围内大气损耗最小，比较适合于电波穿出大气层的传播，并且大体上可以把电波看作自由空间传播，因此称此频率段为"无线电窗口"，在卫星通信中应用最多。在 30GHz 附近有一个损耗谷，损耗相对较小，常称此频段为"半透明无线电窗口"。

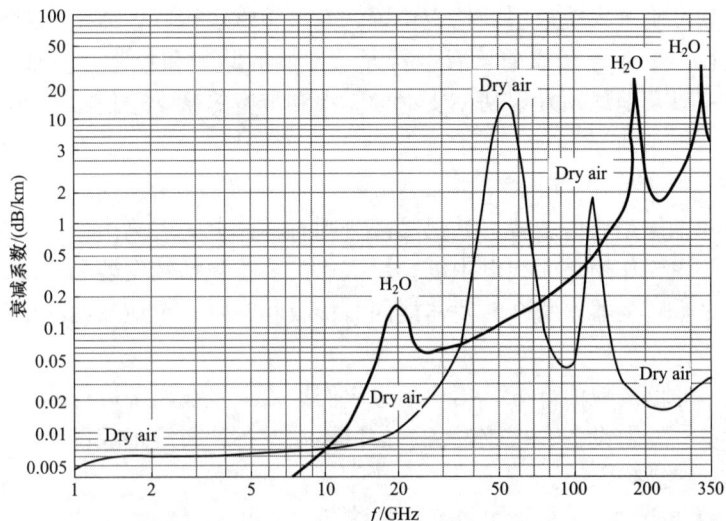

图 5-10　大气衰减

目前大部分国际通信卫星尤其是商业卫星使用 4/6GHz 频段，上行为 5.925～6.425GHz，下行为 3.7～4.2GHz，转发器带宽为 500MHz，国内区域性通信卫星多数也应用该频段。

许多国家的政府和军事卫星使用 7/8GHz，上行为 7.9～8.4GHz，下行为 7.25～7.75GHz，这样与民用卫星通信系统在频率上分开，避免相互干扰。

由于 4/6GHz 通信卫星的拥挤，以及与地面微波网的干扰问题，目前已开发使用 11/14GHz 频段，其中上行采用 14～14.5GHz，下行采用 11.7～12.2GHz，或 10.95～11.20GHz，以及 11.45～11.7GHz，并用于民用卫星和广播卫星业务。

20/30GHz 频段也已经开始使用，上行为 27.5～31GHz，下行为 17.7～21.2GHz。

二、卫星通信系统

（一）卫星通信系统的基本组成

这里主要以地球同步卫星通信系统为例，说明卫星通信系统的基本构成。图 5-11 所示为通过卫星进行电话通信的系统框图。

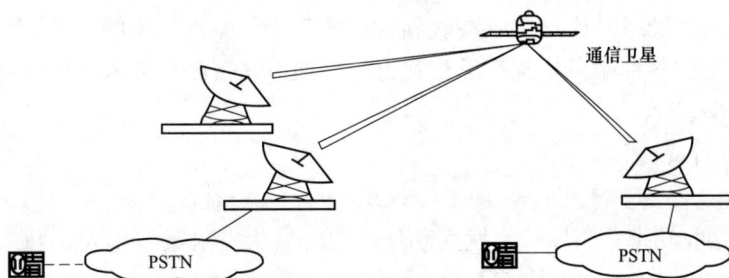

图 5-11　卫星电话通信系统

卫星通信系统部分包括如下几个部分内容。

1. 控制与管理系统

控制与管理系统是保证卫星通信系统正常运行的重要组成部分。它的任务是对卫星进行跟踪测量，控制其准确进入轨道上的指定位置，卫星正常运行后，需定期对卫星进行轨道修正和位置保持，在卫星业务开通前、后进行通信性能的监测和控制，例如对卫星转发器功率、卫星天线增益以及地球站发射功率、射频频率和带宽等基本通信参数进行监控，以保证正常通信。

2. 星上系统

通信卫星内的主体是通信装置，其保障部分则有星体上的遥测指令、控制系统和能源装置等。通信卫星的主要作用是无线电中继，星上通信装置包括转发器和天线。一个通信卫星可以包括一个或多个转发器，每个转发器能同时接收和转发多个地球站的信号。

3. 地球站

地球站是卫星通信的地面部分，用户通过它们接入卫星线路，进行通信。地球站一般包括天线、馈线设备、发射设备、接收设备、信道终端设备、天线跟踪伺服设备、电源设备。

（二）卫星通信链路

1. 卫星通信链路构成

图 5-12 是典型的卫星通信链路的组成。由于卫星到地面的距离很远，电磁波传播的路径很长且在传播中受到的衰减很大，因此无论是卫星还是地面站收到的信号都十分微弱，所以卫星通信中噪声的影响是一个很突出的问题。卫星链路计算主要是计算在接收的输入端载波与噪声的功率比（载噪比），其他部分链路的计算与一般的通信系统没有区别。对于模拟制卫星通信系统，载噪比决定了系统输出端的信噪比；对于数字卫星通信系统，载噪比决定了系统输出端的误码率。

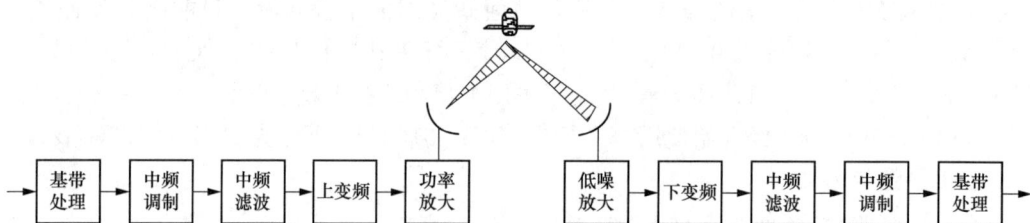

图 5-12　卫星通信链路的组成

2. 卫星通信链路计算基本公式

卫星通信链路中的载噪比是接收端收到的载波功率与噪声功率的比值，传输过程中发生的各种损耗和受到的各种噪声干扰都反映在卫星或地面站接收机输入端的载噪比中。

（1）链路功率。

1）链路功率计算方程。

$$[P_R] = [P_T] + [G_T] + [G_R] - [L_P] - [L_a] - [L_{ta}] - [L_{ra}] \text{(dBW)} \qquad (5-10)$$

式中：$[P_R]$ 为接收功率；$[P_T]$ 为发射功率；$[G_T]$ 为发射天线增益；$[G_R]$ 为接收天线增益；$[L_P]$ 为路径损能（自由空间损耗）；$[L_a]$ 为大气损耗（含雨衰）；$[L_{ta}]$ 为与发射天线相关的损耗（如馈线损耗、指向误差等）；$[L_{ra}]$ 为与接收天线相关的损耗。

2）有效全向辐射功率 EIRP。卫星通信中常用 EIRP 来代表地球站或通信卫星发射系统的发射能力，它指的是发射天线所发射的功率与发射天线增益的乘积，即

$$\text{EIRP} = P_T G_T \qquad (5-11)$$

3）自由空间损耗 L_P。设一个无方向性天线发射功率为 $P_T(\text{W})$，若在距离为 $d(\text{m})$ 为足够远的地方接收，又设天线的口面面积为 A、天线口面的利用系数为 η，则接收天线的有效接收面积为 $A\eta$，接收到的功率 P_R 为

$$P_R = \frac{P_T A \eta}{4\pi d^2} \tag{5-12}$$

若发射天线的增益为 G_T，将 $G_R = \frac{4\pi A}{\lambda^2}\eta$ 带入，则

$$P_R = P_T G_T G_R \left(\frac{\lambda}{4\pi d}\right)^2 = \frac{P_T G_T G_R}{L_P} \tag{5-13}$$

式中：$L_P = \left(\frac{4\pi d}{\lambda}\right)^2$ 称为自由空间损耗。

4）大气损耗 L_a。电波在大气中传输时，要受到电离层中的自由电子和离子的吸收，受到对流层中氧分子、水蒸气分子和云、雨、雪、雾等的吸收和散射，从而形成损耗。这种损耗与电波频率、波束的仰角以及气候的好坏都有关系。图 5-10 是根据实测结果绘制的电波通过大气层所产生的吸收损耗情况。

5）其他损耗。

a. 与发射天线有关的损耗 L_{ta}。该损耗主要包括馈线损耗、天线指向损耗。

b. 馈线损耗。馈线损耗指从功率放大器的输出端到发射天线之间的馈线连接损耗。

c. 天线指向损耗。天线指向损耗指由于星体的漂移、大气折射、接收天线跟踪精度等原因，天线指向偏离理想方向，造成在卫星方向上的天线增益不是最大的天线增益，相当于信号受到了损耗。

（2）接收端噪声功率。卫星接收系统的噪声功率可以用噪声温度来表示，接收机输入端系统的噪声温度 T_s 为

$$T_s = T_a + T_f \tag{5-14}$$

式中：T_a 为天线噪声温度，包括天线、馈线、天空（雨、雪、太阳、宇宙等）等产生的噪声温度；T_f 为接收机噪声温度。

接收机输入端的噪声功率为

$$N = 10\lg kBT_s = -228.6 + 10\lg T_s + 10\lg B\,(\text{dBW}) \tag{5-15}$$

式中：$k = 1.38054 \times 10^{-23}\text{J/K}$（玻尔兹曼常数）；$B$ 为系统带宽。

（3）接收端载噪比 C/N。接收端载噪比为

$$\left[\frac{C}{N}\right] = [EIRP] + [G_R] - [L_s] - [L_{ta}] - [L_{ra}] - [T_s] - [B] + 228.6\,(\text{dB}) \tag{5-16}$$

定义接收系统的性能因数为 $\dfrac{G}{T} = \dfrac{G_R}{T_s}$，该参数反映了接收系统的性能。因此式（5-16）变为

$$\left[\frac{C}{N}\right] = [EIRP] + \left[\frac{G}{T}\right] - [L_s] - [L_{ta}] - [L_{ra}] - [B] + 228.6\,(\text{dB}) \tag{5-17}$$

（三）卫星通信多址技术

多个地球站，无论距离多远，只要位于同一颗卫星的覆盖范围内，就可以通过卫星进行双边或多边通信。多址技术是指系统内多个地球站以何种方式各自占有信道接入卫星和从卫星接收信号。目前使用的技术主要有频分复用（FDMA）、时分复用（TDMA）、码分复用

（CDMA）、空分复用（SDMA）。

1. FDMA 多址技术

当多个地球站共用卫星转发器时，如果根据配置的载波频率的不同来区分地球站的地址，这种多址连接方式就叫 FDMA 多址。卫星通信中采用 FDMA 多址技术主要有如下形式：

（1）单址载波。每个地球站在规定的频带内可发多个载波，每个载频代表一个通信方向。

（2）多址载波。每个地球站只发一个载波，利用基带的多路复用进行信道定向。

（3）单路单载波。每个载波只传一路话音或数据。这种方式比较灵活，适用于站址多、各站业务量小的情况。由于每个载波只有一个信号，可以根据需要给每个通信方向分配若干载波。

2. TDMA 多址技术

TDMA 的原理是用不同的时隙来区分地球站的地址，该系统中只允许各地球站在规定时间内发射信号，这些射频信号通过卫星转发器时，在时间上是严格依次排序、互不重叠的。采用 TDMA 方式，一般需要一个时间基准站提供共同的标准时间，保证各地球站发射的信号在规定的时隙进入转发器而不互相干扰。

3. CDMA 多址技术

CDMA 多址技术的原理是采用一组正交（或准正交）的伪随机序列，通过相关处理实现多用户共享频率资源和时间资源。每个通信方向采用不同的伪随机序列作为识别。

4. SDMA 多址技术

SDMA 多址技术的原理是利用地球站的地理位置不同，采用天线的波束成形技术，达到多用户共享频率资源、时间资源和码资源的目的，如图 5-13 所示。

（四）同步卫星通信系统

同步卫星通信系统是利用定位在地球同步轨道上的卫星进行通信的卫星通信系统，原则上只要 3 颗同步卫星就可以基本覆盖地球。图 5-14 中，地球站 1 要与地球站 3 通信，由于地球站 1、3 不在同一颗星覆盖区内，因此必须通过卫星 A、B 覆盖的交叠区的地球站 2 进行中转。

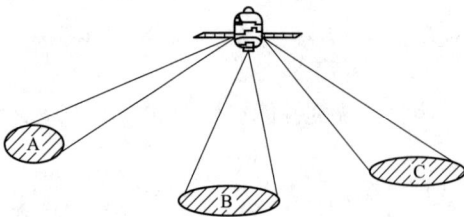

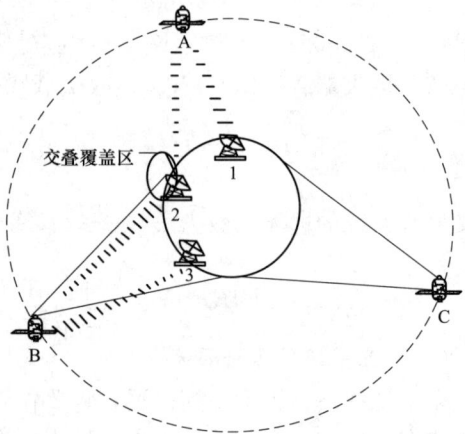

图 5-13　空分多址　　　　　　　　　　图 5-14　同步卫星覆盖

同步卫星通信系统的组成包括同步卫星、地球站和控制中心，其中同步卫星的组成包括卫星天线分系统、控制分系统、卫星转发器、电源分系统、跟踪遥测指令分系统，如图 5-15 所示。

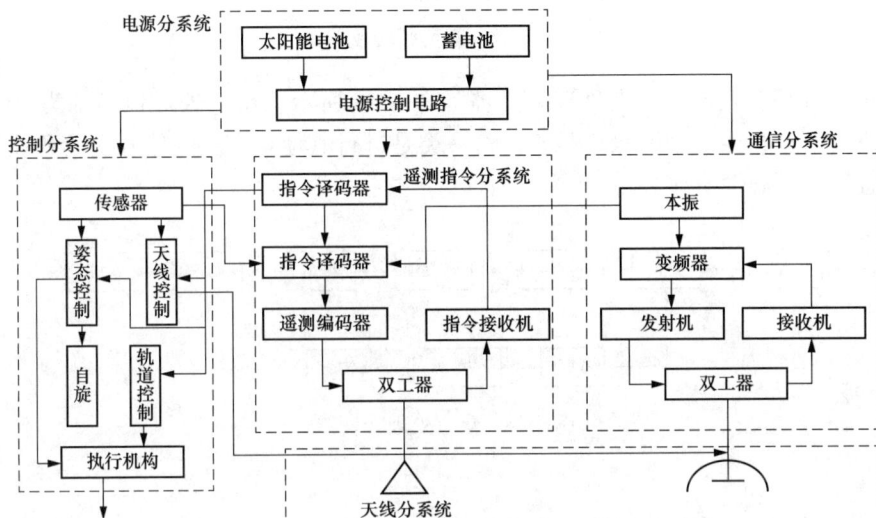

图 5-15　同步卫星通信系统

1. 卫星天线分系统

卫星天线有两类：遥测指令天线和通信天线。遥测指令天线通常采用全向天线，通信天线按其波束覆盖区大小可分为全球波束天线、点波束天线、区域（赋形）波束天线。

2. 卫星通信分系统

卫星通信分系统是通信卫星的核心部分，如图 5-15 所示，它包括各种转发器。转发器的功能是将接收到的地球站的信号放大，然后通过下变频发射出去。转发器按照变频的方式和传输信号形式的不同可分为三种：单变频转发器、双变频转发器和星上处理转发器。

（1）单变频转发器。单变频转发器如图 5-16 所示，这种转发器将接收到的信号直接放大，然后变频为下行频率，最后经功放输出到天线发射给地球站。这种转发器适用于载波数多、通信容量大的多址连接系统。

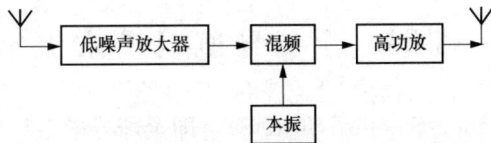

图 5-16　单变频转发器

（2）双变频转发器。双变频转发器先将接收到的信号变换到中频，经限幅后，再变换为下行频率，最后经功放由天线发给地球站，如图 5-17 所示。双变频方式的优点是转发增益高、电路工作稳定，缺点是中频带宽窄，不适合于多载波工作。它适用于通信容量不大、所需带宽较窄的通信系统。

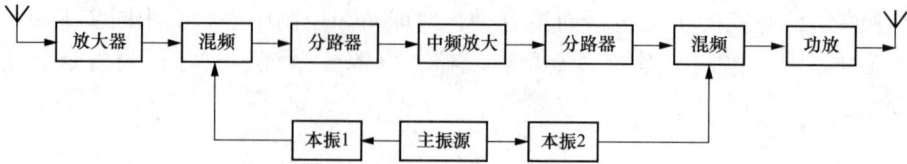

图 5-17 双变频转发器

（3）星上处理转发器。星上处理转发器如图 5-18 所示。星上处理包括两类，一类是对数字信号进行解调再生，消除噪声积累；另一类是进行其他更高级的信号变换和处理，如上行频分多址变为下行时分多址等。

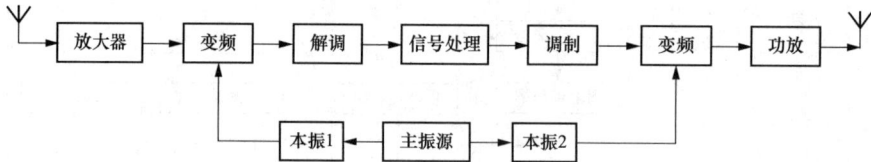

图 5-18 星上处理转发器

3. 卫星电源分系统

为了保证卫星的工作时间必须有充足的能源，卫星上的能源主要来源有两部分：太阳能和蓄电池。当有光照时使用太阳能，并对蓄电池进行充电；当光照不到时采用蓄电池。

卫星电源分系统必须提供给其他分系统稳定可靠的工作电源，并且保持不间断供电。

4. 跟踪遥测指令分系统

跟踪遥测指令分系统包括遥测和指令两大部分，此外还有应用于卫星跟踪的信标发射设备。

遥测设备用各种传感器不断测得有关卫星的姿态及星内各部分工作状态的数据，并将这些信息发给地面的控制中心。

控制中心对接收到的卫星遥测信息进行分析和处理，然后发给卫星相应的控制指令。卫星接收到指令后，先存储然后通过遥测设备发回控制中心校对，当收到指令无误后，才将存储的指令送到控制分系统执行。

5. 控制分系统

控制分系统由一系列机械或电子的可控调整装置构成，完成对卫星的姿态、轨道、工作状态的调整。

第四节 全球导航卫星系统

GNSS（Global Navigation Satellite System），即全球导航卫星系统，它是所有在轨工作的卫星导航定位系统的总称。目前，GNSS 主要包括美国 GPS 全球定位系统、俄罗斯 GLO-NASS 全球导航卫星系统、中国 BDS 北斗卫星导航系统和欧盟 Galileo 卫星导航定位系统，以及 WASS 广域增强系统、EGNOS 欧洲静地卫星导航重叠系统、DORIS 星载多普勒无线电定轨定位系统、PRARE 精确距离及其变率测量系统、QZSS 准天顶卫星系统、GAGAN GPS 静地卫星增强系统、Compass 卫星导航定位系统和 IRNSS 印度区域导航卫星系统。本节专门叙述美国的 GPS 全球定位系统、中国 BDS 北斗卫星导航系统。

一、概述

导航（navigation）是实时地测定运动载体在途行进时的位置和速度，引导运动载体沿一定航线经济而安全地到达目的地。

卫星导航是接收导航卫星发送的导航定位信号，并以导航卫星作为动态已知点，实时地测定运动载体的在航位置和速度，进而完成导航。

卫星定位是通过用户接收机接收卫星发射的信号来测定测站的坐标过程。

导航卫星的坐标精度和时间精度都是地面用户测量的基础，如果卫星的位置和时间不准的话，那么地面用户得到的数据是不可能准确的，而导航卫星的时间基准必须依靠星载原子钟，所以原子钟是导航卫星最关键的核心设备。

二、卫星导航定位系统

（一）GPS 全球定位系统

美国从 1973 年开始筹建全球定位系统 GPS（Global Positioning System），在经过了方案论证、系统试验阶段后，于 1989 年开始发射正式工作卫星，历时 20 年耗资 200 亿美元，于 1994 年全面建成 GPS 系统，并投入使用。该系统主要由空间部分（21 颗卫星和 3 颗备份星，均匀分布 6 轨道面，高度 20000km，周期 12h）、控制部分（1 个主站、3 个注入站和 5 个监测站）和用户部分组成，它是具有在海、陆、空进行全方位实时三维导航与定位能力的新一代卫星导航定位系统。随着 GPS 系统的不断改进，硬、软件的不断完善，应用领域正在不断地开拓，目前已遍及国民经济各个部门，并开始深入人们的日常生活。

GPS 系统的主要特点是：第一，全球、全天候工作，能为用户提供连续实时的三维位置、三维速度和精密时间，且不受天气的影响。第二，定位精度高。单机定位精度优于 10m，采用差分定位，精度可达厘米级和毫米级。第三，功能多、应用广。GPS 不仅在测量、导航、测速、测时等方面得到广泛的应用，而且其应用领域还在不断扩大。

1. GPS 定位方法

GPS 定位的实质是根据 GPS 接收机与其所观测到的卫星之间的距离和观测卫星的空间位置来求取接收机的空间位置，而这些又是根据 GPS 卫星发出的导航电文计算出的包括位置、伪距、载波相位和星历等原始观测量，通过计算来完成的。根据计算 GPS 卫星到接收机距离的方法，大体可以分为伪距测量定位和载波相位测量定位两种基本定位方法。

（1）伪距测量定位。若测量到三颗卫星的"距离"，联立三个距离方程则可求得用户的三维位置。由于接收机的本机钟对星载原子钟存在偏差，因此所测"距离"不是卫星到接收机的真实距离，人们称之为伪距。为此，可以再测量一个到第 4 颗卫星的伪距，联立 4 个伪距离方程就可消除这个固定偏差求得用户的三维位置。

选取以地心为原点的直角坐标系，即 WGS-84 大地坐标系，根据高速运动的卫星瞬间位置作为已知的起算数据，采用空间距离后方交会的方法，确定待测点的位置。

如图 5-19 所示，假设 t 时刻在地面待测点上安置 GPS 接收机，可以测定 GPS 信号到达接收机的时间 Δt，再加上接收机所接收到的卫星星历等其他数据可以确定以下 4 个方程式

$$
\begin{aligned}
&[(x_1-x)^2+(y_1-y)^2+(z_1-z)^2]^{1/2}+c(\delta_t^1-\delta_t^0)=d_1 \\
&[(x_2-x)^2+(y_2-y)^2+(z_2-z)^2]^{1/2}+c(\delta_t^2-\delta_t^0)=d_2 \\
&[(x_3-x)^2+(y_3-y)^2+(z_3-z)^2]^{1/2}+c(\delta_t^3-\delta_t^0)=d_3 \\
&[(x_4-x)^2+(y_4-y)^2+(z_4-z)^2]^{1/2}+c(\delta_t^4-\delta_t^0)=d_4
\end{aligned}
\tag{5-18}
$$

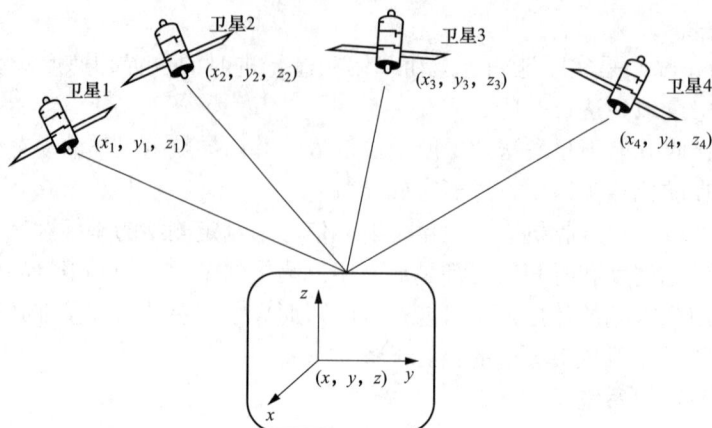

图 5-19　GPS 伪距法定位示意图

上述 4 个方程式中待测点坐标 x、y、z 和接收机的钟差 δ_t^0 为未知参数，其中 $d_j = c\Delta t^j (j=1、2、3、4)$，$j$ 为接收卫星的编号。$d_j (j=1、2、3、4)$ 分别为卫星 1、卫星 2、卫星 3、卫星 4 到接收机之间的伪距距离。$\Delta t^j (j=1、2、3、4)$ 分别为卫星 1、卫星 2、卫星 3、卫星 4 的信号到达接收机所经历的时间。c 为 GPS 信号的传播速度（即光速）。

4 个方程式中各个参数意义如下：

x、y、z 为待测点坐标的空间直角坐标。

x_j、y_j、$z_j (j=1、2、3、4)$ 分别为卫星 1、卫星 2、卫星 3、卫星 4 在时刻的空间直角坐标，可由卫星导航电文求得。$\delta_t^j (j=1、2、3、4)$ 分别为卫星 1、卫星 2、卫星 3、卫星 4 的卫星钟的钟差，由卫星星历提供。

由以上 4 个方程即可解算出待测点的坐标 x、y、z 和接收机的钟差 δ_t^0。事实上，接收机往往可以锁住 4 颗以上的卫星，这时，接收机可按卫星的星座分布分成若干组，每组 4 颗，然后通过算法挑选出误差最小的一组用作定位，从而提高精度。这就是伪距测量定位原理。

（2）载波相位测量定位。利用测距码测量伪距是全球定位系统的基本测距方法，然而有时候利用测距码测量伪距的精度不能满足精密测量的要求，厘米级甚至毫米级的测量精度必须利用载波相位测量。据推算，如果测距码的测量精度取至测距码波长的 1/100，则伪距测量的测距精度对粗测距捕获码 C/A 码而言为 3m 左右，对精码 P 码而言为 30cm，因此，考虑把载波作为测量信号。因为载波的波长更短（$L_1 = 1575.42\text{MHz}$，$\lambda_1 = 19\text{cm}$；$L_2 = 1227.6\text{MHz}$，$\lambda_2 = 24\text{cm}$），这样可以达到更高的测距精度，目前的测地型接收机的载波相位测距精度一般为 1~2mm，有的精度更高。

为了获得卫星到接收机的距离，接收机需要在同一时刻测量载波在卫星和接收机处的相位，然后再计算二者相位差。

载波相位测量是测定 GPS 载波信号在传播路程上的相位变化值，以确定信号传播的距离。

由于载波信号是具有固定周期的正弦波，而且相位测量只能测出一周以内的相位值，因此，在载波相位测量中，任意时刻都存在整周期不确定问题。为解决这个问题，在 GPS 接收机中增加了整周计算器对整周进行计数，但初始时刻的整周期数仍无法直接确定，只能作

为未知数通过其他数据处理方法获得，称为整周模糊度求解。（扫第五章二维码了解整周模糊度求解）

　　为解决任意时刻整周期不确定问题，GPS接收机中增加了整周计算器对整周进行计数，只要卫星信号连续，就可以确定初始时刻到观测结束时刻的载波相位整周数。如图5-20所示，在初始 t_0 时刻，测得小于一周的相位差为 $\Delta\varphi(t_0)$，是不足一周的小数（为方便计算，均以周为单位，一周对应360°的相位变化，在距离上对应一个载波波长），其整周数为 N_0^j，此时第 j 号卫星信号的相位变化值应为

$$\Delta\varphi^j(t_0)=\Delta\varphi(t_0)+N_0^j \qquad (5\text{-}19)$$

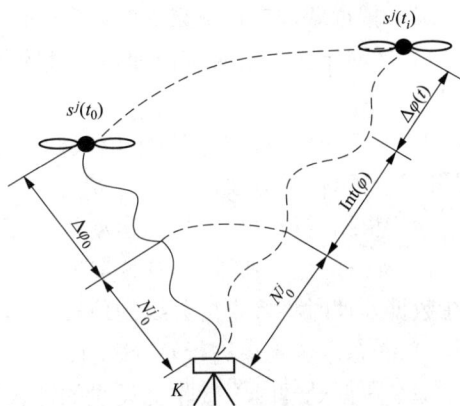

图5-20　相位观测和整周模糊度

　　当接收机连续跟踪第 j 号卫星信号到 t_i 时刻，不断测定小于一周的相位差 $\Delta\varphi$，并利用整周计数器记录从 t_0 到 t_i 时间内的整周数变化量 $\mathrm{Int}(\varphi)$，则在 t_i 时刻第 j 号卫星信号的相位变化值为

$$\Delta\varphi^j(t_i)=\Delta\varphi(t_i)+\mathrm{Int}(\varphi)+N_0^j \qquad (5\text{-}20)$$

　　伪距应为

$$d_j=[\Delta\varphi(t_i)+\mathrm{Int}(\varphi)+N_0^j]\lambda \qquad (5\text{-}21)$$

式中：d_j 为卫星到接收机的伪距；λ 为信号的波长。式（5-21）为载波相位测量基本方程。通过相位变化值的测量，可得到卫星到接收机的伪距，代入伪距方程组可实现定位。

　　2. GPS定位方法分类

　　GPS定位的方法是多种多样的，用户可以根据不同的用途采用不同的定位方法。GPS定位方法可依据不同的分类标准，做如下划分。

　　（1）根据定位所采用的观测值。

　　1）伪距定位。由于所测距离总含有一个固定的用户钟偏差，即为伪距，所以伪距法由此得来，伪距法所采用的观测值为GPS伪距观测值，既可以是C/A码伪距，也可以是P码伪距。伪距定位的优点是数据处理简单，对定位条件的要求低，不存在整周模糊度的问题，可以非常容易地实现实时定位，一般用于车船等的概略导航定位；其缺点是观测值精度低，一般情况下P码伪距测量精度为±0.2m，C/A码伪距在±2m左右。

　　2）载波相位定位。所采用的观测值为GPS的载波相位观测值，即载波L1（1575.42MHz）、载波L2（1227.60MHz）或它们的某种线性组合。载波相位定位的优点观测值的精度高，一般情况下可达±1mm或±2mm；其缺点是数据处理过复杂，存在周模糊度的问题。

　　（2）根据定位的模式。

　　1）绝对定位。绝对定位又称为单点定位，这是一种采用一台接收机进行定位的模式，它所确定的是接收机天线的绝对坐标。这种定位模式的特点是作业方式简单，可以单机作业。绝对定位一般用于实时导航和精度要求不高的应用中。

　　2）相对定位。相对定位又称为差分定位，这种定位模式采用两台以上的接收机，同时

对一组相的卫星进行观测，以确定接收机天线间的相互位置关系。它既可采用伪距观测量也可采用相位观测量，相位观测量常用于大地测量或工程测量等领域。

（3）根据获取定位结果的时间。

1）实时定位。实时定位即根据接收机观测到的数据，实时地解算出接收机天线所在的位置。

2）非实时定位。非实时定位又称后处理定位，它是通过对接收机接收到的数据进行后处理以进行定位的方法。

（4）根据定位时接收机的运动状态。

1）动态定位。在进行 GPS 定位时，接收机的天线在整个观测过程中的位置是变化的，即在数据处理时将接收机天线的位置作为一个随时间变化的变量。

2）静态定位。在进行 GPS 定位时，接收机的天线在整个观测过程中的位置是保持不变的，即在数据处理时将接收机天线的位置作为一个不随时间变化的量。在测量中静态定位一般用于高精度的测量定位，其具体观测模式是多台接收机在不同的测站上进行静止同步观测，时间为几分钟、几小时甚至数十小时不等。

3. GPS 定位误差

在 GPS 定位过程中主要存在着三部分误差：第一部分是对每一个用户接收机所公有的，例如卫星钟误差、星历误差、电离层误差、对流层误差等；第二部分是不能由用户测量或由校正模型来计算的传播延迟误差；第三部分是各用户接收机所固有的误差，例如内部噪声、通道延迟、多径效应等。

使用民用 GPS 时，由于卫星运行轨道、卫星时钟存在误差，大气对流层、电离层对信号的影响，因此其定位精度不高。若利用差分 GPS（DGPS）技术，将一台 GPS 接收机安置在基准站上进行观测，根据基准站已知精密坐标，计算出基准站到卫星的距离改正数，并由基准站实时将这一数据发送出去。用户接收机在进行 GPS 观测的同时，也接收到基准站发出的改正数，并对其定位结果进行改正。这样，第一部分误差完全可以消除；第二部分误差大部分可以消除，其主要取决于基准接收机和用户接收机的距离；第三部分误差则无法消除。目前，伪距差分法应用最为广泛，如沿海广泛使用的"信标差分"。而载波相位差分（Real Time Kinematic，RTK）技术，现在大量应用于动态需要高精度位置的领域。在精度要求高、接收机间距离较远时（大气有明显差别），采用双频接收机可以根据两个频率的观测量抵消大气中电离层误差的主要部分。

此外，提高精度的技术有联测定位技术、伪卫星技术、无码 GPS 技术、GPS 测量技术、精密星历使用技术、GPS/GLONASS 组合接收技术和 GPS 组合导航技术等。

4. GPS 的组成

GPS 包括三大部分：空间部分——GPS 卫星星座；地面控制部分——地面监控系统；用户设备部分——GPS 信号接收机。

（1）空间部分。

1）GPS 卫星星座。GPS 工作卫星及其星座由 21 颗工作卫星和 3 颗在轨备用卫星组成，记作（21＋3）GPS 星座。24 颗卫星均匀分布在 6 个轨道平面内，轨道倾角为 $55°$，各个轨道平面之间相距 $60°$，即轨道的升交点赤经各相差 $60°$。每个轨道平面内各颗卫星之间的升交角距相差 $90°$，一轨道平面上的卫星比西边相邻轨道平面上的相应卫星超前

30°，如图 5-21 所示。

在约 20200km 高空的 GPS 卫星，当地球对恒星自转一周时，它们绕地球运行两周，即绕地球一周的时间为 12h。这样，对于地面观测者来说，每天将提前 4min 见到同一颗 GPS 卫星。位于地平线以上的卫星颗数随着时间和地点的不同而不同，最少可见到 4 颗，最多可见到 11 颗。在用 GPS 信号导航定位时，为了计算测站的三维坐标，必须观测 4 颗 GPS 卫星，称为定位星座。

2）GPS 卫星。

GPS 卫星的作用：发送用于导航定位的信号，或用于其他特殊用途。

图 5-21　GPS 卫星星座

GPS 卫星主要设备：原子钟（两台铯钟、两台铷钟）、信号生成与发射装置。

GPS 卫星是由洛克韦尔国际公司空间部研制的，有试验卫星（Block I）和工作卫星（Block II）两种类型。第一代卫星现已停止工作，目前使用的是第二代工作卫星。卫星重 774kg（包括 310kg 燃料），采用铝蜂巢结构，主体呈柱形，直径为 1.5m。星体两侧装有两块双叶对日定向太阳能电池帆板，全长 5.33m，接收日光面积为 $7.2m^2$。对日定向系统控制两翼帆板旋转，使板面始终对准太阳，为卫星不断提供电力，并给三组 15Ah 的镉镍蓄电池充电，以保证卫星在星蚀时能正常工作。在星体底部装有多波束定向天线，这是一种由 12 个单元构成的成形波束螺旋天线阵，能发射载波 L1 和 L2 的信号，其波束方向图能覆盖约半个地球。在星体两端面上装有全向遥测遥控天线，用于与地面监控网通信。此外，卫星上还装有姿态控制系统和轨道控制系统，工作卫星的设计寿命为 7 年。从试验卫星的工作情况看，一般都能超过或远远超过设计寿命。

3）GPS 信号。用于导航定位的 GPS 信号由载波（L1 和 L2）、导航电文和测距码［C/A 码、P（Y）码］三部分组成。

GPS 卫星发射两种频率的载波信号，即频率为 1575.42MHz 的 L1 载波和频率为 1227.60MHz 的 L2 载波，它们的频率分别为基本频率 10.23MHz 的 154 倍和 120 倍，它们的波长分别为 19.03cm 和 24.42cm。在 L1 和 L2 上又分别调制着多种信号，这些信号主要有 C/A 码、P 码、Y 码和导航信息。

C/A 码：又称为粗捕获码，它被调制在 L1 载波上，是 1.023MHz 的伪随机噪声码（PRN 码），其码长为 1023 位，序列持续时间为 1ms，码间距为 1ps，相当于 300m。由于每颗卫星的 C/A 码都不一样，因此经常用它们的 PRN 号来区分它们。C/A 码是普通用户用以测定测站到卫星间距离的主要的信号。

P 码：又称为精码，它被调制在 L1 和 L2 载波上，是 10.23MHz 的伪随机噪声码，码间距 0.1ps，相当于 30m。在实施 AS 时，P 码与 W 码进行模二相加生成保密的 Y 码，此时，一般用户无法利用 P 码来进行导航定位。

导航信息：被调制在 L1 载波上，其信号频率为 50Hz，包含有 GPS 卫星的轨道参数、卫星钟改正数和其他一些系统参数。用户一般需要利用此导航信息来计算某一时刻 GPS 卫

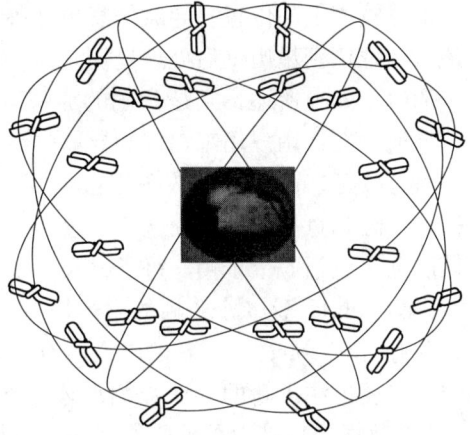

星在地球轨道上的位置。导航信息也被称为广播星历（预报星历），它是一种卫星星历，另外还有一种精密星历（后处理星历）。

Y 码：如上所述，它是 P 码的加密型。

导航电文：用户用来定位和导航的数据基础。它包含卫星星历、工作状况、时钟改正电离层时延改正、大气折射改正以及 C/A 码、P 码等导航信息。其导航电文的格式是主帧、子帧、字码和页码，每主帧电文长度为 1500bit，播送速率为 50b/s，发播一电文需要 30s；每帧航电文包括 5 个子帧，每子帧长 6s，共含 300bit；第 1、2、3 子帧各有 10 个字码，每个字码为 30bit，这 3 个子帧的内容每 30s 重复一次，每小时更新一次；第 4、5 子帧各有 25 页，共有 15000bit；一完整的电文共有 37500bit，要 750s 才能传送完，时长达 12.5min，其内容仅在卫星注入新的导航数据后才更新。导航电文中的内容主要有遥测码，转换码，第 1、2、3 数据块，其中最重要的则为星历数据。

（2）地面控制部分。GPS 的地面控制部分（地面监测系统）由 1 个主控站、3 个注入站和 5 个跟踪站组成，其作用是监测和控制卫星运行，编算卫星星历，形成导航电文，保持系统时间，如图 5-22 所示。

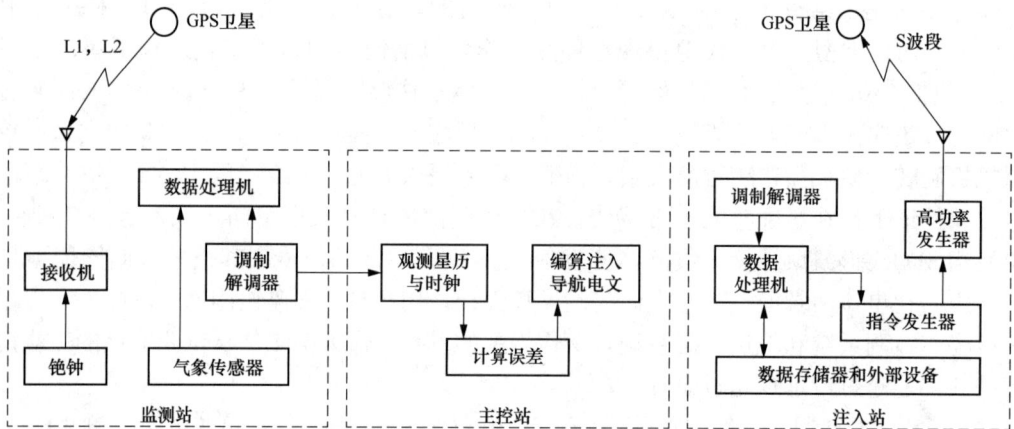

图 5-22　地面监测系统框图

1）主控站（1 个）。主控站的作用是收集各检测站的数据，编制导航电文，监控卫星状态；通过注入站将卫星星历注入卫星，向卫星发送控制指令；卫星维护与异常情况的处理。地点位于美国科罗拉多州法尔孔空军基地。

主控站将编辑的卫星电文传送到位于三大洋的三个注入站，定时将这些信息注入各个卫星，然后由 GPS 卫星发送给广大用户，这就是所用的广播星历。另外，主控站也具有监控站的功能。

2）注入站（3 个）。注入站的作用是将导航电文注入 GPS 卫星。地点位于阿松森群岛（大西洋）、迪戈加西亚（印度洋）和卡瓦加兰（太平洋）。

3）跟踪站（5 个）。跟踪站的作用是接收卫星数据，采集气象信息，并将所收集到的数据传送给主控站。地点位于美国本土（科罗拉多州的主控站、夏威夷）和三大洋的美军基地上的三个注入站。

跟踪站又称监测站，每个监测站配有 GPS 接收机，对每颗卫星长年连续不断地进行观测，每 6s 进行一次伪距测量和积分多普勒观测，采集气象要素等数据。监测站是一种无人值守的数据采集中心，受主控站的控制，定时将观测数据送往主控站，保证了全球 GPS 定轨的精度要求，由这 5 个监测站提供的观测数据形成了 GPS 卫星实时发布的广播星历。

（3）用户设备部分。GPS 的用户设备部分由 GPS 信号接收机（包括硬件和机内软件）、GPS 非实时数据后处理软件及相应的用户设备如计算机气象仪器等所组成，其作用是接收 GPS 卫星所发出的信号，利用这些信号进行导航定位工作。

GPS 信号接收机的任务：能够捕获到按一定卫星高度截止角所选择的待测卫星的信号，并跟踪这些卫星的运行，对所接收到的 GPS 信号进行变换、放大和处理，以便测量出 GPS 信号从卫星到接收机天线的传播时间，解译出 GPS 卫星所发送的导航电文，实时地计算出测站的三维位置，甚至三维速度和时间。

GPS 接收机的结构分为天线单元和接收单元两大部分。对于测地型接收机来说，两个单元一般分成两个独立的部件，观测时将天线单元安置在测站上，接收单元置于测站附近的适当地方，用电缆线将两者连接成一个整机。也有的将天线单元和接收单元制作成一个整体，观测时将其安置在测站点上，如图 5-23 所示。

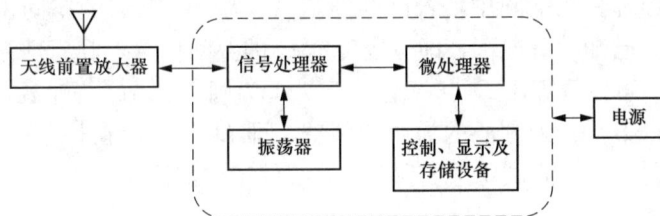

图 5-23　GPS 信号接收机框图

GPS 系统的用户是非常隐蔽的，由于它是一种单程系统，用户只接收而不必发射信号，因此用户的数量也不受限制。虽然 GPS 系统一开始是为军事目的而建立的，但很快在民用方面得到了极大的发展，各类 GPS 接收机和处理软件纷纷涌现。目前，在中国市场上出现的接收机主要有 NovAtel、ASHTECH、TRIMBLE、GARMIN 和 CMC 等。能对两个频率进行观测的接收机称为双频接收机，只能对一个频率进行观测的接收机称为单频接收机，它们在精度和价格上均有较大的区别。

GPS 系统针对不同用户提供两种不同类型的服务，一种是标准定位服务（Standard Positioning Service，SPS），另一种是精密定位服务（Precision Positioning Service，PPS）。这两种不同类型的服务分别由两种不同的子系统提供，SPS 由标准定位子系统（Standard Positioning System，SPS）提供，PPS 则由精密定位子系统（Precision Positioning System，PPS）提供。SPS 主要面向全世界的民用用户，PPS 主要面向美国及其盟国的军事部门以及民用的特许用户。

（二）北斗卫星导航系统（BDS）

北斗卫星导航系统（以下简称北斗系统）是我国着眼于国家安全和经济社会发展需要，自主建设、独立运行的卫星导航系统，是为全球用户提供全天候、全天时、高精度的定位、导航和授时服务的国家重要空间基础设施。它与美国全球定位系统（GPS）、俄罗斯全球导航卫星系统（GLONASS）和欧盟伽利略定位系统（Galileo）并称为全球四大卫星导航系统。

北斗系统的发展目标是建设世界一流的卫星导航系统，满足国家安全与经济社会发展需求，为全球用户提供连续、稳定、可靠的服务；发展北斗产业，服务经济社会发展和民生改善；深化国际合作，共享卫星导航发展成果，提高全球卫星导航系统的综合应用效益。

我国坚持和遵循"自主、开放、兼容、渐进"的建设原则发展北斗系统。

（1）自主。坚持自主建设、发展和运行北斗系统，具备向全球用户独立提供卫星导航服务的能力。

（2）开放。免费提供公开的卫星导航服务，鼓励开展全方位、多层次、高水平的国际合作与交流。

（3）兼容。提倡与其他卫星导航系统开展兼容与互操作，鼓励国际合作与交流，致力于为用户提供更好的服务。

（4）渐进。分步骤推进北斗系统的建设发展，持续提升北斗系统服务性能，不断推动卫星导航产业全面、协调和可持续发展。

北斗系统是一个大型的航天系统，技术复杂、规模庞大，其建设应用也将开启我国航天事业的新征程，并将对维护我国国家安全、推动经济社会科学文化全面发展提供重要保障。

1. BDS 定位方法

（1）空间定位原理。在空间中，若已经确定 A、B、C 三点的空间位置，且第四点 D 到上述三点的距离皆已知的情况下，即可以确定 D 的空间位置，其原理为：因为 A 点位置和 AD 间距离已知，可以推算出 D 点一定位于以 A 为圆心、AD 为半径的圆球表面，按照此方法又可以得到以 B、C 为圆心的另两个圆球，即 D 点一定在这三个圆球的交汇点上，即三球交会定位。北斗系统的试验系统和正式系统的定位都依靠此原理。

（2）有源与无源定位。

1）有源定位。当卫星导航系统使用有源时间测距来定位时，用户终端通过导航卫星向地面控制中心发出一个申请定位的信号，之后地面控制中心发出测距信号，根据信号传输的时间得到用户与两颗卫星的距离。除了这些信息外，地面控制中心还有一个数据库，为地球表面各点至地球球心的距离，当认定用户也在此不均匀球面的表面时，三球交会定位的条件已经全部满足，控制中心可以计算出用户的位置，并将信息发送到用户的终端。北斗系统的试验系统完全基于此技术，而之后的北斗卫星导航系统除了使用新的技术外，也保留了这项技术。

2）无源定位。当卫星导航系统使用无源时间测距来定位时，用户接收至少 4 颗导航卫星发出的信号，根据时间信息可获得距离信息，根据三球交汇的原理，用户终端可以自行计算其空间位置。此即为 GPS 所使用的技术，北斗卫星导航系统也使用了此技术来实现全球的卫星定位。

（3）定位精度。参照三球交会定位的原理，根据三颗卫星到用户终端的距离信息，再依据三维的距离公式就可以列出三个方程得到用户终端的位置信息，即理论上使用三颗卫星就可达成无源定位，但由于卫星时钟和用户终端使用的时钟间一般会有误差，而电磁波以光速传播，微小的时间误差将会使得距离信息出现巨大失真，实际上应当认为时钟差距不是 0 而是一个未知数 t，如此方程中就有 4 个未知数，即客户端的三维坐标 $(X，Y，Z)$，以及时钟差距 t，故需要 4 颗卫星来列出 4 个关于距离的方程式，最后才能求得答案，即用户端所在的三维位置，根据此三维位置可以进一步换算为经纬度和海拔。

若空中有足够的卫星，用户终端可以接收多于 4 颗卫星的信息时，可以将卫星每组 4 颗分为多个组，列出多组方程后通过一定的算法挑选误差最小的那组结果，能够提高精度。

若卫星钟有 1ns 时间误差，会产生 30cm 距离误差。尽管卫星采用的是非常精确的原子钟，还是会累积较大误差，因此地面工作站会监视卫星时钟，并将结果与地面上更大规模的更精确的原子钟比较，得到误差的修正信息，最终用户通过接收机可以得到经过修正后的更精确的信息。当前有代表性的卫星用原子钟大约有数纳秒的累积误差，产生大约 1m 的距离误差。

总之，由于卫星运行轨道、卫星时钟存在误差，大气对流层、电离层对信号的影响，民用的定位精度只有数十米量级。为提高定位精度，普遍采用差分定位技术（如 DGPS、DGNSS），建立地面基准站（差分台）进行卫星观测，利用已知的基准站精确坐标，与观测值进行比较，从而得出一修正数，并对外发布。接收机收到该修正数后，与自身的观测值进行比较，消去大部分误差，得到一个比较准确的位置。试验表明，利用差分定位技术，定位精度可提高到米级。

2. BDS 的组成

北斗系统由空间段、地面段和用户段组成。

（1）空间段。北斗一号系统于 1994 年启动建设，空间段由三颗卫星提供区域定位服务，其中两颗工作卫星定位于东经 80°和 140°赤道上空，另有一颗是位于东经 110.5°的备份卫星，可在某工作卫星失效时予以接替。从 2000 年开始，该系统形成区域有源服务能力，主要在我国境内提供导航服务。

北斗二号系统于 2004 年启动建设，空间段是一个包含 16 颗卫星的全球卫星导航系统，分别为 6 颗静止轨道卫星、6 颗倾斜地球同步轨道卫星、4 颗中圆地球轨道卫星。其中 14 颗组网并提供服务，分别为 5 颗静止轨道卫星、5 颗倾斜地球同步轨道卫星（均在倾角 55°的轨道面上）、4 颗中圆地球轨道卫星（均在倾角 55°的轨道面上）。从 2012 年 11 月开始该系统形成区域有源服务能力，主要在亚太地区为用户提供区域定位服务。

北斗三号系统于 2009 年启动建设，2018 年年底，完成 19 颗卫星发射组网，完成基本系统建设，向全球提供服务；2020 年 6 月 23 日，在西昌卫星发射中心用长征三号乙运载火箭，成功发射北斗系统第 55 颗导航卫星暨北斗三号最后一颗全球组网卫星。2020 年 7 月 31 日，北斗三号系统正式开通。

在北斗三号系统的 30 颗组网卫星中，有 24 颗在中圆地球轨道，轨道高度 21528km、轨道倾角为 55°，它们均匀分布在 3 个轨道面上，是卫星导航的主力；地球静止轨道卫星，也就是 GEO 卫星，共有 3 颗，轨道高度 35786km，轨道倾角为 0°，轨道平面和赤道平面重合，卫星与地面的位置相对不变，与地球自转同步。可以理解为，这 3 颗星始终在我们的头顶上，便于实现区域服务；倾斜地球同步轨道卫星，也就是 IGSO 卫星，也是 3 颗，轨道高度与地球静止轨道卫星相同，不同的是，它们的轨道倾角是 55°，同样始终聚焦亚太地区，运行轨迹点就像是在跳"8"字舞。

在信号体制上，除了继续播发北斗二号系统的信号 B1I、B3I（B2I 信号不再播发），还增加了两个兼容互操作性能更强的信号 B1C、B2a，其中 B1C（1575.420MHz）信号与 GPS 的 L1 信号以及 Galileo 的 E1 信号兼容互操作，B2a（1176.450MHz）信号与 GPS 的 L5C 信号以及 Galileo 的 E5a 信号兼容互操作。

北斗三号系统的 30 颗卫星都提供定位导航授时、短报文通信、国际搜救三大全球服务。其中，24 颗 MEO 卫星是承载全球服务的核心星座，GEO 卫星和 IGSO 卫星的存在，使得北斗系统在亚太地区性能更优。另外，GEO 卫星还提供短报文通信、星基增强、精密单点定位三种区域服务。

北斗导航卫星的工作频率如下。系统在 L、S 频段发播导航信号，L 频段 B1、B2 和 B3 三个频点上发射开放和授权服务信号空间段构成。

B1：1559.052～1591.788MHz（GPS：$L1=1575.42$MHz）

B2：1166.22～1217.37MHz

B3：1250.618～1286.423MHz（GPS：$L2=1227.6$MHz）

（2）地面段。地面段由主控站、注入站和监测站组成，主控站用于系统运行管理与控制等。主控站的主要任务是收集各个监测站的观测数据，进行数据处理，生成卫星导航电文、广域差分信息和完好性信息，完成任务规划与调度，实现系统运行控制与管理等。

注入站的主要任务是在主控站的统一调度下，完成卫星导航电文、广域差分信息和完好性信息注入，以及有效载荷的控制管理。

监测站对导航卫星进行连续跟踪、监测，接收导航信号，发送给主控站，为卫星轨道确定和时间同步提供观测数据。

（3）用户段。用户段即用户的终端，由各类北斗用户终端组成，即用于 BDS 的信号接收机，接收机需要捕获并跟踪卫星的信号，根据数据按一定的方式进行定位计算，最终得到用户的经纬度、高度、速度和时间等信息。北斗用户机具有兼容 GPS、GLONASS、Galileo 的功能。我国已研制了多种"北斗"导航卫星定位终端，提供给不同用户使用，如车载型用户机、舰载型用户机、定时型用户机、通信型用户机、便携式用户机和指挥型用户机等。

1）BDS 工作体制。BDS 采用卫星无线电测定（RDSS）与卫星无线电导航（RNSS）集成体制，既能像 GPS、GLONASS、Galileo 系统一样为用户提供卫星无线电导航服务，又具有位置报告及短报文通信功能。

2）BDS 服务类型及性能指标。系统提供开放服务和授权服务，其中，开放服务面向全球范围、定位精度为 10m、授时精度为 20ns、测速精度为 0.2m/s；授权服务包括全球范围更高性能的导航定位服务，以及亚太地区的广域差分服务和短报文通信服务，其中，广域差分服务精度为 1m，短报文通信服务能力每次 120 个汉字。

3）BDS 信号传输。BDS 使用码分多址技术，与 GPS 和 Galileo 两系统一致，而不同于 GLONASS 系统的频分多址技术。两者相比，码分多址有更高的频谱利用率，在 L 波段的频谱资源非常有限的情况下，选择码分多址是更妥当的方式。此外，码分多址的抗干扰性能以及与其他卫星导航系统的兼容性能更佳。在 BDS 中，L 波段和 S 波段发送导航信号，在 L 波段的 B1、B2、B3 频点上发送服务信号，包括开放的信号和需要授权的信号。

4）时间系统与坐标系统。BDS 的系统时间称北斗时（BDT）。北斗时属原子时，起算历元时间是 2006 年 1 月 1 日 0 时 0 分 0 秒（UTC 协调世界时）。BDT 溯源到我国协调世界时 UTC（NTSC，国家授时中心），与 UTC 的时差控制准确度小于 100ns。北斗一号系统的卫星原子钟是由瑞士进口，北斗二号系统的星载原子钟逐渐开始使用国产原子钟，从 2012 年起，北斗系统已经开始全部使用国产原子钟，其性能与进口产品相当。BDS 采用中国 2000 大地测量坐标系统（CGS2000）。

3. BDS 的功能

（1）BDS 系统功能。

1）短报文通信。北斗系统用户终端具有双向报文通信功能，用户可以一次传送 40～60

个汉字的短报文信息，可以达到一次传送 120 个汉字的信息。该功能在远洋航行中有重要的应用价值。

2）精密授时。北斗系统具有精密授时功能，可向用户提供 20～100ns 时间同步精度。

3）定位精度。水平精度 100m（1σ），设立标校站之后为 20m（类似差分状态），广域差分服务精度 1m。工作频率为 2491.75MHz。

4）最大用户数。系统容纳的最大用户数为 540000 户/h。

（2）BDS 军用功能。BDS 的军用功能与 GPS 类似，如运动目标的定位导航，为缩短反应时间的武器载具发射位置的快速定位，人员搜救、水上排雷的定位需求等。

BDS 的军用功能意味着可主动进行各级部队的定位，也就是说各级部队一旦配备 BDS，除了可供自身定位导航外，高层指挥部也可随时通过北斗系统掌握部队位置，并传递相关命令，对任务的执行有相当大的助益。

（3）BDS 民用功能。

1）个人位置服务。当人们进入不熟悉的地方时，可以使用装有北斗卫星导航接收芯片的手机或车载卫星导航装置找到要走的路线。

2）气象应用。北斗导航卫星气象应用的开展，可以促进我国天气分析和数值天气预移动卫星通信系统气候变化监测和预测，也可以提高空间天气预警业务水平，提升我国气象防灾减灾能力。

3）道路交通管理。卫星导航将有利于减缓交通阻塞，提升道路交通管理水平。通过在车辆上安装卫星导航接收机和数据发射机，车辆的位置信息就能在几秒钟内自动转发到中心站。这些位置信息可用于道路交通管理。

4）铁路智能交通。卫星导航将促进传统运输方式实现升级与转型。例如，在铁路运输领域通过安装卫星导航终端设备，可极大缩短列车行驶间隔时间，降低运输成本，有效提高运输效率。未来，北斗系统将提供高可靠、高精度的定位、测速、授时服务，促进铁路交通的现代化，实现传统调度向智能交通管理的转型。

5）海运和水运。海运和水运是全世界最广泛的运输方式之一，也是卫星导航最早应用的领域之一。在世界各大洋和江河湖泊行驶的各类船舶大多都安装了卫星导航终端设备，使海上和水路运输更为高效和安全。北斗系统将在任何天气条件下，为水上航行船舶提供导航定位和安全保障。

6）航空运输。当飞机在机场跑道着陆时，最基本的要求是确保飞机相互间的安全距离。利用卫星导航精确定位与测速的优势，可实时确定飞机的瞬时位置，有效减小飞机之间的安全距离，甚至在大雾天气情况下，可以实现自动盲降，极大提高飞行安全和机场运营效率。

7）应急救援。卫星导航已广泛用于沙漠、山区、海洋等人烟稀少地区的搜索救援。在发生地震、洪灾等重大灾害时，救援成功的关键在于及时了解灾情并迅速到达救援地点。北斗系统除导航定位外，还具备短报文通信功能，通过卫星导航终端设备可及时报告所处位置和受灾情况，有效缩短救援搜寻时间，提高抢险救灾时效，大大减少人民生命财产损失。

8）指导放牧。2014 年 10 月，北斗系统开始在青海省牧区试点建设北斗卫星放牧信息化指导系统，主要依靠牧区放牧智能指导系统管理平台、牧民专用北斗智能终端和牧场数据采集自动站，实现数据信息传输，并通过北斗地面站及北斗星群中转、中继处理，实现草场牧草、牛羊的动态监控。

（4）BDS 发展特色。北斗系统的建设实践，实现了在区域快速形成服务能力、逐步扩展为全球服务的发展路径，丰富了世界卫星导航事业的发展模式。北斗系统具有以下特点：

1）北斗系统空间段采用三种轨道卫星组成的混合星座，与其他卫星导航系统相比高轨卫星更多，抗遮挡能力强，尤其低纬度地区性能特点更为明显。

2）北斗系统提供多个频点的导航信号，能够通过多信号组合使用等方式提高服务精度。

3）北斗系统创新融合了导航与通信能力，具有实时导航、快捷定位、精确授时、位置报告和短报文通信服务等诸多功能。

（三）BDS 的兼容性与其他卫星导航系统比较

北斗二号系统是 CNSS 的重要组成部分，其与 GPS、CLONASS 和 Galileo 的兼容性比较见表 5-3。

表 5-3　　　　　　　　　**北斗二号系统与 GPS、GLONASS、Galileo 的兼容性比较**

系统名称 系统参数	北斗二号系统（BDS）	GPS	GLONASS	Galileo
组网卫星数	5GEO＋30MEO	24MEO	24MEO	30MEO
轨道高度/km	35786，21500	20230	19100	23616
轨道平面数	3	6	3	3
轨道倾角/（°）	55	55	64.8	56
运行周期	12h55min	11h58min	11h15min	13h
星历数据表达方式	卫星轨道的开普勒根数	开普勒根数	直角坐标系中位置速度时间	开普勒根数
测地坐标系	中国 2000	WGS-84	PZ-90	WGS-84
时间系统	BDT	GPST	GLONASST	GPST
载波信号频率/MHz	B1：1561.098 B2：1207.140 B3：1268.520	L1：1575.42 L2：1227.6 L3：1176.45	L1：1602.5625～1615.5 L2：1240～1260	L1：1575.42 E5b：1207.140 E5a：1176.45
卫星识别	CDMA	CDMA	FDMA	CDMA
码钟率/（Mb/s）	2.046	1.023	0.0511	1.023
电波极化方式	右旋圆极化	右旋圆极化	右旋圆极化	右旋圆极化
调制方式	QPSK＋BOC	QPSK＋BOC	BPSK	BPSK＋BOC
数据速率/（b/s）	50500	50	50	501000

表 5-3 给出的参数表明：①4 个系统有共同的甚至相重合的载波信号频率，相同的右旋圆极化方式，可以采用相同的天线、预选器、低噪声前放大器；②4 个系统均为随机码扩频测距信号，可以设计兼容的基带处理芯片，实现对信号的捕获跟踪和伪距测量；③4 个系统均有相同的伪距定位原理和相同的定位算法；④卫星的轨道高度、倾角、运行周期基本一致，有相同的卫星位置算法，多普勒频率相同，载波和码跟踪算法一致；⑤北斗系统、GPS 和 Galileo 均采用 CDMA 卫星识别方式，只有 CLONASS 采用 FDMA 方式，有较复杂的频率综合器；⑥北斗系统与 Galileo 有相同的工作频率，兼容性更强，在接收机制造商更具兼容性，还能与 GPS 兼容。

第五节　卫星应急通信系统

由于卫星通信具有不受时间、地点、环境等多种因素的限制，开通时间短、传输距离远、通信容量较大、网络部署快、组网方式灵活、便于实现多址连接、通信成本与通信距离无关等诸多优点，可以实现图像话音和数据的实时双向传输，因此卫星通信已成为应急通信的重要通信手段，在应急通信中具有至关重要的作用。当灾害发生、常规地面通信遭到严重破坏，受灾地区急需上报灾情、外部急需了解灾区情况时，卫星应急通信系统将能够确保关键信息的传输，使上级能够根据灾情进行有效的指挥，减少损失。

一、卫星应急通信系统

常用的卫星应急通信系统有以下几种。

（1）卫星地面站。除卫星通信系统外，在地面站部署短波超短波电台，无线集群系统及数字图像传输系统，可以实现在交通中断的地区其通信覆盖范围内的指挥调度和部分公众通信，覆盖范围广，容量大，但投资及系统调试难度较大，且系统固定不能移动，适合作为临时指挥部，用于应急指挥调度、抢险部队通信、部分公众通信。

（2）应急通信车。应急通信车包括动中通及静中通，主要由现场图像采集处理分系统、计算机控制分系统、通信调度分系统、卫星通信分系统等部分组成。图像采集主要由车顶摄像机（带云台）、会议摄像机（可云镜控制）以及与之相配合的云台解码器、云台控制器等，实现现场视频内容的采集。通过配置车载图传系统，把信号传送到应急指挥中心。应急通信车设备齐全，使用方便，覆盖范围小，容量小，机动能力较强，可以作为车载指挥站，主要用于应急指挥调度。但当道路损毁时，其优势难以发挥。

（3）机动便携站。机动便携站具有自动对星、操作简便的特点。内嵌跟踪接收机、天线控制器、GPS模块和各种传感器，通过控制软件，可实现全自动模式工作，即自动展开、对星、收藏等。机动便携站使用方便，机动能力强，通过卫星链路将便携站覆盖范围内的信息如语音图像和数据上传。但由于体积和重量的限制，机动便携站功能有限，主要用于当道路损毁、车载站不能到达的地方时，将灾害现场的信息传递出来。

（4）卫星电话。卫星电话受终端及卫星资源限制，可使用用户少但实现应急通信最快速便捷，适合信息报送、指令下达。为了满足应急通信的需要，卫星应急通信系统应建设成以地面固定站为中心、以车载站及便携站为主，短波超短波、无线集群数字图传及卫星电话等多种通信方式互相融合的独立的通信系统。

二、卫星应急通信系统拓扑结构

根据应急通信的特点，一个完备的卫星应急通信系统应具有话音通信数据通信、图像通信、图像采编及显示、电视会议、网络监控和管理、GPS和地理信息显示等功能，配置多种通信手段，可满足多种场合、不同状态的应用需求。对卫星应急通信系统的要求可以归纳为以下几点：机动灵活、快速反应、稳定可靠、通信手段多样、独立成网。根据这些要求，卫星通信系统应向体制多样化、传输宽带化、管理简易化，卫星端站向体积小型化、质量轻型化、业务综合化、接入手段多元化、操作使用智能化的方向发展。

卫星应急通信系统多采用 TDMA、TDM/SCPC/DAMA 或 DVB/SCPC/TDMA 等通信体制，其中 SCPC 为单路单载波方式，DAMA（Demand-Assigned Multiple Access）是按需

求分配的多址连接。按需分配多址通信系统是一个根据话务量变化而自动调节的多址通信系统，技术先进、组网灵活，具有极好的经济效益。在专用卫星通信网中应用，可将原通信网的预配方式改为按需分配方式，从而使网内用户之间的通信极为灵活方便。同时，在相同话务量的前提下，又能节省大量的卫星信道地球站的信道设备。DVB（Digital Video Broadcasting）为数字影音广播。卫星应急通信系统可灵活地组成星状网、网状网或树状网，实现点对点或点对多点的卫星通信。

图 5-24 所示为某部局—卫星应急通信系统拓扑结构，该系统采用 DVB/SCPC/TDMA 通信体制，既可由部局网管中心授权各总队分中心站自行管理监控所辖区域内的车载站和便携站，也可由部局网管中心直接管理控制指挥灾害救援现场所有的固定站和移动卫星站，单跳直连，动态组网。

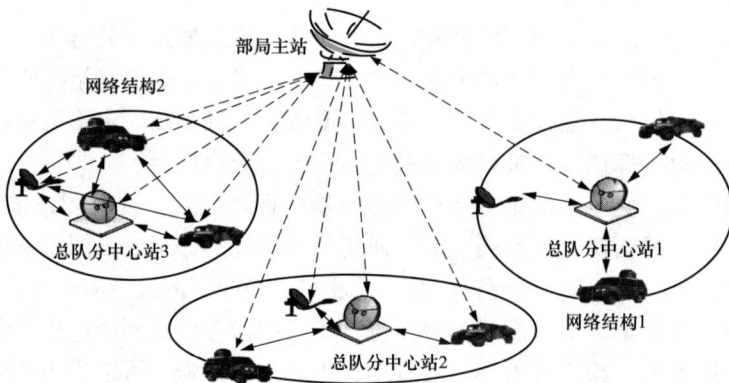

图 5-24　卫星应急通信系统拓扑结构

卫星应急通信系统一般主要由以下几部分组成：卫星通信分系统、图像采集传输及显示分系统、安全加密分系统、网络及计算机分系统、音视频分系统、无线通信分系统、设备监控管理分系统、辅助设备分系统、供电分系统等组成。

三、电力系统卫星应急通信系统

1. 电网业务接入方式

电网业务接入主要有两种，即 220kV 以上变电站调度电话和调度自动化，各业务接入方式如下。

（1）调度电话接入方式。由于目前卫星通信网提供的是全数字通道的 IP 交换平台，因此在传输链路上需采用 VOIP 技术，在近端及远端需配置相应的语音网关设备。

（2）调度自动化业务接入方式。正常情况下，调度数据传输业务应保障从变电站到局调度中心的双向自动化数据传输，在局端的前置机及远端的 RTU 均按异步数据接口方式接入，采用是 RS232 接口接入，即在卫星设备和 RTU 设备间配置一个远动网关设备，该设备直接提供 1 个或多个 RS232 接口，与 RTU 相连接，当某个变电站地面线路出现故障时，将便携站放置在该变电站，直接将 RTU 的 RS232 接口与远动网关设备连接，该设备可以将 RS232 数据转换以 IP 线路在卫星链路上传输。此外该远动网关设备还可提供另一个 IP 接口，连接调度数据网络由器，并在此远动网关设备上设置 NAT 内外网 IP 地址转换，实现内外网络由传输功能。此设备还可提供安全隔离和 VPN 功能，因此也可完全将卫星网络与地面网络分离开。

2. 电力应急系统组网方式

根据电网业务接入现状，某供电局的电力应急系统组网方式如图 5-25 所示，即正常时自动化业务接入采用 2M 专线（PCM 通道）和 IP 网络（调度数据网）通道，当发生灾变时，通道切换为业务系统直接接入远动安全网关设备，远动安全网关设备直接连入卫星通信系统，整个业务通道切换只需在远动安全网关设备做配置更改即可。

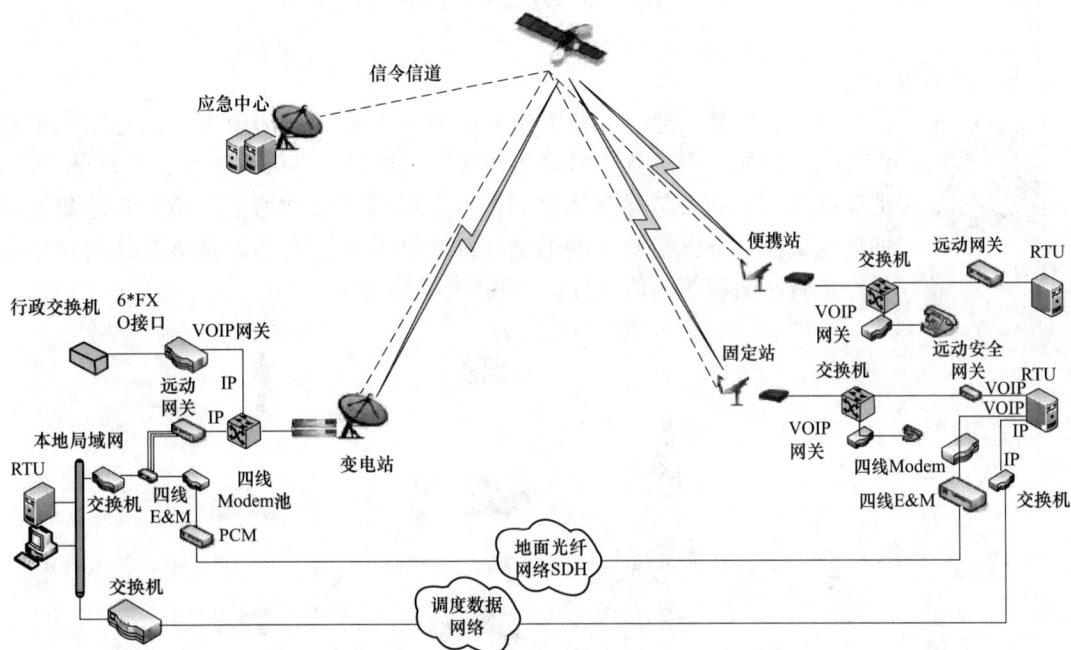

图 5-25　某供电局的电力应急系统组网方式

该供电局应急系统所采用的组网方式是利用运营商的主站系统组建卫星通信系统，分别在应急中心及某变电站建设地面端站架设天线。而便携站及动中通卫星车则可根据实际情况，在不同的地方随时实现移动数据的传送。数据通过天线实现数据的发送与接收，然后不同业务类型的数据通过相应的网关，如 VOIP 网关、远动网关等，传送给用户端。采用这种模式建立电力应急卫星通信系统具有良好的可扩展性，可以避免初期的巨大建设投资，具有可操作性。

第六章　移动通信技术

第一节　移动通信概述

一、移动通信概念

移动通信是指通信的双方中至少有一方是在移动中进行信息交换的通信方式。例如，固定点与移动体（汽车、轮船、飞机）之间、移动体之间、活动的人与人和人与移动体之间的通信都属于移动通信的范畴。这里所说的信息交换，不仅指双方的通话，随着移动通信的不断发展，还将包括数据、传真、图像等通信业务，如图 6-1 所示。

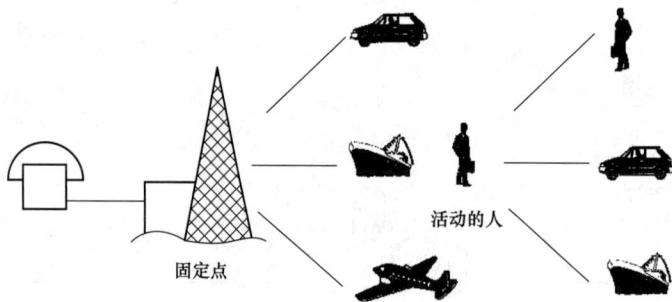

移动通信技术

图 6-1　移动通信

二、移动通信特点

（1）在移动通信（特别是陆上移动通信）中，移动台的不断运动导致接收信号强度和相位随时间、地点而不断变化，电波传播条件十分恶劣。只有充分研究电波传播的规律，才能进行合理的系统设计。

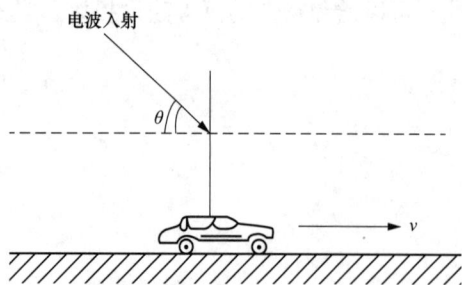

图 6-2　多普勒效应

（2）移动形成的多普勒频移将产生附加调制噪声。移动使电波传播产生多普勒效应，如图 6-2 所示。移动产生的多普勒频率为

$$f_d = \frac{v}{\lambda}\cos\theta \qquad (6-1)$$

式中：v 为移动速度；λ 为工作波长；θ 为电波入射角。

（3）在移动通信中，由于移动通信网是多电台、多波道通信系统，因而通信设备除受城市噪声（主要是车辆噪声）干扰外，电台干扰（同频干扰、互调干扰）较为突出，所以抗干扰措施在移动通信系统设计中显得尤为重要。

（4）移动通信，特别是陆地上移动通信的用户数量较大。为缓和用户数量大与可利用的频道数有限的矛盾，除开发新频段之外，还应采取各种有效利用频率的措施，如压缩频带、缩小波道间隔、多波道共用等，即采用频谱和无线频道有效利用技术。

（5）由于在广大区域内的移动台是不规则运动的，而且某些系统中不通话的移动台发射机是关闭的，与交换中心没有固定的联系，因此，要实现通信并保证质量，移动通信必须发展自己的交换技术，例如，位置登记技术、波道切换技术及漫游技术等。

（6）移动台应具有小型、轻量、低功耗和操作方便等优点。同时，在有振动和高、低温等恶劣的环境条件下，要求移动台能够稳定、可靠地工作。

三、移动通信分类

移动通信按用途、频段、制式及入网方式等不同，可以有不同的分类方法，按使用对象分，可分为军用、民用；按用途和区域分，可分为陆地、海上、空间；按经营方式分，可分为公众网、专用网；按网络形式分，可分为单区制、多区制、蜂窝制；按无线电频道工作方式分，可分为同频单工、异频单工、异频双工；按信号性质分，可分为模拟、数字；按调制方式分，可分为调频、调相及调幅等；按多址复接方式分，可分为频分多址（FDMA）、时分多址（TDMA）及码分多址（CDMA）。除按以上方式分类以外，还可以进行更详细的分类。例如，陆地移动通信系统又可分为公众移动通信系统、无线集群系统和无绳电话系统等。

陆上移动通信系统已成为移动通信领域中发展最快的分支。在一些国家中，蜂窝制公众移动电话系统已成为公众通信网极其重要的组成部分。

四、移动通信的工作方式

移动通信的工作方式为无线电通信，可分三种；设备按使用频率分四类。

（1）按无线电通信工作方式分类，可分为单向、双向及中继三种。

1）单向通信方式。单向通信方式是最简单、最原始的通信方式。它可以用两个移动无线电台为通话对象，一个发射，另一个接收。这种方式通常用于传达指令，指挥调度，也可以将基台（固定台）作为一方，移动台为另一方。

2）双向通信方式。双向通信方式双方都可以对话，基台或移动台都能发送和接收，如常见的对讲机。

3）中继通信方式。当两个用户距离较远，或者受到地形的影响，如被建筑物及高山阻挡时，可以通过中继转发台转发，以扩大移动通信的服务范围。

（2）按设备使用频率的方式分类，可分为单频、异频、双频及中继转发四种。

1）单频单工方式。一部收发信机使用一个频率，在发射时不能接收，接收时不能发射，也就是不能同时发射、接收。所以，这种方式称为单频单工方式。

2）异频单工方式。电台接收和发送的工作频率具有一定的间隔。如果基台一方采用具有双工器的全双工电台，移动台一方采用异频单工方式工作的系统，则称为半双工方式。

3）双频双工方式。双频双工电台可以同时发话和收话，就像市内电话一样。这种电台通常都用一副天线，在天线与收发信机之间接入天线共用器，以满足共用一副天线的要求。天线共用器的作用是将发射信号与接收信号隔离，发射机的输出功率通过天线共用器送到天线并发送出去，同时该天线接收到对方发射的信号并经过天线共用器送到接收机，这种工作方式的电台称为双工台。由于接收和发送是工作在两个有一定间隔的频率上，所以这种工作

方式也称为双频双工方式，

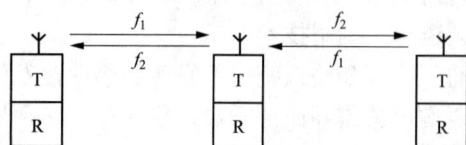

图 6-3　中继转发方式

4）中继转发方式。中继转发电台的工作方式是将接收到的信号，通过检波成为低频话音信号后，再加到发射机上去调制发射机，并按发射频率输出，以扩大通信距离。有的中继转发电台可以直接用中频信号转发，这种设备的话音质量要比低频转发的好。中继转发方式如图 6-3 所示。

五、移动通信发展史

（一）第一代通信技术（1G）

1978 年美国贝尔实验室成功研制出了第一个移动蜂窝电话系统——先进的移动电话系统（AMPS），二十世纪七八十年代，世界各国纷纷建立起以 AMPS 和全接入网通信系统（TACS）为代表的第一代移动通信系统。由于采用的是模拟技术和频分多址技术，第一代移动通信有很多不足之处，比如容量有限、制式太多、互不兼容、保密性差、通话质量不高、不能提供数据业务、不能提供自动漫游等。第一代移动通信有多种制式，我国主要采用 TACS。

（二）第二代通信技术（2G）

为解决 1G 存在的问题，在 20 世纪 90 年代，以数字技术、时分多址（TDMA）和码分多址（CDMA）技术为主体的第二代移动通信系统（2G）研制成功。与 1G 相比，2G 具有通话质量高、频谱利用率高和系统容量大并可进行省内、省际自动漫游等优点。第二代移动通信替代第一代移动通信系统完成模拟技术向数字技术的转变，但是它对定时和同步精度的要求高，并且系统带宽有限，无法承载较高数据速率的移动多媒体业务。

TDMA 体制的典型代表是欧洲的 GSM 系统，CDMA 体制的典型代表是美国的 IS-95 系统。

1993 年，我国第一个 GSM 系统建成开通。

（三）第三代通信技术（3G）

为了支持和实现较高速率的移动宽带多媒体业务，以码分多址（CDMA）技术为核心的第三代移动通信系统（3G）应运而生。相比于前两代移动通信系统，基于 Turbo 码和 CDMA 技术的第三代移动通信系统具有更大的系统容量、更好的通话质量和保密性，并且能够支持较高数据速率的多媒体业务。然而，仍受其带宽限制，3G 无法支持超高清视频等更高质量的多媒体业务。

2000 年 5 月，国际电信联盟（ITU）发布了官方第三代移动通信（3G）标准 IMT-2000（国际移动通信 2000 标准）。3G 存在四种标准制式，分别是 CDMA2000、WCDMA、TD-SCDMA、WiMAX。CDMA（码分多址）是第三代移动通信系统的技术基础。

我国在 2009 年 1 月 7 日颁发了 3 张 3G 牌照，分别是中国移动的 TD-SCDMA、中国联通的 WCDMA 和中国电信的 CDMA2000。

（四）第四代通信技术（4G）

为了追求更大的系统容量和更高质量的多媒体业务，基于正交频分复用多收发天线（OFDM-MIMO）技术和空分多址（SDMA）技术的第四代移动通信系统（4G）应运而生。与 3G 通信系统相比，4G 通信系统数据传输速率更快，并且它能够更好地对抗无线传输环境中的多径效应，系统容量和频谱效率得到大幅提升。随着硬件工艺的提升和成本的下降，无线设备能力不断增强，数量也持续增加。移动网络承载的数据量呈现爆炸式增长的态势。伴随着"万物互联"的提出，4G满足支持超高质量的多媒体业务以及高可靠、低时延、低能耗、大连接等新需求。

4G包括TD-LTE和FDD-LTE两种制式。

2013年12月4日，工业和信息化部（以下简称工信部）向中国移动、中国电信、中国联通正式发放了第四代移动通信业务牌照（即4G牌照），中国移动、中国电信、中国联通三家均获得TD-LTE牌照，此举标志着中国电信产业正式进入了4G时代。

2015年2月27日，工信部向中国电信和中国联合公司发放FDD-LTE经营许可。

（五）第五代通信技术（5G）

第五代移动通信系统（5G）研究拉开序幕，并逐步从标准走向实现。5G网络开始具备渗透垂直行业的能力，支持的应用场景涵盖增强型移动宽带（eMBB）、超可靠低时延通信（uRLLC）以及大规模机器通信（mMTC）三大场景。5G的三大场景典型支持业务包括4K/8K超高清视频、增强现实（AR）/虚拟现实（VR）、全息技术、智能终端、智慧城市、智慧工业、智慧家庭、智慧农业、无人驾驶、车联网、智慧医疗等。

2018年12月10日，工信部正式对外公布，已向中国电信、中国移动、中国联通发放了5G系统中低频段试验频率使用许可。

2019年6月6日，工信部正式向中国电信、中国移动、中国联通、中国广电发放5G商用牌照，中国正式进入5G商用元年。

2019年10月，5G基站正式获得了工信部入网批准。工信部颁发了国内首个5G无线电通信设备进网许可证，标志着5G基站设备将正式接入公用电信商用网络。

2019年10月31日，三大运营商公布5G商用套餐，并于11月1日正式上线5G商用套餐。

2020年12月22日，在此前试验频率基础上，工信部向中国电信、中国移动、中国联通三家基础电信运营企业颁发5G中低频段频率使用许可证。

第二节 移动通信技术

一、移动通信系统的组成

以2G为例，移动通信系统一般由移动台（MS）、基站（BS）及移动业务交换中心（MSC）组成。它与市话网（PSTN）通过中继线相连接，如图6-4所示。

基站和移动台设有收、发信机和天馈线等设备。每个基站都有一个可靠通信的服务范围，称为无线小区。无线小区的大小主要由发射功率和基站天线的高度决定。服务面积可分为大区制和小区制两种。大区制是指一个城市由一个无线区覆盖。大区制的基站发射功率很大，无线区覆盖半径可达25km以上。小区制一般是指覆盖半径为2～10km的区域，且由多个无线区联合而成整个服务区的制式。小区制的基站发射功率很小。目前发展方向是将小区进一步划小，成为微区、皮区，其覆盖半径降至100m左右。

移动业务交换中心实现对整个系统进行集中控制管理。

移动通信是通信条件比较差的一种通信方式，在陆地上受地形、地物和环境干扰等因素的影响较严重。

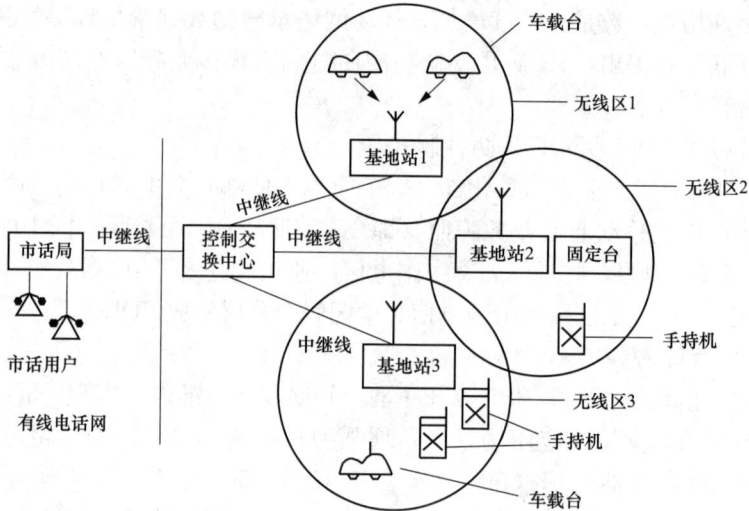

图 6-4　移动通信系统的组成

二、移动通信无线覆盖区结构

（一）大区制

大区制就是用一个基站天线覆盖区内的所有移动用户，只能在此区域完成联络与控制。它的特点是：基站只有一个天线，架设高、功率大，覆盖半径也大，一般用于集群通信。此种方式的设备较简单，投资少，见效快，所以在用户较少的地区，大区制得到广泛的应用，但大区制频率利用率低，扩容困难，不能漫游。

（二）小区制

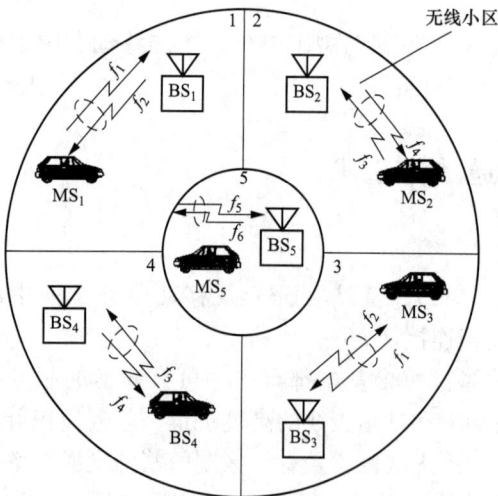

图 6-5　小区制示意图

小区制就是将整个业务区（服务区）划分为若干小区，在小区中分别设置基站，负责本小区移动通信的联络控制，同时又可在移动控制中心（移动业务交换中心 MSC）的统一控制下，实现小区间移动用户通信的转接，以及移动用户与市话用户的联系。例如，把一个大区制覆盖的服务区域一分为五（见图 6-5），每一个小区各设一个小功率基站（$BS_1 \sim BS_5$），发射功率一般为 $5 \sim 10W$，以满足各小区移动通信的需要。若是这样安排，那么移动台 MS_1 在 1 区使用频率 f_1 和 f_2 时，而在 3 区的另一个移动台 MS_3 也可使用这对频率进行通信。这是由于 1 区和 3 区相距较远，且隔着 2、3、4 区，功率又小，所以即使采用相同频率也不会相互干扰。在这种情况下，只需 3 对频率（即 3 个频道），就可与 5 个移动台通话，而大区制下要与 5 个移动台通话必须使用 5 对频率。显然，小区制提高了频率的利用率，这是公用陆地移动通信采用的天线覆盖方式。

无线小区的范围还可根据实际用户数的多少灵活确定。采用小区制，用户在四处移动时，系统可以自动地将用户从一个小区切换（转接）到另一个小区。这是使蜂窝用户具有移动性的最重要的特点。当用户到达小区的边界处，计算机通信系统就会自动地进行呼叫切换。与此同时，另一个小区就会给这个呼叫分配一条新的信道。当小区中话务量太高时，也会进行呼叫切换。遇到这种情况，基站将对无线电频道进行扫描，从邻近小区中寻找一条可利用的信道。如果这个小区内没有空闲的信道，那么用户在拨打电话时就会听到忙音信号。

采用小区制时，在移动通话过程中，从一个小区转入另一个小区的概率增加了，移动台需要经常地更换工作频道。无线小区的范围越小，通话过程中越过的小区越多，通话中转换频道的次数就越多。这样对控制交换功能的要求就提高了，再加上基站数量的增加，建网的成本也相应提高，同时也会影响通信质量，所以无线小区的范围也不宜过小。那么实际工作中，无线小区的半径取多大合适呢？这要综合考虑（如日本 800MHz 汽车电话系统，无线小区确定为 5~10km）。小区的大小取决于一个地区的用户密度。在人口密集的地区，可以通过缩小一个蜂窝小区的实际面积或者增加更多的部分重叠的小区来提高蜂窝网的容量。这样既可以增加可用的信道数，又无需增加实际使用的频率数量。

（三）服务区域的划分

无线频率是一种有限的资源，在无线通信中，一个重要的问题就是如何利用有限的资源为尽可能多的用户提供服务。在没有出现蜂窝技术时，提高无线通信容量的习惯做法是通过分割频率获得更多的可用信道。然而这种做法缩小了指配给每个用户的带宽，造成服务质量下降。

蜂窝技术不是分割频率而是分割地理区域。这种将服务区分割成多个蜂窝小区的办法是一个关键的变革，因为它能更加有效地使用无线频率。

考虑服务对象及频率组不相互干扰等因素，小区制一般分为带状服务区和面状服务区。图 6-6 所示为带状服务区的情况。

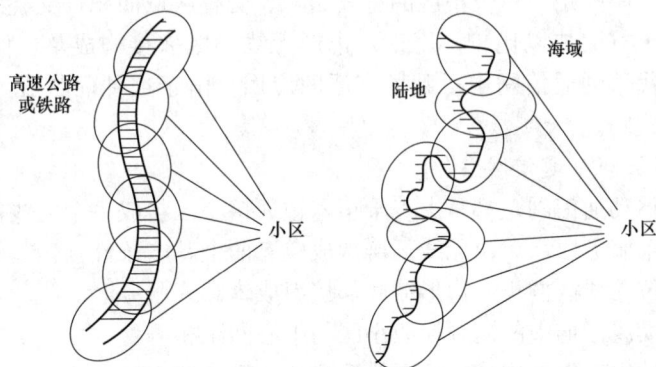

图 6-6　带状服务区示意图

1. 带状服务区

带状服务区是指铁路的列车无线电话、船舶无线电话等，基站可以使用定向天线（方向性强的天线），小区按纵向排列覆盖整个服务区。为避免邻接小区使用相同频率，造成干扰（同频干扰），因而采用不同频率组，在带状情况下可配备双组（群）频率。但是也可能发生干扰，如图 6-7 所示，因此也可配备三组或四组等。

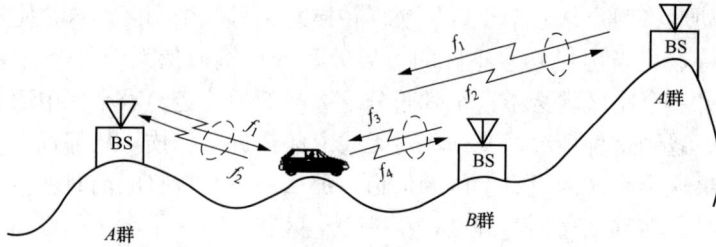

图 6-7　同频干扰示意图

2. 面状服务区

面状服务区是指服务小区的形状采用正三角形、正方形、正六边形，邻接构成整个服务区，如图 6-8 所示。

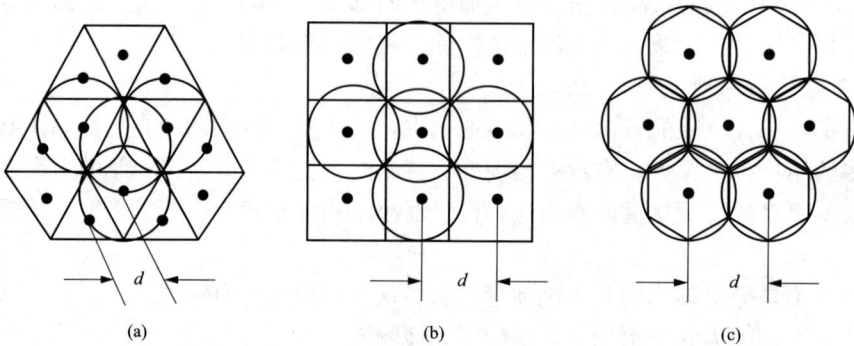

图 6-8　组成面状服务区各种小区的形状
（a）正三角形；（b）正方形；（c）正六边形

从邻接小区的中心间距、单位小区的有效面积、交叠区域面积、交叠距离和所需最小无线频率的个数等几个方面加以比较，用正六边形无线小区邻接构成整个面状服务区是最好的。因此，它在现代移动通信网中得到了广泛的应用。由于这种面状服务区的形状很像蜂窝，所以又称蜂窝式网。

（四）蜂窝无线区移动通信网

通常陆地公用移动通信网，都是由若干正六边邻接小区组成一个无线覆盖区群，再由若干无线区群构成整个服务区。单位无线区群构成应有两个基本条件：

（1）若干个单位无线区群正六边形彼此邻接组成蜂窝式服务区。

（2）邻接单位无线区群中的同频无线小区的中心间距相等。

在满足上述条件情况下，构成单位无线区群的小区个数 N 为

$$N = a^2 + ab + b^2 \tag{6-2}$$

式中：a、b 均为正整数，其中一个可以为零，根据关系式可求出 N 为 3、4、7、9、…

根据以上构成条件可知，N 个单位无线区群构成的服务区域如图 6-9 所示。

从图 6-9 中可看出，单位邻接无线区群中，同频无线小区的中心间距 d_g 与小区个数 N、小区半径 r 之间的关系为

$$\frac{d_g}{r} = \sqrt{3N} \tag{6-3}$$

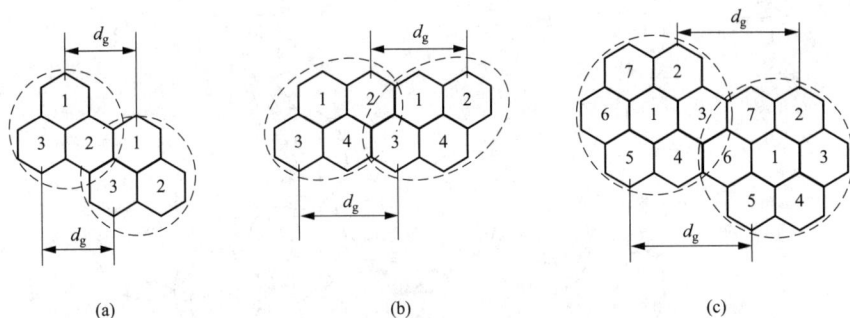

图 6-9 各种单位无线区群的结构图形

(a) $N=3$；(b) $N=4$；(c) $N=7$

有 3 个、4 个、7 个无线小区构成的单位无线区群，其基站可设置在各自无线小区顶点，也可设置在小区中心。然后可配置 7 个或多个无线覆盖区，如通常使用的 7×3（21）个信道组。

三、移动通信中的切换与漫游

图 6-10 所示为三叶草形结构，基站在三个小区顶点，向三个方向以不同频率组覆盖，有时又称为顶点激励方式，采用 $120°$ 的定向天线辐射电波进行无线信号覆盖。从图 6-10 中可以看出，如果配置三组频率，由于天线的方向性提供了一定的隔离度，因而在小区中信号不会产生干扰。

当移动体从一个小区向另一个小区运动时，信道要发生转换，这就是移动通信中的切换。如图 6-11 所示，当移动体从基区 1（BS_1）向基区 2（BS_2）过渡时，这时信道要进行转换，这种转换称为切换。切换可发生在同一基区的不同小区，也可发生在不同基区的不同频率组，也可发生在不同的移动交换区，如图 6-12 所示，只要是陆地公用蜂窝移动通信网，都存在这几种小区的信号切换。其切换过程中，首先是基站监测移动台信号强度，当信号降低到某一限值时就请求切换；比较周围邻接小区的信号强弱，当某一基站的小区信号较强时，就切换到此基站的小区，通过信道转换继续进行通话。

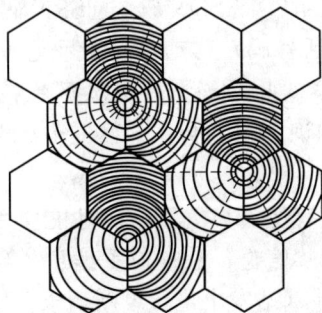

图 6-10 三叶草形（每个基站三个无线小区）

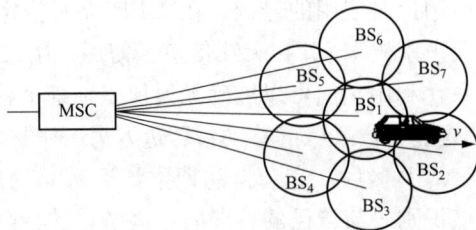

图 6-11 同一交换区的切换示意图

漫游是指移动台在某地登记进网后，可在异地同样进行呼叫处理通信。这里的异地，是指不同地区、不同省，甚至不同国家都同样能通过漫游进行通信联系。正因为移动通信能在

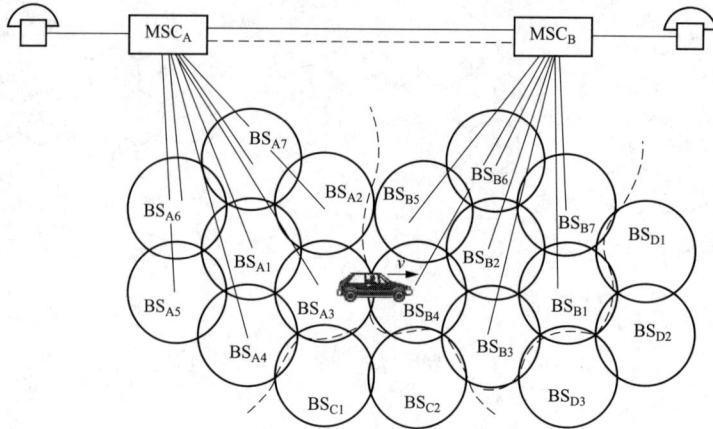

图 6-12　不同交换区的切换示意图

全国、全世界漫游，因此才有现在的飞速发展。但是，这种漫游的无线电信号，其覆盖还是小区制的蜂窝移动通信系统，是由移动通信网来实现的，有的称为世界陆地移动通信网，又称为全球通。

全球通的蜂窝移动通信网有一个制式的问题，如果是同一制式，很容易实现切换与漫游。世界上有多种制式的蜂窝移动通信系统，就数字移动通信而言，就有 GSM、D-AMPS、D-NTT 等。

第三节　第二代移动通信系统（2G）

一、GSM 移动通信系统

GSM 系统是泛欧数字蜂窝移动通信网的简称，是当时发展最成熟的数字移动通信系统，即为"全球移动通信系统"。

（一）GSM 的特点

GSM 具有如下五大特点。

（1）GSM 的移动台具有漫游功能，可以实现国际漫游。

1）移动台识别码。GSM 为用户定义了三个识别码，即 MSISDN 码、MSRN 码和 IMSI 码。MSISDN 码是公用电话号码簿上可以查到的统一电话号码；移动台漫游号码 MSRN 是在呼叫漫游用户时使用的号码，由 VLR 临时指定，并根据此号码将呼叫接至漫游移动台；国际移动台识别码 IMSI 在无线信道上使用，用来寻呼和识别移动台。上述三个识别码存在着对应关系，利用它们可以准确无误地识别某个移动台。

2）位置登记。某区的移动台若进入另一个区，则只有经过位置登记后才能使用。如 A 区移动台进入 B 区后，它会自动搜索该区基站的广播公共信道，获得位置信息。当发现接收到的区域识别码与自己的不同时，漫游移动台会向当地基站发出位置更新请求；B 区的被访局收到此信号后，通知本局的 VLR，VLR 即为漫游用户指定一个临时号码 MSRN。并将此号码通过 CCITT No. 7 信令，通知移动台所在业务区备案。这样，一个漫游用户位置登记就完成了。

3）将呼叫接续至漫游移动台。当公用有线电话用户要呼叫某漫游移动台时，用有线电话机拨移动台 MSISDN 码，MSISDN 码首先经由公用交换网接至最靠近的本地 GSM 移动业务交换中心（GSMC）；GSMC 利用 MSISDN 码访问母局位置登记器，从中取得漫游台的 MSRN 码，并根据此码将呼叫接至被访问的移动业务交换中心（VMSC）；VMSC 接到 MSRN 号码后，进一步访问来访者登记器，证实漫游台是否仍在本区工作，经确认后，VMSC 把 MSRN 码转换成国际移动台识别码（IMSI），通过当地基站，在无线信道上向漫游移动台发出寻呼，从而建立通话。

（2）GSM 提供多种业务。GSM 可提供许多新业务，包括传输速率为 300～9600b/s 的双工异步数据，1200～9600b/s 的双工同步数据；异步 300～9600b/s 的 PAD 接入电路、分组数据和话音数字信号、可视图文以及对综合业务数字网终端的支持等。

（3）GSM 具有较好的保密功能。GSM 可以向用户提供以下三种保密功能。

1）对移动台识别码加密，使窃听者无法确定用户的移动台电话号码，起到对用户位置保密的作用。

2）将用户的话音、信令数据和识别码加密，使非法窃听者无法收到通信的具体内容。

3）保密措施通过"用户鉴别"来实现。其鉴别方式是一个"询问—响应"过程。为了鉴别用户，在通信过程开始时，首先由网络向移动台发出一个信号，移动台收到这个号码后，连同内部的电子密锁，共同启动"用户鉴别"单元，随后输出鉴别结果，返回网络的固定方。网络固定方在发出号码的同时，也启动自己的"用户鉴别"单元，产生相应的结果，与移动台返回的结果进行比较，若结果相同则确认为合法用户，否则确认为非法用户，从而确保了用户的使用权。

（4）越区切换功能。在微蜂窝区移动通信网中，高频度的越区切换已不可避免。GSM 采取主动参与越区切换的策略。移动台在通话期间不断向所在工作区基站报告本区和相邻区无线环境的详细数据。当需要越区切换时，移动台主动向本区基站发出越区切换请求，固定方（MSC 和 BS）根据来自移动台的数据，查找是否存在替补信道，以接收越区切换。如果不存在，则选择第二替补信道，直至选中一个空闲信道，使移动台切换到该信道上继续通信。

（5）其他特点。GSM 系统主要采用了时分多址（TDMA）传输技术，其系统容量大，通话音质好，便于数字传输，可与今后的综合业务数字网（ISDN）兼容，还具有电子信箱、短消息业务等功能。

（二）GSM 系统构成

GSM 数字蜂窝移动系统的主要组成部分可分为移动台（MS）、基站子系统（BSS）和网络子系统（NSS），如图 6-13 所示。

1. 移动台（MS）

移动台是用户使用的终端设备，它包括移动电话以及用于提供数据、传真等附加业务的终端适配器和终端设备。

移动台有便携式（手持）和车载式两种。未来移动台的主要形式是手持式，因为它的功能全、体积小，使用十分方便。

移动台的主要功能：能通过无线接入进入通信网络，完成各种控制和处理以提供主叫或被叫通信业务；具备与使用者之间的人机接口。例如，要实现话音通信，必须要有送、受话器、键盘以及显示屏幕等，或者与其他终端设备相连接的适配器，或两者兼有。从功能上看

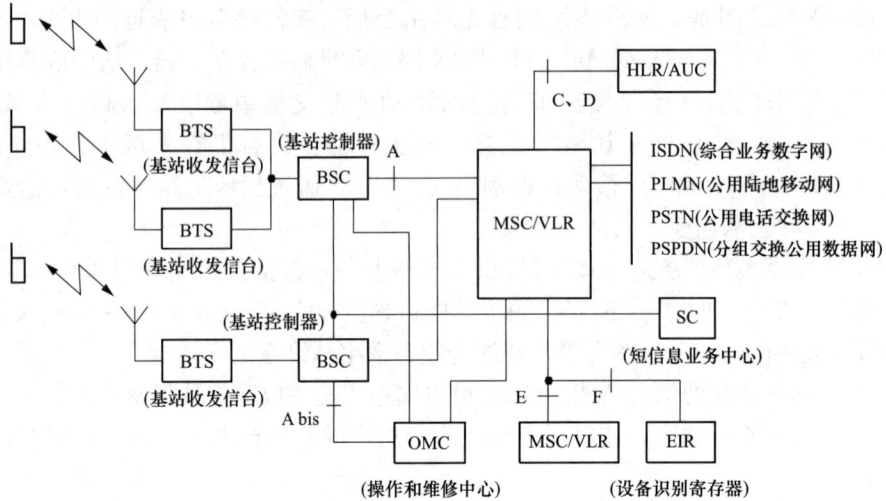

图 6-13　GSM 通信系统构成

移动台可分为三种：

（1）只具备某种业务功能，例如，只能通话的普通手持机。

（2）带有适配器可连接特定的终端设备。

（3）可提供综合业务数字网接口，再通过综合业务数字网终端提供各类业务。

移动台还涉及用户注册与管理。移动台依靠无线接入，不存在固定的线路。移动台本身必须具备用户的识别号码。这些用于识别用户的数据资料可以由电话局一次性注入移动台。另外，可采用用户识别模块，即一种信用卡形式，称为 SIM（Subscriber Identify Module）卡。使用移动台的人必须将 SIM 卡插入移动台才能使用，这是两种非常灵活的使用方式。

2. 基站子系统（BSS）

BSS 可分为两部分，即基站收发信台（BTS）和基站控制器（BSC）。

BTS 包括无线传输所需要的各种硬件和软件，如发射机、接收机、支持各种小区结构（如全向、扇形、星状或链状）所需要的天线、连接基站控制器的接口电路以及收发台本身所需要的检测和控制装置等。

BSC 是基站收发台和移动交换中心之间的连接点，也为基站收发台和操作维护中心之间交换信息提供接口。一个基站控制器通常控制几个基站收发台，其主要功能是进行无线信道管理，实行呼叫和通信链路的建立和拆除，并为本控制区内的移动台的越区切换进行控制等。

3. 网络子系统（NSS）

NSS 由移动业务交换中心（MSC）、归属位置寄存器（HLR）、拜访位置寄存器（VLR）、鉴权中心（AUC）、设备识别寄存器（EIR）、操作维护中心（OMC）和短消息业务中心（SC）构成。

MSC 是蜂窝通信网络的核心，其主要功能是对于本 MSC 控制区域内的移动用户进行通信控制与管理。例如：信道的管理与分配；呼叫的处理与控制；越区切换和漫游的控制；用户位置登记与管理；用户号码和移动设备号码的登记与管理；服务类型的控制；对用户实施鉴权；为系统与其他网络连接提供接口，例如系统与其他 MSC、公用通信网络，如公共交换电话网（PSTN）、综合业务数字网（ISDN）和公用数据网（PDN）等连接提供接口，这样保证用户在转移或漫游过程中实现无间隙的服务。（扫第六章二维码了解网络子系统）

（三）GSM 系统的主要参数

GSM 系统主要参数：频段、频段宽度、通信方式、信道分配等。（扫第六章二维码了解 GSM 系统的主要参数）

（四）GSM 的网络结构

一个国家（或地区）的网络结构与其地域面积、人口分布及发展等因素均有密切关系，各国的网络结构须根据其国情确定。目前世界各国 GSM 网均采用独立建设专用网方式。该方式不依附于 PSTN 而独立地在 MSC 间建立话务和信令链路，呼叫直接在 GSM 网中进行接续。根据话务密度在需要的地方建立 MSC/VLR，设置若干汇接 MSC（TMSC），在 TM-SC 间建立网状网互联。每个 MSC/VLR 至少与两个 TMSC 相连，这样做的目的是确保网络的可靠性。GSM 网使用专用的接入号（一般占用一个单独的长途区号）与 PSTN 互通。每个 MSC/VLR 与当地长途或市话汇接局相连起到入口 MSC（GMSC）的功能。用户的拨号方式为：移动电话拨叫固定电话（长途冠字＋长途区号＋用户号码），固定电话拨叫移动电话（长途冠字＋GSM 接入区号＋用户号码）。

我国数字移动电话网网络结构由业务网（话路网）和信令网组成，其中的业务网又由移动业务本地网、省内网（省内数字移动通信网）和全国网（全国数字移动通信网）组成。

1. 业务网

（1）移动业务本地网网络结构如图 6-14 所示。

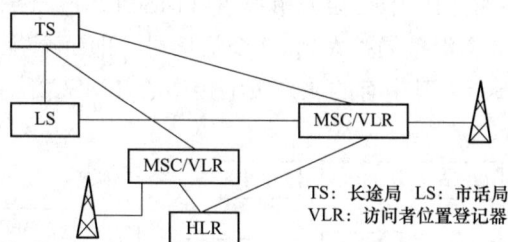

图 6-14 移动业务本地网

1）全国划分为若干个移动业务本地网，原则上长途编号区为 2 位、3 位的地区建立移动业务本地网，每个移动业务本地网中应相应设立一个 HLR（归属位置登记器，必要时可增设 HLR），用于存储归属该移动业务本地网的所有用户的有关数据。每个移动业务本地网中可设一个或若干个移动业务交换中心 MSC（移动端局）。每个 MSC 区可划分成若干个蜂窝式小区。

2）在移动业务本地网中，每个 MSC 与局所在地的长途局相连，并与局所在地的汇接局相连，在长途多局制地区，MSC 应与该地区的高级长途局相连。在没有汇接局或话务量足够大的情况下，MSC 亦可与本地端局相连。

3）每个 MSC 均为数字蜂窝移动网的入口 MSC。

（2）移动业务省内网络结构如图 6-15 所示。

1）省内的移动通信网由省内的各移动业务本地网构成，省内设若干个移动业务汇接中心（也称二级汇接中心）。根据业务量的大小，二级汇接中心可以是单独设置的汇接中心

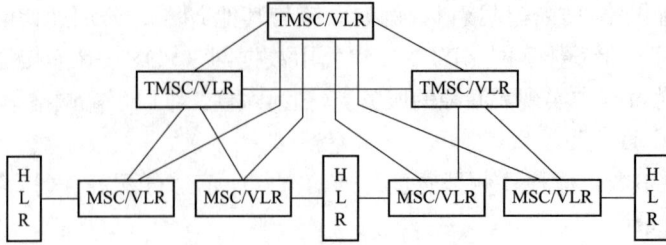

图 6-15　移动业务省内网

（即不带用户，没有 VLR，没有至基站接口，只作汇接），也可以是既作移动端局（与基站相连，可带用户）又作汇接中心和移动交换中心。

2）省内移动通信网中的每一个移动端局，至少应与省内两个二级汇接中心相连。

3）省内的二级汇接中心之间为网状网。

4）任意两个 MSC 之间若有较大业务时，可建立话音专线。

5）在建网初期，为节约投资，可先设一个二级汇接中心，每个 MSC 以单星形结构与汇接中心相连，以后逐步过渡。

（3）移动业务全国网。

1）在大区设立一级移动业务汇接中心，通常为单独设置的移动业务汇接中心。

2）各省的二级汇接中心应与其相应的一级汇接中心相连。

3）一级汇接中心之间为网状网。

我国的移动话路网（业务网）在 20 世纪末仍维持三级结构，其网络除在原八大汇接局设立 TMSC1 外，在全国又增加 7 个省会城市设置 TMSC1。把原来一个局配置 1 个汇接局做到了成对配置，把原来 8 个汇接局扩大到 30 个汇接局，即每个独立局都配置了两对 TM-SC1，有 15 对独立的 TMSC1，其中有的兼二级汇接中心 TMSC2。我国 GSM 公用陆地移动通信业务网如图 6-16 所示。

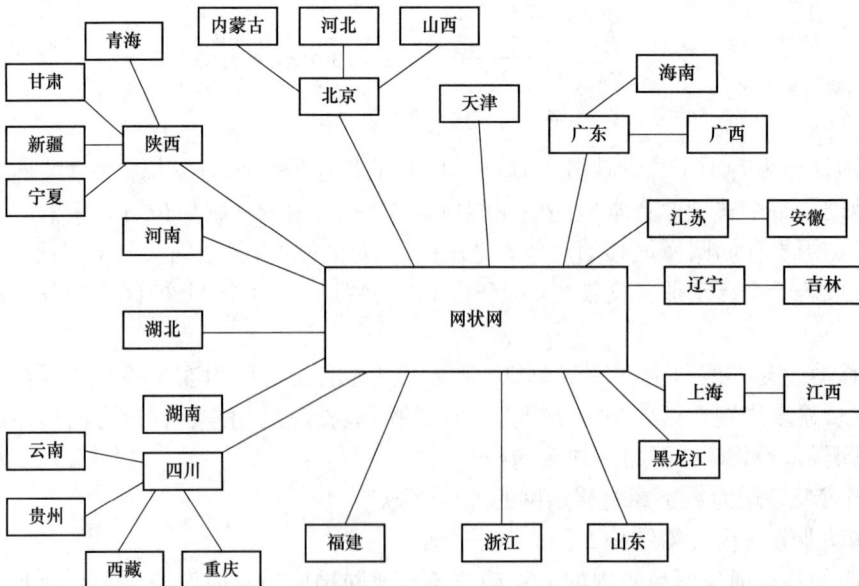

图 6-16　我国 GSM 公用陆地移动通信业务网

图 6-16 中，TMSC1 为 15 个成对配置（共配置 30 个汇接局）。北京、天津、广东、江苏、辽宁、上海、黑龙江、山东、浙江、福建、四川、湖南、湖北、河南、陕西等 15 个省的省会城市为独立的一级汇接中心，每个汇接中心为成对配置。其中，湖北、湖南、河南、陕西四省兼有二级汇接中心 TMSC2。

15 对 TMSC1 之间组成网状网。二级汇接中心 TMSC2 与相应的 TMSC1 相连，对未建设独立 TMSC1 的省区，其 TMSC2 与归属的原大区中心的 TMSC1 相连，如西南的重庆、贵州、云南、西藏分别与四川成都的 TMSC1 相连；青海、甘肃、新疆、宁夏分别与陕西西安相连；海南、广西与广东相连；内蒙古、河北、山西与北京相连；安徽与江苏相连；吉林与辽宁相连；江西与上海相连等。

各个 TMSC2 与所属区的 TMSC1 之间设置基干路由。为提高网络的安全性和可靠性，解决 TMSC2 与 TMSC1 单属型连接带来的安全隐患问题，网络又设置了每个 TMSC2 至无汇接关系的另一个 TMSC1 之间的直达路由。该路由平时用于输送本省与此大区内的话务，当二级中心所属大区一级汇接中心 TMSC1 发生故障或其路由全阻塞时，则该路由作为安全备用路由，负责疏通至其他的所有大区的业务，如重庆设置到湖北武汉的直达路由等。

（4）移动网（PLMN）与固定网（PSTN）的连接，如图 6-17 所示。移动网中的一级汇接中心、二级汇接中心和移动端局都分别要与局所在地的固定网的长途局相连，并与局所在地的汇接局相连，亦可与本地端局相连。

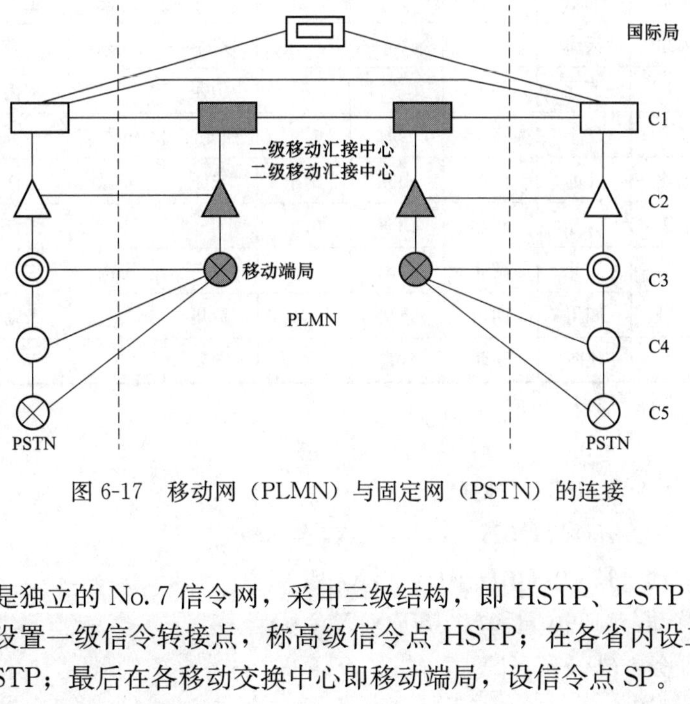

图 6-17　移动网（PLMN）与固定网（PSTN）的连接

2. 信令网

目前采用的是独立的 No. 7 信令网，采用三级结构，即 HSTP、LSTP 和 SP。

在大区一般设置一级信令转接点，称高级信令点 HSTP；在各省内设二级信令转接点，称低级信令点 LSTP；最后在各移动交换中心即移动端局，设信令点 SP。

（五）GSM 系统通信网的编号

移动通信系统的编号一般分专用局号和专用网号两种。我国 GSM 使用的是专用网号（130～139）。

我国公用陆地数字蜂窝移动通信主要有三大公司，中国移动、中国电信和中国联通。其编号号码内容如下。

1. 移动用户的综合业务数字网号码（MSISDN）

此号码指主叫用户为呼叫数字移动通信网中用户所拨的号码（相当于电话号码）。

（1）号码组成。如采用网号 139，号码结构为：

$$CC+NDC\ (N_1N_2N_3, 0, H_1H_2H_3)+SN\ (X_1X_2X_3X_4)$$

CC：国家号，我国国家码为 86。

NDC：包括 GSM 接入网号码 N_1，N_2，N_3 以及 HLR 识别号码 H_1，H_2，H_3。SN：移动用户号。

PLMN 公用陆地数字移动（GSM）接入网号中，N_1 为 1，N_2 为 3，N_3 为 0~9。中国移动 N_3 为 5~9，联通公司 N_3 为 0~4。在 1999 年 7 月 22 日后，在 N_3 后增加一个"0"，变为 11 位。

H_1，H_2，H_3 为 HLR 识别码，H_1，H_2 用来区别移动业务本地网，见表 6-1。H_3 由各省自行分配。

表 6-1　　　　　　　　　　　　　　　　　　H_1、H_2 的分配

H_2 ＼ H_1	0	1	2	3	4	5	6	7	8	9
0										
1	北京	北京	北京					上海	上海	上海
2	天津	天津	广东	广东	广东	广东	广东	广东	广东	广东
3		河北	河北			山西		河南	河南	
4	辽宁	辽宁	辽宁	吉林		黑龙江	内蒙古			
5	福建	江苏	江苏	山东	山东	安徽	安徽	浙江	浙江	福建
6	福建	江苏	江苏	山东	山东			浙江	浙江	福建
7	江西	湖北	湖北	湖南	湖南	海南	海南	广西	广西	广西
8	四川	四川	四川	重庆		贵州		云南		西藏
9		陕西	陕西	甘肃		宁夏		青海		新疆

注　表中空格处的 H_1、H_2 为备用。

（2）拨号程序。

移动—固定：$OXYZ\ PQRABCD$

移动—移动：$139\ 0H_10H_20H_3\ X_1X_2X_3X_4$

固定—本地移动：$139\ 0H_10H_20H_3\ X_1X_2X_3X_4$

固定—外地移动：$0139\ 0H_10H_20H_3\ X_1X_2X_3X_4$

移动—特服业务：$OXYZ\ X_1X_2$

移动—火警：119

移动—匪警：110

移动—急救中心：120

2. 国际移动用户识别码（IMSI）

在数字移动通信网中，IMSI 能唯一地识别一个移动用户的号码，它由 15 位数字组成。

号码结构为：国际移动用户识别国内移动用户识别号码由 3 部分组成：

（1）移动国家号码（MCC）。MCC 由 3 个数字组成，唯一地识别移动用户所属的国家。中国为 460。

（2）移动网号（MNC）。MNC 用于识别移动用户所归属的移动网。我国 GSM 移动通信网为 00。

（3）移动用户识别码（MSIN）。MSIN 唯一地识别国内的 GSM 移动通信网中的移动用户，为 $H_1H_2H_39X_1X_2X_3X_4X_5X_6$，其中 $H_1H_2H_3$ 与移动用户 MSISDN 号码中的 $H_1H_2H_3$ 相同，9 代表 900MHz 系统。

每个移动台可以是多种移动业务的终端（如话音、数据等），相应地可以有多个号码簿号码 MSISDN，但是其 IMSI 号只有一个，移动网据此受理用户的通信或漫游请求，并对用户计费。IMSI 由电信经营部门在用户登记时写入移动台的 EPROM。当任一主叫按 MSISDN 拨叫某移动用户时，终端 MSC 将请求 HLR 或 VLR 翻译为 IMSI，然后用 IMSI 在无线信道上寻呼该移动台。

3. 移动用户漫游号码（MSRN）

MSRN 是当呼叫一个移动用户时，为使网络进行路由选择，VLR 临时分配给移动用户的一个号码，其作用是供移动交换机路由选择用。它表示该用户目前路由或呼叫位置信息，即网号后第一位为零的 MSISDN 号码，如 $13900M_1M_2M_3ABC$，其中 M_1、M_2、M_3 为 MSC 号码，M_1M_2 的分配与 H_1、H_2 相同。

在公用电话网中，交换机是根据被叫号码中的长途区号和交换局号（PQR）判知被叫所在地点，从而选择中继路由的。固定用户的位置和其号码簿号码有固定的对应关系，但是移动台的位置是不确定的，它的 MSISDN 中的 $H_1H_2H_3$ 只反映它的原籍地。

当它漫游进入其他地区时，该地区的移动系统根据当地编号计划赋予它一个 MSRN，并通知其 HLR。以后 MSC 建立至该用户的来话呼叫时，就根据 MSRN 选择路由。

MSRN 由被访地区的 VLR 分配，它反映了移动台当前的实际位置。当移动台离开该访问区域后，VLR 就释放该 MSRN，可用于以后分配给其他漫游用户。MSRN 则是系统预留的号码，一般不向用户公开，用户拨打 MSRN 号码将被拒绝。

4. 国际移动台设备号（IMEI）

IMEI 是唯一标识移动台设备的号码，又称为移动台串号。该号码由制造厂家永久性地置入移动台，用户和电信部门均无法改变，其作用是防止有人使用不合法的移动台进行呼叫。

根据需要，MSC 可以发指令要求所有的移动台在发送 IMSI 的同时发送其 IMEI，如果发现两者不匹配，则确定该移动台不合法，应禁止使用。在 EIR（设备身份登记器）中建有一张"非法 IMEI 号码表"，俗称"黑表"，用以禁止被盗移动台的使用。

（六）GSM 通向 3G 的一个重要里程碑——GPRS

GPRS（General Packet Radio Service）是通用分组无线业务的简称，称为 2.5G。通过 GPRS 网络可以实现分组业务的传送。（扫第六章二维码了解 GPRS）

二、CDMA 移动通信系统

（一）CDMA 移动通信系统概念

CDMA 系统采用码分多址技术及扩频通信的原理，可在系统中使用多种先进的信号处理技术，为系统带来许多优点。

（1）大容量。CDMA 系统的信道容量是模拟系统的 10～20 倍，是 TDMA 系统的 4 倍。

（2）软容量。在 FDMA、TDMA 系统中，当小区服务的用户数达到最大信道数时，满载的系统绝对无法再增添一个信号；此时若有新的呼叫，该用户只能听到忙音。而在 CDMA 系统中，用户数目和服务质量之间可以相互折中，灵活确定。

（3）软切换。所谓软切换是指当移动台需要切换时，先与新的基站连通，再与原基站切断联系，而不是先切断与原基站的联系再与新的基站连通。

（4）高话音质量和低发射功率。

（5）话音激活。典型的全双工双向通话中，每次通话的占空比小于 35%。在 FDMA 和 TDMA 系统里，由于通话停顿等使重新分配信道存在一定时延，因此难以利用话音激活技术。CDMA 系统因为使用了可变速率声码器，在不讲话时传输速率降低，减轻了对其他用户的干扰，这即是 CDMA 系统的话音激活技术。

（6）保密。CDMA 系统的信号扰码方式提供了高度的保密性，使这种数字蜂窝系统在防止串话、盗用等方面具有其他系统不可比拟的优点。

正是由于 CDMA 具有以上一系列优点，许多专业公司认为它是移动通信方面最有应用前途的一种多址方式，世界各国都在着手这种新系统的研究。在美国研制比较成功的 CDMA 蜂窝通信系统有两种：一种是带宽为 1.25MHz 的 CDMA 系统，称为窄带码分多址 N-CDMA；另一种是带宽为 40MHz 的 CDMA 系统，称为 B-CDMA。

（二）CDMA 系统工作原理及技术

1. CDMA 系统工作原理

CDMA 是一种以扩频通信为基础的调制和多址连接技术。扩频通信技术在信号发端用一高速伪随机码与数字信号相乘，由于伪随机码的速率比数字信号的速率大得多，因而扩展了信息传输带宽。在收信端，用相同的伪随机序列与接收信号相乘，进行相关运算，将扩频信号解扩。扩频通信具有隐蔽性、保密性、抗干扰等优点。CDMA 扩频通信系统的原理如图 6-18 所示。扩频通信中用的伪随机码常常采用 m 序列，这是因为它具有容易产生和自相关特性优良的优点。其归一化自相关函数只有 1 和 $-1/K$ 两个值，K 是 m 序列长度。所以，只有在收发端伪随机序列相位相同时才能恢复发送信号。码分多址技术就是利用了这一特点，采用不同相位的相同 m 序列作为多址通信的地址码。由于 m 序列的自相关特性与长度有关，作为地址码，其长度应尽可能长，以供更多用户使用。同时，可以获得更高的处理增益和保密性，但是又不能太长，否则不仅使电路复杂，也不利于快速捕获与跟踪。

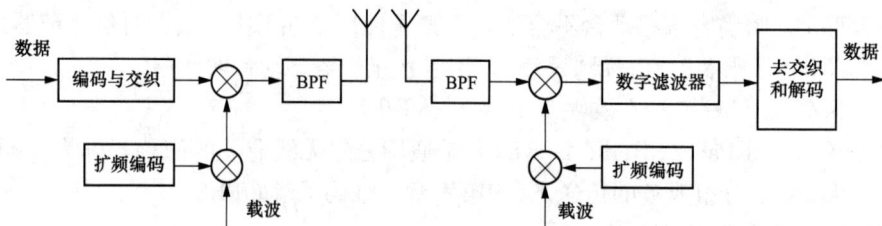

图 6-18　CDMA 扩频通信系统原理

（1）地址码的选择。在 CDMA 蜂窝系统中，综合采用了三种码。一种是长度为 $2^{15}-1$ 的 PN 码，它用于区分不同的基站信号，不与基站保持同步，但使用的 PN 码序列相位偏移不同。使用相同序列、不同相位作为地址码，便于搜索与同步；另一种是长度为 $2^{42}-1$ 的 PN 序列，它在前向信道用于信号的保密，在反向信道用于区分不同的移动台。这样长的码有利于信号的保密，同时基站知道特定移动台的长码及其相位，因而不需要对它进行搜索与捕获；第三种是 Walsh 码，由于 Walsh 序列的正交性，不同信道的信号是正交的，同时区分不同移动台用户。相邻基站可以使用相同的 Walsh 序列，虽然可能不满足正交性，但可以由 PN 短码提供区分。在反向链路，Walsh 序列用于对信号进行正交码多进制调制，以提高通信链路的质量。

（2）扩频码速率的选择。CDMA 蜂窝系统扩频码（在前向链路是 Walsh 序列，在反向链路是 PN 长码）的速率规定为 1.2288MHz。这个规定考虑了频谱资源的限制、系统容量、多径分离的需要和基带数据速率等多个因素。决定 CDMA 数字蜂窝系统容量的主要因素有系统的处理增益、信号比特能量与噪声功率谱密度比、话音占空比、频率重用效率、每小区的扇区数目。为了取得高的系统处理增益，获得高的系统容量，扩频码速率应当尽可能高。通常，陆地移动通信环境的多径延迟为 $1\sim100\mu s$。为了充分发挥扩频码分多址技术，实现多径分离的作用，要求扩频码序列的持续时间小于 $1\mu s$，也就是扩频码速率应大于 1MHz。选择 1.2288MHz 的另一个原因是，这个速率可以被基带数据速率 9.6kb/s 整除，且除数为 2 的幂指数（$128=2^7$）。

2. CDMA 系统的主要技术

CDMA 系统采用码分多址技术及扩频通信的原理，可在系统中使用多种先进的信号处理技术。

（1）软容量。在 CDMA 系统中，用户数目和服务质量之间可以相互折中，灵活确定。例如运营商可在话务量高峰期将误码率稍微提高，从而增加可用信道数。同时，当相邻小区的负荷较轻时，本小区受到的干扰减少，容量就可适当增加。例如，对一个标准信道数为 40 的扇区，当有第 41 个用户呼叫时，这时此区接收机输入信噪比下降为

$$10\lg\frac{41}{40}\approx0.1(\text{dB})\tag{6-4}$$

当有 43 个用户时，接收机输入信噪比的下降为

$$10\lg\frac{43}{40}=0.3(\text{dB})\tag{6-5}$$

人们把这种只使该扇区内的用户误码率有所上升，信噪比降低，通话质量稍有下降，但不至于发生出现忙音无信道的情况且小区信道数可扩容的现象称软容量。当然，这种软容量是以话音质量降低为代价换来的，但不容许信噪比降低到极限值以下。

体现软容量的另一种形式是小区呼吸功能。所谓小区呼吸功能就是指各个小区的覆盖大小是动态的，当相邻两个小区负荷一轻一重时，负荷重的小区通过减小导频发射功率，使本小区的边缘用户由于导频强度不够切换到相邻小区，使负荷分担，即相当于增加了容量。这项功能对切换也特别有用，避免信道紧缺而导致呼叫中断。在模拟系统和数字 TDMA 系统中，如果一条信道不可用，呼叫必须重新分配到另一条信道，或者在切换时中断。但是在 CDMA 系统中，在一个呼叫结束前，可以接纳另一个呼叫。CDMA 系统还可提供多级服

务。如果用户支付较高费用，则可获得更高档次的服务，让高档次的用户得到更多可用功率（容量）。高档次用户的切换可排在其他用户前面。

（2）软切换。在各种移动通信中都有切换（交接）的技术。移动通话时，移动用户从一个小区到另一个小区，从一个基区到另一个基区都要进行切换。

所谓软切换是指当移动台需要切换时，先与新的基站连通，再与原基站切断联系，而不是先切断与原基站的联系再与新的基站连通。在 CDMA 系统中，由于在小区或扇区内可以使用相同的频率，因而小区（或扇区）之间以码型来区别。

软切换只能在同一频率的信道间进行，因此，模拟系统、TDMA 系统不具有这种功能。当移动用户要切换时，不需要首先进行收、发频率切换，只需在码序列上做相应调整，然后再与原来的通话链路断开。

软切换可以有效地提高切换的可靠性，大大减少切换造成的掉话（通话中的非正常中断）。也不会出现硬切换时的"乒乓噪声"。

同时，软切换可以提供分集，从而保证通信的质量。软切换也相应带来一些缺点，即导致硬件设备的增加、降低了前向容量等。

（3）扇区划分技术。扇区划分技术也是为减小各小区内各用户多址干扰而采用的天线技术。它是利用各小区内天线的定向特性，把蜂窝小区再分成不同的扇面，所以称为扇区划分技术。常用的有利用 120° 全向覆盖组成的三叶草天线区；利用 60° 扇形的定向天线组成的三角形无线蜂窝区等。采用扇区划分技术，其系统容量也会增加，容量计算公式为

$$N = \left(1 + \frac{W/R_b}{E_0/N_0}\right) \cdot \frac{G}{d} \tag{6-6}$$

式中：G 为扇形分区系数，一般为 2.55。

（4）话音激活技术。人们已经知道，在小区内所有用户使用同一载波，占用相同带宽，共同享用一个无线频道，这就会出现任意一个用户对其他用户的干扰，称为多址干扰。用户越多，干扰越严重，这严重地限制了用户的发展。如果减小多址干扰，就可以提高 CDMA 的容量，因此降低多址干扰技术是 CDMA 系统中的首选技术。语音激活技术就是其中之一。

典型的全双工双向通话中，每次通话的占空比小于 35%，即话音停顿以及听对方讲话等待时间占了讲话时间的 65% 以上。如果采用相应的编码和功率调整技术，使用户发射机发射功率随用户语音大小、强弱、有无来调整发射机输出功率，这样可使其多址干扰减少 65%，这就是所谓的语音激活技术，也就是说当原系统容量一定时，采用语音激活技术，可以使系统容量增加约 3 倍。在 FDMA 和 TDMA 系统里，由于通话停等使重新分配信道存在一定时延，因此难以利用话音激活技术。CDMA 系统因为使用了可变速率声码器，在不讲话时传输速率降低，减轻了对其他用户的干扰。

系统的容量计算公式为

$$N = 1 + \frac{W/R_b}{E_0/N_0} \tag{6-7}$$

式中：W 为系统带宽；R_b 为信息速率；E_0/N_0 为系统信噪比，由通话质量决定。

若采用语音激活技术，则

$$N = \left(1 + \frac{W/R_b}{E_0/N_0}\right) \cdot \frac{1}{d} \tag{6-8}$$

式中：d 为语音占空比，一般为 35%。

（5）功率控制技术。在 CDMA 系统中，功率控制技术被认为是所有关键技术的核心。前面讲到的话音激活技术，就是属于功率控制的一种类型。这里主要讲述无线信道中，因存在"远近效应"问题而采用的功率控制技术。

所谓远近效应，是指如果小区中各用户均以同等功率发送信号，靠近基站的移动台信号强，而远离基站的移动台信号到达基站时很弱，这就会导致强信号掩盖弱信号的现象发生。这种现象就称为"远近效应"。远近效应会发生自干扰。

功率控制分为前向信道功率控制和反向信道功率控制。

1）前向功率控制。基站根据移动台提供的信号功率测量结果，调整基站对每个移动台发射的功率。

2）反向功率控制。移动台根据在小区中所接收功率的变化，迅速调节移动台发射功率。

（6）分集技术。移动通信电波传播条件恶劣，在强干扰条件下工作给通信带来了极其不利的影响。因此人们采用多种技术来克服和尽量消除这些不利的影响，采用分集技术尤为重要。

分集技术大体分为两大类：显分集和隐分集。

显分集主要是指在频域、时域或空间，采用的分集方式是显而易见的，如空间分集、频率分集、时间分集、极化分集、路径分集等。

1）空间分集。空间分集是利用空间的多副天线来实现的。在发端采用一副天线，在接收端采用多副天线接收。

2）极化分集。极化分集主要指在移动通信中，在同一点极化方向相互正交的两个天线，发出的信号呈现互不相关的衰落特性，可使干扰减小。

3）角度分集。角度分集主要指在移动通信中，移动台接收端信号来自不同方向，接收端利用天线方向性，接收不同方向信号，使其收到的信号互不相关。

4）路径分集。由于移动通信中到达接收端都会产生多径衰落现象，对 N-CDMA 系统，可以把各路信号分离出来，通过相关接收分别进行处理，然后进行合并，从而克服多径效应的影响，等效于增加了接收功率，变不利因素为有利因素。这就是 CDMA 系统特有的路径分集技术。

隐分集主要是指把分集作用隐蔽在传输信号之中，如交织编码、纠错编码、自适应均衡等技术。

（7）同步及跟踪技术。同步技术也是码分多址扩频通信系统的关键技术之一。在扩频通信系统的发端，利用伪随机码（PN 码）对信号数据进行频谱扩展；在收端，首先要用与本地码一致的伪随机码对其解扩，这就必须使收端地址码与发端地址码频率、相位完全一致，即要实现同步才能使系统正常工作。

N-CDMA 系统的同步技术主要包括捕获和跟踪两个过程。其一为搜捕，或称捕获过程，在此阶段完成后进入另一过程——跟踪过程。如因某种原因引起失步，系统又将进入新一轮捕获和跟踪过程。

（三）CDMA 系统的网络结构

码分多址蜂窝移动通信系统也属于数字移动通信的范畴，其网络结构与 GSM 系统大体一致。如图 6-19 所示，它由移动交换中心（MSC）、基站系统（BS）、移动台（MS）、管理维护中心（OMC）等组成，其中，也有 HLR、VLR、EIR 等寄存器、AC 鉴权中心等。这些部分的功能和用途与 GSM 系统中的一样，寄存器和移动交换机 MSC 设在同一物理体内。它组成的业务网和信令网也与前面所述的 GSM 类似；业务网与信令网是分开的，信令网同样是 No.7 号公共无线信令网。

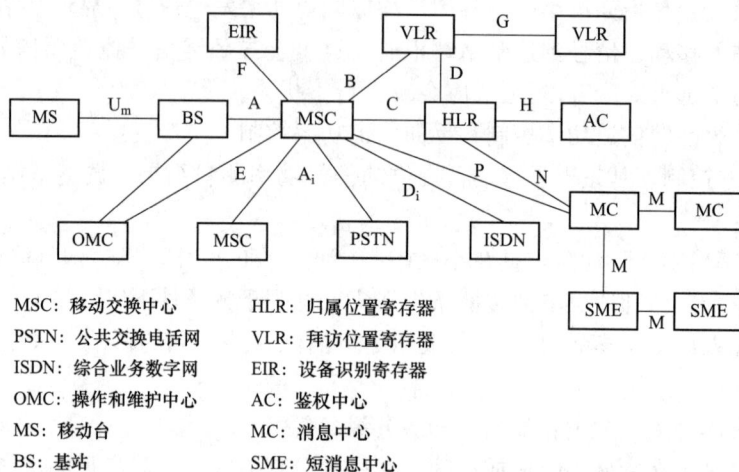

MSC：移动交换中心　　　　HLR：归属位置寄存器
PSTN：公共交换电话网　　　VLR：拜访位置寄存器
ISDN：综合业务数字网　　　EIR：设备识别寄存器
OMC：操作和维护中心　　　AC：鉴权中心
MS：移动台　　　　　　　　MC：消息中心
BS：基站　　　　　　　　　SME：短消息中心

图 6-19　CDMA 数字蜂窝网络结构

第四节　第三代移动通信系统（3G）

一、3G 概述

（一）3G 发展

3G 由 ITU 在 1985 年提出，当时称为未来公众陆地移动通信系统（FPLMTS），1996 年更名为国际移动通信 2000 标准（International Mobile Telecom System-2000，IMT-2000），意为该系统工作在 2000MHz 频段，最高业务速率可达 2000kb/s，在 2000 年左右得到商用。在 2000 年 5 月 ITU 正式确定 WCDMA（宽带码分多址）、CDMA2000（码分多址）、TD-SCDMA（时分-同步码分多址技术）为第三代移动通信标准三大主流无线接口标准。其中 TD-SCDMA 为中国提交的标准。2007 年，WiMAX（全球微波互联接入）成为 3G 的第四大标准。WiMAX 定位是取代 Wi-Fi 的一种新的宽带无线传输方式，类似于 3.5G 技术，用于提供终端使用者任意上网的连接。

中国电信行业在这个时代也开始迎来了突破，1998 年 6 月 30 日，中国正式向 ITU 提交拥有自主知识产权的 TD-SCDMA 作为第三代移动通信标准的候选标准。2000 年该标准被 ITU 接受。这是我国首次提出并被国际认可的完整的通信系统标准，对改变当时我国移动通信产业落后的状况，提高移动通信产业的自主创新能力和核心竞争力具有十分重要的意义。

我国于 2009 年的 1 月 7 日颁发了 3 张 3G 牌照，分别是中国移动的 TD-SCDMA、中国联通的 WCDMA 和中国电信的 CDMA2000，2009 年 4 月起，中国移动、中国电信、中国联通陆续在全国开始放号，开始商用阶段。至此，我国正式进入 3G 时代。

（二）3G 标准技术指标

3G 标准的技术指标主要包括载频间隔、码片速率、多址方式、系统带宽等。（扫第六章二维码了解 3G 标准技术指标）

（三）3G 技术特点

3G 采用了软件无线电、双工模式、智能天线、多用户检测、同步技术、动态信道分配、接力切换和 Turbo 编码等关键技术，其中时分双工、智能天线、接力切换是 TD-SCDMA 特有的关键技术。3G 在无线技术上的创新主要表现在：采用高频段频谱资源；频率复用系数高，工程设计简单，扩容方便；多业务、多速率传送；完善的功率控制；宽带射频信道，支持高速率业务；自适应天线及软件无线电技术；采用独特的软切换技术，降低了掉话率。

（四）3G 业务

3G 业务可分为以下四类。

（1）交互式业务：包括电话、移动银行、可视电话和可视会议等。

（2）点对点业务：包括短信、电子邮件、话音邮件、Web、视频邮件、远程医疗等。

（3）单向信息业务：包括数字报纸/出版、远程教育/视频购物、移动音频播放器、移动视频播放器、视频点播和卡拉 OK 等。

（4）多点广播业务：包括文本数字信息传送、话音信息传送、先进汽车导航、视频信息传送、移动收音机和移动电视等。

（五）第三代移动通信系统的关键技术

第三代移动通信中所采用的多种高新技术是第三代移动通信系统的精髓，也是制订第三代移动通信系统标准的基础。下面介绍几项第三代移动通信系统中采用的关键技术。

1. 初始同步与 Rake 多径分集接收技术

CDMA 通信系统接收机的初始同步包括 PN 码同步、符号同步、帧同步和扰码同步等。CDMA2000 系统采用与 IS-95（双模宽带扩频蜂窝系统的移动台-基站兼容标准）系统相类似的初始同步技术，即通过对导频信道的捕获建立 PN 码同步和符号同步，通过同步（Sync）信道的接收建立帧同步和扰码同步。WCDMA 系统的初始同步则需要通过"三步捕获法"进行，即通过对基本同步信道的捕获建立 PN 码同步和符号同步，通过对辅助同步信道的不同扩频码的非相干接收、确定扰码组号等，最后通过对可能的扰码进行穷举搜索，建立扰码同步。

2. 智能天线系统

智能天线由多天线阵、相干收发信机和现代数字信号处理（DSP）算法组成。智能天线可有效地产生多射束图。这些射束的每一个都指向特定的 UE（用户设备），而这些射束图也能适应跟随任何移动的 UE。在接收方，这种特性即空间选择接收，能大大地增加接收灵敏度，减少来自不同位置同信道的 UE 的同信道干扰，增加容量。

3. TX 功率控制

CDMA 系统中，许多用户同时共享同样的频带，因此它是一个自干扰系统。由于各用户扩频码之间非理想的互相关特性会造成彼此之间的干扰，因此要采用功率控制技术以避免强信号对弱信号造成的干扰，即"远近效应"。

功率控制的原则是在可以满足无线链路传输质量的前提下，尽可能减小发送端的发射功率，进而尽可能减小用户之间彼此的干扰，增加容量。

4. 高效信道编译码技术

第三代移动通信的另外一项核心技术是信道编译码技术。在第三代移动通信系统主要提案中（包括 WCDMA 和 CDMA2000 等），除采用与 IS-95CDMA 系统相类似的卷积编码技术和交织技术之外，还建议采用 Turbo（并行级联的卷积码）编码技术。Turbo 编码器采用两个并行相连的系统递归卷积编码器并辅之以一个交织器。两个卷积编码器的输出经并串转换以及凿孔（Puncture）操作后输出。相应地，Turbo 解码器由首尾相接、中间由交织器和解交织器隔离的两个以迭代方式工作的软判决输出卷积解码器构成。

5. 多用户检测技术

在多径衰落环境下，由于各个用户之间所用的扩频码通常难以保持正交，因而造成多个用户之间的相互干扰并限制了系统容量。解决此问题的一个有效方法是对多个用户实现联合最优或准最优的检测，这种方式可以大大地减弱多址干扰。具体的实现方式主要有级联抵消、并行抵消、相关、自适应滤波等。

二、WCDMA 系统

WCDMA 系统架构如图 6-20 所示。

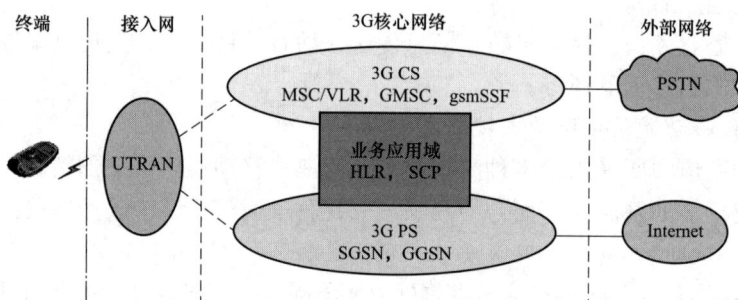

图 6-20　WCDMA 系统架构

（一）WCDMA 的网元功能

WCDMA 系统组成如图 6-21 所示，其包括 UE（User Equipment，用户设备）、RAN（无线接入网）和 CN（Core Network，核心网）。（扫第六章二维码了解 WCDMA 的网元功能）

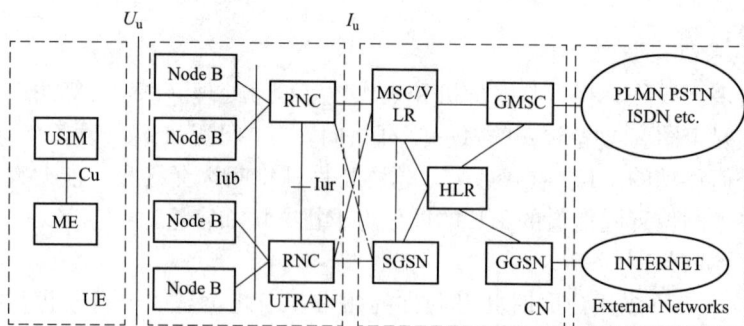

图 6-21　WCDMA 系统组成

（二）WCDMA 的信道

WCDMA 的物理信道按方向分可分为上行物理信道和下行物理信道。逻辑信道按功能

可分为控制信道和业务信道。（扫第六章二维码了解 WCDMA 的信道）

三、CDMA2000 系统

CDMA2000 主要由 IS-95 和 IS-41 标准发展而来。它与 AMPS、D-AMPS（数字先进移动电话系统）和 IS-95 都有较好的兼容性，它在反向信道也使用了导频，同时又采用了一些新技术，因此满足 IMT-2000 的要求。CDMA2000 可分为 CDMA2000-1X（单载波，带宽是 IS-95A 的 1 倍）和 CDMA2000-3X（多载波，带宽是 IS-95A 的 3 倍）两个系统。

IS-95A 是 CDMA 网络的第一个标准，支持 8kb/s 编码话音服务。其后又分别出版了 13kb/s 话音编码器的 TSB74 标准，支持 1.9GHz 的 CDMAPCS 系统的 STD-008 标准，其中 13kb/s 话音编码器的服务质量已非常接近有线电话的话音质量。

随着移动通信对数据业务需求的增长，1998 年 2 月，美国高通公司宣布将 IS-95B 标准用于 CDMA 基础平台。IS-95B 提供了对 64kb/s 数据业务的支持。

CDMA2000 1X 是 CDMA2000 第三代无线通信系统的第一个阶段，是 1999 年 6 月由 ITU 确立的标准，被称为 2.75G 移动通信系统。其主要特点是：与 IS-95A/B 完全兼容，并可与 IS-95B 系统的频段共享或重叠。CDMA2000-1X 与 IS-95A/B 是通过不同的无线配置（RC）来区别的，通过设置 RC，可以同时支持 CDMA2000-1X 终端和 IS-95A/B 终端。因此，IS-95A/B 和 CDMA2000-1X 可以同时存在于同一载波中。

CDMA2000-1X 网络部分则引入了分组交换方式，支持移动 IP 业务，可以提供 144kb/s 的数据业务，容量比 CDMAOne（IS-95A/B 网络的简称）高一倍，而且增加了辅助码分信道等，可以对一个用户同时承载多个数据流和多种业务。因此，CDMA2000-1X 提供的业务比 IS-95A/B 有很大的提高，为支持各种多媒体分组业务打下了基础。

CDMA2000 1x 前向信道结构如图 6-22 所示。

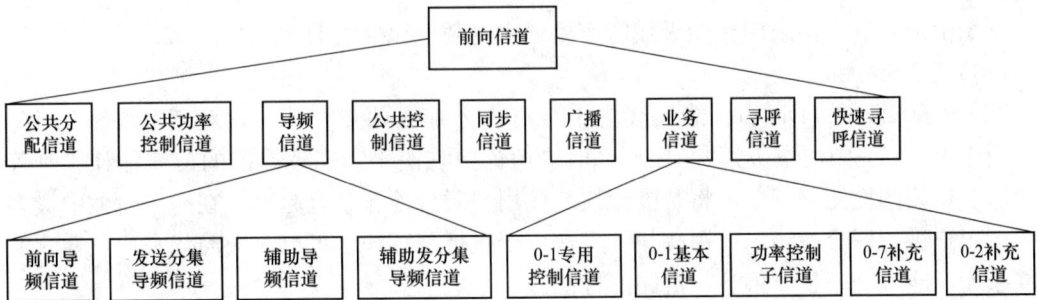

图 6-22 CDMA2000 1x 前向信道结构

四、TD-SCDMA 系统

TD-SCDMA 系统的物理层主要技术与 WCDMA 基本类似，而网络结构与后者是一样的，都采用了 UMTS 网络结构。两者之间的主要区别在于空中接口：TD-SCDMA 采用了 TDD 的时分双工方式，另外在物理层运用了一些有特色的技术，比如智能天线、联合检测、低码片速率与软件无线电，以及同步 CDMA 的一系列新技术。

在网络方面，TD-SCDMA 后向兼容 GSM 系统，支持 GSM/MAP 核心网，使网络能够由 GSM 平滑演进到 TD-SCDMA。同时，它与 WCDMA 具有相同的网络结构和高层指令，两类制式可以使用同一核心网。

（一）TD-SCDMA 系统的特征

（1）频谱利用率。TD-SCDMA 技术通过扩频码之间的正交性并结合智能天线技术，提供的容量将是 IS-95 CDMA 系统的 4～5 倍，是 GSM 系统的 20 倍。另外，TD-SCDMA 系统工作于 TDD（时分双工）方式，它不需要像其他基于 FDD（频分双工）的第三代移动通信系统那样需要成对的频率源，因而在频率利用方面更具有灵活性。

（2）多媒体业务的提供。TD-SCDMA 的第三代移动通信系统，将提供从基本的语音通信业务到数字业务和分组视频业务。TD-SCDMA 系统中的同一连接可同时传送语音、数据、视频等多种业务。

（3）互操作性。TD-SCDMA 系统通过多时隙组合，以 GSM 超长帧的方式实现对 GSM 基站信号的同步搜寻。另外，在手机的辅助下，第三代移动通信系统的基站通过精确的接力切换技术，实现由第三代系统到第二代移动通信系统的切换。TD-SCDMA 技术支持多种蜂窝分布技术，从宏蜂窝到微蜂窝，适合于多种地理环境。

（二）帧结构与信道类型

（1）TD-SCDMA 的物理信道采用三层帧结构：无线帧、子帧和时隙/码。

（2）与 WCDMA 类似，TD-SCDMA 的信道类型也分为逻辑信道、传输信道与物理信道。（扫第六章二维码了解帧结构与信道类型）

（三）智能天线技术

TD-SCDMA 系统中基于信道互易性可以方便地应用智能天线、联合检测等先进技术。

TD-SCDMA 系统采用的智能天线技术分为两类，一类是预多波束方法，另一类是自适应波束成形方法。

在实际系统中往往采用对信道相关矩阵进行特征分解，提取最大特征值对应的特征向量，作为波束成形向量。

基于信道互易性，采用智能天线能产生最大的载干比（C/I）增益。

（四）联合检测

TD-SCDMA 的 TDD 和智能天线的组合特色体现在两点：其一，对于 TD-SCDMA 方式，由于上/下行采用同一频段，因而在时变信道中它便于实现较精确的信道估计，改善多用户联合检测的性能；其二，将智能天线与多用户联合检测结合起来，在一个时隙中最多只有 8 个用户进行联合检测，采用解相关算法或干扰抵消算法，可以大大简化多用户检测实现的复杂度，能够进一步改善上行链路的性能。

第五节　第四代移动通信系统（4G）

尽管 3G 具有更大的系统容量、更好的通话质量和保密性，并且能够支持较高数据速率的多媒体业务。但 3G 系统仍存在很多不足，如采用电路交换，而不是纯 IP（Internet Protocol）方式；最大传输速率达不到 2Mb/s，无法满足用户高带宽要求；多种标准难以实现全球漫游等。正是由于 3G 的局限性推动了人们对下一代移动通信系统 4G 的研究。

一、LTE 系统需求

LTE（Long Term Evolution，长期演进）的系统需求包括系统容量需求和系统性能需求，其中系统容量需求包括峰值速率需求和传输时延需求两方面，系统性能需求包括用户吞吐量需

求、频谱效率需求、移动性需求和覆盖需求四方面。（扫第六章二维码了解 LTE 系统需求）

二、标准化进程

从 3G 到 5G 的主流移动通信标准演进包括 3G—B3G—E3G—4G—5G 五个阶段。移动通信标准的系统需求主要由 ITU-R WP5D 工作组负责制定。

从 3G 到 4G 演进，数据传输速率从 300kb/s—1Mb/s—10Mb/s—100Mb/s，最终达到 1Gb/s。宽带移动通信技术标准演进过程如图 6-23 所示。

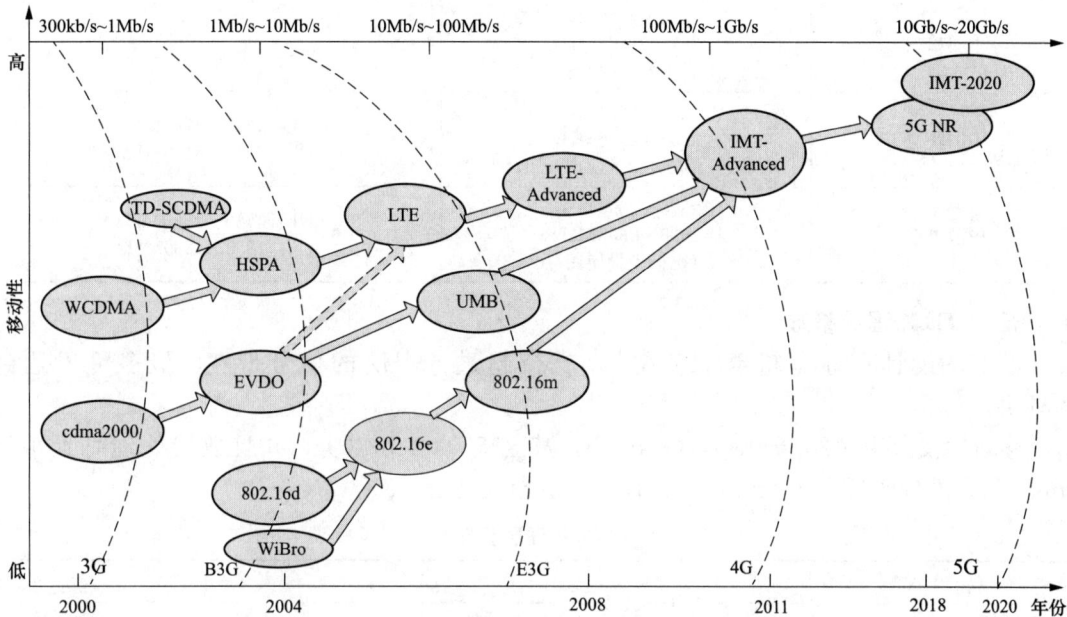

图 6-23　宽带移动通信技术标准演进过程

三、LTE 系统特征

第四代移动通信系统可称为宽带接入和分布式网络，其网络将采用全 IP 的结构。4G 网络采用许多关键技术来支撑，包括正交频率复用（Orthogonal Frequency Division Multiplexing，OFDM）、多载波调制、自适应调制和编码（Adaptive Modulation and Coding，AMC）、多输入多输出（Multiple-Input Multiple-Output，MIMO）、智能天线、基于 IP 的核心网、软件无线电等。另外，4G 使用网关与传统网络互联，形成了一个复杂的多协议网络。与 3G 相比，LTE 的技术特征包括：

（1）提高了通信速率，下行峰值速率可达 100Mb/s，上行可达 50Mb/s。

（2）提高了频谱利用率，下行链路可达 5bit/(s·Hz)，上行链路可达 2.5bit/(s·Hz)。

（3）以分组域业务为主要目标，系统整体架构基于分组交换。

（4）通过系统设计和严格的服务质量机制，保证了实时业务（如网络电话）的服务质量。

（5）系统部署灵活，支持 1.25~20MHz 间的多种系统带宽。

（6）降低了无线网络时延，子帧长度为 0.5ms 和 0.675ms。

（7）在保持基站位置不变的情况下增加了小区边界的比特速率。

（8）强调向下兼容，支持与已有 3G 系统的协同运作。

四、LTE 的频段

根据双工方式不同，LTE 系统分为频分双工（Frequency Division Duplexing，FDD）

和时分双工（Time Division Duplexing，TDD）两种。两者的区别表现在空口物理层上，如帧结构、时分设计、同步等。FDD 系统空口上下行采用成对频段接收和发送数据，而 TDD 系统上下行则使用相同的频段在不同时隙上传输。与 FDD 双工方式相比，TDD 有着较高的频谱利用率。TDD-LTE 习惯上又被简称为 TD-LTE。中国的 4G 频谱分配见表 6-2。

表 6-2　　　　　　　　　　　　　　中国的 4G 频谱分配

运营商	TDD 频段	FDD 频段
中国移动	2320～2370MHz 2575～2635MHz （130MHz 频谱）	
中国联通	2300～2320MHz 2555～2575MHz （联通少量使用）	UL：1955～1980MHz DL：2145～2170MHz
中国电信	2370～2390MHz 2635～2655MHz （电信少量使用）	UL：1755～1785MHz DL：1850～1880MHz

五、LTE 物理层参数

LTE 的设计目标是超越 HSPA＋，支持超过 5MHz 的信号带宽，最多可以达到 20MHz。

移动性支持从 120km/h 到 350km/h，甚至 500km/h 以上，并且数据处理时延小于 5ms，信令处理时延小于 100ms。LTE 物理层参数见表 6-3。

表 6-3　　　　　　　　　　　　　　　LTE 物理层参数

双工方式	FDD、TDD					
多址技术	下行：OFDMA，上行：SC-FDMA					
帧结构	FDD：1 帧 10ms，分为 10 个子帧，每个子帧 1ms，又分为两个时隙，每个时隙含有 7/6 个 OFDM 符号					
	TDD：1 帧 10ms，含 8/9 个普通子帧，1/2 个特殊子帧，每个子帧 1ms，普通子帧分为两个时隙					
调制方式	QPSK、16QAM、64QAM					
信道编码	卷积编码：(3，1，6)，咬尾编码，Turbo 编码：1/3 码率，8 状态					
HARQ	下行：异步多重停等 HARQ，最多重传次数 8 上行：同步多重停等 HARQ，最多重传次数 8					
MIMO	空时预编码、循环延迟分集（CDD）、正交发分集					
信道带宽	1.4	3	5	10	15	20
资源块配置（RB）	6	15	25	50	75	100

六、LTE 的关键技术

（一）正交频分多址技术

正交频分多址接入技术（Orthogonal Frequency Division Multiple Access，OFDMA）是后 3G 时代最主要的一种接入技术。其基本思想是把高速数据流分散到多个正交的子载波上传输，从而使单个子载波上的符号速率大大降低，符号持续时间大大加长，对因多径效应产生的时延扩展有较强的抵抗力，减少了符号间干扰的影响。通常在 OFDMA 符号前加入保护间隔，只要保护间隔大于信道的时延扩展则可以完全消除符号间干扰。

OFDMA 系统允许各子载波之间紧密相邻，甚至部分重合，通过正交复用避免频率间干扰，降低了保护间隔的要求，实现了很高的频谱效率。

OFDMA 具有 OFDM 的优点，还具有很强的灵活性。这体现在：可以在不改变基本参数或设备设计的情况下使用不同的频谱带宽；可变带宽的传输资源可以在频域内自由调度，分配给不同的用户；为软频率复用和小区间的干扰协调提供便利。

（二）多输入多输出技术

多输入多输出（Multiple-Input Multiple-Output，MIMO）是利用多发射、多接收天线实现空间分集的技术。它采用分立式多天线，能够有效地将通信链路分解成为许多并行的子信道，从而大大提高容量。

多天线技术是指在无线通信的发射端或接收端采用多副天线，同时结合先进的信号处理技术实现的一种综合技术。使用多天线技术，把空间域作为新资源使用。

多天线技术具有三种基本增益。

（1）分集增益。分集增益利用多天线提供的空间分集来改善多径衰落情况下传输的健壮性。

（2）阵列增益。阵列增益通过预编码或波束成形使能量集中在一个或多个特定方向。这也可以为在不同方向的多个用户同时提供业务（即多用户 MIMO）。

（3）空间复用增益。空间复用增益在可用天线组合所建立的多重空间层上，将多个信号流传输给单个用户。

在下行链路，多天线发送方式主要包括发射分集、波束赋形、空时预编码以及多用户 MIMO 等；而在上行链路，多用户组成的虚拟 MIMO 也可以提高系统的上行容量。

（三）链路自适应技术

链路自适应技术是指根据当前获取的信道信息，自适应地调整系统传输参数的行为，用以克服或者适应当前信道带来的影响。

自适应调制和编码（Adaptive Modulation and Coding，AMC）技术基本原理：发送功率恒定时，通过调整无线链路传输的调制方式与编码速率，确保链路的传输质量。

信道条件较差时，选择低阶调制方式与编码速率。

信道条件较好时，选择高阶调制方式，从而最大化编码速率。

AMC 技术实质上是一种变速率传输控制方法，能适应无线信道衰落的变化，具有抗多径传播能力强、频率利用率高等优点，但其对测量误差和测量时延敏感。

（四）混合自动重传技术

混合自动重传请求（Hybrid Automatic Repeat reQuest，HARQ）结合 FEC、ARQ 两种差错控制技术各自的特点，将 ARQ 和 FEC 两种差错控制方式结合起来使用。在 HARQ 中采用 FEC 减少重传的次数，降低误码率，使用 ARQ 的重传和 CRC 校验来保证分组数据传输等要求误码率极低的场合。该机制结合了 ARQ 方式的高可靠性和 FEC 方式的高通过效率，在纠错能力范围内自动纠正错误，超出纠错范围则要求发送端重新发送。

HARQ 具有三种机制：Chase 合并机制、完全增量冗余、部分增量冗余。

（五）小区干扰抑制技术

小区间干扰是蜂窝移动通信系统中的一个固有问题。LTE 下行采用 OFDMA，依靠频率之间的正交性区分用户，比 CDMA 技术更好地解决了小区内干扰的问题。但是作为代价，LTE 系统带来的小区间干扰问题可能比 CDMA 系统更严重。对于小区中心用户来说，其本身离基站的距离就比较近，而外小区的干扰信号距离较远，则其信噪比相对较大；但是对于小区边缘的用户，由于相邻小区占用同样载波资源的用户对其干扰比较大，加之本身距离基站较远，其信噪比相对就较小，导致虽然小区整体的吞吐量较高，但是小区边缘的用户服务质量较差，吞吐量较低。因此，在 LTE 系统中，小区间干扰抑制技术非常重要。

3GPP 提出了多种解决干扰的方案，包括干扰随机化、干扰消除和干扰协调技术。其中，干扰随机化利用干扰的统计特性对干扰进行抑制，误差较大；干扰消除技术可以明显改善小区边缘的系统性能，获得较高的频谱效率。但对带宽较小的业务不太适用，系统实现比较复杂；干扰协调技术最为简单，能很好地抑制干扰，可以应用于各种带宽的业务。

（六）信道选择性调度技术

信道选择性调度技术是指根据无线信道测量的结果，选择信道条件较好的时频资源进行数据的传输。

LTE 系统中，由于 OFDM 的应用，可在频域上进行信道选择性调度，调度的颗粒度更小。带宽增加，信道的频率选择性衰落特性更明显，为每个用户分配最佳的频带资源，获得频域上的多用户分集增益，提高系统吞吐量和频谱利用率。

频域信道选择性调度与信道质量信息（CQI）的获得紧密相关。

（1）下行信道 CQI。通过终端测量全带宽的公共参考信号获得不同频带的信道状态信息，并通过上行信道反馈给基站。

（2）上行信道质量信息。通过基站测量终端发送的上行探测参考信号获得不同频带的信道状态信息。

七、LTE 的网络结构

LTE 系统由演进型分组核心网（Evolved Packet Core，EPC）、演进型通用陆地无线接入网（Evolved Universal Terrestrial Radio Access Network，E-UTRAN）和用户设备（User Equipment，UE）三部分组成，E-UTRAN 由多个 eNodeB（Evolved Node B，演进型 Node B）通过 X2 接口连接组成；EPC 由移动性管理实体（Mobile Management Entity，MME）、服务网关（Serving Gateway，SGW）、分组数据网络网关（Packet Data Network Gateway，PGW）、用户归属服务器（Home Subscriber Server，HSS）、策略与计费规则功能实体（Policy and Charging Rule Functionality，PCRF）等组成，如图 6-24 所示。（扫第六章二维码了解 LTE 网络结构中各部分的功能）

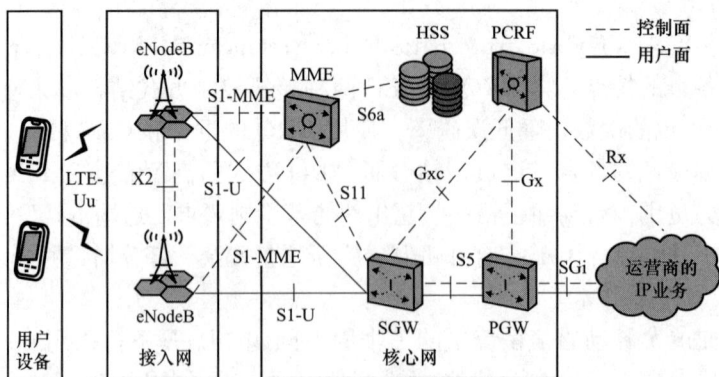

图 6-24　LTE 系统组成

八、LTE 的接口与协议

LTE 系统接口很多，主要有移动台和 eNodeB 之间的 Uu 接口、eNodeB 之间的 X2 接口以及核心网接口 S1（包括 S-MME 和 S-U）、S11、S6a、S10、S5/S8 等，如图 6-25 所示。

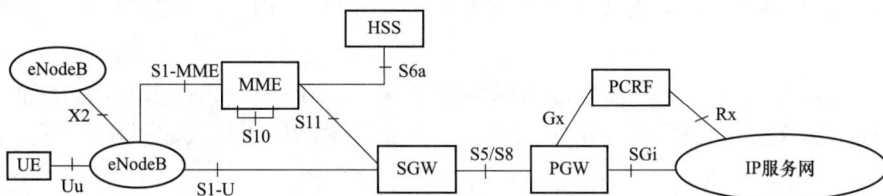

图 6-25　LTE 系统接口

LTE 核心网（EPC）接口的名称、协议、位置及功能见表 6-4。（扫第六章二维码了解 LTE 的接口详细内容）

表 6-4　　　　　　　　　　　　　　LTE 系统接口及功能

名称	协议	位置	功能
S1-MME	S1AP	eNodeB-MME	用于传送会话管理和移动性管理信息
S1-U	GTPv1	eNodeB-SGW	在 SGW 与 eNodeB 间建立隧道，传送数据
S11	GTPv2	MME-SGW	在 MME 和 SGW 间建立隧道，传送信令
S6a	Diameter	MME-HSS	完成用户位置信息的交换和用户签约信息的管理
S10	GTPv2	MME-MME	在 MME 间建立隧道，传送信令
S5/S8	GTPv2	SGW-PGW	在 SGW 和 PGW 间建立隧道，传送数据

九、LTE-Advanced 介绍

为了进一步提升系统性能，满足 ITU 提出的 4G 移动通信需求，2008 年 3 月，3GPP 组织启动了 LTE-Advanced 标准工作，协议版本为 Release 10。

LTE-Advanced 标准相对于 LTE 进行技术性能的全面增强，类似于 HSPA 相对于 WCDMA 的技术增强。2011 年 LTE-Advanced 商用系统成熟并部署。

（一）LTE-Advanced 系统特征

LTE-Advanced 在标准化过程中强调后向兼容特性。在网络结构方面，LTE-Advanced 与 LTE 完全兼容，保证了网络结构的平滑演进；在终端技术方面，LTE-Advanced 系统的引入不会对 LTE 终端造成影响，满足后向兼容，可以有效降低终端开发的难度，降低网络部署的成本。

LTE-Advanced 的技术指标全面满足 IMT-Advanced 需求，并超越 4G 移动通信的基本指标，其技术特征总结如下：支持下行峰值速率 1Gb/s，上行峰值速率 500Mb/s；系统性能指标，如小区与链路吞吐率已经明显超越了 IMT-Advanced 要求；网络部署、终端开发可以平滑演进，降低系统与终端开发成本；高功率效率，有效降低系统和终端功耗；更高频谱效率，通过载波聚合，有效利用分散的频谱。

（二）LTE-Advanced 关键技术

LTE-Advanced 系统中引入了载波聚合、协作多点传输（CoMP）与中继等新的关键技术。

（1）载波聚合。为了支持 DL、UL 1（Gb/s）/500（Mb/s）的数据速率，LTE-Advanced 引入了载波聚合技术，将多个 20MHz 的频段聚合，从而扩展整个信号带宽，提升链路速率。

（2）协作多点传输（CoMP）。在 MIMO 技术方面，LTE-Advanced 提出采用 8×8 的高阶 MIMO 配置，将原来的 4 天线端口扩充为 8 个，并且标准化下行参考信号、预编码码本设计。

另一方面，为了进一步改善小区边缘链路质量，LTE-Advanced 引入了分布式 MIMO 的概念，提出协作多点传输（CoMP）技术。CoMP 技术的应用场景如图 6-26 所示。

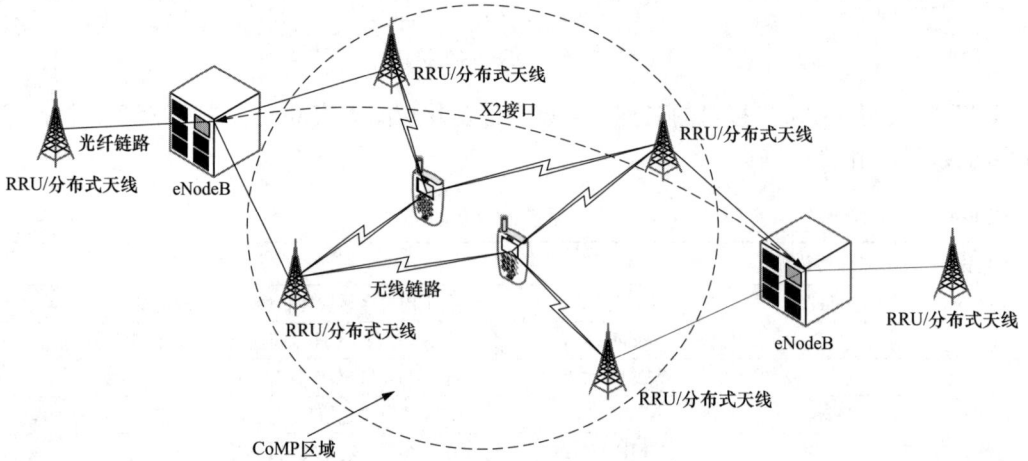

图 6-26　协作多点传输（CoMP）技术的应用场景

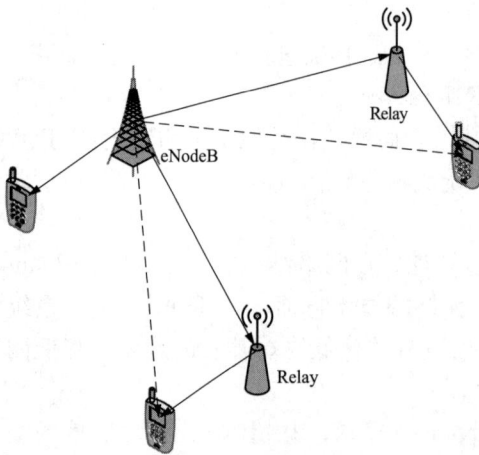

图 6-27　LTE-Advanced 的中继场景

（3）中继。为了提高链路吞吐率，除采用 CoMP 技术以外，也可以采用 Relay（中继）技术。从中继对数据处理的协议层次可以划分为层 1/2/3 中继，其中层 1 中继就是简单的直放站，只是把基站和用户的双向链路进行放大转发。

LTE-Advanced 的中继场景如图 6-27 所示。

LTE-Advanced 定义了两种中继。Type I 中继是 L3 中继，其功能相当于微蜂窝基站，有专用 Relay ID，能够与基站协同，进行无线资源调度与分配。而 Type II 包括 L1/L2 中继，没有专用的 Relay ID，因此不能构成独立的小区，对于网络和用户都是透明的。

第六节　第五代移动通信系统（5G）

从 1G 到 4G，移动通信的核心是人与人之间的通信，个人的通信是移动通信的核心业务。但是 5G 的通信不仅是人与人之间的通信，而是物联网、工业自动化、无人驾驶等业务被引入，通信从人与人之间的通信开始转向人与物之间的通信，直至机器与机器之间的通信。

5G，顾名思义是第五代移动通信技术，是目前移动通信技术发展的最高峰，也是人类希望不仅要改变生活，更要改变世界的重要力量。5G 在 4G 基础上，对于移动通信提出了更高的要求，它不仅在高速率，而且还在低功耗、低时延等多个方面有了全新的提升，由此业务能力也会有巨大提升，互联网的发展也将从移动互联网进入智能互联网时代。

一、概述

（一）对 5G 的描述

1. IMT-2020 愿景建议书中描绘的 5G 使用场景

5G 将解决多样化应用场景下差异化性能指标带来的挑战，不同应用场景面临的性能挑战有所不同，用户体验速率、流量密度、时延、能效和连接数都可能成为不同场景的挑战性指标。从移动互联网和物联网主要应用场景、业务需求及挑战出发，可归纳出连续广域覆盖、热点高容量、低功耗大连接和低时延高可靠四个 5G 主要技术场景，见表 6-5。

表 6-5　　　　　　　　　　　**5G 主要场景与关键性能挑战**

场景	关键挑战
连续广域覆盖	100Mb/s 用户体验速率
热点高容量	用户体验速率：1Gb/s 峰值速率：每秒数十吉比特 流量密度：每平方千米每秒数十太比特
低功耗大连接	连接数密度：10^6/km^2 超低功耗，超低成本
低时延高可靠	空口时延：1ms 端到端时延：ms 量级 可靠性：接近 100%

2. 3GPP（3rd Generation Partnership Project，第三代合作伙伴计划）定义 5G 的三大场景

（1）增强型移动宽带（Enhanced Mobile Broadband，eMBB）。eMBB 指在现有移动宽带业务场景的基础上，对于用户体验等性能的进一步提升。在人口密集区为用户提供 1Gb/s 用户体验速率，在流量热点地区，可实现每平方千米每秒数十太比特的流量密度。

（2）海量机器类通信（massive Machine Type of Communication，mMTC）。mMTC 指不仅能够将医疗仪器、家用电器、手持通信终端等连接在一起，还能提供海量连接的物联网业务，每平方千米 1 百万连接，并提供具备超千亿网络连接的支持能力。

（3）超高可靠性与超低时延业务（Ultra-Reliable and Low Latency Communications，uRLLC）。uRLLC 主要面向智能无人驾驶、工业自动化等需要低时延高可靠连接的业务，能够为用户提供毫秒级的端到端时延和接近 100% 的可靠性。

5G 的三大场景称为 5G 的铁三角，如图 6-28 所示。显然 5G 的三大场景对通信技术提出了更高的要求，不仅要解决一直需要解决的速率问题，而且对低功耗、低时延等要求更高，这就对通信技术提出了更高的要求。

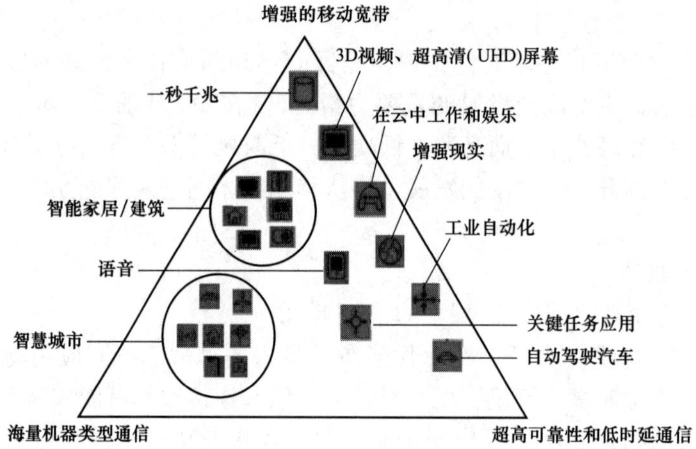

图 6-28　5G 的铁三角

（二）5G 关键能力

性能需求和效率需求共同定义了 5G 的关键能力，如图 6-29 所示，也称 5G 之花。红花绿叶，相辅相成，花瓣代表了 5G 的六大性能指标，体现了 5G 满足未来多样化业务与场景需求的能力，其中花瓣顶点代表了相应指标的最大值；绿叶代表了三个效率指标，是实现 5G 可持续发展的基本保障。

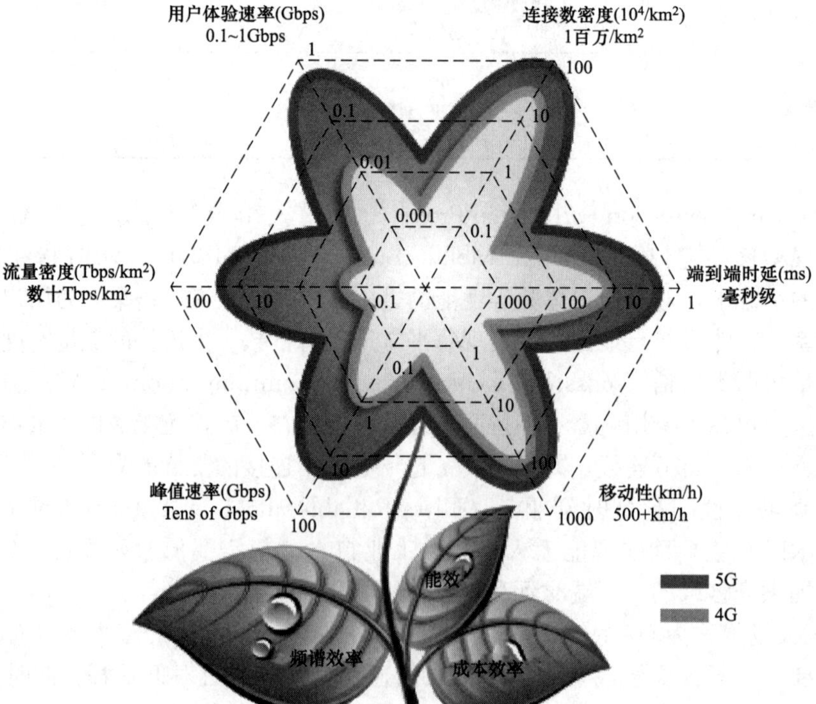

图 6-29　5G 关键能力

（三）5G 设计目标

为了更好地了解 5G 的工程实现上的难度和挑战，需要先了解人们对 5G 有哪些目标和需要，其中包括数据速率、延迟、能量花费、更多设备的接入几个方面。（扫第六章二维码了解 5G 通信中最核心的一些目标）

二、频谱分配及 5G 核心频谱

（一）5G 频谱方案

5G 之路上需要关注的关键指标需要有频谱的支撑。WRC（World Radio comunication Conferences，世界无线电通信大会）解决频谱差距的方案有两种。其一是释放成熟的 WRC-7/12 频段：700/800/2300/2600/3500，如 2G、3G 业务少了，可以将用得少的频段释放出来供 5G 使用；其二是开发 WRC-15 频段：C 频段、L 频段的频谱，IMT（国际移动通信）在 6GHz 以下定义的 500～1000MHz。我国确定了 3.4～3.5GHz 作为 5G 的测试使用。开发 WRC-19 频段：候选的 UHF/C 频段，更高频段大于 6GHz，如图 6-30 所示。

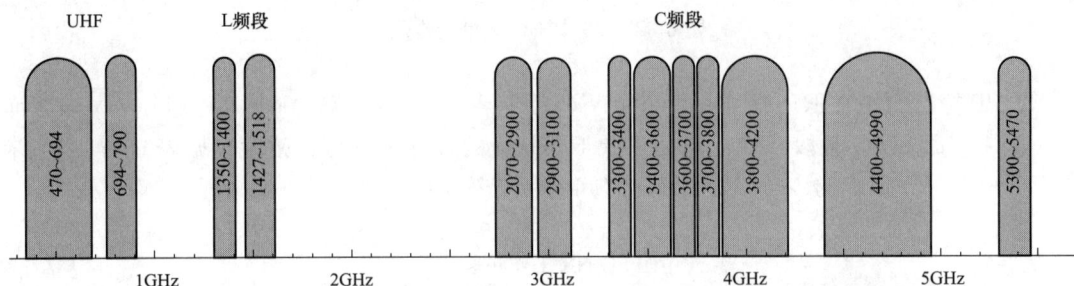

图 6-30 5G 可用频谱

（二）5G 核心频段介绍

5G 将聚合所有的频段频谱，如图 6-31 所示。

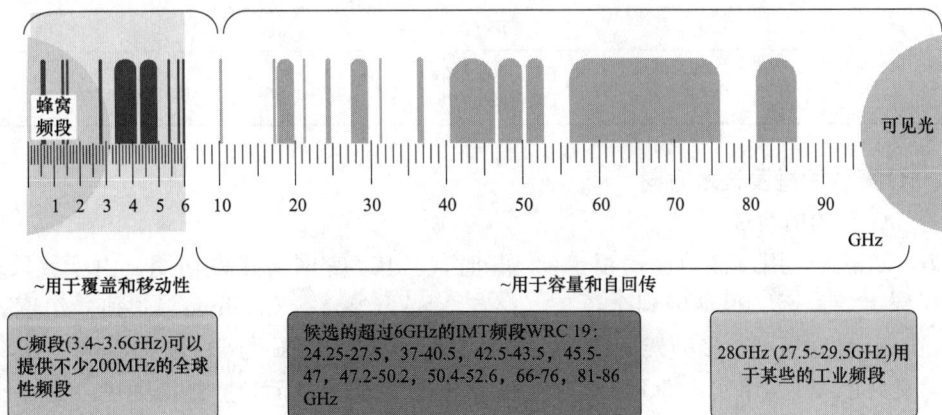

图 6-31 5G 聚合的频谱

其中，6GHz 以下作为覆盖层，6GHz 以上主要集中在 6～90GHz，再往上就是可见光。比较热门的频段：28GHz。因为频率越高，覆盖越弱。毫米波、28GHz 的覆盖都是比较弱的，所以两者主要用于容量场景，室内覆盖，回传。

3GHz 以下：提供基础接入，覆盖以及移动性。

C-Band：Massive MIMO 部署，提升容量和覆盖。

毫米波：容量提升，家庭宽带接入，自回传，有电即有站，如图 6-32 所示。

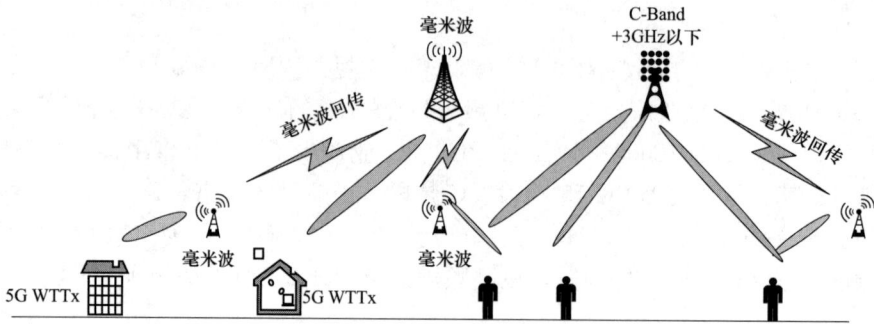

图 6-32　5G 中不同频谱的作用

3GPP 标准组织在 R15 版本中为 5G NR（5G New Radio，5G 新空口）划分了两段工作频率范围：①Sub6G 频段 FR1：包括了低于 6GHz 的现有频段与新频段，见表 6-6；②毫米波频段 FR2：包括了 24.25～52.6GHz 之间的所有新频段。

表 6-6　　　　　　　　　　　　　　　中国 5G NR 工作频段分配

运营商	NR 频段序号	工作频段/MHz	带宽/MHz	双工方式
中国移动	n41	2515～2675	160	TDD
	n79	4800～4900	100	TDD
中国联通	n78	3500～3600	100	TDD
中国电信	n78	3400～3500	100	TDD
中国广电	n79	4900～5000	100	TDD
	n28	UL：703～733 DL：758～788	30	FDD

三、5G 架构演进及技术方向

（一）5G 架构的演进

随着 5G 正式商用，移动通信正走向 5G 时代。在 5G 网络建设初期，由于频段较高、传播损耗较大等原因，很难做到全覆盖，存在 NSA（Non-Standalone，非独立组网）/SA（Standalone，独立组网）多种架构选择。非独立组网采用 LTE 与 5G 联合组网方式，利用现有覆盖良好的 4G 网络实现 5G NR（新空口）的快速引入；而独立组网则可以更好地体现出 5G 技术的优势以提高服务质量，但它对 5G NR 连续覆盖要求更高，引入周期长。

5G 承载网的演进不仅需考虑带宽、时延等相关网络指标的演进，还需考虑 5G 承载的灵活组网、4G/5G 共站承载及现有网络的衔接等实际需求，4G/5G 共存组网的统一承载是 5G 承载网演进中的关键问题。

1. 核心网架构演进

在 4G 时代，核心网大多采用省集中部署方式，面对 5G 多样化的业务需求，5G 核心网将实现去中心化演进，根据 uRLLC、eMBB、mMTC 等不同业务需求集中部署或部分按需下沉，实现更加灵活的网络架构，具体为应用网关下移、协同就近转发、流量本地终结、去中心化趋势明显。

2. 基站架构演进

（1）5G 无线接入网功能实体。5G 对 4G BBU（室内基带处理单元）与 RRU（射频拉远模块）功能进行了重新切分，在 5G 网络中，RAN（无线接入网）不再是由 BBU（基带处理单元）、RRU（射频拉远模块）和天线这些实体组成了，而是被重构为以下三个全新的功能实体：AAU（Active Antenna Unit，有源天线单元）、DU（Distribute Unit，分布单元）、CU（Centralized Unit，集中单元）三部分。

AAU：BBU 的部分物理层处理功能与原 RRU 及无源天线合并为 AAU。

CU：将原 BBU 的非实时部分分割出来，重新定义为 CU，负责处理非实时协议和服务。

DU：BBU 的剩余功能重新定义为 DU，负责处理物理层协议和实时服务。

CU 功能灵活部署，可以与 DU 共址部署，也可集中云化部署在 X86 服务器上。

3GPP 已完成 AAU 与 DU、DU 与 CU 之间切分接口的标准化。

（2）5G 新型前传接口 e-CPRI（enhanced CPRI，增强型 CPRI）。在架构演进的基础上，5G 对基带处理功能与远端射频处理功能之间的前传接口进行了新的定义。

4G 时代前传接口基于 CPRI（Common Public Radio Interface，通用公共无线接口）协议，前传 CPRI 接口对传输带宽要求太高。5G 时代在大带宽、多流、Massive MIMO 等技术发展的驱动下，CPRI 联盟对前传接口重新定义 eCPRI 标准，以降低带宽要求，支持以太封装、分组承载和统计复用。

3. 5G 架构演进对承载网影响

（1）核心网云化带来流量、流向的多元化。

（2）5G RAN（Radio Access Network，5G 无线接入网）的部署方式，由于 CU、DU 功能的分离，带来多种组网方式，包括传统的 D-RAN（Distributed Radio Access Network，分布式无线接入网）部署方式、BBU 集中的 C-RAN（Centralized Radio Access Network，集中化无线接入网）部署方式及 CU 云化部署的 Cloud-RAN。当采用 Cloud-RAN 部署方式时，5G 承载网被分割为前传（AAU 到 DU）、中传（DU 到 CU）、回传（CU 到核心网）三部分。相对于 4G 承载网，5G 承载网增加了中传网络。

（二）5G 网络架构技术方向

5G 网络架构的演进可以分为三个步骤来实施。

第一，构建以 DC 为中心的网络云化平台，部署基于云化架构的 VNF（虚拟网络架构），引入跨 DC 部署与无状态设计，并将传统核心网业务搬迁至此云化平台。

第二，引入 C/U 分离，并利用 MEC（Mobile Edge Computing）技术构建分布式网络，保障低时延业务应用。

第三，引入 SBA（Service Based Architecture）、网络切片、接入无关技术，为各式各样差异化需求提供按需服务。（扫第六章二维码了解 5G 网络架构技术方向）

四、5G 系统架构

5G 系统总体架构如图 6-33 所示，包括接入网和核心网两部分，其中虚线左侧为接入网，右侧为核心网。其中底框代表逻辑网元点，具体有 gNB/ng-eNB（5G 基站 gNB/下一代 4G 基站 ng-eNB）、AMF（接入和移动管理功能）、UPF（用户面功能）和 SMF（会话管理功能）。白色底框是各网元点主要功能描述。

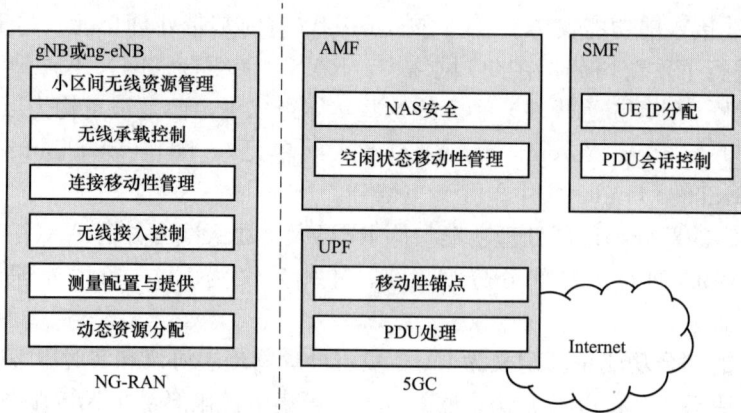

图 6-33　5G 系统总体架构

（一）5G-RAN（Radio Access Network，5G 无线接入网）

5G NR 的无线接入网包含两类节点可以接入 5G 核心网：5G 基站（gNB），采用 NR 的用户面与控制面协议，服务 NR 的移动台；升级的 4G 基站（Ng-eNB），采用 LTE 的用户面与控制面协议，服务 LTE 终端。（扫第六章二维码了解 5G 接入网的构成）

（二）5G CN（5G Core Network，5G 核心网，5GCN）

1. 4G-5G 核心网架构的演进

图 6-34 给出了 4G 网络的架构，其中，SGW 是 Serving Gateway，原 3G 网络中 SGSN 网元的用户面功能，有时也写为 S-GW；PGW 是 PDN Gateway，原 3G 网络中 GGSN 网元的功能，有时也写为 P-GW。

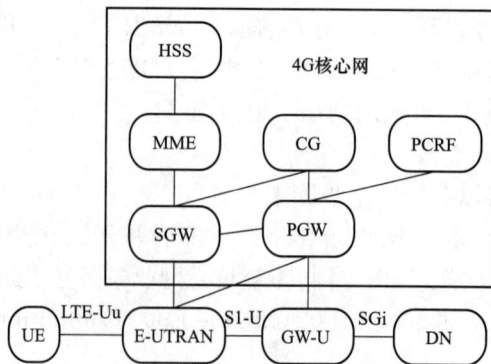

图 6-34　4G 基于网元的网络架构

其中 SGW 和 PGW 常常合设并被称为 SAE-GW（System Architecture Evolution-Gateway）。

相对 4G，5G 的核心网有以下变化：

（1）将网元拆解为多个网络功能服务。

（2）网元之间的点到点接口改变为网络功能服务间的生产者和消费者模式，实现网络功能服务间的交互解耦；各网络功能服务间可以根据需求任意通信，从而优化通信路径，减少通信转发，提高通信效率。

（3）网络功能服务可以独立扩展，按需编排和分布式部署。

（4）新增 NRF，可以实现网络功能服务管理的自动化（自动注册/更新/去注册、自动发现和选择、状态检测、认证授权等）。

（5）服务化接口采用 JSON，相比现有 Diameter 性能上有差距，但通用性、可描述性、可读性更强。

4G：一对一，网元功能是独立的，传播方式网元之间一对一、点对点传播。

5G：多对多、控制与转发分离，将以前 4G 的网元进行了拆分，把它拆分为多个网元功能来进行服务，网元之间传播方式多对多。

2. 5G 核心网的主要特征

采用互联网化、开放的设计理念体现在两方面：

（1）5G 核心网设计颠覆性变化。通过基于服务的架构、切片、CU/DU 分离等结合云技术实现面向互联网；网络定制化、开放化、服务化、支撑大流量、大连接和低时延的万物互联需求。

（2）面向互联网应用的网络架构基本特性。

扁平化：较少层次，提供快速通道能力。

简洁化：种类/类型/数量，减少运维复杂性。

集约化：资源统一部署、配置端到端运营。

柔性化：软硬解耦，网络资源弹性可伸缩。

开发化：丰富便携开发能力，主动适应应用。

为应对面向垂直行业的、万物互联的需求，5G 网络需要一个敏捷、可演进的新架构，更需要走在时代前列，代表当前最新技术、面向未来、引领时代发展的架构。

Cloud-native（云原生）是一个思想集合，包括技术（如微服务、敏捷基础设施）和管理。Cloud-native 并不只是把传统网络功能软件简单移植到虚拟化平台上，架构业务逻辑、系统组织和管理方式将发生深刻的变化。

（3）5G 核心网架构特点——功能重构、软件化。5G 通过架构和功能重构，实现软件定义的网络功能和网络连接，4G 的网元重构为 5G 的网络功能。4G 是刚性网络：固定连接、固定功能、固化信令交互。5G 是柔性网络：网元拆解成服务模块，基于 API 接口调用。

3. 5G 核心网架构

5G 核心网的设计沿用了 EPC 核心网思路，并且在三个方面进行增强：基于业务的架构、控制面/用户面分离、支持网络切片。（扫第六章二维码了解 5G 核心网架构）

4. 5G 核心网功能

5GC 由 AMF、UPF 和 SMF 等主要网元组成。AMF（Access and Mobility Management Function，接入和移动管理功能）提供用户设备接入身份验证、授权和移动管理控制功能及 SMF 选择。UPF（User Plane Function，用户面功能）提供基于用户面的数据分组路由和转发和监测等功能。SMF（Session Management Function，会话管理功能）提供会话管理、IP 地址分配和管理和控制部分执行策略等功能。

用户面：单一的 AMF 负责终端的移动性和接入管理；SMF 负责对话管理功能，可以配置多个。AMF 和 SMF 是控制面的两个主要节点，配合它俩的还有 UDM、AUSF、PCF，以执行用户数据管理、鉴权、策略控制等。另外还有 NEF 和 NRF 这两个平台支持功能节点，用于帮助 exposed 和 publish 网络数据，帮助其他节点发现网络服务。

控制面：4G 中控制面就是 MME，5G 中把控制面分成小的模块，比如 AMF、SMF 等。这些不同的小模块虚拟化，而且网元与网元之间可以进行多个接口传递、访问，更容易实现服务化。

（1）AMF 的功能。负责非接入层 NAS 信令的安全和终止服务；提供接入层 AS 的安全控制服务；提供用于 3GPP 接入网之间的移动性的核心网间节点的信令；完成注册区域管理，UE 的接入认证、接入授权，包括检查漫游权限；负责 UE 空闲状态的移动性管理（包括寻呼重传的控制和执行）；提供 UE 在接入网系统内/间的移动性管理；支持网络切片和 SMF 选择。

（2）SMF 的功能。负责 UE IP 地址的分配和管理；负责用户面（UP）功能的选择和控制，提供 PDU 会话管理与控制功能；配置 UPF 的流量导向，将流量路由到正确的目的地；提供控制部分策略执行和 QoS 服务，负责下行链路数据的通知工作。

（3）UPF 的功能。提供接入网系统内/系统间的移动性的锚点，用作外部 PDU 与数据网络互连的会话点，提供分支点以支持多宿主 PDU 会话，提供分组路由和转发功能，提供上行链路分类器以支持将业务流路由到数据网络，提供上行链路流量验证，提供下行数据包缓冲和下行数据通知触发，提供业务使用情况报告，完成用户面部分的策略规则执行的数据包检查。完成用户面的 QoS 处理，如包过滤、选通、上/行速率强制执行等。

（4）PCF（策略控制）。应用和业务数据流检测规则、门控、QoS 和基于流的计费规则，下发应用和业务数据流描述模板。

（5）UDM（统一数据管理）。生成 3GPP AKA 身份验证凭据，用户识别处理，支持隐私保护的用户标识符的隐藏，基于用户数据的接入授权。

（6）AUSF（身份验证服务器功能）。支持 3GPP 接入和不受信任的非 3GPP 接入的认证。

（7）NSSF（网络切片选择功能）。选择为 UE 提供服务的网络切片实例集。

（8）AF（应用功能）。与 3GPP 核心网络交互以提供服务。支持：应用流程对流量路由的影响，访问网络开放功能，与控制策略框架互动，基于运营商部署，允许运营商信任的应用功能直接与相关网络功能交互。

图 6-35 给出了 5G 核心网的功能及对应的接口，其中的 Nnssf、Nnef、Namf 等为各 NF（北向）的通信服务化接口。3GPP 标准规定了服务接口协议采用 TCP/TLS/HTTP2/JSON，提升了网络的灵活性和可扩展性。（扫第六章二维码了解 5G 无线接口、5G 无线协议结构、5G NR 组网架构、5G 帧结构等相关内容）

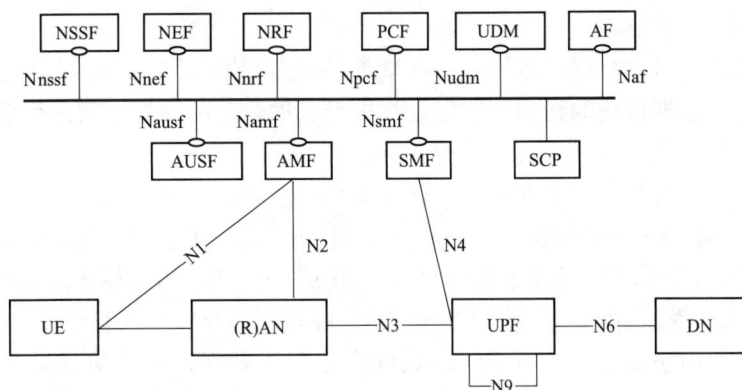

图 6-35 5G核心网及 NF 接口图

五、5G 无线关键技术

5G 空口采用了一系列关键技术，包括以下内容。

（1）大规模天线（Massive MIMO）。MIMO 技术已经在 4G 系统中得以广泛应用。通过大规模天线，基站可以在三维空间形成具有高空间分辨能力的高增益窄细波束，能够提供更灵活的空间复用能力，改善接收信号强度并更好地抑制用户间干扰，从而实现更高的系统容量和频谱效率。大规模天线技术为系统频谱效率、用户体验、传输可靠性的提升提供了重要保证。

（2）超密集组网。超密集组网通过更加"密集化"的无线网络基础设施部署，可获得更高的频率利用效率，从而在局部热点区域实现百倍量级的系统容量提升。超密集组网的典型应用场景主要包括办公室、密集住宅、密集街区、校园、大型集会、体育场、地铁、公寓等。

（3）全频谱接入。全频谱接入涉及 6GHz 以下低频段和 6GHz 以上高频段，其中低频段是 5G 的核心频段，用于无缝覆盖；高频段作为辅助频段，用于热点区域的速率提升。全频谱接入采用低频和高频混合组网充分挖掘低频和高频的优势，共同满足无缝覆盖、高速率、大容量等 5G 需求。

（4）新型多址。5G 不仅需要大幅度提升系统频谱效率，而且还要具备支持海量设备连接的能力。以 SCMA（稀疏码多址）、PDMA（图样分割多址接入）和 MUSA（多用户共享接入）为代表的新型多址技术通过多用户信息在相同资源上的叠加传输，在接收侧利用先进的接收算法分离多用户信息，不仅可以有效提升系统频谱效率，还可成倍增加系统的接入容量。

（5）新型多载波。面对 5G 更加多样化的业务类型、更高的频谱效率和更多的连接数等需求，OFDM 将面临挑战，新型多载波技术可以更好地满足 5G 的总体需求。业界已提出了多种新型多载波技术，例如：F-OFDM（滤波 OFDM）技术、UFMC（通用滤波多载波）技术和 FBMC（滤波器组多载波）技术等。其共同特征是都使用了滤波机制，通过滤波减小子带或子载波的频谱泄漏，降低对时频同步的要求。

（6）先进调制编码。5G 包括多种应用场景，性能指标要求差异很大，这需要有更先进的信道编码设计和路由策略来降低节点之间的干扰，充分利用空口的传输特性，以满足系统高容量的需求。先进调制编码涵盖许多单点技术，它们大致可以分为链路级调制编码、链路自适应、网络编码三大领域。

（7）终端直通技术。数据共享网络：在基站的控制/协助下，终端可自发组织建立起互相之间可直接进行数据传输的自组织网络，来进行数据业务的共享。通过终端间的直接数据转发，减轻网络侧负载，提升系统整体吞吐量。

（8）灵活双工。现有通信系统采用相对固定的频谱资源分配方式，无法满足不同小区变化的业务需求。灵活双工能够根据上下行业务变化情况动态分配上下行资源，有效提高系统资源利用率。灵活双工技术可以应用于低功率节点的小基站，也可以应用于低功率的中继节点。

（9）全双工。无线通信业务量爆炸式增长与频谱资源短缺之间的外在矛盾，驱动着无线通信理论与技术的内在变革。提升 FDD 与 TDD 的频谱效率，并消除其对频谱资源使用和管理方式的差异性，成为未来移动通信技术革新的目标之一。基于自干扰抑制理论和技术的全双工技术成为实现这一目标的潜在解决方案。理论上讲，全双工可提升一倍频谱效率。

（10）频谱共享。为了满足 5G 超高流量和超高速率需求，除尽力争取更多 IMT 专用频谱外，还应进一步探索新的频谱使用方式，扩展 IMT 的可用频谱。在 5G 中，频谱共享技术具备横跨不同网络或系统的最优动态频谱配置和管理功能，以及智能自主接入网络和网络间切换的自适应功能，可实现高效、动态、灵活的频谱使用，以提升空口效率、系统覆盖层次和密度等。

六、5G 网络代表性服务能力

与 4G 时期相比，5G 网络服务具备更贴近用户需求、定制化能力进一步提升、网络与业务深度融合以及服务更友好等特征，其中代表性的网络服务能力包括网络切片、移动边缘计算、按需重构的移动网络、以用户为中心的无线接入网和网络能力开放。（扫第六章二维码了解 5G 网络代表性服务能力）

第七节　卫星移动通信系统

一、卫星移动通信概述

卫星移动通信系统是为舰船、车辆、飞机、边远地点用户或运动部队提供通信手段的一种卫星通信系统。它包括移动台之间、移动台与固定台之间、移动台或固定台与公共通信网用户之间的通信。近年来，虽然陆地移动通信系统的发展很快，但是陆地移动通信系统的覆盖范围有限，并没有覆盖全球的所有陆地部分。随着全球化经济的发展，个人移动的范围扩大，个人通信的需求也逐步增加。为了实现全球个人通信的目标，必须借助卫星通信系统的全球覆盖特点，因此未来的全球个人通信系统将是地面陆地移动通信系统、卫星移动通信系统与地面公共通信网的结合。

利用卫星提供商业移动通信业务始于 1976 年美国的 Marisat 系统，1979 年世界第一个卫星移动通信服务提供者——国际海事卫星组织（INMARSAT）诞生，并于 1982 年 1 月正式运营，截至目前，INMARSAT 系统已经发展到第四代，其用户的分布领域从海洋逐步向陆地和航空扩展。

二、卫星移动通信系统的分类

1. 静止轨道卫星移动通信系统

静止轨道卫星移动通信系统是最早用于商业领域的类型，主要是通过利用静止轨道建立通信 INMARSAT 是其中的典型代表，随后澳大利亚研制出了 MSAT 系统。这种类型的卫星移动通信系统传输路径较长，信号的延时以及衰减都很大，大多用于船舶、飞机等大型物体上，不用于个人通信需求。

2. 低轨道卫星通信系统

在 20 世纪 80 年代后期提出了低轨道卫星通信系统，也是目前研究最为激烈的领域。低轨道一般只有 500～2000km，由于低轨道的特点使得其路径消耗很小，信号延时时间很短，研制费用较低，能够实现一箭多星发射，在全球范围内覆盖。这种类型的卫星移动通信系统主要有 Iridium 系统、Globalstar 系统以及 Teledesic 系统等。

3. 卫星移动通信系统的特点

由于用户在移动或卫星在移动，卫星移动通信系统技术与固定业务的卫星通信系统有较大的不同。

（1）由于围绕地球存在范·艾伦辐射带，该辐射带是带电粒子组成的高能粒子带，表现为强电磁辐射，其中 α 粒子、质子和高能粒子穿透力强，对电子电路破坏性大。范·艾伦辐射带由高度不同的内外两层圆环带组成，高度分别为 1500～5000km、13000～20000km。卫星移动通信系统的卫星轨道应尽量避免在此两个圆环内。

（2）由于卫星功率有限，移动台的天线尺寸不能太大，因此在移动台 G/T 值不能太大的情况下，为保证通信质量，要求卫星具有较高的 EIRP 值，但一个移动台占用卫星功率过多又限制了系统的容量，采用多波束卫星天线是解决此矛盾的有效途径，这意味着对卫星技术提出了更高的要求。

（3）由于移动台和卫星在移动，因此系统在非高斯信道工作，且移动带来多径衰落，因此在系统设计时应考虑多径衰落余量，降低了系统的容量。

（4）众多的移动台共享有限的卫星资源，为充分利用卫星资源，需要合理的多址连接方式和信道分配方式、调制解调和编码技术。

（5）移动台要求高度的机动性，因此小型化也是十分重要的考虑因素。

三、卫星移动通信系统的发展现状

（一）卫星移动通信系统国外发展现状

静止轨道移动卫星通信系统的典型代表是国际移动卫星公司经营的 INMARSAT 系统、阿联酋的 Thuraya 系统和北美卫星移动通信系统 MSAT。星座轨道卫星移动通信系统的典型代表有美国的铱星系统、全球星系统和空中互联网系统等，均已投入商业运营。（扫第六章二维码了解卫星移动通信系统国外发展现状）

（二）卫星移动通信系统国内发展现状

我国国土幅员辽阔，地形复杂，有大量地面移动通信系统难以覆盖的地区，对卫星移动通信系统有很大的需求。目前有静止轨道卫星移动通信系统"天通一号"，星座卫星移动通信系统"虹云"系统、"鸿雁"系统等。

1. 国内静止轨道卫星移动通信系统

（1）系统发展过程。2008 年后我国启动了卫星移动通信系统的论证和设计，使用 S 频段。2012 年启动"天通一号"卫星移动通信系统研制建设。2016 年发射第一颗卫星，建成系统容量 100 万台、区域覆盖的卫星移动通信系统。"天通一号"卫星移动通信系统是根据我国军民融合发展特点、着眼作战使用需求，采用自主制定的通信标准、集成北斗定位技术而研发的首个卫星移动通信系统，被称为"中国版"的海事卫星，填补了我国自主卫星移动通信服务的空白。

（2）系统组成和特点。"天通一号"卫星移动通信系统属于地球同步静止轨道卫星通信系统，由空间段、地面段和用户段组成，空间段计划由多颗地球同步轨道移动通信卫星组成，有望成为继海事系统之后的第二大全球移动通信卫星系统。其主要特点表现在：

1）覆盖范围大。"天通一号"覆盖范围已经非常广阔。

2）应用领域广。"天通一号"卫星移动通信系统应用领域十分广泛，在军事领域，不仅能够满足军事训练、作战的通信需求，而且可以在诸如海外维和、护航行动、反恐维稳、抢险救灾等各类非战争军事行动中发挥重要作用；在民用领域，可以有效保障个人、企业的通信业务，还可以有效完成应急救援、地质勘测、科学考察等特殊行业的通信保障任务。

3）保密性能好。"天通一号"卫星移动通信系统采用中国自主研发的卫星网络、系统平台、芯片模块和通信终端，具有军用级保密防护能力，安全性很高。

4）资费价格低。长期以来，由于国外的技术壁垒和市场垄断，卫星移动通信的资费价格昂贵，经济性很差，而"天通一号"采用国内 1740 专属号段，通信成本远远低于海事等国外卫星移动通信系统。

5）终端种类多。"天通一号"卫星移动通信系统支持各类终端接入，包括手持式终端、车载终端、舰载终端、机载终端、固定式终端和便携式终端等。未来还将推出依托智能手机的集成终端，实现终端的无盲区通联。

（3）系统主要业务。"天通一号"卫星通信系统的业务范围目前主要面向应急通信、野外作业、野外及海洋物联网等应用领域。主要业务有：短信业务、话音业务、数据业务。

2. 国内星座轨道卫星移动通信系统

（1）"虹云"系统。2018 年 12 月，"虹云"系统第一颗试验卫星发射成功，这也是我国第一颗低轨道宽带通信试验卫星。"虹云"卫星移动通信系统是由中国航天科工集团设计研发的我国第一套移动卫星通信系统，旨在构建覆盖全球的星座轨道卫星通信系统，系统中融合了导航增强、多样化遥感等业务功能，可以实现通信、导航、遥感的信息一体化。整个系统由 156 颗卫星组成，运行轨道高度为 1000km，可以实现高达 500Mb/s 的传输速度。

（2）"鸿雁"系统。"鸿雁"系统主要由中国航天科技集团有限公司联合多家国内企业和研究院共同投资研发，于 2018 年发射首颗卫星，在 2023 年建成骨干星座系统。"鸿雁"系统计划由 300 余颗卫星组成星链，可以实现数据通信和导航增强等业务，传输短报文、图片、音视频等多媒体数据，支持全天候、全时段、全地形的双向通信。同时，"鸿雁"系统还具有数据采集功能，通过大地域信息收集，服务于海洋、气象、交通、环保、地质、防灾减灾等领域。

四、卫星移动通信系统应用优势分析

1. 应急救援

卫星移动通信应用的显著特点是可提供不受地理环境、气候条件限制的通信服务，适用于地面通信网络覆盖不完善、通信质量无法保证甚至无法提供服务的广大地区。地震、海啸、洪水、冰雪冰冻等自然灾害对地面移动和固定通信系统会造成致命打击，当线路中断、基站被毁，会形成暂时的"信息孤岛"，无法及时传递受灾情况和救援信息，为开展救援工作带来巨大的困难，而卫星移动通信系统不受各种地面灾害的影响，在极端情况下依然能够保持通信顺畅，依靠稳定的话音、数据、图像传输，能够在各类抢险救灾、海上搜救等应急救援工作中发挥巨大作用。

2. 盲区覆盖

当前地面移动通信系统的覆盖区域多为人口密集地区，主要依靠光缆和基站建立的蜂窝移动通信网，而在高山、戈壁、海岛、森林、海洋等边远地区，没有基站的覆盖，通信难以达成，成为现代社会的通信盲区。卫星移动通信系统通过卫星作为中继，甚至可以建立星间链路，实现信号的全球无缝覆盖，而且随着技术的进步，各类手持终端逐步趋向小型化、智能化、双模化，使全域通信更加便捷，为野外探险、远洋航行、矿产勘探等活动的顺利开展提供了保障。

3. 跨域通信

跨域通信优势主要体现在军事应用领域，域外的反恐行动、维和行动、海上护航行动等对跨域通信保障提出了更高的要求。首先，传统的军事通信如无线电、散射等通信，不仅距离无法达到，而且通信容量有限，无法满足跨域通信的要求；其次，借助民用通信，保密性低，达不到军事通信的要求。卫星移动通信系统，传输距离远，覆盖范围广，通信容量大，保密性能好，能够很好地满足跨域远程军事通信的需要。

4. 卫星物联网

4G、5G技术的进步和应用，大大推动了物联网的发展，城市物联网往往借助传统的地面移动通信系统建立，但是，若在偏远地区实现物联网，卫星移动通信系统是有效途径。卫星物联网的应用场景非常丰富，如野生动物保护，对于濒危动物、珍稀鸟禽的定位监控、生理状况采集是非常有效的保护手段，能够防止偷猎，并且及时发现和救助遇险动物；自然灾害防治，森林防火、地质灾害、水灾旱灾预警，通过部署携带卫星终端的数据采集设备，可在无人值守的情况下自主预警；另外，环境监测、畜牧养殖渔业、无人机远程控制等可以很好地应用到卫星物联网。

五、卫星移动通信系统发展趋势

1. 低延时

低延时是卫星移动通信系统的发展趋势，也是一大优势。首先，星座轨道卫星移动通信系统的轨道高度普遍在距离地面1500km以下的低轨道，甚至可以部署在距地球表面几百千米的极低轨道；其次，星座轨道卫星移动通信系统的在轨卫星数量多，卫星密度大，卫星与卫星之间的距离近，平均延时仅为几十毫秒，可以充分满足用户的实时通话、短信和数据传输的业务需求。

2. 小型化

随着微电子技术的发展和星座卫星系统的不断涌现，卫星小型化是必然趋势。小型卫星具有体积小、重量轻、集成化高等特点，制造和发射成本低，发射方式灵活，可以实现"一箭多星"，大大缩短了发射周期。

3. 智能化

我国在2018年11月20日发射了国内第一颗软件定义卫星，随着软件定义卫星技术的进步，卫星将向智能化方向发展。软件定义卫星是以天基先进计算机平台和星载通用操作环境为核心，采用开放系统构架，支持有效载荷即插即用、应用软件按需加载、系统功能按需重构的新一代卫星系统。而软件定义卫星使得卫星的软件和硬件相对独立，在规范的操作系统下，可以按照不同需求安装、加载各类软件，实现传统卫星向智能化卫星的变革。

4. 大容量

随着卫星星座系统的加速发展，卫星移动通信系统与地面移动通信的融合程度越来越高，要求移动卫星通信系统必须具有更高的带宽，以满足越来越大的通信容量需求。运用激光卫星通信技术可以大大提高卫星移动通信系统的容量，激光卫星通信技术可以将光功率集中在非常窄的光束中，相当于在卫星与卫星、卫星与地面之间架设了无形的光缆，开辟了通信频道的新领域，使通信带宽显著增加，卫星的尺寸、重量、功耗可明显降低。

5. 多种功能融合发展

卫星移动通信系统主要向人类提供全球范围内的语音通话、数据通信等服务，随着科学技术的发展，未来卫星移动通信系统将集多种功能于一体，实现视频传输、图像传输等功能。除此以外，将卫星导航定位系统与卫星移动通信系统相结合也将成为未来的一个发展趋势，这样在卫星移动通信系统可以便捷地实现卫星导航定位。

6. 天地一体化组网

构架天地网络一体化，促进空间网络与地面网络系统相互沟通以及相互协调是未来通信网络系统的另一大发展趋势，将体制、终端以及用户等三个层面相互融合。体制融合就是要在全网范围内实现互联互通，各个系统之间实现兼容。终端融合主要体现在实现移动通信与固定通信之间互联互通。应用融合主要是指将各类业务与应用集合打包推向市场，将各个服务平台相融合，为用户提供更加便捷、高效的服务。

第七章 现代通信网

第一节 概 述

通信网是由许多能够连接用户使其能进行信息交换的硬件和软件组成的系统，一般来说，硬件包括通信终端设备、传输设备、传输媒介和交换设备等，而软件主要是支持通信必需的信令、协议和标准。

随着通信技术的飞速发展，通信网已经远远不同于早期的电话传输网络，它还承担起电视信号、数据和 Internet 等多种业务的传输任务。在专业通信网中，如电力通信网，具体的业务也更加重要和复杂，重新认识新的通信网络技术和通信网络的管理是十分必要的。本章将介绍通信网的分类、通信网络主要技术和工程应用，特别是具体的业务传输过程和线路配置等方面技术细节，并给出一些实例。

一、通信网的分类

由于技术的快速发展，通信网变得非常复杂，传输的业务也越来越多，甚至难以给出合理的分类。一般的原则是按层次、功能、业务类别和传输媒介划分，可以得到大多数人的认同。

ITU-T 将全球信息基础设施 GII（Global Information Infrastructure）划分为核心网、接入网和用户住地网三部分，如图 7-1 所示，这种划分方法有助于定义出各参考节点，对于制定标准是非常必要的；若按功能划分，通信网内部还可以分为传输网、时钟网、信令网和管理网。但是，在人们的认识中，对于具体的信源业务更加熟悉，因此，按信源业务类型划分可以称为电视网、电话网、计算机网等；按传输媒介还可以划分成有线（包括光纤）网、短波网、微波网、卫星网等；在电力系统中，还经常使用行政电话网、调度电话网、调度数据通信网、会议电视网等一些具体业务网络名称；在计算机技术领域内还经常根据地理范围划分成局域网、城域网、农村网和广域网。按大的用途也可分公用网和专用网；在某种公共网络平台之上，还可以开展虚拟专用网 VPN（Vital Private Network）业务。因此，按照上述方法虽然可以粗略地划分出各种通信网络，但反映出来的通信网概念非常宽泛，而且各种类型的网络之间内涵和外延的界定也不十分明确，比如：计算机网络与通信网络之间的界限已经非常不明确，在采用的技术方面不断相互取长补短、相互融合，在业务上相互渗透，如果一定要找到两者之间的区别也是可以的，这种差别主要是观测者的出发点不同，得到的观测结果也不同。

二、通信网的基本结构

通信网的连接千变万化，从而给用户的通信需要带来了方便，一般来说，千变万化的通信网络连接不外乎以下几种网络结构。

1. 网形

具有 N 个节点的完全互联网需要 $N(N-1)/2$ 条传输链路才能构成全连通的网络，如

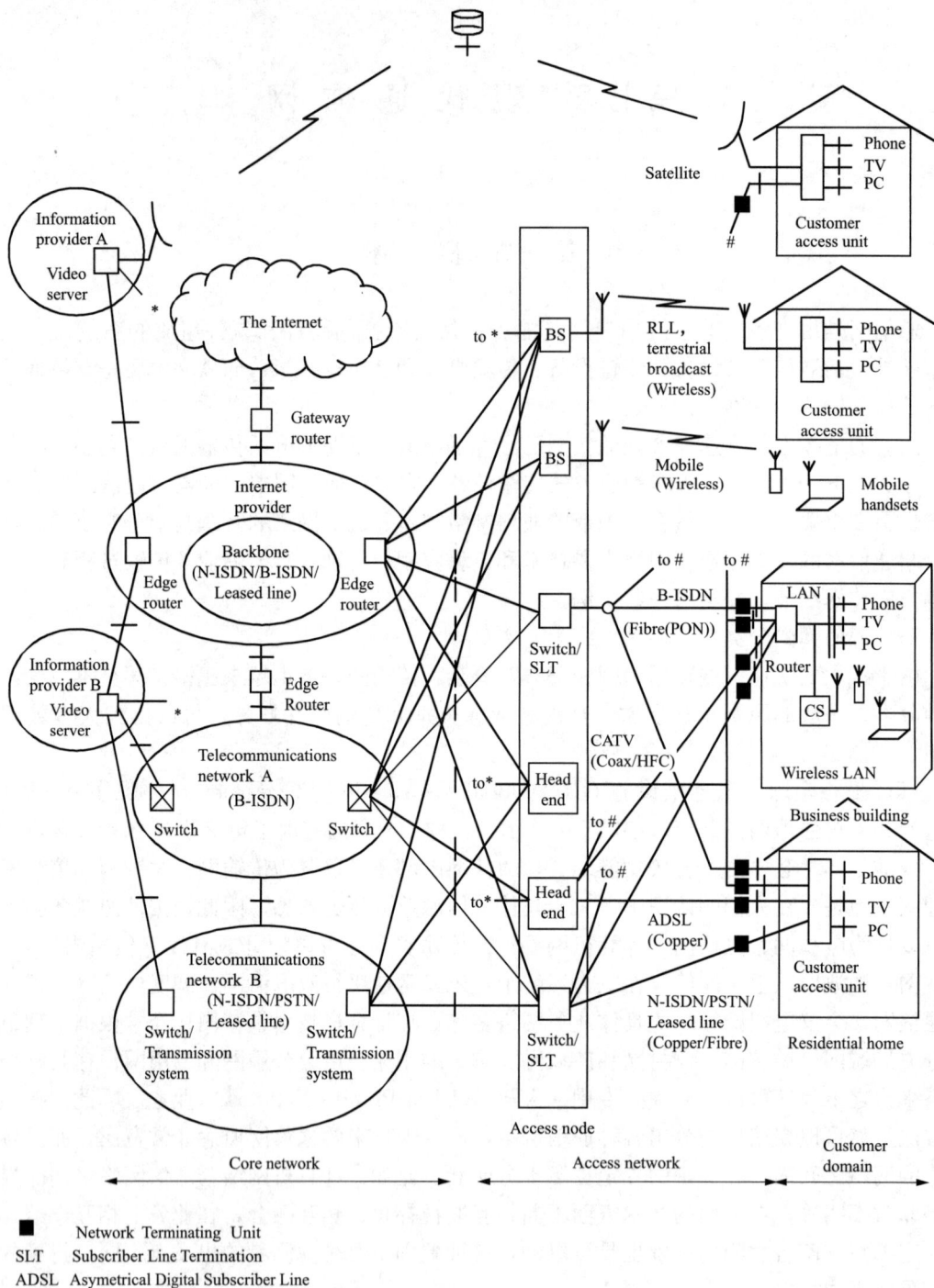

图 7-1　ITU-T 全球信息基础设施 GII 的组成

图 7-2（a）所示。当 N 很大时传输链路数量将非常大，而传输链路的利用率也不是很高，这种网络结构只是实现互联时接通方便。互联时经过的环节少，因此其可靠性高。而经济性未必很高，尤其在网络节点非常大时，经济性就很差，因此，在公网中很少采用这种结构。

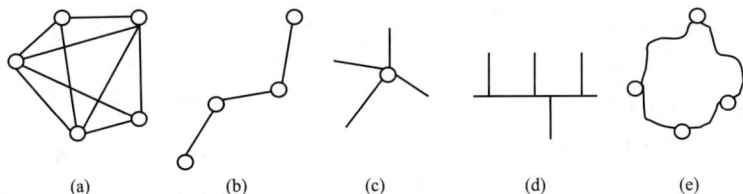

图 7-2 通信网基本结构

在电力系统中，由于特殊业务需求，如：继电保护跳闸信号传输，其可靠性要求非常高，理论上要求尽量高，甚至百分之百的可靠，这时经济性成为次要性因素，也还是要采用这种网络结构，以保证特殊可靠性要求。

2. 线形

如图 7-2（b）所示，线形网络结构是指网络中的各个节点用一条传输线路串联起来，实现互联互通的网络结构。尤其在通信建设的早期，线形网络结构非常多，主要目的是为主要节点的通信业务建立传输通道。公网的主干线路具有这种网络形态，但节点不一定是具体的用户，而可能是汇接局。

电力系统中的高电压等级的变电站之间互连、借助于电力特种光缆沿着电力线的自然走向架设光缆通信线路、连接起各个变电站之间的通信路由，经常会采用到线形网络结构。

3. 星形

星形网络结构是指放射状的结构，如图 7-2（c）所示，具有 N 个节点的星形网需要 $(N-1)$ 条传输链路。当 N 很大时，线路建设费用低。但是，处于中心处的节点必须提供大容量的交换设备，才能满足互连业务的需求。中心节点的设备一旦出现故障，会明显影响整个网络的通信，甚至全部中断。当中心节点的交换设备接续能力不足时，会显著影响接续质量。

电力系统中的行政和调度电话交换网络具有类似的结构。节点中心往往是电网公司、省电力公司，或者地区供电公司，而放射出去的节点可能是变电站、下级电力公司等部门。

4. 总线型

如图 7-2（d）所示，这种网络结构主要在计算机网络中比较常见，如以太网就是典型的总线结构。

5. 环形

环形网络结构如图 7-2（e）所示，可以看成线形网络结构从一端连回到另一端形成环形。

电力系统目前建立了大量的环形结构，其目的是环内的用户具备收到两个方向来自同一节点业务的能力，当一个方向的传输线路出现故障时，另一个方向提供备用通道，以保证业务畅通。结果表现为两个方向互为备用，从而提高了网络的可靠性。环形网络结构非常适合电力系统通信的场合，环与环之间的业务可以在交叉点位置上下业务，但设置备份路由时很不方便。

三、通信网构成要素

支持通信网络的主要技术设备是终端设备、接入设备、传输设备和交换设备，以及支持这些设备工作的协议。也就是说，不论什么网络形态，必然具备上述几个方面才能组成网络。关于接入和传输技术和设备，在有关的章节中都分别进行了阐述，本章将主要从组网的角度介绍。

1. 终端设备

终端设备是通信网中的源点和终点，它除了对应模型中的信源和信宿之外，还包括了部分信源编码和信源译码装置。终端设备的主要功能是把待传的信息送到信道中去（包括接入设备）所必需的信号转换。这需要发送方的传感器来感受信息，将信息转换为适合传送的信号，同时将接收到的信号恢复成原来信息形式。因此，终端应具备一定的信号处理能力。终端还应能够产生和识别网络内所需的信令（signaling）信号或规约（协议），以便相互联系和应答。对于不同的业务，应有不同的终端设备，如电话业务其终端设备就是电话机，传真业务对应传真机，数据终端业务可能是计算机。在电力系统中，终端设备可以是自动化装置或控制装置。

2. 接入设备

接入设备是国家信息基础设施（NII）的重要组成部分。接入不仅成为电信技术界的研究和开发热点，亦已引起电信公司的高度重视。随着光纤制造技术的日趋成熟，"FTTx"（光纤到路边、光纤到大楼、光纤到 Anywhere 的统称）似乎已成为不容置疑的发展方向。基于铜线传输的"XDSL"技术（如 IDSL、SDSL、HDSL、ADSL、VDSL 等）、无源光网络（PON、WDM）及密集光波分复用（DWDM）和无线接入技术的迅速发展，也为更好地建设和发展接入网提供了不可或缺的基础技术。

ITU-T 提出的接入网，目的是综合考虑本地交换局（LE）、用户环路和终端设备（TE），通过有限的标准接口将各类用户接入到业务点。接入所使用的传输媒体可以是多种多样的，可灵活支持混合的、不同的接入类型和业务。G. 963 规定，接入网作为本地交换机与用户端设备（CPE）之间的实施系统，可以部分或全部代替传统的用户本地线路网，可含复用、交叉连接和传输功能。

电信网由长途网和本地网组成，而本地网则由本地中继网与用户接入环路（网）构成。接入网位于本地交换机与用户端设备之间。电话网中，用户接入网指一个交换区范围内的用户线路的集合，包括馈线线路、配线线路、用户引入线路和支撑这些线路的设备和建筑。

接入网处于电信网的末端，面大、量广，是电信网向用户提供业务的窗口，是信息高速公路的"最后一公里"。用户接入网的投资较大，占整个通信系统总投资的 30%～40%。数字业务的发展，要求接入网实现透明的数字连接，要求交换机能提供数字用户接入的能力。同时，为适应接入网中多种传输媒介、多种接入状态和业务，需要提供有限种类的接入接口。

3. 传输链路

传输链路是网络节点的连接媒介，是信息和信号的传输通路。它除主要对应于通信系统模型中的信道部分之外，也还包括一部分变换和反变换装置。传输链路的实现方式很多，首先，最简单的传输链路就是简单的线路，如明线、网线、电视电缆等。它们一般用于市内电话网用户端链路和局间中继链路。其次，如载波传输系统、PCM 传输系统、数字微波传输系统、光纤传输系统（SONET、SDH 设备）及卫星传输系统等，都可作为通信网传输链路的实现方式。

4. 转接交换设备

转接交换设备是现代通信网的核心。它的基本功能是完成接入交换节点链路的汇集、转接接续和分配。对不同通信业务网络的转接交换设备的性能要求也是不同的，例如，对电话业务网的转接交换节点的要求，不允许对通话信号的传输产生时延。因此，目前主要是采用直接接续通话电路的电路交换方式。对于主要用于计算机通信的数据通信网，由于计算机终端和数据终端可能有各种不同的速率，同时为了提高传输链路利用率，可将接入的信息流进行存储，然后再转发到所需要的链路上去，这种方式称为存储转发方式。例如，分组数据交换机就是利用存储转发方式进行交换的，这种交换方式可以做到较高效率地利用链路网络。

以上是通信网络包含的主要设备，但对于具体的通信网络，经常被赋予其特定的名称，如电话网、电视网、SDH 网和数据网等，这样，对于管理者才能够根据业务特点，采取不同的技术措施。

第二节　电　话　网

电话网的发展已经经历了 100 多年的历史，纵观这 100 多年的历史，电话网从最早的直连方式到今天的数字程控交换网络，再到目前的基于网络的 VoIP 系统，从单一的通话业务到能提供数十种新业务等，可以说，已经发展到了相当成熟的程度。电话作为人们相互之间进行通信的最主要的手段，已经在人们生活中扮演了重要角色。本节将从网络的角度对电话网加以描述。

一、电话网的网络结构

1. 分级结构

在电信网中，公共电话交换网（PSTN）是重要的电话业务支撑网络，为了更好地为用户服务，使任何两个终端之间都能进行通信，而且既要求经济合理，需要根据通信的流量和终端所在范围把整个网络分成区域，再把各区域的通信流量汇聚起来，以此来提高网络线路的利用率，更加有效地利用网络资源。从这一原则出发，一般把整个电话网分成若干等级，根据行政区域、通信流量的分布等情况设置各级汇接中心，以把这一区域中的通信流量汇聚起来，然后逐级形成辐射的星形网络和网状网络。在我国程控交换网中，电话网分成长途网和本地网两部分，长途网中又分为一、二、三、四级交换中心。各级交换中心的任务就是汇聚、分配该中心区域内的长途业务。电话网络分级结构如图 7-3 所示。

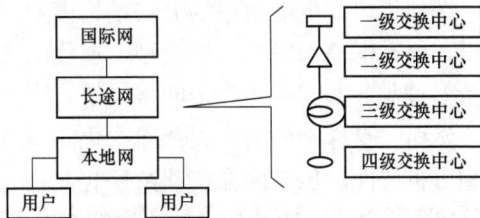

图 7-3　电话网分级结构

上面所述是电话网业务的一般结构，通常为了有效地利用网络线路和交换设备，并根据通信流量，一般把一级交换中心连接成网状，一级以下各级采用逐级汇接的方式，并辅以一定数量的直达电路，从而构成一个复合型的网络结构。

2. 无级结构

电话网除分级结构外，还有无级结构。所谓无级是指网中各交换中心都是平等的，处于相同的级别上，它们既是端局，也是汇接局。在无级结构的网络中，采用动态无级选路的方式，即网络中迂回路由的选择是可随时变化的，其选路准则基于费用最少。

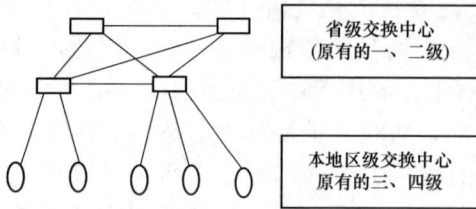

图 7-4　无级结构关系图

根据电话网络的两种结构特点可知，电力通信网中的调度和行政电话基本属于无级结构。这是因为全国电力通信网络非常庞大，担当着电力生产管理、指挥和调度的重要任务，在行政管理上虽然具有明显的上下级关系，但处于相同行政级别的电话交换中心，在一个省内是各个地区供电局，在一个电网区域内是各个省电力公司，相应的电话交换中心既是端局，也是汇接局，电力通信网内使用汇接局的交换机不多，绝大部分是用户交换机，因此属于无级结构。无级结构关系图如图 7-4 所示。

3. 功能结构

图 7-5 是电话网在正常运行时的功能结构。为了保证电话业务畅通，实现长途接续，在现代电信网中，仅仅有实实在在的话音交换设备和传输网络还是不够的，其中还包括信令网、同步网和管理网。一般地讲，交换网和传输网络部分称为基本网络，而将信令网、同步网和管理网称为支撑网络，二者密切"合作"，才能保证电话业务畅通。

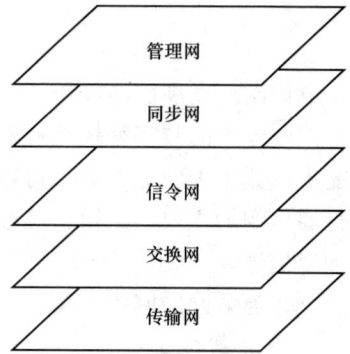

图 7-5　电话网分层结构模型

支撑网不一定是独立的网络，可能嵌入在基本网络中，基本网络设备中的部分单元完成支撑网的功能。支撑网中的信令网也存在一些独立于交换网的节点设备或系统。信令网的信令链路，虽然大多是经过交换网提供的，但与交换网的中继电路一般也不必存在一一对应关系。同步网和管理网也存在类似的情况。

支撑网并不是电话网所必需的部分。以随路信令系统作为交换机的信令通信基础时，不存在独立的信令网。如果交换机本身的时钟信号具有较高精度，同步网也不是必需的。而管理网的诞生，更是近几年的事。

顺便指出，电话网络的分层结构模型，也同样适用于支持其他业务的网络，或者更一般地说，这是电信网络的分层模型，现代电信网络的建立并不是单独只能支持一种业务，而是具备多种业务共同采用一个网络构架，因此也具有相同的分层结构。

然而，支撑网的引入以及层次化的网络结构，使电信网（包括电话网）具有更好的灵活性和可扩展性。传输网在实现数字化之后，无论是以 PDH 系统，还是以 SDH 系统为基础的传输网以及 OTN 网络，都不影响交换网业务的开展。另外，当需要时，通过传输网提供的保护电路，还可以提高交换局之间通信的可靠性，或者减少故障修复时间。另外，随着新业务网络的引入，如果传统电话业务出现萎缩，传输网的资源还可继续服务于新的网络，避免大面积基础资源的浪费。

同样，信令网、同步网和管理网的层次化分离，也非常利于电信网的发展和演化需要。层次网络结构可能带来的最大不利因素是网络复杂度的增加，好在随着现代通信技术和网络技术的发展，网络在处理复杂度方面的能力在不断提高。多个交换机之间，相互连通的方式多种多样。

电力通信网的网络规模越来越大，目前，也按照上述分层结构，规划和构造电力通信网的建设。由于现代电信设备中的电路系统已经远远区别于传统的分立元件电路系统，代之以超大规模集成电路或者微处理器，因此，如果没有网管网（系统），设备几乎不能工作，设备的工作必须由网管进行设置、管理和监视，设备才能运行，在设备故障或性能下降时，也必须通过网管系统找出原因并进行排除。

二、电话网的信令系统

电话网的作用是要为用户传递话音和非话音等业务信息。在电话网中，把用户与设备、设备与设备以及设备与用户之间，为建立通道和拆除通道而传递的信号以及用于管理、维护和统计等方面信息统称为信令（signaling），传递和处理信令的实体称为信令设备。信令所遵守的协议或规定叫信令方式。各种信令方式和信令设备构成了电话网的信令系统。

1. 信令的分类

信令依据分类方式不同有不同的种类，按工作区域划分，可分为用户线信令、局间信令和交换机内部信令。

用户线信令是应用于用户和电话交换局之间的信令，主要在用户线上传送，主要包括用户状态信令（摘机、挂机等）、被叫号码信令、铃流和信令音信令。

局间信令是应用于交换局和交换局之间的信令，是交换局中继线上传送，用来控制呼叫的连接和拆除。局间信令中用于线路监视的线路信令，主要有占用信令、拆线信令、被叫应答信令和核实呼叫挂机信令。选择信令和操作信令也主要应用于局间。它们完成的功能成本和利用率有所区别，因此用户线信令和局间信令在数量传递方式上都有所不同。交换机内部信令则是在交换机内部各电路或软件之间传递的信令，它不属于电话网中信令系统类型。

监视信令也称为线路信令，主要用来检测和改变用户线以及网络中其他线路的状态或条件，比如主/被用户的摘机、挂机信令，线路占用信令等。选择信令也称为记发器信令，它和呼叫建立过程有关，主要由被叫地址（即被叫用户的电话号码）组成。操作信令主要用于检测和传送网络拥塞信息、反映电路或设备是否可用的信息以及提供计费的信息。这些信息的功能是为了能有效地利用网络和交换设备资源，也称为管理信令。

信令按传递的方向分类有前向信令、后向信令之分。前向信令是指沿着建立接续的前进方向传递的信令，后向信令是逆着建立接续的前进方向所传送的信令。

按信令的功能，信令可分为两类：监视信令、选择信令和维护管理信令。监视信令是反映线路状态的信令，所以又称为线路信令；选择信令又称为地址信令，是表示呼叫的源和目的的信令；维护管理信令用于电话网的管理和维护，如网络状态、计费信息及故障信息。

按信令传递的途径，信令可分为随路信令和公共信道信令。随路信令方式是由话路本身来传递各类信令，即用传送话音的通道来传送。公共信道信令方式是把多路信令共用一个公共信道传送，用标号说明信令是属于哪一路的。

下面来说明信令的传递过程。先回顾一下电话通信的全过程。一次电话通信，首先从摘机开始，然后听拨号音，在线路正常情况下可以听到拨号音，开始拨号，同时送出拨号信号（双音频、脉冲），等待对方的回铃音或忙音，在收到回铃音的情况下等待对方摘机，然后通话，通话结束后，双方挂机，完成了一次完整的电话通信。其中的每一步，都需要在信令系

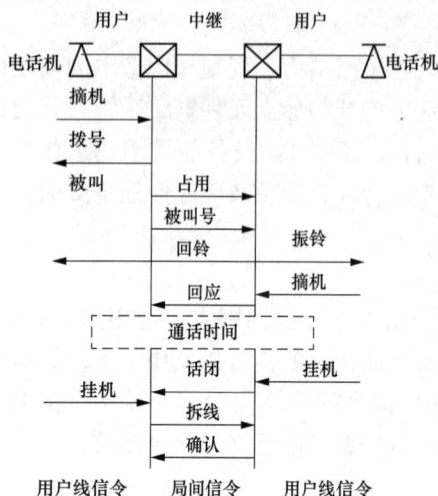

图 7-6　信令的传递过程

统的协助下进行，否则系统将出现配合上的问题，最终影响电话接通。图 7-6 说明了在整个过程中所需要的全部信令内容。上面的过程还可以总结为三个阶段，即呼叫阶段、通话阶段和拆线阶段。

（1）呼叫阶段。当主叫摘机时，发端局向终端局送主叫摘机信令，并向主叫送拨号音。主叫用户拨号时，发端局根据主叫用户拨出的被叫号码选择局向和中继，并向终端局送选择信令。终端局根据选择信号中的被叫号码将呼叫连接接通至被叫用户，并向被叫发振铃音，同时向主叫用户送回铃音。

（2）通话阶段。被叫应答时，终端局把应答信号转发至发端局，并根据计费方式开始计费，双方进入通话状态。

（3）拆线阶段。通话完毕时，若被叫先挂机，终端局向发端局转发反向拆线信令，由发端局通知主叫用户挂机。如果主叫用户挂机，则发端局拆线，并向终端局发拆线信号，终端局收到拆线信号后，回送一拆线证实。

2. 随路信令系统

对于局间信令，根据信令与话路的关系，可以将其传送方式分为随路信令和共路信令。随路信令是在传送话音的信道中传送的为建立和拆除该话路所需的各种业务信令。

我国曾经普遍采用的随路信令系统是中国 1 号信令系统，包括线路信令和记发器信令。

（1）线路信令。线路信令是在去话中继器和来话中继器之间，通过线路信令设备在话路中传送的信令。沿呼叫建立的前进方向传送的信令，称为前向信令，主要由占用、拆线、重复拆线等信令组成。相应地，后向信令则主要由应答、挂机、释放监护、闭塞等信令组成。

根据传送媒质的不同，线路信令有两种形式的格式。一种为模拟型的线路信令，包括直流线路信令和带内单频脉冲线路信令两种形式。另一种为数字型的线路信令，也有两种编码形式：带内 2600Hz 的 8 位编码和 4 位编码。PCM 30/32 帧结构中专门为传送信令做出了规定。从帧结构中可知，Ts16 时隙除了复帧同步码外，就是为了传递信令而设计的。4 位编码的数字型线路信令，为每个话路分配 4 个比特位。一个 PCM 一次群信号中话路的随路信令传送（第 0 号帧的一个 8 位组用于复帧同步控制）。

（2）记发器信令。记发器信令是源于一个交换局的记发器，终结于另一个交换局记发器的信令，它的主要功能是控制电路的自动连接。中国 1 号信令系统中，采用多频互控方式，在 PCM 数字电路中透明传输。记发器信令也分前向信令和后向信令，它们是由多个频率组成的编码信令，称为双音多频（DTMF）。前向信令由 6 种频率组成，按 6 中取 2 编码方式组织成 15 种信令，后向信令则采用 4 中取 2 的方式组成。

三、公共信道信令系统

公共信道信令系统是随着数字程控交换机的发展而出现的，它克服了随路信令系统的信令传输速度慢、信令容量小等弱点，是一种高效、可靠的信令系统。目前 IT-T 已规定了

No. 6公共信道信令系统和No. 7公共信道信令系统。在早期的模拟网中，采用No. 6信令系统，其信令传输速率为2400bit/s。数字通信网发展起来后，产生了No. 7信令系统，其信号传送速率为64kbit/s。当前，在现场运行的设备，特别是电力系统，几乎没有模拟通信系统的设备运行，因此，下面将主要介绍No. 7信令系统。

1. No. 7信令系统

No. 7信令系统是通过专用的数据链路来传送信令信息的，从而可把随路信令中的信令与话音信息分开。采用专门的信令链路传输时，由于可以分时地传送信令和信令链路具有高速率，因此在一条信令链路上可同时为多条话路传送信令，一般可为2000多条话路服务。

由于公共信道信令系统信号容量大，可同时传送话音与信令，且信令系统不受话路系统的约束，所以它对整个信令系统要求也比较高，除了应具有较高可靠性的传输信道外，还要求系统具有同步和设置备份的功能。具体地说，No. 7信令系统有以下几个特点。

（1）No. 7信令系统采用模块化的结构，有利于各个功能块的扩展或更换，灵活性高，适应各种通信的要求。No. 7信令系统在各种应用中都详细规定了技术规范，也包含了可以任选的内容，因此，这种信令系统能够满足各类通信系统的不同要求。

（2）No. 7信令系统是一个可靠的传送系统，能够在通信网的各个交换局和各中心之间进行各种形式的信息传送。

（3）No. 7信令系统支持多种业务，可作为电话网络、电路交换数据网以及N-ISDN的局间信令，同时可以实现在各种运行、管理和维护中心之间的信息传递。

（4）No. 7信令系统是ITU-T制定的新一代公共信道信令传输体系，它也适用于数字程控交换机。

（5）No. 7信令系统从功能上可分为消息传递（MIP）和用户（UP）两部分，如图7-7所示。

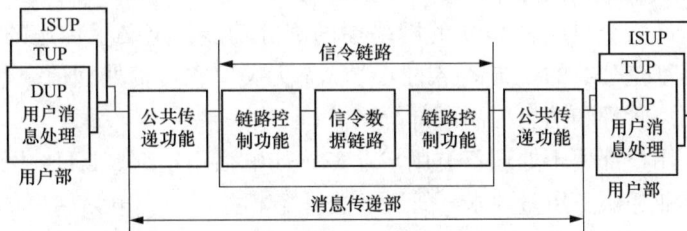

图7-7 No. 7信令系统

2. No. 7号信令系统的结构

用户部分（UP）完成各种用户信令的定义和编码，包含特有的用户功能，具有与消息传递部分的接口功能。消息传递部分是各种类型用户的公共处理部分，它完成信令的传递功能，保证信令在用户之间的可靠传递，如图7-8所示。

No. 7信令系统是按层次性准则设计的，它的层次称为"级"（Level），整个系统分成4级，第1~3级保证消息的可靠传输，即消息传递部分（MTP），第4级提供各种应用，即用户部分（UP）。虽然No. 7信令系统并未与OSI七层模型达成严格一致，但它尽量向OSI模型靠近，下面将OSI的七层模型与No. 7信令系统进行对照，以了解它们之间的异同点。

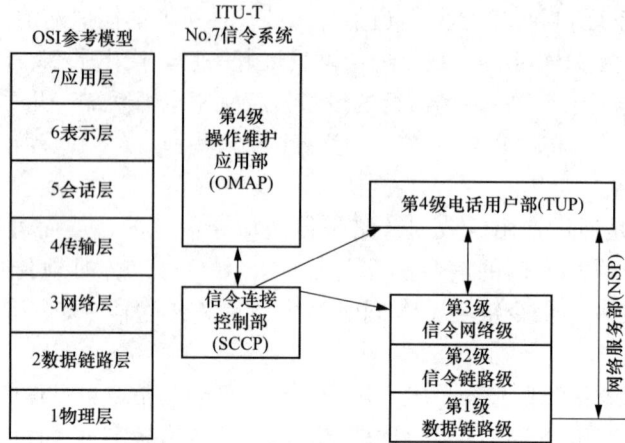

图 7-8　No.7 号信令系统的结构

No. 7 信令系统定义了 1～4 级，各级的作用介绍如下。

（1）数据链路级。数据链路级对应于 OSI 模型的物理层，定义了信令链路的物理特性、电气特性和功能特性以及数据链路的连接方法，提供了双向数据传输通路，其中两条通路采用相同的数据速率，但方向相反。该通路可分为数字链路和模拟链路两类，我国目前只采用数字链路。信令数据链路在 2Mbit/s 的系统中一般选用一个 64kbit/s 的时隙来实现，这一时隙通过数字交换局再与信令终端相连，称为半永久性连接。信令数据链路功能级把信令终端发出的信令单元按字节插入到 PCM 中规定的信令时隙里，或者把 PCM 中的信令信息检出，并送给信令终端。

（2）链路级。链路级对应于 OSI 模型的数据链路层，它规定了信令消息的格式，完成信令单元的定界和定位、差错检验和纠错、信令链路差错率及故障监视与流量控制等功能，它与信令数据链路级一起完成信令点之间消息的可靠传送。

（3）网络级。网络级对应着 OSI 的网络层的部分功能，定义了传送的功能和过程，并要求每条信令链路都是公共的，与链路的工作状态无关。它负责处理信令信息和网络管理。该级可分为信令网络管理和消息控制两部分。

（4）用户部。用户部用于处理各类用户业务，如电话用户部、ISDN 用户部。分开的用户部便于处理各类业务服务质量要求，管理各类业务相关需求。电话用户部完成各种电话呼叫的建立、监视和释放控制；ISDN 部处理相应的各类控制信令；操作应用部是操作维护应用部分，处理与网络维护操作相关的消息；用户数据部和事务处理应用部分别用于数据网和智能网的应用。

四、电话网络接口

接口是通信网络的重要设备，既是设备互连的关键，又是技术标准实施的参考点。以数字程控交换机为主组成的电话网对外接口大致分为两大部分，即内线部分和外线部分。内线部分有用户接口、并行数据接口与串行数据接口。外线部分有磁石中继接口、环路中继接口、数字中继接口、载波中继接口、E/M 中继接口。

由于国内各行业系统电信网较多，各种接口在不同电信网中、不同的通信设备中使用差别较大。下面列举数字程控交换机常用的接口及技术要求。

1. 数字中继接口（2048kb/s）

主要技术要求：标称比特率为 2048kb/s，比特率容差为±50ppm，码型为 HDB3，时隙为 30/32。

电气特性：输入阻抗标称值为 75Ω（不对称同轴电缆接口），可改成 120Ω 对称接口；输入阻抗特性为 2.5%～5%（51.2～102.4kHz）；回波衰减≥12dB 5%～100%（102.4～2048kHz）；回波衰减≥18dB 100%～150%（2048～3072kHz）；回波衰减≥14dB。

输入信号：对标称值衰减 0～6dB（1024kHz）应正常接收，输出负载阻抗为 75Ω 电阻性，脉冲（传号）的标称峰值电压为 2.37V，无脉冲（空号）的峰值电压为 0±0.237V，标称脉冲宽度为 244ns，脉冲宽度中点处正负脉冲幅度比应优于 0.95～1.05，脉冲半幅度处正负脉冲宽度比应优于 0.95～1.05。

2. 载波接口

接口类型：4 线多频（MFC）、4 线双音频（DTMF）、2 线多频（MFC）、2 线双音频（DTMF）。

线路信令频率和电平输出：2600Hz±5Hz(−8±1)dBm。输入：2600Hz±15Hz−21～−1dBm。输入输出阻抗：600Ω。频率带宽：300～3400Hz。带内单频脉冲线路信令宽度：脉冲 150ms，间隔 150ms。允许发送偏差±30ms，接收识别范围≥100ms 脉冲 600ms，间隔 600ms。允许发送偏差±120ms，接收识别范围≥450ms。

3. E/M 接口

接口类型：2E/M 多频（MFC）、2E/M 双音频（DTMF）、1E/M 双音频（DTMF）。话路类型：4 线或 2 线。输入输出阻抗：600Ω。话路频率带宽：300～3400Hz。E/M 电压、电流。阻抗输出：电压 48V，阻抗 300Ω～3kΩ 可调。输入：电流 10mA≤1≤30mA，阻抗 300Ω～3kΩ 可调。

第三节 数 据 通 信 网

数据网是完成数据传输与数据交换的基础，其传输业务信息是数据形式的。随着科学技术的发展和人们对数据应用需求的增加，数据网不论是从类型上、范围上还是从网络协议及业务上都获得了很大发展。从严格意义上来讲，数据网与通信网是相互融合的，这不仅体现在网络体系结构与具体协议的技术实现上，而且从传输信道和业务范围来讲也是不可能分开的。网络的发展趋势是越来越朝着窄带与宽带一体化、传输与交换一体化、有线与无线一体化、业务的高度综合与智能化的方向发展，这就使得网络分类的概念越来越模糊。

但是，为了使读者有一个较清晰的概念体系，仍沿用传统分类方法，对各类数据网加以简单介绍。

一、公用数据网与专用数据网

数据网有公用数据网与专用数据网之分。公用数据网一般是指由国家电信部门建立和管理，为社会广大用户提供数据通信业务服务的网络。而专用数据网则是由某个部门或团体组建，专门针对解决各部门或团体内的需求而设计的，这种网络的所有权属于该部门或团体。电力系统数据通信网络就是畅通全国电力系统的专用数据网络。

1. 公用数据网的特点

公用数据网可高效地共享网络资源，如通信线路和交换机等，从而降低建网成本及维护费用；限制不兼容的数据网类型的发展，便于管理和标准化的实现；减轻电报网与电话网的负担，扩展公众业务；采取适当的技术手段及措施，例如虚拟局域网技术（VLAN）和闭合用户群等，保证网络业务的灵活性及安全性等。所以，在财力有限或通信资源不足的情况下，建立若干形式的公用数据网是一个良好的思路。

2. 专用数据网的特点

必须指出，专用网有针对性强、传输质量高、保密性好的特点。电力调度数据专网，就具有很高的可靠性和安全性。虽然在利用率方面不高，但它适合电力安全生产的需要。

电力系统的数据业务可以分成三大类、十几种，分别通过专线网、调度电话交换网、行政电话交换网、电视会议网、电话会议网、城域网和广域数据网等多个业务网来实现。三大类业务的具体内容主要包括如下内容。

（1）生产控制类业务（Operational Services），调度自动化（远动）信息、电能量计量信息、水调自动化信息、雷电定位信息、通信监测信息、发电厂报价信息、日发电计划与实时电价信息等。

（2）行政管理类业务（Administrative Services），管理信息系统（包括调度生产管理系统）间的交换信息、政务信息、电子邮件信息等，查询服务如基于 Web 技术的多媒体信息检索服务，视频业务如会议电视、视频监控等。

（3）市场运营类（Energy Market Services），电力系统负荷预测信息，网络设备运行、检修状况信息，电力市场规则，电力市场交易、结算以及合同信息等的发布和查询，电力行业内不同公司之间的 B2B、电力公司与电力监管等部门之间的 B2G 以及电网公司与用电客户之间的 B2C 等。

如此多的电力系统数据业务，在信息传送和信息处理方面，既要采用公共网络技术标准建造自己的数据网络，又要考虑电力系统的特殊性。目前，支持电力数据业务的通信网络分别称为"国家电力调度数据网"和"国家电力数据通信网"，国家电力调度数据网支撑电力生产调度的相关业务传送，为了网络的安全可靠运行与公网没有互联。而国家电力通信数据网络主要支持除调度以外的其他数据业务，这些业务主要是前面提到的行政管理类和市场运行类。

数据网络的发展非常迅速，电力数据网络的主要技术具有相同的技术特征。如网络结构、网络互连和网络管理，都遵循公共数据网络的技术标准，便于在设备采购和技术升级等。为了保证电力生产安全可靠，数据网络的安全必须放在首位。

二、电力通信网的特殊数据业务

电力系统的特殊业务是指实时性要求强的业务，如远动数据传送、继电保护的跳闸数据传送、安全稳定控制信息以及传送故障录波数据等，都对延时、可靠性方面有严格的规定。尤其是跳闸信息的传输，对每一处理过程的延时有严格的限制。因此，这些业务的通信链路不采用带交换功能的网络结构，而是采用点对点的专线连接。下面针对这些信息接口进行介绍。

1. 远动数据传送

（1）远动电路方式。远动信息（自动化信息）就是对远方变电站（相对供电公司侧）运行的设备进行的监视和控制信息，以实现远程测量、远程信号、远程控制和远程调节等各种功能。电力系统远动控制技术实现的功能主要包含遥测（YC）、遥信（YX）、遥控（YK）和遥调（YT）四方面的功能，简称"四遥"功能。远动数据从变电站上传到控制中心，大部分采用 FSK 调制方式，数据速率为 600bit/s 或 1200bit/s 较多，在现代通信网中，基本都是数字通信系统，因此采用 64kb/s 的数据通道。而目前使用采用网络技术后，远动信息的接入采用计算机网络接口，也就是 100Base-T 的以太网接口。

远动通道的电路连接是点对点的方式，图 7-9 所示为一个实际远动接线方式图，即总调收-定福庄 CDT 主用方式，在图中给出了各段电路连接时所采用的连接方式，其中的四线（两收、两发）是最常用的方式。远动规约为 CDT（循环传送）方式。

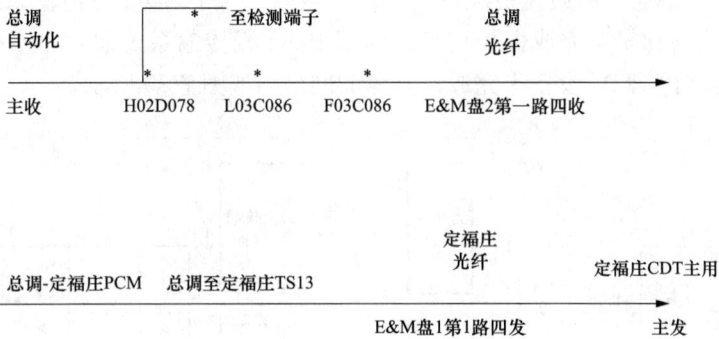

图 7-9　远动数据传输方式连接图

（2）远动接口。新型远动设备通常有很强的适应能力，接口技术标准提供多种可能连接功能，典型接口具备如下特征：数据速率 0～19.2kb/s，接口标准（可选）RS-232、RS-422、RS485、10Base-T、100Base-T。光纤规格（可选）：多模 820nm 波长、62.5/125 芯径；单模 1310nm 波长、9/125 芯径。光纤连接器类型：FC、ST、SC 可选。光接口数量：二收二发。传输距离：多模≤4km，单模≤30km。远动协议：Polling、CDT、TCP/IP。

2. 继电保护信号传输

在电力系统中，要实现安全生产和电力系统稳定运行，继电保护起着至关重要的作用。实现的保护方式很多，其中线路保护需要在变电站之间传送跳闸信号，这是电力通信网重要的数据业务，对跳闸信号传输的实时性有着非常严格的要求，线路传输时延一般在十几毫秒的数量级。

继电保护装置的保护信号的物理传输通道有多种选择，包括电力线载波、微波、光纤等。其中光纤通道由于具有抗电磁干扰、可靠性高、传输容量大等特点，是继电保护信号传输的首选方式。另外，虽然电力线路故障和通信通道故障同时发生的概率微乎其微，但由于保护信号的重要性，一般在传输通道上会选择两条独立的物理通道，一条为主用通道，另一条为备用通道，分别走不同的物理路由。保护通信设备实时监测传输通道的质量，当主用传输通道发生故障或通信质量降低（误码、不可用等）的时候，可以通过备用通道继续保持通信。在主用通道恢复正常的时候再从备用通道切换回主用通道。这种双传输通道保护方式在更大程度上保证保护信号的不间断传输。虽然采用两个传输通道的成本更高，但对于超高压电力线路而言，安全性是压倒一切的要求。

在上面讨论的双传输通道保护方案中，不同厂家的继电保护设备对传输通道提供的通信接口也有不同的形式，大致可以分为 64kb/s、E1 和光纤接口三种。对于最后一种接口，可以直接上光纤进行传输，其传输通道保护的功能在继电保护装置的通信部分已经完成，这里不讨论。由于继电保护的信号一般是继电保护设备的继电器接点开关状态等数据，数据内容比较少，64kb/s 的速率已经完全能够满足其通信要求，因此很多情况下继电保护设备对传输通道提供的通信接口是一个符合 ITU-T G.703 标准的 64kb/s 接口。但由于光传输通道一般提供的通信接口是 E1 接口，需要一个 64kb/s 到 E1 转换的复用设备（一般是 PCM 设备），通过复用设备将 64kb/s 复用为 E1 后上传输系统进行传输。

这时，对传输系统而言就要提供保护切换功能：能够将一路数据在两个传输通道中传输，并能够根据传输通道的质量情况自动完成切换等。对于 SDH 光传输系统而言，可以通过 SDH 的环网自愈保护来完成保护切换。对于 PDH 光传输系统而言，不提供保护切换的功能，这个功能将由 PCM 设备来完成。具体的网络图如图 7-10 所示。

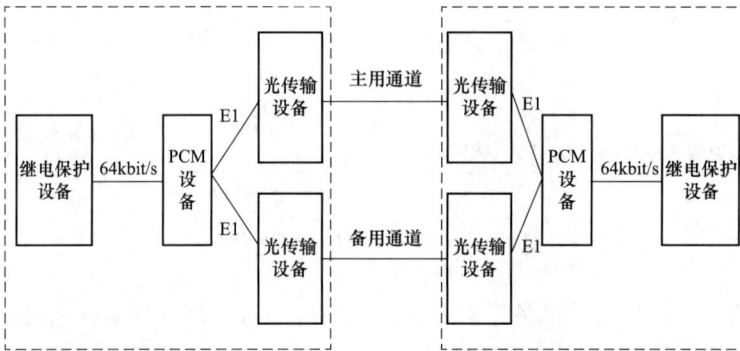

图 7-10　继电保护信号的双通道保护光传输

继电保护信号传输是采用点对点的连接方式，以保证传输时延的要求。图 7-11 为继电保护通道的电路连接方式的案例。

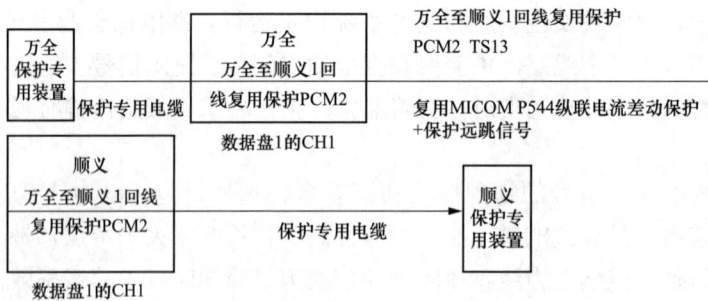

图 7-11　继电保护电路方式

3. 继电保护接口

（1）64k 接口部分。传输速率：64kb/s，接口特性：同向型接口，特性阻抗：120Ω 平衡，接口码型：符合 G703.1 同向接口码型的要求。

（2）2M 接口部分。传输速率：2.048Mb/s，线路码型：HDB$_3$ 码，特性阻抗：75Ω 非平衡，接口码型：符合 G703.6 接口码型的要求。

（3）光纤接口部分。传输速率 64kb/s，线路码型：1B2B 码，光纤接收灵敏度：－35dBm，发送电平：－15～0dBm（选用不同的光收发模块），标准发送电平：－11dBm±2dBm，允许最大通道衰耗：15dB（标准）、30dB（最大），光纤连接器 FC 型。

三、调度数据网

电力调度数据网采用安全分区设置，物理上或逻辑上隔离，以保障信息的安全性。省调度中心和网调以上直调厂站节点构成调度数据网骨干网。省调度、地区调度和县调度及省、地直调厂站节点构成省级调度数据网。县调和配电网内部生产控制大区专用节点构成县级专用数据网。县调自动化、配电网自动化、负荷管理系统与被控对象之间的数据通信可采用专用数据网络，不具备专网条件的也可采用公网通信网络，必须采取安全防护措施。

电力调度数据网采用分层网络结构，通过路由器组成，通信链路采用 SDH、MSTP 和波分复用等多种传输技术构成，并采用 MPLS VPN 技术，实现对所承载的多种业务及应用进行隔离。调度数据业务直接承载在调度数据专网上。

调度控制中心与调度数据网的 B 平面和省调度进行互连。220kV 及以上变电站采用A/B 双平面接入，110kV 及以下变电站网络设备的部署满足调控一体化技术的支持。调度数据网通信链路基本采用 IP OVER SDH/MSTP 的技术体制，少量采用裸光纤直连，在省骨干传输网和地市传输网上承载调度数据网现网的汇聚业务。

第四节　IP 网 络 技 术

IP 是对应 OSI 第三层的网络互连协议，除去 IPv4 和 IPv6 的差别，协议本身已经非常完善，没有进一步研究的空间。IT 业将 IP 协议承载各种业务时，如语音、视频和数据等，如何满足它们的 QoS 与支持 IP 网络互联的相关技术问题成为了研究的热点。

Internet 的飞速发展和广泛应用，促使 IP 技术获得了以往通信和信息技术从未有过的高速发展。目前，IP 技术无论是网络结构、传输能力还是增值业务上都较从前有了巨大的变化。TCP/IP 技术是 20 世纪 70 年代作为网间互联协议提出来的，在几乎 20 年的时间里，IP 技术除了在美国局域网互联中使用外，一直默默无闻，ITU-T 也一直没有接纳这个标准。直到 90 年代初 Web 业务的出现才从根本上改变了这种状况，IP 网获得了飞速发展，从而IP 技术也获得了飞速发展，目前，TCP/IP 技术已经是广泛接受的通信协议。

客户端—服务器的应用方式在迅速扩展，从办公室、校园扩展到城市，进而扩展到全国和全球。这种快速扩展使过去网络业务量 80％是本地、20％是广域的情况发生了根本性的变化，现在这一比例已变为 50％和 50％，将来这个比例将会是 20％和 80％，这意味着对 IP网的压力越来越大。同时随着 IP 网上业务的多样化，特别是多媒体业务的应用，对 IP 网又提出了一系列新的技术要求，从而促使 IP 网络结构发生了巨大的变化和发展。

电力通信网络的发展也紧跟这一技术趋势，建立起自己的基于 IP 的数据网络，而且，绝大部分业务的接入都采用以太网口接入方式。在电力系统数据通信网络的建设规划中，网络结构、网络基础和网络技术体制等方面，都明确了构建 IP 网络的方向。

根据电力传输网络建设以 SDH 为基础平台的实际，以及技术发展和电力的业务需求特点，近几年的电力传输网络建设，仍需大力发展 SDH 光纤传输网络。在这一基本需求和建网条件下，比较适合的网络技术平台为 MPLS＋IP over SDH。近年来，在骨干网中构建了大量的 OTN 技术的网络，其带宽更宽，粗粒度业务的管理更加灵活、便利。

IP 网络技术的构成，与具体的网络支持业务、网络形态有密不可分的关系，因此，建立 IP 网络的技术框架，还存在仁者见仁、智者见智的特点。

新一代宽带 IP 网主流技术主要有 IP over ATM、IP over SDH、IP over WDM 等。其中 IP over ATM 融合了 IP 和 ATM 的技术特点，发挥了 ATM 支持多业务，提供 QoS 的技术优势；但 ATM 设备被淘汰以后，IP over ATM 方式也被抛弃。IP over SDH 直接在 SDH 上传送 IP 业务，对 IP 业务提供了完善的支持，提高了传输效率；而 IP over WDM 采用高速路由交换机和 DWDM 技术，极大地提高了网络带宽，对不同速率、不同数据帧格式的业务提供全面的支持。

一、IP 网络主要技术方案

IP 业务从局域网出来进行广域交互时，如何接入到传输网进行信息传送呢？这需要相关的技术和设备来实现，有以下几种技术方案可供选择。

1. IP over SDH

一般来说，IP 数据来自局域网（LAN）经路由器对外互联。首先需要经过多业务传送平台（MSTP）进行业务适配，也就是如何把 IP 数据包的速率和数据帧格式，适配到 SDH 设备中的过程。

IP over SDH，即 Packet over SDH（PoS），它是以 SDH 网络作为 IP 数据网的物理传输网络，使用链路及 PPP 把 IP 数据包封装在 PPP 帧中，然后再由 SDH 通道适配层把封装后的 IP 数据包映射到 SDH 的净荷中，然后再向下，经过 SDH 传输层，加上相应开销，封装入 SDH 帧中，最后才在光纤中传输，因此，它保留了 IP 面向无连接的特征。图 7-12 为 IP 数据包接入 SDH 设备的过程。

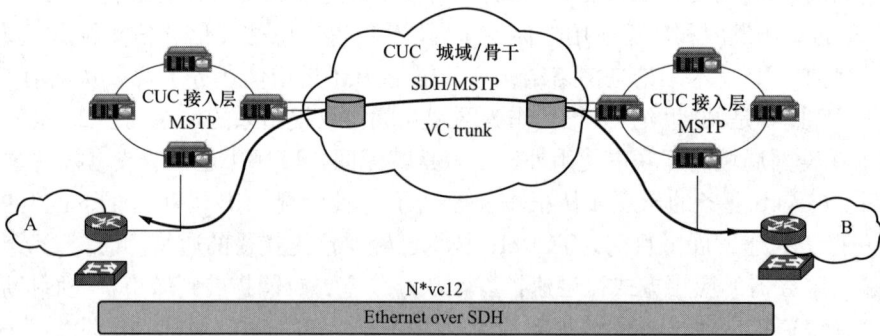

图 7-12　IP 数据包接入 SDH 设备的过程

SDH 网是基于时分复用，在网管配置下完成半永久性连接的传输网络。因此，在 IP over SDH 工作方式中，SDH 只可能以链路方式来支持 IP 网。由于不能参与 IP 路由的寻址工作，它的作用只是将地域上分离的路由器以点对点的方式连接起来，提高点对点的传输速率，不可能从整体上提高 IP 网的性能，所以，这种工作方式下的 IP 网，其本质仍然是一个路由器网。此时，网络整体性能的提高将取决于路由器技术的突破性发展（如吉比特路由器），但同时却又带来了设备的复杂性。所以，IP over SDH 的优缺点可总结如下。

优点：

（1）对 IP 路由的支持能力较强，具有较高的 IP 数据包传输效率。

（2）符合 Internet 业务的要求（如多路广播的方式）。

（3）能利用 SDH 技术的环路和自愈合能力达到链路纠错和提高网络的稳定性。

（4）省略 ATM 层，从而简化网络结构。

缺点：

（1）仅能对 IP 业务提供较好的业务支持，不适合于多业务平台。

（2）不能像 IP over ATM 那样提供较好的 QoS 服务质量保证。

（3）对 IPX 等其他主要网络协议技术支持有限。

2. IP over WDM

同样，IP over WDM（波分复用）就是局域网的 IP 数据包如何利用波分复用系统实现广域互联的技术。IP over WDM 也称作光因特网，是目前最新的技术。在发送/接收端，将不同波长的光信号复用送入同一根光纤中传输，将在同一根光纤中传输的光信号按不同波长解复用至不同的终端，即将 IP 数据包直接放在光纤上传输。它是一种链路层数据网，此时，高性能的路由器通过光 ADM 或 WDM 耦合器，直接连至 WDM 光纤上，由它来控制波长完成接入、交换、选路和保护。IP over WDM 的帧结构有两种：SDH 帧结构和吉比特以太网帧结构，现在可以系统实地运行的还是 SDH 帧结构，因此，基于这种工作方式的 IP over WDM，其本质上还是 IP over SDH。

在 WDM（波分复用）或 DWDM（密集波分复用）传输系统中，其每一种波长的光信号称为一个传输通道，每个通道都可以是一路 155Mb/s、622Mb/s、2.5Gb/s，甚至是 10Gb/s 的 ATM、SDH 或吉比特以太网信号等，也就是提供了接口的协议和传输速率的无关性，即在同一条光纤通路上，可以同时支持 ATM、SDH 和吉比特以太网，保护了已有投资，同时也提供了极大的灵活性。

从以上分析可以看出，IP over WDM 具有如下所述的优缺点。

优点：

（1）能充分利用有限的光纤资源，极大地提高带宽和传输速率。

（2）对所传输数据的传输码率、数据格式及调制方式透明，如可以传输不同码率的 ATM、SDH 和吉比特以太网信号。

（3）具有较强的兼容性，并支持未来的宽带业务网及网络升级。

缺点：

（1）到目前为止，工作波长的标准化还没有实现。

（2）WDM 系统的网络管理还不成熟。

（3）到目前为止，WDM 系统的网络拓扑结构还只是基于点对点的工作方式，并没有形成"光网"。

通过前面两种宽带 IP 网主流技术的分析和比较可以发现：在高性能、宽带的 IP 业务方面，IP over SDH 技术投资少，见效快而且线路利用率高。对于 IP over WDM 技术来说，由于它能够极大地拓展现有网络带宽，从而最大限度地提高线路利用率，并且在局域网中吉比特以太网技术成为主流技术的情况下，唯有它能够真正地实现无缝接入，因此，IP over WDM 技术将代表着宽带 IP 网技术的未来。

二、IP 网络的 QoS 协议结构和策略

IP 网结构的基本设计原理是将"智能"放在位于网络边缘的源和终点的网络主机上，而使网络核心尽可能地"傻"。在网络交叉节点上，路由器的作用就是检查终点地址，查转发表决定如何进行 IP 数据分组的"下一跳"。如果排队等候转发的数据分组很多，数据分组不能及时转发就会出现时延，如果排队器不够用，路由器被允许丢弃数据分组，这就是 IP 的"尽力而为"服务。随着因特网的应用发展，用户数量快速增加，网络出现拥塞，就会产生时延、时延抖动乃至分组丢失等现象。这虽然对电子邮件、文件传输、Web 浏览等典型的因特网应用影响不大，但是它显然不能满足话音、视频广播等各种实时业务的需要。因此，一方面，要求网络有足够的带宽，还要求 IP 网络具有严格的时延限制，也要求具有一点对多点、多点对多点的信息传输能力，即"广播"功能。

增加网络带宽是非常重要的，目前采用 IP/DWDM 等 IP 优化光网络技术可以成百上千倍地提高带宽，并能上百倍地降低成本，是解决 QoS 问题最简单最便宜的方法。但是，这仅仅是解决问题的一个侧面。发展合理分配网络资源的 QoS 技术也同样是非常必要的。在网络交通流量出现突发时，会出现拥塞。甚至在网络负载很轻时，时延变化也可能影响实时业务，为此，需要给网络增加一些"智能"，使它能够区分对必要时要求不同的数据流，这些要求确定了对时延、时延抖动和分组丢失的宽容度。设计 QoS 协议就是为了这个目的，QoS 不能增加带宽，但是可以管理带宽，提高其使用效率以满足不同应用的需求。QoS 的目的是在"尽力而为"之外，提供某种程度的预测和控制能力，此外，支持多点广播也是非常重要的。

为了将问题简化，在 QoS 结构的选择中，主要研究提供端到端连接的 QoS。基本原理仍然是把复杂技术留给边缘而保持"核心"简单。

三、QoS 协议

所谓 QoS 就是使网络及其设备（即应用、主机或路由器）为网络数据传输和服务提供某种程度保证的能力。为了实现 QoS 要求，需要从上到下网络的各个层以及两端之间网络上各个设备协同工作。QoS 并不能增加带宽，它仅仅是按照应用要求和网络管理的设置来管理带宽。实现 QoS 的一种方法是按照服务水平的要求给每一个数据流分配资源，这种采用"资源预约"进行带宽分配的方法并不适合用于"尽力而为"应用。由于带宽资源是有限的，设计者引入优先级的概念，在资源预约后"尽力而为"，数据流的传输也能得到保证。据此 Qos 可以分为以下两种基本类型。

（1）资源预约（综合服务）。网络资源按照一种应用的 QoS 要求进行分配，制定带宽管理策略。

（2）优先级划分（区分服务）。对网络上的数据流进行分类。按照带宽管理策略准则分配网络资源，保证 QoS 网络部件对分类识别有更高要求的数据流给予优先处理。

这些 QoS 方法可以被用于单个数据流或综合的数据流。根据数据流的种类可以用另一种 QoS 类型的分类方法。

第一，按单个数据流实施。"数据流"被定义为在两个应用（发送者和接收者）之间的单个的、单向的数据流。可以用五种参数来分类，如传输协议、源地址、源端口号码、终点地址和终点端口号码。

第二，按综合流实施。综合流由两个或更多个流组成。这些流有一些共同点，即上述参

数中任意一个或多个，标记优先级以及一些认证信息。

应用、网络拓扑和策略决定哪一种 QoS 可以适用于哪种数据流或综合流。为了满足不同类型 QoS 的需求，需要有多种不同的 QoS 协议和算法。主要有以下四种。

（1）资源预约协议（RSVP）。RSVP 提供信令以实现网络资源的预约（或者看作综合服务），显然，一般是按流实施，RSVP 也可以用来为综合流预约资源。

（2）区分服务（DiffServ）。区分服务提供一种粗糙而简单的方法，对网络中的数据流或综合流进行分类和定优先级。

（3）多协议标记交换（MPLS）。MPLS 按照在包头中的标记，通过网络选路控制对综合流进行带宽管理。

（4）子网带宽管理（SBM）。SBM 在共享的交换的 IEEE 802 网络上在第二层实现分类和定优先级。

四、多协议标记交换（MPLS）

多协议标记交换在某些方面类似于区分服务，它也是在网络进入边界对交通流加标记，在输出点除去标记。但是不像区分服务是在路由器内用标记来决定优先级，MPLS 标记（20bit 标记）主要被设计用来决定下一个路由器的跳。MPLS 既不是被应用控制的（没有 MPLS API），也没有端点主机协议部件。

流量工程（Traffic Engineering）是 MPLS 实现 QoS 的重要保证，从研究成果来看，通过实施一些流量工程技术，利用核心网的路由器 DiffServ 和 MPLS 的支持能力是一个发展方向。MPLS 可以与区别型业务用在一起来提供 QoS。基于 DS 字段的体系结构和基于 MPLS 的体系结构能够很容易地互操作。

关于 MPLS 的技术特点详见前一个章节。

第五节 网络管理技术

根据电信网络分层结构，现代电信网的网络管理是网络的重要组成部分，可以毫不夸张地说，如果没有网络管理，现代电信网络电信网根本不能运行。电信网络管理（TMN）模型也是分层结构，从上到下分别为事务管理层、业务管理层、网络管理层和网元管理层，每一层中还包括性能管理、故障管理、配置管理、计费管理和安全管理五大功能。

一、TMN 管理功能

ITU-T 的 M.3xxx 建议中规定了五个方面的管理功能，由于 ITU-T 在建议中没有考虑事务层和业务层的管理，这些功能主要是指网络层和网元层的管理。这五个方面的管理是：性能管理、故障管理、配置管理、计费管理和安全管理。下面对它们的管理功能分别加以叙述。

1. 性能管理

性能管理分为性能监测、性能分析和性能控制。

（1）性能监测是指通过对网络中的设备进行测试，来获取关于网络运行状态的各种性能参数值，对于各种不同类型的网络可以监测各种不同的性能参数，如对交换网可监测接通率、吞吐量、时间延迟等，对传输网可监视误码率、误码秒百分数、滑码率等。

（2）性能分析是在对通信设备采集有关性能参数的基础上创造性能统计日志，对网络或某一具体设备的性能进行分析，如存在性能异常，则产生性能告警并分析原因，同时对当前性能和以前的性能进行比较以预测未来的趋势。

（3）性能控制是设置性能参数门限值，当实际的性能参数超出门限，则进入异常情况采取措施来加以控制。

2. 故障管理

故障管理可以分为故障检测、故障诊断定位和故障恢复。

（1）故障检测是指在对网络运行状态进行监视的过程中检测出故障信息，或者接收从其他管理功能域发来的故障通报，在检测到故障以后发出故障告警信息，并通知故障诊断和故障修复部分来进行处理。

（2）故障诊断和定位是首先启用一备份的设备来代替出故障的设备，然后再启动故障诊断系统对发生故障的部分进行测试和分析，以便能够确定故障的位置和故障的程度，启动故障恢复部分排除故障。在引入故障诊断专家系统之后，可提高故障诊断的准确性，更充分地发挥网络管理的功能和作用。

（3）故障恢复是在确定故障的位置和性质以后，启用预先定义的控制命令来排除故障，这种修复过程适用于对软件故障的处理。对于硬件故障，需要维修人员更换故障管理系统指定设备中的硬件。

3. 配置管理

配置管理是网络管理的一项基本功能，它对网络中的通信设备和设施的变化进行管理，例如通过软件设定来改变电路群的数量和连接。从网管信息模型的角度上来讲，就是对网络管理对象的创建、修改和删除。

在其他几个管理功能域中，对网络中的设备和设施进行控制时，需要利用配置管理功能来实现，例如在性能管理中启动一些电路群来疏散过负荷部分的业务量，在故障管理中需要启用备份设备来代替已损坏的通信设备。

4. 计费管理

计费管理部分采集用户使用网络资源的信息，例如通话次数、通话时间、通话距离，然后一方面把这些信息存入用户账目日志以便用户查询，另一方面把这些信息传送到资费管理模块，以便资费管理部分根据预先确定的用户费率计算出费用。

计费管理系统还支持费率调整、用户查询、根据服务管理规则调整某一功能。

5. 安全管理

安全管理的功能是保护网络资源，使网络资源处于安全运行状态。安全是多方面的，例如进入网络安全保护、应用软件访问的安全保护、网络传输信息的安全保护。

安全管理中一般要设置权限、口令、判断非法的条件，利用设置的权限、口令条件对非法侵入进行防卫，以达到保护网络资源，实现网络安全正常运行的目的。

二、网络管理模型

TMN采用了OSI管理系统中的管理者/代理模型，根据这个模型，TMN管理系统由以下三个部分组成：管理者、代理和被管理对象。TMN管理模型如图7-13所示。

管理者是负责管理的一个管理进程，负责发出命令和接收事件报告，代理根据管理进程的要求对被管对象执行管理功能。在管理进程和代理之间传送的信息包括管理操作和通知。代理不需要知道它接收的管理操作和它发送的通知的具体情况，例如代理可以发送一个通

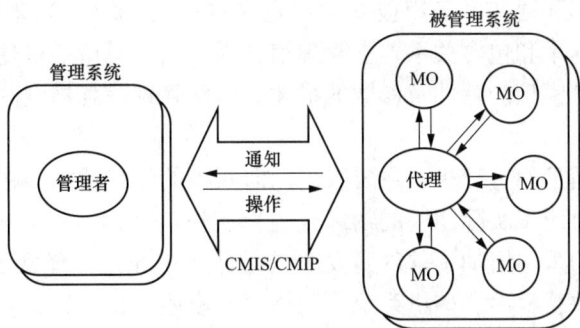

图 7-13 TMN 的管理模型

知，但它并不需要知道这个通知携带的是告警信息还是其他性能参数。

电信网的管理系统传送关于被管对象的各种不同类型的信息，这些信息可以归纳如下。

（1）数据。这是在管理进程和代理之间传送的数据信息，例如它可以是关于通信链路状态的信息，如链路处于运行状态或处于备用状态等。

（2）控制。这类信息在 OSI 管理系统中用来改变被管对象的状态或参数，例如控制信息可以把通信链路从备用态改变为激活状态。

（3）事件。这类信息用来通知某一用户已经发生一个事件。例如一个事件可以是指通信链路的状态从备用改变为激活状态以及这个事件发生的时间。

三、TMN Q3 接口

在电信管理网中，计算机管理系统通过 Q3 接口和通信设备相连，Q3 接口的通信协议是按照 OSI 参考模型来设计的。随着计算机技术面向通信领域的渗透，其应用范围已经逐渐扩大，成为制定电信网协议的重要基础。目前在网络的协议结构中采用 OSI 参考模型的网络有数据通信网、窄带综合业务数字网、No.7 公共信令网、用户接入网、局域网、电信管理网、SDH ECC 通道等。

TMN 的 Q3 接口是系统互连的一个标准，定义了 OSI 的七层通信协议，具体内容如图 7-14 所示。

四、TMN 的信息模型

网络管理系统的基本任务是通过对网管

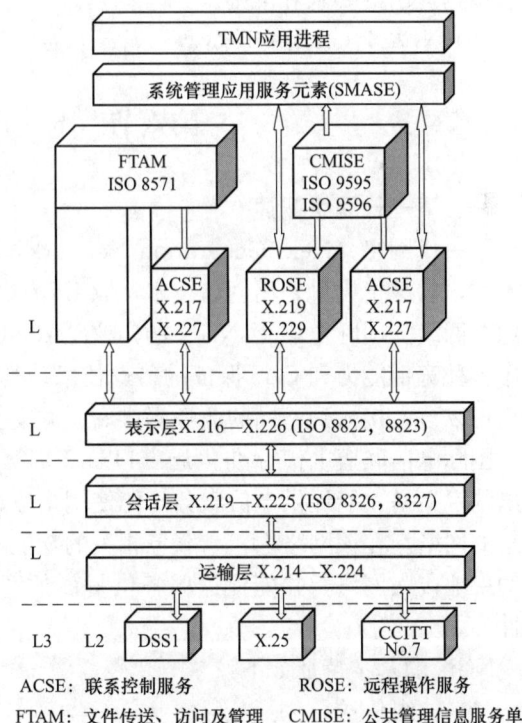

图 7-14 Q3 接口的通信协议栈

信息的传送和处理来实现对网络资源的管理。为了更好地实现这个任务，需要对网络资源建立相应的网络管理信息模型。信息模型的建立过程是将网络资源转换为概念上的被管对象并规定对象的类别、属性及其数值，采用抽象语法标记 1（ASN.1）提供统一的方法来表示对象的类别、属性、操作和通知；采用被管对象定义准则（GDMO）来定义被管对象，然后根据被管对象之间的继承和包含关系建立管理信息库。信息模型一旦建立，对网络资源的描述可以转化成对其信息模型的特性及参数的描述，因此管理信息模型的建立是对网络资源进行管理的基础。

在建立网管信息模型的过程中，主要采用面向对象的编程技术。在面向对象的编程技术中，把对象类、子类对应于实际问题的物理或逻辑实体，从而可以减少软件编程的工作量；面向对象的编程技术的采用增加了软件开发的灵活性和扩充性，降低了软件维护的复杂性；可以自然地与分布式并行程序、多机系统、网络通信模型取得一致，从而有力地支持复杂大系统的分析与运行，并能很好地适应复杂系统不断发展与变化的要求。以面向对象的编程技术为基础的网络管理系统正是充分利用了上述的技术优势而发展起来的。

管理信息模型的标准已在 ITU-T 的 X.720～X.725 建议中作了如下规定：

（1）X.720（管理信息模型）描述了对被管的资源进行分类和表示的概念和方法。

（2）X.722（被管对象定义准则 GDMO）规定了定义管理信息的符号。

（3）X.721（管理信息的定义）和 X.723（通用管理信息）包含了在 GDMO 中预先定义的管理信息库。

（4）X.724（管理信息结构的要求和准则）规定了 OSI 系统管理的实行者对相关的管理信息结构提出的要求和准则。

（5）X.725（通用关系模型）规定了为被定义的管理信息确定关系而采用的符号。

第六节　下一代网络（NGN）

一、下一代网络概述

下一代网络（Next Generation Network，NGN）是内涵十分丰富、外延极其宽泛的一个术语，它泛指大量采用创新技术，以 IP 为中心，同时可以支持语音、数据和多媒体业务的融合网络。国际电联对 NGN 的定义为：NGN 是基于分组的网络，能够提供电信业务；利用多种宽带能力和 QoS 保证的传送技术；其业务相关功能与其传送技术相独立。NGN 使用户可以自由接入到不同的业务提供商，并支持通用移动性。

国际电信联盟电信标准化局（ITU-T）第 13 研究组在 Y.2001［1］建议书中为 NGN 给出的定义是：能提供电信服务，能使用多宽带、确保服务质量（QoS）的传输技术的基于分组的网络。在该网络内，与服务相关的功能不依赖于与传输相关的基础技术，它能使用户无约束地接入网络，并能促进服务供货商的竞争，并使其自主选择服务。它支持广泛的移动性。

NGN 的基本特征如下：

（1）分组传送。

（2）控制功能从承载、呼叫/会话、应用/业务中分离。

（3）业务提供与网络分离，提供开放接口。

（4）利用各基本的业务组成模块，提供广泛的业务和应用（包括实时、流、非实时和多媒体业务）。

（5）具有端到端 QoS 和透明的传输能力。

（6）通过开放接口与传统网络互通。

（7）具有通用移动性。

（8）允许用户自由地接入不同业务提供商；支持多样标志体系，并能将其解析为 IP 地址以用于 IP 网络路由。

（9）同一业务具有统一的业务特性；融合固定与移动业务。

（10）业务功能独立于底层。

有关 NGN 的建议见表 7-1。

表 7-1   ITU-T 有关 NGN 的建议

编号	标题
Y. NGN-Overview	General overview of NGN
Y. GRM-NGN	General principles and general reference model for Next Generation Networks
Y. NGN-FRM	Functional architecture model （ex-Functional requirements and architecture of the NGN）
Y. NGN-SRQ	NGN service requirements
Y. NGN-MOB	Mobility management requirements and architecture for NGN （NGN）
Y. NGN-MAN	Framework for manageable IP network
Y. NGN-MIG	Migration of networks （including TDM networks） to NGN
Y. NGN-CONV	Regulatory consideration of the NGN
Y. e2eqos	End-to-end QoS architecture for IP networks evolving into NGN
Y. 123. qos	A QoS architecture for Ethernet-based IP access network
Y. NGN-TERM	Next Generation Networks terminology：Terms and definitions

二、NGN 功能参考模型

将 NGN 垂直划分为业务层和传输层。参考 Y. 2011（Y. NGN-Overview）建议，从上到下定义的层次如图 7-15 所示。

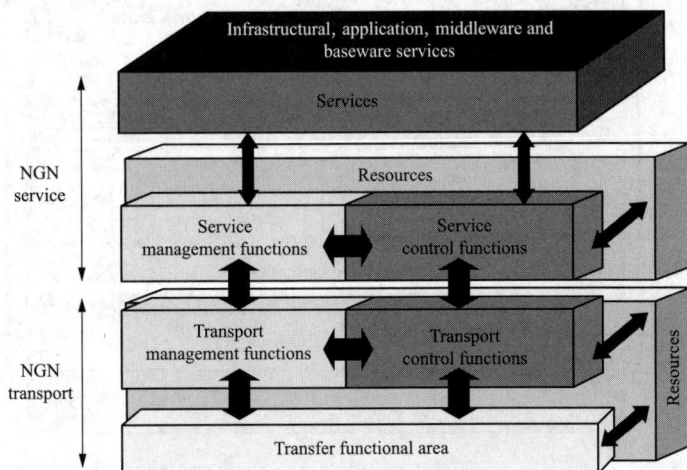

图 7-15   Y. 2011 定义的功能参考模型

（1）业务层（NGN Service）。业务层包括了各种会话型和非会话型业务，如语音、数据、视频等多媒体业务。

（2）传输层（NGN transport）。传输层用于通信实体间的信息传输，实现对 NGN 业务的支持。同时又将业务层和传输层水平划分为用户平面、控制平面和管理平面。在 NGN 的参考模型中还提出了广播与电信的融合、多媒体业务支持、用户和终端的标示与定位、应急通信、与非 NGN 互通、安全以及服务质量 QoS 方面的基本要求。

三、NGN 的体系结构

在设计 NGN 的功能和体系结构时，NGN 业务定义及规范和实际网络技术规范之间有明显的界限，与具体实施技术相互独立。NGN 的业务体系必须具有如下特征。

（1）分布式控制。以适应 IP 网络分布处理的结构特点，消除依赖于传统 No.7 信令的结构缺陷，支持分布计算的位置透明性。

（2）开放式控制。应将网络控制接口开放，支持第三方控制的业务创建、业务更新和业务逻辑。

（3）业务提供和网络运营分离。基于上述分布式控制和开放式控制机制，推出独立于网络运营商的业务提供商，促使 NGN 业务提供竞争格局的形成，以利于丰富多样的增值业务的快速提供。

（4）支持网络业务的融合。目前特别需要具有灵活而方便地生成话音/数据融合业务的能力，以充分体现下一代网络的技术潜力和市场价值。

（5）完善的安全保护。这是开放式体系的基本要求，在开放网络控制接口的同时，必须确保业务提供者的可信任性，保证网络基础设施的安全运行。

NGN 的体系结构如图 7-16 所示。

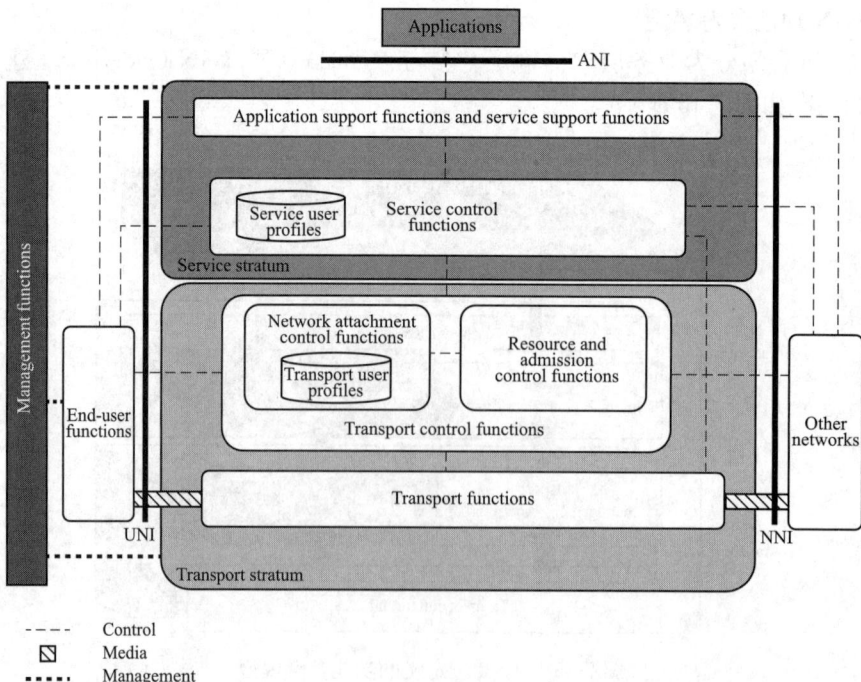

图 7-16 NGN 的体系结构

1. 传送相关功能实体及其功能（Transport Functions）

传送相关功能实体负责链路维护、媒体协商、媒体转换及处理和传送，接入策略执行和防火墙策略执行功能等。

传送相关功能实体包括接入处理功能（APF）、接入媒体网关功能（AMGF）、中继媒体网关功能（TMGF）、分组互通媒体网关功能（PIMGF）、媒体资源功能（MRF）、传输策略执行功能（TPEF）等功能实体。而应用相关功能实体负责应用逻辑控制以及一些内容资源提供功能等。传送相关功能实体功能如下。

（1）接入处理功能实体（APF）。APF 负责媒体相关的处理，例如防火墙功能、NAPT 功能、QoS 标记功能以及流量监控功能等，APF 工作在 ACF 和 TRCF 的控制之下。

（2）接入媒体网关功能实体（AMGF）。AMGF 在 MGCF 的控制之下，在 IP 网络和模拟或数字终端之间实现媒体映射和语音、视频的编解码转换功能，即提供模拟或数字电话机接入 IP 网络，将媒体流分组化并在分组网上传输分组化的媒体流，同时媒体接入网关也能反向将分组化媒体流转换成用户模拟信号或用户数字信号。

（3）中继媒体网关功能实体（TMGF）。TMGF 终结交换电路网络的承载通道以及分组网络的媒体流［例如 IP 网络的 RTP（Real-Time Transport Protocol）流］，在 MGCF 的控制下提供媒体的转换功能。

（4）分组互通媒体网关功能实体（PIMGF）。PIMGF 负责多 NGN 域之间的媒体互通功能，也可以在不同的域之间互相屏蔽，还可以在出口网关控制功能（BGCF）的控制之下实现媒体的转换。

（5）媒体资源功能实体（MRF）。MRF 在 MRCF 的控制下为用户提供内容服务资源（如视频、文档和页面等）和一些专门的媒体资源（如放音、录音及录音通知、语音识别、会议桥、交互式语音应答、编解码格式转换、DTMF 码采集与解码等功能）。

（6）传输策略执行功能实体（TPEF）。TPEF 在 TRCF（传输资源控制功能实体）的控制之下，负责传输的处理功能，例如链路协商/建立、分组转发以及服务质量处理方法（例如分组标记、资源建立和释放、资源保留、队列管理等）。

2. 控制相关功能实体及其功能（Transport control Functions）

控制相关功能实体负责会话/呼叫控制、连接控制、接入控制、接入策略控制和资源控制等。

控制相关功能实体包括接入控制功能（ACF）、接入中继功能（ARF）、媒体网关控制功能（MGCF）、边界网关控制功能（BGCF）、媒体资源控制功能（MRCF）、用户控制代理功能（UCPF）、信令网关功能（SGF）、传输资源控制功（TRCF）、业务控制代理功能（SCPF）、位置服务功能（LSF）、注册功能（REGF）以及用户信息服务功能（UPSF）等功能实体。

控制相关功能实体功能如下。

（1）接入控制功能实体（ACF）。ACF 负责实时业务和非实时数据业务的用户接入控制功能，包括 FW/NAT 的穿透、接入层的 QoS、安全的控制，同时根据接入中继设备的资源占用情况以及用户接入网络的接入策略对业务进行接纳控制等。

（2）接入中继功能实体（ARF）。ARF 将一些预配置信息（例如设备 ID、位置信息等）插入到来自于终端用户设备的网络接入请求中，并将这些信息转换为 ACF 能够解释的网络接入请求。

（3）媒体网关控制功能实体（MGCF）。MGCF 控制到其他网络（例如 PSTN）的媒体网关功能实体（MGF）和接入媒体网关功能实体（AMGF）及控制协议互操作。

（4）边界网关控制功能实体（BGCF）。BGCF 负责控制分组互通媒体网关功能实体（PIMGF），以便实现与其他的分组域之间的互通功能。

（5）媒体资源控制功能实体（MRCF）。MRCF 分配和控制媒体资源，包括流媒体业务（例如视频流媒体业务）、通告消息以及对交互式语音应答（IVR）接口的支持。为控制平面中的内容服务器功能实体（CSF）（例如视频流媒体服务器）、控制平面中的业务逻辑控制实体（例如呼叫服务器）以及用户平面中的资源处理实体提供接口。

（6）用户控制代理功能实体（UCPF）。UCPF 具有信令接续能力，按业务需求代理/中继会话报文给业务控制代理功能（SCPF）完成业务处理或者在没有专用信令用于资源控制的时候，代理/中继含有资源控制信息的会话报文给 SCPF，分配相关呼叫的资源；也按需要执行协议转换功能，比如从用户会话层协议转换成上层业务需要的协议（如 H. 323 到 SIP 等）。

（7）信令网关功能实体（SGF）。SGF 负责 NGN 和各种网络（例如 PSTN、IN 和 SS7等）之间信令传送的互通。

（8）传输资源控制功能实体（TRCF）。TRCF 管理和控制传送层的资源，处理网络资源的搜集，维护网络资源的状态信息，并且同接入处理功能实体（APF）和传输策略执行功能实体（TPEF）进行交互。

（9）业务控制代理功能实体（SCPF）。SCPF 处理的功能与业务逻辑控制，会话的建立、更改和拆除有关，包括业务触发、计费记录的产生等，并且与认证和注册功能进行交互。

（10）位置服务功能实体（LSF）。LSF 负责同其他域交换用户的位置信息。LSF 能够从用户信息服务功能实体（UPSF）获得域间的用户位置信息，如果被叫位于域外，LSF 从业务控制代理功能实体（SCPF）接受/处理查询请求，并且响应相应的 BGCF 信息。

（11）注册功能实体（REGF）。REGF 把用户身份和用户的可达性地址绑定在一起，完成用户有效性的注册。

（12）用户信息服务功能实体（UPSF）。UPSF 基于用户信息以及业务使用的认证控制执行用户的认证和授权控制。考虑到对于移动性的支持，UPSF 可以定义为归属地 UPSF（home-USPF）和代理 UPSF（proxy-USPF），所有来自域外用户的请求将通过 proxy-US-PF 中继到 home-USPF，然后仅仅由 home-USPF 控制用户配置信息，以确保业务的一致性和漫游特性。

3. 应用相关功能实体及其功能（Application Support Functions）

应用相关功能实体包括应用服务器功能（ASF）和应用服务器网关功能（ASGF）等功能实体。

应用相关功能实体功能如下。

（1）应用服务器功能实体（ASF）。ASF 提供业务执行环境，为 NGN 用户提供增值的智能业务和各种个性化的业务，可以实现业务逻辑的定制与业务的生成，与 MGCF 等控制实体的交互实现业务对网络的控制。

（2）应用服务器网关功能实体（ASGF）。ASGF 对外提供一组开放的与网络使用的技术无关的 API，向第三方应用/业务开发者屏蔽底层网络的复杂性，提供了一种独立于网络的、安全高效的、开放的业务接入 NGN 网络能力的方式。

上述各种功能实体之间通过标准的接口和协议进行连接和通信。

4. 管理相关功能实体及其功能（Management Functions）

管理相关功能实体负责配置及更新管理、统计及性能管理、故障管理、维护及安全管理等。参考标准的 TMN 管理结构，NGN 的管理功能实体包括事务管理功能（BMF）、末端接入设备管理代理功能（EAMAF）、网元管理功能（EMF）、网络管理功能（NMF）和业务管理功能（SMF）等功能实体。

管理相关功能实体功能如下。

（1）事务管理功能实体（BMF）。BMF 负责所有的事务管理，并且访问其他管理功能实体中的信息和功能。BMF 被包含在管理结构中以便于它对其他管理功能需求能力的描述，例如网元管理功能和网络管理功能等。当业务和网络管理功能实体的主要功能是实现现有电信网络资源的最优利用时，BMF 的主要功能就是实现网络的最佳投资和新资源的利用。

（2）末端接入设备管理代理功能实体（EAMAF）。EAMAF 属于管理平面的扩展功能实体，满足 NGN 网络中对于大量分组终端设备的管理需求。

（3）网元管理功能实体（EMF）。EMF 管理单个的网元或者一个区域内网元组中的每一个网元，并且支持网元层提供的功能的抽象。EMF 有一个或多个网元实体，这些实体各负其责，在网络管理层中一个区域上的网元实体作为网元管理层的一些子集。

（4）网络管理功能实体（NMF）。NMF 负责由 EMF 支持的网络的管理。该实体中包含了广域地理区域的管理的选择功能。整个网络的完全可见性通过具有代表性的以及技术无关的视图来表示，该视图作为一种对象将被提供给业务管理功能实体。

（5）业务管理功能实体（SMF）。SMF 与业务合同有关，并且负责向客户或者可能潜在的新客户提供业务合同。一些主要的功能包括业务顺序的处理、用户申诉的处理等。

四、NGN 的关键技术

从 NGN 的概念和体系结构中可以看出，NGN 不是具体某种形态的网络，而是从接入、传输、交换、应用和协议等多方面体现出了一种新思想的网络。在体系结构中，包括传输层、控制层、业务层、应用层和管理层，每一层都有称之为关键技术的内涵，如光传输网、软交换，宽带接入等关键技术。

1. NGN 传送层关键技术

NGN 传送层包括核心传送网、接入传送网、网络附着子系统和准入控制子系统四个部分。

传送网将支持多种接入方式：xDSL 接入（如 ADSL，SDSL，VDSL）；Cable 接入；光纤网络接入（如 FTTH，FTTC，FTTB 等）；以太网 LAN 接入；固定无线接入（如 WLAN、WiMAX）；固定 IP 连接（如 Gigabit Ethernet Link）；移动无线接入（如 3GPP 和 3GPP2 定义的 IP-CAN）。

网络附着子系统是位于传送层的一个重要的传送控制子系统，主要负责动态分配 IP 地址、终端参数配置、IP 层面的认证鉴权和位置信息管理等功能。

对 WCDMA 网络，NASS 功能可以通过 WCDMA 分组域网元来实现。具体地说，鉴权功能可以通过分组域网元与 HLR 配合完成；IP 地址分配功能可以通过 GGSN 或者 DH-CPServer 完成；位置管理功能可以通过分组域网元与无线接入网络配合完成。针对固定网络，NASS 功能尚不能通过现有设备实现，因此需要网络附着子系统配合完成。

针对 WCDMA 网络，准入控制子系统的功能可以通过 WCDMA 分组域网元实体 PDF 和 GGSN 来实现，但端到端的 QoS 仍然需要底层承载网络来保证。针对固定网络，准入控制子系统的功能还无法通过现有设备来实现，因此需要准入控制子系统配合完成。

在核心传输层，自动交换光网络（Automatically Switched Optical Network，ASON）是典型的关键技术，是指在选路和信令控制之下完成自动交换功能的新一代光网络，也可以看作一种标准化的智能光传送网。

软交换技术（详见第八章第六节）是控制与传送、接入分离思想的体现。软交换是 NGN 的控制功能实体，为 NGN 提供具有实时性要求的业务呼叫控制和连接控制功能，是 NGN 呼叫与控制的核心。

固定无线接入（如 WLAN、WiMAX）是近年来快速发展的宽带接入技术，与 3G 配合能够有效解决宽带用户的接入需求。

2. NGN 业务层关键技术

NGN 业务层主要包括 PSTN/ISDN 仿真子系统、PSTN/ISDN Emulation 子系统、多媒体子系统以及各种公用功能模块四个部分。

多媒体子系统主要负责提供各种多媒体业务，如流媒体业务、内容传送业务等；公共功能模块主要负责为其他子系统提供共用的模块功能，如用户数据库（UPSF）、SLF、应用服务器（ASF）、CDF、边缘网关等。NGN 的功能模块化特点为未来灵活引入新的子系统提供了方便和可能。

PSTN/ISDN Simulation 子系统是 NGN 业务层面的一个重要的业务控制子系统，主要负责为用户提供基于 SIP 协议多媒体业务和部分传统的固定电话业务。PSTN/ISDN Simulation 子系统采纳了 3GPP 定义的 IMS 的框架结构，提供基本的会话控制功能；同时，IMS 通过向上的开放业务接口，与应用服务器配合，提供端到端或者端到网络的包括语音、数据和多媒体在内的多种媒体类型的电信业务；此外，IMS 还提供业务漫游、计费信息等功能。

IMS 基本框架结构中，CSCF 负责基本的会话控制功能，并向上提供基于 OSAAPI 的接口；MGCF 负责 IMS 域与电路交换域的信令转换，并对 MGW 进行资源分配与管理；MRFC 负责控制 MRFP，提供会议桥、回铃音、混音等功能。

此外，为了支持多种接入技术，ETSI 还在 3GPPIMS 的基础上进行了扩展，主要体现在各 IMS 网元实体的功能增强。例如，P-CSCF 支持多种资源预留方式并增加了 ALG 功能，还支持与 NASS 的接口；S-CSCF 支持多种鉴权方式；MRFP 支持多种媒体类型等。

3. 协议

NGN 的发展方向除了大容量高带宽的传输、选路、交换以外，还必须提供大大优于目前 IP 网络的 QoS。IPv6 和 MPLS 提供了这种可能性。

IPv4 是当前 Internet 使用的 IP 协议版本，正因为各种自身的缺陷而举步维艰，在 IPv4 面临的一系列问题中，IP 地址即将耗尽无疑是最为严重的。尽管使用网络地址转换（NAT）技术、无类别域间路由选择，以及采用超网络（CIDR）技术在一定程度上延缓了 IP 地址的紧张局面，但是移动通信技术的发展对 IP 地址空间提出了更大的需求，引入并采用新的地址方案势在必行。而多媒体数据流的加入，对数据流真实性的鉴别以及出于安全性等方面的需求都迫切要求新一代 IP 协议的出现，即 IPv6。

IPv6 与 IPv4 相比具有许多新的特点，它采用了新型 IP 报头、新型 QoS 字段、主机地址自动配置、内置的认证和加密等许多技术。IPv6 可以彻底解决 IPv4 网络地址不足的问题，并对移动数据业务有较好的支持。近几年来，IPv6 技术日益受到重视，设备制造商、网络运营商和研究组织进行了大量的研究和实验工作。

目前 IPv6 业界期望一种"平滑"的演进机制，但研究和实践表明，从现有 IPv4 网络向 NGI 网络演进不可能是绝对的"平滑"，而将是一个长期的、复杂的过程。在实施演进与过渡时必须遵循相应的原则，如业务驱动，新业务的开展必须能为运营商带来实际利润；不能对原有的 IPv4 网络结构、性能和运行产生较大的影响和冲击，方案必须是易于理解和实现的、易于管理，不能太复杂等。

核心层面的演进与过渡主要体现在设备和链路的选择上。目前设备通过两种方式实现 IPv6 数据包的处理：硬件转发和软件转发，硬件转发指在路由器板卡中将 IPv6 包的选路和转发模块通过 ASIC 硬件来实现，硬件实现较好地保证了转发的性能和效率；软件实现指通过软件模块来执行 IPv6 的数据包的选路和转发，软件实现在转发的速度上和硬件转发相比具有很大的差距。

目前，设备提供商的部分高端板卡支持 IPv6 数据包的硬件转发，而运营商现网上的许多设备板卡均不支持 IPv6 的硬件转发，在转发性能上和硬件实现会有较大的差距，即使将原有网络通过软件升级方式转变为双栈网络，也不会取得好的效果。因此，当初期 IPv6 业务量不大且已有的 IPv4 网络设备不能很好支持 IPv6 协议时，不建议采用升级 IPv4 网络设备为双栈的方式，应根据实际需求添加一些支持双栈的路由器设备来构建 IPv6 网络。

基于 MPLS 的 IP 网络技术是目前国内外主流运营商的一致选择。从今后的整体网络定位和业务发展趋势来看，逐步向网络边缘扩展的 MPLS 是面向传统和新型业务的核心承载技术，是实现网络融合的统一基础承载平台。随着技术及应用的发展，需要在 MPLS 网络中逐步部署 MPLSOAM 功能。MPLS 主要用来提供成熟的 BGP/MPLS 方式的三层 VPN 和 Martini 方式的二层 VPN 业务。在全网统一的策略前提下，以 DifServ 模式结合多种节点 QoS 保证技术，逐步实现 IP 网络业务的分类控制，满足关键业务及用户对网络传送的带宽、时延和抖动等性能要求；业务控制协议以 COPS 和 RADIUS 协议为主。

4. 终端

网络的发展是为业务服务的，而业务的提供需要通过终端加以实现，必须为下一代网络提供新型终端，包括智能型终端、具有移动性的终端。目前终端的单调和业务功能的不统一，使用户对新网络业务接受得较缓慢，导致了在基础核心网络部署后，新型增值业务的发展缓慢和推广困难。因此，对于网络终端的革新、实现融合多种功能的统一业务终端势在必行。

5. 应用

作为电信运营商目前可提供的业务在总体上分两大类：一是以客户/服务器模式服务提供内容服务为基础的以 VOD 等为服务形式的狭义流媒体服务，如 VOD 视频点播、IPTV 和远程教育等；另一类是以点到点或多点视音频通信为主要服务形式的视讯会议、远程医疗、远程教育等服务。二者都应属于广义流媒体（或多媒体）的范畴，与电视、电影等传统的视音频节目最大的区别在于可以提供交互式服务形式（优势所在）。此外，还有一些如远程视频监控、视频检索等价于以上两者之间的服务。多媒体视讯业务在宽带业务中是非常重要的应用，从用户通信需求的角度讲，通信的"可视化"是一个必然的发展趋势。当前 IP 视讯技术主要集中在视音频编解码技术、视听多媒体框架和视频通信业务平台等方面，这些新业务都将在今后对运营商的盈利带来较大的影响。

第七节　电力系统宽带 IP 网络

电力系统宽带数据网络的建设已经初具规模，全国已形成了东北、华北、华东、华中、西北、川渝、南方等 7 个跨省（区）大电网，以及山东、福建、新疆、海南、西藏等 5 个独立省网；各跨省电网除西北采用 330kV 电压以外，均已形成 500kV 骨干网架；华中和华东通过宋家坝至南桥±500kV 直流输电工程实现了跨大区联网，华北和东北通过迁西变电站和绥中电厂 500kV 交流输电工程实现了跨大区联网，华东和福建通过福北变电站和金华变电站 500kV 交流输电工程实现了跨大区联网，华中和川渝通过龙泉换流站和万州区变电站 500kV 交流输电工程实现跨大区联网。

一、全国电力通信传输网

全国电力通信传输网拓扑结构如图 7-17 所示。

根据全国电力"十五"通信规划，全国电力通信传输网将形成由光纤通信电路组成的三纵四横的主干网架结构，主干传输网通信电路汇总见表 7-2。

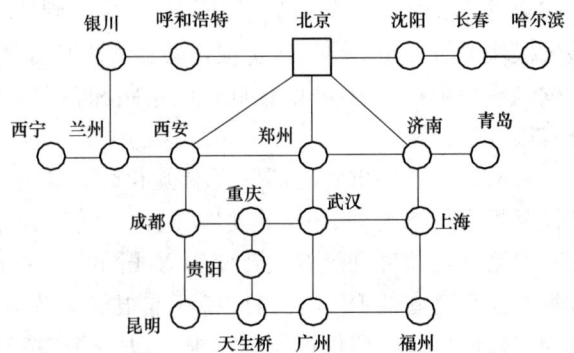

图 7-17　电力通信传输网拓扑结构图

表 7-2　　　　　　　　　　　全国电力通信主干传输网通信电路规划

序号	电路起止点	长度/km	主要路由
0	北京光纤环网	273	国调、备调、华北局、北京供电局、房山、廊坊
1	北京—上海	1704	北京、天津、德州、济南、三堡、斗山、上海
2	上海—福州	366	上海、南桥变电站、金华变电站、华北变电站、福州
3	福州—广州	470	角美、蒲美、饶平、晋宁、汕尾、惠州等 220kV 变电站
4	北京—哈尔滨		北京、迁西、沈阳、长春、哈尔滨
5	北京—武汉	1452	北京、郑州、武汉
6	武汉—广东	861	武汉、长沙、广东
7	三峡—广东（直流）	957	荆州、益阳、惠州
8	重庆—三峡	610	重庆、陈家桥、长寿、万州区、三峡
9	武汉—上海	1150	三峡、龙泉、政平、上海
10	呼和浩特—银川	510	呼和浩特、包头、海勃湾、石嘴山、银川
11	南昌—长沙	600	南昌、新余、宜春、萍乡、株洲、长沙
12	天生桥二级—安顺变电站	210	天生桥、安顺变电站
13	天生桥—南方公司	1070	天生桥、平果、来宾、梧州、罗洞、广州
14	昆明—宝峰变电站—罗平变电站—天生桥	290	昆明、宝峰、罗平、天生桥

二、电力系统应用的业务分析

1. 业务的分类和属性

表 7-3 给出了业务特性表。数据业务根据所用的分组技术分为 X. 25、DDN、FR、ATM、IP 业务。ITU-T 在 ISDN 中业务性质将通信业务分为承载业务、用户终端业务和补充业务;在 B-ISDN 中将业务分为固定比特率业务 (CBR)、实时可变比特率业务 (rt-VBR)、非实时可变比特率业务 (nrt-VBR)、可用比特率业务 (ABR) 和不确定比特率业务 (UBR)。通信业务还可按媒体划分为话音业务、数据业务、视频业务和多媒体业务。从网络设计的角度,业务分类宜按媒体和应用进行划分。

表 7-3 业务特性表

特性	传输速率	传输时延	误码率	可用性	整性	通信配置	协议
数据业务							
企业管理信息数据	4M	一般		一般		双向/广播	IP
电力市场数据	64K~2M	≤500ms	≤10^{-5}	99.99%		双向/广播	IP
多媒体业务							
会议电视	384K~2M	≤400ms	≤10^{-5}	较高		双向/广播	专用/IP
远程教育	2M	150ms					IP
电子邮件	4.8K	分级					IP
Web 浏览	10K	秒级					IP
文件传输	33.6K	分级					IP
GIS	512K	秒级					IP
电子商务		秒级		99.99%			IP
变电站、机房视频监视	384K~2M	≤400ms	≤10^{-5}	较高		双向/广播	专用/IP
话音业务							
会议电话	64K	≤250ms	≤10^{-5}	高	一般	单向广播	TDM/AAL1
生产管理电话	16~64K	≤250ms	≤10^{-5}	高	一般	双向	TDM/AAL1
IP 电话及 IP 会议电话	8~64K	≤250ms	≤10^{-5}	高	一般	双向	IP

2. 业务属性描述

ITU-T I.140 建议关于业务属性的描述主要有信息传递方式、信息传递速率、信息传递能力、连接的建立、对称性、通信配置、信息接入协议、业务质量等。根据电力专用通信网的特点,主要业务属性有传输速率、传输时延、误码率或丢分组率、可用性、完整性、通信配置、接入协议。

3. 电力通信业务分析

在电力数据网中,对电力系统内部应用考虑的业务包括:①数据业务:管理信息系统、办公自动化系统数据和电力市场信息、通信统计管理信息系统、通信调度运行系统。②多媒体业务:会议电视、信息检索、科学计算和信息处理、电子邮件、Web 应用、可视图文、远程教育、电子商务。③话音业务:电话、会议电话。

从表 7-3 可以看出,国家电力数据通信网对内服务的业务范围包括了数据、图像、多媒体和话音业务。电力应用正在由基于话音通信为主而逐步转变为基于数据通信为主。数据通信的业务量已超过总带宽需求的 80%。在各种数据业务中 IP 协议占据了主导地位，如电力市场数据、企业管理信息数据、电子商务、远程教育、Web 浏览、电子邮件和文件传输等均采用了 IP 协议。具体来说，业务分类可以分为生产控制类业务和管理信息化业务。下面分别介绍两类业务具体内容和对 QoS 的要求。

（1）生产控制类业务。表 7-4 给出了生产控制类业务的属性特点。生产控制类业务对 QoS 的要求严格，安全性要求高。业务包括：电网调度电话、电力系统专有业务、运行控制类业务和运行信息类业务。电网生产调度业务为汇聚型业务，各级电网的直调变电站、直调电厂、下级机构的电网生产调度类业务通过本级通信网向有关上级调度中心汇聚。

表 7-4   **生产控制类业务的属性特点**

业务大类	业务系统	实时性	传输时延	误码率	通信方式	通信特点	数据流向
生产调度业务	调度传统电话	非实时	≤150ms	≤10^{-6}	点对点	汇聚	被控站至各级调度中心
	调度软交换电话	非实时	≤150ms	≤10^{-6}	网络	汇聚	被控站至各级调度中心
	电力系统继电保护	实时	≤12ms	≤10^{-8}	点对点	汇聚	保护变电站之间
	安全自动装置	实时	≤50ms	≤10^{-8}	网络	汇聚	控制子站至调控主站/局大楼
	能量管理系统（EMS/SCADA）	实时	≤100ms	≤10^{-8}	网络	汇聚	变电站至调度中心
	继电保护及故障信息管理系统（可远方控制修改定制）	非实时	≤100ms	≤10^{-8}	网络	汇聚	
	配电自动化	实时	≤100ms	≤10^{-8}	网络	汇聚	开关站至调度中心
	电能量计量系统	非实时	≤几百毫秒	≤10^{-6}	网络	汇聚	变电站至调度中心
	配电状态监测	实时	≤几百毫秒	≤10^{-6}	网络	汇聚	开关站至调度中心
	继电保护及故障录波信息管理系统（无远方定制修改模块）	非实时	≤250ms	≤10^{-6}	网络	汇聚	变电站至调度中心
	调度管理信息系统（DMIS）	非实时	≤几百毫秒	≤10^{-6}	网络	汇聚	变电站至调度中心
	调度员培训系统（DTS）	非实时	≤几百毫秒	≤10^{-6}	网络	汇聚	变电站至调度中心
	输电图像视频监测	非实时	≤几百毫秒	≤10^{-3}	网络	汇聚	采集点至调控中心
	变电图像视频监控	非实时	≤几百毫秒	≤10^{-3}	网络	汇聚	
	配电图像视频监控	非实时	≤几百毫秒	≤10^{-3}	网络	汇聚	
	地理信息系统 GIS	非实时	≤几百毫秒	≤10^{-3}	网络	汇聚	办公节点至局大楼

电力系统专有继电保护业务指高压输电线路继电保护装置间传递的远方信号，是电网安全运行所必需的信号，要求通信时延在 12ms 以内，通信误码率≤10^{-8}，对通信通道路由、使用技术有严格要求，因通信方式安排不当会导致继电保护误动。通信通道中断需要立即响应、立即处理。在业务承载方式上，继电保护业务一般采用基于 TDM 技术专线在 SDH 传输网上传送，采取点对点运行方式，通常考虑主备两条通道并以互备方式运行。

（2）管理信息化业务。管理信息化业务主要分为企业管理信息化业务、企业通信支撑、市场营销类网络业务。

企业管理信息化业务主要包括 SG-ERP、OA 等业务。按照国家电网公司信息化规划，企业信息化业务系统采用国网总部和省公司层面两级集中部署方式，用户通过管理信息网访问应用系统。企业管理信息化类业务对通信可用性、可靠性、安全性等要求高，对时延要求相对较低，一般运行几秒以内。

企业通信支撑业务主要包括行政电话、通信资源管理系统与通信支撑网，为企业提供语音、视频类业务及通信系统的集中管理维护。音视频业务要求通信时延在几百毫秒内，通信误码率不大于 10^{-6}，需严格保证通信通道可用和 QoS 带宽。

企业管理信息化数据属于企业的敏感信息，在传输时延以及传输速率上没有特别的要求，但是对安全性和可靠性要求很高，必须提供可靠的路径和充分的带宽。管理信息化业务特性见表 7-5。

表 7-5   管理信息化业务特性

业务大类	业务系统	传输时延	误码率	通信方式	通信特点	数据流向
管理信息业务	地理信息系统 GIS	≤几百毫秒	≤10^{-3}	网络	汇聚	办公节点至局大楼
	用电信息采集	≤几秒	≤10^{-3}	网络	汇聚	采集点至省局
	行政电话	≤150ms	≤10^{-6}	网络	汇聚	通信节点至各局大楼
	网管	≤几百毫秒	≤10^{-3}	网络	汇聚	
	时钟同步	≤1ms	≤10^{-6}	网络	汇聚	
	通信资源管理系统	≤几百毫秒	≤10^{-3}	网络	汇聚	
	电视电话会议业务	≤几百毫秒	≤10^{-3}	网络	汇聚	
	生产管理系统（设备、基建、项目、维护）	≤几百毫秒	≤10^{-3}	网络	汇聚	
	ERP（财务、物资、人力资源）	≤几百毫秒	≤10^{-3}	网络	汇聚	
	财务管理	≤几百毫秒	≤10^{-3}	网络	汇聚	
	电力营销系统	≤几百毫秒	≤10^{-3}	网络	汇聚	
	综合管理系统（审计、法律、党政）	≤几秒	≤10^{-3}	网络	汇聚	
	协同办公系统（OA）	≤几秒	≤10^{-4}	网络	汇聚	
	WEB 信息服务	≤几百毫秒	≤10^{-5}	网络	汇聚	
	信息通信专业及运行管理信息化系统业务	≤几百毫秒	≤10^{-6}	网络	汇聚	

第八节 电力通信传送专网

电力通信传送专网是电网公司自建的专用通信网，其资产属于电网公司。电力通信传送专网采用分层的架构，在干线承载网构建时一般规划设计为 A/B 双平面架构，以综合管理信息通信数据网业务的承载应用为重点，满足电网通信业务 IP 化、宽带化和分组化建设需求。

一、干线传送网

在干线承载网中，以 OTN 承载技术为主，依据传送电网通信业务 IP 化、宽带化和分组化建设所带来的大颗粒数据业务承载需求，采用 A/B 平面架构满足"双设备、双路由、双电源"的要求。

电力干线承载网 A/B 平面架构分别使用 OTN＋MSTP 的组网形式部署，如图 7-18 所示。根据地市的实际情况，地市分公司具有多个 OTN 节点，组建一个以 OTN 为核心技术的环网结构。

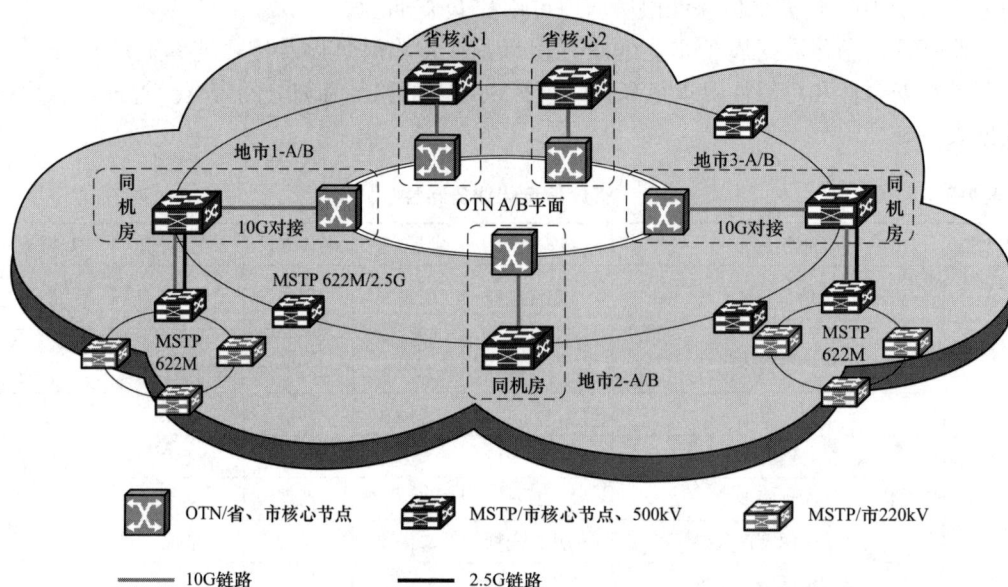

图 7-18　省级电力通信传输网 A/B 平面双备份架构

根据电力业务承载特性，多业务传送平台（Multi-Service Transport Platform，MSTP）作为接入设备，是干线承载网的重要组成部分，其主要作用是各地市站点之间业务汇聚并转发至 OTN 骨干节点，通过 OTN 网络回传省调节点，同时作为继电保护业务重要的承载网络。

OTN 骨干环 A/B 平面典型结构按每地市每平面设置一些核心节点，每个核心节点负责一个光方向传送。OTN 设备由电力 OPGW 的光缆互联。

1. OTN 技术

OTN 光传送网络技术，结合了光域传输和电域处理的优势，不仅可以提供端到端的波长级及子波长级刚性透明管道连接、灵活分组转发软性管道和强大的组网能力，而且可以提供长距离、大容量传输的能力，完善的 OAM（Operation Administration and Maintenance，操作维护管理）机制保证了业务传送质量，并使网络便于维护管理，可以满足电力通信网低时延、高可靠和大带宽等需求，可以实现电力管理网及生产网等各种业务的统一承载。目前单光纤 80/96 波×10G/40G/100G/200G 系统已得到广泛应用，技术成熟，特别适用于国网干线、区域干线和省干等跨区域大数据传输。电网内主要用于业务网核心汇聚层互联、数据中心互联和 5G 承载网核心层互联等大颗粒业务承载。

2. SDH/MSTP 技术

SDH 是统一帧结构的同步数字传输体系，采用不同速率的码流的方式，支持各类型的业务接入和调度。SDH 基于国际统一的标准，具有强大的网管能力、灵活的网络拓扑能力和高效可靠的传输机制。

MSTP 多业务传送平台是基于 SDH 发展起来的，对包括 IP 业务在内的多类型业务具有一定支持能力的平台。SDH/MSTP 因其技术特点存在带宽扩展能力和 IP 业务处理能力受限等问题，并且技术标准体系发展已完全停滞，已不能适应电网业务大带宽和 IP 化的发展需求。但 SDH/MSTP 作为电力通信网既有的建网基础，以及其在 OAM 能力、低时延、物理隔离和兼容性等方面的突出优势，对继电保护和安全稳定控制业务有很强的适用性，今后长时间内仍将作为接入层网络或保护安控专网长期存在。

3. PTN 技术

PTN 分组传送网络是以分组报文为交换核心、面向连接的多业务统一传输平台，继承了传统 SDH 网络的建网、运维及管理机制，同时又提供了更大容量的带宽扩展及统计复用能力，无缝承载核心 IP 业务。在面向 5G 的技术发展中，PTN 已经演进为 SPN（切片分组网）。市县电网的 PTN 网络，主要承载对实时性要求不高，容忍一定时延和丢包的低速率 Ⅲ、Ⅳ 以太网业务，网络运行稳定，承载效率很高，大大缓解了市县公司 SDH 网络的带宽压力，但随着 PTN 设备停产和技术革新，后期应逐步升级改造或随设备寿命终了退出运行。

4. SPN 技术

SPN（Slicing Packet Network）切片分组网，是基于分层交换网络，具备业务灵活调度、高可靠性、低时延、高精度时钟、易运维和严格 QoS 保障等属性，是 5G 承载网的关键技术。主要技术特征包含：①基于以太分组、SPN Channel 的分层交换；②集中管理和控制的 SDN 架构；③网络切片：在一张物理网络进行资源切片隔离，形成多个虚拟网络，为多业务提供差异化（如带宽、时延、抖动等）的承载服务；④分组层面向连接和面向无连接业务统一承载；⑤电信级故障检测和性能管理；⑥高可靠网络保护；⑦时钟和时间同步机制；⑧低时延转发：支持网络级三层就近转发和设备级物理层低时延转发能力，匹配时延敏感业务的传送要求；⑨兼容 PTN 网络。SPN 技术特点及设备丰富的接口类型，极其适配电力业务 IP 化和宽带化的发展趋势，经过安全性、适用性验证及经济技术评估后，可作为 PTN 升级改造或 SDH 网络替代的技术选择。

电力通信网采用建设双 OTN 技术构建网络，可满足业务带宽持续加大和开展新兴业务，省级 SDH 传输网采取 A/B 平面建设时，为了满足调度数据网骨干双平面的冗余承载要求以及新兴业务发展需求，在 OTN 第一平面的基础上建设第二平面，在承载生产控制类业务时形成主用和备用平面，满足新兴业务快速增长的带宽需求。

二、本地传送网

在干线传送网中，由于其业务需求及安全等级的要求，设置了 A/B 平面，而本地传送网一般是地市级供电公司所属的工作业务范围，是往往独立于干线传送网 A/B 平面之外的单独的传送网。本地传送网设备需分别与干线承载网 A/B 平面对接。

本地传送网节点主要为 110kV 变电站、35kV 变电站及市属单位，如图 7-19 所示。该类节点业务多为在本地核心节点终结，少量业务需回传省公司核心节点。因此本地传送网核心节点设置在地市核心节点，同时通过与干线承载网设备连接，回传省公司终结业务。根据电网通信业务 IP 化、宽带化、分组化方向发展，以及 110kV 变电站及以下节点对继电保护要求不高，为了满足未来网络发展需要，结合目前电力传送网多种传送技术，在本地传送网引进 PTN 技术，替代原有的 MSTP 网络。网络节点设置与现有的传输节点上重合。根据业务走向，通过骨干节点设备收敛接入节点业务到地市核心节点落地终端，在骨干节点与地市核心节点采用 10GE 速率组成环形或网状结构，双连接到两套核心骨干设备上。接入用户以110kV 以下的变电站作为接入节点，采用 GE 速率，以环形、链形或双挂的形式下挂在骨干节点设备上。

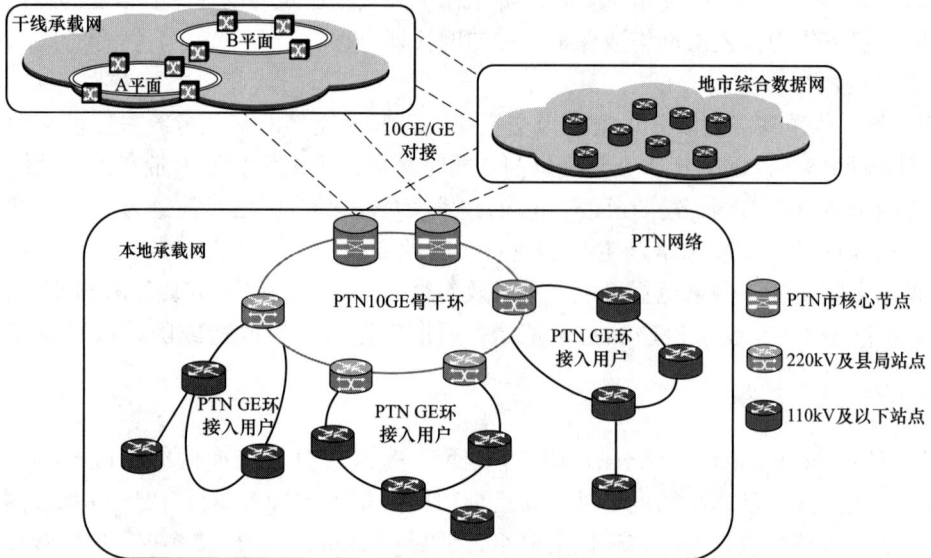

图 7-19　地区本地传送网

　　本地传送网的 PTN 网络，同时将与干线承载网 A/B 平面连接，保证业务的安全性。

　　网络汇聚层和接入层采用 MSTP/SDH 技术组网，部分采用 PTN 网络和 MSTP/SDH 网络共存，汇聚层 PTN 网络和 MSTP/SDH 网络进行对接，满足部分接入层设备窄带业务和临时业务的端到端调度和使用。或者本地承载网络全部采用 PTN 技术组网，以满足电力各种生产业务的需求，以保障电力系统安全稳定的生产要求。

第八章　现 代 交 换 技 术

第一节　概　　述

　　交换设备是通信网的重要组成部分，如果没有交换设备，组成的通信网络将非常复杂、成本高，而且网络效率低下，可见交换设备在通信网中起着非常重要的作用。

　　交换起源于电话接续过程。在很长的时间内，支持传统电路交换功能的设备都是纵横制交换机，其交换技术也是基于电路交换，交换动作的结果是建立（连接）一条物理的实电路，完成对话路的接续任务。当通信结束时，交换设备再拆除接续电路，准备下一次新的接续。随着数据业务的出现，通信网络必须面对新的问题，而且，数据业务与电话业务有明显不同的属性，因此，出现了分组交换技术。计算机网络技术的飞速发展，给分组交换技术带来了革命性的变化，使确定复用发展成为统计复用，面向连接发展成为无连接。产生了X.25 交换机、路由器和异步转移模式（ATM）等交换设备。这些设备采用统计复用，提高了设备的利用率，同时，也产生了拥塞、延时抖动和数据丢失等一系列新问题。为解决这些新问题，又不断发展出了新的技术。现代通信网络，既支持电话业务，也支持数据业务，传统的交换技术已不能适应现代通信网的要求。因此，在现代通信网络中，先了解一下现代交换技术及其应用。

　　图 8-1 是交换技术发展过程示意图，从早期的电路交换到现在的分组交换，经历了相当长的一段时间，而推动交换技术发展的动力正是数据业务的产生。为了更好地了解不同交换技术及其应用，现介绍一些基本概念。

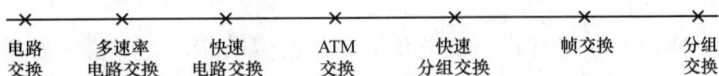

电路交换　多速率电路交换　快速电路交换　ATM交换　快速分组交换　帧交换　分组交换

图 8-1　交换技术发展过程示意图

一、电路交换

　　电路交换（Circuit Switching，CS）是最早出现的一种交换方式，包括最早的人工电话在内的电话交换普遍采用电路交换方式。电路交换的基本过程：呼叫建立阶段、信息传送（通话）阶段和连接释放阶段。

　　电路交换是一种实时交换，当某一用户呼叫另一用户时，应立即在两个用户间建立电路连接。如果没有空闲的电路，呼叫就不能建立而遭受损失。因此，应配备足够的连接电路，使呼叫损失率不超过规定值。

　　电路交换要在通信的用户间建立专用的物理连接通路，应具备以下特点：

　　（1）在通信之前先要有连接建立过程。

　　（2）只要用户不发出释放信号，即使通信暂时停顿，物理连接仍然保持。

　　（3）物理连接的任何部分发生故障都会引起通信的中断。

（4）仅当呼叫建立与释放时间相对于通信的持续时间很小时才呈现高效率。

（5）对通信信息不作处理（信令除外），而是原封不动地传送，用作低速数据传送时不进行速率、码型的变换。

（6）对传送的信息无差错控制措施。

（7）用基于呼叫损失的方法来处理业务流量，过负荷时呼损率增加，但不影响已建立的呼叫。

综上所述，电路交换是固定分配带宽，连接建立后，即使无信息传送也要虚占电路，电路利用率低；要预先建立连接，有一定的连接建立时延，通路建立后可实时传送信息，传输时延一般可以不计；无差错控制措施，对于数据交换的可靠性没有分组交换高。因此，电路交换适合于电话交换、文件传送、高速传真，不适合突发（burst）业务和对差错敏感的数据业务。

二、分组交换

分组交换（Packet Switching，PS）是一种存储转发的交换方式。它是将需要传送的信息划分为一定长度的数据包，也称为分组（Packet），以分组为单位进行存储转发的。每个分组信息都包含源地址和目的地址的标识。在传送数据分组之前，必须首先建立虚电路，然后依序传送。

在分组交换网中，可以在一条实际的电路上传输许多对送达用户终端间的数据。其基本原理是把一条电路分成若干条逻辑信道，对每一条逻辑信道有一个编号，称为逻辑信道号。将两个用户终端之间的若干段逻辑信道经交换机连接起来构成虚电路。

分组交换在线路上采用动态复用的技术来传送各个分组，带宽可以动态复用。用户在接入分组交换网时，可以通过分组装拆设备（Packet Assembly Disassembly，PAD）把各终端的字符数据流组成分组，在集合信道上以分组交织复用，使多个用户可以共享一个分组连接。分组交换提供两种方式，即虚电路方式和数据报方式。

虚电路（Virtual Circuit，VC）方式与数据报（Data Gram，DG）方式，各有其特点，可适应不同业务的要求。

（1）虚电路。所谓虚电路方式，就是在用户数据传送前，先要通过发送呼叫请求分组，建立端到端之间的虚电路。一旦虚电路建立后，属于同一呼叫的数据分组均沿着这一虚电路传送，最后通过呼叫清除分组来拆除虚电路。

虚电路不同于电路交换中的物理连接，而是逻辑连接。虚电路并不独占线路，在一条物理线路上可以同时建立多个虚电路，也就是建立多个逻辑连接，以达到资源共享的目的。但是从另一方面看，虽然只是逻辑连接，毕竟也需要建立连接，因此不论是物理连接还是逻辑连接，都是面向连接（Connection Oriented，CO）的方式。

虚电路有两种：交换虚电路（Switched Virtual Circuit，SVC）和永久虚电路（Permanent Virtual Circuit，PVC）。通过用户发送呼叫请求分组来建立虚电路的方式称为 SVC。如果应用户预约，由网络运营者为之建立固定的虚电路，就不需要在呼叫时临时建立虚电路，而可直接进入数据传送阶段，称之为 PVC。

（2）数据报。数据报不需要预先建立逻辑连接，而是按照每个分组头中的目的地址对各个分组独立进行选路。由于不需要建立连接，因此称为无连接（Connection Less，CL）方式。

（3）虚电路与数据报的比较。

1）分组头。数据报方式的每个分组头要包含详细的目的地址，而虚电路方式由于预先已建立逻辑连接，分组头中只要含有对应于所建立的 VC 的逻辑信道标识即可。

2）选路。虚电路方式预先有个建立过程，并且有一定的处理开销，一旦虚电路建立，在端到端之间所选定的路由上，各个交换节点都要具有映象表，以存放出入逻辑信道的对应关系。每个分组到来时只要查找映象表，而不需要进行复杂的选路，就能完成数据分组的交换任务。当然，建立映象表也要有一定的存储器开销。而数据报方式则不需要有建立过程，但对每个分组都要独立地进行选路。

3）分组顺序。在虚电路方式中，属于同一呼叫的各个分组在同一条虚电路上传送，分组会按原有顺序到达终点，不会产生失序现象。数据报方式中，各个分组由于是独立选路，可以从不同的路由转送，因此会引起失序。

4）故障敏感性。虚电路方式对故障较为敏感，当传输链路或交换节点发生故障时可能引起虚电路的中断，需要重新建立。有些分组网具有再连接功能，出现故障时可自动建立新的虚电路，并做到不丢失用户数据，数据报方式中各个分组可选择不同路由，对故障的防卫能力较强，从而可靠性较高。

5）应用。虚电路方式适用于较连续的数据流传送，其持续时间应显著地大于呼叫建立时间，如文件传送、传真业务等。数据报方式则适用于面向事务的询问/响应型数据业务。

三、面向连接方式

面向连接方式就是在用户信息传送前，先要有建立连接的过程，在信息传送结束后，要拆除连接。

四、无连接方式

对应于面向连接的概念，还有无连接通信方式。其主要特点是通信开始之前，不需要通过呼叫过程以建立一条实的或虚的链路，当然，也没有拆除链路的过程，而是将数据分组直接发送到网络中。

在 IP 网络中，路由器根据数据分组的目的地址查找路由表，并根据路由表转发数据分组，直到到达目的地。这个过程很像邮寄一封平信，在收信者地址不详或通信路由不通的情况下，一般到不了目的地。

第二节　电话交换技术

电话交换技术已经走过了上百年的历程。电话交换技术经历了早期步进制、纵横制交换技术，发展到了现在的程控交换技术和软交换技术，以及 IP 多媒体系统（IMS）技术。目前，程控交换技术是支持电话交换的最主要技术，下面简要介绍一下数字程控交换技术。

一、数字程控交换技术

数字程控交换普遍采用 No.7 号共路信令方式。就是说，一方面从随路信令走向共路信令，另一方面又从适用于模拟网的 No.6 号共路信令，走向适合于数字网的 No.7 号共路信令。

随着微处理机技术的迅速发展，数字程控交换普遍采用多机分散控制方式，灵活性高，处理能力增强，系统扩充方便而经济。在软件方面，尤其在用户界面的软件设计，普遍采用高级语言，包括 C 语言、CHILL 语言和其他电信交换的专用语言。对软件的主要要求不再是节省空间开销，而是可靠性、可维护性、可移植性和可再用性。使用了结构化分析与设计、模块化设计等软件设计技术，并建立和不断完善了用于程控交换软件开发、测试、生产、维护的支撑系统。

公用电话交换网（Public Switched Telephone Network，PSTN）的电话交换系统提供的是普通电话业务，数字程控交换适应了电信网数字化的发展。

二、程控交换技术的基本组成

1. 时间交换单元

时间交换单元也称时间接线器，简称为 T 单元或 T 接线器，用来实现时隙交换功能。所谓时隙交换，是指入线上各个时隙的内容要按照交换连接的需要，分别在出线上的不同时隙位置输出。关于时隙的概念，详见 PCM30/32 内容的介绍。

T 单元主要由话音存储器和控制存储器构成。话音存储器用来暂存话音的数字编码信息，每个话路时隙有 8 位二进制编码，因此话音存储器的每个单元至少具有 8bit。话音存储器的容量，也就是所含的存储单元数应等于输入复用线上每帧的时隙数，例如可为 128、256、512 等。

控制存储器的容量通常等于话音存储器的容量，每个单元所存储的内容是由处理机控制写入的，以实现所需的时隙交换。控制存储器每个单元的比特数决定于话音存储器的单元数，也就是决定于复用线上的时隙数。

以 PCM30/32 体制为例，时间交换过程如图 8-2 所示。

2. 空间交换单元

空间交换单元也称空间接线器，简称为 S 单元或 S 接线器，用来实现多个输入复用线与多个输出复用线之间的空间交换，而不改变其时隙位置。空间交换单元即 S 单元是由交叉矩阵组成的。如图 8-3 所示，接续的过程是在矩阵交叉节点实现连接，从而完成空间交换。

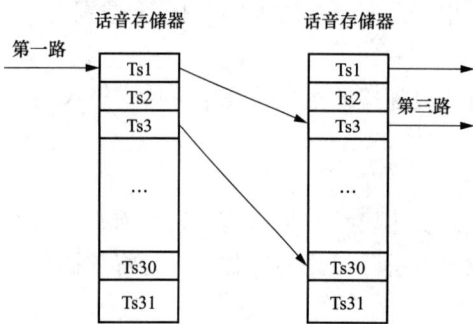

图 8-2　时间交换过程

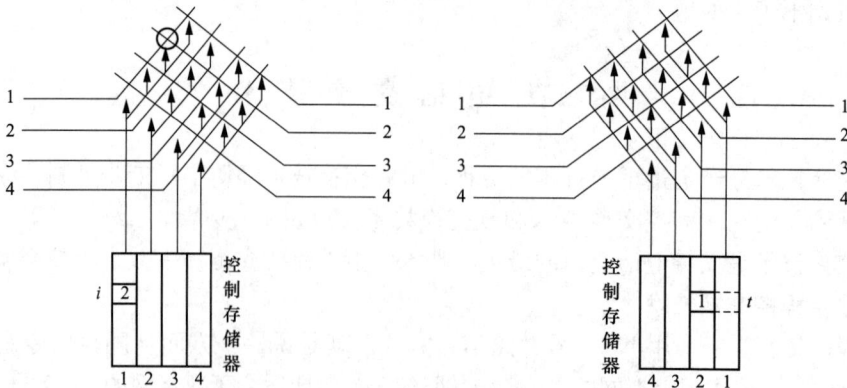

图 8-3　空间交换原理

3. 时/空结合的交换单元

时/空结合的交换单元简称 T/S 单元，可以实现超大规模集成电路（VLSI）的专用芯片，来完成大容量系统的交换任务。

完成多路交换就是靠 T-S-T 电路的组合来实现，如图 8-4 所示。下面是 T-S-T 网络实现 512 个时隙交换的原理。其中的 S 单元是 24×6 和 6×24 的基本模块。

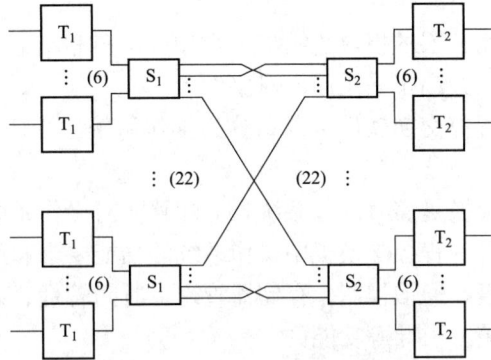

图 8-4　多路交换原理

4. S-T-S 网络

数字交换网络的另一种基本结构是 S-T-S 型，但其应用不如 T-S-T 型广泛。关于这方面的问题，请见相关参考书。

三、程控交换机

数字程控电话交换机系统的硬件功能结构可划分为话路子系统和控制子系统两部分，如图 8-5 所示。功能结构仅表示硬件的基本组成，各种数字交换系统可以有不同的具体实现方式。

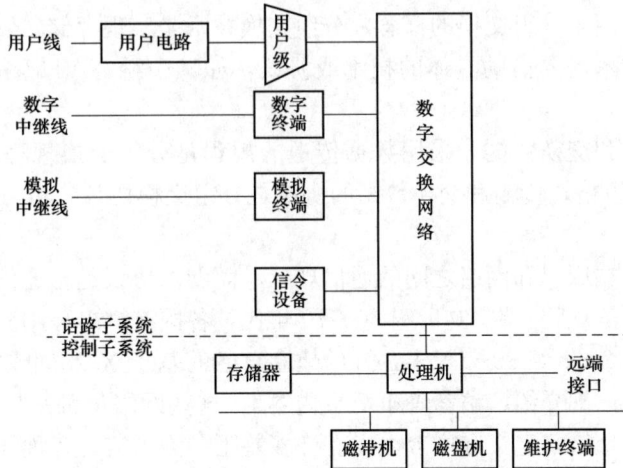

图 8-5　程控交换机的硬件组成

1. 话路子系统

话路子系统包括用户电路、用户集中级、数字终端、模拟终端、信令设备、交换网络等部件。

2. 控制子系统

控制子系统包括处理机和存储器、外部设备和远端接口等部件。其中，处理机和存储器可分为程序存储器、数据存储器等区域；外部设备可有磁盘、磁带机、维护终端等部件。远端接口包括至集中维护操作中心、网管中心、计费中心等的数据传送接口。

3. 软件功能

程控交换系统在线软件十分庞大复杂，软件的设计目标主要是可靠性、可维护性、可再用性和可移植性。

程控交换软件通常采用分层的模块化结构，常用的软件设计技术有结构化分析与设计、模块化设计、结构化编程，并趋于采用面向对象设计。

从功能结构来划分，程控交换软件可以划分为操作系统、呼叫处理、维护管理三部分，后两部分合称为应用程序。

（1）操作系统。程控交换是实时处理系统，应配置实时操作系统，以便有效地管理资源和支持应用软件的执行。各种程控交换机中操作系统的功能要求和组成不尽相同。概括起来说，主要的功能是任务调度、通信控制、存储器管理、时间管理、系统安全和恢复，此外还有外设处理、文件管理、装入引导等功能。

（2）呼叫处理。呼叫处理程序用于控制呼叫的建立和释放，基本上对应于呼叫建立过程。呼叫处理程序可包含用户扫描、信令扫描、数字分析、路由选择、通路选择、输出驱动等功能块。

（3）维护管理。维护管理程序的功能有用户和中继测试、交换网络测试、业务观察、过负荷控制、话务量测量统计、计费处理、用户数据和局数据管理等。

第三节 分组交换技术

前面已经简单介绍了分组交换的概念，分组交换技术是实现存储转发的过程。因此，进一步介绍分组交换技术需要借助具体的技术或协议，如帧中继、ATM 和 X.25 协议等都工作于分组交换方式。

用分组格式传输和交换数据，采用数据传送的规程是分组交换规程，一般采用 ITU-T 的 X.25 协议。以分组格式传输和交换数据的协议是分组交换协议，可分为接口协议和网内协议两种。

接口协议是指终端用户和网络之间的通信规程，而网内协议是指通信网络内部（即包交换节点机）之间的通信规程。在 20 世纪 60～70 年代，各国有许多公用分组交换网纷纷投入运行，电力系统也于 20 世纪 80 年代末，开始建立自己的基于 X.25 的数据通信网（关于电力系统数据通信网的详细介绍，请参考第 7 章内容）。这些网络虽都采用分组形式交换，但在接口通信规程、信息格式定义和内容上尚有许多差距。为了实现各种终端用户和不同的分组交换网之间的自由连接，ITU-T 组织于 1976 年首次通过了 X.25 建议，形成一个统一的国际标准，并根据技术发展不断完善，又作了许多大的修改。

X.25 建议研究了如何把一个数据终端设备（DTE）连接到公用分组交换网上，所以它只是一个对公用分组交换网的接口规范。要实现这个接口规范，需要终端用户设备和与它相连的网络设备共同完成。若终端设备使用标准的分组交换网规程（即 X.25 建议）与网络相连，则该终端称为分组终端，否则为非分组终端。非分组终端一般都有自己的通信规程，这些规程是由厂家自己定义的。当它们不与分组网连接时，具有同种规程的终端之间可以通信，而不同规程的终端之间不能通信。网络内部采用何种规程，取决于各生产厂商。

一、X.25 分组的类型和格式

1. 分组的类型

X.25 的分组级规定了分组的类型和格式。分组的类型见表 8-1。

表 8-1　　　　　　　　　　　　　X.25 的分组类型和格式

类型	分组类型		适用服务	
	从 DTE 到 DCE	从 DCE 到 DTE	VC	PVC
呼叫建立与清除	呼叫请求 呼叫接收 释放呼叫 DTE 释放确认	入呼叫 呼叫接通 释放指示 DCE 释放确认	√ √ √ √	
数据和中断	DTE 数据 DTE 中断请求 DTE 中断确认	DCE 数据 DCE 中断请求 DCE 中断确认	√ √ √	√ √ √
信息流控制和重置	DTE 接收准备就绪 DTE 接收未准备就绪 DTE 拒绝接收 DTE 重置请求 DTE 重置确认	DCE 接收准备就绪 DCE 接收未准备就绪 DCE 重置指示 DCE 重置确认	√ √ √ √ √	√ √ √ √
重新启动	DTE 重新启动请求 DTE 重新启动确认	DCE 重新启动指示 DCE 重新启动确认	√ √	√ √
诊断	诊断		√	√

2. 呼叫请求分组

图 8-6（a）给出了呼叫请求分组的格式。在此分组中，第一字节中的第 1～4bit 和第二字节中的 8bit，共 12bit 用于识别逻辑信道，一条逻辑信道对应于一条虚电路。第一字节中的第 1～4bit 用以识别逻辑信道组，第二字节用以识别某组内的某一信道，12bit 可以识别 4096 条逻辑信道。第三字节为分组类型识别符，呼叫请求分组的识别编码为：00001011。第四字节的两个 4bit 分别表示被叫 DTE 和主叫 DTE 地址的长度，接在后面的就是被叫 DTE 和主叫 DTE 的地址。再后面的字段是补充业务（Facility）的长度和补充业务。当用户数据较少时可以采用快速选择，这时，可以在分组末尾附上最多为 16Bytes 的主叫用户数据。

3. 控制分组

图 8-6（b）为控制分组格式。第三字节的第 1bit 为 C/D bit，用以识别是控制分组还是数据分组。当识别比特为 1 时是控制分组。第三字节的第 6、7、8bit 为分组接收序号 P(R)，其余 4bit 识别控制分组的类型是 RR、RNR 还是 REJ。

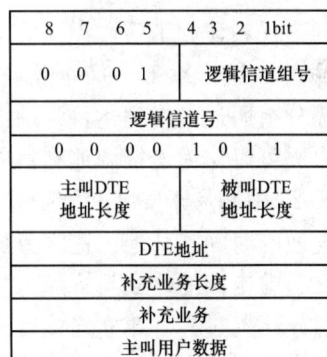

(a)

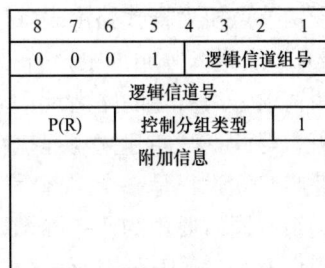

(b)

图 8-6　X.25 数据分组格式

(a) 呼叫请求分组格式；(b) 控制分组格式

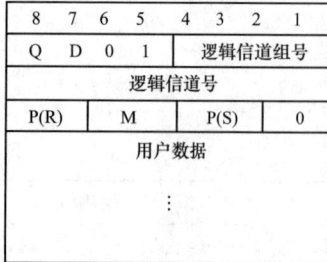

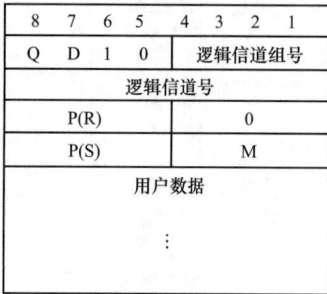

图 8-7　数据分组格式

（a）模 8；（b）模 128，扩展模式

4. 数据分组

数据分组的格式有两种，如图 8-7 所示。图 8-7 （a）为一般形式，图 8-7 （b）为它的扩展形式。第一字节的第 8bit，是 Q bit （Qualifies），此比特用来区分传输的分组，当 Q＝0 时，净荷部分是数据，当 Q＝1 时，净荷部分是控制信息。第一字节中的第 7bit 是 D bit，D＝0 表示数据分组由本地 DCE 确认，D＝1 表示由远端 DTE 确认。第 6、5bit SS＝01 表示分组的顺序编号按模 8 方式工作，SS＝10 表示按模 128 方式工作。第三字节包含分组发送序号 P(S) 和接收序号 P(R)。M bit 称为 "More data" bit。其值为 1 表示还有数据分组到来。

二、X. 25 的虚电路

在 X. 25 协议中，虚电路的概念是非常重要的。一条虚电路在穿越分组交换网络的两个地点之间建立一条临时性或永久性的"逻辑"通信信道。使用一条电路可以保证分组是按照顺序抵达的，这是因为它们都按照同一条路径进行传输。它为数据在网络上进行传输提供了可靠的方式。

在 X. 25 中有两种类型的虚电路，临时性虚电路和永久虚电路两种，基于呼叫的虚电路，在数据传输会话结束时应该拆除；永久虚电路，在两个端点结点之间保持一种固定连接。X. 25 使用呼叫建立分组，在两个端点的站点之间建立一条通信信道。当呼叫建立了后，在这两个站点之间数据分组就可以传输信息了。

注意，由于 X. 25 是一种面向连接的服务，因而分组不需要源地址和目的地址。虚电路为传输分组通过网络到达目的地提供了一条通信路径。然而，X. 25 对分组分配了一个号码，这个号码可以作为连接源地和目的地的信道鉴别标识。

X. 25 网络易于安装和维护。它是根据发送的分组数据来收费的，在一些情况下，还会考虑连通的时间。其他一些服务更适合于高速局域网传输（例如帧中继）或专用连接。

三、虚电路的建立与拆除

（1）建立过程。建立连接首先需要借助呼叫建立规程来完成。过程如下：当主叫 DTE 发送一个呼叫请求分组时，该分组携带主、被叫 DTE 地址以及自选业务进入通信子网，在通信子网节点机上查找路由表并转发至下一个节点，直到传入被叫端 DCE。被叫端 DCE 向被叫 DTE 发送入呼叫分组，若被叫 DTE 同意建立虚电路，则回送呼叫接收分组，该分组沿呼叫请求分组所建的路由反向转发直到主叫端 DCE，该 DCE 再向主叫 DTE 发送呼叫建立分组，至此，呼叫建立规程执行完毕。

呼叫建立过程是一个"握手"过程，在这一过程中，要使逻辑信道号与主被叫地址建立对应关系，同时要预约业务参数。X. 25 的 DTE 地址字段由 X. 121 规定，它包括网络标识号及用户 DTE 标识号，以便寻址及网间互联。我国网络标识为 460～479。可选业务字段是双方要预约的参数，包括分组最大长度、流控窗口大小、缓冲区大小、闭合用户组选定及反向计费等。用户业务数据字段用于传送简短的用户管理数据（最多为 16Bytes）。

（2）拆除过程。当数据传输结束后，虚电路任何一端均可发送清除请求分组至本端

DTE，DCE 接收该分组后，一方面回送清除确认，通知本端 DTE 该条虚电路已清除，释放已占用的逻辑信道，另一方面转发清除请求至下一节点，逐点清除虚电路，直到转发到另一端 DCE，向 DTE 发清除指示分组，远端 DTE 回送清除确认分组并释放逻辑信道为止，至此整个一条电路就被全部释放了。虚电路清除分组中的清除原因指的是网络内部故障或用户请求清除。诊断码用于提供网络故障统计数据，以便于故障检测和排除。

第四节 帧中继技术

一、概述

帧中继（Frame Relay，FR）技术是在 OSI 第二层上用简化的方法传送和交换数据单元的一种技术。

帧中继技术是在分组技术充分发展、数字与光纤传输线路逐渐替代已有的模拟线路、用户终端日益智能化的条件下诞生并发展起来的。帧中继仅完成 OSI 物理层和链路层核心层的功能，将流量控制、纠错等留给智能终端去完成，大大简化了节点机之间协议；同时，帧中继采用虚电路技术，能充分利用网络资源，因而具有吞吐量高、时延低、适合突发性业务等特点，而且对于基于信元的异步转移模式（ATM）网络是一个重要的接入可选项。帧中继作为一种附加于分组方式的承载业务引入 ISDN，其帧结构与 ISDN 的 LAPD 结构一致，可以进行逻辑复用。作为一种新的承载业务，帧中继具有很大的潜力，主要应用在广域网（WAN）中，支持多种数据型业务，如局域网（LAN）互连、计算机辅助设计（CAD）和计算机辅助制造（CAM）、文件传送、图像查询业务、图像监视等。

帧中继技术归纳为以下几点：

（1）帧中继技术主要用于传递数据业务，它使用一组规程将数据信息以帧的形式有效地进行传送。

（2）帧中继传送数据信息所使用的传输链路是逻辑连接，而不是物理连接。在一个物理连接上可以复用多个逻辑连接，使用这种机理，可以实现带宽的复用和动态分配。

（3）帧中继协议简化了 X.25 的第三层功能，使网络节点的处理大大简化，提高了网络对信息处理的效率。采用物理层和链路层的两级结构，在链路层也仅保留了核心子集部分。

（4）在链路层完成统计复用、帧透明传输和错误检测，但不提供发现错误后的重传操作。省去了帧编号、流量控制、应答和监视等机制，大大节省了交换机的开销，提高了网络吞吐量、降低了通信时延。一般 FR 用户的接入速率在 64kbit/s～2Mb/s，高速 FR 的速率已提高到 8～10Mbit/s，今后将达到 45Mbit/s。

（5）交换单元一帧的信息长度远比分组长度要长，预约的最大帧长度至少要达到 1600Bytes/帧，适合于封装局域网的数据单元。

（6）提供一套合理的带宽管理和防止阻塞的机制，用户可以有效地利用预先约定的带宽，即承诺的信息速率（CIR），并且还允许用户的突发数据占用未预定的带宽，以提高整个网络资源的利用率。

（7）与分组交换一样，FR 采用面向连接的交换技术，可以提供 SVC（交换虚电路）业务和 PVC（永久虚电路）业务，但目前已应用的 FR 网络中，只采用 PVC 业务。

根据上述帧中继技术的特点，帧中继技术适用于三种场景。

当用户需要数据通信时，其带宽要求为 64kbit/s～2Mbit/s，而参与通信的各方多于两个的时候使用帧中继是一种较好的解决方案。

通信距离较长时，应优选帧中继。因为帧中继是一种网络，其高效性使用户可以享有较好的经济性。当数据业务量为突发性时，由于帧中继具有动态分配带宽的功能，选用帧中继可以有效地处理突发性数据。

二、帧中继业务

帧中继业务是在用户—网络接口（UNI）之间提供用户信息流的双向传送，并保持原顺序不变的一种承载业务。用户信息流以帧为单位在网络内传送，用户与网络接口之间以虚电路进行连接，对用户信息流进行统计复用。帧中继业务应用如图 8-8 所示。

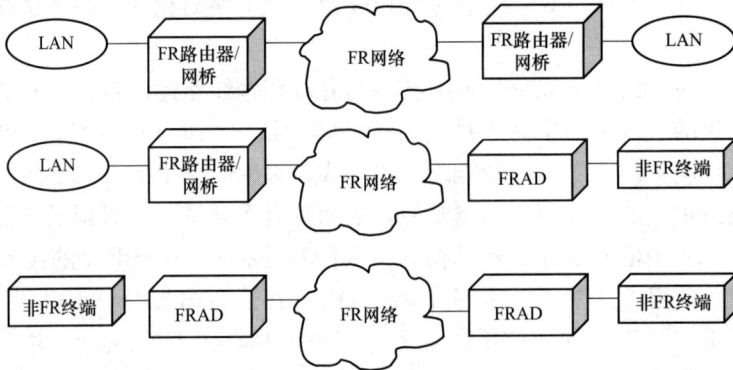

图 8-8　帧中继业务应用

帧中继网络提供的业务有两种：永久虚电路和交换虚电路。永久虚电路是指在帧中继终端用户之间建立固定的虚电路连接，并在其上提供数据传送业务。永久虚电路是端点和业务类别由网络管理定义的帧中继逻辑链路。与 X.25 永久虚电路相类似，PVC 由始发帧中继网络地址、始发数据链路控制标识、终接帧中继网络地址和终接数据链路控制标识组成。始发是指启动 PVC 的接入接口，终接是指 PVC 终止的接入接口。许多数据网络客户需要两个端点之间的 PVC。有连续通信需求的数据终端设备使用 PVC。

交换虚电路是指在两个帧中继终端用户之间通过虚呼叫建立虚电路连接，网络在建好的虚电路上提供数据信息的传送服务；终端用户通过呼叫清除操作终止虚电路。目前世界上已建成的帧中继网络大多只提供永久虚电路业务，对交换虚电路及有关用户可选业务也可以提供。

支持帧中继业务网络主要考虑几个方面：

（1）信息传递速率。信息传递速率指端到端的通信速率，目前用户终端可能使用的速率有标准化的 64kbit/s、多个 64kbit/s 速率或低于 64kbit/s 的速率。

（2）信息传递能力。信息传递能力表示端到端间被传送信息的类型。例如"不受限的数字信息"是指将发信者送出的比特流不作任何改变传送给受信者，也称作比特透明。

（3）通信的建立。通信的建立表示从受理用户请求到建立通信为止的时间关系，是由用户根据需要而进行通信的即时连接、预订连接和专线连接。

（4）对称性。对称性指发信者与收信者间建立呼出、呼入通路有关的属性。在呼出和呼入方向上属性完全相同的业务称作"双向对称"，即便有一个属性不同的业务也称作"双向非对称"，只能建立单向通信的业务称作"单向业务"。

（5）通信配置。通信配置表示进行通信的地点是点到点、点到多点的还是多点到点或多点到多点的。

（6）接入通路及其速率。接入通路及其速率表示用户与网络接口上通路类型的属性。

（7）接入协议。接入协议表示为了实现业务在用户与网络接口上所用的协议类型的属性。例如，ISDN 接入协议中的 I.441 和 I.451，分别规定了 ISDN 用户—网络接口第二、三层的规范。X.25 则规定了在分组方式下传送数据所采用的协议。

三、帧交换业务

帧交换业务的基本特征与帧中继业务相同，其全部控制平面的程序在逻辑上是与用户面相分离的，而且物理层用户面程序使用 I.430/I.431 建议，链路层用户平面程序使用 I.441 建议的核心功能，能够对用户信息流量进行统计复用。

帧中继网由用户终端、接入设备、交换机和数据链路组成，如图 8-9 所示。帧中继是一种面向连接的通信方式，经过呼叫建立虚连接，虚连接由 DLCI 来进行识别，多条虚连接复用在同一物理电路上。两个终端之间的虚连接分成为若干段，每个段有相应的 DLCI，图中有两条虚连接。

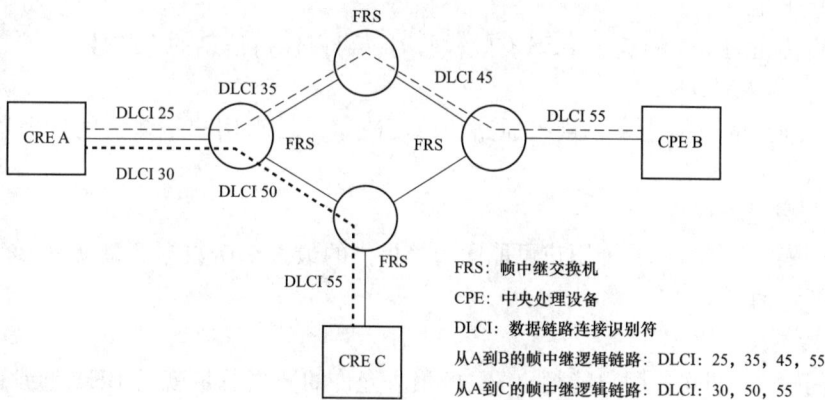

图 8-9 帧中继网络组成

图 8-10 帧中继与其他参考模型对比，可以看出帧中继方式协议最简单，具有更高的传送效率。

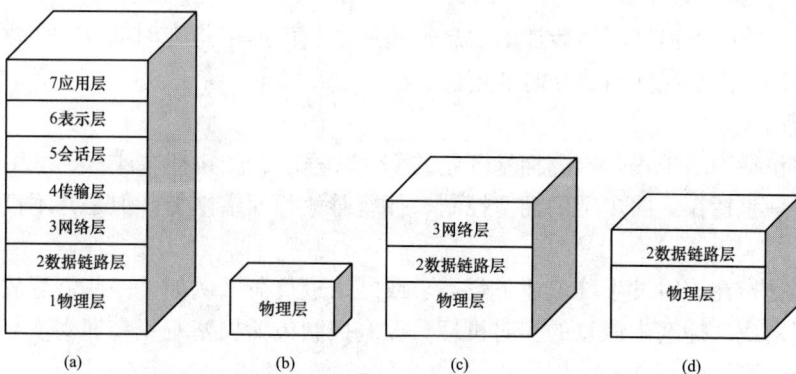

图 8-10 帧中继与其他参考模型对比

（a）OSI 参考模型；（b）TDM 模型；（c）X.25 模型；（d）FR 模型

四、帧中继的带宽管理

帧中继网络适合为具有大量实发数据（如 LAN）的用户提供服务，因为帧中继实现了带宽资源的动态分配，在某些用户不传送数据时，允许其他用户占用其数据带宽。这样，对于用户来说，要得到高速低时延的数据传送服务，需交纳的通信费用大大低于专线。网络通过为用户分配带宽控制参数，对每条虚电路上传送的用户信息进行监视和控制，实施带宽管理，以合理地利用带宽资源。

五、常用的帧中继技术术语

1. 吞吐量（Throughput）

吞吐量是在一个方向上单位时间传送的连续数据比特的数量。显然吞吐量与数据速率有关。假设三个信息帧用了 2s 传送，第一个帧长为 68 个 8bit 组，第二个帧长为 171 个 8bit，第三个帧长为 97 个 8bit 组，其吞吐量则为 1344bit/s。

2. 端口（Port）

端口是通过公用通信交换机到达帧中继网络的入口点。端口速率必须由用户在向通信公司申请业务时选定。一个端口可以有多个 PVC。

3. 信息完整性

当由网络传送的全部帧满足 FCS 有效检验时，可以保持信息的完整性。

4. 接入速率（AR）

用户接入通路的数据速率，接入通路的速度决定了端点用户把多大的数据量（最大速率）送入网络中。

5. 承诺突发量（BC）

在时间间隔 T_c 期间，一个用户可能向网络提供的最大承诺数据总量就是 BC。BC 是在呼叫建立时商定的。

6. 超过的突发量（BE）

在时间间隔 T_c 期间，用户能超出 BC 的最大允许的数据总量就是 BE。通常以比 BC 低的概率传送该数据（BE）。BE 是在呼叫建立时商定的。

7. 承诺速率测量间隔（T_c）

T_c 为允许用户只送出承诺的数据总量（BC）和超过的数据总量（BE）的时间间隔。

8. 承诺信息速率（CIR）

CIR 在正常情况下提交网络传递的信息传递速率。该速率是在时间 T_c 的最小增量上求得的平均值。CIR 值是在呼叫建立时商定的。

9. 拥塞管理

拥塞管理包括网络工程、检测拥塞开始的 OAM 程序和防止拥塞或从拥塞中恢复的实时机理。拥塞管理包括在下面规定的拥塞控制、拥塞避免和拥塞恢复，但是并不仅限于这些。

10. 拥塞控制

拥塞控制是指在同时发生峰值业务量需求或网络过负荷（例如，一些资源故障）情况期间，为防止拥塞或从拥塞中恢复的实时机理。拥塞控制包括拥塞避免和拥塞恢复机理。

11. 拥塞避免

拥塞避免程序是指为了防止拥塞变得严重，在出现轻度拥塞时或在它之前起始的一些程序。拥塞避免程序运用在轻度拥塞和严重拥塞的范围内及其周围。

12. 拥塞恢复

拥塞恢复是指为避免拥塞而起始的一些程序，以防止端点用户所感受到的由网络提供的服务质量的严重恶化。当网络由于拥塞已经开始舍弃一些帧时，通常就要发动这些程序。拥塞恢复程序运用在严重拥塞区域内及其周围。

13. 残余差错率

对各种帧方式承载业务和相应的层服务应规定残余差错率。相应于帧方式承载业务的层服务是由业务数据单元（SDU）的交换来表征的。对于帧中继而言，是在建议 Q.922 核心功能和在它们之上执行的端到端协议之间的功能性界面上交换 SDU。借助于帧协议数据单元（FRDU）网络参与这种交换。在帧中继中，FPDU 是在建议 Q.922 核心功能中规定的那些帧。

14. 传送的有误帧

在一个被传送的帧中，有一个或多个比特值处于差错情况时，或者在帧中的一些比特但不是全部比特被丢失或额外增加时（即在原始信号中没有出现过的比特）（见建议 X.140），就把这个被传送的帧下定义为有错误的帧。

15. 重复传送的帧

如果存在下面的情况，则把一个特定目的地用户接收的帧 D 定义为重复的帧：

（1）D 不是源点用户产生的。

（2）D 与先前传送到那个目的地用户的帧完全相同。

16. 传送失序的帧

考虑一个帧序列 F_1、F_2、F_3、F_n、…，最后传送 F_n。如果被传送的帧 F_i 在 F_{i+1}、…、F_n 任何帧之后到达目的地，则把 F_i 下定义为失序。

17. 失帧

当在一个待定的越限时间内，一个被传送的帧没有传到指定的目的地用户，并且网络对未送达负责（见建议 X.140）时，则称该帧为失帧。

18. 误传帧

一个误传帧是从一个源点传送到目的地用户以外的其他某个目的地用户的帧。至于信息的内容是否正确则无关紧要（见建议 X.140）。

吞吐量和时延是两个重要的参数。现有 X.25 分组网络由于协议处理和数据传输的选路方式比较复杂，网络进行数据处理的时延较大，约为 50ms，信息在网络层即第三层进行复用。而帧方式承载业务在用户平面上简化了协议的操作，使网络对每个协议数据单元的处理效率有所提高，从而提高了吞吐量，降低了时延，时延约为 3ms，信息在链路层即第二层进行统计复用，使更多的呼叫可以共享网络资源。但是在业务流量超过了网络处理能力的情况下，在 U 平面应该进行拥塞控制，否则将会影响网络性能。

第五节 多协议标记交换（MPLS）技术

多协议标记交换 MPLS（Multiprotocol Label Switch）属于第三代网络架构，是新一代的 IP 高速骨干网络交换标准。MPLS 的核心思想是边缘的路由、核心的交换。MPLS 技术是结合二层交换和三层路由的 L2/L3 集成数据传输技术，它不仅支持网络层的多种协议，还可以兼容第二层上的多种链路层技术。采用 MPLS 技术的 IP 路由器以及 ATM、FR 交换机统称为标记交换路由器（LSR），使用 LSR 的网络相对简化了网络层复杂度，兼容现有的主流网络技术，降低了网络升级的成本。此外，MPLS 提供的 VPN 服务，实现负载均衡的网络流量工程具有很好的应用场景。

一、MPLS 的基本原理

MPLS 是基于标记的路由选择方法。这些标记可以被用来代表逐跳式或者显式路由，并指明服务质量（QoS）、虚拟专网以及影响一种特定类型的流量（或一个特殊用户的流量）在网络上的传输方式等各类信息。MPLS 采用简化了的技术，来完成第二层和第三层的转换。它提供给每个 IP 数据包一个标记，将 IP 数据包封装于新的 MPLS 数据包中，由此决定 IP 数据包的传输路径以及优先顺序。MPLS 这种处理方式，隐藏了 IP 协议的规定的内容及含义。MPLS 兼容的路由器会在将 IP 数据包按相应路径转发之前，仅读取该 MPLS 数据包的包头标记，而无须再去读取每个 IP 数据包中的 IP 地址位等信息，因此数据包的交换转发速度大大加快。

传统的路由协议都是在一个指定源和目的地之间选择最短路径，而不论该路径的带宽、载荷等链路状态，对于缺乏安全保障的链路也没有一种显式方法来绕过它。利用显式路由选择，就可以灵活选择一条低延迟、安全的路径来传输数据。

而在 MPLS 中，分组在进入网络时先进行 FEC 分类，并分配一个相应的标记，网络中后续标记交换路由器（LSR）直接根据定长的标记转发。有些传统路由器在分析分组头的同时，不但决定分组的下一跳，而且要决定分组的业务类型（Class of Service，COS），以给予不同的服务规则。MPLS 可以（但不是必须）利用标记来支持 COS 时，此时标记用来代表 FEC 和 COS 的结合。MPLS 的转发模式和传统网络层转发相比，除相对地简化转发、提高转发速度外，并且易于实现显式路由、流量工程、QoS 和 VPN 等功能。

1. 基本原理

在入口 LSR 处分组按照不同转发要求划分成不同转发等价类（FEC），并将每个特定 FEC 映射到下一跳，即进入网络的每一特定分组都被指定到某个特定的 FEC 中。每一特定 FEC 都被编码为一个短而定长的值，称为标记，标记加在分组前成为标记分组，再转发到下一跳。在后续的每一跳上，不再需要分析分组头，而是用标记作为指针，指向下一跳的输出端口和一个新的标记，标记分组用新标记替代旧标记后，经指定的输出端口转发。在出口 LSR 上，去除标记使用 IP 路由机制将分组向目的地转发。

选择下一跳的工作可分为两部分：将分组分成 FEC 和将 FEC 映射到下一跳。在面向非连接的网络中，每个路由器通过分析分组头来独立地选择下一跳，而分组头中包含有比用来判断下一跳丰富得多的信息。

如图 8-11 所示，标记交换路由器 LSR A~D 都是 MPLS 网络的基本单元。在 MPLS 网络的边缘上的标记交换路由器 LSR A，对收到的数据分组进行分类处理，按分类的结果给分组加上一定长度（32bit）的标记（Lable），并利用标记分发协议（LDP）建立标记交换路径（LSP），分别在 LSR A 和 B 中存放标记（21、17；11、47），该标记对应着分组的处理方式有关的一切信息（如使用的路由、资源预留、业务量参数、业务等级等），网络中的 LSR 根据路由表，对分组进行转发，直到出口的 LSR C、LSR D 再去掉标记，恢复原来的 IP 数据报（透明通过）送给终端。

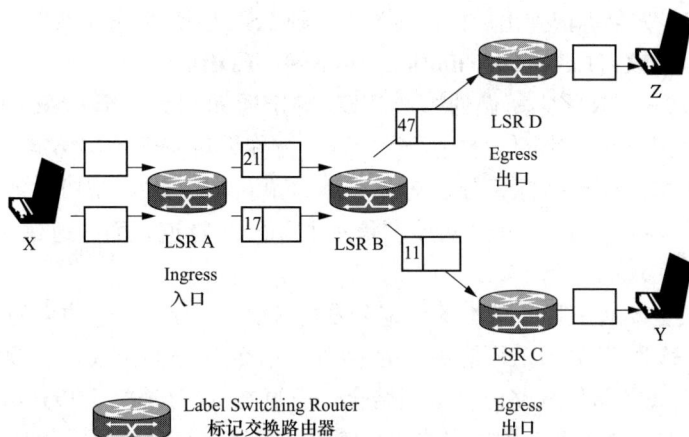

图 8-11　MPLS 交换示意图

LSR 主要由控制单元与转发单元两部分构成，这种功能上的分离有利于控制算法的升级。其中，控制单元负责路由的选择，MPLS 控制协议的执行、标记的分配与发布以及标记信息库（LIB）的形成。而转发单元则只负责依据标记信息库建立标记转发表（LFIB），对标记分组进行简单的转发操作。其中，LFIB 是 MPLS 转发的关键，LFIB 使用标记来进行索引，相当于 IP 网络中的路由表。LFIB 表项的内容包括入标记、转发等价类、出标记、出接口、出封装方式等。

2. 术语

（1）转发等价类（Forwarding Equivalent Class，FEC）。LSR 将具有相同转发处理方式（目的地相同、使用的转发路径相同、具有相同的服务等级）的分组分成一类，这种类别称为转发等价类。相同 FEC 的分组在 MPLS 的网络中将获得相同的处理。在 LDP（标记分发协议）的标记绑定过程中，各种转发等价类（FEC）将对应不同的标记，各节点将通过分组的标记来识别分组所属的 FEC。

（2）标记（Lable）。标记是一个长度固定、只具有本地意义的标志，类似快递公司快件的标识，只在该快递公司内有效。标记的长度为 20bit/s，和另外 12bit 控制位，构成 MPLS 包头，配合使用硬件处理技术，以提高转发速度。

（3）标记栈（Label Stack）。标记栈是标记的级联。

（4）标记分组。标记分组包含了 MPLS 封装的分组。

3. 标记栈操作与标记交换路径

MPLS 包头位于二层和三层之间，通常的服务数据单元是 IP 包，也可以通过改进直接承载 ATM 信元和 FR 帧。

MPLS 分组上承载一系列按照"后进先出"方式组织起来的标记，该结构称作标记栈，从栈顶开始处理标记。若一个分组的标记栈深度为 m，则位于栈底的标记为 1 级标记，位于栈顶的标记为 m 级标记。未打标记的分组可看作标记栈为空（即标记栈深度为零）的分组。标记分组到达 LSR 通常先执行标记栈顶的出栈（pop）操作，然后将一个或多个特定的新标记压入（push）标记栈顶。如果分组的下一跳为某个 LSR 自身，则该 LSR 将栈顶标记弹出并将由此得到的分组"转发"给自己。此后，如果标记弹出后标记栈不空，则 LSR 根据标记栈保留信息做出后续转发决定；如果标记弹出后标记栈为空，则 LSR 根据 IP 分组头路由转发该分组。

二、标记分发协议（Label Distribution Protocol，LDP）

标记分发协议是 LSR 将它所做的标记/FEC 绑定通知到另一个 LSR 的协议族，使用标记分发协议交换标记/FEC 绑定信息的两个 LSR，被称为对应于相应绑定信息的标记分发对等实体。标记分发协议还包括标记分发对等实体为了获知彼此的 MPLS 能力而进行的任何协商。建立的标记交换路径（LSP）实质上是一个 MPLS 隧道，而隧道建立过程则是通过标记分发协议的工作实现的。

标记分发协议主要有三种：基本的标记分发协议（LDP）、基于约束的 LDP（CR-LDP）和扩展 RSVP（RSVP-TE）。LDP 是基本的 MPLS 信令与控制协议，它规定了各种消息格式以及操作规程，LDP 与传统路由算法相结合，通过在 TCP 连接上传送各种消息，分配标记、发布<标记，FEC>映射，建立维护标记转发表和标记交换路径。如果需要支持显式路由、流量工程和 QoS 等业务时，就必须使用后两种标记分发协议。CR-LDP 是 LDP 协议的扩展，它仍然采用标准的 LDP 消息，与 LDP 共享 TCP 连接。CR-LDP 的特征在于通过网管制定或是在路由计算中引入约束参数的方法建立显式路由，从而实现流量工程等功能。RSVP 本来就是为了解决 TCP/IP 网络服务质量问题而设计的协议，将该协议进行扩展得到的 RSVP-TE 也能够实现各种所需功能，在协议实现中将 RSVP 作用对象从流转变为 FEC，降低了颗粒度，也就提高了网络的扩展性。可以看到，CR-LDP 和 RSVP-TE 在功能上比较相似，但在协议实现上有着本质的区别，难以实现互通，故而必须做出选择。

1. 标记分发协议

标记分发协议是 MPLS 的核心，相当于传统网络中的信令协议，负责将 FEC 分类，分配标记到 LSR 上、分配结果的传输（通知）及 LSP 的建立与维护。

2. LDP 建立的过程

（1）相邻的 LSR 接口周期性地发送 LDP Hello 报文，自动建立邻居并维护邻居关系周期默认 5s，邻居失效时间为 15s。

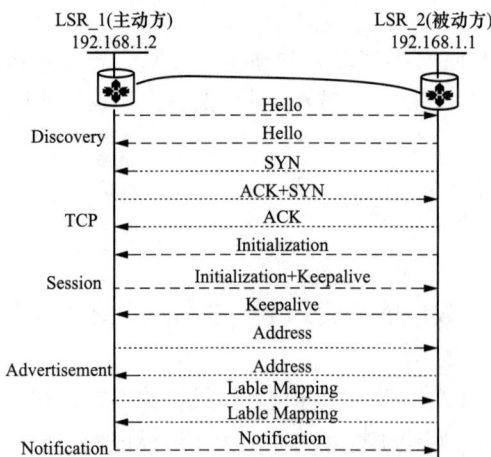

图 8-12 LDP 的工作过程

（2）LDP 邻居之间建立 TCP 连接 Hello 报文中，会携带传输地址（默认是 LSR-ID），传输地址大的作为主动方，传输地址小的作为被动方，主动方会向被动方发起连接，进行 TCP 连接的建立。

（3）建立 LDP 会话。TCP 连接建立成功后，主动方向被动方发起 Initialization 报文进行参数协商，被动方收到此消息后，如果接受相关参数，则发送 Intialization 报文和 Keepalive 报文回应；如果不能接受相关参数，则发送 Notification 报文终止 LDP 会话的建立。LDP 的工作过程如图 8-12 所示。

三、MPLS 技术应用

1. MPLS VPN

MPLS 的一个重要应用是 VPN，MPLS VPN 根据扩展方式的不同可以划分为 BGP

MPLS VPN 和 LDP 扩展 VPN，根据 PE（Provider Edge）设备是否参与 VPN 路由可以划分为二层 VPN 和三层 VPN。

BGP MPLS VPN 主要包含骨干网边缘路由器（PE）、用户网边缘路由器（CE）和骨干网核心路由器（P）。PE 上存储有 VPN 的虚拟路由转发（VRF），用来处理 VPN-IPv4 路由，是三层 MPLS VPN 的主要实现者；CE 上分布用户网络路由，通过一个单独的物理/逻辑端口连接到 PE；P 路由器是骨干网设备，负责 MPLS 转发。多协议扩展 BGP（MP-BGP）承载携带标记的 IPv4/VPN 路由，有 MP-IBGP 和 MP-EBGP 之分。

BGP MPLS VPN 中扩展了 BGP NLRI 中的 IPv4 地址，在其前增加了一个 8Bytes 的 RD（Route Distinguisher）来标识 VPN 的成员（Site）。每个 VRF 配置策略规定一个 VPN 可以接收来自哪些 Site 的路由信息，可以向外发布哪些 Site 的路由信息。每个 PE 根据 BGP 扩展发布的信息进行路由计算，生成相关 VPN 的路由表。

PE-CE 之间交换路由信息可以通过静态路由、RIP、OSPF、IS-IS 以及 BGP 等路由协议。通常采用静态路由，可以减少 CE 设备管理不善等原因造成对骨干网 BGP 路由产生震荡影响，保障了骨干网的稳定性。

目前运营商网络规划现状决定现有城域网或广域网可能自成一个自治域，这时就需要解决跨域互通问题。在三层 BGP MPLS VPN 中引入了自治系统边界路由器（ASBR），在实现跨自治系统的 VPN 互通时，ASBR 同其他自治系统交换 VPN 路由。现有的跨域解决方案有 VRF-to-VRF、MP-EBGP 和 Multi-Hop MP-EBGP 三种方式。

对于二层 MPLS VPN，运营商只负责提供给 VPN 用户提供二层的连通性，不需要参与 VPN 用户的路由计算。在提供全连接的二层 VPN 时与传统的二层 VPN 一样，存在 N 方问题，即每个 VPN 的 CE 到其他的 CE 都需要在 CE 与 PE 之间分配一条物理/逻辑连接，这种 VPN 的扩展性存在严重问题。

用 LDP 扩展实现的二层 VPN，也可以承载 ATM、帧中继、以太网/VLAN 以及 PPP 等二层业务，但它的主要应用是以太网/VLAN，实现上只需增加一个新的能够标识 ATM、帧中继、以太网/VLAN 或 PPP 的 FEC 类型即可。相对于 BGP MPLS VPN，LDP 扩展在于只能建立点到点的 VPN，二层连接没有 VPN 的自动发现机制，优点是可以在城域网的范围内建立透明 LAN 服务（TLS），通过 LDP 建立的 LSP 进行 MAC 地址学习。

2. GMPLS

随着智能光网络技术以及 MPLS 技术的发展，人们自然希望能将二者结合起来，使 IP 分组能够通过 MPLS 的方式直接在光网络上承载，于是出现了新的技术概念多协议波长交换（MPLS）。随着对未来网络发展的研究，MPLS 的外延和内涵不断扩展，产生了通用 MPLS（GMPLS）技术，其中也包含 MPLS 相关内容。

GMPLS 也是 MPLS 的扩展，更准确地说叫传输多协议标记交换（MPLS-TE）。由于 GMPLS 主要是扩展了对于传输网络的管理，而传输网络的主要业务为点到点业务，这与 MPLS-TE 的业务模型非常相似，因此 GMPLS 主要借助 MPLS-TE 的协议栈，将其加以扩展而形成。

与 MPLS 完全相同，GMPLS 网络也由两个主要元素组成：标记交换节点和标记交换路径。但 GMPLS 的 LSR 包括所有类型的节点，这些 LSR 上的接口可以细分为若干等级：分组交换能力（PSC）接口、时分复用能力（TDM）接口、波长交换能力（LSC）接口和光纤交换能力（FSC）接口。而 LSP 则既可以是一条传递 IP 包的虚通路，也可以是一条 TDM 电路，或是一条 DWDM 的波道，甚至是一根光纤。GMPLS 分别为电路交换和光交换设计了专用的标记格式，以满足不同业务的需求。在非分组交换的网络中，标记仅用于控制平面而不用于用户平面。一条 TDM 电路（TDM-LSP）的建立过程与一条分组交换的连接（PSC-LSP）的建立过程完全相同，源端发送标记请求消息后，目的端返回标记映射消息。所不同的是，标记映射消息中所分配的标记与时隙或光波一一对应。

传统网络模型中，传输层、链路层、网络层在控制层面上相互独立，各自使用本层协议在本层内的设备之间互通，也形成了各自的标准体系。而在 GMPLS 的体系结构中，没有语言的差异，只有分工的不同，GMPLS 成了各层设备的共同语言。

第六节　软 交 换 技 术

一、软交换的概念

软交换（Softswitch，SS）的核心是一个采用标准化协议和应用编程接口（API）的开放体系结构，这就为第三方开发新应用和新业务敞开了大门。

我国对软交换的定义是：软交换是网络演进以及下一代分组网络的核心设备之一，它独立于传送网络，主要完成呼叫控制、资源分配、协议处理、路由、认证、计费等主要功能，同时可以向用户提供现有电路交换机所能提供的所有业务，并向第三方提供可编程能力。

目前，我国已完成并颁布了《软交换设备总体技术要求》（YD/T 003—2001），明确规定了软交换在网络中的位置、功能要求、业务要求、操作维护和网管要求、协议和接口要求、计费要求和性能指标，并规定了与 IP 电话及智能网的互通要求等。值得一提的是，在移动软交换设备技术要求和设备规范中，针对软交换技术在移动网络中的移动性管理和鉴权等方面特征也进行了相应的扩展。不难看出，在分组交换日益普遍的情况下，软交换技术无论在固网还是移动网络的发展和融合当中，作为网络的核心技术，发挥着重要的黏合作用。

软交换技术作为业务，是控制与传送、接入分离思想的体现，成为下一代网络（Next Generation Network，NGN）体系结构中的关键技术，软交换是 NGN 的控制功能实体，为 NGN 提供具有实时性要求的业务呼叫控制和连接控制功能，是 NGN 呼叫与控制的核心。简单地看，软交换是实现传统程控交换机的"呼叫控制"功能的实体，但传统的"呼叫控制"功能是和业务结合在一起的，不同的业务所需要的呼叫控制功能不同，而软交换是与业务无关的，这要求软交换提供的呼叫控制功能是各种业务的基本呼叫控制。概括起来说软交换的特点如下：

（1）高效灵活。软交换体系结构的最大优势是将业务层和控制层与核心设备完全分离，有利于以最快的速度、最高效的方式引入各类新业务，缩短了新业务的开发周期。

（2）开放性。由于软交换体系架构中的所有网络部件之间均采用标准协议。因此各个部件之间既能够独立发展、互不干涉，又能有机结合成为一个整体，实现互联互通。

（3）多用户软交换。该设计思想迎合了电信网、计算机网和有线电视网三网合一的大趋势。强大的业务功能软交换可以利用标准的全开放应用平台为客户制定各种新业务和综合业务，最大限度地满足客户的需求。

软交换技术区别于其他技术的最显著特征，也是其核心思想的三个基本要素：

（1）开放的业务生成接口。软交换提供业务的主要方式是通过应用程序接口（Application Program Interface，API）与应用服务器配合以提供新的综合网络业务。与此同时，为了更好地兼顾现有通信网络，它还能够通过智能网络应用部分与智能网中已有的业务控制点配合以提供传统的智能业务。

（2）综合的设备接入能力。软交换可以支持众多的协议，以便对各种各样的接入设备进行控制，最大限度地保护用户投资并充分发挥现有通信网络的作用。

（3）基于策略的运行支持系统。软交换采用了一种与传统操作维护管理（OAM）系统完全不同的、基于策略（Policy-based）的实现方式来完成运行支持系统的功能，按照一定的策略对网络特性进行实时、智能、集中式的调整和干预，以保证整个系统的稳定性和可靠性。

二、软交换的体系结构

软交换的体系结构是目前面向网络融合的新一代多媒体业务整体解决方案，在继承的基础上实现了对目前在各个业务网络（如 PSTN/ISDN、PLMN、IN 和 Internet 等）之间进行互通的思想的突破。它通过优化网络结构不但实现了网络的融合，更重要的是实现了业务的融合，使得分组交换网络能够继承原有电路交换网中丰富的业务功能，同时可以在全网范围内快速提供原有网络难以提供的新型业务。

软交换的体系结构如图 8-13 所示，将设备划分四个主要层次，即媒体接入层、核心传输层、控制层、业务/应用层。而一部程控电话交换机可以划分为业务接入、路由选择（交换）和业务控制三个功能模块，各功能模块通过交换机的内部交换网络连接成一个整体。

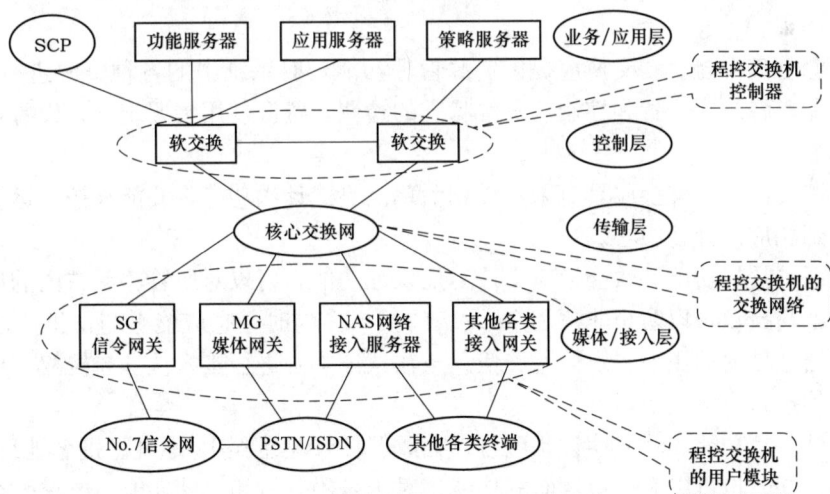

图 8-13　软交换的体系结构

为了便于理解软交换技术，图 8-13 给出了对比程控交换机的功能模块。可见，软交换技术是将上述三个功能模块独立出来，分别由不同的物理实体实现，同时进行了一定的功能扩展，并通过统一的 IP 网络将各物理实体连接起来，构成了软交换网络，这样在功能上仍然是一个交换机，只要满足技术要求，空间距离的差别不影响设备正常工作。其中差别最大的部分是程控交换机交换网络的 T 单元（S 单元）由传输网络代替。分开之后的结构满足业务与控制分离的思想，独立于传输网络，各种业务在网络中是传输还是交换没有区别。更重要的是各种业务的接入和控制更加灵活，传输网能够采用 IP 网络技术构建统一的传输平台，实现传统业务与数据业务的统一管理，更能够体现下一代网络的思想。

1. 软交换设备的功能要求

（1）媒体网关接入功能。媒体网关功能是接入到 IP 网络的一个端点/网络中继或几个端点的集合，它是分组网络和外部网络之间的接口设备，提供媒体流映射或代码转换的功能。

（2）呼叫控制和处理功能。呼叫控制和处理功能是软交换的重要功能之一，可以说是整个网络的灵魂。它可以为基本业务/多媒体业务呼叫的建立、保持和释放提供控制功能，包括呼叫处理、连接控制、智能呼叫触发检出和资源控制等。支持基本的双方呼叫控制功能和多方呼叫控制功能，多方呼叫控制功能包括多方呼叫的特殊逻辑关系、呼叫成员的加入/退出/隔离/旁听等。

（3）业务提供功能。在网络从电路交换向分组交换的演进过程中，软交换必须能够实现 PSTN/ISDN 交换机所提供的全部业务，包括基本业务和补充业务，还应该与现有的智能网配合提供智能网业务，也可以与第三方合作，提供多种增值业务和智能业务。

（4）互连互通功能。下一代网络并不是一个孤立的网络，尤其是在现有网络向下一代网络的发展演进中，不可避免地要实现与现有网络的协同工作、互联互通、平滑演进。例如，可以通过信令网关（SG）实现分组网与现有 7 号信令网的互通，可以通过信令网关与现有智能网互通，为用户提供多种智能业务。

（5）协议功能。软交换是一个开放的、多协议的实体，因此必须采用各种标准协议与各种媒体网关、应用服务器、终端和网络进行通信，最大限度地保护用户投资并充分发挥现有通信网络的作用。

（6）资源管理功能。软交换应提供资源管理功能，对系统中的各种资源进行集中管理，如资源的分配、释放、配置和控制，资源状态的检测，资源使用情况统计，设置资源的使用门限等。

（7）计费功能。软交换应具有采集详细话单及复式计次功能，并能够按照运营商的需求将话单传送到相应的计费中心。

（8）认证与授权功能。软交换应支持本地认证功能，可以对所管辖区域内的用户、媒体网关进行认证与授权，以防止非法用户/设备的接入。同时，它应能够与认证中心连接，并可以将所管辖区域内的用户、媒体网关信息送往认证中心进行接入认证与授权，以防止非法用户、设备的接入。

（9）地址解析功能。软交换设备应可以完成 E.164 地址至 IP 地址、别名地址至 IP 地址的转换功能，同时也可以完成重定向的功能。对于号码分析和存储功能，要求软交换支持存储主叫号码 20 位，被叫号码 24 位，而且具有分析 10 位号码然后选取路由的能力，具有在任意位置增、删号码的能力。

（10）话音处理功能。软交换设备应可以控制媒体网关是否采用语音信号压缩，并提供可以选择的话音压缩算法，算法应至少包括 G.729、G.723.1 算法，可选 G.726 算法。同时，可以控制媒体网关是否采用回声抵消技术，并可对话音包缓存区的大小进行设置，以减少抖动对话音质量带来的影响。

图 8-14 为软交换设备的功能要求，包含着上述的各个方面。

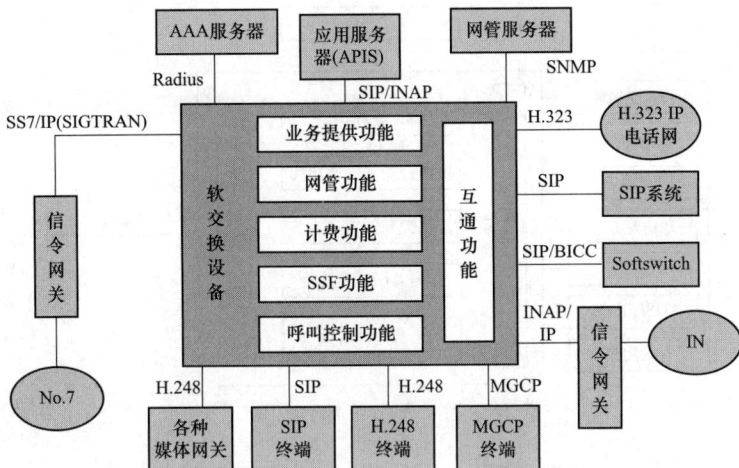

图 8-14　软交换设备的功能要求

2. 软交换设备的操作平台

（1）C-PCI 平台。采用符合 Compact PCI 标准的电信级平台，采用通用或专用的实时操作系统。已有多数电信设备厂商推出。

（2）交换机平台。有一部分的软交换机是从传统 TDM 交换机升级而来。

（3）商用服务器平台。主要以 SUN 商用服务器平台为主，采用商用的操作系统。几乎所有的 NGN 设备制造商均推出了此类软交换机。

3. 媒体网关

媒体网关（Media Gateway，MG）是用户业务接入设备，是在相应的媒体网关控制协议（Media Gateway Control Protocol，MGCP）下工作的。MGCP 是 1999 年由 IETF 制定的媒体网关控制协议。MGCP 定义的连接模型包括端点（endpoint）和连接（connection）两个主要概念。端点是数据源或数据宿，可以是物理端点，也可以是虚拟端点。端点类型包括数字通道、模拟线、录音服务器接入点及交互式话音响应接入点。端点标识由端点所在网关域名和网关中的地名两部分组成。连接可以是点到点连接或多点连接，点到点连接是两个互相发送数据的端点之间的一种关联，该关联在两个端点都建立起来后，就可开始传送数据。

MGCP 采用文本协议，协议消息分为命令和响应，每个命令需要接收方回送响应，采用三次握手方式证实。命令消息由命令行和若干参数行组成，响应消息带有 3 位数字的响应码。MGCP 采用媒体描述协议（SDP）向网关描述连接参数。为了减小信令传送时延，MGCP 采用 UDP 传送。

（1）MGCP 协议结构。MGCP 是一种文本协议，其协议结构如图 8-15 所示。协议消息分为两类：命令和响应。每个命令需要接收方回送响应，采用三次握手方式证实。命令消息由命令行和若干参数行组成。响应消息带有 3 位数字的响应码，如"200"代表"成功处理"和若干参数行。MGCP 采用呼叫数据描述（SDP）向网关描述连接参数。为了减少信令传送时延，MGCP 采用 UDP 传送。

（2）MGCP 协议命令。图 8-16 MGCP 所示为协议命令，展示了呼叫代理与媒体网关之间的控制过程，以及通过各种命令进行通信实现控制的过程。

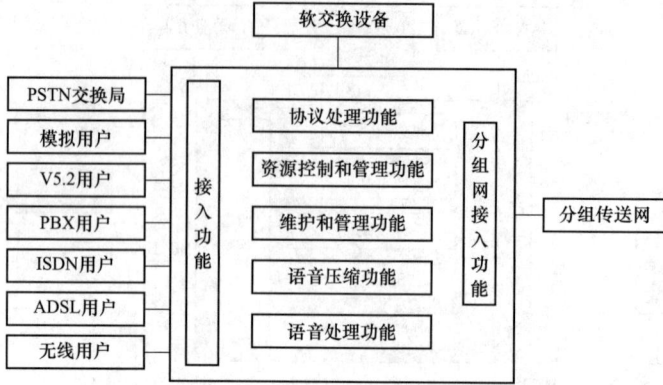

图 8-15　MGCP 协议结构

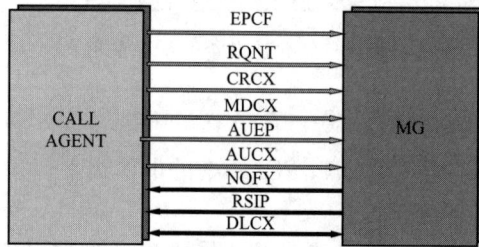

图 8-16　MGCP 协议命令

（3）基本呼叫信令流程——呼叫建立、拆除过程（见图 8-17）。

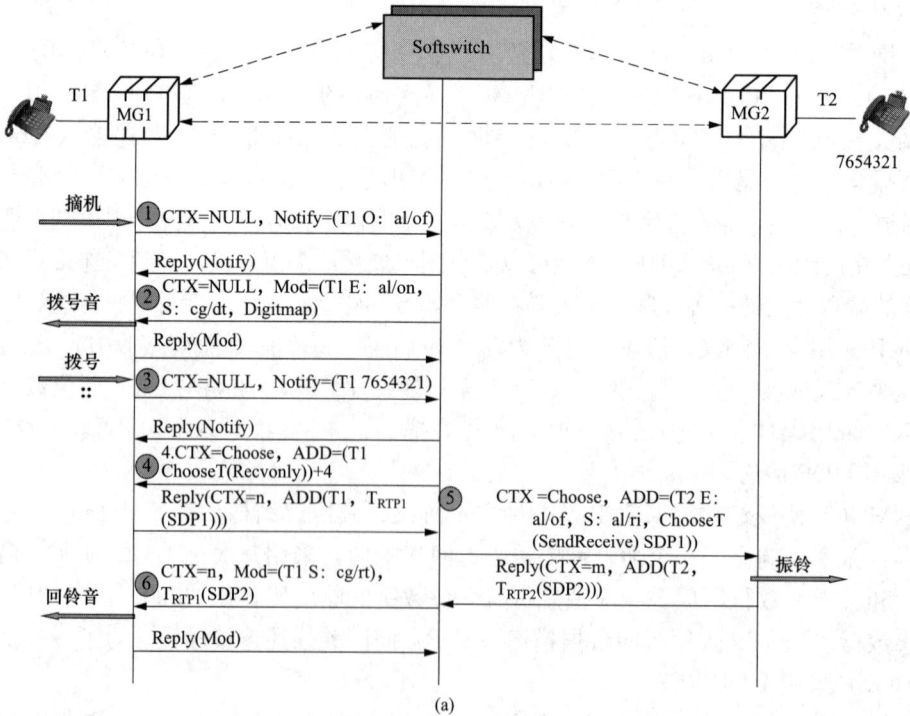

(a)

图 8-17　基本呼叫信令流程——呼叫建立、拆除过程（一）

(a) 呼叫过程

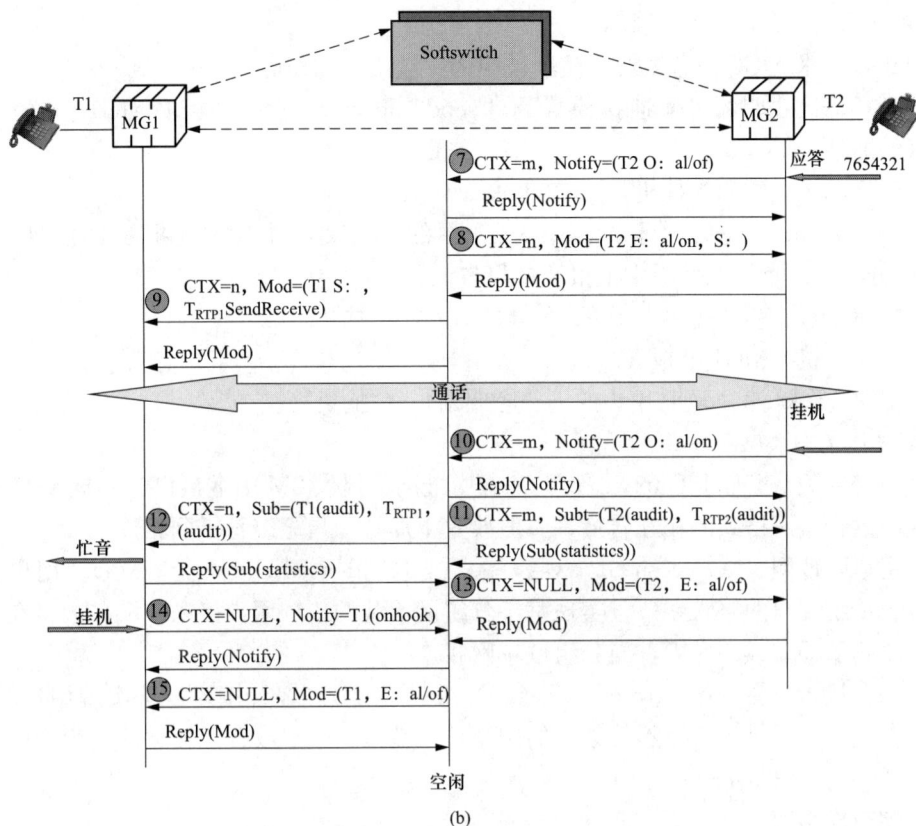

图 8-17 基本呼叫信令流程——呼叫建立、拆除过程（二）

（b）通话与拆除过程

图 8-17 中，顶部的虚线连接是软交换设备的基本结构，两个分别处于不同地理位置的媒体网关 MG1 和 MG2 由软交换控制，参与通信的全过程。为了深入理解软交换的工作原理，以电话 T1 和 T2 的通信工程为例，按照图 8-17 说明这个过程。

1）MG1 监测到 T1 "摘机"，并上报 MGC（软交换控制器）。

2）MGC 向 MG1 下发被叫号码表 "（digitmap）"，要求 MG1 向主叫送 "拨号音"，并同时监测 "挂机"。

3）主叫用户拨被叫号码，MG1 在监测到第一位号码时停送拨号音，按照 digitmap 将收全的号码上报到 MGC。

4）MGC 经过被叫号码分析，找到被叫方后，命令 MG1 创建 context ID，选择分组终结点；MG1 在回应中写入 "context ID＝n"，分组终结点＝TRTP1，以及主叫的媒体分组连接信息 "SDP1"。

5）MGC 命令 MG2 创建 context ID，向被叫送 "振铃"，监测 "摘机" 动作，选择分组终结点，告知主叫的媒体分组连接信息 "SDP1"；MG2 在回应中返回 "context ID＝m"，分组终结点＝TRTP2，被叫的媒体分组连接信息 "SDP2"。

6）MGC 修改主叫的终结点参数，向主叫送 "回铃音"，并告知被叫的媒体分组连接信息 "SDP2"。

7）被叫应答，MG2 上报 MGC。

8）MGC 要求 MG2 停送振铃，监测被叫的"挂机"动作。

9）MGC 修改主叫的媒体连接模式为"send and receive"，并要求 MG1 停送回铃音，主被叫开始通话。

10）通话结束，被叫先挂机，MG2 上报 MGC。

11）～12）MGC 先后拆除 MG2、MG1 中的上下文，并要求上报统计信息；MG2/MG2 释放分组终结点，在回应中上报统计报告。

13）MGC 要求 MG2 监测用户的下一呼叫请求（"摘机"）。

14）主叫挂机，MG1 上报 MGC。

15）MGC 要求 MG1 监测用户的下一呼叫请求（"摘机"）。

4. 媒体网关分类

（1）中继网关（Trunk Gateway，TG）。中继网关提供 2M 中继接口，实现 64K 电路与分组中继的语音编码格式的相互转换，一般放置于局端，与分组骨干网相连。

（2）用户驻地网关（Access Gateway，AG 或 Residential Gateway，RG）。用户驻地网关提供各类传统用户的接入端口，实现基于分组网承载的传统用户接入，端口数量在 100 以上，一般放置于局端或小区内，与分组城域网相连。

（3）综合接入设备（Integrated Access Device，IAD）。综合接入设备实现用户的数据、语音的综合接入，提供 1～48 不等数量的用户接入端口，一般放置于楼道或用户家中，通过 LAN 或 ADSL 接入网络。

三、软交换组网

软交换网络体系中，网关之间的媒体承载是采用端到端的方式，而软交换之间的协议消息可以是端到端，也可以中间经过专门的汇接软交换转发。但是，鉴于分组网络尽力而为、服务质量无保证等特点，应在组网时考虑尽量减少协议消息的中间转发次数。因此，软交换网络路由的概念跟 PSTN 网络有很大的不同，不再有直达路由和迂回路由之分，针对一个呼叫的目标局路由将只有一个，即下一跳软交换（可能是被叫所在的软交换，也可能是中间汇接软交换）。在软交换网络达到一定规模时，如果软交换之间网状连接，路由数据将十分庞大，通过软交换本身细化路由配置难以实现。有必要引入大容量、高性能的服务器专门承担路由解析工作，所以，组网可靠性是首要考虑。

1. 软交换的组网方式

（1）单平面结构。所有软交换机（SS）均了解全网的路由设置数据，任一 SS 的增加和减少，所有的 SS 均需要做路由数据更改，如图 8-18 所示。

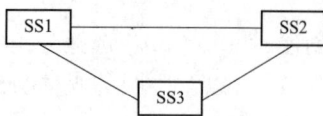

图 8-18　单平面结构

（2）多域平面结构（路由服务器方式）。引入路由数据分层的概念，即 SS 仅了解一定区域的路由设置数据，在 SS 之上增加一层路由服务器用于对其他区域被叫用户的寻址路由服务器接受主叫端 SS 的寻址请求，通过数据查询或向其他路由向服务器发出寻址请求，得到并向主叫端 SS 返回被叫的 SS 地址路由服务器不做呼叫控制信号的传递，呼叫控制信号的传递最多需要一跳路由服务器可以多级设置，如图 8-19 所示。

（3）分级结构。在软交换控制设备之上增加一层代理服务器或高级软交换机。代理服务器或高级软交换机接受下级软交换送来的呼叫控制信号,完成被叫用户的寻址,和呼叫的接续处理功能。在这种情况下,呼叫信号的传递路径大于一跳,如图 8-20 所示。

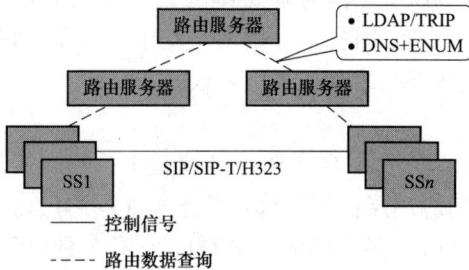

图 8-19 多域平面结构　　　　　　　图 8-20 分级结构

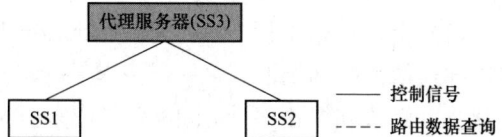

2. 软交换网中的协议及标准

软交换网络中同层网元之间、不同层的网元之间均是通过软交换技术定义的标准协议进行通信的。国际上从事软交换相关标准制定的组织主要是 IETF 和 ITU-T。它们分别从计算机界和电信界的立场出发,对软交换网协议做出了贡献。

(1) 媒体网关与软交换机之间的协议。除信令网关 (Signaling Gateway, SG) 外的各媒体网关与软交换机之间的协议有 MGCP 协议和 MEGACO/H.248 协议两种。

MEGACO/H.248 实际上是同一个协议的名字,由 IETF 和 ITU 联合开发,IETF 称为 MEGACO,ITU-T 称为 H.248。MEGACO/H.248 称为媒体网关控制协议,它具有协议简单、功能强大且扩展性很好的特点。

信令网关与软交换机之间采用 SIGTRAN 协议,SIGTRAN 的低层采用 SCTP 协议,为 7 号信令在 TCP/IP 网上传送提供可靠的连接;高层分为 M2PA、M2UA、M3UA。由于 M3UA 具有较大的灵活性,因此目前应用较为广泛。SIGTRAN/SCTP 协议的根本功能在于将 PSTN 中基于 TDM 的 7 号信令通过 SG 以 IP 网作为承载透明传输至软交换机,由软交换机完成对 7 号信令的处理。

(2) 软交换机之间的协议。当需要由不同的软交换机控制的媒体网关进行通信时,相关的软交换机之间需要通信,软交换机与软交换机之间的协议有 BICC 协议和 SIP-T 协议两种。

BICC 协议是 ITU-T 推荐的标准协议,它主要是将原 7 号信令中的 ISUP 协议进行封装,对多媒体数据业务的支持存在一定不足。SIP-T 是 IETF 推荐的标准协议,它主要是对原 SIP 协议进行扩展,属于一种应用层协议,采用 Client-Serve 结构,对多媒体数据业务的支持较好,便于增加新业务,同时 SIP-T 具有简单灵活、易于实现、扩展性好的特点。目前 BICC 和 SIP 协议在国际上均有较多的应用。

(3) 软交换机与应用服务器之间的协议。软交换机与 Radius 服务器之间通过标准的 Radius 协议通信。软交换机与智能网 SCP 之间通过标准的智能网应用层协议通信。一般情况下,软交换机与应用服务器之间通过厂家内部协议进行通信。为了实现软交换网业务与软交换设备厂商的分离,即软交换网业务的开放不依赖于软交换设备供应商,允许第三方基于应用服务器独立开发软交换网业务应用软件,因此,定义了软交换机与应用服务器之间的开放的 Parlay 接口。

（4）媒体网关之间的协议。除 SG 外，各媒体网关之间通过数据传送协议传送用户之间的语音、数据、视频等各种信息流。

软交换技术采用 RTP（Real-time Transport Protocol）作为各媒体网关之间的通信协议。RTP 协议是 IETF 提出的适用于一般多媒体通信的通用技术。目前，基于 H.323 和基于 SIP 的两大 IP 电话系统均是采用 RTP 作为 IP 电话网关之间的通信协议。

3. 软交换中的一些协议简介

（1）会话初始协议（Session Initiation Protocol，SIP）。会话初始协议是 IETF 制定的多媒体通信系统框架协议之一，它是一个基于文本的应用层控制协议，独立于底层协议，用于建立、修改和终止 IP 网上的双方或多方多媒体通信，即多媒体业务域间采用 SIP 协议。SIP 是在简单邮件传送协议（SMTP）和 HTTP 基础之上建立起来的。SIP 用来生成、修改和终结一个或多个参与者之间的会话。这些会话包括因特网多媒体会议，因特网（或任何 IP 网络）电话呼叫和多媒体发布。为了提供电话业务，SIP 还需要不同标准和协议的配合，例如，实时传输协议（RTP）、能够确保语音质量的资源预留协议（RSVP）、能够提供目录服务的 LDAP、能够鉴权用户的 RADIUS，并实现与当前电话网络的信令互联等。

SIP 协议借鉴了 HTTP、SMTP 等协议，还与 RTCP、SDP、RTSP、DNS 等协议配合，支持代理、重定向、登记定位用户等功能，支持用户移动。

（2）BICC 协议（Bearer Independent Call Control protocol，BICC 协议）。BICC 协议解决了呼叫控制和承载控制分离的问题，使呼叫控制信令在各种网络上承载，包括 MTP SS7 网络、ATM 网络、IP 网络。BICC 协议由 ISUP 演变而来，是传统电信网络向综合多业务网络演进的重要支撑工具，即电话业务域和多媒体业务域间采用 BICC 协议。BICC 协议由 CS1（能力集 1）逐步向 CS2、CS3 发展。CS1 支持呼叫控制信令在 MTP SS7、ATM 上的承载，CS2 增加了在 IP 网上的承载，CS3 则关注 MPLS、IP QoS 等承载应用质量以及与 SIP 的互通问题。

（3）H.248/Megaco（Media Getaway Control Protocol，MGCP）。H.248/Megaco 是由 IETF、ITU-T 制定的媒体网关控制协议，用于媒体网关控制器和媒体网关之间的通信。H.248 协议又称为 MegaCo/H.248，是网关分离概念的产物。网关分离的核心是业务和控制分离、控制和承载分离。这样使业务、控制和承载可独立发展，运营商在充分利用新技术的同时，还可提供丰富多彩的业务，通过不断创新的业务提升网络价值。

H.248/Megaco 是在 MGCP 协议的基础上，结合其他媒体网关控制协议特点发展而成的一种协议，它提供控制媒体的建立、修改和释放机制，同时也可携带某些随路呼叫信令，支持传统网络终端的呼叫。该协议在构建开放和多网融合的 NGN 中，发挥着重要作用。

（4）SIGTRAN IETF 的一个工作组，其任务是建立一套在 IP 网络上传送 PSTN/ISDN 信令的协议，SIGTRAN 协议包括 SCTP、M2UA、M3UA，提供了和 SS7 MTP 同样的功能。

第七节　IP 多媒体子系统（IMS）

一、IMS 概述

IMS 是 IP 多媒体子系统的缩写（IP Multimedia Subsystem），是一种全新的多媒体业务形式。严格地说，IMS 不是独立的交换技术，而是一种网络技术，以便支持各种媒体业务对通信的需求。把 IMS 当作交换技术来介绍，是因为 IMS 具有交换的相同的功能。

IMS 相对于软交换的解决方案有着非常多的优势，在 NGN 技术中占据重要的角色。IMS 作为 NGN 网络融合以及业务和技术创新的核心标准，对于大规模商用部署而言，IMS 从技术本身已足够成熟。IMS 不仅可以实现最初的 VoIP 业务，更重要的是 IMS 将更有效地对网络资源、用户资源及应用资源进行管理，提高网络的智能，使用户可以跨越各种网络并使用多种终端，感受融合的通信体验。IMS 作为一个通信架构，开创了全新的电信商业模式，拓展了整个信息产业的发展空间。

在 IMS 方面，多个电信标准组织伙伴共同签署了《第三代伙伴计划协议》（3GPP），开始定义版本 2000（R2000），其目标包括当时提出的全 IP（All IP）网络，后来更名为 IMS。互联网的广泛应用不但极大地促进了 IP 技术的发展，而且改变了人们的思维方式和交互模式。它最大的成功之处就是能方便而灵活地提供各种信息服务，并能根据客户的需要快捷地创建新的服务。但是它提供的只是无服务质量保证的尽力而为型服务，而且只考虑固定接入方式。移动通信系统的最大优势是用户不受接入线路的限制，可以在任何地点、任何状态下自由通信，小型化的终端更是给用户带来了极大的便利。然而，迄今为止，移动通信系统的主要业务仍然是语音通信。虽然移动网络的分组交换（PS）域支持 IP 数据通信，但是如果付出昂贵的代价只能获得互联网上网服务，不但用户难以接受，运营商也不愿意投巨资建设这样的网络。

正因为如此，3GPP 才提出 IMS 技术规范。3GPP 提出 IMS 的基本出发点是希望将移动通信网技术和互联网技术有机结合起来，建立一个新的面向未来的信息通信网络。它主要基于以下三个方面的考虑。

（1）新的网络应能提供电信级的 QoS 保证，为此必须继续沿用通信网的信令机制，在会话建立的同时按需进行网络资源的分配，使用户能够享受到满意的实时多媒体通信服务，这是新的通信网区别于互联网的一个重要标志。

（2）新的网络应能对业务进行有效而灵活的计费。为此，必须在 IP 网络中增设控制层，提供会话的业务类别、业务流量和业务时段等基本信息，供运营商制定不同的计费策略。这是建设一个可运营、可赢利网络的重要条件，而这点正是互联网未予考虑的。

（3）新的网络应能提供融合各类网络能力的综合业务，特别是电信网和互联网相结合的业务。为此，应采用开放式业务提供结构，支持第三方业务开发，而且应尽量采用互联网技术，使得大量非电信专业的普通 IT 人员，也能参与增值业务的开发，从而使 3G 网络和互联网一样，能对市场做出快速反应，提供用户所需的个性化的多媒体业务。

3GPP IMS 是一个全分布式网络架构，便于灵活实现和部署。IMS 与接入无关，支持控制与业务分离，提供普遍移动性和用户数据集中管理，具有良好的安全性。

通过定义具有开放接口的分层网络架构，IP 多媒体服务与传统的单个通信服务提供商网络架构相比，提供了更大的灵活性和可扩展性。

IP 多媒体服务对服务提供商的优势和好处包括：应用程序、网络和设备独立性；应用程序与传输层分离；服务提供商可以跨多种设备和接入网络提供通用的应用程序和服务，统一身份验证、授权和计费；LTE 移动网络、Wi-Fi 网络、固定网络等。

（1）可重用组件。服务提供商可以通过利用通用功能元素来支持多种服务以减少资本支出和运营成本。

（2）基于标准的解决方案。服务提供商可以通过部署基于标准的网络元素来消除供应商锁定并控制成本。

（3）服务互连。IMS 提供标准机制，用于对等和互连不同的通信服务提供商网络，并实现跨网络的无缝漫游。

（4）服务多样性。IMS 标准支持各种基于 IP 的通信服务，包括语音、视频、文本聊天、多方会议和协作应用程序。

（5）融合。服务提供商可以通过将传统 TDM 语音网络演进为支持语音和 IP 多媒体服务的融合全 IP 网络来降低运营成本。

（6）服务质量。IMS 支持基于策略的 QoS 机制，以确保服务等级协议并确保特定应用程序或特定接入网络上的满意的用户体验。

IP 多媒体核心网系统是由所有能提供多媒体服务的核心网功能实体组成，包括了与信令和承载相关的功能实体的集合。IP 多媒体业务是基于 IETF 定义的会话控制能力，利用分组交换域和多媒体承载来实现的。

为了实现接入的独立性和支持无线终端与 Internet 互操作的平滑性，IP 多媒体子系统尽量采用与 IETF 一致的 Internet 标准。因此，定义的接口跟 IETF 的 Internet 标准也是尽可能一致，如采用了 IETF 的会话发起协议（SIP）。

IP 多媒体核心网子系统使公共陆地移动网（PLMN）的运营商能给他们的用户提供基于 Internet 的应用、服务和协议的多媒体业务。这里并不是要把这些业务变成 IP 多媒体子系统的标准，而是为了让 PLMN 的运营商和第三方的业务提供者来发展这些业务。IP 多媒体核心网子系统能集中语音、图像、消息、数据和基于 Web 的技术来为无线用户服务，并把 Internet 的发展和无线通信的发展结合起来。

支持 IP 多媒体应用的全套解决方案是由终端、GERAN（GSM EDGE Radio Access Network，GSM/EDGE 无线通信网络的缩写）或通用移动通信系统陆地接入网络（UT-RAN）的无线接入网、GPRS 核心网和 IP 多媒体核心网子系统的一些特殊的功能单元组成。这些功能单元包括呼叫会话控制功能（CSCF）、媒体网关控制功能（MGCP）、IP 多媒体网关功能（IM-MGW：IP Multimedia Media Gateway）、多媒体资源功能控制器（MR-FC）、多媒体资源功能处理器（MRFP）、签约定位功能（SLF）、出口网关控制功能（BGCF）、应用服务器（AS）、信令网关功能（SGW）。所有的功能实体被认为在不同的逻辑结点中实现，如果在同一个物理设备中实现两个逻辑结点的功能，那么这两个逻辑结点的接口就成为该设备的内部接口。

二、IMS 的结构、网元功能及功能实体

3GPP 对 IMS 的设计采取了分层架构。分层的架构设计体现了"业务与控制分离"和"控制与接入及承载分离"的思想，使得不同的用户终端能够通过不同的无线或者有线接入技术，接入到 IMS 网络中，享受统一的呼叫控制服务及其相应的增值业务。这种"层次化"的网络架构设计为不同网络的互联互通和业务的融合奠定了基础。

图 8-21 是 3GPP IMS 网络架构示意图。IMS 的网络架构自下向上也可分成：传送与接入层、控制层、数据与应用层三个层面（也可分为：用户平面、控制平面和业务平面）。

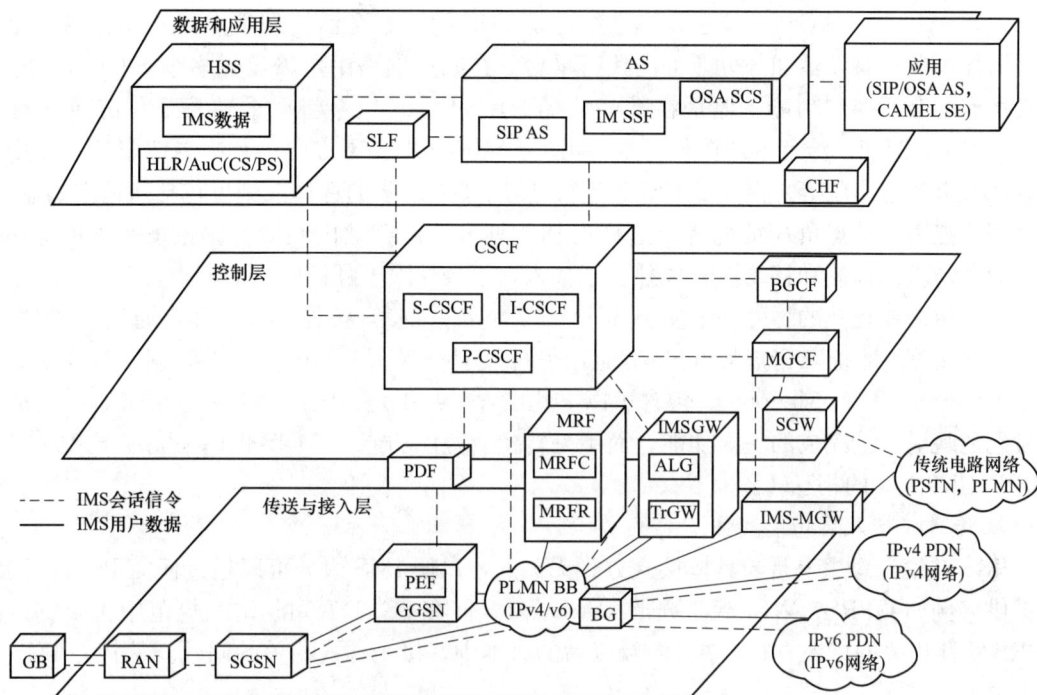

图 8-21 3GPP IMS 建议的网络架构

在 IMS 的功能实体中，大致可分为六种主要类别，即会话管理和路由类（CSCF）、数据库（HSS、SLF）、网间互通类（BGCF、MGCF、IM-MGW、SGW）、业务提供类（AS、MRFC、MRFP）、支撑和计费实体类（SEG、PDF、CHF）等。它们分别位于上述三个不同层面之上。下面简单介绍 IMS 的主要功能实体。

1. 控制层功能实体

控制层的核心是 CSCF 实体，其基本功能是执行多媒体呼叫控制。根据移动网络的特点和在网络中从事功能的不同，CSCF 扮演的角色和功能得到了详细的分解，又进一步划分为 P-CSCF（Proxy CACF，代理 CSCF）、I-CSCF（Interrogating CSCF，问询 CSCF）和服务 CSCF（Serving CSCF，服务 CSCF）三种。

（1）P-CSCF。P-CSCF 是拜访网络（Visited Network）的第一个接触点，也是移动用户在 IMS 中首先遇到的 CSCF，负责寻找用户的归属网络，并提供翻译、安全和认证功能。它将用户注册消息和用户请求（如 SIP 会话建立请求）前转到用户的归属网络，起到 SIP 代理服务器的功能，其他的功能包括执行拜访网络中的 QoS 策略，执行对紧急呼叫（如 110、119 等）的本地控制和处理，以及在 S-CSCF 的指令下提供本地编号计划目录服务。

（2）I-CSCF。I-CSCF 是归属网络（Home Network）的第一个接触点。用户请求由拜访网络进入归属网络时首先遇到 I-CSCF，其主要任务是查询 HSS 以确定该用户所属 S-CSCF 的位置，并向后者转发用户请求。I-CSCF 的功能包括：在 HSS 的支持下分配信令话务，实现多个 S-CSCF 之间的负荷平衡；对其他网络运营商隐蔽归属网络的配置结构；配合完成某些计费功能；如果担当进入归属网络的网关的话，还必须支持防火墙功能。在 IMS 中，I-CSCF 是任选网元，P-CSCF 也可以通过配置直接访问 S-CSCF。

（3）S-CSCF。S-CSCF 位于归属网络，是 IMS 的核心会话管理节点，并作为用户业务的注册器、业务触发器和部分业务的执行平台。在归属网络中可以设置多个 S-CSCF，它们负责所有的会话控制功能。但是在某些情况下，S-CSCF 也会将请求转发至拜访网络的 P-CSCF 处理。例如，涉及本地拨号计划时由 P-CSCF 处理会更方便，有些本地服务（如用户要联络最近的电影院等）需要 P-CSCF 进行处理。S-CSCF 的选择准则可包括所请求的业务、移动用户能力、节点负荷情况等。这样的功能划分，使会话由归属网络的 S-CSCF 统一处理，业务请求的控制和移动性管理独立于接入，不会受限于拜访网络的能力。

控制层需要提及的另外一个实体是 DNS（域名系统），各种 CSCF 都是通过 DNS 来确定下一跳的 IP 地址，完成路由的功能，另外支持 ENUM（电话号码映射，即 ENUM，E. 164 Number URI Mapping。包含了以下几层含义：①是为电话呼叫业务服务；②完成电话号码的映射；③完成的映射功能，而不是转换或翻译功能），DNS 也用来完成 E. 164 号码和 SIP URI 之间的相互转译。

2. 传送与接入层功能实体

IMS 在设计思想上是与具体接入方式无关的，以便 IMS 服务可以通过任何 IP 接入网络来提供（例如 GPRS、WLAN、宽带 xDSL 等）。但在 3GPP R5 的 IMS 规范中主要支持与 GPRS 特性相关的接入方式，在 R6 及以后的版本中，接入方式相关的问题就从核心 IMS 描述中分离出来了。

图 8-21 中主要显示了与 GPRS 特性相关的接入方式，由 RAN（Radio Access Network，无线接入网）、SGSN（Serving GPRS Support Node，GPRS 服务支持节点）、GGSN（Gateway GPRS Support Node，GPRS 网关支持节点）和 IP 网络组成接入与传送网络。在实际所处的环境中，IMS 与现存 PSTN 和移动网络还有很长的共存过渡时期，所以 3GPP IMS 架构同时考虑了与各种网络业务的互通，定义了多种网关实体以及媒体资源实体。

（1）SGSN。SGSN 连接 RAN 和分组核心网，它负责为分组域提供控制和服务处理功能。控制部分包括两大主要功能：移动性管理和会话管理。移动性管理负责处理 UE（User Equip—ment，用户设备）的位置和状态，并且对用户和 UE 进行认证。会话管理负责处理连接接纳控制和处理现有数据连接中的任何变化，它也负责监督管理 3G 网络的服务和资源，并且负责对业务流的处理。SGSN 作为一个网关，使用隧道机制在 UE 和 GGSN 之间中继用户业务流。作为这个功能的一部分，SGSN 也需要保证这些连接具有适当的 QoS。另外，SGSN 还生成计费信息。

（2）GGSN。GGSN 是 UMTS 核心网的边界，主要功能是提供 UE 与外部数据网（这里的外部数据网是指为 UE 提供 IP 应用和服务的数据网，例如 IMS 或者因特网）之间的连接。GGSN 将包含 SIP 信令的 IP 包从 UE 转发到 P-CSCF，或者向相反方向转发。另外，GGSN 负责将包含媒体数据的 IP 包转发到目标网络（例如转发到会话目标网络的另一个 GGSN）。GGSN 所提供的网络互联服务通过接入点来实现，接入点与用户希望连接的不同网络相关。在大多数情况下，IMS 有其自身的接入点。当 UE 激活到一个接入点的承载（PDP Context，PDP 上下文）时，GGSN 分配一个动态 IP 地址给 UE。这个 IP 地址在用户注册并在 UE 发起一个会话时，作为 LIE 的联系地址。另外，GGSN 还负责修正和管理 IMS 媒体业务流对 PDP 上下文的使用，并且生成计费信息。

（3）PDF 和 PEF。在互联网中，分组传输时延一般比较高，并且不确定。分组的到达顺序会颠倒，有些分组还会丢失或被丢弃。而在 IMS 中，底层接入和传输网络与 IMS 控制实体一起提供了端到端的 QoS 保障。PDF（Policy Decision Function）和 PEF（Policy Enforcement Function）就是在接入层和控制层之间完成策略服务功能的实体。IP 策略控制是指基于 IMS 会话中的信令参数，对 IMS 承载业务媒体流的使用进行授权和控制的能力。

（4）网关实体。对于电路交换网，如 PSTN 和 PLMN，IMS 通过 IMS-MGW（IMS-Media GateWay IMS 媒体网关）、SGW（Signaling GateWay，信令网关）、MGCF（Media Gateway Control Function，媒体网关控制功能）、BGCF（Breakout Gateway Control Function，出口网关控制功能）等功能实体来完成互通。

对于分组数据网，IMS 则是通过边界网关（Border Gateway，BG）和 IMS 网关（IMS-GW）完成互通，实现 IPv4 到 IPv6 的应用层网关（Application Layer Gateway，ALG）功能、私网穿越（NAP-T）和安全防护等功能。

在传送与接入层中的其他重要网关还包括 SEG（Security Gateway，安全网关）。在 IMS 中将每个运营商的网络视为一个安全域，SEG 位于不同运营商网络的边界，其功能就是对跨域传送的信令执行安全保护，提供 IMS 核心网的安全保护机制。

（5）媒体资源实体。MRF（Media Resource Function，媒体资源功能）跨于控制层和传送与接入层之间，它为 IMS 会话提供必要的媒体资源支持，如会议桥、录音通知等。媒体资源功能主要包含媒体资源功能控制器（Media Resource Function Controller，MRFC）和媒体资源功能处理器（Media Resource Function Processor，MRFP）。其中 MRFC 负责管理和控制媒体资源，用于支持与承载会议、用户公告以及承载代码转换等相关的服务，而媒体的具体处理则在 MRFP 中进行。

3. 数据与应用层功能实体

在数据与应用层，IMS 延续了移动网络中用户集中数据库的概念，引入了归属用户服务器（HSS），用于用户数据存储、认证、鉴权和寻址。HSS 是从 HLR 演变而来的，除了原来的 HLR/AuC（归属位置寄存器/鉴权中心）功能外，还存储与业务相关的数据，如用户的业务签约信息和业务触发信息等。

SLF（Subscription Location Function，签约定位功能）是数据与应用层中与 HSS 相关的、用来确定用户签约地的定位功能实体，也就是当网络中存在多个独立可寻址的 HSS 时，由 SLF 确定用户数据存放在哪个 HSS 中。作为一种地址解析机制，SLF 的引入使得 I-CSCF、S-CSCF 和 AS 能够找到拥有给定用户身份的签约关系数据的 HSS 地址。

除了 HSS/SLF，提供业务的 AS 是这一层的另一主角，包括基于 SIP 的应用服务器（SIP AS）、基于 CAMEL 的 IP 多媒体业务交换功能（IM-SSF）以及基于 OSA 的业务能力服务器（OSA-SCS）。因此，与软交换系统的业务结构类似，IMS 的业务结构综合了 SIP 技术、移动智能网技术和 Parlay/OSA 技术，能在 IP 网络上提供丰富的增值业务，并支持开放式业务提供环境。

4. IMS 的主要参考点与接口协议

IMS 主要功能实体间的连接参考点的定义如图 8-22 所示。下面简要介绍 IMS 体系架构中的主要参考点。

（1）Gm 参考点。Gm 参考点连接 UE 和 IMS，支持 UE 和 CSCF 间的信息交互，该参考点上的过程可以分为三类：注册、会话控制和事物处理。Gm 参考点采用 SIP 协议。

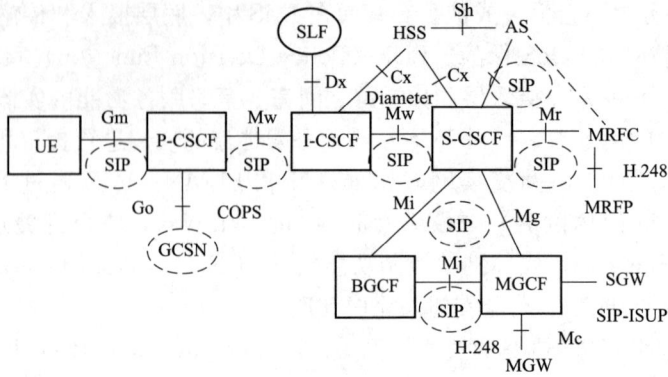

图 8-22　IMS 主要功能实体间的接口和信令协议

（2）Mw 参考点。Mw 参考点支持各 CSCF 间的信息交互，参考点中的过程也包括注册、会话控制和事物处理等三类。Mw 参考点同样采用 SIP 协议。

（3）Cx 参考点。Cx 参考点支持 CSCF 和 HSS 之间的信息交互，其上的主要过程被分为三类：位置管理、用户数据处理和用户认证。接口协议采用 Diameter 协议。

（4）Dx 参考点。Dx 参考点是 CSCF 与 SLF 之间的接口，用于支持 I-CSCF 和 S-CSCF 查询 SLF 时的 HSS 地址解析过程，Dx 参考点总是与 Cx 参考点结合使用。这个参考点上的协议基于 Diameter 协议，其功能是通过一个增强的 Diameter 重定向代理所提供的路由机制来实现的。

（5）Mi 参考点。Mi 参考点在 CSCF 与 BGCF 之间，支持 S-CSCF 将会话信令向 BGCF 转发，以实现与 PSTN 网络的互通。接口协议采用 SIP 协议。

（6）Mg 参考点。Mg 参考点位于 CSCF 与 MGCF 之间，接口协议采用 SIP 协议。Mg 参考点将 CS 域的边缘功能（MGCF）连接到 IMS（也就是 I-CSCF），使得 MGCF 可以将来自 CS 域的会话信令转发到 I-CSCF，以实现与 PSTN 网络的互通。

（7）Mj 参考点。Mj 参考点位于 BGCF 与 MGCF 之间，使用 SIP 协议。当 BGCF 通过 Mi 参考点收到一个会话信令的时候，它会选择到 CS 域的出口。如果出口产生在相同的网络，那么它就会通过 Mj 参考点将这个会话转发给 MGCF。

（8）Mr 参考点。Mr 参考点位于 CSCF 与 MRFC 之间，支持 S-CSCF 和 MRFC 间的信息交互。当 S-CSCF 需要激活与承载相关的服务时，它就通过 Mr 参考点发送 SIP 信令给 MRFC。Mr 参考点采用 SIP 协议。

（9）Mp 参考点。Mp 参考点位于 MRFC 与 MRFP 之间，支持 MRFC 控制 MRFP 提供的媒体资源能力（例如，为会议媒体创建连接或向用户发送语音通知）。Mp 参考点采用的协议与 H.248 标准完全兼容。

（10）Mn 参考点。Mn 参考点位于 MGCF 与 IMS-MGW 之间，MGCF 通过该接口对接入与传送平面（即用户平面）资源进行控制。Mn 参考点所使用 H.248 协议。

三、IMS 中的主要协议

IMS 的核心功能实体之间均采用 SIP 协议作为其呼叫和会话的控制信令。在 P-CSCF、I-CSCF、S-CSCF 之间，S-CSCF 与 AS、MRFC、MGCF、BGCF 之间，MCCF 与 BGCF 之间，以及 UE 与 P-CSCF 之间均采用 SIP 协议。除了 SIP 协议之外，还有很多协议也在 IMS

中扮演着重要角色。其中 Diameter 协议被应用于 HSS 和 S-CSCF、I-CSCF 之间，作为 IMS 的 AAA 协议；COPS 协议被用于在策略决策点（PDP）和策略执行点（PEP）之间传输策略；H. 248 协议则被用于控制媒体网关和媒体资源功能。下面简要介绍这些协议。

1. SIP 协议

IMS 中的 SIP 协议和 IETF SIP 协议（RFC3261）在基本模式上是重合的，但是移动网中的低带宽、漫游、安全需求、服务质量和计费管制等特定需求，对 SIP 协议也会产生特殊要求。因此 IMS 中的 SIP 协议应用与标准 SIP 协议在很多地方也不尽相同，这里的 SIP 协议已经根据 3GPP 的具体要求进行了扩展，其框架、业务、接口、流程都是基于第三代移动业务演进而来的。下面就 SIP 协议应用于 IMS 体系架构的几个热点问题进行简要分析。

（1）IMS 应用 SIP 协议的性能问题。无线网络环境具有带宽受限、高差错率的信道特征。由于 SIP 协议采用基于文本的消息格式，消息体字节数较大，这对带宽资源稀缺的无线环境是不合适的。3GPP 引入了信令压缩方式（SigComp：RFC3320），在一定程度上改善了这一问题。

SIP 协议的传输既可采用 TCP，也可采用 UDP。但由于 TCP 协议会引入较大的时延，UDP 则无法提供重传机制以保证信令传输的可靠性，对高差错性的无线信道都是不合适的。为解决这一问题，有研究人员建议引入 SCTP 协议传输 SIP。SCTP 采用了快速重传、多重流和多重 IP 地址等机制，既保证了可靠传输，又避免了过大时延。无线传输层协议的性能问题也是目前理论研究的热点之一。

（2）呼叫建立的时延问题。由于呼叫建立时 SIP 信令需要在 RAN、PS-CN、IMS 等多个级别间传递，带来了 SIP 信令的多个回环时延。加上 UE 和 GGSN 之间为进行 QoS 资源预留协商所引入的 PDP 上下文激活协商所产生的回环时延，总时延就大到不可忽视的地步。目前，这个问题尚需有效解决。

（3）体系复杂性和终端复杂性问题。随着对 SIP 协议的标准化工作的深入，SIP 体系的复杂性随着功能的增强而增大，这与 SIP 协议简洁、扩展性好的要求是不一致的。但如果标准化工作不够明确细致，厂商会按照自身的理解来生产设备并引入兼容性问题。另外复杂的 SIP 体系结构对于移动终端设计中的功耗、运算能力和存储能力等方面也提出了更高的挑战。

2. Diameter 协议（AAA 协议）

传统上，AAA 用来指网络的鉴权（Authentication）、授权（Authorization）和记账（Accounting）。AAA 之所以重要是因为其能够提供网络所需要的接入控制和保护，使网络运营商实现对终端用户业务的收费。IMS 采用 Diameter 协议作为其 AAA 协议。

Diameter 由远程拨入用户认证服务（RADIUS，RFC2865）演化而来，后者广泛应用于因特网中为众多的用户接入技术提供 AAA 服务（比如拨号和终端服务器接入环境）。Diameter 包含了一个基本协议（RFC3588）和若干作为补充的 Diameter 应用，前者用于传递 Diameter 数据单元、协商能力集、处理错误并提供可扩展性，后者则是将 Diameter 适用于某一特定环境的定制或扩展方式，并且前者为后者提供了两种基本服务：认证和/或授权以及计费。

IMS 中主要使用了 Diameter 的两种应用，即用于用户会话控制的 Diameter SIP 应用和提供在线计费功能的 Diameter 信用控制应用。Diameter SIP 应用定义了一个被 SIP 服务器用来实现用户认证以及对不同 SIP 资源进行授权的应用，应用于 IMS 的 Cx、Dx、Sh 和 Dh 接口。Diameter 信用控制应用于各种不同业务的实时信用和成本控制，用于 Ro 接口。

3. COPS 协议

在 IMS 体系中，COPS（Common Open Policy Service，公共开放策略服务，见 RFC2748）协议用于在策略决策点（PDP）和策略执行点（PEP）之间传输策略。

COPS 协议用于策略的总体管理、配置和实施，它为策略服务器与客户端之间交换策略信息而定义了一种简单的查询和响应协议。协议采用客户端/服务器模型，其中 PEP 向 PDP 发送请求，PDP 相应地将策略决策返回给 PEP。

IMS 利用 COPS 协议传输与策略相关的信息，但是它并不是只用一个单独的模型，而是使用一种混合的 COPS 外购和配置（COPS-PR）模型。COPS-PR 扩展定义了 COPS 的策略提供功能，且独立于所提供的策略。COPS-PR 中的数据模型基于策略信息库（PIB）概念，后者与简单网络管理协议（SNMP）的管理信息库（MIB）极为相似，用于标识策略提供中的数据。

四、IMS 的自组网模式

IMS 具有自组网的能力。基于人们所熟悉的归属网络和拜访网络的概念，IMS 可以支持广义的漫游模式。

1. 归属网络与拜访网络概念

对于用户而言，在移动通信网络中非常重要的一点是，无论用户身处何处都要能够不间断地访问到所需要的通信服务。

当用户在本地（也就是使用移动通信服务的最初签约地）使用手机进行通信时，由与其签约的网络运营商提供移动网络基础设施的支持，这些基础设施就组成了归属网络。另一方面，如果用户漫游到归属网络以外（如到另一个国家去），使用的则是由其他运营商提供的网络基础设施，这种基础设施称为拜访网络，因为在这个网络中用户是来访者。为了能够使用拜访网络，拜访网络运营商就要与归属网络运营商签署漫游协定。在这些协定中，两方的运营商将会对提供给用户的各项服务进行规定，如通话计费、服务质量及如何进行结算分成等。

2. 漫游

漫游特征使得用户即使不在归属网络的服务区域内也能继续使用服务。因此，从第二代移动通信网络开始，支持漫游被认为是一个基本的网络要求。

然而，为了支持漫游，需要将 P-CSCF 和 GGSN 共同分布于归属网络中，这种结构存在着很严重的缺点，因为媒体平面经过 GGSN 并且分布于归属网络中，将导致媒体先经过归属网络然后到达目的地，这就引起了不必要的伸缩效应，在媒体层面引发延迟。可以设想将采用实时传输协议（RTP）的语音分组从中国转发到美国再返回中国将会是一个什么样的情况。但是，当运营商开始建设 IMS 网络时，或者在 IMS 的初期阶段，IMS 仅仅提供非实时或准实时多媒体服务时，这种实施方式还是很重要的。

五、软交换、IMS 及 NGN 的关系

在 IMS 出现之前，软交换被认为是提供 VoIP 及其他 NGN 业务的理想体系架构。但自从 3GPP 在其 3G R5 中提出了 IMS 以来，人们给予其极大的关注。从众多的国际标准化组织，到全球通信网络产品供应商和电信运营商，无不在研究 IMS 及其对下一代网络的影响，进而引发出 IMS 是否能成为 NGN 发展方向的讨论。可以说，IMS 的出现，给本已在基于

软交换的 NGN 网络技术方面达成的共识带来了新的挑战，也使得整个电信网络的演进变得复杂起来。

下面从应用定位、网络架构设计以及网络协议使用等方面对软交换与 IMS 做一个简单的对比分析。

1. 定位上的区别

软交换重点解决的是 PSTN 的 IP 化的问题，同时考虑 IP 化之后的新的业务提供方式。解决的重点在于语音类的业务，同时有一些语音与 IP 网结合的业务。简单地理解软交换技术就是把程控交换机的组成中功能部件从一台交换机拆分开来，然后再放置在不同的地理位置，部件之间采用网络实现互联。IMS 重点考虑的是 IP 多媒体业务，包括文本、消息、视频、网络内容、流媒体等综合业务，这是移动网络和固定网络共同的需求。

理想的解决方案是融合软交换和 IMS，将软交换作为部件融入统一的 IMS 架构中，形成一个融合的核心网，同时解决 PSTN/ISDN 业务继承和 IP 多媒体业务提供的问题，这应该是广义 IMS 追求的目标。

2. 网络架构上的区别

软交换系统缺乏完整的网络架构的定义，实际部署时软交换设备会作为一个物理部件去部署。IMS 定义的子系统更大程度上是一个网络架构，它考虑了用户移动性的需求，因此在用户注册、路由寻址等方面考虑了更多的分离性，同时基于对业务开放性的要求，在业务提供方面也采用了业务处理和业务分发分离的架构，IMS 的各功能实体中体现了更多的开放性和灵活性。虽然 IMS 定义的这些逻辑实体原则上讲也可以放置在同一个物理部件上，但实际部署时，从整体网络的移动性、业务开放性等方面考虑，往往会选择分散的部署方式。

3. SIP 协议应用上的区别

SIP 协议被公认为是下一代网络的核心应用协议。SIP 协议的基本出发点是会话控制，会话可以是基于连接的（例如点对点的通话），也可以是非连接的（例如 IM、Presence 等）。传统的通信方式更多的是人与人的基于连接的通话，这是传统交换机和软交换系统重点解决的问题。对于人与人的非连接的通信，以及人与内容的通信方式，SIP 协议的真正优势就发挥出来了。所以，软交换支持的 SIP 协议，可以认为多数是 SIP 功能的子集，主要还是基于连接、基于呼叫的应用。IMS 的 SIP 协议，在业务触发方式上保证了其处理的将是多种通信方式，是 SIP 协议的全面应用。

在 SIP 协议的通信模型中，有 B2BUA 和 Proxy 两种方式。在软交换架构下，由于其呼叫控制的特点，多数采用的是基于 B2BUA 的方式。而在 IMS 架构下，P-CSCF 多数是 SIP 协议的 Proxy 方式，S-CSCF 和 AS 将根据业务实际的流程，选择是工作于 SIP 协议的 B2BUA 方式还是 Proxy 方式。对于 Presence、IM 等业务，更多地采用 SIP 协议。

第八节 交换技术在电力系统通信中的应用

在电力系统中，各种交换技术都得到了广泛的应用。如电力系统特有的调度电话交换网和行政电话交换网等，都有采用软交换和 IMS 技术的案例，下面分别进行介绍。

一、电力调度电话

电力调度电话是电力调度指挥专用网，一般独立于电力企业行政电话网，它是确保电网安全生产运行的重要通信手段，必须具有很高的可靠性和快速接续特点。对于电力调度电话要求有高度的可靠性，不仅在正常情况下而且在恶劣的气候条件下和电力系统发生事故时，保证电话畅通。

电力调度电话网一般是由调度交换机与通信电路组成的系统，具有固定通道与上级、同级或下级调度交换机相连。通过电缆或光纤与本单位的或上级单位的行政网交换机相连，以备当调度网中断时，可通过行政网以保障生产调度电话的畅通。电力企业的控制中心、调度中心与各个生产岗位之间调度指令的发布与请求，主要是通过各自的调度机及网络来完成的。图 8-23 是省级、地区级和地区内末级电力调度电话网络链接的拓扑结构。其中的调度分机位于调度员的工作台前，一般为热线方式，即摘机直通调度台。在机电式调度机中，以向用户直接发送铃流的方式启动用户。而在程控调度机中以自动拨号的单触方式呼叫调度分机用户。调度机除调度台用户外，其余均为中继接口和直通用户。调度台在功能上等同于程控交换机的话务台，其功能最完善，级别权限最高。而直通用户的功能则比较单一，它仅能与调度台以点对点的方式进行通信呼叫。

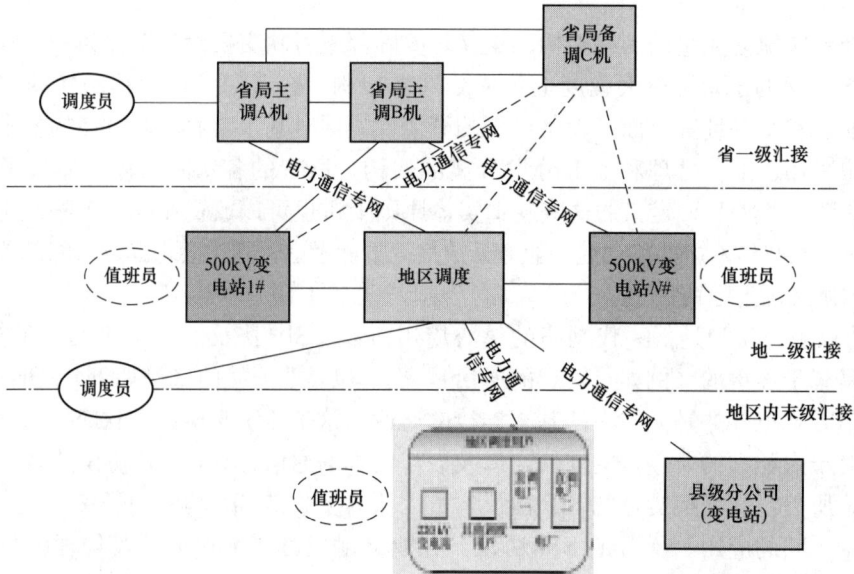

图 8-23 电力调度电话网络拓扑结构

在早期电力通信专网中，更多的是依靠电力线载波、数字微波等通信设备构成调度的通信线路，特别在地区电力调度中比较常见。现在已经基本由光纤通信所替代。电力线载波通信只能采用点对点的方式，网络结构只能是星形和链形，网络可靠性较差。为了保证电力生产通信的可靠性，往往不得不备份有其他的通信方式，如微波、光纤等。由于电力网具有区域性特征，因此调度网也具有区域性特点。

二、电力调度电话网采用的交换技术

1. 程控交换组网技术

电力调度电话采用程控交换机组成电话交换网，具有拨号、直通和迂回等呼叫方式或功能，以确保调度命令的可靠下达。程控电话交换网采用模拟制电话机接入方式，仅有接听电话、未接来电显示及电话簿等功能，不能链接 VoIP。

　　调度交换网由调度程控交换网组成时，调度程控交换网要覆盖省调、省备调、检修公司、地市公司、500kV 变电站及部分统调电厂。省调、省备调为一级汇接中心，各地市公司为二级汇接中心。省调、省备调要配置多台程控调度交换机，承载组网的一级汇接任务。每个地区选择一个 500kV 变电站作为汇接站，与该地区地市公司的调度交换机互联形成迂回保护。由于调度交换网的特殊性，调度组网的交换机采用统一机型组网，而且机型属于用户型的小机型，其组网的主流信令为 No.7 信令。考虑到调度交换网的交换机选型、调度台接入的特殊要求以及组网成本，电力调度交换网也采用 Q 信令组网。Q 信令是根据欧洲电信标准 ETSI300-102 发展起来的专网信令，采用对称型用户格式。Q 信令组网接续速度快，汇接点即拨即通；主叫号码可随被叫号码发送，有利于话务集中处理或控制，支持来电显示功能；硬件要求低，经济性好，不用另外配置信令板；性能稳定，可靠性高，完全能满足电力调度交换网组网的功能要求。

　　2. 软件换组网技术

　　电力通信随网络的迅速发展，原单纯语音方式程控交换机将逐步淘汰，利用语音分组技术实现 IP 电话通信、建立软交换系统已成为新一代的电力通信标志。软交换程控交换机＋IAD（综合接入设备：能同时交付传统的 PSTN 语音服务、数据包语音服务以及单个 LAN 的数据服务），实现内部呼叫、专网接入（E&M 或载波）、PSTN 市话出入局呼叫，既实现传统普通电话功能又有 IP 电话功能，可大大提高电力通信专网的组网灵活性、方便性，真正实现多媒体业务的应用。从而由原来的单一电路语音程控交换机技术向电路与网络电话相结合，实现语音、数据、视频等多媒体业务的融合，同时具有综合业务网管系统、计费系统、管理系统、传真、会议等应用服务。

　　电力软交换调度系统能满足传统调度系统的窄带语音业务需求，完成调度台分组、呼叫状态显示、选择应答、闭铃、来话保留、调度会议、强插、强拆、转接、热线呼叫、轮呼、故障切换等基础业务，还能根据智能电网多媒体业务需求实现语音、视频和数据的融合。其主要扩展业务有以下几种。

　　(1) 视频调度。调度员通话的同时可以看到对方，加强对现场的监控能力。

　　(2) 多媒体会议。会议召开过程能同步实现语音、视频和数据通信，使会议从传统的音频全面过渡到多媒体会议。

　　(3) 数据信息业务。实现即时文字、文件传输、网页浏览、电子白板等数据业务。

　　(4) 移动通信调度。支持移动终端的呼叫接入，提供便利的调度方式。

　　(5) IP 话机一机多号。同一 IP 话机可以向一台软交换机注册多个号码，也可向多台软交换机注册相同或不同号码。

　　电力调度电话采用软交换技术取代传统调度方式时，还有需要改进和完善的方面。

　　(1) 摘机检测差异。传统电路调度中，当模拟电话摘机时会形成线路短路信号，使程控交换机能判断出中继线或用户分机的摘机状态并进行闭锁。而标准 IP 电话和软交换机之间是通过 SIP 信令控制协议进行通信，摘机后没有 SIP 信令上报，软交换机无法得知 IP 电话摘机状态，给电话的实时动态管理带来不便，需要通过其他技术或私有协议实现对摘机状态的检测。

　　(2) 调度界面呼叫流程差异。当软交换系统的调度台通过调度界面而非 IP 调度手柄进行呼出时，需先在调度界面点击呼出用户，然后软交换机会分别向调度手柄和用户发起呼叫，调度手柄和用户分别响铃，各自拿起手柄接通电话。而传统调度界面和调度手柄其实是一体的，呼出时先拿起手柄，然后在调度界面点击呼出用户，便可等待电话接通。此呼叫流程的差异存在调度员操作习惯上的不适，需进行相应的操作习惯过渡或功能改进。

（3）铃流实现差异。传统电路调度中，模拟电话的铃声是上级网关传送回来的，区别振铃功能能轻松实现。而 IP 电话的铃声是话机本身决定的，基本缺乏根据不同呼叫送不同铃声来达到区别振铃的功能，需对 IP 电话所支持的功能做进一步的完善。省调作为一级汇接中心，在控制层采用本地容灾技术并部署主备 2 台软交换机，在备省调采用"双归属"技术作为全省的备用，实现异地的容灾处理。正常情况下省调主备 2 台软交换机处于热备，在主软交换机发生故障时，软交换网元切换到省中心内部的备软交换机，满足主备之间故障无缝切换的要求。

在接入层有 IP 终端和调度台，均通过本地交换机汇聚到核心网络，而传统程控调度机则通过 IP 中继网关接入 IP 网络，实现互通。考虑到网络安全性，该 IP 网络若需要与其他Internet 互通，则需要配置防火墙或边界接入控制器（Boarder Access Controller，BAC）来保障其安全性。地调等所有具有调度交换的站点，通过中继网关完成对传统程控调度交换机的接入，完成 PSTN 电路交换到 IP 分组交换，并通过接入网关接入模拟电话，终端可直接接入视频话机、智能调度台等来实现多媒体业务。这些设备都以省局软交换核心平台为中心，统一注册管理。变电站可以部署智能调度台完成日常调度工作，同时部署综合接入网关接入模拟话机，并且具备自交换功能，当 IP 网络不可用时，不影响内部的通话。如图 8-24 所示。

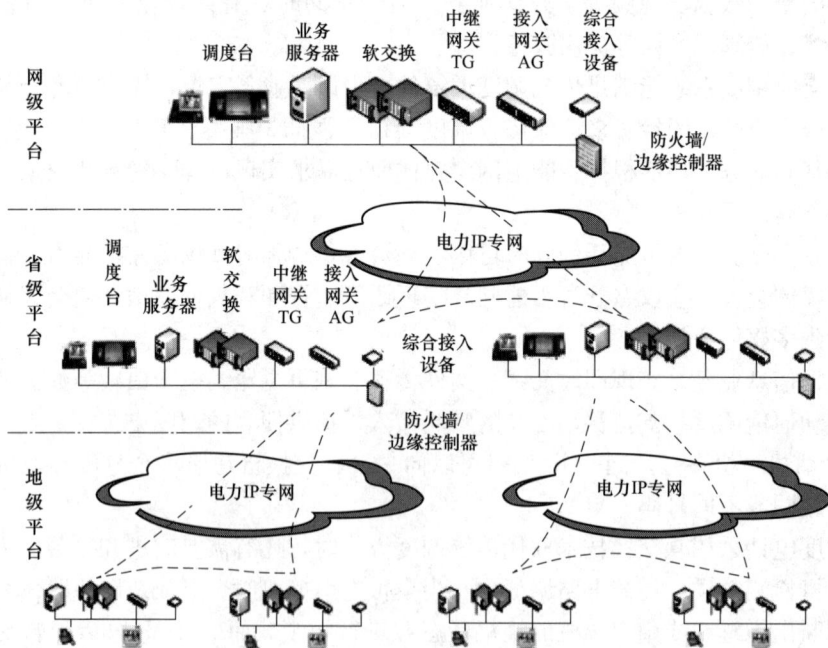

图 8-24 分布式电力软交换系统的组网

以软交换技术为核心，基于 SDH 电力专用传输网络，可提供 IP 电话与可视调度设备相连的功能，且通过 2M-IP 中继板的作用能够满足 IP 网络与用户级交换机（PBX）的链接。该链接的实现应得到 E1 网管的支持。各调度交换机分别适配了 2M-IP 中继板。根据调度交换机组网方案的设计要求,要充分发挥出软交换技术在电力调度系统中的作用,尤为关键的便是创建软交换中心,从而给权限工作及网内呼叫的实现提供可靠的支持。

3. IMS 组网技术

IMS 系统更加能够满足现在的终端客户更新颖、更多样化的多媒体业务需求。IMS 系统与软件换功能类似,采用业务、控制、承载分离的水平架构,对终端的要求不限于固定电话单一接入模式,同时具有接入无关等特性。

采用 IMS 技术,一方面解决了软交换技术还无法解决的问题,如用户移动性支持、标准开放的业务接口、灵活 IP 多媒体业务提供等;另一方面,其接入无关性使得 IMS 成为固定和移动网络融合演进的基础。IMS 还提供了与 ISDN/PSTN 传统电路交换网络的互联机制。因此,IMS 提供服务的终端除了移动终端之外,还包括固定的电话终端、多媒体智能终端、PC 机的软终端等。

三、电力系统行政电话网

1. 基于 IMS 技术

电力行政交换网早期是基于电路交换技术的程控交换设备进行组网的。以电路交换技术为主的电力交换网络为电网生产调度指挥、日常行政办公提供了优质的语音、传真等通信提供服务。电网公司早期的行政交换网络应用电路交换技术,业务方面主要提供语音、传真等窄带通信业务并接入公网,同时为调度交换网提供备用路由,覆盖电网公司总(分)部、省(自治区、直辖市)电力公司、地市供电公司及部分县供电公司,另外,部分电力直属单位和发电企业也接入了行政交换网。

对交换网络进行以 IMS 技术系统功能扩展时,提高了实用性、安全性、可靠性、开放性、扩展性及易管理性,电力行政交换系统业务功能也得到了扩展。

采用省级集中部署方式,其信令和媒体都采用扁平化组网 ENMU/DNS 系统按两级部署,省间 IMS 业务互通通过全网设置的一级 ENMU/DNS 实现(部署在电网公司总部),省公司部署二级 ENMU/DNS 负责省内 IMS 业务。采用 1+1 省内异地互备的容灾方式,一套部署在省公司本部、一套部署在数据通信网地市级的第二汇聚节点,地市公司无核心网设备。IMS 核心网络依托数据通信网进行建设,采用 MPLS 专用 VPN 承载,为节点间提供网络连接,信令流和媒体流处于同一 IMS VPN 中,IMS 网管信息采用单独的 VPN 承载于数据通信网。IMS 技术与传统程控交换技术处于共存的时期,因此,IMS 与 PSTN 之间的连接、与其他 IMS 之间的连接,需要在设计和建设中考虑技术衔接的技术细节。

(1)IMS 核心网之间采用数据通信网互联互通,省公司 I-CSCF 网元为本单位 IMS 核心网的入口,接受来自其他省或总公司 IMS 核心网的呼叫请求;省公司 S-CSCF 网元为本单位 IMS 核心网的出口,将呼叫送往被叫的 I-CSCF 网元,完成后续呼叫的接续。

(2)IMS 行政交换网用户与非 IMS 域用户通话时,为简化路由并充分利用 IMS 网络,IMS 行政交换网和现有行政交换网用户之间通话,按"IMS 用户主叫时远出 IMS,IMS 用户被叫时远入 IMS"的原则进行路由设计。IMS 行政交换与电信运营商用户之间通话采用"就近出 IMS"的原则进行路由设计。

(3)IMS 核心网与电路交换网汇接局采用 E1(2Mb/s)数字中继方式互联互通。电路交换网的汇接局及其下级交换设备应配置 IMS 用户号段的路由数据,将电路交换网用户接到 IMS 用户的呼叫,经过汇接局发送到 IP 多媒体网关设备所在的局方向。IM-MGW 设备部署在省公司，通过 E1 链路与省公司 C3 汇接局连接。

（4）IMS 核心网与调度交换网互通遵循单向互通原则，即 IMS 用户仅可以作为被叫与调度交换网用户互通，IMS 与调度交换网的互通可经过行政电路交换网转接，电路交换网退网后，IMS 与调度交换网通过 IM-MGW 互联。

（5）与其他电力企业网络互联互通时，当 IMS 设备作为互通汇接局交换机前，可通过现网电路交换网转接；当 IMS 设备作为互通汇接局交换机后，应在 IM-MGW 设备中配置相应的中继链路及路由数据，实现 IMS 核心网与其他电力企业网络的互通。

IMS 行政交换业务系统功能扩展平台技术架构采用分层结构，即应用层、接入层、业务层和数据层。

（1）应用层。应用层主要包括用户所使用的 PC 客户端，以及后台管理人员使用的 Web 管理端。

（2）接入层。接入层主要包括负责客户端接入的连接模块、融合会议中音视频传输的媒体接入模块以及可供其他业务系统调用的 Rest 接口模块。

（3）业务层。业务层提供整个平台后台服务支撑，包括即时通信业务、话机联动业务、融合会议、企业通信录、智能拨号和后台管理。

（4）数据层。数据层提供关系型数据库 Mysql 主备方案，缓存数据库 Redis 集群方案，保障业务平台数据完整性及高 I/O 性。平台各个模块均采用标准、成熟的组件，在保障当前系统稳定运行的同时，方便以后功能和业务上的拓展，使得新业务的开发接入简单、快速、低耦合。

2. 基于软交换技术

电力行政电话系统可以采用软交换技术实现。选择软交换技术是符合网络 IP 化的方向的。一方面，软交换技术能够实现业务的融合；另一方面，软交换技术使用标准的技术协议和接口，是一个开放的网络体系，能够充分融合现有网络，避免了网络演进过程中的重复建设和投资浪费。电力行政软交换系统无论是对现网的平滑过渡升级，还是对未来智能电网业务的接入都是有意义的探索。

在软交换系统中建立了统一的通信平台，可支持更多丰富应用的电话终端、终端、手机终端等，使语音和数据网络在互连过程中能够无缝接入，平滑地处理信号信令、选路等事项。

电力行政软交换系统统一通信平台的建设，提供了多种应用。终端包括：手机终端支持的智能手机、终端平台、视频话机；各终端提供语音通信、音频视频会议、企业通信录、个人通信录等功能，无论是手机终端、视频话机、终端彼此之间不受地域限制，只需要网络可达，即可实现以上任意通信功能。

第九章 接 入 网 技 术

第一节 接 入 网 概 述

传统电信界从整个电信网的角度将全网划分为公用电信网和用户驻地网（Customer Premise Network，CPN）两部分，其中 CPN 属用户所有，通常所说的电信网是指公用电信网部分。公用电信网又可分为三部分：传输网、交换网和接入网。人们倾向于将传输网、交换网称为核心网（Core Network），剩下的部分称为用户接入网或接入。

接入网是整个电信网的一部分，由图 9-1 可以了解它在传统电信网中的位置。其中传输网目前已实现了数字化和光纤化，交换网也已实现了数字化和程控化，而以铜线结构为主，用户接入网发展缓慢，直接影响了电信网的容

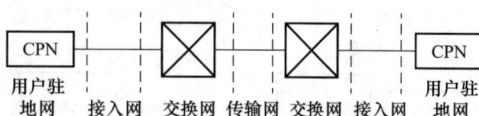

图 9-1 传统电信网示意

量、速度和质量，制约全网的发展，因此，接入网的数字化、宽带化受到通信业的极大关注。

一、接入网的产生

早期，用户终端设备到局端交换机由用户环路（又称用户线）连接，主要由不同规格的铜线电缆组成，随着社会的发展，用户对业务的需求由单一的模拟话音业务逐步转向包括数据、图像和视频在内的多媒体综合数字业务。由于受传输损耗、带宽和噪声等的影响，这种由传统铜线组成的简单用户环路已不能适应当前网络发展和用户业务的需要，在这种新形势下，各种以接入综合业务为目标的新技术、新思路不断涌现，增强了传统用户环路的功能，也使之变得更加复杂。用户环路渐渐失去了原来点到点的线路特征，开始表现出交叉连接、复用、传输和管理网的特征。基于电信网的这种发展演变趋势，IT-U 正式提出了用户接入网的概念（简称接入网，AN），其结构、功能、接入类型和管理功能等在 G.902 中有详细描述，图 9-2 给出了目前国际上流行的电信网结构，其中用户驻地网（CPN）指用户终端到用户网络接口（UNI）之间所包含的机线设备，是属于用户自己的网络，在规模、终端数量和业务需求方面差异很大，CPN 可以大到公司、企业、大学校园，由局域网络的所有设备组成，也可以小到普通民宅，仅由一对普通话机和一对双绞线组成。核心网包含了交换网和传输网的功能，或者说包含了传输网和中继网的功能。接入网则包含了核心网和用户驻地网之间的所有设施与线路，主要完成交叉连接、复用和传输功能，一般不包括交换功能。

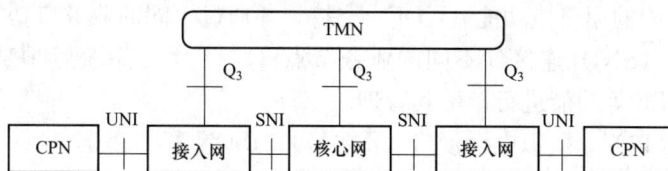

图 9-2 电信网组成示意图

由此可知，接入网已经从功能和概念上代替了传统的用户环路，成为电信网的重要组成部分，其技术发展必将给整个网络的发展带来巨大影响。接入网的投资比重占整个电信网的50％左右，具有广阔的市场应用前景。

二、接入网的定义与定界

1995 年 7 月，ITU-T 第 13 研究组通过的建议 G.902 对接入网定义如下：接入网是由业务节点接口（SNI）和用户网络接口（UNI）之间的一系列传送实体（如线路设施和传输设施）组成的、为传送电信业务提供所需传送承载能力的实施系统，可经由 Q3 接口进行配置与管理。

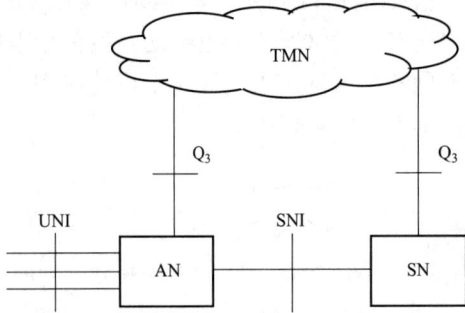

图 9-3　接入网的定界

接入网所覆盖的范围可由三个接口定界，如图 9-3 所示，即网络侧经业务节点接口（SNI）与业务节点（SN）相连、用户侧经用户网络接口（UNI）与用户相连、管理侧经 Q3 接口与电信管理网（TMN）相连，通常需经适配再与 TMN 相连。其中 SN 是提供业务的实体，是一种可以接入各种交换型或永久连接型电信业务的网络单元，如本地交换机、IP 路由器、租用线业务节点或特定配置情况下的视频点播和广播业务点等，而 SNI 是 AN 与 SN 之间的接口。

三、接入网的接口

接入网作为一种公共设施，其最大功能和最大特点是能够支持多种不同的业务类型，以满足不同用户的多样化要求。根据电信网的发展趋势，接入网承载的接入业务类型主要有本地交换业务、租用线业务、广播模拟或数字视音频业务、按需分配的数字视频和音频业务等几种。而从另一个角度来说，接入网的业务又可分为话音、数据、图像通信和多媒体类型。不管采用哪一种分类方法，接入网所能提供的业务类型都与用户需求、传输技术和网络结构有着密切的关系，需要经历一个由单一的窄带普通电话业务到数据、视频等宽带综合性业务的发展过程，其传输媒质也由单一的一对铜线发展为同轴、光纤和无线等多种传输媒质。

将上述多种类型的业务接入到核心网需要相应类型接口的支持。接入网主要有三类接口，即用户网络接口、业务节点接口和维护管理接口。

1. 用户网络接口（UNI）

UNI 位于接入网的用户侧，是用户终端设备与接入网之间的接口。

UNI 分为两种类型，即独享式 UNI 和共享式 UNI。独享式 UNI 指一个 UNI 仅能支持一个业务节点，共享式 UNI 指一个 UNI 支持多个业务节点的接入。

共享式 UNI 的连接关系如图 9-4 所示。可见，一个共享式的 UNI 支持多个逻辑接入，每个逻辑接入由不同的用户口功能（UDF）支持，并通过不同的业务口功能（SPF）经由不同的业务节点接口（SNI）连接到不同的业务节点（SN）上。系统管理功能（SMF）对接入网中的 UPF、SPF 等功能进行指配和管理。

UNI 主要包括 POTS 模拟电话接口（Z 接口）、ISDN 基本速率（2B＋D）接口、ISDN 基群速率接口（30B＋D）、模拟租用线 2 线接口、模拟租用线 4 线接口、E1 接口、话带数据接口 V.24 及 V.35 接口、CATV（RF）接口等。

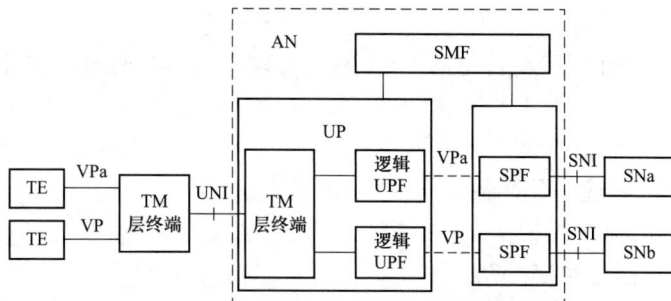

图 9-4 共享式 UNI 的配置示例

2. 业务节点接口（SNI）

SNI 位于接入网的业务侧，是接入网（AN）与一个业务节点（SN）之间的接口。如果 AN-SNI 侧和 SN-SNI 侧不在同一个地方，可以通过透明通道实现远端连接。

不同的接入业务需要通过不同的 SNI 与接入网连接，为了适应接入网中的多种传输媒质，并向用户提供多种业务的接入，SNI 主要支持三种接入：①仅支持一种专用接入类型；②可支持多种接入类型，但所有类型支持相同的接入承载能力；③可支持多种接入类型，且每种接入类型支持不同的接入承载能力。

根据不同的业务需求，需要提供相对应的业务节点接口，使其能与交换机相连。从历史发展的角度来看，SNI 是由交换机的用户接口演变而来，分为模拟接口（Z 接口）和数字接口（V 接口）两大类。Z 接口对应于 UNI 的模拟 2 线音频接口，可提供普通电话业务或模拟租用线业务。随着接入网的数字化和业务类型的综合化，Z 接口将逐渐被 V 接口所代替。为了适应接入网内的多种传输媒质和业务类型，V 接口经历了从 V1 到 V5 接口的发展，V5 接口是本地数字交换机数字用户的国际标准，它能同时支持多种接入业务。

3. 维护管理接口（Q_3）

Q_3 接口是电信管理网（TMN）与电信网各部分相连的标准接口。作为电信网的一部分，接入网的管理也必须符合 TMN 的策略。接入网通过 Q_3 接口与 TMN 相连来实施 TMN 对接入网的管理与协调，从而提供用户所需的接入类型及承载能力。接入网作为整个电信网络的一部分，通过 Q_3 接口纳入 TMN 的管理范围之内。

四、接入网的功能结构

接入网有 5 个基本功能，分别是用户口功能（UPF）、业务口功能（SPF）、核心功能（CF）、传送功能（TF）和 AN 系统管理功能（SMF），图 9-5 给出了各功能之间的相互关系。

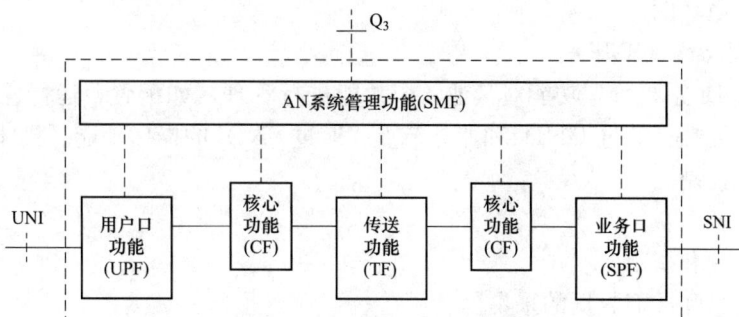

图 9-5 接入网的功能结构图

1. 用户口功能（UPF）

用户口功能的主要作用是将特定的 UNI 要求与核心功能和管理功能相匹配。具体功能包括：

（1）UNI 的激活/撤销激活。

（2）处理 UNI 承载通路及容量。

（3）UNI 测试和 UPF 维护。

（4）A/D 转换和信令转换。

（5）管理和控制功能。

2. 业务口功能（SPF）

业务口功能的主要作用是将特定的 SNI 规约的要求与公用承载通路相适配，以便核心功能处理，同时负责选择收集有关信息，以便系统管理功能进行处理。具体功能包括：

（1）终结 SNI 功能。

（2）将承载通路的需要和即时的管理等需求映射进核心功能。

（3）特定 SNI 所需的协议映射。

（4）SNI 的测试和 SPF 的维护。

（5）管理和控制功能。

3. 核心功能（CF）

核心功能处于 UPF 和 SPF 之间，其主要作用是将个别用户口通路承载要求或业务口承载通路要求与公共承载通路适配，还负责对协议承载通路的处理。具体功能包括：

（1）接入承载通路处理。

（2）承载通路集中。

（3）信令及分组信息的复用。

（4）ATM 传送承载通路的电路模拟。

（5）管理和控制功能。

4. 传送功能（TF）

传送功能的主要作用是为接入网中不同地点之间公用承载通路的传送提供通道，同时也为所用传输媒质提供适配功能。具体功能包括：

（1）复用功能。

（2）交叉连接功能（包括疏导和配置）。

（3）管理功能。

（4）物理媒质功能。

5. 系统管理功能（SMF）

接入网（AN）系统管理功能对其他 4 个功能进行管理，如配置、运行、维护等，同时也负责协调用户终端（通过 UNI）和业务节点（通过 SNI）的操作功能。具体功能包括：

（1）配置和控制。

（2）业务协调。

（3）故障检测和指示。

（4）用户信息和性能数据的采集。

（5）安全控制。

(6) 协调用户终端和业务节点的操作。

(7) 资源管理。

五、接入网的特点

由于在电信网中的位置和功能不同，接入网与核心网有着非常明显的差别。主要具有以下特点：

(1) 具备复用、交叉连接和传输功能，一般不含交换功能。接入网主要完成复用、交叉连接和传输功能，一般不具备交换功能，它提供开放的 V5 标准接口，可实现与任何种类的交换设备的连接。

(2) 接入业务种类多，业务量密度低。接入网的业务需求种类繁多，除了接入交换业务外，还可接入数据业务、视频业务以及租用业务等，但是与核心网相比，其业务量密度很低，经济效益差。

(3) 网径大小不一，成本与用户有关。接入网只是负责在本地交换机和用户驻地网之间建立连接，但是由于覆盖的各用户所在位置不同，造成接入网的网径大小不一，例如市区的住宅用户可能只需 1～2km 长的接入线，而偏远地区的用户可能需要十几公里的接入线，成本相差很大。而对核心网来说，每个用户需要分担的成本十分接近。

(4) 线路施工难度大，设备运行环境恶劣。接入网的网络结构与用户所处的实际地形有关，一般线路沿街道敷设，敷设时经常需要在街道上挖掘管道，施工难度较大。另外接入网的设备通常放置于室外，要经受自然环境甚至人为破坏，这对设备提出了更高的要求。根据美国贝尔通信研究中心估计，由于电子元器件和光元器件的性能变化随温度的指数关系变化，所以接入设备中的元器件性能的恶化速度比一般设备快得多，这就对元器件的性能和极限工作温度提出了相当的要求。

(5) 网络拓扑结构多样，组网能力强大。接入网的网络拓扑结构具有总线型、环形、星形、链形、树形等多种形式，可以根据实际情况进行灵活多样的组网配置。其中环形结构可带分支，并具有自愈功能，优点较为突出。在具体应用时，应根据实际情况进行有针对性地选择。

六、接入网的技术分类

接入网研究的重点是围绕用户对话音、数据和视频等多媒体业务需求的不断增长，提供具有经济优势和技术优势的接入技术，满足用户需求。接入网主要分为有线接入网和无线接入网两大类，有线接入网包括铜线接入网、光纤接入网和混合光纤/同轴电缆接入网；无线接入网包括固定无线接入网、移动接入网和各种近距离无线接入技术；此外还有以太网接入、卫星 Internet 接入及新兴的电力线接入。各种方式的具体实现技术多种多样，特色各异。

有线接入主要采取如下措施：

(1) 在原有铜质导线的基础上通过采用先进的数字信号处理技术来提高双绞铜线对的传输容量，提供多种业务的接入。

(2) 在原有 CATV 的基础上，以光纤为主干传输，经同轴电缆分配给用户的光纤/同轴混合接入。

无线接入技术主要采取固定无线接入、移动无线接入和近距离无线接入几种形式，另外有线和无线结合的综合接入技术也有研究。

　　由于光纤具有容量大、速率高、损耗小等优势，因此从长远来看光纤到户应该是接入网的最理想选择，但是考虑到价格、技术等多方面的因素，接入网在未来很长时间内将维持多种技术共存。另外，随着因特网业务的迅速增长，传送以太网技术逐渐渗透到接入网领域，形成了以太网接入技术，它具有使用简单、价格低廉等显著特点，在近期将会得到迅速发展。而利用 220V 低压电力线传输高速数据又被认为是提供"最后一公里"解决方案具有竞争力的技术之一。随着物联网技术和产业的迅猛发展，Wi-Fi、ZigBee、RFID、NBIOT 等近距离无线接入技术也发挥着越来越重要的作用。

　　从目前通信网络的发展状况和社会需求来看，未来接入网的发展趋势是网络数字化、业务综合化和 IP 化，在此基础上，实现对网络的资源共享、灵活配置和统一管理。

第二节　V5　接　口

　　V5 接口是业务节点接口（SNI）的一种，是专为接入网（AN）的发展而提出的本地交换机（LE）与接入网之间的接口。该接口不仅把交换机与接入设备之间模拟连接改变为标准化的数字接口连接，解决了过去模拟连接传输性能差、设备费用高、数字业务发展难的问题，而且该接口具有很好的通用性，使接入网与交换机之间能够采用一个自由连接的接口。鉴于 V5 接口的重要性和接入网发展的迫切性，国际电信联盟标准部（ITU-T）于 1994/1995 年以加速程序通过了 V5 接口规范。我国相应的 V5 接口标准经过多次评审和修改，也于 1996 年 10 月颁布实施。

　　已颁布的 V5 接口规范包括 V5.1 接口（ITU-T 建议 G.964，邮电部标准 YDN-020－1996）和 V5.2 接口（ITU-T 建议 G.965，邮电部标准 YDN-021－1996）。V5.1 接口由单个 2.048Mb/s 链路构成，时隙与业务端口一一对应，不含集线功能；V5.2 接口按需可以由 1～16 个 2.048Mb/s 链路构成，并支持集线功能，时隙动态分配。

一、V5 接口的特点

　　V5 接口是一个在接入网中适用范围广、标准化程度高的新型数字接口，V5 接口的标准化代表了重要的网络演进方向，对于接入网的发展具有巨大影响和深远意义，对于设备的开发应用、各种业务的发展和网络的更新起着重要作用。主要表现在以下几个方面。

　　（1）V5 接口使长期以来封闭的交换机用户接口成为标准化的开放型接口，使本地交换机可以和接入网络标准接口任意连接，不受限于某一厂商，也不局限于特定的传输媒质，具有极大的灵活性。

　　（2）V5 是规范化的数字接口，允许用户与本地交换机直接以数字方式相连，消除了接入网在用户侧和交换机侧多余的 A/D 和 D/A 转换，提高了通信质量，使网络更经济有效。

　　（3）与专为 ISDN 用户制定的 V1～V4 接口不同，V5 接口取代了交换机原有的模拟用户接口、各种专线接口和 ISDN 用户接口，支持 PSTN 和 ISDN 的综合接入，使网络更简单有效。

　　根据连接的 PCM 链路数及 AN 具有的功能，V5 接口分为 V5.1 和 V5.2 两种形式。V5.1 接口使用一条 PCM 基群（2048kb/s，30 路）线路连接 AN 和交换机，支持 PSTN 接入、64kb/s 的综合业务数字网（ISDN）基本速率接入（BRA）以及用于半永久连接的、不加带外信令的其他模拟接入或数字接入，对应的 AN 不含集线功能，一般在连接小规模的 AN 时使用；V5.2 接口支持多达 16 条 PCM 基群线路，它除了支持所有 V5.1 接口的接入类型外，还支持 ISDN 一次群速率接入（PRA），具有集线功能。V5.1 可以看成 V5.2 的子集，V5.2 是 V5.1 的发展。

二、V5 接口支持的业务

V5 接口支持以下几种业务的接入：

（1）PSTN 业务。V5 接口既支持单个用户的接入，也支持用户交换机（PBX）的接入。用户信令可以是双音多频信号或线路状态信号，对用户的附加业务没有影响。使用 PBX 时，支持用户直接拨入功能。

（2）ISDN 业务。V5.1 支持 ISDN 的基本速率接入（BRA），V5.2 既支持 ISDN 的基本速率接入，还支持 ISDN 一次群速率接入（PRA）。V5 接口不直接支持低于 64kb/s 的比特速率，它们将被视为在 64kb/s 的 B 通路内的一种用户应用。对于 ISDN 接入，B 通路和 D 通路的承载业务、分组业务和补充业务都不受限制。

（3）专线业务。专线业务包括永久租用线、半永久租用线和永久线路能力，可以是模拟用户，也可以是数字用户。其中永久租用线和永久线路能力使用 ISDN 中的一个或多个 B 通路，旁通 V5 接口；半永久租用线使用 ISDN 中的一个或两个 B 通路或使用无带外信令的模拟/数字租用线，通过 V5 接口。

三、V5 接口的功能描述

以 V5.2 接口为例，功能特性如图 9-6 所示，它主要包括以下功能要求：

（1）承载通路。承载通路为 ISDN-BAI 和 ISDN-PRI 用户端口分配 B 通路或为 PSDN 用户端的 PCM64kb/s 通路信息提供双向的传输能力。

（2）ISDND 通路信息。ISDND 通路信息为 ISDN-BAI 和 ISDN-PRI 用户端口的 D 通路信息提供双向的传输能力。

（3）PSDN 信令信息。PSDN 信令信息为 PSTN 用户端口的信令信息提供双向的传输能力。

（4）用户端口及公共控制信息。用户端口及公共控制信息提供 ISDN 和 PSTN 每一用户端口状态和 V5 接口重新启动、同步指配数据等公共控制信息传输能力。

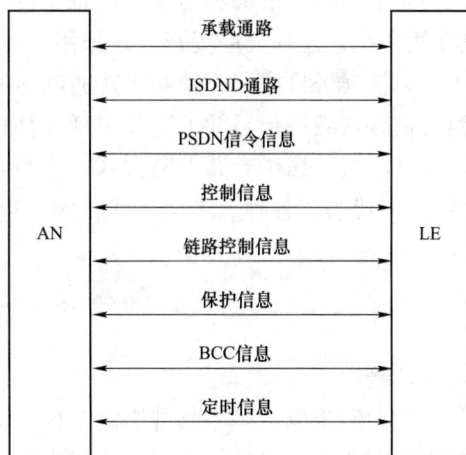

图 9-6 V5.2 接口的功能特性

（5）2048kb/s 链路控制。2048kb/s 链路控制对 2048kb/s 链路的帧定位、复帧同步、告警指示和 CRC 信息进行管理控制。

（6）保护协议。保护协议在多个 2048kb/s 链路存在时，支持在不同的 2048kb/s 链路上交换逻辑通路的能力。

（7）承载通路连接（BCC）协议。BCC 协议用在 LE 控制下，分配承载通路。

（8）定时信息。定时信息提供比特传输，字节识别和帧同步必要的定时信息。

V5.1 接口与 V5.2 接口相比，没有链路控制、保护和 BCC 协议信息。

V5 接口是一种综合的业务节点接口，完全符合接入网关于业务接口功能的要求。然而特别需要明确的是，基于 V5 接口的技术规范中关于 V5 接口功能的规定和描述远远超过了 V5 接口作为 SNI 接口的内容，实际上 V5 接口涉及了接入网的几乎全部功能。

第三节　铜线接入技术

普通用户线由双绞铜线对构成，是为传送 300～3400Hz 的话音模拟信号设计的，目前采用 V.90 标准的话带调制解调器（V.90 MODEM），它的上行速率为 33.6kb/s，下行速率为 56kb/s，这几乎接近了香农定理所规定的电话线信道（话带）的理论容量，而这种速率远远不能够满足宽带多媒体信息的传输需求。

由于 V 系列 MODEM 占用的频带十分有限，只有大约 3400Hz，因此传输速率进一步提高的潜力不大。为适应因特网接入的需求，要进一步提高传输速率，必须充分利用双绞铜线的频带，于是各种数字用户线（Digital Subscriber Line，DSL）技术应运而生。最先出现的是 N-ISDN，它使用 2BIQ 的线路码，在一对双绞线上双工传送 160kb/s 的码流，占用 80kHz 的频带，传输距离达到 6km，如果使用更新、功能更强大的 DSP，传输距离还可进一步增加。在美国，N-ISDN 的应用并不广泛，因此有些人认为 N-ISDN 在美国是失败的。但在欧洲某些国家，如德国，N-ISDN 是相当成功的。我国的部分地区也已经开通了 N-IS-DN 的服务。

为了适应新的形势和需要，出现了多种其他铜线宽带接入技术，即充分利用原有的铜线（电话用户线）这部分宝贵资源，采用各种高速调制和编码技术，实现宽带接入。这类铜线接入主要是 xDSL 技术，是基于普通电话线的宽带接入技术，它在同一铜线上分别传送数据和语音信号，数据信号并不通过电话交换机设备，减轻了电话交换机的负载；并且不需要拨号，一直在线，属于专线上网方式，这意味着使用 DSL 上网不需缴付另外的电话费。xDSL 中的"x"代表了各种数字用户线技术，包括 HDSL、ADSL、VDSL 等。

第四节　光纤接入技术

一、概述

尽管人们采取了多种改进措施来提高双绞铜线对的传输能力，最大限度保护现有投资，但是由于铜线本身存在频带窄、损耗大、维护费用高等固有缺陷，因此从长远看，各种铜线接入技术只能是接入网发展过程中的临时性过渡措施。而光纤具有频带宽、容量大、损耗小、不易受电磁干扰等突出优点，成为骨干网的主要传输手段。随着技术的发展和光缆、光器件成本的下降，光纤接入技术已得到广泛的应用。

光纤接入技术指在局端与用户之间中采用光纤为主要传输媒质来传送用户信息，泛指本地交换机或远端模块与用户之间采用光纤通信或部分采用光纤通信的系统，又称为光纤用户环路 FITL（Fiber In The Loop），其主要优点是支持宽带业务、有效解决宽带网的"瓶颈效应"问题，而且传输距离长、质量高、可靠性好，已成为现代信息网络的主要基础设施。

光纤接入的主要技术是光波传输技术。根据光纤深入用户的程度，可分为 FTTC（Fiber to The Curb，光纤到路边）、FTTZ（Fiber to The Zone，光纤到小区）、FTTO（Fiber to The Office，光纤到办公室）、FTTB（Fiber to The Building，光纤到大楼）、FTTH（Fiber to The Home，光纤到家庭）等，统称为 FTTx。

随着近年来宽带 Internet 的深入普及和不断发展，各类互联网互动业务如桌面可视电话、桌面会议、电视、视频点播、远程教育、数字高清电视、IPTV（Internet Protocol TV or Interactive Personal TV，交互式网络电视）等高端业务和应用不断涌现，使得人们对网络接入带宽提出了更高的要求。而这些新业务，尤其是以 IPTV 为代表的网络视频业务对于带宽的需求远远超过传统的 Web 浏览、E-Mail 等业务，现有接入技术难以满足这样的高带宽需求，而能够轻松提供 1Gb/s 带宽的 FTTH 成为实现这些业务的最有效手段，是未来宽带接入的最佳模式之一。目前，FTTH 的实现包括先实现 FTTC 或 FTTB，而从 ONU 到用户仍利用已有的铜线双绞线，采用 xDSL 传送所需信号，具备条件的地方光纤直接延伸到家庭，从窄带业务逐渐向宽带业务升级。

按光分配网（Optical Distribution Network，ODN）中是否含有源设备，光接入网可以分为有源光网络（Active Optical Network，AON）和无源光网络（Passive Optical Network，PON），PON 采用光分路器分路，网络结构中没有任何有源电子元件；AON 采用电复用器分路，中心局端和用户端之间部署了有源光纤传输设备（光电转换设备、有源光电器件以及光纤等）。

二、有源光网络（AON）

AON 使用有源电复用设备代替无源光分路器，可延长传输距离，扩大 ONU 的数量，目前应用较广泛的点到点（P2P）的 MC（Media Converter）都属于有源光纤接入，AON 的局端设备 CE 和远端设备 RE 通过有源光传输设备相连。

有源光网络（AON）可分为基于 PDH 和基于 SDH 的有源光网络，目前常用的是基于 SDH 的有源光网络 AON。在接入网中应用 SDH 技术，可以将 SDH 技术在核心网中的巨大带宽优势带入接入网领域，充分利用 SDH 在灵活性、可靠性以及网络运行、管理和维护方面的独特优势。但干线使用的机架式大容量 SDH 设备不是为接入网设计的，接入网中需要的 SDH 设备应是小型、低成本、易于安装和维护的，因此应采取一些简化措施以降低系统成本，提高传输效率。基于 SDH 的有源光网络 AON 具有 155Mb/s 或 622Mb/s 的接入速率，甚至可以提供 2.5Gb/s 的接口。随着应用的增加，传输带宽可以随之增加，光纤的传输带宽潜力相对接入网的需求而言几乎是无限的。而且在不加中继器的情况下传输距离可以达到 70km。目前，SDH 技术在接入网中的应用可结合 FTTB/C+XDSL、FTTB/C+Cable MODEM、FTTB/C+LAN 接入等方式为用户提供宽带业务。

与无源光网络（PON）不同，有源光网络（AON）中光网络单元（ONU）接收到的信号是经有源设备光—电—光转换后的信号，AON 的技术已经十分成熟，点到点系统避免了复杂的上行同步技术和终端自动识别技术，另外上行的全部带宽可被一个终端所用，这非常有利于带宽的扩展。但这些优点远不能抵消它在器件和光纤成本方面的劣势，其部署成本要比无源光网络（PON）高。

三、无源光网络（PON）

在光接入网中，如果光配线网（ODN）全部由无源器件组成，不含任何有源节点，这种光接入网就是 PON，PON 的架构主要是将光纤线路终端设备 OLT 下行的光信号，通过一根光纤经由无源器件 Splitter（光分路器）分路传送给用户终端设备 ONU/T，如图 9-7 所示。

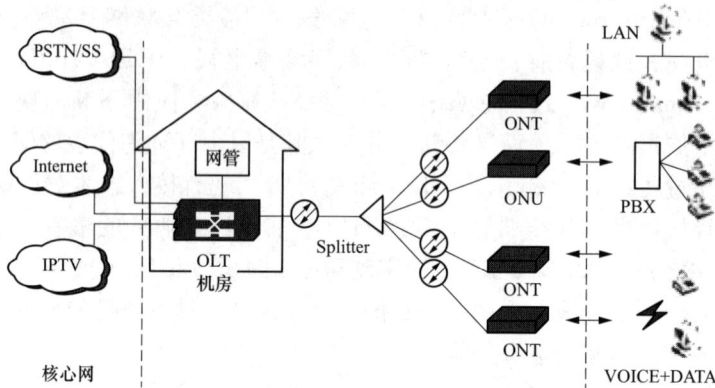

图 9-7　PON 的技术架构

PON 消除了户外的有源设备，所有的信号处理功能均在交换机和用户宅内设备完成，这样就大幅减少了网络机房及设备维护的成本，更节省了大量光缆资源的建设成本，且避免了外部设备的电磁干扰和雷电影响，减少了线路和外部设备的故障率，提高了系统可靠性，PON 因而成为 FTTH 最新热门技术。但是每个 1：2 光功率分配器会产生 3～4dB 损耗，使光功率降低，比较适合于短距离情况，传输距离较长时应使用光纤放大器增强信号。

PON 接入技术始于 20 世纪 80 年代初，主要包括 APON（ATM PON）/BPON（宽带 PON）、EPON（以太网 PON）和 GPON（千兆比特 PON）等接入技术，其中 EPON 和 GPON 技术目前被认为是实现 FTTH 的最佳技术。

1. 基于 ATM 的无源光网络（APON）

APON 也称为 BPON（BPON 最初被称为 ATM 宽带无源光网络 APON），它是基于 ATM 的无源光网络，用于宽带综合业务的接入。APON 是数据链路层 ATM 技术与物理层 PON 技术的结合，它利用 ATM 的集中和统计复用，再结合无源光分路器对光纤和光线路终端的共享作用，使成本比传统的以电路交换为基础的 PDH/SDH 接入系统低 20%～40% 左右。

APON 可以发挥 ATM 和 PON 的优势，是支持多业务、多比特接入和宽带、透明传输能力的一种较好的解决方案，但目前实际的 APON 产品的业务供给能力仍很有限，成本过高，其市场前景由于 ATM 在全球范围的受挫而不理想。

2. 以太无源光网络（EPON）

随着 Internet 的高速发展，IP/Ethernet 越来越得到人们的青睐。以太网的传输速度从 10Mb/s、100Mb/s 发展到 1000Mb/s，现在 10Gb/s 的以太网也已经投入使用。而 APON 的发展却因 ATM 不敌以太网而受阻，针对这一问题有人提出了 EPON 的概念和实施方案，即在与 APON 类似的结构和 G.983 标准的基础上，保留 APON 的物理层 PON 这一精华部分，但用以太网代替 ATM 作为数据链路层协议，构成了一个可以提供更大带宽、更低成本和更强业务能力的新的结合体。这一设想得到了积极响应，IEEE 于 2000 年 11 月成立了

EFM 研究组（Ethernet in the First Mile Study Group），开始了 EPON 的标准化工作。EPON 具有高带宽（下行速率高达 1Gb/s）、低成本、与现有以太网兼容、能提供多层安全机制（如 VLAN、闭合用户群和支持 VPN）等优点，具有较好的发展前景。

　　EPON 不需任何复杂的协议光信号就能精确地传送到最终用户，来自最终用户的数据也能被集中传送到中心网络。在物理层 EPON 使用 1000BASE 的以太 PHY，同时在 PON 的传输机制上，通过新增加的 MAC 控制命令来控制和优化各 ONU 与 OLT 之间突发性数据通信和实时的 TDM 通信。在协议的第二层 EPON 采用成熟的全双工以太技术。ONU 使用 TDM 在自己的时隙内发送数据报，因此没有碰撞，不需 CSMA/CD，从而充分利用带宽。另外，EPON 通过在 MAC 层中实现 802.1p 来提供与 APON 类似的服务质量 QoS。

　　EPON 的基本结构包括光线路终端 OLT（Optical Line Terminal）、光分配网 ODN、光网络单元 ONU（Optical Network Unit）、光网络终端 ONT（Optical Network Terminal），如图 9-8 所示。

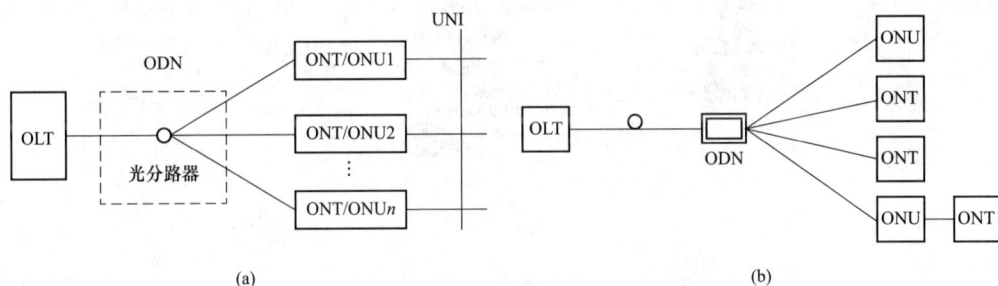

图 9-8　EPON 的基本结构
（a）EPON 的基本结构形式 1；（b）EPON 的基本结构形式 2

　　（1）OLT。OLT 称作光线路终端，是用于连接光纤干线的终端设备。在 EPON 系统中，OLT 既是一个交换机或路由器，又是一个多业务提供平台，其作用是提供面向无源光纤网络的光纤接口，除了支持传统语音、普通电话线和其他类型 T1/E1 接口外，还支持 ATM、FR 等速率 SONET 连接。

　　（2）ODN。ODN 称作光分配网，是基于 PON 设备的 FTTH 光缆网络，其作用是为 OLT 和 ONU 之间提供光传输通道。从功能上分，ODN 从局端到用户端可分为馈线光缆子系统、配线光缆子系统、入户线光缆子系统和光纤终端子系统四个部分。

　　（3）ONU。ONU 称作光网络单元，作用是对 OLT 发送广播选择性接收，若需要接收该数据，要对 OLT 进行接收响应；对用户需要发送的以太网数据进行收集和缓存；可通过层叠来为多个最终用户提供共享高带宽。不需要协议转换就可实现数据透明传输。EPON 系统中各个 ONU 设备是通过 POS（Passive Optical Splitter，无源光分路器）采用并联方式组成光纤网络。

　　（4）ONT。ONT 称作光网络终端，属于 ONU 的一部分，作用是直接位于用户端，可以接入 xDSL（ADSL、XDSL）或者以太网接入口的网关设备，之后再接入到网络终端。ONT 是 FTTH 的最末端单元，俗称"光猫"，类似于 xDSL 的电猫。ONT 与 ONU 的区别：ONT 应用于最终用户，而 ONU 是指光网络单元，它与最终用户之间可能还有其他网络。

　　EPON 技术越来越广泛地应用于电力系统配电通信网中，其应用模式可分为 EPON 独立组网模式、EPON＋SDH/MSTP 分层组网模式和混合组网模式等。其中 EPON＋SDH/MSTP 分层组网模式因充分利用现有骨干通信网的通信资源，具备 SDH 通信路由的冗余和保护功能，提高了其通信路由的可靠性等优点，成为应用较多的组网方案。图 9-9 给出了某配电通信网采用的 EPON＋SDH 分层组网模式，该配电通信网由配网接入层、变电站层和配网主站层构成三层网络结构；配网接入层采用 EPON 光通信技术组网；形成以串联多级分光模式为主、手拉手网络保护和双 PON 口全光路保护为辅的组网模式。变电站层和配网主站层采用光纤、同步数字体系（SDH）或基于 SDH 的多业务传送平台（MSTP）等技术组网。变电站层通过 OLT 设备与 SDH 传输设备的以太网口连接，实现 EPON 光网络与 SDH 网络的互通，并利用 SDH 环网的自愈功能，实现了从变电站到配电网自动化主站之间通信路由的保护。

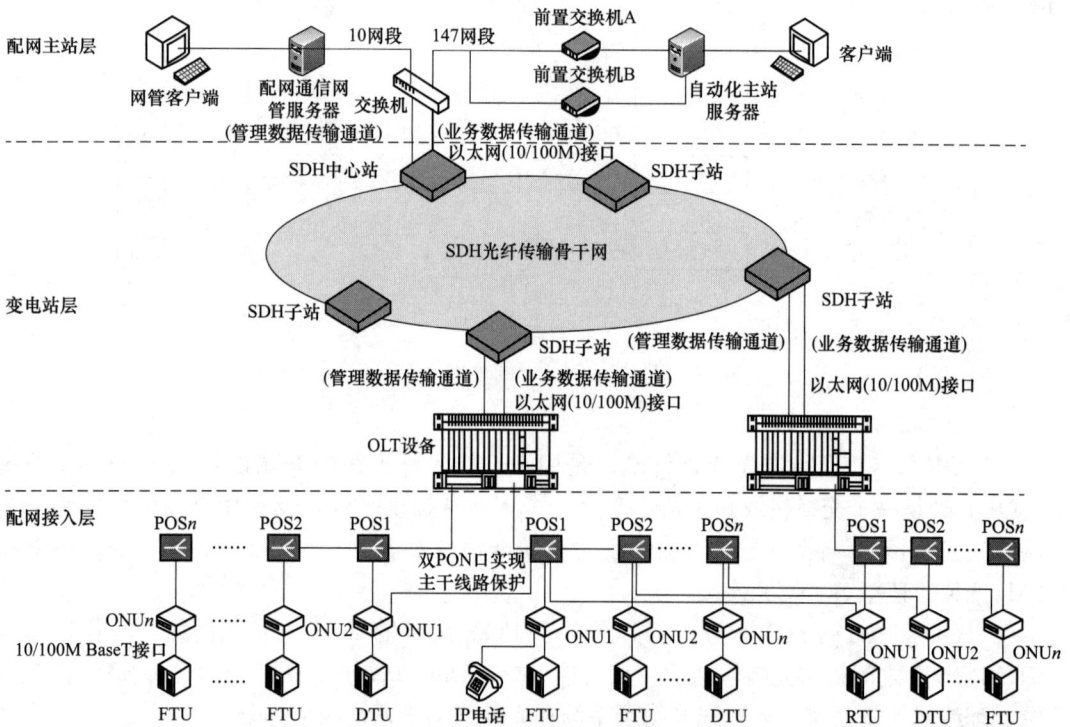

图 9-9　EPON＋SDH 分层组网模式

3. 千兆无源光网络（GPON）

　　GPON（Gigabit-Capable PON）技术是基于 ITU-TG.984.x 标准的最新一代宽带无源光综合接入标准，具有高带宽、高效率、大覆盖范围、用户接口丰富等众多优点，被大多数运营商视为实现接入网业务宽带化、综合化改造的理想技术。GPON 最早由 FSAN 组织于 2002 年 9 月提出，ITU-T 在此基础上于 2003 年 3 月完成了 ITU-T G.984.1 和 G.984.2 的制定，2004 年 2 月和 6 月完成了 G.984.3 的标准化，从而最终形成了 GPON 的标准族。

　　GPON 系统在网络结构上同其他的 PON 系统一致，上行采用点到点通信方式，下行采用广播方式。GPON 系统也由光分配网络 ODN、光线路终端 OLT、光网络单元 ONU 组成，如图 9-10 所示。

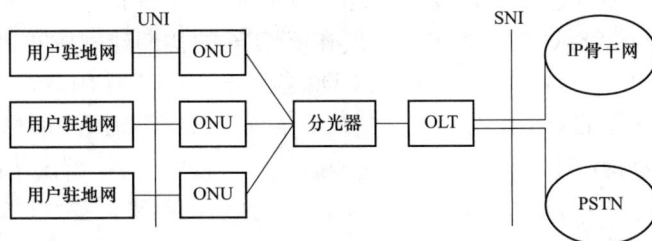

图 9-10 GPON 系统结构

4. 千兆以太无源光网络（GEPON）

GEPON 与 APON 最大的区别是 GEPON 根据 IEEE802.3 协议，包长可变至 1518Bytes 传送数据，而 APON 根据 ATM 协议，按照固定长度 53Bytes 包来传送数据，其中 48Bytes 负荷，5Bytes 开销。这种差别意味着 APON 运载 IP 协议的数据效率低且困难。用 APON 传送 IP 业务，数据包被分成每 48Bytes 一组，然后在每一组前附加上 5Bytes 开销。这个过程耗时且复杂，也给 OLT 和 ONU 增加了额外的成本。此外，每一 48Bytes 段就要浪费 5Bytes，造成沉重的开销。相反，以太网传送 IP 流量，相对于 ATM 开销急剧下降。

GEPON 实现在用户接入网中传输以太帧，非常适合 IP 业务的传送。此外，由于目前 IP 网络的普遍建设，基于以太网技术的元器件结构比较简单，性能高且价格便宜，使得 GEPON 相比其他 PON 技术更容易大规模商用。

四、下一代无源光网络 NG-PON

1. 下一代光无源网络 NG-PON 特点

随着全球范围接入网市场的快速发展和迅猛增长的高清 IPTV、视频监控等高带宽业务需求，EPON、GEPON 难以满足长期发展，在带宽、业务支撑能力及接入网功能和性能等方面都面临瓶颈的场景下，NG-PON 概念应运而生。

NG-PON 主要技术特征如下：

（1）传输速率达到 10Gb/s 以上或者更快。能够按照方向来划分 10Gb/s 上下行对称 PON 以及下行速率 10Gb/s、上行速率 1Gb/s 非对称 PON 或更先进的提供 40Gb/s PON，甚至 100Gb/s PON 服务能力。

（2）光功率增大和分光比更加灵活。功率的最大预期是大于 28dB，分光比不小于 1：64。

（3）兼容既有 PON 系统。包括与既有大规模部署的 EPON、GEPON 等共存，继承所有运营业务并确保客户能向下一代光网系统平滑过渡。

（4）更智能的组网要求。满足运营商包括 FTTH、FTTO、FTTB 等多种组网的业务管控、网络管理与低成本维护等更严苛的要求。

NG-PON 技术的实现形式包括 TDM、WDM、TWDM、OFDM、OCDMA 等多种技术，在 10Gb/s 速率上，TDM PON 仍以低成本、高成熟度优势成为首选，在 40Gb/s 速率下，TWDM PON 成为公认的主流方案。

2. 下一代无源光网络 NG-PON 的智能 ODN

ODN 网络配置是 FTTH 建设中最重要的一个环节，其在宽带网络建设的地位犹如道路对交通一样，是能否成功实现宽带建设战略的基石。当前技术条件下，ODN 网络的设计部署工作相对复杂，作为基础网络将用户端和局端相连，其建设周期长，并且在敷设完成后，难于新增网络和进行相关建设，因此，完成敷设后要求有较长的使用周期。ODN的建设成本较 OLT 和 ONU 高出很多，一般在 FTTH 的初期建网成本达到 90%，终期成本也接近总成本的 60%。因此，必须保证 ODN 能够长期稳定使用，在这一方面，进行科学的规划建设以及良好的维护十分关键。同时，在 FTTH 不断深入的建设中，ODN 蕴含的一些问题也逐渐暴露出来，因此 FTTH 受到了新的挑战。为了解决传统 ODN 发展过程中的各种问题，近年来，智能光纤配线网络 ODN 快速发展起来，各大厂家纷纷提出自己的智能 ODN 方案。

所谓智能 ODN 是指将无源 ODN 设备和有源通信设备相结合的系统，既能够提供传统 ODN 设备所具有的功能，又能够在有源通信设备的协助下实现通信功能，同时还兼顾考虑了具体的使用状况。因此，许多通信设备厂商如华为、中兴都给出了智能 ODN 解决方案。智能 ODN 具有光纤设备智能化、网络信息及时性以及操作自动化等特点，能够非常有效地提升网络的信息管理能力和运行效率。在智能 ODN 标准化工作逐渐完成后，以运营商为主的技术力量对其展开运用，使得智能 ODN 逐渐走向规模化应用。新一代光接入网技术将更好地发挥光纤资源在容量和灵活性等方面的极大潜力。

五、软件定义的光接入网

1. 背景与需求

近年来随着互联网的普及网络业务多样化，新型网络业务如远程会议、在线直播、4K/8K/12K 高清视频、人机互动游戏等快速增长，同时物联网、自动驾驶、云计算、虚拟现实、增强现实、5G 等新型网络应用场景层出不穷。新型网络业务和网络应用场景的高速发展，一方面导致了网络数据流量的爆发式增长，作为用户接入网络资源入口之一的光接入网受到了严重的冲击，为了满足用户带宽需求，保障网络业务的数据传输质量，光接入网将需要进一步提升网络容量；另一方面，多样化的网络业务及应用场景带来了多样化的服务质量（QoS）需求，以 5G 网络为例，5G 网络必须满足三种通用业务类型相关的各种需求，如 eMBB 业务的高数据速率需求、uRLLC 业务的低延迟需求、mMTC 业务的大量设备通信需求。为了满足不同业务类型的差异化服务需求，保证用户良好的使用体验，未来光接入网需要智能灵活的资源调度及网络切片能力以支持多样化的网络服务。

以 EPON、GEPON 以及 10Gb/s E/G PON 为代表的光接入网技术的广泛部署，难以满足日益增长的带宽需求，而下一代无源光网络接入技术尽管可以利用波分复用（WDM）、混合时分、波分复用（TWDM）乃至超密集波分复用（UDWDM）手段持续提升接入带宽，但在成本限制的条件下，光纤的传输容量很快将逼近极限。因此，只有网络效率的提升，尤其是接入侧网络效率的提升，才能支撑整体网络的可持续发展。然而，当前接入网普遍存在的网络架构固定、升级维护困难、管控接口众多、资源调度复杂、优化方式单一、资源利用率低等问题，大大影响了接入网网络资源的有效管理与利用。将 SDN 思想引入光接入网中，通过构建统一开放的集中式管控平台，完成底层网元抽象，有效调用时域、波域、频域资源，提升网络可用性，构建可控、可靠、可持续的接入系统，完成多租户、多业务的灵活开通与部署；高效应对高带宽、多业务、新场景、易运维需求。提升接入网灵活性、开放性、智能性，构建高速、高效的软件定义光接入网体系，对于实现未来全程全网的灵活管控具有重要意义。

2. 软件定义的光接入网的总体架构

图 9-11 所示为软件定义光接入网系统总体架构，主要包括支持软件定义的灵活 ONU、OLT、ODN 及集中式控制器。在用户侧包括以 PON 为支撑的有线与无线两种接入方式，根据网络规模，ONU 通过可调 ODN 与 OLT 池相连，OLT 池通过路由器连至 BRAS（Broadband Remote Access Server，宽带远程接入服务器）以支持基本的鉴权功能，并最终通过 BRAS 与骨干网相连。该架构在多波长 PON 系统上加入了 SDN 控制器，并与 OLT、路由器、BRAS 等设备直接相连，负责监听设备的状态，获得下层设备的基本信息，生成虚拟拓扑，提供网络全局视图；同时，在虚拟拓扑的基础上，收集下层设备的反馈信息，实时了解同一时间不同用户的不同需求，以此进行多维、多域资源动态分配及灵活调度，避免网络资源浪费、提升网络效率；控制层同时可提供全网功能模块引擎功能，为上层应用开发提供控制接口。除此之外，控制器还可以通过与 BRAS 之间的通信，将用户的鉴权功能转移到 SDN 控制器端，因此 SDN 控制器就能够通过统计用户流量使用情况进行收费，减轻BRAS 的压力。其中由于 ONU 数目过多，SDN 控制器不与 ONU 直接相连，而是在 OLT 与 ONU 的基本通信功能上，通过控制 OLT 来间接控制 ONU，形成虚拟连接。

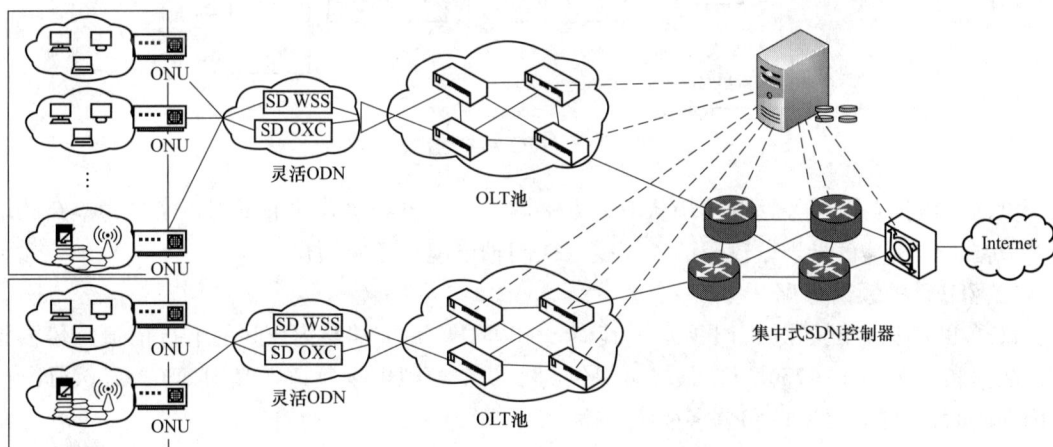

图 9-11　软件定义光接入网系统总体架构

光接入网引入 SDN 思想和 OLT 池化技术，利用灵活可编程光层、精细化流表转发、控制层虚拟化等关键技术，可广泛应用于住宅、商业、政企等场景，提升用户质量。

第五节　混合光纤/同轴接入技术

HFC（Hybrid Fiber Coax）光纤同轴电缆混合网，是采用光纤和有线电视网络传输数据的宽带接入技术。HFC 的概念最初由 Bellcor 提出，其基本特征是在有线电视网的基础上以模拟传输方式综合接入多种业务，可用于解决 CATV、电话、数据等业务的综合接入问题。HFC 技术充分利用现有的有线电视网资源，由传统的单向广播式有线电视网改造而成，即它使用光纤作为有线电视网的骨干网，再用同轴电缆以树形总线结构分配到小区的每一个用户。由于同轴电缆拥有丰富的带宽资源，而且有线电视网的覆盖率很高，充分利用起来，通过双向化和数字化改造构成宽带接入网；随着光纤接入逐渐引入和普及，研究混合光纤同轴网（HFC）在我国接入网向实现光纤化的过渡过程中具有非常重要的实际意义。

一、HFC 的结构

HFC 的结构如图 9-12 所示。下行信号工作过程：模拟电视信号被调制在射频载波上，前端单元将电话信号也调制在射频载波上，二者在模拟射频混合/分支器混合送至光发射机，对光源进行强度调制后，变成光信号送入光纤。光信号送入光节点后，由光接收机接收，并将光信号变为电信号（射频）。电信号在信号分配器中分开为电视信号和电话（数据）信号。电视信号再次被解调为视频信号，经较短的同轴电缆送给用户，用户利用现有电视机，不需要加机顶盒就能接收模拟电视信号。

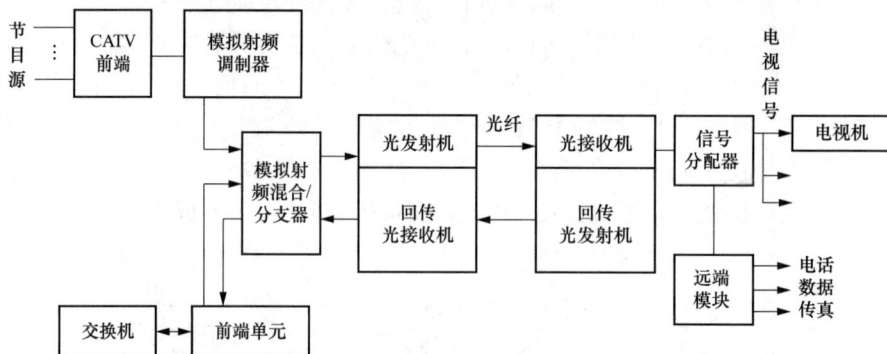

图 9-12　HFC 系统结构

电话（数据）信号经远端模块从射频上解调下来，再经解码和解复用，恢复为单路的语音（数据、传真）信号，以较短的双绞线（或同轴电缆）送至用户。

二、HFC 的频谱分配

HFC 的频谱分配如图 9-13 所示。其中 5～30MHz 是前端与用户间的上行信道，传输语音、数据和信令，40～750MHz 最多可提供约 110 个模拟电视频道，其中 550～750MHz 也可传送电话、数据、VOD 和数字视像广播。

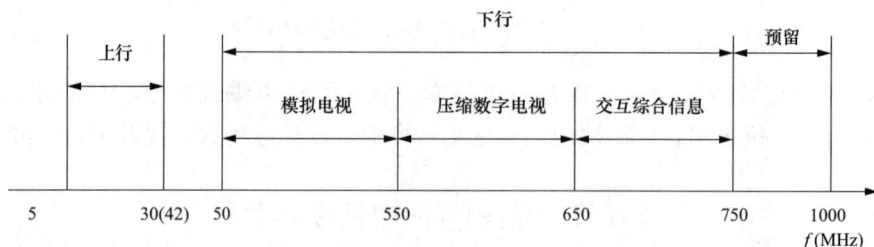

图 9-13　HFC 的频谱分配

三、HFC 的优缺点

1. HFC 的优点

（1）成本低。

（2）频带较宽。

（3）适合当前模拟制式为主体的视频业务及设备市场，用户使用方便。

（4）与现有铜线接入网相比，运营、维护费用较低。

2. HFC 的缺点

（1）取代现存铜线环路的初期投资较大。

（2）寿命约 10 年。

（3）建设周期长。

（4）HFC 是建立在模拟频分复用基础上的，对数字化发展不利。

（5）HFC 是在 CATV 网的基础上发展的，要想传输电信业务必须将单向网络改为双向网络。

（6）一个光节点服务 500 用户，可靠性没有保障，且电话信道有限，扩容困难。

第六节　固定无线接入技术

一、无线接入的概念

无线接入是指从交换节点到用户终端部分或全部采用无线手段接入技术。无线接入系统具有建网费用低、扩容可以按照需要确定、运行成本低等优点，它可以作为有线网的补充，能迅速及时替代有故障的有线系统或提供短期临时业务，节省时间和投资，因此无线接入技术术已成为通信界备受关注的热点。

二、无线接入的分类

根据终端入网方式无线接入技术可以分为移动无线接入和固定无线接入两大类。

1. 移动无线接入网

移动无线接入网包括蜂窝区移动电话网、无线寻呼网、无绳电话网、集群电话网、卫星全球移动通信网直至个人通信网、无线专网等，是当今通信行业中最活跃的领域之一。其中移动接入又可分为高速（宽带）和低速（窄带）两种。

（1）高速移动接入。高速移动接入一般包括蜂窝系统、卫星移动通信系统、集群系统等。

（2）低速移动接入。低速移动接入一般为 PCN（个人通信）的微小区和毫微小区，如无线本地环 WLL、PACS、PHS 等。

高速（宽带）和低速（窄带）是个相对概念，一般 2Mb/s 以上属于宽带。

信息通信从窄带向宽带、从有线向无线转变乃大势所趋。话音业务与数据业务的融合，注定会使未来的移动网与固定网相融合。固定宽带无线接入与移动宽带无线接入未来在技术上、业务上也会不断融合、统一，成为一个广阔的无线通信网。

2. 固定无线接入

固定无线接入是从交换节点到固定用户终端采用无线接入，它实际上是 PSTN/ISDN 网的无线延伸，开通快、维护简单、成本低，可以作为电信公司有线接入的重要补充。固定无线接入系统的终端不含或仅含有限的移动性，早期固定无线接入系统以提供窄带业务为主，基本上是电话业务，接入方式有微波一点多址、蜂窝区移动接入的固定应用、无线用户环路及卫星 VSAT 网等。而近年来，宽带固定无线接入技术发展迅速，主要用来提供综合的语音和数据业务，以满足用户对宽带数据业务日益增长的需求。

三、宽带固定无线接入技术

目前主要有以下几种宽带无线接入技术：MMDS（多信道多点分配业务）、LMDS（本地多点分配业务）、直播卫星系统（DBS）、WLAN（无线局域网）、全球微波互联接入技术 WiMAX 等。

1. 多信道多点分配业务 MMDS

MMDS 是一种点对多点分布、提供宽带业务的无线接入技术，它适用于中小企业用户和集团用户，可透明传输业务；在基站端与网络的接口为 T1/E1、100Base-T 和 Q₃ 等，在用户端的接口为 E1 和 10Base-T 等；可以为用户提供 Internet 的接入、本地用户的数据交换、语音业务和视频点播（VOD）业务。MMDS 最初用于传输单向电视和网络广播，1970 年，FCC 在 2.5GHz 上划出 200MHz 给无线电信运营商，其中共有 31 个信道，每信道带宽 6MHz，适用于用户分布很分散的情况（40km 范围内）。

2. 本地多点分配业务 LMDS

LMDS（Local Multi-point Distribution Service）也称为区域多点传输服务，是一种微波宽带系统，它工作在微波频率的高端（20～40GHz 频段），组网灵活方便，使用成本低，是一种非常有前途的宽带固定无线接入新技术。

LMDS 能提供各种交互式应用，如会议电视、VOD、住宅用户互联网高速接入等，LMDS 也可以支持所有主要的语音和数据传输标准，如 ATM、MPEG-2 等标准。LMDS 主要技术特点有以下几个方面：

（1）可提供极高的通信带宽。LMDS 工作在 28GHz 微波波段附近，可用频带为 1GHz 以上，理论上可提供所有业务，并可支持所有的语音和数据传输标准。

（2）蜂窝式的结构配置可覆盖整个城域范围。LMDS 属于无线访问的一种新形式，典型的 LMDS 系统利用地理上分散的类似蜂窝的配置。它由多个枢纽发射机（或称为基站）管理一定范围内的用户群，每个发射机经点对多点无线链路与服务区内的固定用户通信。每个蜂窝站的覆盖区为 2～10km，覆盖区可相互重叠，每个覆盖区又可划分为多个扇区，可根据需要在该扇区提供特定业务或服务。

（3）LMDS 可提供多种业务。LMDS 在理论上可以支持现有的各种语音和数据通信业务。LMDS 系统可提供高质量的语音服务，而且没有时延，用户和系统之间的接口通常是 RJ-11 电话标准，与所有常用的电话接口兼容。LMDS 还可提供低速、中速和高速业务，低速数据业务的速率为 1.2～9.6kb/s，中速数据业务速率为 9.6kb/s～2Mb/s，在提供高速数据业务（2～55Mb/s）时要用 100Mb/s 的快速以太网和光纤分布数据接口（FDDI）等。除此之外，LMDS 还能支持高达 1Gb/s 速率的数据通信业务。

但 LMDS 也有其不足之处：

（1）毫米波只能工作于视距范围，传输距离一般 5km 之内。

（2）毫米波通信质量受降雨和树叶衰减影响较大，这主要通过增大发射功率、提高天线高度来补偿。

3. 直播卫星系统 DBS

根据国际电信联盟（ITU）的定义，直播卫星即用于卫星广播业务（BSS）的专用卫星，而所谓的卫星直播系统（DBS）是指利用直播卫星将广播电视节目直接传送到家庭的一种新兴传输系统。直播卫星不同于现在广泛使用的一般通信卫星，除具有一般通信卫星的特征外，它还有以下特点：

（1）直播卫星规划的电视信号波束覆盖范围受国际电信联盟（ITU）保护。根据 ITU

的规划，我国属三区，直播卫星的下行频段 KU 为 11.7～12.2GHz，并分配给我国 3 个直播卫星轨道位置（62 度 E、80 度 E、92 度 E）。ITU 还规定：各国的规划准许频段和规划准许波束覆盖范围受 ITU 保护；在 DBS 设计时，各国必须最大限度地减少对其他国家领土的电波辐射，除非得到相关国家主管部门的许可。

（2）直播卫星的广播电视信号可供家庭直接接收。直播卫星辐射功率大，覆盖区域内 EIRP 值高，故其接收系统要比一般通信卫星接收系统简单、小巧、价廉，再加上以码率压缩为核心的数字技术的应用，用户只要使用 0.45m 左右口径的抛物面天线，利用专用卫星接收机（IRD）和一个遥控器，即可直接接收到 100 多套高质量的广播电视节目。

（3）直播卫星的广播电视信号存在雨衰的不足。直播卫星的转发器工作在 KU 频段（11.7～12.2GHz），会产生雨衰现象，但可以采用适当加大接收天线口径的方法使其得到改善。

直播卫星的这些特点使卫星直播系统（DBS）在解决山、河、湖、岛地区，农、牧场区及老、少、边、穷地区的广播电视覆盖问题上有着其他覆盖方式无可比拟的优势。

4. 无线局域网 WLAN

在有线接入技术系统中，局域网占据了非常重要的地位，它提供了计算机接入因特网的方式，获得了广泛应用。WLAN（Wireless Local Area Network，无线局域网络）是针对无线环境开发的接入技术，近年来得到广泛应用。WLAN 是一种利用射频（Radio Frequency，RF）技术进行数据传输的系统，该技术的出现可有效弥补有线局域网络之不足，使得用户利用简单的架构即可实现无网线、无距离限制的通畅网络访问。

WLAN 使用 ISM（Industrial、Scientific、Medical）无线电广播频段通信。目前 WLAN 所包含的协议标准有：IEEE 802.11b、IEEE 802.11a、IEEE 802.11g、IEEE 802.11n、IEEE 802.11i、IEEE 802.11e/f/h。WLAN 的 IEEE 802.11a 标准使用 5GHz 频段，支持的最大速度为 54Mb/s，而 IEEE 802.11b 和 IEEE 802.11g 标准使用 2.4GHz 频段，分别支持最大 11Mb/s 和 54Mb/s 的速度，IEEE 802.11n 计划将传输速率增加至 108Mb/s 以上，且向下兼容。工作于 2.4GHz 频带不需要执照，该频段属于工业、教育、医疗等专用频段，是公开的，工作于 5.15～8.825GHz 频带需要执照。

Wi-Fi（Wireless Fidelity，无线高保真）技术是一个基于 IEEE 802.11 系列标准的无线网络通信技术的品牌，目的是改善基于 IEEE 802.11 标准的无线网络产品之间的互通性，Wi-Fi 是专为 WLAN 接入设计的，狭义的 Wi-Fi 专指 IEEE 802.11b，目前使用的通信标准有多个，如 IEEE 802.11b、IEEE 802.11a、IEEE 802.11g 等。

5. 全球微波互联接入技术 WiMAX

WiMAX 全称为 Worldwide Interoperability for Microwave Access，即全球微波互联接入，是一项新兴的宽带无线接入技术。WiMAX 属于基于 IEEE 802.16 标准的宽带无线接入（Broadband Wireless Access，BWA）技术，是一项无线城域网（Wireless Metropolitan Area Network，WMAN）技术，能提供面向互联网的高速连接，数据传输距离最远可达 50km。

802.16/WiMAX 网络参考架构可以分成终端、接入网和核心网三个部分，如图 9-14 所示。图 9-14 中，802.16/WiMAX 终端包括固定、漫游和移动三种类型终端；802.16/WiMAX 接入网主要为无线基站，支持无线资源管理等功能；802.16/WiMAX 核心网主要是解决用户认证、漫游等功能及 802.16/WiMAX 网络与其他网络之间的接口关系。

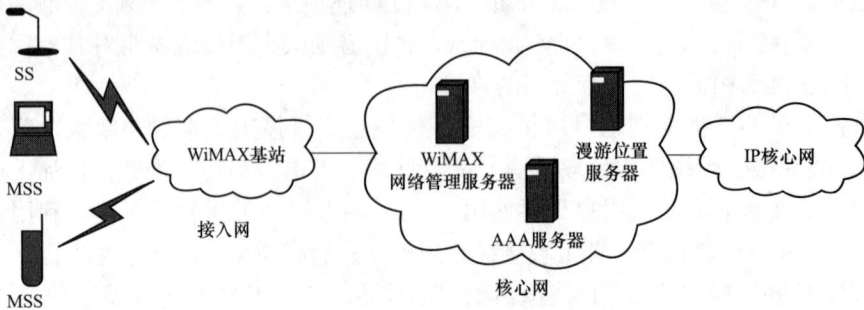

图 9-14　802.16/WiMAX 网络参考架构

WiMAX 是针对微波和毫米波频段提出的一种新的空中接口标准。它可作为线缆和 DSL 的无线扩展技术，从而实现无线宽带接入。WiMAX 采用波束赋形、多入多出 MIMO、OFDM/OFDMA 等超 3G 的先进技术来提高非视距性能，更高的系统增益也提供了更强的远距离穿透阻挡物的能力，WiMAX 技术的优势在于集成了 Wi-Fi 无线接入技术的移动性与灵活性，以及 DSL 和电缆调制解调器等基于线缆的传统宽带接入的高带宽特性和相对理想的 QoS 服务质量。WiMAX 作为"最后一公里"宽带无线接入技术，包含了接入技术的移动性与灵活性、业务网络组建的便捷性等特点，因而具有极强的市场吸引力。

四、几种常用的宽带固定无线接入技术

目前有代表性的固定无线接入技术主要有高频段（26GHz 以上）的 LMDS 技术和低频段的（3.5GHz）的 MMDS 技术。LMDS 频谱资源比较多，可以传输较高的速率，但是由于工作于毫米波，受气候影响大，抗雨衰性能差，降低了在经济发达的东南沿海地区的可用度；点对多点 MMDS 技术工作在 3.5GHz 频段，该频段传输性能好、覆盖范围广、技术成熟、抗雨衰性能良好、扩容性强、组网灵活且成本具有竞争力，是较为理想的无线接入手段。除此之外还有 5.8GHz 为开放频段的固定无线接入。

1. 3.5GHz 固定无线接入

2001 年 8 月，信息产业部科技司正式颁布了国内第一条关于固定无线接入技术的标准：YD/T 1158—2001《接入网技术要求——3.5GHz 固定无线接入》。该标准适用于在公用电信网中采用 FDD（频分双工）方式的 3.5GHz 固定无线接入系统，规定其工作频率：终端站发射频段为 3400～3430MHz，中心站发射频段为 3500～3530MHz，同一波道发射频率和接收频率的间隔为 100MHz。3.5G 系统主要用于固定无线宽带接入，为终端用户和用户提供无线通道。而 WiMAX 系统支持固定、游牧、便携和移动多种场景，并有 QoS 机制，可以开展多种业务。

2. 26GHz 固定无线接入技术

26GHz 的 LMDS（本地多点分配业务）固定无线接入技术的标准是在 2002 年发布的。该标准规定 26GHz LMDS 系统的工作频率：终端站发射频段为 25757～26765MHz，中心站发射频段为 24507～25515MHz，同一波道发射频率和接收频率的间隔为 1250MHz。但相比于 3.5GHz 系统，LMDS 系统所需的技术比较复杂，成本较高。

3. 5.8GHz 固定无线接入技术

与 3.5GHz 和 26GHz 频段不同的是：5.8GHz 频段为开放频段，不需要经过招标进行分配。此外，5.8GHz频段还具有接入带宽非常大、无线电传输性能好、受雨衰和多径的影响小、覆盖范围广等优点，因此5.8GHz频段是固定无线接入中性价比最高的优选频段。

第七节　移动通信无线接入技术

在智能电网和泛在电力物联网的建设过程中，移动无线公网、电力无线专网等移动无线接入通信网的应用方式及应用前景是目前研究的热点。

无线公网的移动通信接入与电力专网的无线接入二者各有优缺点，公网的网络覆盖面广，支持大容量系统的建立，终端设备安装方便、迅速，系统建设、运行维护成本低，但是与移动运营商之间存在大量的协调、配合、管理工作；且用户没有优先级，无法灵活控制资源，并存在安全隐患。专网从性能指标及运行要求上都拥有更高的可靠性，可以在任意时刻接入网络进行通信，具备可管可控、可调整服务质量、灵活管理调配并预留资源。但随着制造业、大数据、物联网、人工智能技术时代的到来，无线AGV、工业AR/VR、机器视觉质检等新型工业应用场景的出现促使企业对网络时延、传输速率、安全性的要求不断提高，传统专网在某些方面的"缺陷"已逐渐显现，在通信技术上的发展也较为缓慢，同时存在网络建设全定制化、周期长、成本高等问题。公网专网无线通信技术会相互取长补短，随着5G等新一代通信的发展，公网专网无线通信有可能统一。

一、公网移动通信无线接入技术

公网移动通信无线接入技术是蜂窝移动电话系统所采用的技术，移动通信无线接入技术服务的对象是移动终端，即实现移动终端与固定终端或移动终端之间的信息交换。

随着通信技术和新业务的部署以及市场与技术的相互作用，通信领域的一些新特点逐渐显现出来。一方面，传统宽带固定接入用户已经不满足于仅在家庭和办公室等固定环境内使用宽带业务，对宽带接入移动服务的要求越来越高；另一方面，传统的移动用户也不满足于简单的语音、短信和低速数据业务，高数据速率业务日益成为电信运营商竞争的焦点。在电力通信业务需求数量逐渐增加的今天，为了满足老旧站点的基本业务要求，以往会采用租用公网实施通信的方式以降低总投资额，且满足基础生产要求，但是租用电路无法满足电网安全运行与新业务的发展。用户需求的变化使固定宽带接入服务和移动服务在技术和业务上呈现融合的趋势，宽带移动化和移动宽带化逐渐成为两个领域技术发展的趋势，并互为补充、互相促进，而4G、5G将为移动宽带接入技术提供保障。

4G无线通信技术是集合3G和WLAN的最新移动通信技术，作为成熟的通信技术，在各大公网有着极其广泛的应用，为电力通信发展提供了借鉴。4G技术的覆盖面极广，而且可以实现永久在线，具有接入速度快、安全保密性好、建设费用低、支持大数据量传输等优点，既可以解决老旧站点的通信问题，也可以提供更多的通信增值服务。

移动互联网推动人类信息交互方式的再次升级，将为用户提供增强现实、虚拟现实、超高清（3D）视频、移动云等更加身临其境的极致业务体验，将带来移动数据流量超千倍增长；为了满足这些需求，新一代移动通信系统5G性能大幅提升，用户体验速率将达100Mb/s~1Gb/s，峰值传输速率可达每秒数十吉比特，支持的连接数密度可达数百万连接/平方千米，端到端时延低至毫秒级，流量密度可达每平方千米每秒数十太比特，支持

500km/h 以上高速移动下的用户体验，频谱效率比 4G 提高 5～15 倍，能源效率和成本效率也将提升百倍以上，在移动医疗、车联网、智能家居、工业控制、环境监测等领域将会推动物联网应用爆发式增长，数以千亿的设备将接入网络，实现真正的"万物互联"。其中，5G 通信技术带来的不仅仅是高速、安全的网络，更多的是带来全球化网络的无缝连接，5G 的兼容性给电力通信行业带来了一个新的平台。为了实现可持续发展，5G 还需要大幅提高网络部署和运营效率。

5G 技术的通信特征与电力系统的特征与需求之间还具有互补性，5G 提供三种切片：增强移动宽带（Enhanced Mobile Broadband，eMBB）、低时延高可靠通信（Ultra Reliable Low Latency Communications，URLLC）和低功耗大连接海量机器类通信（Massive Machine Class Communication，mMTC）。对电力系统来说，5G 在万物互联、精准控制、海量量测、宽带通信、高效计算等方面都具有广泛的应用，这些可以为不同电力业务接入提供强大支撑。

二、基于 230MHz 的电力无线专网接入技术

（一）基于 230MHz 的电力无线专网概念

由于使用公网移动通信无线接入存在与公众竞争信道资源、安全性差、通信质量不可控、租赁成本高等问题，电力业务的在线率和一次采集成功率也难以保证，因此电力无线专网得到了迅速发展。

作为电力骨干网的延伸，电力无线专网是实现电网智能化的重要保障，其中的 230MHz 频段是国家无线电管理委员会专门划拨给电力、水力、地质等行业的专用频谱资源。电力无线专网根据智能电网终端通信接入网需求，与电力专用 230MHz 频谱有机结合，基于离散窄带多频点聚合、动态频谱感知、软件无线电等关键技术，深度定制开发的宽带无线接入系统，具有高带宽、容量大、频谱效率高、安全性高等优势，能够承载信息采集、实时图像监控、应急抢险等多项智能业务。电力无线专网的优势主要在于配用电侧，涉及的应用场景主要包括高敏感、高可靠、控制类业务、采集类业务以及移动类业务。

因为使用专用频率可以保证用户不受任何限制地部署一个通信专网，对该网络拥有完全自主的管理、调度、使用分配等功能，并且可以对市级网、省级网、国家网进行统一规划和建设，因此相较公网而言通信专网更可靠、安全、有效。

2017 年国家电网公司发布《国家电网公司关于推进电力无线专网建设工作的通知》，随后又出台了《电力无线专网规划设计技术导则》《电力无线专网通用要求》《电力无线专网规划技术导则》等多项标准，助力电力无线专网建设，实现终端通信接入网深入覆盖，满足泛在电力物联网业务接入需要。

电力无线专网从技术体制可分为 230MHz 和 1800MHz 两种基于 TD-LTE 的技术体制，两者各有优劣。鉴于 230MHz 已经获得 7MHz 频率的批复，而 1800MHz 频率申请的难度较大，且工业和信息化部（以下简称工信部）《关于重新发布 1785～1805MHz 频段无线接入系统频率使用事宜的通知》中已经明确不再审批 1800MHz 频段电力专网，建议在未获得 1800MHz 频率许可的地区，电力无线专网优先选用 230MHz 频率。

230MHz 目前有两种技术标准：LTE-G 230MHz 和 IoT-G 230MHz，前者是普天提出的技术标准，后者是华为提出的技术标准，IoT 230 尚在研发阶段，未来电力无线专网整体的演进趋势在于 LTE 230 和 IoT 230 的技术融合。

（二）基于 230MHz 的电力无线专网架构

电力无线专网总体架构能够实现生产控制大区和管理信息大区业务横向隔离，为精准负荷控制业务提供专线通道，满足毫秒级业务时延及安全接入需求。电力无线专网主要包括终端、基站、回传网、核心网、业务承载网五部分，结构如图 9-15 所示。终端是基站与业务终端的中转站，用于数据的采集和传输；基站主要由基带处理单元（Building Base Band Unit，BBU）、射频拉远单元（Remote Radio Unit，RRU）和天线三个部分，实现电力信息的发送与接收。回传网由光传输网络承载；核心网包括 MME（Mobility Management Enti-ty，MME）、PGW（Packet Data Network Gateway，PGW）、SGW（Serving Gateway，SGW）网元等。其中 MME 是控制面功能，用于处理用户信令；SGW/PGW 是用户面功能，用于传递用户数据，合法用户的数据可以通过核心网继续上传；业务承载网将核心网上传的数据传至相应的业务系统中，实现业务系统和核心网相连。

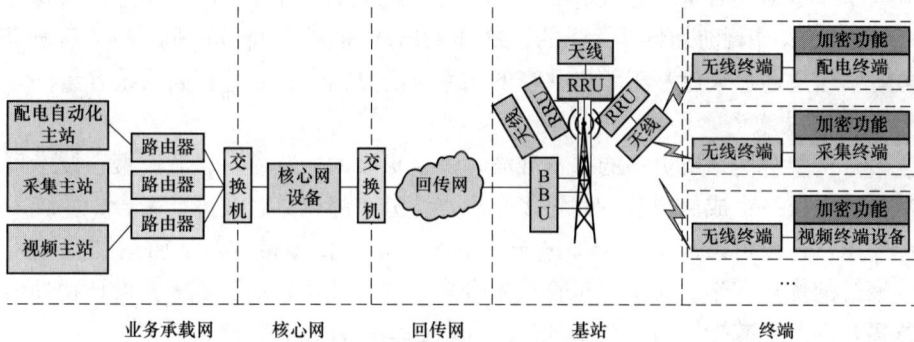

图 9-15　电力无线专网架构

（三）基于 230MHz 的电力无线专网关键技术

根据国家无线电管理委员会的规划，电力无线专网离散分布于 223～235MHz 频段内，共有 40 个频点，每个离散频点带宽为 25kHz。其中单频频段共包含 10 个频点，离散不均匀地分布于 228～230MHz 频段，频道间隔为 25kHz；双频组网频段包含 30 个频点，离散不等间隔分布于 223～228MHz 频段和 230～235MHz 频段，收发频率间隔为 7MHz，频道间隔为 25kHz。

目前，这种传统的单频点信道只能提供低速率的数据传输，然而随着经济和社会的发展，电力系统对设备的监控和维护方面的需求逐渐加大，这就需要电力通信专网能够提供图像和视频传输等对速率要求较高的业务，即电力无线通信专网需要提供更高的数据传输能力。随着智能电网的发展，传统的数传电台由于带宽较小、时延长、频谱利用率低，已不能支持一些新兴业务对传输速率的要求，也不能满足智能配电业务日益增长的需求。为了更合理地利用 230MHz 稀缺的频谱资源，必须提升该频段的传输速率和频谱效率，以承载更高速率和质量要求的业务，这就需要关键的技术支撑，这些关键技术包括 OFDM、频谱感知、载波聚合、干扰协调等。

1. 正交频分复用（OFDM）技术

OFDM 能够有效地提高频谱效率，增加系统容量，同时还能抵抗多径干扰，是一种优秀的物理层技术。同时，OFDM 把实际信道划分成若干个子信道，这样做的好处之一就是能根据各个子信道的实际情况灵活地分配传输功率，以提高系统容量。

工信部无线电管理局规划的 230MHz 频段中，子载波间隔为 25kHz，其中电力通信专网总计有 40 个频点，即 40 个子信道，共计 1MHz 带宽。因此，应用于电力通信专网的 OFDM 信号带宽应小于或等于 1MHz，这里设计 OFDM 信号带宽 B 为 1MHz。

OFDM 信号子载波间必须满足相互正交的条件，230MHz 电力通信专网是离散分布的，这会导致 OFDM 子载波间出现不连续的情况，给 OFDM 子载波设计带来困难。为了保证正交性，本文设计子载波间隔 Δf 为 25kHz，正好为国家无线电管理委员会规划的频道间隔的一半，这样即使子载波是离散分布的，也能保证两个子载波间相差整数倍个 Δf，从而保证了子载波间的正交性，同时又保证每个子载波的带宽为 25kHz，不会超出信道带宽。

根据上述思路，可得 OFDM 信号子载波数 N 应为 $B/\Delta f = 40$，OFDM 积分持续时间 $T_{\text{OFDM}} = 1/\Delta f = 40\mu s$。多径时延扩展直接决定了保护时间的大小，作为重要的设计准则，保护时间应当至少是多径时延均方根的 2～4 倍，即 $T_G \geqslant (2\sim4)\tau_{\text{rms}}$，工业上一般保证 T_{OFDM} 至少为 T_G 的 5 倍，因此设计 $T_G = 8\mu s$。这样 OFDM 的符号持续时间 $T_s = T_G + T_{\text{OFDM}} = 48\mu s$。再对子信道通过采用基于频谱共享的功率分配方案，有效地提高系统容量。

2. 载波聚合技术

载波聚合指聚合两个或更多的基本载波，满足更大的带宽需求。载波聚合技术可以将离散的窄带信道看成一个成员载波，并将多个不连续分布的成员载波进行聚合，并统一分配给一个用户使用，这样可以产生大于原来窄带系统几倍的传输带宽，从而达到宽带传输的效果。载波聚合的优点在于载波聚合是直接聚合多个成员载波，不需要重新设计物理信道和调制编码方案，因此也减少了对系统物理信道和调制编码方案的影响。

LTE 230 系统利用载波聚合技术实现 230MHz 离散频谱情况下的高速数据传输，将大规模不连续的成员载波联合调度，统一分配给同一用户使用，系统最大聚合能力为 280 个 25kHz 频点，终端最大聚合能力高达 80 个 25kHz 频点，满足行业用户数据采集、自动控制、语音调度、视频传输等多样化业务通信需求。

3. 频谱感知技术

30MHz 频段是面向能源等八个垂直行业的应用频段，由于垂直行业业务特征，排他性的传统固定频率分配导致专网频谱资源利用率不高，窄带系统间容易导致频率干扰等因素，也导致频谱利用效率低，存在很大程度的浪费。随着工业信息化和无线通信网络的发展，频谱效率与系统共存之间的矛盾日益突出。针对上述问题，LTE230 系统引入动态频谱感知新手段和频谱规划与管理方案，提高频谱利用率，保障专网日益增长的频谱资源需求和频谱资源有效利用。

动态频谱方案首先将频谱资源划分为授权频谱和共享频谱两大类。授权频谱资源固定分配给专网用户，满足其保障性业务的实时性和可靠性需求，以及无线专网自身控制信令的传输需求；共享频谱实现多个行业的共享使用，在不影响高优先级用户正常使用情况下，提升系统的突发传输能力，解决频率利用率不高的问题。用户优先级由国家频谱政策等相关法律法规确定，国家无线电管理部门正在基于"二次牌照"思路探索无线频谱的管理创新，实现频谱资源的精细化管理。为实现多系统同时工作，保证行业获得足够的资源，同时为了保证系统间授权资源的有效隔离，避免相互干扰，系统将授权频点进行一定的频率隔离，即将 230MHz 频段划分成多个资源组，多个系统以资源组为单位进行频谱感知，获得可用的资源组资源，实现资源共享。在每个资源组的限定范围内分配新的授权频点，以保障感知系统的正常工作和高实时、高可靠性的业务传输。

频谱感知技术主要包括频谱空洞的搜索和确定，以及频谱状态的实时监测，从而达到授权主用户避免被有害信号干扰的效果，该技术也是 TD-LTE230 系统提高频率利用率的重要前提。对频谱感知的研究主要集中在对频谱空洞检测技术、频谱分配问题、频谱切换方法和频谱接入方式等方面的研究，其中，频谱检测是这部分研究中的一个重要前提，也是 TD-LTE 230 电力无线通信系统用于提高系统频率利用率的关键技术之一。频谱检测的两项基本目的是感知用户有效利用频谱空洞实现系统吞吐量以及服务质量的要求、通过信道的切换实现对可用频段的利用并确保不会对授权用户产生影响信号正常传输的干扰。频谱感知在解决快速准确获取授权频谱的问题时，具有节约建设成本、与主系统有较强兼容性等显著优势，因此，在现代研究应用中较为广泛。

4. 干扰协调与规避

230MHz 电力无线专网的干扰种类主要有宽带全频干扰、窄带同频干扰和窄带邻频干扰三种。其中，宽带全频干扰主要是由各种 LED 电子屏、电子广告牌、电子铭牌以及射灯或照明灯引起；窄带同频干扰主要来自 230MHz 频段内的非法电台和大功率雷达；窄带邻频干扰主要来自其他使用 230MHz 电力无线专网相邻频点的窄带通信系统，考虑到中窄带邻频干扰比较低，这里只考虑前两种干扰规避措施。

宽带全频干扰导致 230MHz 系统底噪大幅抬升，可达 20dB，严重影响小区覆盖，单站覆盖面积将收缩到原来的 30%，这主要由于上行覆盖半径收缩导致，分析如下：小区覆盖受限于上行传输距离，即使在无干扰情况下，小区下行覆盖已经好于上行（2~5dB），而上行干扰抬升大于下行，进一步将上下行覆盖差异加大至 7~10dB，另外，下行天线安装灵活度相对较高，可以通过调整安装位置适当规避一些干扰，因此解决上行干扰问题是提升小区覆盖的关键。缓解底噪干扰抬升带来的影响，提升上下行覆盖，尤其是上行覆盖，是目前急需解决的问题。230MHz 电力无线专网因采用双天线技术，在上行采用超高频滤波器组干扰抑制算法对干扰进行抑制，下行采用用户级功率控制算法增加特定用户的信号强度。

230MHz 电力无线专网通过基站和终端随机快速跳频方式规避窄带同频干扰。工作原理：在基站的工作带宽范围内，终端的工作载波每 10ms 即随机变换为不同的物理载波。通过这种跳频方式，终端所受到的连续长时间窄带干扰变为随机不连续干扰。同时因为基于 10ms 超短跳频周期，对于突发的短时随机窄带干扰，可以有效降低平均干扰水平。终端基于承载业务的需要，工作载波可为单载波或多载波聚合方式。跳频方案可同时兼容两种方式，支持单载波独立跳频和载波分组跳频。单载波独立跳频，即跳频载波以单个载波为单位进行跳频；载波分组跳频，即将终端分配的多个载波绑定为一组进行跳频。

（四）230MHz 电力无线专网的应用

230MHz 电力无线专网承载用电信息采集、精准负控、配电自动化业务等，除此之外，电力无线专网接入技术还可应用于以下场景。

（1）分布式能源监控。分布式能源包括光伏、风电站等，电能质量检测、测控和关口计量等信息通过 LTE230 电力终端上传至主站，并监测数据采集过程。

（2）电缆状态监测。电缆状态监测主要应用于开关站、变电站、旁支变压器等场合，可通过 LTE230 电力终端将分布式能源接入后带来的电缆状态负荷参数变化，线缆温度、位移等信息送至主站实施全方位在线监控。

（3）智能抄表。智能电表或分布于高楼密集地区或分布于相对空旷偏远的乡村，数据量大，地点分散，LTE230 电力终端可就地将电表接入网络，实现用电智能化、信息化。

（4）电动汽车充电站。充电桩通过 LTE230 电力终端上传充电桩状态、计量等信息至车联网平台主站系统，主站系统下发召测、计费命令至充电终端，运维人员通过手机或 PC 端与主站系统交互运维信息。

第八节　近距离无线接入技术

近距离无线通信技术指通信收发双方通过无线电波传输信息且传输距离限制在较短范围以内，当前常用的近距离无线通信技术有 Wi-Fi、蓝牙（Blue Tooth）、ZigBee、RFID、NFC、UWB、LoRa、NB-IoT、红外 IrDA 技术等。

一、Wi-Fi

Wi-Fi（Wireless Fidelity，无线高保真）是一种基于 802.11 协议的无线局域网接入技术，主要工作频率为 2.4GHz 和 5GHz，这些频率不是一个固定的数值，它们所指的是一个范围，如 2.4GHz 是指 2.4～2.4835GHz 之间的频段，而 5GHz 指的是 5.15～5.85GHz 频段。Wi-Fi 技术优点在于传输速度高，覆盖范围广；客户可通过运营商提供的有线通道转无线自建热点，部署灵活方便，投入成本低。但作为非运营级网络，Wi-Fi 可管可控性较差，安全性较低，信号稳定性差。目前已在部分变电站场所部署 Wi-Fi 接入终端，引入无线接入技术，用于变电站移动巡检、无线环境监测、无线视频监测、移动终端办公等。

Wi-Fi 有多个标准，包括 802.11b、802.11a、802.11.g、802.11n、802.11ac（3.5Gb/s）或者 802.11ax（10Gb/s）等，每个标准发布年份、占用频段和带宽、传输速率都不同，基本上所有的标准都是使用 OFDM 技术，OFDM 在第二章已经有过介绍，可以实现高速串行数据的并行传输，具有较好的抗多径衰弱的能力，能够支持多用户接入。

二、蓝牙（Blue Tooth）

蓝牙是一种支持设备短距离通信（一般是 10m 之内）的无线连接技术，能在包括移动电话、PDA、无线耳机、笔记本电脑、相关外设等众多设备之间进行无线信息交换，用于提供一个低成本的短距离无线连接解决方案。家庭信息网络由于距离短，可以利用蓝牙技术。蓝牙采用 2.4GHz 的 ISM（工业、科研和医疗）频段，可免受各国频率分配不统一的影响；采用 FM 调制方式，降低了设备成本；采用快速跳频、前向纠错（FEC）和短分组技术，可减少同频干扰和随机噪声，使无线通信质量有所提高。蓝牙的传输速率为 1Mb/s，传输距离约 10m，加大功率后可达 100m，蓝牙的标准是 IEEE 802.15。

蓝牙系统一般由天线单元、链路控制（固件）单元、链路管理（软件）单元和蓝牙软件（协议栈）单元四个功能单元组成。蓝牙使用 TDM 方式和扩频跳频 FHSS 技术组成不用基站的皮可网（piconet，称"微微网"，表示这种无线网络的覆盖面积非常小）。每一个皮可网有 1 个主设备（Master）和最多 7 个工作的从设备（Slave），通过共享主设备或从设备，可以把多个皮可网连接起来，形成一个范围更大的扩散网（scatternet），这种主从工作方式的个人区域网实现起来价格会比较便宜。

蓝牙技术可以广泛应用于局域网络中各类数据及语音设备，如 PC、拨号网络、笔记本电脑、打印机、传真机、数码相机、移动电话和高品质耳机等，应用蓝牙技术的典型环境有无线办公环境、汽车工业、信息家电、医疗设备以及学校教育和工厂自动控制等。在电力系统中可用于抄表、控制等场景。

三、ZigBee

ZigBee 是一种新兴的短距离、低复杂度、低功耗、低数据速率、低成本的无线网络技术，主要用于近距离无线连接。它基于 IEEE 802.15.4 标准，在数千个微小的传感器之间相互协调实现通信。我国在物联网领域的发展已经进入高速时代，ZigBee 成为物联网领域的核心技术之一已经被广泛应用，如电力系统抄表、设备状态监测、环境监测、自动控制等。ZigBee 的特点如下。

（1）数据传输速率低。范围在 10～250kb/s，专注于低速传输应用。

（2）功耗低。在低功耗待机模式下，两节普通 5 号电池可使用 6～24 个月。

（3）成本低。ZigBee 数据传输速率低，协议简单，所以大大降低了成本。

（4）网络容量大。网络可容纳 65000 个设备。

（5）时延短。典型搜索设备时延为 30ms，休眠激活时延为 15ms，活动设备信道接入时延为 15ms。

（6）安全。ZigBee 提供了数据完整性检查和鉴权功能，采用 AES-128 加密算法（美国新加密算法，是目前最好的文本加密算法之一），各个应用可灵活确定其安全属性。

（7）有效范围小。有效覆盖范围 10～75m，具体依据实际发射功率大小和各种不同的应用模式而定。

（8）工作频段灵活。使用频段为 2.4GHz、868MHz（欧洲）和 915MHz（美国），均为免执照（免费）的频段。

ZigBee 用于工业控制、消费性电子设备、智能用电、楼宇自动化、医用设备控制等。

四、射频识别技术 RFID

射频识别技术（Radio Frequency Identification，RFID）作为物联网中最为重要的核心技术，对物联网的发展起着至关重要的作用。现代物流业的发展，对识别技术提出了更高的要求。传统的磁卡、IC 卡识别技术已不能达到人们的期望。RFID 技术是非接触式自动识别技术，利用射频方式进行非接触式双向通信交换数据以达到识别目的。它通过射频信号自动识别目标对象并获取相关数据，识别工作无须人工干预，可工作于各种恶劣环境。RFID 技术可识别高速运动物体并可同时识别多个标签，操作快捷方便还可应用于防盗、门禁、仓储管理等方面，尤其在物流系统中，RIFD 可以加快供应链的运转，提高物流的效率。

RFID 在电力系统巡检、资产管理、人员管理等场景中也有巨大的应用需求。

五、NFC

近场通信（Near Field Communication，NFC）是一种新的近距离无线通信技术，其工作频率为 13.56MHz，由 13.56MHz 的射频识别（RFID）技术发展而来，它与目前广为流行的非接触智能卡 ISO14443 所采用的频率相同，这就为所有的消费类电子产品提供了一种方便的通信方式。NFC 的主要优势：距离近、带宽高、能耗低，与非接触智能卡技术兼容，其在门禁、公交、手机支付等领域有着广泛的应用价值。NFC 可用于电力设备巡检、配电网站房类智能门禁，使管理性更加智能、便捷和人性化。

六、超宽带技术 UWB

超宽带技术 UWB（Ultra Wideband）是一种无载波通信技术，即不采用正弦载波，而是利用纳秒级的非正弦波窄脉冲传输数据，因此其所占的频谱范围很宽，图 9-16 给出了窄带、宽带 CDMA、超宽带的频谱占用对比。按照 FCC 的规定，从 3.1GHz 到 10.6GHz 之间的 7.5GHz 的带宽频率为 UWB 所使用的频率范围。

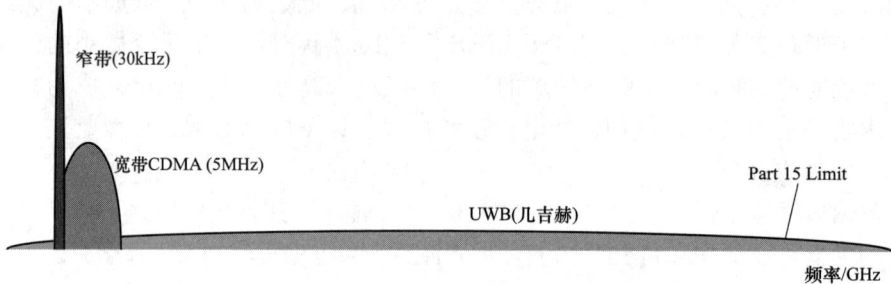

图 9-16　窄带、宽带 CDMA、超宽带的频谱占用

UWB 应用领域包括通信、雷达探测、测距定位等。

七、LoRa

LoRa 是一种把扩频通信和 GFSK 调制融合到一起的无线调制与解调技术，采用 1GHz 以下的通信载波，主要面向低功耗和远距离的应用场景。

LoRa 的最大特点是在同样的功耗条件下比其他无线方式传播的距离更远，实现了低功耗和远距离的统一，传输距离长达 20km；用户不依靠运营商便可完成 LoRa 网络部署，不仅布设更快，而且成本低；终端和集中器/网关的系统可以支持测距和定位，定位精度可达 5m（假设 10km 的范围）。LoRa 典型应用于智慧城市、智能水电表、智能停车场、行业和企业专用场所。

八、NB-IoT

NB-IoT（Narrow Band Internet of Things，窄带物联网）是 IoT 领域基于蜂窝的窄带物联网的一种技术，支持低功耗设备在广域网的蜂窝数据连接，可直接部署于 GSM 网络、UMTS 网络或 LTE 网络，以降低部署成本、实现平滑升级。NB-IoT 使用 License 频段，只消耗约 180kHz 带宽，可采取带内、保护带或独立载波等三种部署方式。

NB-IoT 非常适合应用于无线抄表（Metering）、传感跟踪（Sensor Tracking）、智能井盖、共享单车智能锁等领域。通过物联网技术在这些领域的实施，可以大大降低管理成本，让网络管理者可以随时掌握各种运营数据。

九、微功率无线通信

微功率无线通信技术是工作在免费公共计量频道 470~510MHz，采用 GFSK 调制方式，利用极强衍生特性的蜂窝状无线自组织网络链路进行数据实时交互的通信技术。微功率无线通信的技术特点包括采用 Mesh 网状网络、具有自我路由修复功能，能够适应各种复杂、多变的现场环境、自组网、自适应等。

微功率无线通信可以实现低压电力用户用电信息汇聚、传输、交互，其网络覆盖范围小，子节点位置固定，通信链路相对稳定，是一种近距离、低功耗、低复杂度、低成本的通信网络，并具有工程安装便利、易维护、组网灵活、传输速率快、信号穿透力强等特点，在电力抄表系统中与电力系通信技术相结合并得到广泛应用。

十、红外 IrDA

红外通信是利用红外光进行通信的一种空间通信方式。红外通信标准 IrDA 是目前 IT 和通信业普遍支持的近距离无线数据传输规范。尽管通信距离只有几米，但红外光却是有许多优势的通信媒介。它的小型化和低成本，很适合应用在便携式计算机、台式计算机、手机、数字照相机、便携式扫描仪、玩具和游戏机以及计算机外围设备如打印机、键盘和鼠标等产品中。相对简单的红外连接使其能适应不同的操作系统和大范围的传输速率。红外连接比有线连接更安全可靠，它避免了因线缆和连接器磨损和断裂造成的检修。红外通信在电子设备中得到了广泛的应用，而在电力系统中，红外通信方式广泛用于抄表系统，是智能电表常用的通信接口。

十一、eMTC

eMTC（Enhanced Machine Type Communication，增强型机器类通信）技术是基于 LTE 演进的物联网接入技术，与 NB-IoT 一样使用的是授权频谱，为了更加适合物与物之间的通信，也为了降低成本，人们对 LTE 协议进行了裁剪和优化。eMTC 基于蜂窝网络进行部署，其用户设备通过支持 1.4MHz 的射频和基带带宽，可直接接入现有的 LTE 网络。eMTC 多应用于涉及与人频繁交互的动态场景，如车联网、智能穿戴、物流跟踪等。

第九节 电力线 PLC 接入技术

电力线接入技术俗称"电力线上网"，简称 PLC（Power Line Communication，电力线通信），它是一种在输电线上实现传输远程数据和语音通信的技术，主要应用在到用户的"最后一公里"接入和用户内联网。电力线通信技术有其他技术所无法比拟的优点，在任何一个有电的地方都能和另一个有电的地方进行通信，可以简化家庭和小区内的各种布线。以低压配电网为通信介质实现 Internet 宽带接入，家庭用户通过电源插座插入就可以实现上网。

电力线接入技术

PLC 接入技术应用包括基于 IP 的语音业务（VoIP）、电视会议、视频广播、视频点播（VOD）、网上购物、电子商务、电子白板、远程教育，以及远程医疗等多种服务，有望成为接入网的主流。在电力系统，PLC 接入技术大量用于抄表等业务，也是智能家居、电力物联网的关键通信技术。作为接入技术的一种，PLC 有家庭局域网 PLC-HLAN、虚拟专用网 PLC-VPN 和接入网 PLC-AN 等三种组网方案，分别对应不同网络结构。

随着 PLC 技术的发展，相关的国际性 PLC 组织也相继成立，例如 HomePlug Powerline Alliance、电力线通信技术论坛（PLC Forum）和电力线作为可供选择的本地接入系统协会 PALAS（Powerline as an Alternative Local Access）等。其中 HomePlug 电力线联盟由思科系统、英特尔、惠普、松下和夏普等 13 家公司于 2001 年 4 月成立，致力于创造共同的家用电线网络通信技术标准。国内由中国电力科学研究院、国网信通产业集团等企业联合制订的 IEEE 1901.1《适用于智能电网应用的中频（低于 12MHz）电力线载波通信技术标准》在 2018 年 5 月 22 日正式发布实施；华为 PLC-IoT 则基于 HPLC/IEEE 1901.1，结合华为特有技术，推出面向物联网场景的中频带电力线载波通信技术，可见宽带电力线通信技术的发展为电力线上网提供了可靠的保障。

第十章 智能电网通信技术

第一节 智能电网概述

本章将探讨如下问题：什么是智能电网？与传统的电网有什么区别？智能电网的目标是什么？智能电网与现代信息通信技术的关系是什么？

传统的电力系统是由发电、变电、输电、配电和用电等环节组成的电能生产与消费系统。它的功能是将自然界的一次能源通过发电动力装置（主要包括锅炉、汽轮机、水轮机、发电机及电厂辅助生产系统等）转化成电能，再经输、变电系统及配电系统将电能供应到各负荷中心，通过各种设备再转换成动力、热、光等不同形式的能量，为地区经济和人民生活服务。由于电源点与负荷中心多数处于不同地区，也无法大量储存，故其生产、输送、分配和消费都在同一时间内完成，并在同一地域内有机地组成一个整体，电能生产必须时刻保持与消费平衡。因此，电能的集中开发与分散使用，以及电能的连续供应与负荷的随机变化，制约着电力系统的结构和运行。据此，电力系统要实现其功能，就需在各个环节和不同层次设置相应的信息与控制系统，以便对电能的生产和输运过程进行测量、调节、控制、保护、通信和调度，确保用户获得安全、经济、优质的电能。

建立结构合理的大型电力系统不仅便于电能生产与消费的集中管理、统一调度和分配，减少总装机容量，节省动力设施投资，且有利于地区能源资源的合理开发利用，更大限度地满足地区国民经济日益增长的用电需要。电力系统建设往往是国家及地区国民经济发展规划的重要组成部分。电力系统的出现，使高效、无污染、使用方便、易于调控的电能得到广泛应用，推动了社会生产各个领域的变化，开创了电力时代，掀起了第二次技术革命。电力系统的规模和技术水准已成为一个国家经济发展水平的标志之一。

从发电角度看，新能源技术的不断出现，如光伏发电和风力发电等发电系统，具有分布、断续和变化发电等特点。而从用户角度看，如何高效合理利用电能，在用户自发电充裕时如何回送到电网中，这些问题都将对电网提出新的要求。而从电网角度看，传统电网不能很好地满足这些要求，其主要原因是供电系统和设备不具备"智能"的能力，供电管理者也不能及时充分地了解和掌握用户的需要，缺乏有效的信息交互途径，甚至不具备信息交互的系统和设备的支持。

智能电网为满足新的要求应运而生，针对上述多方面进行了概念和框架设计，不同国家和地区又根据各自的情况对智能电网的内涵进行了补充和说明。

一、智能电网的定义

美国国家标准研究院（National Institute of Standards and Technology）对智能电网（smart power grids）进行了定义，即一个由众多自动化的输电和配电系统构成的电力系统，以协调、有效和可靠的方式实现所有的电网运作，具有自愈功能；快速响应电力市场和企业业务需求；具有智能化的通信架构，实现实时、安全和灵活的信息流，为用户提供可靠、经济的电力服务。

中国国家电网公司给出了坚强智能电网的描述，即以坚强网架为基础，以通信信息平台为支撑，以智能控制为手段，包含电力系统的发电、输电、变电、配电、用电和调度各个环节，覆盖所有电压等级，实现"电力流、信息流、业务流"的高度一体化融合，是坚强可靠、经济高效、清洁环保、透明开放、友好互动的现代电网。

中国南方电网公司对智能电网进行了概括：智能电网是一个智能、高效和可靠的绿色电网。其中，智能旨在实现电网信息的标准化、一体化、全局化、实时化、共享化、感知化、智能化，开展电网全方位、全过程、全要素的监测、诊断，完善电网精当决策、精准控制、精细管理，支撑电网的高效、可靠运行，支撑绿色电网的发展。

二、智能电网的主要特征

上述对智能电网的定义或描述尽管有一些差别，但智能电网应具有的主要特征还是相同的，具体如下。

（1）坚强。在电网发生大扰动和故障时，仍能保持对用户的供电能力，而不发生大面积停电事故；在自然灾害、极端气候条件下或外力破坏下仍能保证电网的安全运行；具有确保电力信息安全的能力。

（2）自愈。具有实时、在线和连续的安全评估和分析能力，强大的预警和预防控制能力，以及自动故障诊断、故障隔离和系统自我恢复的能力。

（3）兼容。支持可再生能源的有序、合理接入，适应分布式电源和微电网的接入，能够实现与用户的交互和高效互动，满足用户多样化的电力需求并提供对用户的增值服务。

（4）经济。支持电力市场运营和电力交易的有效开展，实现资源的优化配置，降低电网损耗，提高能源利用效率。

（5）集成。实现电网信息的高度集成和共享，采用统一的平台和模型，实现标准化、规范化和精益化管理。

（6）优化。优化资产的利用，降低投资成本和运行维护成本。

（7）互动。用户将与电网进行自适应交互，成为电力系统的完整组成部分之一。

（8）优质。提供 21 世纪所需要的优质电能，用户的电能质量将得到有效保证。

（9）协调。实现电力系统标准化、规范化、精细化管理，进一步促进电力市场化。

三、智能电网的先进性和优势

与现有电网相比，智能电网体现出电力流、信息流和业务流高度融合的显著特点，其先进性和优势主要表现如下。

（1）具有坚强的电网基础体系和技术支撑体系，能够抵御各类外部干扰和攻击，能够适应大规模清洁能源和可再生能源的接入，电网的坚强性得到巩固和提升。

（2）信息技术、传感器技术、自动控制技术与电网基础设施有机融合，可获取电网的全景信息，及时发现、预见可能发生的故障。故障发生时，电网可以快速隔离故障，实现自我恢复，从而避免大面积停电。

（3）柔性交/直流输电、网厂协调、智能调度、电力储能、配电自动化等技术的广泛应用，使电网运行控制更加灵活、经济，并能适应大量分布式电源、微电网及电动汽车充放电设施的接入。

（4）通信、信息和现代管理技术的综合运用，将大大提高电力设备使用效率，降低电能损耗，使电网运行更加经济和高效。

（5）实现实时和非实时信息的高度集成、共享与利用，为运行管理展示全面、完整和精细的电网运营状态图，同时能够提供相应的辅助决策支持、控制实施方案和应对预案。

（6）建立双向互动的服务模式，用户可以实时了解供电能力、电能质量、电价状况和停电信息，合理安排电器使用；电力企业可以获取用户的详细用电信息，为其提供更多的增值服务。

四、智能电网的架构

由 NIST 给出的智能电网架构如图 10-1 所示，共包括 7 个工作域。从左下方开始到右下方分别为大容量发电、输电、配电和用户 4 个工作域。

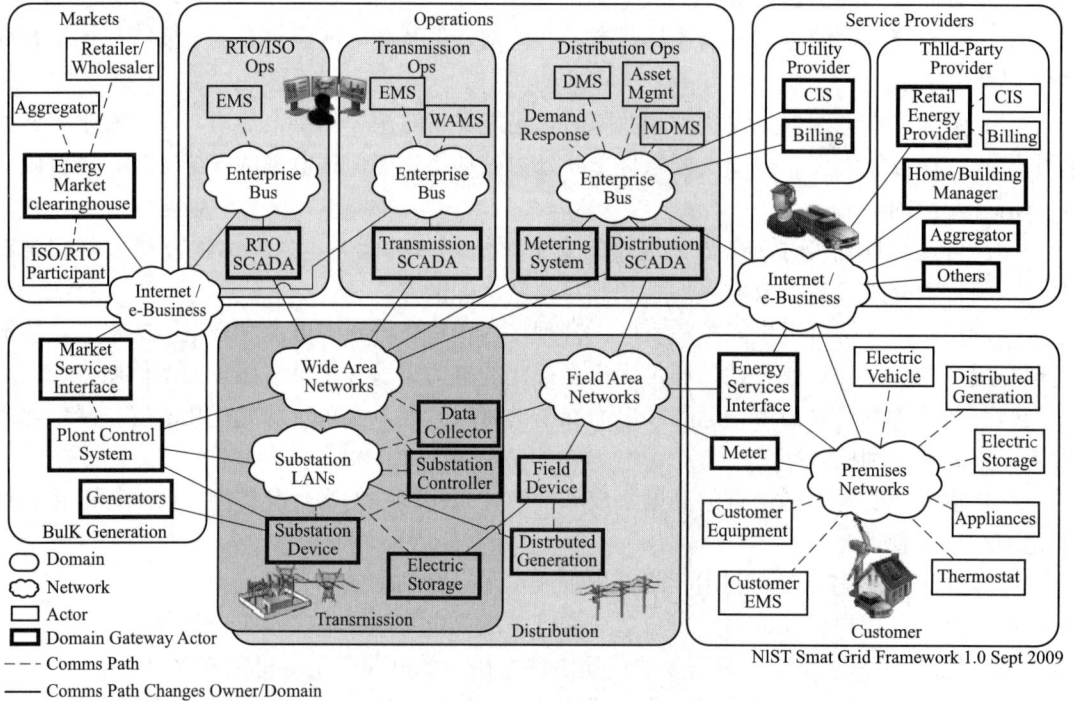

图 10-1　智能电网架构

（1）大容量发电系统（The Bulk Generation Domain）。这一部分是指大规模可再生能源和不可再生能源发电厂。而可再生能源还可以分为动态的和非动态，如太阳能和风能是动态的，非动态的有水电、生物发电、地热发电和能量存储等系统。非可再生能源则包括核电、煤电、天然气发电。

（2）输电（The Transmission Domain）。输电是通过长距离电力线输送大容量电能到达智能电网的用户。包括电力系统的各级变电站、输电和配电变电站，也包括输电系统层面的能量存储装置和替代性能源。

（3）配电（The Distribution Domain）。配电系统分配电能到终端用户。配电网络连接智能电表和所有智能域的装置，通过无线或有线通信网络管理和控制这些设备，也连接配电层面的能量存储装置和替代性能源。

（4）用户（The Customer Domain）。用户是指家庭、商业/楼宇和工业用户，这些用户通过智能电表连接到配电网。智能电表控制和管理着能量消费和用电类型的用户，以及传输和能源供应商之间的信息。每一个用户都有自己的住地双向通信网络，并具有发电、存储能源、管理能源使用和电动汽车的接口。

而从图 10-1 的左上到右上分别为电力市场、运行维护和服务提供商 3 个工作域。

（1）电力市场（The Markets Domain）。参与电力市场的运作和协同，提供生产管理、批发包销、零售和能源贸易服务的运作，与所有其他域的接口确保协同和市场竞争环境。市场域还处理能源信息、票据和第三方服务。

（2）维护运行（The Operations Domain）。维护运行管理和控制电能在不同域之间的流动；利用双向通信网络连接变电站、用户住地网和其他智能域装置；提供监视、报告、控制和状态监视、重要信息的处理与决断；收集和处理来自用户、网络和智能商务数据，作出决策支持。

（3）服务提供者（The Service Provider Domain）。处理所有域内第三方运作，如：终端用户的能源消费效率管理；通过 Web 端口的数据交换获得有关用户、公共事业机构和电力供应者之间的数据，也管理其他公共事业机构，如需求侧响应程序、供电中断和区域服务。

在图 10-1 中，还给出了智能电网中信息与通信的需求状况，其中的虚线代表通信线路，实线代表信息网络的连接关系。可见，各个工作域之间都需要建立通信网络，以完成各种信息的传输。

第二节　智能电网中的通信技术

一、智能电网对通信的总体要求

建立高速、双向、实时、集成的通信系统是实现智能电网的基础，没有这样的通信系统，任何智能电网的特征都无法实现，因为智能电网的各种数据的获取、保护和控制指令的发出都需要这样的通信系统的支持，因此建立通信系统是迈向智能电网的第一步。同时通信系统要和电网一样深入到千家万户，这样就形成了两张紧密联系的网络——电网和通信网络，只有这样才能实现智能电网的目标和主要特征。

高速、双向、实时和集成的通信系统使智能电网成为一个动态的、实时信息和电力交换互动的大型的基础设施。当这样的通信系统建成后，它可以提高电网的供电可靠性和资产的利用率，繁荣电力市场，抵御电网受到的攻击，从而提高电网价值。高速双向通信系统的建成后，智能电网可通过连续不断地自我监测和校正，应用先进的信息通信技术，实现其最重要的特征——自愈，可以监测各种扰动，进行补偿，重新分配潮流，避免事故的扩大。高速双向通信系统使得各种不同的智能电子设备（IEDs）、智能表计、控制中心、电力电子控制器、保护系统以及用户可进行网络化的通信，提高对电网的驾驭能力和优质服务的水平。

对于通信技术的总体要求是：开放的通信架构，形成一个"即插即用"的环境，使电网元件之间能够进行网络化的通信；统一的技术标准，它能使所有的传感器、智能电子设备（IEDs）以及应用系统之间实现无缝的通信，也就是信息在所有这些设备和系统之间能够得到完全的理解，实现设备和设备之间、设备和系统之间、系统和系统之间的互操作功能。由于现有通信系统已经承担传统电网的维护运行，智能电网也是在现有电网和信息通信网络基础上进行建设与发展，不存在重新建设一个电网称为智能电网的可能，因此，也没有必要针对智能电网的要求重新研发新的信息通信技术。必须利用各种已存在的信息通信领域的标准、规范和建议，以及信息通信技术来满足智能电网的要求。

未来的智能电网将取消所有的电磁表计及其读取系统，取而代之的是可以使电力公司与用户进行双向通信的智能固态表计。基于微处理器的智能表计将有更多的功能，除了可以计量每天不同时段电力的使用和电费外，还可储存电力公司下达的高峰电力价格信号及电费费率，并通知用户实施什么样的费率政策。更高级的功能有用户自行根据费率政策编制时间表，自动控制用户内部电力使用的策略。

对于电力公司来说，参数量测技术给电力系统运行人员和规划人员提供更多的数据支持，包括功率因数、电能质量、相位关系（WAMS）、设备健康状况和能力、表计的损坏、故障定位、变压器和线路负荷、关键元件的温度、停电确认、电能消费和预测等数据。新的软件系统将收集、储存、分析和处理这些数据，为电力公司的其他业务所用。

未来的数字保护将嵌入计算机代理程序，极大地提高可靠性。计算机代理程序是一个自治和交互的自适应的软件模块。广域监测系统、保护和控制方案将集成数字保护、先进的通信技术以及计算机代理程序。在这样一个集成的分布式的保护系统中，保护元件能够自适应地相互通信，这样的灵活性和自适应能力将极大地提高可靠性，因为即使部分系统出现了故障，其他的带有计算机代理程序的保护元件仍然能够保护系统。

二、各工作域对通信的要求

在图 10-1 给出的智能电网的架构中，划分了工作域，不同的工作域其地理范围不同，对通信信息网络的要求也不同。与之相对应的信息通信网络可划分成广域网（Wide Area Network，WAN）、场区网（Field Area Network，FAN）或邻域网（Neighborhood Area Network，NAN）以及用户网（Home Area Networks，HAN）等三类。由于地理范围不同，各个信息通信网络承载的业务也不同，能够适应的信息通信网络也就不同。

各种通信技术是在网络的用户之间提供双向通信，这里用户是指区域市场管理者、公共事业机构、服务提供商和消费者。允许电力系统运行管理者监视他们自己的系统和相邻系统，以保证能源更可靠地分配和输送；协调和整合技术系统，例如可再生资源、需求侧响应、电能储藏装置和电力交通运输系统，确保电网和通信网的安全。

通信信息网络将面临的问题还有：通信信息网络是否可靠而富有弹性？能否 100％覆盖？智能电表的抄通率能否达到 99.9％？采用的技术能否随技术的发展而跟进？能否防止来自网络的攻击？在考虑通信网络弹性时，必须考虑到处理网络事件的能力、数据的可靠性、网络提供的服务质量。实现端到端的可靠性，通信基础设施需要设计多种单元组，如果接入网发生中断，可利用冗余线路改变路由。这些单元组和网络的建立需要多个地理分布和后备电源，确保可以满足一定服务水平和范围的可靠性和弹性要求，并进行定期的紧急事件演习，确保当事故发生时很快利用备份网络处理网络中断的发生。如果采用专用/非商用通信基础设施，必须持续资助通信网络的维护运行和管理，以保证网络的可靠性和弹性，减轻网络安全风险。在作出采用公网还是专网的决定之前，电力公司要清楚依靠公网和专网的费用成本差别。

如果信息通信网络缺乏覆盖面，信息收集不全，可靠性将变差。覆盖面的考虑要从住宅延伸到市区、郊区和农村。为了智能电网有效应用，网络基础设施需要多种技术措施。采用光纤、无线、电力线通信（BPLC）和卫星等通信技术构造信息通信网络。根据图 10-1 给出的工作域划分，所采用的信息通信技术可以概括如下。

1. WAN 技术

广域网络是指地理范围一般在几十千米以上，甚至达到几千千米的范围，WAN 技术是指适合在这个距离以上的信息通信技术。与 WAN 相适应的信息传输主要是光纤通信系统。光纤通信具有足够的带宽，且可靠性高、经济性好和易于维护，因此，大范围的通信系统首选光纤通信，应用广泛的 SDH、ASON 和 OTN 技术都基于光纤而建立系统，物理层面的密集波分复用（DWDM）和粗波分复用（CWDM）更是针对光纤通信而提出的，使得光纤通信占据主导地位。

在我国电力系统中，输变电系统和维护运行管理者（电力公司）之间已经建立起电力通信专用网络，并具有很高的信息传输带宽和可靠性。这些通信网络以电力特种光缆为传输媒介，以 SDH 传输设备为主结合多业务传送平台（MSTP）接入各类业务，以满足电力生产的要求。SDH/MSTP 技术是电力系统通信网的主流技术，在主干电力传输网中的应用非常广泛，它以高传输带宽、支持多种环网保护协议、抗干扰性强等优点，为电力通信提供了一个强有力的平台。而在部分配电系统中，光纤通信网络也得到广泛应用，将电力特种光缆铺设到低压变电站，建立通信网络，完成电力信息传输。在图 10-1 中，智能电网中的 WAN 范围一般是指高压输电系统所到达的范围，作为 220kV 和 500kV 主干输电线路，一般在几十到几百千米范围内，甚至上千千米。因此，适合于这里的 WAN 通信系统仍然是光纤通信技术。

卫星通信系统采用 WAN 技术也具有一定的优势，卫星通信本身也具有带宽比较宽、可靠性高和经济性较好的特点。如果业务量不是很大，可通过租用卫星转发器建立专用通信系统。

在 WAN 范围内，其他无线通信技术也可以作为信息通信技术的补充，如 2G、3G 和 4G 网络都能够承载部分业务，但由于带宽的限制，大容量业务传输由 2G 和 3G 承载是不现实的。

2. FAN（NAN）技术

城域网（Metropolitan Area Network，MAN）的范围一般是在几千米到几十千米。对照图 10-1 可知，FAN（NAN）处于配电系统的范围内，也包括农电网络，与 MAN 的范围相当。

（1）配电网的构成。配电网是由架空（大城市采用地埋）线路、电缆、杆塔、配电变压器、隔离开关、无功补偿电容以及一些附属设施等组成的。在电力网中起分配电能作用的网络就称为配电网。

（2）配电的类型。配电网按电压等级来分类，可分为高压配电网（35～110kV）、中压配电网（6～10kV，个别地区为 20kV）、低压配电网（220/380V）。在负载率较大的特大型城市，220kV 电网也有配电功能。

按供电区的功能来分类，配电网可分为城市配电网、农村配电网和工厂配电网等。在城市电网系统中，主网（输电）是指 110kV 及其以上电压等级的电网，主要起连接区域高压（220kV 及以上）电网的作用。

（3）配电网的特点。35kV 及其以下电压等级的电网，作用是给城市里各个配电站和各类用电负荷供给电源。配电网一般采用闭环设计、开环运行，其结构呈辐射状。在配电网中，城市 10kV 线路的长度比较短，最长也只有几千米的距离。

智能电网的终端用户就处于配电网内，配电系统的信息通信业务包括配电自动化信息、用电信息、用户需求信息和电能交易信息等。

配电自动化（DA）是一项集计算机技术、数据传输、控制技术、现代化设备及管理于一体的综合信息管理系统，其目的是提高供电可靠性，改进电能质量，向用户提供优质服务，降低运行费用，减轻运行人员的劳动强度。对于工厂/建筑等终端用户的配电设备的自动化管理，是为了提高配电系统运行的可靠性，对于事故实现提前预告，提高工作效率，并达到经济运行的目标。

配电自动化的功能是负责城区 10kV 系统的配电网的监视/控制的自动化管理，优化城区配电网结构，合理进行高效用电管理，对事故提出预告，对故障及时处理。传送的信息包括配电网 SCADA 信息、配电地理信息系统数据、需方管理（DSM）信息、调度员仿真调度指令、故障呼叫服务系统和工作管理系统信息等一体化的综合自动化信息，形成了集变电站自动化、馈线分段开关测控、电容器组调节控制、用户负荷控制和远方抄表等系统于一体的配电网管理系统（DMS），功能多达 140 余种。

由于 FAN（NAN）的主要管理对象是配电网自动化信息的传输，其业务特点是数据量大，但传输距离短。因此，一些接入网技术得到了广泛的应用。适合于 FAN（NAN）的信息通信技术主要是无源光网络（PON）技术如 EPON 和 GPON 技术、宽带电力线通信（Band Power Line，BPL）技术以及无线通信技术。无线通信技术可以采用 Mesh、Wi-Fi、4G、5G，和将来的 6G 移动通信技术，以及其他无线通信技术。在配电网自动化通信中，SDH 设备对其工作环境要求较高、带宽利用率较低、施工难度较大、成本较高，使得 SDH/MSTP 技术在配电网中自动化系统中的应用有些不切实际。

3. HAN 技术

对于用户而言，采用什么技术是自己的选择，一般不受在 WAN 和 FAN（NAN）中应用技术的制约，用户可以构建自己的网络形态，只要在网络互联时提供适合的接口即可。对于一个家庭来说，HAN 的范围很小，小到几米的范围，大到几十米或上百米。适合于这个范围的网络技术都很成熟，种类繁多，应用广泛。基于 IEEE Std 802.15.4 个人局域网（如 ZigBee SEP 2.0 个域网）、基于 IEEE Std 802.11 无线局域网（WLAN）、基于 IEEE Std 1901 宽带电力线通信、基于 IEEE Std 802.3 局域网（LAN）、基于 IEEE Std 802.16 的 WiMax 等多种技术，都得到了广泛的应用。在智能电网条件下，用户不仅仅是从电网获得电能的消费者，也为电网提供电能，以发挥更大的能源供给能力和能源利用效率。

对于公司和楼宇类型的用户来说，HAN 的范围要比家庭大很多，因此局域网技术应用最为广泛。

第三节　几种典型通信技术及其应用

1. PON 技术

EPON 是一种新型的光纤接入网技术，它在物理层采用了 PON 技术，在链路层使用以太网协议，综合了 PON 技术和以太网技术的优点。

EPON 系统的主要设备有：光线路终端（Optical Line Terminal，OLT）、光网络单元（Optical Network Unit，ONU）、光网络终端（Optical Network Terminal，ONT）、光分配网（Optical Distribution Network，ODN）其系统结构如图 10-2 所示。

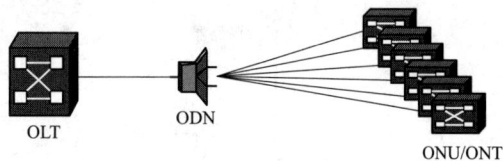

图 10-2　EOPN 的系统组成

EPON 系统采用 WDM 技术，实现单纤双向传输。为了分离同一根光纤上多个用户的来去方向的信号，采用两种复用技术：下行数据流采用广播技术，上行数据流采用 TDMA 技术。

MPCP 即多点控制协议（Muti-Point Control Protocol），是 MAC Control 子层的一项功能。MPCP 使用消息、状态机和定时器来控制访问 P2MP（点到多点）的拓扑结构。在 P2MP 拓扑中的每个 ONU 都包含一个 MPCP 的实体，用以和 OLT 中的 MPCP 的一个实体相互通信。因为 PON 的多点广播特性，所有的下行数据都会被广播到 PON 系统中所有的 ONU 上。如果有一个匿名用户将它的 ONU 接收限制功能去掉，那么它就可以监听到所有用户的下行数据，这在 PON 系统中称为"监听威胁"。PON 网络的另一个特点是，网络中 ONU 不可能监测到其他 ONU 的上行数据。在 PON 上解决安全性的措施是 ONU 通过上行信道传送一些保密信息（如数据加密密钥），OLT 使用该密钥对下行信息加密，因为其他 ONU 无法获知该密钥，接收到下行广播数据后，仍然无法解密获得原始数据。

GEPON 和 EPON 在标准定义方面是一脉相承的。基于 IEEE 802.3av 的 10GEPON 在波长规划、控制协议和管理机制等方面都进行了完善的考虑，10GEPON 几乎完全继承了现有的 EPON 标准，仅仅是对 EPON 的 MPCP 协议（IEEE 802.3）进行扩展，增加了 10Gb/s 能力的通告与协商机制，保证了 10G EPON 可以充分利用现有 EPON 的运维方案和管理机制，是智能电网中 FAN（NAN）可选择的技术之一，而且，大量 EPON 示范工程已经证实了该技术的适用性。

EPON 技术可为智能电网提供信息通信支撑。光缆/光纤网络的投资比重很大，光缆/光纤网络的调整和改造涉及面广、周期长、工程复杂，建成后需长期、稳定使用，后续技术和带宽升级最好在设备层面实施。

配用电通信网骨干网采用以太网无源光网络（EPON）技术时，可覆盖 110kV 变电站至 10kV 开关站，拓扑结构以"手拉手"全保护倒换型为主。EPON 适合于利用城市配电杆塔架设线路，或者预设管道的城市，而已经规划到地下的输电线路再挖开重新铺设光缆，费用过高。

采用 EPON 技术构建配电通信系统，光缆布放是随着配电网电缆走向实施的，通信网络的结构与电力配电网缆线结构相符合，图 10-3 所示为 EPON 链形组网，其结构契合单电源辐射网络，在配电子站布放 OLT，通过 OLT 的 1 个 PON 口级联多个 POS，POS 可置于每一个分段（例如杆塔或缆线分支箱），每个 ONU 置于 FTU 或其他箱体内。

图 10-4 为 EPON 全链路保护组网，其结构契合双电源手拉手网络，在两个配电子站分别布放 OLT，通过两个方向利用 POS 进行级联延伸，每个 ONU 的上行链路都通过双 PON 口进行链路 1+1 冗余保护，设备布放位置同链形组网方式。为了提高可靠性，还可以采用其他网络结构。

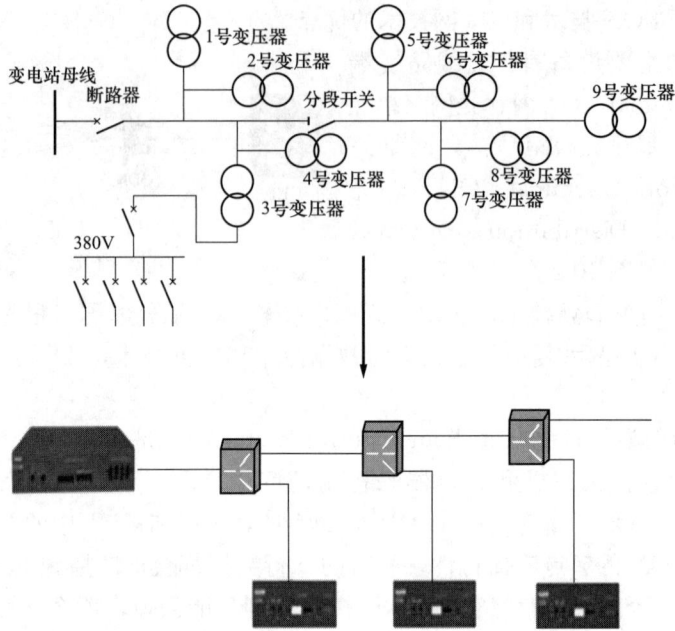

图 10-3　EPON 链形组网

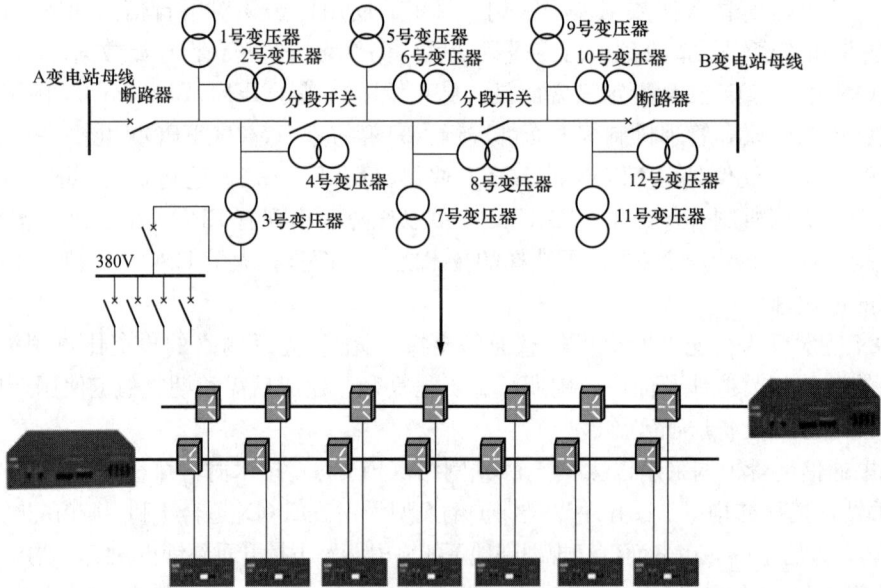

图 10-4　EPON 全链路保护组网

EPON 设备的取电通常可以通过电压互感器变换电压、二次侧可输出 220V$_{AC}$、就近配电变压器取电等方式进行，工程实际中，开闭所、负荷中心、用户电表处取电相对方便，环网柜、柱上开关、变压器等处可靠电压互感器＋蓄电池（UPS）方式取电。目前市场上的 ONU 设备基本能够采用宽泛的电压设计或者交直流双备份的方式实现电源保障。现有配电网通信终端（FTU/DTU/RTU）的通信接口以 RS232/485 为主，随着以太网技术应用的不断发展，以太口（RJ45）最终会取代绝大部分的电力通信设备的接口。与传统的调度自动化系统相比，配电系统自动化终端节点数量极大，并且节点分散、通信距离短、每个节点的数据量较小、实时性要求高，各种不同类型终端的速率要求大致分布在 300b/s～2Mb/s，而 EPON 系统基本可提供 1.25Gb/s 的上下行速率，并提供以以太口为主、RS232/485 口为辅的数据接口，满足配电自动化系统的带宽和接口的发展要求。

2. 宽带电力线通信（BPL）技术

IEEE 1901 标准是 HomePlug 联盟首先提出的，是电力线通信中覆盖物理层和 MAC 层的主要应用标准，包括家庭内部的数据、音频、视频和电动汽车等设备的联网，定义了借助电力线进行高速通信的标准，所以称为宽带电力线通信（BPL）。该标准的应用频率小于 100MHz，适用于所有种类的 BPL 设备，包括最初 1km 和最后 1km 接入到宽带的服务，即楼宇 LANs、智能能量应用和运输平台（汽车）和其他分布式数据。该标准着重关注各种电力线通信设备的通信信道平衡和高效，定义了 BPL 设备的共存和互操作机制，以确保所需带宽和质量，提出必要的安全性问题以确保在使用者之间的隐私通信和敏感服务。

IEEE P1901 标准的初始版本基于快速傅里叶变换（FFT）和离散小波变换正交频分复用（Wavelet OFDM）调制机制，借助 BPL 设备通过交流供电线提供超过 100Mb/s 的带宽，提供与以太网、Wi-Fi 等其他通信媒介的无缝集成。

IEEE P1901 标准构建的配电通信系统，在中压（MV）设置骨干节点，在低压（LV）设置集中器，通过中压和低压的电力线来输送以抄表数据为主的信息。LV 集中器和 MV 节点用于连接智能电能表与电力公司的中央控制中心，建构成一个双向实时的 TCP/IP 网络。在能源管理应用上，家庭用户可以通过 PLC 产品进行远程控制及监视家里的电器，从而达到节能省电的目的。IEEE P1901 标准更适合于用户数据量不大、大范围居住（农村、牧区）、居住分散布局的场合。图 10-5 给出了 BPL 技术的应用。

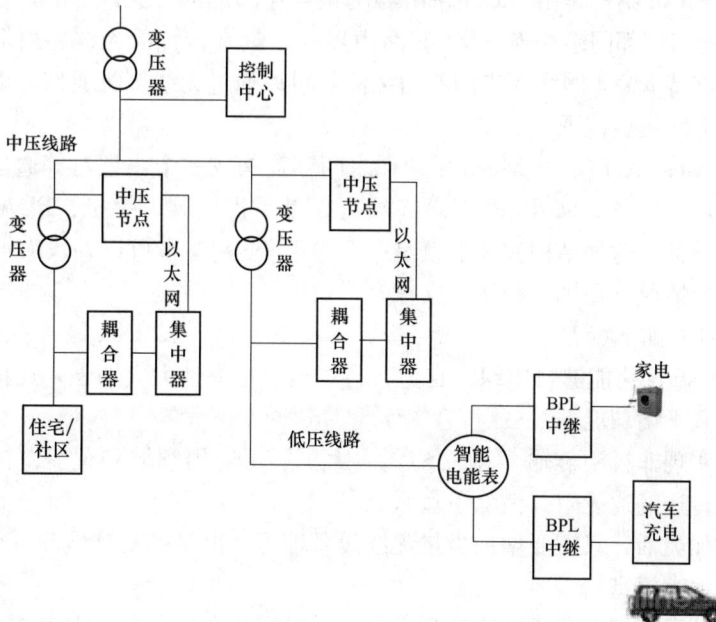

图 10-5　BPL 技术的应用

3. 无线 Mesh 技术

Mesh 网络即无线网格网络，是一个无线多跳网络，由 Ad hoc 网络发展而来，是解决"最后一公里"问题的关键技术之一。在下一代网络演进的过程中，无线是一个不可或缺的技术。无线 Mesh 可以与其他网络协同通信，是一个动态的可以不断扩展的网络架构，任意的两个设备均可以保持无线互联。

Mesh WLAN 网络要比单跳网络更加稳定，这是因为在数据通信中，网络性能的发挥并不是仅依靠某个节点。在传统的单跳无线网络中，如果固定的 AP 发生故障，那么该网络中所有的无线设备都不能进行通信。而在 Mesh 网络中，如果某个节点的 AP 发生故障，它可以重新再选择一个 AP 进行通信，数据仍然可以高速地到达目的地。从物理角度而言，无线通信意味着通信距离越短，通信的效果会越好。因为随着通信距离的增长，无线信号不但会衰弱而且会相互干扰，从而降低数据通信的效率。而在 Mesh 网络中，是以一条条较短的无线网络连接代替以往长距离的连接，从而保证数据可以以高速率在节点之间快速传递。Mesh 技术可以使 WLAN 的安装部署、网络扩容更加方便。许多厂家都推出了功能丰富的 Mesh 产品，从而使部署大规模运营级无线城域网成为可能。某些产品开发了DMA 协议（Dynamic Mesh Architecture，动态 Mesh 架构），使无线访问点具有自动配置网络并使网络效率最优化的特性，提供自我组织、自我修复、更新动态网络连接、确保网络安全等功能。

无线 Mesh 网络基于呈网状分布的众多无线接入点间的相互合作和协同，具有宽带高速和高频谱效率的优势，具有动态自组织、自配置、自维护等突出特点，因此，无线 Mesh 技术和网络的研究开发与实际应用，成为当前无线移动通信的热门课题之一，特别在未来移动通信系统长期演进（LTE）中，无线 Mesh 技术和网络成为瞩目焦点。无线 Mesh 网络技术具有以下诸多无可比拟的优势：

（1）骨干网 Mesh 结构是由 Mesh 路由器网状互连形成的，无线 Mesh 骨干网再通过其中的 Mesh 路由器与外部网络相连。Mesh 路由器除了具有传统的无线路由器的网关、中继功能外，还具有支持 Mesh 网络互连的路由功能，可以通过无线多跳通信，以低得多的发射功率获得同样的无线覆盖范围。

（2）客户端 Mesh 结构是由 Mesh 用户端之间互连构成一个小型对等通信网络，在用户设备间提供点到点的服务。Mesh 网用户终端可以是手提电脑、手机、PDA 等装有无线网卡、天线的用户设备。这种结构实际上就是一个 Ad hoc 网络，可以在没有或不便使用现有的网络基础设施的情况下提供一种通信支撑。

无线 Mesh 具有如下特点：

（1）无线 Mesh 网络能够自组织、自愈、自均衡，可靠性大大增强，还提供了更大的冗余机制和通信负载平衡功能。

（2）很容易实现非视距传输（NLOS），大大扩展了应用领域和覆盖范围，信号避开了障碍物的干扰，传送畅通无阻，消除了盲区。

（3）组网更加灵活，只需要增加少量无线设备即可。网络的柔韧性和可行性更强大更完善，网络利用率大大提高。

（4）兼容多种类型接入方式，连接到 Internet 只需几个接入点，大大减少网络成本，能够降低 70%～75% 的运营和安装成本。

图 10-6 为无线 Mesh 应用示意图，从图中可知，位于街道旁的用户可以方便地将数据信息接入到网络中，实现信息传输。

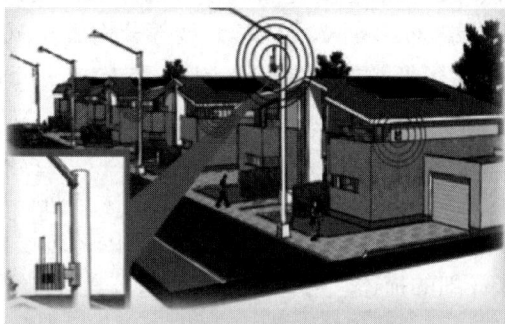

图 10-6 无线 Mesh 应用示意图

无线 Mesh 技术适合于 FAN 或 NAN 的环境中，配合 EPON 技术，可以构建大范围的信息通信网络，是智能电网建设信息通信系统的有力方案之一。

4. WiMAX 技术

WiMAX 具有 QoS 保障、传输速率高、业务丰富多样等优点。WiMAX 的技术起点较高，采用了代表未来通信技术发展方向的 OFDM/OFDMA、先进天线系统（AAS）、多输入多输出（MIMO）等先进技术。随着技术标准的发展，WiMAX 将逐步实现宽带业务的移动化，而 3G 则实现移动业务的宽带化，两种网络的融合程度会越来越高。

WiMAX 标准支持移动、便携式和固定服务选项，用于固定 WiMAX 部署中，可服务于供应商提供客户端设备（CPE），作为指向无线"modem"以提供的界面为 WiMAX 网络为特定位置，如家庭、网吧、办公室。

在 WiMAX 技术的应用条件下（室外远距离），无线信道的衰落现象非常显著，在质量不稳定的无线信道上运用 TCP/IP 协议，其效率可能十分低下。WiMAX 技术在链路层加入了 ARQ 机制，减少到达网络层的信息差错，可大大提高系统的业务吞吐量，同时 WiMAX 采用天线阵、天线极化方式等天线分集技术来应对无线信道的衰落。这些措施都提高了 WiMAX 的无线数据传输的性能。

WiMAX 适合于大范围用户、数量不够集中的场合应用。作为智能电网信息通信技术的选择时，适合接入郊区或山区等地域的用户，建设成本较低。

5. LTE 技术

LTE（Long Term Evolution，长期演进）技术是 3G 的演进，始于 2004 年 3GPP 的多伦多会议。LTE 并非人们普遍误解的 4G 技术，而是 3G 与 4G 技术之间的一个过渡，它改进并增强了 3G 的空中接入技术，采用 OFDM 和 MIMO 作为其无线网络演进的唯一标准。在 20MHz 频谱带宽下能够提供下行 326Mb/s 与上行 86Mb/s 的峰值速率，改善了小区边缘用户的性能，提高了小区容量和降低系统延迟。

用户平面内的单向传输时延低于 5ms，控制平面从睡眠状态到激活状态的迁移时间低于 50ms，从驻留状态到激活状态的迁移时间小于 100ms；支持最大 100km 半径的小区覆盖；能够为 350km/h、最高 500km/h 高速移动的用户提供大于 100kb/s 的接入服务；支持成对或非成对频谱，并可灵活配置从 1.25～20MHz 多种带宽。

LTE 网络结构与核心技术：LTE 采用由 NodeB 构成的单层结构，这种结构有利于简化网络和减小延迟，实现了低时延、低复杂度和低成本的要求。接入网主要由演进型 NodeB（eNodeB）和接入网关（Access Gateway，AGW）两部分构成。AGW 是一个边界节点，若将其视为核心网的一部分，则接入网主要由 eNodeB 一层构成。eNodeB 除具有原来 NodeB 的功能外，还能完成原来 RNC 的大部分功能，包括物理层、MAC 层、RRC、调度、接入控制、承载控制、接入移动性管理和 Inter-cell RRM 等。Node B 和 Node B 之间将采用网格（Mesh）方式直接互联，这也是对原有 UTRAN 结构的重大改进。

LTE 的主要技术特征：3GPP 从系统性能要求、网络的部署场景、网络架构、业务支持能力等方面对 LTE 进行了详细的描述。与 3G 相比，LTE 具有如下技术特征：

（1）通信速率有了提高。下行峰值速率为 100Mb/s，上行为 50Mb/s。

（2）提高了频谱效率。下行链路 5bit/(s·Hz)，（3～4 倍于 R6 版本的 HSDPA）；上行链路 2.5bit/(s·Hz)，是 R6 版本 HSU-PA 的 2～3 倍。

（3）以分组域业务为主要目标，系统在整体架构上将基于分组交换。

（4）QoS 保证。通过系统设计和严格的 QoS 机制，保证实时业务（如 VoIP）的服务质量。

（5）系统部署灵活，能够支持 1.25～20MHz 的多种系统带宽，并支持"paired"和"unpaired"的频谱分配，保证了将来在系统部署上的灵活性。

（6）降低无线网络时延。子帧长度为 0.5ms 和 0.675ms，解决了向下兼容的问题并降低了网络时延，时延可达 U-plan<5ms，C-plan<100ms。

（7）增加了小区边界比特速率。在保持目前基站位置不变的情况下增加小区边界比特速率，如 MBMS（多媒体广播和组播业务）在小区边界可提供 1bit/(s·Hz) 的数据速率。

（8）强调向下兼容，支持已有的 3G 系统和非 3GPP 规范系统的协同运作。

与 3G 相比，LTE 更具技术优势，具体体现在高数据速率、分组传送、延迟降低、广域覆盖和向下兼容。随着 LTE 技术的完善，智能电网信息通信技术的选择中必将引入该技术。

6. ZigBee 技术

ZigBee 是基于 IEEE 802.15.4 标准的低功耗个域网协议，主要适合用于自动控制和远程控制领域，可以嵌入各种设备，是一种便宜的、低功耗的近距离无线组网通信技术。

ZigBee 协议从下到上分别为物理层（PHY）、媒体访问控制层（MAC）、传输层（TL）、网络层（NWK）、应用层（APL）等，其中物理层和媒体访问控制层遵循 IEEE 802.15.4 标准的规定。

在智能电网的建设中，物联网技术得到广泛的应用，各类信息（温度、电压、电流、油液位等）的采集需要通过网络收集。ZigBee 作为一种短距离无线通信技术，能为用户提供无线数据传输功能，因此在物联网领域具有非常强的可应用性。

7. 4G、5G 和 6G 公网移动通信技术

4G 通信技术是第四代的移动信息系统，信息传输速度可达 100Mb/s。4G 的调制方式是利用正交频分复用（OFDM）技术，其传输信号的频谱会有一定的重叠，以提高频带利用率。技术人员往往划分不同的信息类别，从而保证数字信号的稳定传输。由于 4G 具有技术成熟、基站覆盖充分、使用费用低的优势，在对带宽和时延要求不高的场景，4G 得到了广

泛的应用。在智能电网信息通信中，4G 作为无线接入手段，用于电力抄表系统、配电线路故障指示器等信息传输的通信中。配电终端设备（DTU、FTU）面向城市、农村、企业配电网的自动化系统，完成环网柜、柱上开关的监视、控制和保护以及通信等自动化功能，以配合配电子站、主站实现配电线路的正常监控和故障识别、隔离和非故障区段恢复供电，选择 4G 公共移动通信进行信息传输是非常方便的技术途径。

在传输带宽和时延要求更苛刻的场景中，往往用 5G 公共移动通信网络代替 4G 网络，5G 具有高速率、低时延和大连接的特点，可以说是新一代宽带移动通信技术，5G 通信设施是实现人机物互联的网络基础设施。

国际电信联盟（ITU）定义了 5G 的三大类应用场景，即增强移动宽带（eMBB）、超高可靠低时延通信（uRLLC）和海量机器类通信（mMTC）。增强移动宽带主要面向移动互联网流量爆炸式增长，为移动互联网用户提供更加极致的应用体验；超高可靠低时延通信主要面向工业控制、远程医疗、自动驾驶等对时延和可靠性具有极高要求的垂直行业应用需求；海量机器类通信主要面向智慧城市、智能家居、环境监测等以传感和数据采集为目标的应用需求。

为满足 5G 多样化的应用场景需求，5G 的关键性能指标更加多元化。ITU 定义了 5G 八大关键性能指标，其中高速率、低时延、大连接成为 5G 最突出的特征，用户体验速率高达 1Gb/s，时延低至 1ms，用户连接能力达 100 万连接/km^2。因此，随着智能电网信息化的发展，5G 将是无线接入的首选技术。

6G 技术的快速发展，为未来的应用提供了更便捷的接入手段。6G 移动通信技术提供的数据传输速率可能达到 5G 的 50 倍，时延缩短到 5G 的 1/10，在峰值速率、时延、流量密度、连接数密度、移动性、频谱效率、定位能力等方面远优于 5G。

6G 潜在应用场景可分为全覆盖多样化智能连接应用、高保真扩展现实类应用和智能化行业类应用三类。6G 网络将是一个地面无线与卫星通信集成的全连接世界。通过将卫星通信整合到 6G 移动通信网络中，实现全球无缝覆盖，网络信号能够抵达任何一个偏远的乡村。在全球卫星定位系统、电信卫星系统、地球图像卫星系统和 6G 地面网络的联动支持下，地空全覆盖网络还能帮助人类预测天气、快速应对自然灾害等。6G 通信技术不再是简单的网络容量和传输速率的突破，它更是为了缩小数字鸿沟，实现万物互联这个"终极目标"。

在智能电网的应用中，6G 更适合于输电线路视频等信息的传输。由于一些输电线路往往跨越人迹罕至的高山，缺乏有效的宽带数据传输的条件，对输电线路上发生覆冰、风舞、杆塔监测等信息进行采集时，6G 可借助卫星通信系统实现无缝覆盖，发挥不可代替的作用。

第四节 物联网与智能电网

一、物联网概念的提出与发展历程

物联网 IOT（The Internet of Things）的概念最早于 1999 年由麻省理工学院 Auto－ID 研究中心这样描述：把所有物品通过射频识别（Radio Frequency Identification，RFID）、红外感应器、全球定位系统、激光扫描器等信息传感设备与互联网连接起来，实现智能化识别和管理。这个概念实质上等于 RFID 技术和互联网的结合应用。RFID 标签可谓是早期物联网最为关键的技术与产品环节，当时人们认为物联网最大规模、最有前景的应用就是在零售和物流领域，利用RFID技术，通过计算机互联网实现物品或商品的自动识别和信息的互联与共享。

2005年，国际电信联盟（ITU）在IOT报告中对物联网概念进行扩展，提出任何时刻、任何地点、任何物体之间的互联，无所不在的网络和无所不在的计算，除RFID技术外，传感器技术、纳米技术、智能终端等技术将得到更加广泛的应用。

2009年1月，自IBM提出"智慧地球"后，物联网在世界范围再掀热潮，发展物联网技术被迅速纳入多个国家的重大信息发展战略中。

2009年8月，"感知中国"和"物联网"成为国内热点，加快物联网技术研发、促进物联网产业的快速发展已成为国家战略需求。

到目前为止，物联网概念已逐步深入人心，许多发达国家将发展物联网视为新的经济增长点，国内物联网被称为信息技术的第三次革命性创新，并得到大规模发展，应用扩展到多个行业，形成大量示范工程。

二、物联网定义与特征

1. 物联网的定义

物联网是指通过RFID、红外感应器、全球定位系统、激光扫描器等信息传感设备，按约定的协议，把任何物品与互联网相连接，进行信息交换和通信，以实现对物品的智能化识别、定位、跟踪、监控和管理的一种网络。

2. 物联网的特征

物联网具有如下三个特征：

（1）全面感知。利用RFID、传感器、二维码等随时随地获取物体的信息。

（2）可靠传递。通过各种网络将物体的信息实时准确地传递出去。

（3）智能处理。利用云计算、模糊识别等各种智能计算技术，对海量的数据和信息进行分析和处理，对物体实施智能化的控制。

物联网是一个基于互联网、传统电信网等信息承载体，让所有能够被独立寻址的普通物理对象实现互联互通的网络，它具有普通对象设备化、自治终端互联化和普适服务智能化的特征。

3. 物联网与互联网关系

最早的固定互联网离开了连接线不可能进入网络。后来，随着移动通信的发展，出现了移动互联网。但不论移动的还是固定的互联网，都是人和人相连。第三代互联网是人和物相连，这个时候的互联网称为物联网。与互联网相比，物联网在anytime、anyone、anywhere的基础上，又拓展到了anything。人们不再被局限于网络的虚拟交流，除了人与人（P2P）之间，也包括机器与人（M2P）、人与机器（P2M）、机器对机器（M2M）之间广泛的通信和信息的交流。

三、物联网的体系架构

物联网大致被公认为有三个层次，底层是用来感知数据的感知层，第二层是数据传输的网络层，最上面是应用层，如图10-7所示。物联网各层的功能如下：

（1）感知层。感知层包括传感器等数据采集设备，如RFID技术、传感和控制技术、短距离无线通信技术是感知层涉及的主要技术，是物联网发展和应用的基础。

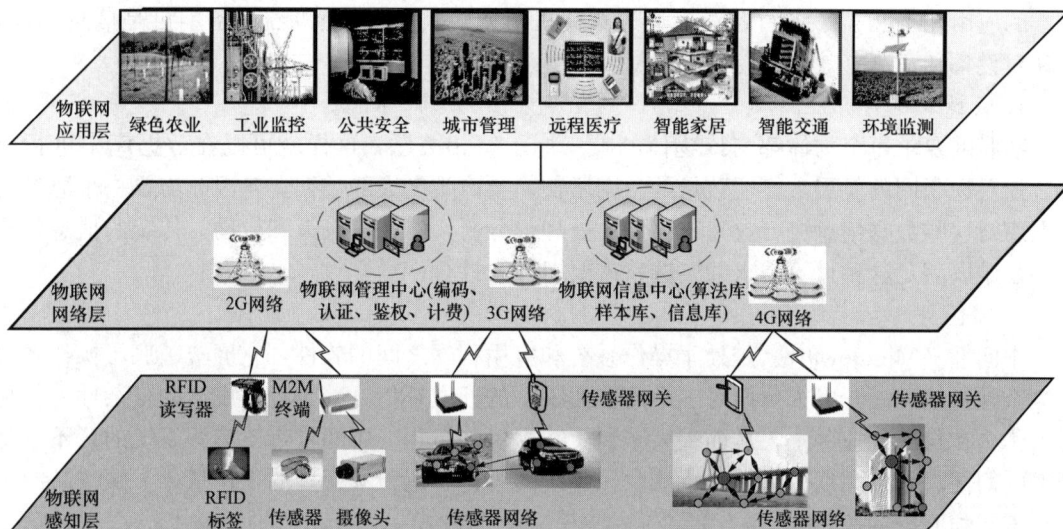

图 10-7　物联网的三层体系架构

（2）网络层。物联网的网络层建立在现有的移动通信网和互联网基础上。物联网通过各种接入设备与移动通信网和互联网相连，如手机付费系统中由刷卡设备将内置手机的 RFID 信息采集上传到互联网，网络层完成后台鉴权认证并从银行网络划账。

（3）应用层。物联网应用层利用经过分析处理的感知数据，为用户提供丰富的特定服务。

四、物联网的关键技术

物联网关键技术包括 RFID、传感网技术、M2M 技术、云计算和中间件技术。

1. RFID 技术

RFID 俗称电子标签，是物联网最关键的技术。它是利用射频信号实现无接触信息传递并通过所传递的信息达到识别目的的技术。RFID 系统一般由读写器、标签及信息处理系统三个部分组成。在 RFID 中要实现物体之间的互联就必须给每件物体一个识别编码，也就是用于身份验证的 ID。每个物品都有一个 ID 来证明它的唯一性。正是 RFID 对物体的唯一标识性，使其成为物联网的热点技术。而作为条形码的无线版本 RFID 技术有条形码不具备的防水、防磁、耐高温、可加密等优点。

2. 传感网技术

传感网由大量部署在监测区域内的传感器节点构成的多个无线网络系统，即无线传感网（WSN），它能够实时检测、感知和采集感知对象的各种信息，并对这些信息进行处理后通过无线网络发送出去。在物联网中，首先要解决的就是如何获取准确可靠的信息，而传感器是获取信息的主要途径与手段。传感器是一种检测装置，用来感知信息采集点的环境参数，例如声、光、电、热等信息，并能将检测感知到的信息按一定规律变换成电信号或所需形式输出，以满足信息的传输、处理、存储和控制等要求。

3. M2M 技术

M2M 通过实现人与人（Man to Man）、人与机器（Man to Machine）机器与机器（Machine to Machine）的通信，让机器、设备、应用处理过程与后台信息系统共享信息。M2M

技术的应用几乎涵盖了各行各业，通过"让机器开口说话"，使机器设备不再是信息孤岛，实现对设备和资产有效的监控与管理。

4. 云计算

物联网要求每个物体都与该物体的唯一标示符相关联，这样就可以在数据库中进行检索，随着物联网的发展，终端数量的急剧增长，会产生庞大的数据流，因此需要一个海量的数据库对这些数据信息进行收集、存储、处理与分析，以提供决策和行动。传统的信息处理中心是难以满足这种计算需求的，这就需要引入云计算。

5. 中间件

中间件（Middleware）是处于操作系统和应用程序之间的软件，它屏蔽了底层操作系统的复杂性，使程序开发人员面对一个简单而统一的开发环境，减少程序设计的复杂性，将注意力集中在自己的业务上，从而大大减轻了技术上的负担。中间件带给应用系统的，不只是开发的简便、开发周期的缩短，也减少了系统的维护、运行和管理的工作量。

五、物联网的应用

物联网在智能物流、智能交通、智能家居等方面进行了大胆的尝试和应用，取得了很好的效果，成为物联网成功应用的典型案例。

1. 智能物流

智能物流利用先进的信息采集、信息处理、信息流通、信息管理、智能分析技术，智能化地完成运输、仓储、配送、包装、装卸等多项环节，并能实时反馈流动状态，强化流动监控，使货物能够快速高效地从供应者送达给需求者，降低了物流成本，提升了物流效率，减少了自然资源和社会资源的消耗。

2. 智能交通

智能交通系统通过构建交通物联网实现交通工具全程追踪，保证运输的安全；实现城市交通的智能化管理；使车辆能自动获得更丰富的路况信息，实现自动驾驶等。例如通过随处安置的传感器，人们可以实时获取路况信息，帮助监控和控制交通流量；人们可以获取实时的交通信息，并据此调整路线，从而避免拥堵；实现高速公路车辆与网络相连，从而指引车辆更改路线或优化行程；实现自由车流路边无缝检测、标识车辆并收取费用等。

3. 智能家居

智能家居是物联网应用中最重要最基础的应用，与普通智能家居相比，物联传感智能家居在通信可靠性、系统安全性、成本经济性、施工便捷性、组网方便性、信号清晰度等方面具有无可比拟的优势。物联传感智能家居系统以 ZigBee 技术协议为平台，组网非常灵活高效，系统运行也稳定可靠，不仅为地产商提供了高附加值的产品，同时也为用户提供了一个安全舒适、高效便利的生活环境。

六、面向智能电网的物联网技术及应用

智能电网与物联网作为具有重要战略意义的高新技术和新兴产业，已经受到了世界各国的高度重视，美国、日本等发达国家纷纷将其列为国家战略。我国不仅将物联网、智能电网上升为国家战略，而且在产业政策、重大科技项目支持、示范工程建设等方面进行了全面部署。物联网以其独特的优势能在多种场合满足智能电网发电、输电、变电、配电、用电等重要环节上信息获取的实时性、准确性、全面性的需求。具体如下：

（1）在发电环节。利用物联网技术在常规机组内部布置传感监测点，可了解机组的运行

情况，包括各种技术指标与参数，从而提高常规机组状态监测的水平。同样，物联网技术可以以风电、光伏发电厂所处的微气象地理区域、地理环境为监测对象，以微功耗的数据采集器为核心设备，通过气象传感器进行风速、风向、温度、湿度、气压、降雨、辐射、覆冰等气象要素的实时采集，实现对新能源发电厂的监测、控制和功率预测。

（2）在输电环节。利用物联网技术，可以提高对输电线路、高压电气等电网设备的感知能力，并很好地结合信息通信网络，实现联合处理、数据传输、综合判断等功能，提高电网的技术水平和智能化水平。

（3）在设备维护方面。通过物联网可对设备的环境状态信息、机械状态信息、运行状态信息进行实时监测和预警诊断，提前做好故障预判、设备检修等工作。采用无线传感器网络技术，可实现对设备运行温度的实时监测。同样，物联网技术可以用于电力杆塔或重要设施的全方位防护。通过在杆塔、输电线路或重要设备上部署各种智能传感器和感知设备，组成多传感器协同感知的物联网网络，实现目标识别、侵害行为的有效分类和区域定位，从而达到对电力设备全方位防护的目标。物联网技术可在电力现场作业监管方面发挥重要作用；在电力巡检管理方面，通过识别标签辅助设备定位，实现到位监督、指导巡检人员执行标准化和规范化的工作流程。

（4）在用电环节。智能用电是社会各界感知和体验智能电网建设成果的重要载体。随着智能电网的发展，用户将实现与电网的双向互动，提高用电效率。同时，大量分布式电源、微电网、电动汽车充放电设施、储能设备也将接入电网。物联网技术能够有力支撑这些业务需求，拥有广泛的应用空间。

（5）在电力资产全寿命周期管理方面。将射频标签和标识编码系统应用于电力设备，实现对电力资产信息的智能采集、自动识别、资产盘点、自动巡检、智能调配等资产身份管理、资产状态实时监测以及辅助决策等功能，为实现电力资产全寿命周期管理、提高运转效率、提升管理水平提供技术支撑。

（6）物联网技术也可应用于电动汽车及其充电网络的智能化管理，如实时感知电动汽车运行状态、电池使用状态、充电设施状态以及当前网内能源供给状态，通过对电动汽车及充电设施的综合监测与分析，实现对电动汽车、电池、充电设施、人员及设备的一体化集中管控、资源的优化配置。

物联网

第五节　智能电网信息物理融合系统

近年来，智能电网已经成为电力工业界和学术界关注的热点。智能电网应具有灵活、高效、持续、高可靠性、高安全性等重要特征。此外，智能电网还必须能够支持大规模间歇性可再生能源和分布式电源，能够促进电力市场公平、有效运营，能够促进用户侧参与等。要满足上述要求，就需要进一步发展电力系统现有的理论、模型、方法和算法体系。其中，引入新的计算、通信和传感技术，并实现信息系统和电力系统更紧密的融合与协作是实现电力系统智能化的关键。信息物理融合系统（Cyber Physical System，CPS）为解决这些问题提供了一种新的途径。

CPS是涉及信息系统和物理系统交互与融合的一个新的研究领域。根据美国国家科学基金会（NSF）的定义，CPS是将计算与物理资源紧密结合所构成的系统。更具体地讲，

CPS是集成了计算系统、大规模通信网络、大规模传感器网络、控制系统和物理系统的新型互联系统。CPS与物联网概念有相似之处，即两者都强调物理实体的互联。然而，CPS与物联网也有显著区别。建立物联网的主要目的在于采集各种物理实体信息，以实现对物理世界的感知。另一方面，CPS可以看作对物联网的进一步发展，其目标是在感知物理世界的基础上，进一步实现对各种物理实体的最优控制。

一、CPS概述

1. CPS的定义和功能

CPS系统具有下列特点：

（1）该系统由计算设备、通信网络、传感设备与物理设备共同组成。所有设备相互协同和相互影响，共同决定整个系统的功能和行为特征。

（2）由于系统的计算/信息处理过程和物理过程紧密结合并相互影响，这导致无法区分系统的某个行为究竟是计算过程还是物理过程作用的结果。

上述定义着重强调了CPS的核心内涵，即实现计算系统与物理系统的深度融合。虽然目前已经有了分别设计和实现计算系统、物理系统的有效方法，但这两种系统在相当程度上还是相互孤立的。信息技术专家在设计信息系统时对物理环境的特点通常只有模糊认识；行业专家在设计物理系统（如电力系统）时，一般仅将信息系统简单地看作执行算法的设备，而忽略其作为一个系统与物理系统的相互影响。这种在设计和实现过程方面的人为割裂使信息系统和物理系统常常无法适应对方的特点，从而最终导致整体系统的低效率、不灵活和安全性差等问题。因此，实现信息系统与物理系统的融合是CPS研究最核心的目标。

CPS系统应具有下列几个重要功能：

（1）信息与物理系统的实时监控和综合仿真。与传统物理系统相比，CPS的一个重要优势在于可以借助传感器网络和通信网络获得全面而详细的系统信息。以电力系统为例，除了通过现有的数据采集与监控（SCADA）系统，未来的电力系统还可以借助相量测量单元（PMU）、智能家电、电动汽车的车载无线传感器等获得更全面的系统信息。这些信息通过多个不同的通信网络（如Internet、电力系统专用通信网络、无线通信网络）集成到CPS的控制中心用于系统分析和仿真。需要特别强调的是，CPS的监控系统不仅收集物理系统的信息，也要收集信息系统（通信、传感、嵌入式计算等）的信息。CPS也不仅仅针对物理系统进行分析和仿真，而是将物理系统和信息系统作为一个整体进行综合分析和仿真。通过综合仿真可以显式评估信息系统与物理过程的相互影响，从而能够更准确地刻画出CPS作为一个系统的整体行为特征。这种分析和仿真方式是CPS区别于传统物理系统的最重要特征之一。

（2）信息集成、共享和协同。在CPS中传感器网络不断地采集数汇总到CPS控制中心。对于大规模CPS，如此产生的数据量将非常惊人。海量数据流的传输、集成和存储是现有的行业信息系统无法解决的，也是CPS必须具备的重要功能。此外，CPS是由通过网络互联的大量物理设备组成的。这里所谓的网络既包括物理网络（如输电、配电网络），也包括信息网络（如Internet）。由于CPS一般覆盖广阔的地域，系统中的信息设备和物理设备通常分属于很多不同的所有者。CPS既要让参与者能及时获得需要的信息，又要确保他们只能严格地按照其权限获取信息。为CPS设计新的信息共享和协同机制是解决这一问题的关键。

　　（3）大规模实体控制和系统全局优化。实现 CPS 的最终目标是增强对物理系统的控制能力。现有的一些物理系统采用相对简单而固定的控制模式，控制的灵活性差，且由于难以实现系统范围内的最优控制而不得不牺牲系统的整体运行效率。以电力系统为例，调度中心的控制范围一般仅限于容量较大的发电机组和输电、配电网络。由于计算能力不足，对于系统中大量的其他物理设备如小容量分布式电源、保护装置等则一般采用分散方式进行控制。这样就无法从系统整体上协调全部可用资源，从而导致系统的整体运行效率不高。解决这一问题的根本途径在于实现分散控制和集中控制的有机结合。未来 CPS 的大部分物理部件中都将植入嵌入式控制设备并通过通信网络与 CPS 控制中心互联。这样，这些设备既可以分散控制，在必要时也可以由控制中心集中控制。控制器的设计应尽量灵活，控制中心在必要时应该可以在线修改具体控制器的参数设置，甚至直接升级控制器软件。这样，控制中心可以根据传感器网络收集的系统信息不断调整整个控制系统以实现系统的全局优化。

　　2. CPS 的技术特征

　　与现有信息系统和物理系统相比，CPS 具有下列几个重要的技术特征：

　　（1）虚实共存同变。CPS 系统具有对信息系统、物理系统进行实时监控和综合仿真的功能。物理系统的状态通过传感器和通信网络反馈回 CPS 的控制中心，CPS 根据来自物理系统的实时信息不断修正仿真模型参数以提高仿真精度；仿真结果又将通过 CPS 对物理系统的控制影响物理系统的行为。这样，在 CPS 中相当于构造了物理系统在计算机虚拟环境中的一个镜像，物理系统和其虚拟镜像将同步变化并相互影响。物理系统信息的高速反馈可以保证虚拟镜像的精度。

　　（2）多对多动态链接。一般而言，组成 CPS 的各个部件之间的链接关系在很大比例上是动态的，这与现有物理系统的联网方式有很大区别。例如，电力 CPS 可以把电动汽车和各种智能家电也包括在内。这些设备可通过无线网络接入 CPS 的信息系统，其连接状态和接入网络的位置可以不断变化。因此，点对点网络（ad hoc network）将成为 CPS 的重要技术基础。

　　（3）实时并行计算和信息处理。CPS 一般对分析和仿真的实时性要求很高。此外，CPS 系统需要处理的信息量远远大于传统的信息系统。这些都对 CPS 的计算和信息处理能力提出了很高的要求。传统的集中式计算平台难以满足要求。因此，可以考虑基于大规模分布式计算技术框架如云计算来构建 CPS 计算平台。云计算通过整合大量分布广阔的计算设备来获得强大的计算和存储能力。此外，云计算的分布式架构与 CPS 要求实现集中控制和分散控制相结合的要求正相吻合。可以基于云计算技术实现 CPS 的分布式控制系统。

　　（4）自组织和自适应。从规模上讲，CPS 一般覆盖一个大的区域甚至整个国家。因此，接入 CPS 的设备数量可能非常庞大。对于数量庞大的物理设备实行人工管理显然是行不通的。因此，CPS 应具有自组织功能。例如，电力 CPS 应能够自动识别和搜索接入系统的分布式电源，换言之，一个分布式电源一旦接入了系统，控制中心就应当能够立即获得该电源的各种信息，并能够随时控制该电源。此外，CPS 还应具有自适应功能，也就是说，CPS 应具有自动排除各种系统故障（包括物理系统故障和信息系统故障）、保证系统正常运行的能力。

　　综上所述，CPS 不是信息系统与物理系统的简单结合，而是全方位的深度融合。CPS 研究将给现有的信息与工程技术的基础理论、体系结构、技术、工具、方法等带来全方位的变化。从某种意义上讲，CPS 将是继 Internet 之后的又一场技术革命，CPS 的建立将极大地增强人类控制物理世界的能力。

二、电力 CPS 概述

一些学者提出在现有的智能电网概念基础上结合计算和通信方面的发展与前沿技术构造电力 CPS。电力 CPS 是智能电网与 CPS 这两种概念的有机结合，是智能电网概念不断发展的结果。

1. 电力 CPS 概念与特点

综合国内外的研究和 CPS 特点可知，电力 CPS 高度融合计算、控制等技术应用于电力网络和电力通信网络的双层耦合网络。在电力 CPS 中，通信网络和电力网络之间是相互依赖关系，其中一个网络的状态取决于另一个网络的状态，反之亦然。

电力 CPS 集成了物理系统（电力网络基础设施）和网络系统（电力通信网络、传感器、通信技术），并具有如下 CPS 的典型特征：

（1）在动态环境中集成真实和虚拟世界，将物理系统的情况作为输入馈送到 CPS 信息控制中心，并建立仿真模型以优化物理系统的运行方式。

（2）通过通信网络（如 Ad Hoc 网络和广域保护通信网络）实现物理和信息系统组件之间的动态连接和交互，并在动态合作中即时响应。

（3）实时完成大数据和数据流的分布式信息处理，以便通过 CPS 为智能电网操作提供及时的决策。

（4）自我适应、自我组织和自我学习。电力 CPS 可以通过此过程来应对故障、攻击和紧急情况，以实现智能电网系统安全可靠的能源供应。

除以上特征外，与其他 CPS 系统不同，电力 CPS 的可靠性、实时性和经济性要求更高，这也给实际的电力 CPS 架构模型设计带来严峻的考验。

2. 电力 CPS 体系结构

智能电网在配电自动化和通信智能化等方面正寻求进一步的发展，其运行采取的结构主要包括电力通信网络和输电配电网络。有学者已经提出以智能电网为典型实例的电力 CPS 体系结构，如图 10-8 所示。

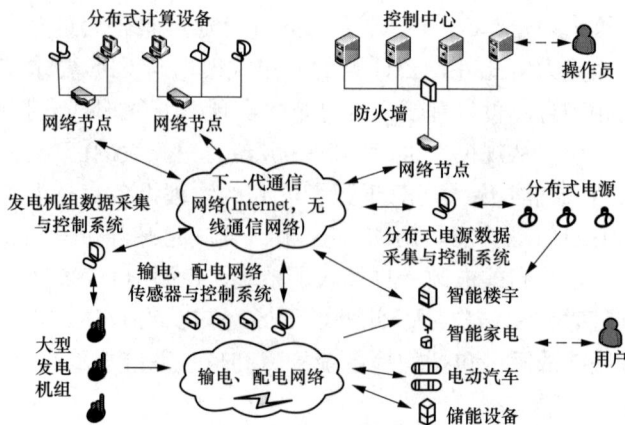

图 10-8　电力 CPS 的体系结构

图中的虚线和实线分别表示信息流动和电能流动。可以看出，电力 CPS 主要由大量的计算设备（服务器、计算机、嵌入式计算设备等）、数据采集设备（传感器、PMU、嵌入式数据采集设备等）和物理设备（大型发电机组、分布式电源、负荷等）组成。这些设备又通过两个大型网络互联。其中，各种信息设备（计算、传感、控制）通过通信网络相互连接，而各种物理设备（电源、负荷）则通过输电、配电网络相互连接。电力 CPS 不同于常见电网控制体系的特点是：①电力 CPS 具有远大于智能电网的信息采集范围；②电力 CPS 的通信网络是有线网络和无线网络的结合；③电力 CPS 中包括大量分布式计算设备；④在电力 CPS 中，各种负荷设备和分布式电源也与控制中心联网并可以由控制中心直接控制。更具体地讲，电力 CPS 主要由以下部分组成。

（1）控制中心。控制中心扮演着类似于目前电力系统调度中心的角色，是整个电力 CPS 的核心。控制中心的主要功能包括：综合所有数据采集设备获得的系统信息；根据收集到的系统信息修正系统模型并进行系统仿真和各种分析；基于系统仿真和分析结果控制各物理设备，并在必要时修改有关物理设备的控制器参数。控制中心通过通信网络与 CPS 的其他子系统（如交通 CPS）互联以实现整个 CPS 的协作。控制中心一般还会通过 Internet 与若干数据源如区域气象数据库连接，以获取温度、湿度、风速等与系统运行相关的信息。

（2）分布式计算设备。电力 CPS 需要实时处理海量系统信息，并实现对大量物理设备的最优控制。强大的计算和信息处理能力是实现这一目标的关键。传统的集中式电力系统计算平台的计算能力难以满足电力 CPS 要求。可以考虑基于网格计算或云计算等大规模分布式计算技术构建新一代电力系统计算平台。网格计算或云计算平台可以通过整合系统中各种异构计算设备以获得强大的计算和存储能力。

（3）通信网络。电力 CPS 的通信网络可由电力系统专用有线网络、一般有线网络和无线网络三个部分组成。电力系统专用有线网络一般用于连接控制中心和系统中的传感/控制设备。由于电力系统对于分析和控制的实时性要求很高，建立专用网络有助于降低通信延迟和提高信号传输可靠性。一般有线网络可用于连接非关键设备如部分计算设备、备份数据镜像等。无线网络可用于连接部分活动的设备如电动汽车等，也可用于连接系统中的无线传感设备。

（4）输电、配电网络。未来输电、配电网络中的传感器数量将大大增加。同时，输电、配电网络中的一些物理设备如保护设备和灵活交流输电系统（FACTS）应与控制中心联网并可以在必要时由控制中心直接控制。考虑到对于大规模电力系统实行集中控制的复杂性，可以采取由控制中心与变电站协同控制的办法。

（5）电源和负荷。电力 CPS 中的分布式电源和各种负荷设备未来都可以加装嵌入式信息采集和控制系统并通过网络与控制中心相连。基于为 CPS 设计的专用通信协议如 CPS2IP，可以给每个接入 CPS 的物理设备分配唯一的网络地址，从而实现对物理设备的自动识别和搜索。控制中心可以在必要时直接控制分布式电源和各种负荷设备。在被迫切负荷时，控制中心可以选择断开部分次要负荷设备（如部分智能家电），而不是中断对一个区域的供电，以减少停电波及范围、提高供电可靠性和用户的满意程度。电力 CPS 可以与 CPS 的其他子系统通过网络连接并协同工作。例如，电力 CPS 可以与交通 CPS 一起对电动汽车进行协同控制。一方面，未来的交通 CPS 将通过车载无线传感和控制系统控制电动汽车以实现车辆防撞、防交通堵塞、减少能耗等目标。另一方面，电动汽车既是用电设备，又可以作为分布式电源，因此将是新型电力系统的重要组成部分。电动汽车的车载传感设备提供的车辆位置、电池状态等信息，既可以被交通 CPS 用于车流量调度，也可以被电力系统用于负荷预测和发电调度。在交通 CPS 进行车流量调度时，也可以把对电力系统的影响考虑在内，这有利于在更广的范围内实现节能减排目标。

三、实现电力 CPS 对通信技术的要求

CPS 是一种新型网络系统，因此需要为其构造专门的网络通信协议栈。学术界已经提出了针对 CPS 的通信协议栈，例如：CPS2IP 和 CPI（Cyber Physical Internet）6 层通信协议栈。以 CPI 协议栈为例，它继承了传统 TCP/IP 协议栈的 5 层结构（物理层、数据链路层、网络层、传输层、应用层），并针对 CPS 的特点（如实时性要求高、结构灵活等）进行了相应调整；此外，在应用层之上增添了专门针对 CPS 的信息物理层（Cyber Physical Layer）以描述物理系统的特征与动态。针对 CPS 的通信协议尚有大量技术问题有待进一步研究，例如，如何保证网络内所有计算系统同步，如何处理各种性质完全不同的物理设备，如何为物理设备的状态数据定义格式等。

由于电力 CPS 中可能接入大量无线设备，如电动汽车的传感与控制系统以及其他无线传感设备，这就构成了一个典型动态网络。此外，由于电力系统对可靠性和在线计算分析的速度要求很高，这就要求通信网络必须具有很强的处理通信延迟和中断的能力。延迟和中断容忍网络是近年来兴起的新的通信网络技术，其一般通过复制和发送多个同样的数据包，并采取边存储边推进（store and forward）的方法克服网络连接质量差所导致的短时间内数据传输路径不完全的问题。针对延迟/中断容忍网络已经提出了专门的 Bundle 协议栈。可以预期，动态网络和延迟/中断容忍网络技术将成为电力 CPS 的基础。

第六节 新型电力系统

新型电力系统（New Energy Power System）是指基于新能源技术、先进的电能转换和控制技术以及智能化系统集成，推动电力生产、传输、分配和利用的创新型能源系统。

新型电力系统的特征和趋势可以包括以下方面：

（1）新能源技术应用。新型电力系统利用可再生能源（如太阳能、风能、水能）和其他清洁能源（如核能、地热能）来替代传统的化石燃料发电，以实现减少碳排放和环境保护的目标。

（2）储能技术集成。新型电力系统通常需要配备储能技术，例如电池储能、抽水蓄能、压缩空气等，以解决可再生能源波动性和间歇性带来的挑战，并提供能源调峰和稳定供电的能力。

（3）智能化和数字化。新型电力系统利用先进的传感器、通信和自动化技术，实现电力系统的智能化运营和管理。通过数据采集、分析和优化控制，提高电力系统的效率、可靠性和安全性。

（4）分布式能源和微电网技术。新型电力系统鼓励分布式能源资源的广泛利用，如太阳能光伏电站、风力发电、生物质能等。微电网技术允许小规模的能源系统和用户之间形成互联互通，提供可持续和灵活的电力供应。

（5）网络智能化和柔性互联。新型电力系统倡导构建灵活、可调整的电力网络，以适应

电力需求的动态变化。这包括可扩展的电网架构、智能配电网管理、可编程控制和能量交互的互联网技术应用。

（6）用户参与和能源管理。新型电力系统积极鼓励用户的参与和能源管理，如智能计量、能源监测、能效改进等，以提高能源利用效率和用户满意度。

总体而言，新型电力系统的目标是建立可持续、高效、安全和智能的能源体系，推动能源转型和实现低碳经济。这需要技术创新、政策支持和各利益相关方的合作，以应对气候变化和能源需求的挑战。

新型电力系统的复杂性大大提高，发电、输电和配电系统与通信系统的耦合更加紧密，信息交互更频繁，对时延和可靠性要求更高。新型电力系统中，风电、光伏等新能源发电、储能占比越来越大，已经形成了通信技术的典型应用场景。

（1）风电场的信息通信技术。目前风力发电可分为两种方式：离网型的小型分散风力发电装置和并网型大型风力发电装置。大型风力发电场的地理范围比较大，通信传输的距离可达几十千米。

电力调度中心（主站）与风电场的通信通过标准的电力规约，经远动通道下发命令，到达风场的通信管理机（监控中心、子站），管理机再根据电网公司下发的指令控制风电场控制对象，实现整个风场的控制。

风电场监控系统主要由箱变保护测控装置、风电场远程监控系统、风机监控系统、升压站综自系统、风电功率预测系统和风电场功率控制系统组成，如图 10-9 所示，简要介绍风机监控系统、升压站监控系统、风电功率预测系统。

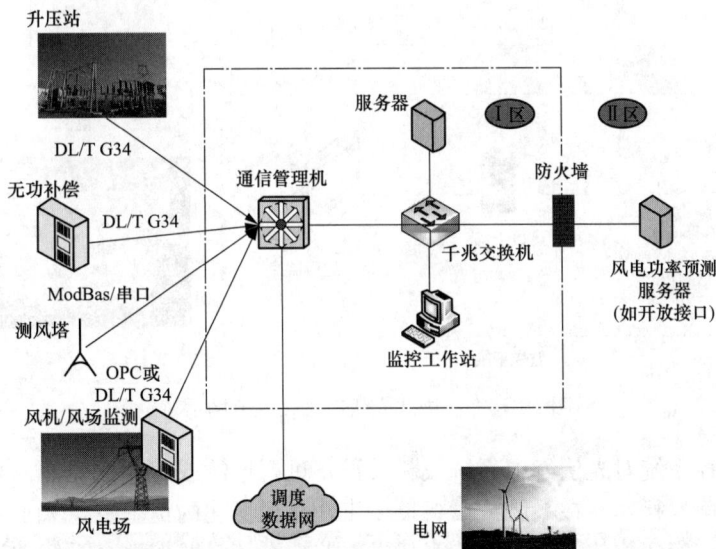

图 10-9 风电场监控系统

风机监控系统：组网结构主要是光纤以太网环网和光纤串口环网方式，通信协议主要包括风机主控厂家私有协议、OPC DA2.0 或 MODBUS 协议，实现功能主要是运行数据监视和报警、风机启动、停止和复位操作。风机监控接入网络一般采用双闭环的网络结构，每个闭环网络支持 20 台到 50 台的风电机组，可根据现场安装环境，配置多个闭环网络。每台风电机组配置一台工业级交换机。

升压站监控系统：与电力系统中的变电站自动化系统非常类似，除了与风电机组连接的集电线路的保护有些差异以外，其他与变电站综合自动化要求相同，技术都很成熟。

风电功率预测系统：可实现短期功率预测和超短期功率预测，并通过纵向加密装置和路由器把功率预测结果和测风塔气象数据送至电力调度中心安全区。短期风电功率预测能够对风电场 0～72h 的输出功率情况进行预测，通信方式可接入电力调度数据网中。

（2）光伏发电的信息通信技术。光伏发电系统主要也有两种形式：独立光伏发电系统和并网光伏发电系统。独立光伏发电也称为离网光伏发电，由光伏阵列、光伏控制器、蓄电池组、逆变器、监控系统和负载组成。独立光伏电站包括边远地区的村庄供电系统，太阳能户用电源系统，通信信号电源、阴极保护、太阳能路灯等各种带有蓄电池的可以独立运行的光伏发电系统。

并网光伏发电就是太阳能组件产生的直流电经过并网逆变器转换成符合市电电网要求的交流电之后直接接入公共电网，可以分为带蓄电池的和不带蓄电池的并网发电系统。带有蓄电池的并网发电系统具有可调度性，可以根据需要并入或退出电网，还具有备用电源的功能，当电网因故停电时可紧急供电。集中式光伏电站接入电网示意如图 10-10 所示。

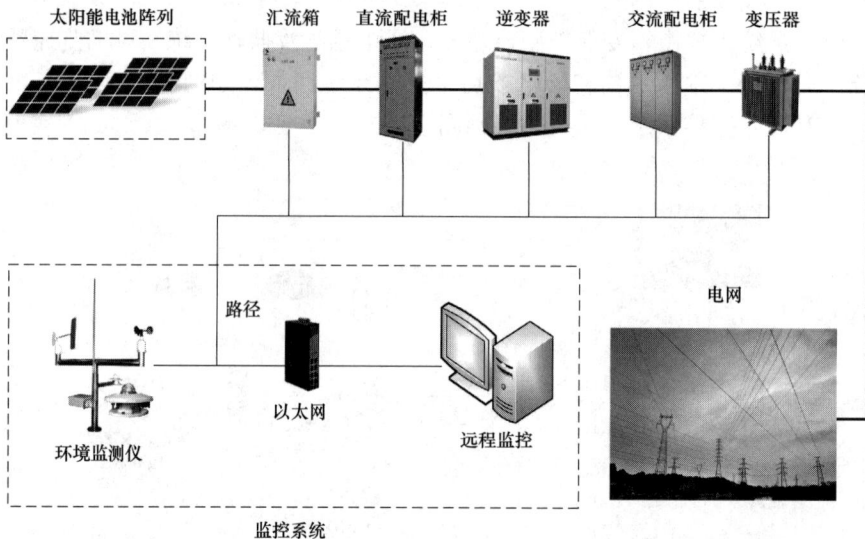

图 10-10　集中式光伏电站接入电网示意

光伏发电监控系统对光伏发电系统或相关设备进行连续或定期的监测，来核实系统或设备功能是否被正确执行，并在系统或设备发生工作状况变化的情况下，人工或自动执行必要操作或控制使其适应变化的运行要求。光伏发电监控系统是监控整个系统的运行状态、设备的各个参数，记录系统的发电量，环境等的数据，并对故障进行报警。通信接口机，逆变器室，电能质量监测装置等设备。应用的主要通信技术如下。

光纤通信：结合各地电网整体通信网络现状及规划，可选用 EPON 技术、工业以太网技术、SDH/MSTP 技术等多种光纤通信方式。

中压电力线载波：在光伏电站拟接入变电站侧电力线载波通信，将数据上传。载波组网通信采用一主多从的方式组网，即一个载波主机和多个载波从机组成一个载波通信网络。

无线专网：在部署电力无线专网通信系统的地区，一般在变电站或主站位置有无线网络的中心站，部署有高性能、高安全、带热备份的中心电台或基站。设置无线终端设备，通过RS485/232 串行接口或以太网接口连接终端设备，将光伏电站的通信、自动化等信息接入系统，形成光伏电站至系统的通信通道。

由于分布式光伏电站的布点范围广，因此通信方式普遍采用光纤通信和无线通信 2 种方式。

（3）储能站的信息通信技术。储能适用于电力系统的发电、输电、配电、用电多个环节，实现可再生能源发电改善、调峰调频、需求侧响应、交直流微电网等多种应用。

典型的储能单元接入配电网中，储能单元所发的电力经升压接入配电网母线，再经配电线路接入升压变电站接入电网，如图 10-11 所示。储能站由多个预制舱式储能单元组成，每个预制舱是单独的电池系统。

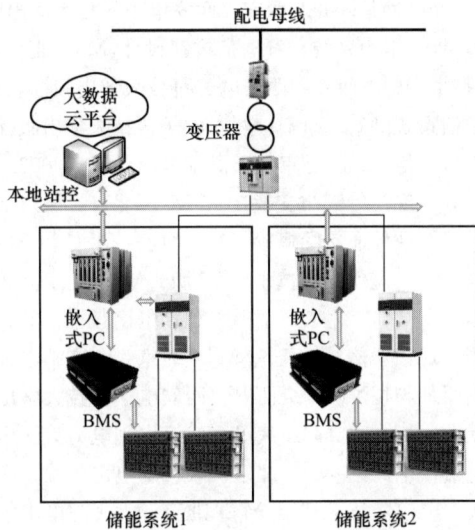

图 10-11　储能站的接入配电网

电池管理系统（BMS）：储能电池组管理系统是根据大规模储能电池阵列的特点设计的电池管理系统，使用锂电池为储能单元的储能电池阵列，完成电池阵列状态监控、保护、报警等功能。BMS 管理服务器通过 CAN 通信方式，接收电池管理子系统的所有信息，包括电压、温度、电流等信息，并进行显示分析。同时，电池簇管理单元通过 CAN总线接收采集单元上传的相关数据并进行管理分析，并控制电池采集均衡模块对单体电池进行均衡维护。

BMS 宜采用星型网络（共享式或交换式以太网），功率 1MW 或容量 1MWh 以上的电化学储能电站宜采用双网冗余配置，其余电化学储能电站可采用单网。

通信接口及协议：站控层设备与电池管理系统、功率变换系统、保护测控设备之间宜采用以太网连接。

其中，站控层与电池管理系统之间的通信协议宜采用 61850、Modbus TCP/IP 等，站控层与 PCS、保护测控设备等其他设备之间通信宜采用 61850、Modbus TCP/IP 通信规约；远动工作站能同时支持网络通道和专线通道两种方式与调度端连接，并可根据需要灵活配置。

参 考 文 献

［1］　中国电机工程学会. 中国电机工程学会专业发展报告中卷 2019—2020［M］. 北京：中国电力出版社，
　　　2020.

［2］　顾婉仪，黄永清，陈雪，等. 光纤通信（第 2 版）［M］. 北京：人民邮电出版社，2011.

［3］　胡庆，殷茜，张德民. 光纤通信系统与网络（第 4 版）［M］. 北京：电子工业出版社，2019.

［4］　顾婉仪，李国瑞. 光纤通信系统［M］. 北京：人民邮电出版社，2006.

［5］　武文彦. 智能光网络技术及应用［M］. 北京：电子工业出版社，2011.

［6］　王延恒，贺家礼，徐刚. 光纤通信技术及其在电力系统中的应用［M］. 北京：中国电力出版社，
　　　2006.

［7］　刘增基，周洋溢，胡辽林. 光纤通信［M］. 西安：西安电子科技大学出版社，2001.

［8］　王守礼，严永新，岳江波，等. 电力系统光纤通信线路设计［M］. 北京：中国电力出版社，2003.

［9］　张新社，于友成. 光网络技术［M］. 西安：西安电子科技大学出版社，2012.

［10］　鲜继清，张德民. 现代通信系统［M］. 西安：西安电子科技大学出版社，2003.

［11］　孙学康，张政. 微波与卫星通信［M］. 北京：人民邮电出版社，2003.

［12］　周卫东，罗国民，朱勇，等. 现代传输与交换技术［M］. 北京：国防工业出版社，2003.

［13］　杨武军，郭娟，张继荣，等. 现代通信网概论［M］. 西安：西安电子科技大学出版社，2004.

［14］　纪越峰，王文博，刘瑞曾，等. 现代通信技术（第 5 版）［M］. 北京：北京邮电大学出版社，2020.

［15］　曹宁，胡弘莽. 电网通信技术［M］. 北京：中国水利水电出版社，2003.

［16］　赵宏波，卜益民，陈风娟. 现代通信技术概论［M］. 北京：北京邮电大学出版社，2003.

［17］　张辉，曹丽娜. 现代通信原理与技术［M］. 西安：西安电子科技大学出版社，2002.

［18］　殷小贡，刘涤尘. 电力系统通信工程［M］. 武汉：武汉水利电力大学出版社，2000.

［19］　吴德本，李惠敏. 新编电信技术概论［M］. 北京：人民邮电出版社，2003.

［20］　唐宝民，王文鼎，李标庆. 电信网技术基础［M］. 北京：人民邮电出版社，2001.

［21］　侯自强. 宽带 IP 技术进展［M］. 北京：人民邮电出版社，2001.

［22］　刘云. 通信与网络技术概论［M］. 北京：中国铁道出版社，2001.

［23］　赵慧玲，石友康. 帧中继技术及其应用［M］. 北京：人民邮电出版社，1997.

［24］　陈锡生，糜正琨. 现代电信交换［M］. 北京：北京邮电大学出版社，1999.

［25］　啜钢，王文博，常永宇，等. 移动通信原理与应用［M］. 北京：北京邮电大学出版社，2002.

［26］　章坚武. 移动通信［M］. 西安：西安电子科技大学出版社，2003.

［27］　樊昌信，曹丽娜. 通信原理（第七版）［M］. 北京：国防工业出版社，2021.

［28］　王兴亮. 现代接入技术概论［M］. 北京：电子工业出版社，2009.

［29］　杨放春，孙其博. 软交换与 IMS 技术［M］. 北京：北京邮电大学出版社，2007.

［30］　袁世仁. 电力线载波通信［M］. 北京：中国电力出版社，1998.

［31］　牛忠霞，冉崇森，刘洛琨，等. 现代通信系统［M］. 北京：国防工业出版社，2003.

［32］　张继荣，屈军锁，杨武军，等. 现代交换技术［M］. 西安：西安电子科技大学出版社，2004.

［33］　杨德贵. 网络与宽带 IP 技术［M］. 北京：人民邮电出版社，2002.

［34］　中国人民解放军总装备部军事训练教材编辑工作委员会编. 数字微波通信技术［M］. 北京：国防工
　　　业出版社，2002.

［35］　张平，王卫东，陶小峰，等. WCDMA 移动通信系统（第 2 版）［M］. 北京：人民邮电出版社，2004.

[36] 郎为民，刘波. WiMAX 技术原理与应用[M]. 北京：机械工业出版社，2008.

[37] 崔鸿雁，蔡云龙，刘宝玲. 宽带无线通信技术[M]. 北京：人民邮电出版社，2008.

[38] ［德］Halid Hrasnica，Abdelfatteh Haidine，Ralf Lehnert 著. 宋健，赵丙镇，李晓译. 宽带电力线通信网络设计[M]. 北京：人民邮电出版社，2008.

[39] 陶小峰，崔琪楣，许晓东，等. 4G/B4G 关键技术及系统[M]. 北京：人民邮电出版社，2011.

[40] 王朝炜，王卫东，张英海，等. 物联网无线传输技术与应用[M]. 北京：北京邮电大学出版社，2012.

[41] 武奇生，刘盼芝. 物联网技术与应用[M]. 北京：机械工业出版社，2012.

[42] 张春红. 物联网技术与应用[M]. 北京：人民邮电出版社，2011.

[43] 刘建明. 物联网与智能电网[M]. 北京：电子工业出版社，2012.

[44] 李祥珍，建明. 面向智能电网的物联网技术及其应用[J]. 电信网技术，2010，(8)：41-45.

[45] 杜珊三. VSAT 卫星通信在电力系统中的应用分析[D]. 广州：中山大学，2010.

[46] 王义明. 卫星通信在应急通信中的应用[C]. 第六届卫星通信新业务新技术学术年会，2010.

[47] 赵俊华，文福拴，薛禹胜，等. 电力 CPS 的架构及其实现技术与挑战[J]. 电力系统自动化，2010，(16)：1-7.

[48] 刘鸿雁，王朔，孙丽丽，等. 山东省电力一体化会议系统优化方案研究[J]. 通信电源技术，2020，37(12)：263-267.

[49] 于海广. 白城地区电力通信网规划研究[D]. 长春：吉林大学，2020.

[50] 李允博. 光传送网(OTN)技术的原理与应用[M]. 北京：人民邮电出版社，2018.

[51] 周建华，陈俊平，胡小工. 北斗卫星导航系统原理及其应用[M]. 北京：科学出版社，2020.

[52] 夏克文，池越，张志，等. 卫星通信[M]. 西安：西安电子科技大学出版社，2008.

[53] 王丽娜，王兵. 卫星通信系统(第 2 版)[M]. 北京：国防工业出版社，2014.

[54] 郑加柱，王永弟，石杏喜，等. GPS 测量原理及应用[M]. 北京：科学出版社，2014.

[55] 庞江成，徐小涛，李超. 卫星移动通信系统发展现状分析[J]. 数字通信世界，2020，181(01)：144-147.

[56] 张平. B5G：泛在融合信息网络[J]. 中兴通讯技术，2019，25(1)：55-62.

[57] 赵珂，邹艳琼. LTE 与 5G 移动通信技术[M]. 西安：西安电子科技大学出版社，2020.

[58] 牛凯，吴伟陵. 移动通信原理(第 3 版)[M]. 北京：电子工业出版社，2022.

[59] 贾跃. 4G 全网通信技术[M]. 北京：北京邮电大学出版社，2019.

[60] 啜钢，王文博，常永宇，等. 移动通信原理与系统(第 4 版)[M]. 北京：北京邮电大学出版社，2021.

[61] 张博. 第五代移动通信网络技术[M]. 北京：北京邮电大学出版社，2019.

[62] 张月霞，杨小龙，巩译. 5G 移动通信系统[M]. 北京：电子工业出版社，2023.

[63] 徐晓军，李立刚. PON 在宽带光接入网络中的应用[J]. 通信管理与技术，2006，(06)：27-29.

[64] 何萍，谢楠，李文冬. 基于 EPON 技术的吴忠配电通信网组网模式应用[J]. 光通信技术，2016，(3)：13-15.

[65] 张振良，仇英辉. 电力 GPON 系统的可行性研究[J]. 电力系统通信，2011，32(02)：51-55.

[66] 陈松明. 以成本控制为导向的下一代光接入网设计的可行性研究[D]. 上海：上海交通大学，2016.

[67] 华炳昌. 面向多业务融合的光接入网结构与关键技术研究[D]. 北京：北京邮电大学，2020.

[68] 顾仁涛. 光接入网演进趋势展望：软件定义的光接入网[J]. 电信科学，2015，(10)：1-8.

[69] 郑晓庆，应站煌，汪强，等. 面向泛在电力物联网的无线通信接入技术电力建设[J]. 2019，40(11)：16-23.

[70] 原义栋，赵东艳，吴广宇. 基于 230MHz 电力无线专网的频谱共享关键技术研究[J]. 电子技术应

用. 2015，41(08)：79-82.

[71]　曹津平，刘建明，李祥珍. 基于 230MHz 电力专用频谱的载波聚合技术[J]. 电力系统自动化. 2013，37(12)：63-68.

[72]　公网与专网通信的特点，未来融合通信优势[EB/OL]. https://www. bilibili. com/read/cv15275469，2022 年 02 月 15 日.

[73]　王哲，赵宏大，朱铭霞，等. 电力无线专网在泛在电力物联网中的应用［J］. 中国电力，2019，52 (12)：27-38.

[74]　颜军. 电力无线专网 230MHz 和 1800MHz 关键技术对比分析［J］. 移动通信. 2020，44 (02)：58-63.

[75]　郑伟军，方景辉，陈平，等. 一种基于动态感知的干扰自动回避方法的实现与验证［C］. 第三届智能电网会议论文集，2018.

[76]　李劼. 近距离无线通信技术的发展现状与展望［J］. 移动通信，2008，(3)：5-9.

[77]　郁海彬，朱寅，章明. 电力系统通信终端接入网现状及拓展业务的研究［J］. 电气应用，2022，41 (11)：23-30.

[78]　李沛哲，肖振锋，陈仲伟，等. 电力终端通信接入网通信技术匹配［J］. 电力科学与技术学报，2021，36 (3)：125-134.

[79]　WLAN 基本知识之 802. 11 标准［EB/OL］. https://blog. csdn. net/qq_39689711/article/details/117886205? utm_medium＝distribute. pc_relevant. none-task-blog-2～default～baidujs_baidulanding-word～default-0-117886205-blog-113866275. pc_relevant_default&spm＝1001. 2101. 3001. 4242. 1&utm_relevant_index＝32021-06-13.

[80]　张晓红，乔为民，敬岚，等. 红外通信 IrDA 标准与应用［J］. 光电子技术. 2003，(4)：261-265.

[81]　孙辛茹，吴云峰，齐淑清. 电力线通信（PLC）接入技术及各种接入方式的比较［J］. 电力系统通信，2002，(6)：14-17.

[82]　舒悦，陈启美，李英敏. 跻身未来的电力线通信 PLC 组网方案及应用［J］. 电力系统自动化，2003，27 (12)：90-94.

[83]　周波. 宽带电力线通信技术在配电网系统中的应用［D］. 长春：吉林大学，2019.

[84]　杨硕. 基于 OFDM 的电力线窄带通信关键技术研究与实现［D］. 杭州：浙江大学，2012.

[85]　赵丙镇. 配用电业务用中频带电力线宽带通信技术及其安全性研究［D］. 武汉：武汉大学，2021.

[86]　宋倩. 基于电力线通信技术的智能家居系统的设计与开发［D］. 北京：中国电力科学研究院，2003.

[87]　程晓荣，苑津莎，侯思祖，等. 中压宽带电力线通信接入及信道特性测试与分析［J］. 电力系统自动化，2005，29 (14)：69-72.

[88]　北极星电力网技术频道. 居民电力线低压载波抄表的应用［EB/OL］. http://tech. bjx. com. cn/html/20071218/49579. shtml，2007.

[89]　孙颂林. 网络家电电力载波通信模块的研制及验证［D］. 武汉：华中科技大学，2007.

[90]　孙军强，廖健飞. 固定无线接入技术的标准化及其作用［C］. 市场践行标准化——第十一届中国标准化论坛论文集，2014：639-641.

[91]　张献英. 固定无线宽带接入技术［J］. 中国无线电，2004，(10)：45-49.

[92]　吴彦文，刘方. 固定宽带无线接入技术［M］. 北京：北京邮电大学出版社，2003.

[93]　余梅梅，李炳要，黄令忠. 泛在电力物联网在智能配电系统应用综述及展望［J］. 电工技术，2020，(18)：88-89，92.